Leonhard Euler's

MECHANIK

oder

analytische Darstellung der Wissenschaft von der Bewegung

mit Anmerkungen und Erläuterungen

herausgegeben

von

Dr. J. Ph. Wolfers.

Erster Theil.

Greifswald 1848.

C. A. Koch's Verlagshandlung.

Th. Kunike.

Vorwort.

Das vorliegende Werk hatte ich, um es gründlich kennen zu lernen, dermassen studirt, dass ich es in's Deutsche übertrug und alle Stellen, welche mir von selbst nicht klar waren, durch Worte und Calcul zu erläutern suchte. Auf der andern Seite hatte ich manches, selbst ganze §§. fortgelassen, welche nach meiner Ansicht nur Wiederholungen zu enthalten schienen. Auf diese Weise hatte ich ein Werk erhalten, welches nicht mehr als das Eulersche angesehen werden konnte, was mich aber nicht kümmerte, da ich es nur zum Behuf des Studiums zusammengeschrieben hatte. Ich bin nämlich der Meinung, dass man leichter beim blossen Lesen über eine nicht ganz klare Stelle fortgehen wird, als wenn man dieselbe, wenn auch in einer andern Sprache, niederschreiben soll. Während der Zeit, wo ich auf diese Weise beide Theile studirte, dachte ich nicht an eine Herausgabe, und zwar aus zwei verschiedenen Gründen. Ein-

*

mal wusste ich nicht, ob die Veröffentlichung für die Wissenschaft von Interesse sein dürfte; dann, wenn ich auch willens wäre, eine deutsche Ausgabe zu veranstalten, ob sich ein Verleger dazu finden würde. Was den ersten Grund betrifft, so war ein mathematischer Freund der Meinung, dass für jeden Mathematiker die Werke Euler's von Interesse sein müssten und da das Original nicht mehr im Buchhandel zu haben sei, würde eine gehörige Übersetzung nur willkommen sein. In Bezug auf den zweiten Grund beseitigte derselbe Freund jede Schwierigkeit, indem auf seine Veranlassung der gegenwärtige Verleger sich zur Übernahme bereit erklärte.

Auf diese Weise kam ich dazu, diese Uebersetzung zu veröffentlichen und es bedurfte nun keiner langen Überlegung, um von dem ersten Gedanken zurückzukommen, nach welchem ich die Übersetzung so herausgeben wollte, wie ich sie beim Studium niedergeschrieben und oben geschildert habe. Ich entschloss mich vielmehr, das Werk ganz dem Original entsprechend in deutscher Sprache herauszugeben, alle etwa aufgefundenen Fehler natürlich zu beseitigen, dagegen die von mir früher in den Text eingewebten Erläuterungen und Anmerkungen gesondert am Schlusse hinzuzufügen. Hierbei musste aber freilich eine gehörige Auswahl der letztern getroffen werden, da es wesentlich verschieden ist, ob man eine Erläuterung in Worten oder Calcul dem Texte einverleibt, oder gesondert und somit selbstständig aufführt. Vielleicht bin ich bei dieser Auswahl nicht streng genug gewesen und hätte wohl noch manche Erläuterung fortlassen können.

Übrigens wünsche ich, dass diese von mir hinzugefügten Erläuterungen und Anmerkungen aus einem zweifachen Gesichtspunkte betrachtet werden möchten. Die Meister der Wissenschaft mögen daraus entnehmen, dass es, wie oben erwähnt, mein Bestreben gewesen ist, das Werk nicht bloss wörtlich zu übersetzen, sondern es vorher durchaus verstehen zu lernen. Für die Jünger der Wissenschaft werden meine Zusätze, so hoffe ich, manche Erleichterung herbeiführen, um das Werk wie ich zu studiren. Euler sagt am Schlusse seiner Vorrede, jeder, welcher in der Analysis des Endlichen und Unendlichen hinreichende Übung erlangt hat, könne alles mit bewunderungswürdiger Leichtigkeit verstehen und das ganze Werk ohne alle Hülfe durchlesen. Der Begriff des Wortes „hinreichend" ist nun gewiss relativ und ich gestehe gern ein, dass Euler denselben etwas weit ausgedehnt hat. Ich habe das Werk ohne Hülfe eines Lehrers studirt, aber zum öftern gefunden, dass die analytischen Hülfsmittel mir zum Theil nicht gegenwärtig, zum Theil noch unbekannt waren. Wenn man es daher als allgemeine Regel ansehen kann, dass sich beim Studium des Werkes eines klassischen Schriftstellers mannichfache Gelegenheit darbietet, vorhandene Lücken im Wissen auszufüllen; so gestehe ich dankbar ein, dass auch ich dergleichen beim Studium dieses Werkes gefunden habe. Ob ich nun immer zweckmässig und auf elegante Weise bei den Erläuterungen zu Werke gegangen bin, steht dahin, ich behaupte es nicht und werde zufrieden sein, wenn mein Verfahren und die so erhaltenen Resultate richtig sind. Ferner behaupte ich eben so wenig, dass sie alle mein Eigenthum sind und man wolle es mir zu Gute halten, dass ich nicht immer die Quellen angeführt habe, woraus sie entnommen sind. Das Inhaltsverzeichniss der Erklärungen, Aufgaben und Lehrsätze ist von mir hinzugefügt.

Dieses Vorwort hielt ich für nothwendig, um zu bewirken, dass das Werk aus dem richtigen Gesichtspunkte betrachtet werde und spreche schliesslich den Wunsch aus, dass dieser I. Theil eine günstige Aufnahme finden möge.

Berlin, im August 1847.

Der Herausgeber.

Vorrede.

Das Wort **Mechanik** hatte lange Zeit hindurch und hat auch noch jetzt eine doppelte Bedeutung, indem dadurch zwei Wissenschaften bezeichnet werden, welche sowohl in ihren Principien, als auch ihrem Gegenstande nach durchaus von einander verschieden sind. Der Name Mechanik wird nämlich einmal derjenigen Wissenschaft beigelegt, welche vom Gleichgewicht der Kräfte handelt und dieselben mit einander vergleicht; ferner aber auch derjenigen Wissenschaft, in welcher die Natur, Erzeugung und Aenderung der Bewegung auseinander gesetzt wird. Obgleich man nämlich auch in dieser letztern vorzugsweise die Kräfte betrachtet, welche die Bewegungen erzeugen und verändern, so ist doch die Behandlungsweise durchaus von der der erstern Wissenschaft verschieden. Um daher jede Zweideutigkeit zu vermeiden, wird es zweckmässig sein, jene Wissenschaft, welche vom Gleichgewicht und von der Vergleichung der Kräfte handelt, **Statik** zu nennen; für die andre Wissenschaft, worin von der Bewegung die Rede ist, aber allein den Namen **Mechanik** vorzubehalten. In diesem Sinne hat man auch sonst schon beide Benennungen angenommen. Auch der Zeit ihrer Begründung nach findet ein grosser Untersehied zwischen beiden Wissenschaften statt. Während man nämlich die Statik bereits vor **Archimedes** auszubilden begonnen hatte, ist die Mechanik zuerst durch **Galilei** begründet worden, als dieser den Fall schwerer Körper zu erforschen suchte.

In den letztcn Zeiten aber haben, nachdem die Analysis unendlich kleiner Grössen erfunden worden ist, beide Wissenschaften so grossen Zuwachs erhalten, dass alles dasjenige, was vorher in einem so langen Zeitraum erforscht worden war, hiergegen fast verschwindet. Alle die vielen Erfindungen, durch welche diese Wissenschaften bereichert und gefördert worden sind, sind aber in so vielen Werken zerstreut, dass es für denjenigen, welcher beide studiren will, höchst schwierig ist, alle zu erlangen und durchzunehmen. Ausserdem aber sind, was das lästigste zu sein scheint, einige ohne alle Analyse und Beweis aufgestellt, andere mit zu verwickelten und nach Art der Alten angelegten Beweisen versehen, andere endlich aus fremden und weniger eigenthümlichen Principien abgeleitet; so dass man sie nur mit grösster Mühe und grossem Zeitaufwande erkennen und durcharbeiten kann.

Was nun die Statik betrifft, so hat Varignon ein aus zwei Bänden bestehendes Werk in französischer Sprache herausgegeben, welches fast vollständig und in jeder Beziehung vollkommen ist. Dasselbe trägt zwar den Titel: Mechanik, allein es beschäftigt sich durchaus nur mit der Bestimmung des Gleichgewichts von Kräften, welche an Körpern jeder Art angebracht sind. Es enthält daher kaum irgend etwas, was sich auf die Bewegung und die, hier Mechanik benannte, Wissenschaft bezieht. Auch Wolf hat in seinen Elementen der Mechanik, besonders in der neuesten Ausgabe, viel Vorzügliches, was zur Statik und Mechanik gehört, in den Elementen der Mechanik dargestellt; jedoch ist es mit einander verbunden, ohne dass er beide Wissenschaften von einander unterschieden hat. Die vorgeschriebenen Grenzen und die Anlage des Werkes selbst scheinen ihm weder gestattet zu haben, diese Wissenschaften von einander zu unterscheiden, noch beide hinreichend ausführlich darzustellen. Ich weiss daher nicht, ob ausser Herrmann's Phoronomie irgend ein anderes Werk erschienen ist, in welchem die Lehre von der Bewegung für sich allein, und mit so vielen und grossen Erfindungen bereichert, abgehandelt wäre. Herrmann bereicherte nämlich sowohl selbst diese Wissenschaft mit sehr vielen Zugaben, als er auch die Entdeckungen hinzufügte, welche damals durch den Eifer Anderer gemacht worden waren. Da er aber in jenem nicht sehr ausgedehnten Werke ausser der Mechanik auch die übrigen verwandten Wissenschaften, nämlich die Statik, Hydrostatik und Hydraulik umfassen wollte, so blieb ihm zu wenig Raum für die Behandlung der Mechanik selbst übrig. Er war daher gezwungen, alles, was diese Wissenschaft betraf, zu kurz und abgeschnitten zu behandeln. Ausserdem aber hat er, was den Leser am meisten abhält, alles nach Art der Alten mittelst synthetisch geometrischer Beweise behandelt und die Analysis, durch welche man zu einer vollständigen Erkenntniss dieser Dinge gelangt, nicht angewandt. Auf ganz ähnliche Weise sind auch Newton's mathematische Principien der Naturlehre, durch welche die Wissenschaft der Bewegung den grössten Zuwachs erhalten hat, abgefasst. Was aber von allen, ohne Anwendung der Analysis verfassten, Schriften gilt, trifft vorzugsweise die Werke über Mechanik. Der Leser wird zwar von der Wahrheit der vorgetragenen Sätze überzeugt, allein er erlangt keine hinreichend klare und bestimmte Kenntniss derselben. Werden daher dieselben Fragen nur ein wenig abgeändert, so wird er sie mit eigenen Kräften kaum beantworten können; wenn er nicht zur Analysis seine Zuflucht nimmt, und dieselben Sätze nach der analytischen Methode entwickelt. Diess war gerade bei mir der Fall, als ich anfing, Newton's Principien und Herrmann's Phoronomie zu studiren, wo ich zwar die Auflösung vieler Aufgaben genügend verstanden zu haben glaubte, allein solche Aufgaben, welche nur ein wenig verschieden waren, nicht auflösen konnte.

Schon zu jener Zeit versuchte ich, so weit ich es vermochte, aus der synthetischen Methode die Analysis herzuleiten und zu meinem Nutzen dieselben Sätze analytisch zu behandeln, wodurch ich meine Einsicht bedeutend vermehrte. Auf ähnliche Weise habe ich hierauf auch andere zerstreuete und in diese Wissenschaft einschlagende Schriften behandelt, sie alle zu meinem Nutzen nach einer geebneten und gleichförmigen Methode dargestellt und in eine geschickte Ordnung gebracht. Bei dieser Beschäftigung verfiel ich nicht nur auf viele vorher noch nicht behandelte Aufgaben, welche ich glücklich löste, sondern erlangte auch mehrere besondere Methoden, durch welche nicht nur die Mechanik, sondern auch die Analysis viel Zuwachs erhalten zu haben scheint. So entstand diese Abhandlung über die Bewegung, in welcher ich sowohl dasjenige, was ich in den Schriften Anderer über die Bewegung der Körper gefunden, als auch was ich selbst durch Nachdenken herausgebracht habe, nach analytischer Methode und in bequemer Reihefolge darlege.

Die Eintheilung des Werkes wurde mir theils durch den Unterschied der sich bewegenden Körper, theils durch ihren freien oder nicht freien Zustand gegeben. Die Natur der Körper führte mich darauf, dass ich zuerst die Bewegung unendlich kleiner Körper oder Punkte untersuchte, dann aber zu Körpern von endlicher Grösse überging und diese entweder fest, oder biegsam oder aus von einander getrennten Theilen bestehend annahm. Wie man nämlich in der Geometrie, wo die Messung der Körper gelehrt wird, von der Behandlung der Punkte auszugehen pflegt; so kann auch die Bewegung der Körper von endlicher Grösse nicht erklärt werden, wenn man nicht zuvor die Bewegung von Punkten, aus denen man sich die Körper zusammengesetzt denken muss, sorgfältig untersucht hat. Die Bewegung eines Körpers von endlicher Grösse kann nämlich nicht anders betrachtet und bestimmt werden, als dass man untersucht, welche Bewegung jedes Theilchen desselben oder jeder Punkt habe. Diese Abhandlung über die Bewegung von Punkten ist daher die Grundlage und der Haupttheil der ganzen Mechanik, worauf alle übrigen Theile sich stützen. Für die Untersuchung der Bewegung von Punkten habe ich daher diese zwei Theile bestimmt und zwar betrachte ich im ersten Theile freie, im zweiten nicht freie Punkte. Die mehrsten in diesen Büchern vorgetragenen Lehren erstrecken sich aber weiter als auf blosse Punkte, indem man daraus oft die Bewegung endlicher Körper, und zwar ihre ganze, nicht aber die ihrer Theile unter sich herleiten kann. Daraus z. B., dass ein im leeren Raume geworfener Punkt eine Parabel beschreibt, ersieht man, dass auch endliche Körper, welche geworfen werden, sich in Parabeln bewegen müssen. Das Gesetz der Bewegung ihrer einzelnen Theile ergiebt sich aber daraus nicht, sondern dieses wird in den folgenden Büchern besonders untersucht, wo die Bewegung endlicher Körper bestimmt werden wird. Auf ähnliche Weise gilt dasjenige, was Newton über die Bewegung der durch Centripetalkräfte angetriebenen

Körper bewiesen hat, nur für Punkte; indessen hat er mit Recht diese Sätze auf die Bewegung der Planeten übertragen.

In diesem ersten Theile untersuche ich demnach freie Punkte und werde zu erforschen suchen, welche Aenderung der Bewegung beliebige Kräfte in ihnen hervorbringen. Als frei betrachte ich aber einen Körper, sobald nichts ihn hindert, mit der Geschwindigkeit und nach der Richtung fortzuschreiten, welche er in Folge der ihm schon inwohnenden Bewegung und der antreibenden Kräfte haben muss. So bewegen sich die Planeten und die auf der Erde herabsinkenden oder geworfenen Körper frei, weil sie bei ihrer Bewegung der bereits inwohnenden und der Wirkung der antreibenden Kraft Folge leisten. Dagegen bewegt sich ein auf einer schiefen Ebene herabsteigender Körper oder ein schwingendes Pendel nicht frei, weil die unterliegende Ebene oder der Faden des Pendels verhindern, dass der Körper gradlinig herabsteige, wie die Kraft der Schwere es verlangt.

Im ersten Kapitel stelle ich die allgemeinen Gesetze der Bewegung dar und dasjenige, was man über die Geschwindigkeit, den Weg und die Zeit zu lehren pflegt. Ferner beweise ich die allgemeinen Naturgesetze, welche ein freier und durch keine Kräfte angetriebener Körper befolgt. Wenn nämlich ein derartiger Körper sich einmal in Ruhe befindet, muss er beständig in derselben verharren; hat er aber einmal eine Bewegung, so muss er beständig mit derselben Geschwindigkeit geradlinig fortgehen. Beide Gesetze kann man sehr bequem unter der Benennung der Erhaltung des Zustandes begreifen. Es folgt hieraus, dass die Erhaltung des Zustandes eine wesentliche Eigenschaft aller Körper ist und dass diese die Kraft oder das Vermögen besitzen, beständig in ihrem Zustande zu verharren. Diess ist nichts anderes, als die Kraft der Trägheit. Weniger passend legt man der Ursache dieser Erhaltung die Benennung Kraft bei, weil sie nicht mit andern eigentlich so genannten Kräften, wie z. B. der Schwere gleichartig ist und nicht mit ihnen verglichen werden kann. In diesem Irrthum pflegen sich viele, besonders die Metaphysiker zu befinden, indem sie durch die zweideutige Benennung betrogen werden. Da also jeder Körper vermöge seiner Natur in demselben Zustande der Ruhe oder Bewegung beharret, muss man es äusseren Kräften zuschreiben, wenn der Körper dieses Gesetz nicht befolgt; sondern entweder mit ungleichförmiger Bewegung oder längs einer krummen Linie fortschreitet. Derartige äussere Kräfte sind es aber, deren Gleichgewicht und Vergleichung in der Statik behandelt wird. Wirken sie auf einen Körper ein, so ändern sie seinen Zustand, indem sie ihn entweder bewegen, oder beschleunigen, oder verzögern oder die Richtung seiner Bewegung verändern.

Im zweiten Kapitel untersuche ich, welche Wirkung eine beliebige Kraft auf einen freien, ruhenden oder sich bewegenden Punkt ausüben muss. Hieraus ergeben sich die wahren Principien der Mechanik, aus denen man alles abzuleiten hat, was die Aenderung der Bewegung betrifft. Da dieses noch zu leicht bestätigt werden würde, habe ich den Beweis so geführt, dass man es nicht nur als gewiss, sondern als nothwendig wahr erkennen wird. Nachdem die Principien dargestellt sind, aus denen man ersehen kann, wie die Bewegung so wohl erhalten, als auch durch Kräfte erzeugt und verändert wird, gehe ich dazu über, die Bewegung der Körper, welche durch Kräfte beliebig angetrieben werden, zu bestimmen und zu untersuchen.

Zuerst betrachte ich die geradlinige Bewegung, welche am leichtesten zu bestimmen ist und welche entsteht, wenn ein freier Punkt durch eine einzige Kraft entweder ruhend zur Bewegung angetrieben, oder bereits sich bewegend in der Richtuug der Kraft beschleunigt oder verzögert wird. Dieser Untersuchung habe ich das dritte und vierte Kapitel gewidmet und zwar behandele ich in dem erstern die geradlinige Bewegung im leeren Raume, im andern dieselbe Bewegung in einem beliebig widerstehenden Mittel. Obgleich man nämlich den Widerstand auf eigentlich sogenannte Kräfte zurückführen kann, schien es mir doch rathsam, die Aenderung der Bewegung durch den Widerstand besonders zu behandeln; so wohl um das Beispiel Anderer, welche über diesen Gegenstand geschrieben haben, zu befolgen, als auch wegen des wesentlichen Unterschiedes, welcher zwischen absoluten Kräften und dem Widerstande stattfindet. Eine absolute oder eigentlich sogenannte Kraft hat nämlich eine bestimmte, von der Bewegung des Körpers unabhängige Richtung; ausserdem wirkt sie auf gleiche Weise auf einen sich bewegenden und auf einen ruhenden Körper. Die Richtung des Widerstandes fällt dagegen stets mit derjenigen zusammen, welche der sich bewegende Körper hat und seine Grösse hängt von der Geschwindigkeit des letztern ab. Obgleich man in der Natur ausser dem, dem Quadrat der Geschwindigkeit proportionalen, Widerstande keinen andern wahrnimmt, habe ich doch auch andere beliebige Kräfte des Widerstandes behandelt; theils um desto mehr Aufgaben in Betreff der Bewegung in widerstehenden Mitteln aufzulösen, theils und hauptsächlich um Gelegenheit zu erhalten, mehrere vorzügliche Rechnungsbeispiele anzuführen.

In den zwei letzten Kapiteln endlich habe ich die krummlinige Bewegung der Körper behandelt, welche entsteht, wenn die Richtungen der antreibenden Kräfte nicht mit der des geworfenen Körpers übereinstimmt. In diesem Falle wird nämlich der letztere beständig von der geradlinigen Bahn abgezogen und gezwungen, sich auf einer Curve zu bewegen. Im fünften Kapitel betrachte ich die derartige Bewegung im leeren Raume, im sechsten aber zugleich den Widerstand des Mittels. Die Hauptaufgaben, welche in diesen Kapiteln enthalten sind, bestehen demnach darin, die Curve zu bestimmen, auf welcher ein beliebig geworfener und durch beliebige Kräfte angetriebener Körper sich bewegt und zugleich die Geschwindigkeit des Körpers in den einzelnen Punkten der Curve anzugeben. Beides sowohl im leeren Raume, als auch im widerstehenden Mittel. Aus diesen Hauptaufgaben haben sich andere ergeben, in denen entweder aus der gegebenen Curve, welche der Körper beschrieben hat, oder aus einer gewissen gegebenen Eigenschaft der Bewegung die antreibenden Kräfte und der Widerstand hergeleitet werden. Hierbei habe ich hauptsächlich dahin gestrebt, alle diejenigen hieher gehörigen Aufgaben zu umfassen, welche Newton und Andere behandelt haben und eigenthümliche Auflösungen, nach analytischer Methode für dieselben zu geben. Hiermit wird dieser erste Theil beendet, welchen ich eben so wie den zweiten so verfasst habe, dass jeder, welcher in der Analysis des Endlichen und Unendlichen hinreichende Uebung erlangt hat, alles mit bewunderungswürdiger Leichtigkeit verstehen und das ganze Werk ohne alle Hülfe durchlesen könne.

Kapitel I.

Von der Bewegung im Allgemeinen.

Erkärung 1.

§. 1. **Bewegung** ist die Versetzung eines Körpers von dem Orte, welchen er einnimmt, nach einem anderen Orte. **Ruhe** ist das Verharren eines Körpers an demselben Orte.

Zusatz 1.

§. 2. Die Idee der Bewegung und Ruhe kann nur von Dingen gelten, welche einen Ort einnehmen. Da es nun Körpern eigenthümlich ist, einen Ort einzunehmen, so kann nur bei ihnen von Bewegung oder Ruhe die Rede sein.

Zusatz 2.

§. 3. Diese Idee der Bewegung und Ruhe ist den Körpern so eigenthümlich, dass sie durchaus allen angehört. Kein Körper kann existiren, ohne einen Ort einzunehmen, also ohne entweder sich zu bewegen oder zu ruhen.

Erklärung 2.

§. 4. Der **Ort** ist ein Theil des unermesslichen oder unendlichen Raumes, in welchem die ganze Welt sich befindet. Den in diesem Sinne genommenen Ort pflegt man den **absoluten** zu nennen, um ihn von dem später zu erwähnenden relativen Orte zu unterscheiden.

Zusatz 1.

§. 5. Nimmt ein Körper nach und nach einen andern Theil dieses unermesslichen Raumes ein, so bewegt er sich; er ruhet hingegen, wenn er beständig an derselben Stelle bleibt.

Zusatz 2.

§. 6. Man denkt sich gewöhnlich feste Grenzen dieses Raumes, auf welche man die Körper bezieht und diese Beziehung heisst die Lage des Körpers. Die Körper, welche in Bezug auf diese Grenzen ihre Lage beibehalten, werden ruhende genannt, dagegen bewegen sich solche, welche ihre Lage ändern.

Anmerkung 1.

§. 7. Nimmt man die Benennungen in der vorhergehenden Bedeutung, so haben wir es mit absoluter Ruhe und Bewegung zu thun. Diess sind die wahren und eigenthümlichen Bedeutungen jener Worte, sie sind nämlich den Gesetzen der Bewegung angepasst, welche wir in der Folge entwickeln werden. Da wir uns von jenem unermesslichen Raume und seinen eben erwähnten Grenzen keine bestimmte Vorstellung machen können, so pflegt man statt beider respective einen begrenzten Raum und körperliche Grenzen zu betrachten und nach diesen die Bewegung und Ruhe der Körper zu beurtheilen. So pflegen wir zu sagen, dass ein Körper, welcher in Beziehung auf diese Grenzen seine Lage beibehält, ruhe, derjenige hingegen sich bewege, welcher seine Lage ändert.

Anmerkung 2.

§. 8. Das, was wir über den unendlichen Raum und seine Grenzen gesagt haben, muss rein mathematisch gedacht werden. Stehen diese Vorstellungen auch mit den metaphysischen Speculationen scheinbar in Widerspruch, so können wir sie doch mit Recht zu unserm Zweck anwenden. Wir behaupten nämlich nicht, dass es einen derartigen unendlichen Raum mit festen und unbeweglichen Grenzen gebe, kümmern uns auch nicht um ihr Dasein, sondern wir verlangen nur, dass derjenige, welcher die absolute Rnhe oder Bewegung betrachten will, sich einen solchen Raum vorstelle und von diesem aus den Znstand der Ruhe oder Bewegung eines Körpers beurtheile. Die Schlussfolge wird nämlich am bequemsten auf die Weise angestellt, dass wir von der Welt ganz abstrahiren, uns einen unendlichen und leeren Raum und in demselben die Körper sich befindend vorstellen. Behalten die letztern ihre Lage in diesem Raume bei, so befinden sie sich in absoluter Ruhe; gehen sie hingegen von einem Theile dieses Raumes zum andern über, so schliessen wir, dass sie sich absolut bewegen.

Erklärung 3.

§. 9. Relative Bewegung ist die Aenderung der Lage, in Bezug auf einen gewissen, beliebig angenommenen Raum; eben so ist relative Ruhe das Verharren in derselben Lage, in Bezug auf eben diesen Raum. Nehmen wir die Erde als diesen Raum an, so wird dasjenige ruhend genannt, was seine Lage auf der Erde nicht ändert, hingegen sich bewegend, was von einer Lage zur andern übergeht. In diesem Sinne bewegt sich z. B. die Sonne. Auf ähnliche Weise kann man sich vorstellen, wie in einem fortgleitenden Schiffe Gegenstände relativ ruhen oder sich bewegen, welche dieselbe Lage im Schiffe beibehalten oder verändern.

Zusatz 1.

§. 10. Die relative Bewegung und Ruhe stimmt mit der absoluten überein, wenn der Raum oder Körper, auf welchen wir jene beziehen, selbst im unendlichen Raume ruhet. Befindet sich die Erde wirklich in Ruhe, so werden die Gegenstände, welche in Bezug auf sie ruhen oder sich bewegen, auch absolut ruhen oder sich bewegen.

Zusatz 2.

§. 11. Die relative Bewegung und Ruhe ist von der absoluten verschieden, wenn jener Raum selbst sich bewegt. Wenn die Erde in Bezug auf den absoluten Raum sich nicht in Ruhe befindet, werden Gegenstände, welche in Bezug auf sie ruhen oder sich bewegen, weder absolut ruhen noch sich bewegen. Es kann selbst ein Körper, welcher sich relativ bewegt, absolut ruhen.

Anmerkung.

§. 12. Der relative Zustand der Bewegung oder Ruhe der Körper kann auf unzählige Weise verschieden sein, je nachdem man einen andern Raum annimmt, auf welchen man jene bezieht. So bewegen sich die Fixsterne in Bezug auf die Erde, wogegen jeder von ihnen, in Bezug auf die übrigen, ruhet. Die Planeten bewegen sich sowohl in Bezug auf die Erde, als auf einander. Künftig betrachten wir in der Regel die absolute Bewegung und Ruhe, wenn nicht ausdrücklich von der relativen die Rede ist.

Satz 1.

Lehrsatz.

§. 13. Jeder Körper, welcher sich absolut oder relativ nach einem andern Orte bewegt, geht durch alle mittlern Orte hindurch und kann nicht plötzlich vom ersten zum letzten gelangen.

Beweis.

Hinsichtlich der absoluten Bewegung. Sollte der Körper plötzlich vom ersten Orte zum letzten gelangen, so müsste er nothwendig an jenem vernichtet und sogleich an diesem neu erzeugt werden, was nach den Naturgesetzen nur durch ein Wunder geschehen könnte. Er geht daher vom ersten Orte zum nächstfolgenden, von diesem zum darauf folgenden u. s. w., bis er endlich zum letzten gelangt. Hinsichtlich der relativen Bewegung wird der vorhergehende Schluss gelten, wenn der Körper, worauf man die Bewegung bezieht, in Wirklichkeit ruhet (§. 10.). Bewegt sich der letztere, so muss er ebenfalls die mittlern Orte durchwandern und es wird so auch die relative Bewegung nach und nach erfolgen.

Zusatz 1.

§. 14. Die Bewegung kann nicht augenblicklich ausgeführt werden, sondern es ist eine Zeit erforderlich, in welcher der Körper von einem Orte zum andern gelangt, weil er die einzelnen zwischenliegenden Orte durchwandern muss und dieses nicht mit einer augenblicklichen Bewegung zusammen bestehen kann.

Zusatz 2.

§. 15. Man kann also den Weg angeben, durch welchen der Körper gewandert ist und dessen einzelne Punkte ohne Ausnahme er berührt hat. Dieser Weg heisst der durchlaufene Raum.

Anmerkung.

§. 16. Man kann dies leicht Körpern anpassen, welche um eine Axe rotiren. Ein solcher Körper ändert zwar seine Lage nicht, allein man erkennt die seinen Theilen inwohnende Bewegung, indem man sie einzeln als eben so viele verschiedene Körper betrachtet. Diese Theile werden alsdann, in Bezug auf den unendlichen Raum, ihre Lage ändern und nur die in der Axe liegenden sich in Ruhe befinden. Auf ähnliche Weise muss man alle Körper betrachten, indem man nicht bloss die Lage und deren Veränderung des ganzen Körpers, sondern auch seiner einzelnen Theile ins Auge fasst.

Erklärung 4.

§. 17. Ein Körper bewegt sich gleichförmig, wenn er in gleichen Zeiten gleiche Räume durchläuft. Er bewegt sich ungleichförmig, wenn er in gleichen Zeiten ungleiche, oder in ungleichen Zeiten gleiche Räume durchläuft.

Zusatz 1.

§. 18. Ein gleichförmig sich bewegender Körper wird in der doppelten Zeit den doppelten Raum, in der dreifachen Zeit den dreifachen Raum zurücklegen und es werden allgemein die durchlaufenen Räume den Zeiten und umgekehrt die Zeiten den Räumen proportional sein. Ein Schiff, welches mit gleichförmiger Bewegung auf dem Meere fortgeht und in 1 Stunde 2 Meilen zurücklegt, wird in 2 Stunden 4, in 3 Stunden 6 und allgemein in n Stunden $2n$ Meilen zurücklegen.

Zusatz 2.

§. 19. Ist daher eine gleichförmige Bewegung gegeben, so erhält man aus ihr ein genaues Zeitmaass. Durch Messung der Wege erhält man das Verhältniss der Zeiten, welche zu ihrer Beschreibung erforderlich waren.

Anmerkung.

§. 20. Nur aus der als gleichförmig betrachteten Bewegung erhalten wir die Eintheilung der Zeit in Jahre, Tage und Stunden. Indem sie die Erde als ruhend annahmen, glaubten die Alten, dass die Sonne gleichförmig um die Erde liefe und nannten die Zeit eines Umlaufes den Tag. Sie nahmen ferner auch den Umlauf der Fixsterne um die Erde als gleichförmig an und setzten die Zeit, in welcher die Sonne zu demselben Orte in Bezug auf die Fixsterne zurückkehrt, einem Jahre gleich. Sie theilten endlich diese Zeiten in gleiche Theile und erlangten auf diese Weise Stunden, Minuten u. s. w. Leicht sieht man aber ein, dass, wenn jene Bewegungen nicht, wie man glaubte, gleichförmig sind, auch diese Zeitmessung irrig wird. Wirklich haben die neuern Astronomen gefunden, dass eine Ungleichförmigkeit in denselben obwalte und daher auch die Tage nicht gleich sind. Sie bringen daher eine, aus gleichförmigen Bewegungen abgeleitete Verbesserung, die so genannte Zeitgleichung an, woraus man die Ungleichheit der Tage erkennt.

Erklärung 5.

§. 21. Jeder sich bewegende Körper hat eine Geschwindigkeit, welche man durch den Weg misst, den jener mit gleichförmiger Bewegung in einer gegebenen Zeit zurücklegt. B hat die doppelte Geschwindigkeit von A, wenn er in derselben Zeit einen doppelt so grossen Weg als dieser gleichförmig zurücklegt.

Zusatz 1.

§. 22. Bei gleichförmiger Bewegung legt ein Körper in

gleichen Zeiten gleiche Wege zurück (§. 17.) und behält daher stets dieselbe Geschwindigkeit. Bei ungleichförmiger Bewegung ändert sich die Geschwindigkeit allmählig.

Zusatz 2.

§. 23. Die Geschwindigkeit, welche ein sich ungleichförmig bewegender Körper in jedem Punkte seines Weges hat, muss durch den Raum bestimmt werden, welchen er mit dieser Geschwindigkeit in einer gegebenen Zeit gleichförmig zurücklegen könnte.

Zusatz 3.

§. 23*a*. Die Geschwindigkeit eines sich gleichförmig bewegenden Körpers kann absolut durch den Raum gemessen werden, welchen er in einer gegebenen Zeit, z. B. in Einer Secunde durchläuft.

Anmerkung.

§. 24. Diese Art, die Geschwindigkeit zu messen, ist allgemein im Gebrauch; der Schiffer bestimmt die Geschwindigkeit seines Schiffes durch den Weg, welchen dasselbe in einer gegebenen Zeit durchläuft. Gewöhnlich nimmt er eine Zwischenzeit von 4 Stunden an und bestimmt den Weg in Meilen. Vorausgesetzt, dass das Schiff sich gleichförmig bewege, erhält man hieraus zugleich die, Einer Secunde entsprechende, Anzahl Fusse.

Satz 2.

Lehrsatz.

§. 25. Die Geschwindigkeiten zweier sich gleichförmig bewegender Körper verhalten sich direct, wie beliebig durchlaufene Wege und indirect, wie die dazu verwandten Zeiten.

Beweis.

Die zwei Körper seien A und a, ihre Geschwindigkeit C und c, ihre Wege S und s und die zur Beschreibung der letztern erforderlichen Zeiten T und t. Die Wege sind den Zeiten proportional (§. 18.) und es wird daher a in der Zeit T einen Weg x zurücklegen, welcher sich aus der Proportion $t : T = s : x$ ergiebt. Da also A in der Zeit T den Weg S und a in derselben Zeit den Weg $x = \frac{T.s}{t}$ zurücklegt und (nach §. 21.) die Geschwindigkeit der Körper durch ihre in derselben Zeit durchlaufenen Wege gemessen werden müssen, so haben wir $C : c = S : \frac{T.s}{t} = \frac{S}{T} : \frac{s}{t}$.

Zusatz 1.

§. 26. Aus der letzten Proportion folgt die Gleichung $\frac{C.T}{S} = \frac{c.t}{s}$. Bei jeder gleichförmigen Bewegung ist also das Produkt aus der Geschwindigkeit in die Zeit, dividirt durch den zurückgelegten Weg, constant.

Zusatz 2.

§. 27. Ferner ist $T:t = \frac{S}{C}:\frac{s}{c}$. Die Zeiten verhalten sich also direct wie die Wege und zugleich indirect, wie die Geschwindigkeiten.

Zusatz 3.

§. 28. Man hat auch $S:s = CT:ct$. Die mit gleichförmiger Bewegung beschriebenen Wege stehen also im zusammengesetzten directen Verhältniss der Geschwindigkeiten und der Zeiten.

Zusatz 4.

§. 29. Kennt man daher die Geschwindigkeit eines sich gleichförmig bewegenden Körpers und zugleich den Weg, so erhält man die Zeit, in welcher dieser durchlaufen wird, indem $T = \frac{S}{C}$. Dieser Quotient ist nämlich stets der Zeit proportional und wir können ihn daher selbst als Zeitmaass annehmen.

Zusatz 5.

§. 30. Auf ähnliche Weise kann man die Geschwindigkeit C durch den Quotienten $\frac{S}{T}$ und den Weg S durch das Produkt CT ausdrücken.

Anmerkung 1.

§. 31. Ist die Geschwindigkeit etwa so gross, dass der mit ihr sich bewegende Körper in 1 Secunde 3 Fuss zurücklegt, also $C = 3$; so kann man die Zeit finden, in welcher er mit derselben Geschwindigkeit z. B. 60 Fuss zurücklegt. Da nämlich $S = 60$, so wird $T = \frac{60}{3} = 20$ Secunden. Sucht man den in 12 Secunden zurückgelegten Weg, so hat man $S = 3.12 = 36$ Fuss. Beschreibt ein Körper in 6 Secunden 48 Fuss, so hat man seine Geschwindigkeit $C = \frac{48}{6} = 8$ Fuss.

Anmerkung 2.

§. 32. Diese Weise, die Zeiten, Wege und Geschwindigkeiten zu bestimmen, werden wir in der Folge stets anwenden.

Wir drücken nämlich die Zeiten in Secunden und die Wege in Rheinländischen (Preussischen) Fussen aus. Die Geschwindigkeit bezeichnet demnach die, in 1 Secunde durchlaufene Anzahl Fusse. Später werden wir ein bequemeres Verfahren, die Geschwindigkeit zu messen, erhalten und uns desselben bedienen; es entspringt aber aus unserm jetzigen und lässt sich leicht darauf zurückführen.

Satz 3.

Lehrsatz.

§. 33. Bei einer beliebig ungleichförmigen Bewegung kann man sich vorstellen, dass die kleinsten Elemente des Weges mit gleichförmiger Bewegung durchlaufen werden.

Beweis.

So wie man in der Geometrie die Elemente der Curven als unendlich kleine gerade Linien betrachtet, kann man auf ähnliche Weise in der Mechanik die ungleichförmige Bewegung in unendlich kleine gleichförmige zerlegen. Entweder werden nämlich die Elemente wirklich mit gleichförmiger Bewegung zurückgelegt oder es ist die Aenderung der Geschwindigkeit innerhalb derselben so gering, dass man das Increment oder Decrement ohne Fehler vernachlässigen kann. In beiden Fällen ersieht man die Wahrheit der Behauptung.

Zusatz 1.

§. 34. Man kann annehmen, dass die ganze Aenderung der Geschwindigkeit bei einer ungleichförmigen Bewegung im Anfang der einzelnen Elemente erfolge, weil man die letztere als gleichförmig beschrieben voraussetzt.

Zusatz 2.

§. 35. Nach der Bezeichnung der Analysis ist daher, wenn c die Geschwindigkeit im ersten Elemente war, $c + dc$ die dem zweiten, $c + 2dc + ddc$ die dem dritten Elemente entsprechende Geschwindigkeit u. s. w.

Anmerkung.

§. 36. Die Kraft des gegebenen Beweises gründet sich darauf, dass die mögliche Aenderung der Geschwindigkeit, während ein unendlich kleines Element zurückgelegt wird, selbst unendlich klein sein und gegen die, dem Körper bereits inwohnende, Geschwindigkeit verschwinden muss. Wäre diess nicht der Fall, so müsste in einem Augenblick eine endliche Geschwindigkeit erzeugt werden, was absurd sein würde. Ist aber die Bewegung und Geschwindigkeit selbst unendlich klein, so wird das augenblickliche Increment oder Decrement ein endliches Verhältniss zu jener haben können und es scheint in diesem Falle der Satz nicht anwendbar zu sein. Später, wenn von der Erzeugung der Bewegung die Rede sein wird, werden wir diesen Fall betrachten.

Satz 4.

Aufgabe.

§. 37. (Figur 1.) Ein Körper bewegt sich beliebig ungleichförmig längs der Linie AM und es ist seine Geschwindigkeit an jedem Orte gegeben; man soll die Zeit bestimmen, in welcher er den Bogen AM zurücklegt.

Auflösung.

Es sei der gerad- oder krummlinige Weg $AM = s$ und die Geschwindigkeit, welche der Körper in M hat und die irgend eine Funktion von s ist, $= c$. Von M ab nehme man das Element $Mm = ds$ an, welches der Körper also gleichförmig und mit der Geschwindigkeit c beschreiben wird; die hiezu erforderliche Zeit ist $= \frac{ds}{c}$ (§. 29.). Das Integral der letztern ist alsdann die Zeit, in welcher der Bogen AM beschrieben wird und es muss zu $\int \frac{ds}{c}$ eine solche Constante addirt werden, dass für $s=0$ auch die Zeit $=0$ werde.

Beispiel 1.

§. 38. Ist die Geschwindigkeit in M irgend einer Potenz des schon durchlaufenen Weges AM proportional, also etwa $c = s^n$; so wird $\int \frac{ds}{c} = \int \frac{ds}{s^n} = \frac{s^{1-n}}{1-n}$. Ist $n < 1$ oder auch negativ, so braucht man keine Constante hinzuzufügen, weil für $s=0$ auch dieser Ausdruck $=0$ wird. Ist aber $n > 1$, also $1-n$ negativ, so wird $\int \frac{ds}{c} = \frac{-1}{(n-1)s^{n-1}} + C$, also für $s=0$, $C = \infty$. In diesem Falle braucht also der Körper eine unendlich grosse Zeit, um von A nach einem beliebigen Orte M zu gelangen, d. h. er wird beständig an dem erstern Orte bleiben und sich niemals davon entfernen. Ist endlich $n=1$, so kann man die Zeit gar nicht algebraisch ausdrücken, indem $\int \frac{ds}{c}$ $= \int \frac{ds}{s} = \log s + C$, und für $s=0$, $C = -\log 0 = \infty$ wird, also auch jetzt die Zeit unendlich gross.

Zusatz 1.

§. 39. In der Natur darf also die Geschwindigkeit, wenigstens im Anfang der Bewegung, nur einer Potenz des Weges proportional sein, deren Exponent < 1 ist.

Zusatz 2.

§. 40. (Figur 2.) Es bewege sich der Körper auf der geraden Linie AM und es sei seine Geschwindigkeit an jedem Orte M der Ordinate MN der Curve AN proportional. Die letztere schneidet in A die Linie AM, so dass im Anfangspunkte die Geschwindigkeit $= 0$ wird. Nach dem Bisherigen muss, damit die AM entsprechende Zeit endlich werde, die Tangente AB in A auf AM perpendikulär stehen. Fällt nämlich M in A, so muss $MN = AM^n$ und $n < 1$, d. h. gleich einem ächten Bruch sein, woraus die Perpendikularität der Tangente folgt. Bildet aber die Tangente AB einen spitzen, selbst unendlich kleinen Winkel mit AM, so wird die, dem Wege AM entsprechende Zeit $= \infty$.

Beispiel 2.

§. 41. (Figur 3.) Es bewege sich ein Körper längs der geraden Linie AB so, dass, wenn man über AB den Halbkreis ANB beschreibt, die Geschwindigkeit in jedem Punkte M der Ordinate MN proportional sei. Es sei also in M $c = m . MN = m\sqrt{2as - s^2}$, wo $AM = s$, der Radius $AC = a$ und m eine Constante ist, so wie c die Geschwindigkeit in M bezeichnet. Es wird daher die Zeit, in welcher der Weg AM zurückgelegt wird,

$$= \int \frac{ds}{c} = \frac{1}{m} \int \frac{ds}{\sqrt{2as - s^2}} = \frac{1}{ma} . AN.$$

Die Zeit, in welcher der Körper sich von A bis B bewegt, wird hiernach $= \frac{1}{ma} . ANB = \frac{\pi}{m}$ oder sehr nahe $= \frac{22}{7m}$ Secunden. Wie gross also auch in diesem Falle AB sein mag, so wird der Körper zur Beschreibung desselben stets dieselbe Zeit brauchen.

Zusatz 3.

§. 42. Es folgt auch aus der Auflösung der Aufgabe, dass der Körper sich in derselben Zeit von A nach M, als umgekehrt von M nach A bewegt, wenn er nur bei beiden Bewegungen an demselben Orte dieselbe Geschwindigkeit hat.

Zusatz 4.

§. 43. (Figur 4.) Bildet die Curve AN, deren Ordinate

MN die Geschwindigkeit ist, welche ein auf *AM* sich bewegender Körper in *M* hat, mit *AM* einen Winkel, der $< 90^0$ ist; so ist die zur Beschreibung des Weges *AM* erforderliche Zeit $= \infty$. Diess wird auch für die rückläufige Bewegung von *M* gegen *A* gelten, d. h. er wird nie dahin gelangen, ausgenommen, wenn er in *A* eine endliche Geschwindigkeit hat.

Satz 5.
Lehrsatz.

§. 44. (Figur 5.) Bewegen sich zwei Körper auf den geraden Linien *AM* und *am* und werden ihre Geschwindigkeiten durch die Ordinaten der einander ähnlichen Curven *AN* und *an* ausgedrückt; so legen diese Körper in derselben Zeit die homologen Wege *AM* und *am* zurück.

Beweis.

Sind *AM* und *am* homologe Wege, so hat man $AM : am = MN : mn = m : n$, d. h. wenn $AM = s$ und $MN = c$ gesetzt wird, $am = \frac{n}{m} s$ und $mn = \frac{n}{m} c$. Die Zeit, welche zur Beschreibung von *AM* erforderlich ist, ist aber $= \int \frac{ds}{c}$ (§. 37.) und eben so die, dem Wege *am* entsprechende Zeit $\int \frac{\frac{n}{m} ds}{\frac{n}{m} c} = \int \frac{ds}{c}$; mithin beide einander gleich.

Zusatz 1.

§. 45. Hieraus folgt der Grund des §. 41. Gesagten, weil alle Kreise einander ähnlich und ihre Durchmesser homologe Wege sind.

Zusatz 2.

§. 46. Es sei der Parameter einer Curve $= a$ und je nachdem dieser grösser oder kleiner angenommen wird, gehe die Curve in eine andere ihr ähnliche über. Damit diess geschehe, muss die Gleichung der Curve *AN* so beschaffen sein, dass die Ordinate c eine Function von a und s von Einer Dimension sei. Für verschiedene Werthe von a wird s homologe Wege angeben, wenn man es $= a$ oder $= na$ annimmt. So oft also c durch derartige Gleichungen bestimmt wird, werden die Wege na in gleichen Zeiten beschrieben, a mag gross oder klein sein.

Anmerkung.

§. 47. Ist c eine Function von a und s von Einer Dimension, so werden die Zeiten durch a und na einander gleich, wie gross auch a sein mag. Eben so werden, wenn c eine Function von a und s von m Dimensionen ist, die Zeiten durch a und na der Potenz a^{1-m} proportional sein, wie gross auch a sein mag. Aus $c = \alpha . a^m$ folgt nämlich $\frac{c}{a^{m-1}} = \alpha . a = k$ und $c = k . a^{m-1}$, demnach $t = \int \frac{ds}{c} = \frac{1}{k} \frac{s}{a^{m-1}}$. Setzt man hier zuerst $s = a$, so wird $t = \frac{1}{k} . \frac{a}{a^{m-1}} = \frac{1}{\alpha} . a^{1-m}$ und wenn $s = na$, $t = \frac{1}{k} \frac{na}{\alpha^{m-1}} = \frac{n}{\alpha} a^{1-m}$; beide Zeiten also a^{1-m} proportional

Erklärung 6.

§. 48. (Figur 6.) Die Scale der Geschwindigkeiten heisst diejenige Curve, deren Ordinaten die Geschwindigkeiten bezeichnen, welche der Körper in den ihnen entsprechenden Punkten des beschriebenen Weges hat. So ist die Curve AN die Scale der Geschwindigkeiten des, auf der geraden Linie AM sich bewegenden Körpers, wo die Ordinate MN die Geschwindigkeit im Punkte M ausdrückt.

Erklärung 7.

§. 49. (Figur 6.) Die Scale der Zeiten ist diejenige Curve, deren Ordinaten die Zeiten darstellen, in denen die ihnen entsprechenden Theile des Weges zurückgelegt werden. So wird die Curve AT die Scale der Zeiten sein, wenn die Ordinate MT die Zeit ausdrückt, welche der Körper zur Beschreibung des Weges AM braucht.

Zusatz.

§. 50. Wie aus der gegebenen Scale der Geschwindigkeiten die Scale der Zeiten zu finden ist, erhellt aus der vorigen Aufgabe (§. 37.). Bezeichnen wie dort s und c respective den Weg AM und die Geschwindigkeit MN, ist ferner $t = MT$ die zur Beschreibung von AM erfoderliche Zeit; so kann man die Scale der Zeiten aus der Scale der Geschwindigkeiten mittelst der Gleichung $t = \int \frac{ds}{c}$ finden. Ist nämlich die Curve AN gegeben, so kann man AT construiren, wenn man die Quadratur der Curven zugibt.

Satz 6.

Aufgabe.

§. 51. (Figur 6.) Gegeben ist die Scale der Zeiten AT; man sucht die Scale der Geschwindigkeiten AN.

Auflösung.

Aus der Gleichung $t = \int \frac{ds}{c}$ erhält man durch Differentiation $dt = \frac{ds}{c}$ und $c = \frac{ds}{dt}$. Zieht man daher in T die Normale TO, so wird $c = \frac{ds}{dt} = \frac{1}{\operatorname{tg} MTO} = \frac{MT}{MO}$. Macht man nun $MQ = 1$ und zieht $QN \# TO$, so wird $MO : MT = MQ : MN$, also $MN = \frac{ds}{dt} . 1 = c$ und N ein Punkt in der gesuchten Scale der Geschwindigkeiten.

Beispiel 1.

§. 52. (Figur 7.) Es sei die Scale der Zeiten eine gerade Linie AT, welche beliebig gegen AM geneigt ist; alsdann ist $t = ms$, $dt = mds$ und $c = \frac{ds}{dt} = \frac{1}{m}$. Die Scale der Geschwindigkeiten wird daher eine gerade, AM parallele Linie NR und es bewegt sich der Körper gleichförmig.

Beispiel 2.

§. 53. Es seien die Zeiten irgend einer Potenz der beschriebenen Wege proportional, also $t = s^m$; so wird $c = \frac{ds}{dt} = \frac{1}{ms^{m-1}} = \frac{1}{m} s^{1-m}$. Ist etwa AT eine Appollomische Parabel, also $m = \frac{1}{2}$, so wird $c = 2s^{\frac{1}{2}}$ und so die Scale der Geschwindigkeiten eine Parabel derselben Art.

Zusatz.

§. 54. Ist eine Gleichung zwischen c und t gegeben, so kann man den durchlaufenen Weg finden, indem aus $c = \frac{ds}{dt}$, $s = \int cdt$ folgt.

Anmerkung.

§. 55. Das, was wir bisher über die Scale der Gesehwindigkeiten und Zeiten gesagt haben, bezieht sich eben so wohl auf die relative, als die absolute Bewegung. Bis jetzt haben wir nämlich noch nicht die Natur der Bewegung in Betracht gezogen und nichts angenommen, was der absoluten eigenthümlich wäre. Nun wollen wir einige Sätze aufstellen, welche die letztere insbesondere betreffen, woraus man gewissermassen einen innern Unterschied zwischen der absoluten und relativen Bewegung entnehmen wird.

Satz 9.

Lehrsatz.

§. 56. Ein absolut ruhender Körper wird beständig in Ruhe verharren, wenn er nicht durch eine äussere Ursache zur Bewegung angetrieben wird.

Beweis.

Befindet sich der Körper im unendlichen und leeren Raume, so ist kein Grund vorhanden, warum er sich eher nach der einen, als nach der andern Richtung bewegen sollte. Da nun ein zureichender Grund zur Bewegung fehlt, wird er stets in Ruhe bleiben müssen. Dieser Grund hört aber in der Welt nicht auf, obgleich man einwerfen kann, dass ein zureichender Grund da sei, warum der Körper eher nach der einen, als nach der andern Seite weichen sollte. Man darf nicht glauben, dass im unendlichen leeren Raume der Mangel des zureichenden Grundes zur Bewegung die einzige Ursache des Verharrens in Ruhe sei; sondern ohne Zweifel liegt die Ursache dieser Erscheinung in der Natur des Körpers selbst. Der Mangel des zureichenden Grundes kann nämlich nicht für die wahre und wesentliche Ursache irgend eines Erfolges gehalten werden, sondern er beweist nur die Wahrheit und zwar auf strenge Weise. Er zeigt zugleich, dass in der Natur der Sache die wahre und wesentliche Ursache verborgen sei, welche auch dann noch fortdauert, wenn jener zureichende Grund nicht mehr fehlt. So bewies Archimedes das Gleichgewicht einer beiderseits ähnlichen Wage, nicht nur im leeren Raume, sondern auch in der wirklichen Natur. Es gibt aber einen andern und eigenthümlichen Grund für dieses Gleichgewicht, welcher auch in der Welt stattfindet. Da also im leeren Raume ein ruhender Körper in Ruhe verharren muss, so liegt der Grund dieser Erscheinung in der Natur des Körpers, wesshalb dieser auch in der Wirklichkeit so lange ruhen wird, bis eine andere Ursache ihn zur Bewegung antreibt.

Zusatz 1.

§. 57. In der Natur der Dinge ist also das Gesetz begründet, dass jeder ruhende Körper in der Ruhe verharren muss, wenn er nicht durch eine andere äussere Ursache zur Bewegung angetrieben wird.

Zusatz 2.

§. 58. Da die Grundlage dieses Beweises aus der Natur der absoluten Ruhe abgeleitet worden ist, dehnt man dieses Gesetz mit Unrecht auf die relative Ruhe aus.

Anmerkung.

§. 59. Die Erfahrung lehrt selbst, dass dieses Gesetz nicht für relative Ruhe gilt. Körper, welche relativ in einem Schiffe ruhen, werden nicht in Ruhe verharren, wenn jenes plötzlich angestossen wird. Sie werden zugleich angestossen und sich von ihrem Orte bewegen, wenn sie auch vorher ruheten und keine, sie zugleich bewegende, Ursache hinzugetreten ist.

Zusatz 3.

§. 60. So wie ein einmal ruhender Körper ohne eine äussere Ursache nicht aus seiner Ruhe heraustreten wird, wird auch ein jetzt absolut ruhender Körper früher stets geruhet haben, wenn er sich selbst überlassen war. Es ist nämlich kein Grund vorhanden, wesshalb er eher von der einen, als von der andern Seite her an seinen jetzigen Ort gelangt sein sollte und er muss sich daher stets an dem letztern befunden haben.

Zusatz 4.

§. 61. Ein einmal ruhender Körper, auf welchen eine äussere Ursache weder wirkt, noch gewirkt hat, wird nicht nur künftig beständig ruhen, sondern muss auch früher sich stets in Ruhe befunden haben.

Zusatz 5.

§. 62. Ein Körper, welcher sich einmal absolut bewegt, kann nie zur Ruhe gelangen, wenn er sich selbst überlassen bleibt. Käme er nämlich endlich zur Ruhe, so müsste er auch früher stets geruhet haben, was gegen die Voraussetzung ist.

Satz 8.

Lehrsatz.

§. 63. Ein Körper, welcher eine absolute Bewegung hat, wird sich stets gleichförmig bewegen und mit derselben Geschwindigkeit in jeder frühern Zeit bewegt haben, wenn nicht eine äussere Ursache auf ihn wirkt oder gewirkt hat.

Beweis.

Behielte er nicht immer dieselbe Geschwindigkeit bei, so müsste sie grösser oder kleiner werden. Im letztern Falle würde er sich zur Ruhe hinneigen, was nicht möglich ist, weil er nie zur Ruhe gelangen kann (§. 62.). Im erstern Falle müsste man annehmen, dass er von der Ruhe ausgegangen sei, was eben so absurd sein würde. Denkt man sich ausserdem den Körper im unendlichen leeren Raum befindlich und betrachtet den Weg, auf welchem er gegangen ist oder gehen wird, so ist kein Grund vorhanden, warum er an dem einen Orte eine grössere oder kleinere Geschwindigkeit haben sollte, als an dem andern. Er wird sich daher stets mit derselben Geschwindigkeit bewegen.

Zusatz.

§. 64. Sobald wir sehen, dass ein sich bewegender Körper schneller oder langsamer fortzuschreiten anfängt, müssen wir diese Aenderung einer äussern Ursache zuschreiben.

Satz 9.

Lehrsatz.

§. 65. Ein mit absoluter Bewegung begabter Körper wird einen geradlinigen Weg beschreiben.

Beweis.

Denkt man sich den Körper im unendlichen leeren Raume, so ist kein Grund vorhanden, warum er eher nach der einen, als nach der andern Seite hin von der geraden Linie abweichen sollte. Es liegt daher in der Natur des Körpers, dass er in gerader Linie fortschreiten wird. Auch in der Welt, wo dieses Princip des zureichenden Grundes nicht mehr stattfindet, ist anzunehmen, dass jeder Körper geradlinig fortschreiten muss, wenn er nicht daran verhindert wird.

Zusatz 1.

§. 66. Aus diesen beiden Sätzen folgt das allgemeine Gesetz, dass jeder mit Bewegung begabte Körper auf einer geraden Linie fortschreiten wird.

Zusatz 2.

§. 67. (Figur 8.) Ein Körper also, welcher durch äussere Ursachen gezwungen wird, auf der Curve AM fortzugehen, wird, wenn in M plötzlich diese äussern Ursachen zu wirken aufhören, mit der Geschwindigkeit, welche er in M hatte, gleichförmig und in der Richtung der Tangente MT fortschreiten. Die letztere nämlich ist nichts anderes, als die Verlängerung des Elements der Curve in M.

Anmerkung 1.

§. 68. Diese Gesetze über die absolute Ruhe und Bewegung haben die frühern Schriftsteller in Eines zusammengefasst.

Newton stellt dasselbe in seinen Principien mit folgenden Worten auf: Jeder Körper verharret entweder in seinem Zustande der Ruhe oder der gleichförmigen geradlinigen Bewegung, so weit er nicht durch einwirkende Kräfte gezwungen wird, jenen Zustand zu ändern.

Zusatz 3.

§. 69. Diese Gesetze betreffen nur die absolute Bewegung und bleiben für die relative nicht gültig. Wie ein relativ ruhender Körper möglicherweise, ohne Einwirkung äusserer Ursachen sich bewegen kann (§. 59.); so werden auch Körper, welche eine relative Bewegung haben, nicht immer gleichförmig und geradlinig fortschreiten.

Zusatz 4.

§. 70. Wird daher ein Körper durch keine äussern Ursachen angetrieben, so mag er relativ sich auf beliebige Weise ungleichförmig bewegen, absolut muss man ihn entweder als ruhend oder als gleichförmig in gerader Linie sich bewegend annehmen. Hieraus kann man auf gewisse Weise einen Unterschied zwischen dem relativen und absoluten Zustande eines Körpers abnehmen.

Anmerkung 2.

§. 71. In den mechanischen Principien der Astronomie, wie Newton sie aufgestellt hat, setzt man voraus, dass die Sonne und Fixsterne durch äussere Ursachen gar nicht oder so wenig afficirt werden, dass die Wirkung unmerklich ist. Obgleich nun die Sonne in Bezug auf die Erde weder gleichförmig, noch geradlinig fortzuschreiten scheint, ist es doch gewiss, dass sie entweder ruhet, oder gleichförmig und geradlinig fortschreitet. Nothwendig müssen daher die beobachteten Ungleichförmigkeiten in der Bewegung der Sonne der Erde zugeschrieben werden.

Erklärung 8.

§. 72. Die Richtung der Bewegung ist die gerade Linie, auf welcher der sich bewegende Körper fortzuschreiten strebt und wirklich fortschreitet, wenn äussere Ursachen ihn nicht daran verhindern.

Zusatz.

§. 73. Ein mit absoluter Bewegung begabter Körper wird also, wenn nicht äussere Ursachen einwirken, stets dieselbe Richtung und Geschwindigkeit beibehalten.

Erklärnng 9.

§. 74. Die Kraft der Trägheit ist jene allen Körpern inwohnende Fähigkeit, entweder in Ruhe zu verharren, oder ihre Bewegung gleichförmig in gerader Linie fortzusetzen.

Zusatz.

§. 75. Wir haben das erwähnte Verharren in Ruhe und die Fortsetzung der gleichförmigen Bewegung durch das Princip des zureichenden Grundes bewiesen, aber zugleich bemerkt, dass dieses nicht die Erscheinung bewirke, sondern dass diese in der Natur des Körpers selbst liege. Diese von der Natur der Körper abhängende Ursache des Verharrens in seinem Zustande ist die so genannte Kraft der Trägheit.

Anmerkung.

§. 76. Kepler hat zuerst diese Benennung aufgestellt und er bezeichnete damit die jedem Körper eigenthümliche Kraft, allem zu widerstehen, was seinen Zustand zu verändern strebt. Zwar passt das Wort Trägheit besser zu dieser Idee des Widerstandes, als zur obigen des Beharrens, womit wir dasselbe verbunden haben, allein in der Wirklichkeit sind diese Erklärungen nicht von einander verschieden. Es ist nämlich dieselbe Kraft, welche die Bewegung oder Ruhe fortsetzt und welche Hindernissen widersteht. Ich wollte lieber diese, als Kepler's Erklärung anwenden, weil man noch nicht weiss, auf welche Weise die Körper den antreibenden Kräften widerstehen. Ausserdem hat diese Kraft des Widerstandes ihren Ursprung in dem Vermögen, die Ruhe oder Bewegung fortzusetzen und muss daher hieraus abgeleitet werden.

Satz 10.

Lehrsatz.

§. 77. Wenn der Raum, auf welchen man die relative Bewegung bezieht, entweder absolut ruhet oder sich gleichförmig und geradlinig bewegt; so gelten die aufgestellten Gesetze über die absolute Ruhe und Bewegung auch für die relative.

Beweis.

Befindet sich der Raum in absoluter Ruhe, so stimmen die relative Ruhe und Bewegung mit der relativen überein und es wird daher jeder Körper entweder beständig ruhen oder sich gleichförmig und geradlinig bewegen (§. 10.). Bewegt sich aber jener Raum selbst gleichförmig in gerader Linie, so werden die relativ ruhenden Körper dieselbe absolute Bewegung wie der Raum haben. Sie werden daher ebenfalls gleichförmig in gerader Linie fortschreiten und diese Bewegung ihrer Natur nach fortsetzen können; das Gesetz (§. 66.) gilt also auch in diesem Falle. Ein Körper aber, welcher sich relativ gleichförmig und in gerader Linie bewegt, wird auch dann, wenn der Raum eine gleichförmige geradlinige Bewegung hat, absolut gleichförmig und geradlinig fortschreiten, wie so wohl aus dem folgenden Satze, als von selbst einleuchtet. Diese relative Bewegung stimmt also auch mit dem Gesetze überein und kann ohne eine äussere Kraft fortgesetzt werden.

Zusatz 1.

§. 78. Wenn ein durch keine äussere Kraft afficirter Körper relativ ruhet, oder sich gleichförmig in gerader Linie bewegt; so ist diess ein Zeichen, dass der Raum, auf welchen man seinen Zustand beziehet, absolut entweder ruhe, oder sich gleichförmig in gerader Linie bewege.

Zusatz 2.

§. 79. Eine solche relative Bewegung wird für sich selbst beständig unverändert bleiben, denn nicht nur der sich bewegende Körper, sondern auch der Raum, worauf man ihn bezieht, schreiten absolut gleichförmig und in gerader Linie fort. Beide Bewegungen werden von selbst fortgesetzt und jene relative wird, wenn keine äussere Ursache hinzutritt, in ihrem Zustande verharren.

Zusatz 3.

§. 80. Wir haben nur eine relative Vorstellung von der Bewegung (§. 7.) und diese Gesetze sind daher auch nicht hinreichend, um die absolute Bewegung irgend eines Körpers zu erkennen. Wenn nämlich ein durch keine äussere Ursache afficirter Körper sich gleichförmig in gerader Linie fortbewegt, so können wir daraus nur schliessen, dass er auch absolut entweder ruhe, oder sich gleichförmig in gerader Linie bewege. Wir können aber weder die Grösse, noch die Richtung der absoluten Bewegung bestimmen.

Zusatz 4.

§. 81. Was wir daher aus der Eigenschaft der Körper, den Zustand der Ruhe oder gleichförmigen geradlinigen Bewegung beizubehalten, ableiten, bezieht sich alles nicht bloss auf die absolute Bewegung oder Ruhe, sondern auch auf den relativen Zustand, in welchem der Raum und der Körper gleichförmig in gerader Linie fortschreiten.

Anmerkung.

§. 82. Wir werden uns demnach wenig um die absolute Bewegung bekümmern, da jene relative in denselben Gesetzen enthalten ist. Wir werden oft diese relative Bewegung in andere derselben Art verändern, jedoch so, dass die aufgestellten Gesetze beobachtet werden; wenn wir sie etwa mit Bezug auf einen andern, ebenfalls gleichförmig und geradlinig fortschreitenden Körper betrachten. In diesem Falle wird er nicht aufhören, gleichförmig und geradlinig fortzuschreiten und diess kann auf unzählige Weise geschehen, wovon man die bequemste auswählen wird.

Satz 11.

Aufgabe.

§. 83. (Figur 9.) Es bewege sich ein Körper absolut gleichförmig auf der geraden Linie AL, ein anderer eben so auf AM; man sucht die relative Bewegung des ersten Körpers in Bezug auf den zweiten.

Auflösung.

Es sei die Geschwindigkeit des auf AL fortschreitenden Körpers $=a$, die des zweiten auf AM sich bewegenden $=b$ und es gehen beide Körper zugleich vom Punkte A aus. Nimmt man die Wege AL und AM so an, dass $AL:AM = a:b$; so werden offenbar beide Körper zugleich in L und M anlangen. Zieht man daher ML so, dass

$$\sin AML : \sin ALM = AL : AM = a:b;$$

so bezeichnet L den Ort, an welchem der auf AL fortschreitende Körper sich in demselben Augenblick befindet, wo der andere in M verweilt. Da man aber die relative Bewegung des ersten in Bezug auf den zweiten zu wissen wünscht, muss man diesen, welcher sich in der Wirklichkeit auf AM bewegt, als in A ruhend ansehen. Denken wir uns daher den Punkt M nach A übertragen, so wird, indem wir aus A die Linie $AN \#$ und $= ML$ ziehen, L nach N gelangen. Erreicht der auf AM fortschreitende Körper ferner den nächsten Ort m, so wird sich der andere in l befinden und es ist $ml \# ML$, weil $Mm:Ll = b:a = AM:AL$. Wird aber wieder auf ähnliche Weise m nach A übertragen, so kommt, indem man $An=ml$ macht, l nach n und zwar wird n auf derselben Linie AN liegen. Hieraus folgt, dass der absolut auf AL sich bewegende Körper relativ auf AN fortschreitet. Es wird daher ferner die relative Geschwindigkeit sich zur absoluten verhalten, wie $Nn:Ll$ oder $ML:AL$ und da dieses Verhältniss, wegen des seiner Natur nach gegebenen Dreiecks ALM constant ist, so wird der auf AL absolut gleichförmig fortschreitende Körper sich auch relativ gleichförmig auf AN bewegen. Die Lage von AN findet man aus dem Winkel LAN so, dass

$$\sin LAN : \sin NAM = b : a.$$

Endlich verhält sich die absolute Geschwindigkeit auf AL zur relativen auf AN, wie $\sin MAN : \sin LAM$.

Zusatz 1.

§. 84. Ein absolut gleichförmig und geradlinig fortschreitender Körper wird auch relativ sich eben so bewegen, wenn nur der Körper, auf welchen man jenen bezieht, ebenfalls gleichförmig und in gerader Linie fortschreitet. Diess haben wir im vorhergehenden Beweise (§. 77.) angenommen.

Zusatz 2.

§. 85. Die Construction der Linie AN und die Bestimmung der relativen Geschwindigkeit kann übrigens sehr leicht folgendermassen ausgeführt werden. Nachdem man wie oben $AL:AM = a:b$ angenommen und ML gezogen hat, ziehe man aus A die Linie $AN \#' ML$, so ist AN der bei der relativen Bewegung beschriebene Weg. Die relative Geschwindigkeit verhält sich zur absoluten, wie $ML:AL$.

Zusatz 3.

§. 86. Derselbe Schluss gilt, wenn AL nicht mit absoluter, sondern relativer Bewegung und AM in derselben Beziehung beschrieben wird. Alsdann erhält man aber für den auf AL sich bewegenden Körper eine andere relative Bewegung, in Bezug auf den längs AM sich bewegenden Körper.

Zusatz 4.

§. 87. Es ist daher klar, wie man eine absolute Bewegung in unbestimmte relative verwandeln kann, welche stets gleichförmig und geradlinig erfolgen werden, wenn nur die gegebene absolute und die Bewegung der Körper, auf welche man erstere bezieht, von dieser Art ist.

Anmerkung.

§. 88. (Figur 10.) Wir nahmen bei der Auflösung an, dass beide Körper von demselben Orte A ausgegangen seien; jene ergibt sich aber auch, wenn diese sich anfangs in verschiedenen Punkten A und B befunden haben. Es schreite der Körper A mit absoluter Bewegung gleichförmig auf der geraden Linie AL fort, der andere B aber auf ähnliche Weise längs BM, so dass ihre Geschwindigkeiten sich verhalten, wie $a:b$. Nun nehme man $AL:BM = a:b$ an, so gelangen beide Körper zugleich respective nach L und M. Da man aber die relative Bewegung des Körpers A in Bezug auf B sucht, muss man diesen als in B ruhend ansehen. Man trage daher in Gedanken den Körper B von M nach B, so wird A von L nach N gelangen, indem man $BN \#$ und $= ML$ zieht. Ich behaupte alsdann, dass N auf der geraden, durch A gehenden Linie liege, so dass der Körper A sich relativ gleichförmig auf der Linie AN bewegt. Es wird nämlich $NL =$ und $\#$ BM, wodurch das Dreieck ANL seiner Form nach gegeben ist. Es ist daher das Verhältniss $AL:NL$, oder weil $NL = BM$, das $AL:BM$ ein gegebenes und zwar $= a:b$. Der Punkt N liegt also auf der Geraden AN und die relative Geschwindigkeit auf AN steht zu der absoluten auf AL im Verhältniss $AN:AL$, d. h. in einem gegebenen. Die relative Bewegung auf AN ist daher geradlinig und gleichförmig.

Zusatz 5.

§. 89. Ist die absolute Bewegung des Körpers A durch AL und seine gleichförmige relative durch AN gegeben, so kann man die Bewegung des Körpers B finden, auf welchen man jene bezieht. Nimmt man nämlich die beiden Wege AL und AN als in derselben Zeit durchlaufen an, so ziehe man durch einen beliebigen Punkt B, $BM \# NL$, alsdann bezeichnet BM den Weg, welchen B beschrieben hat. Es verhält sich ferner seine Geschwindigkeit zur absoluten Geschwindigkeit des Körpers A durch AL, wie $NL:AL$. Es wird daher A zu derselben Zeit in A, als B in B sein.

Zusatz 6.

§. 90. Man hat also unzählige Bewegungen des Körpers B, weil man den Punkt B beliebig annehmen kann, aus welchem dieselbe relative Bewegung des Körpers A hervorgeht. Die Geschwindigkeit des Körpers B wird aber immer dieselbe und seine Richtung parallel NL sein.

Zusatz 7.

§. 91. Man sieht ferner ein, dass eine absolute gleichförmige nnd geradlinige Bewegung in eine beliebige relative, ebenfalls gleichförmige und geradlinige verwandelt werden kann. Man kann nämlich AN beliebig ziehen und auch die Geschwindigkeit auf derselben willkührlich annehmen; es ergibt sich stets eine gleichförmige und geradlinige Bewegung des Körpers B, aus welcher jene relative hervorgeht.

Zusatz 8.

§. 92. Jene relative Bewegung kann hierauf, ohne eine äussere Kraft, fortgesetzt werden. Die absoluten Bewegungen durch AL und BM werden nämlich von selbst fortgesetzt, weil sie gleichförmig und geradlinig sind. So lange aber diese währen, wird auch die relative Bewegung durch AN fortdauern.

Satz 12.

Aufgabe.

§. 93. (Figur 11.) Der Körper A bewegt sich absolut auf beliebige Weise längs AL, der Körper B längs BM; man sucht die relative Bewegung des erstern in Bezug auf den zweiten.

Auflösung.

Man schneide auf den Curven die Bogen AL und BM ab, welche in gleichen Zeiten durchlaufen werden, so dass A und B gleichzeitig in L und M eintreffen. Da man die relative Bewegung des ersten in Bezug auf den zweiten zu wissen wünscht, muss man diesen als in B ruhend ansehen. Man denke sich ihn also von M längs der geraden Linie MB nach B gebracht; alsdann wird, indem man $LN \#$ und $= BM$ zieht, der Körper A nach N gelangen. Die Curve also, auf welcher der so gefundene Punkt N liegt, wird der mit der relativen Bewegung vom Punkt A beschriebene Weg sein und zwar wird der Bogen AN in derselben Zeit zurückgelegt, in welcher die Bogen AL und BM beschrieben werden. Hieraus erhält man auch die relative Geschwindigkeit in N.

Zusatz 1.

§. 94. Auf diese Weise kann man die relative Bewegung eines beliebig fortschreitenden Körpers, in Bezug auf einen andern, sich ebenfalls beliebig bewegenden Körper bestimmen.

Zusatz 2.

§. 95. Aus den gegebenen Curven AN und AL und den Bewegungen längs derselben kann man die Curve BM und die Bewegung längs derselben finden. Eben so wird die Curve AL durch BM und AN bestimmt.

Zusatz 3.

§. 96. Da der Punkt B willkührlich ist, kann die Curve BM unzählige versehiedene Lagen haben. Weil aber die Sehne BM des gleichnamigen Bogens, der in derselben Zeit wie AL und AN beschrieben wird, stets $=$ und $\# LN$ ist, so wird auc jene sich selbst stets gleich und parallel und die Bewegung auf ihr immer dieselbe sein.

Anmerkung.

§. 97. Diess haben wir über die Vergleichung der absoluten Bewegung mit der relativen mittheilen wollen. Die letztere pflegt man sonst so zu erklären, dass man die Bewegung längs AN dem Körper A zuschreibt, während er in Wahrheit über AL fortgeht, wie man es von dem, auf BM sich bewegenden Körper aus sieht. Der Beschauer wird aber als in B ruhend vorausgesetzt und B selbst ebenfalls als ruhend betrachtet. So stimmt die relative Bewegung der Sterne, mit Rücksicht auf die Erde, mit der Bewegung überein, welche wir wahrnehmen, indem wir die Erde als ruhend ansehen. Ist diese von B nach M, der Stern von A nach L fortgerückt, so erblicken wir diesen von M aus längs ML und im Abstande ML; allein wir bemerken nicht, dass wir uns von B fortbewegt haben, glauben vielmehr, dass wir uns noch in diesem Punkte befänden. Wir sehen daher den Stern von B aus nicht in L, sondern in N, nach derselben Richtung und in demselben Abstande. Es ist daher $BN =$ und $\#$ ML, wie wir nach unserer Weise gefunden haben.

Allgemeine Bemerkung.

§. 98. Jene Gesetze der Bewegung, welche ein sich selbst überlassener Körper, in Bezug auf die Fortsetzung der Ruhe oder Bewegung beobachtet, gelten eigentlich für unendlich kleine Körper, welche als Punkte angesehen werden können. In Körpern von endlicher Grösse, deren einzelne Theile verschiedene beigebrachte Bewegungen haben, sucht zwar jeder Theil diese Gesetze zu beobachten, was jedoch wegen der Beschaffenheit des Körpers nicht immer geschehen kann. Dieser selbst folgt daher derjenigen Bewegung, welche aus den Bestrebungen seiner einzelnen Theile zusammengesetzt wird. Diese Bewegung können wir für jetzt, wegen des Mangels der genügenden Principien, noch nicht bestimmen und verschieben diese Untersuchung auf das Folgende. Die Verschiedenheit der Körper bietet demnach eine erste Eintheilung des Werkes dar.

Zuerst betrachten wir unendlich kleine Körper, welche man als Punkte ansehen kann. Hierauf gehen wir zu Körpern von endlicher Grösse über, welche fest sind und ihre Gestalt nicht verändern können. Drittens behandeln wir biegsame Körper. Viertens diejenigen, welche eine Ausdehnung nnd Zusammenziehung zulassen. Fünftens untersuchen wir die Bewegung mehrerer loser Körper, von denen einige verhindern, dass die andern ihren Versuch sich zu bewegen ausführen. Sechstens müssen wir die Bewegung flüssiger Körper behandeln. Bei diesen Körpern werden wir nicht bloss sehen, wie sie, sich selbst überlassen, ihre Bewegung fortsetzen, sondern auch untersuchen, wie sie durch äussere Ursachen, d. h. durch Kräfte afficirt werden. Endlich bringt in allen diesen Untersuchungen der freie oder nicht freie Zustand der Körper eine grosse Verschiedenheit zu Wege.

Unter einem nicht freien Zustande verstehe ich hier, dass Körper verhindert werden, in der Richtung fortzuschreiten, nach welcher sie das Bestreben dazu haben. Von dieser Art ist die Bewegung der Pendel, welche verhindert werden, ihrem Bestreben zufolge geradlinig herabzusteigen und daher Schwingungen hervorbringen. Ein freier Zustand findet hingegen statt, wenn Körper kein Hinderniss finden, sich nach jeder Richtung zu bewegen, nach welcher sie entweder durch ihnen inwohnende oder äussere Kräfte getrieben werden. Man sieht daher, welche Gegenstände in der Mechanik zu behandeln sind und wieviel hiervon noch gar nicht untersucht worden ist. Ausser der bisher betrachteten Bewegung der Punkte, müssen wir nämlich fast alles erst erfinden und aus den Principien ableiten.

Ich beginne nun mit der Bewegung freier Punkte, welche durch beliebige Kräfte angetrieben werden; denn die Bewegung, welche sie ausführen, wenn sie sich selbst überlassen sind, ist in diesem Kapitel bereits dargestellt worden. Den ersten Theil habe ich für die Bewegung freier, den zweiten für die Bewegung nicht freier Punkte bestimmt und in beiden werde ich die Untersuchungen, auf dem Grund der bereits vorgetragenen und noch folgenden Principien, analytisch anstellen.

Kapitel II.

Von der Wirkung der Kräfte auf einen freien Punkt.

Erklärung 10.

§. 99. Eine Kraft ist die Gewalt, welche einen Körper von der Ruhe zur Bewegung bringt, oder seine bereits stattfindende Bewegung verändert. Eine derartige Kraft ist die Schwere, vermöge welcher die Körper, nach Entfernung der Hindernisse, zu sinken anfangen und welche die herabsteigende Bewegung beständig beschleunigt.

Zusatz

§. 100. Jeder sich selbst überlassene Körper verharret entweder in Ruhe, oder bewegt sich gleichförmig und geradlinig fort. So oft daher ein ruhender freier Körper sich zu bewegen anfängt, oder seine Bewegung weder gleichförmig noch geradlinig fortsetzt, muss man die Ursache hiervon irgend einer Kraft zuschreiben. Denn dasjenige, was den Zustand eines Körpers zu stören vermag, nennen wir eine Kraft.

Anmerkung 1.

§. 101. Die Lehre von den Kräften, so weit mehrere an einem Körper angebrachte im Gleichgewicht stehen nnd ihn in Ruhe erhalten, wird schon in der Statik behandelt. Dort wird die Kraft auch so erklärt, dass sie alles dasjenige bezeichnet, was die Körper zu bewegen vermag. Die Bewegung selbst wird in der Statik nicht betrachtet, sondern man bestimmt dort nur diejenigen Fälle, in denen mehrere Kräfte sich aufheben und der Körper, auf welchen sie wirken, in Ruhe bleibt. Hier aber, in der Mechanik haben wir auseinander zu setzen, wie

Kräfte, welche auf einen Körper wirken und nicht unter sich entgegengesetzt sind, wirklich im ruhenden Körper eine Bewegung und im bereits sich bewegenden Körper eine Aenderung der Bewegung hervorbringen.

Anmerkung 2.

§. 102. Ob derartige Kräfte in den Körpern selbst ihren Ursprung haben, oder von selbst in der Natur vorhanden sind, untersuche ich hier nicht. Es genügt, dass die Kräfte wirklich bestehen, was z. B. die Schwere darthut, vermöge deren alle irdischen Körper herabzusinken streben. Ausserdem erblickt man derartige, auf die Körper einwirkende Kräfte in den Bewegungen der Planeten, welche gleichförmig und in geraden Linien fortschreiten müssten, wenn nicht irgend eine Kraft auf sie einwirkte. Aehnliche Kräfte nimmt man in den magnetischen und elektrischen Körpern wahr, welche nur gewisse Körper anziehen. Einige sind der Meinung, dass alle diese Kräfte aus der Bewegung einer gewissen lockeren Materie entspringen, andere legen den Körpern selbst eine anziehende und abstossende Kraft bei. Wie dem auch sein möge, so sehen wir mit Gewissheit, dass aus elastischen Körpern und Wirbeln derartige Kräfte entspringen können und werden am gehörigen Orte nntersuchen, ob hierdurch diese Erscheinungen der Kräfte erklärt werden können. Inzwischen wollen wir versuchen, die Wirkungen beliebiger Kräfte auf Körper zu bestimmen und wenn wir später zu ihrer vollkommenen Kenntniss gelangt sein werden, können wir die Entwickelungen ihnen sogleich anpassen.

Erklärung 11.

§. 103. Die Richtung einer Kraft ist die gerade Linie, längs welcher sie den Körper zu bewegen strebt. So ist die Richtung der Schwere die vertikale Linie, längs welcher sie schwere Körper antreibt.

Anmerkung 1.

§. 104. In der Statik, wo man alles als in Ruhe verharrend annimmt, werden auch alle Kräfte stets ihre Richtung beibehalten. In der Mechanik aber, wo ein Körper beständig an einen andern Ort gelangt, wird auch die Richtung der auf ihn wirkenden Kraft stets eine andere werden. Für verschiedene Orte des Körpers werden nämlich die Richtungen der Kraft entweder einander parallel sein, oder nach einem festen Punkte convergiren oder ein anderes Gesetz befolgen, woraus hier eine so-mannichfache Behandlung der Kräfte entspringt.

Anmerkung 2.

§. 105. (Figur 12.) Die Vergleichung und das Maas verschiedener Kräfte ist ebenfalls aus der Statik zu entnehmen. Dort wird gelehrt, dass eine Kraft a sich zur Kraft b verhalte, wie $m:n$, wenn die erstere $n$mal im Punkt A nach der Richtung AB, letztere $m$mal in demselben Punkte nach der entgegengesetzten Richtung AC angebracht ist und der Punkt A im Gleichgewicht bleibt. Alsdann ist nämlich $na = mb$, oder $a:b = m:n$.

Anmerkung 3.

§. 106. Darin ist aber das mechanische Maass der Kräfte vom statischen verschieden, dass bei diesem alle nach der Voraussetzung dieselbe Grösse beibehalten, während in der Mechanik, so wie der Körper nach einem andern Orte gelangt und die Richtungen der Kräfte sich verändern, auch ihre Grösse, nach einem bestimmten Gesetze, andere Werthe annehmen kann.

Satz 13.

Lehrsatz.

§. 107. (Figur 13.) Wird ein Punkt von mehreren Kräften angegriffen, so erlangt er eine solche Bewegung, als wenn nur eine einzige, ihnen allen gleichgeltende Kraft ihn angegriffen hätte.

Beweis.

Der Punkt A werde von den Kräften AB, AC, AD und AE angegriffen, deren mittlere AM ist. Man nehme AN der letztern gleich und entgegengesetzt an, so hebt diese, wie aus der Statik bekannt ist, die Wirkungen jener vier Kräfte auf. Im ersten Augenblick würde nämlich die Kraft AN dem Punkt A eine so grosse Bewegung längs AN beibringen, als die zugleich wirkenden Kräfte AB, AC, AD und AE ihm nach ihrer mittlern Richtung, d. h. längs AM einflössen könnten. Die Kraft AM allein aber wird, weil sie AN gleich ist, den Punkt A eben so weit längs AM, als die Kraft AN längs AN bewegen. Daher ist auch die Kraft AM den vier zugleich wirkenden AB, AC, AD und AE gleichgeltend und die Wirkung dieselbe.

Zusatz 1.

§. 108. Wird daher ein Punkt durch mehrere Kräfte angetrieben, so kann man ihn als durch Eine, ihnen allen gleichgeltende Kraft angetrieben betrachten.

Zusatz 2.

§. 109. Umgekehrt kann man statt Einer, auf einen Punkt wirkenden Kraft mehrere auf ihn wirkende betrachten, denen jene gleichgeltend ist und zwar kann diess, wie aus der Statik bekannt ist, auf zahllose Weise geschehen.

Anmerkung.

§. 110. Sobald aber der Körper sich erst von seinem Orte bewegt hat, ändern die auf ihn wirkenden Kräfte ihre Richtung und Grösse, wenigstens wird diess vorausgesetzt und es wird daher auch die mittlere Kraft in jedem Augenblick eine andere werden. Desswegen muss man zu jeder Zeit die mittlere Kraft der einzelnen, auf einen Punkt wirkenden, Kräfte bestimmen und darf erstere nur, als während eines unendlich kleinen Zeitelements auf den Punkt wirkend ansehen.

Erklärung 12.

§. 111. Eine Kraft ist eine absolute, wenn sie auf einen sich bewegenden Körper gleiche Wirkung, als auf einen ruhenden ausübt; z. B. die Schwere, welche die sich bewegenden oder ruhenden Körper gleich stark abwärts zieht.

Zusatz.

§. 112. Ist die Wirkung einer absoluten Kraft auf einen ruhenden Körper bekannt, so kennt man auch ihre Wirkung auf einen beliebig sich bewegenden Körper.

Erklärung 13.

§. 113. Eine relative Kraft ist diejenige, welche anders auf einen ruhenden, als auf einen sich bewegenden Körper wirkt. Eine derartige Kraft ist diejenige, vermöge welcher ein Strom einen Körper mit sich fortreisst. Je schneller dieser sich bewegt, desto schwächere Kraft übt der Strom auf ihn aus und sie verschwindet gänzlich, wenn der Körper eine eben so grosse Geschwindigkeit als der Strom erlangt hat.

Zusatz 1.

§. 114. Ist daher die Geschwindigkeit eines Körpers und zugleich das Gesetz der relativen Kraft gegeben, so kann man die Gewalt finden, mit welcher die Kraft auf den Körper wirkt. Diese kann dann so lange, als der Körper dieselbe Geschwindigkeit beibehält, als absolute Kraft angesehen und ihre Wirkung aus der der absoluten Kraft abgeleitet werden. Die Bestimmung der Wirkung, welche eine relative Kraft auf einen, mit gegebener Geschwindigkeit sich bewegenden Körper ausübt, ist nämlich nichts anderes, als die Angabe der in diesem Falle gleichvermögenden absoluten Kraft.

Zusatz 2.

§. 115. Hierin sind also die absoluten und relativen Kräfte von einander verschieden, dass die Grösse und Richtung der erstern nur von dem Orte des Körpers, auf welchen sie wirkt, die Grösse und Richtung der letztern ausserdem von der Geschwindigkeit des sich bewegenden Körpers abhängig ist.

Anmerkung 1.

§. 116. Die relativen Kräfte beziehen sich vorzugsweise auf die Bewegung der Körper in Flüssigkeiten, indem die Wirkung der letztern auf jene von der Geschwindigkeit abhängig ist, womit die Körper sich bewegen. Je grösser diese ist, eine desto grössere Einwirkung erleidet der Körper von der Flüssigkeit. Ausser andern Fällen der Bewegung in Flüssigkeiten, welche eine grössere Kenntniss der letztern erfodern, sind die zwei leichter zu behandeln, wenn die Flüssigkeit entweder ruhet oder sich gleichförmig in gerader Linie bewegt. Dieser kann aber stets auf jenen zurückgeführt werden, indem man die relative Bewegung statt der absoluten substituirt; alsdann ist die Flüssigkeit als eine ruhende zu betrachten, in welchem Zustande sie auch durch eigene Kraft verbleiben wird. Das, was im Folgenden über die relativen Kräfte vorgetragen werden wird, bezieht sich also vorzugsweise auf die Bewegung der Körper in ruhenden Flüssigkeiten. Die Wirkung, welche die Flüssigkeit auf den sich bewegenden Körper ausübt, besteht durchaus in einer Verminderung seiner Geschwindigkeit und wird daher Widerstand genannt. Dieser ist desto grösser, je schneller der Körper sich bewegt, er verschwindet aber ganz, wenn der Körper ruhet. Wir werden demnach in der Folge statt der relativen Kräfte, widerstehende Mittel annehmen; die Bewegungen hingegen, welche nur durch absolute Kräfte hervorgebracht werden, wollen wir als im leeren Raume erfolgend voraussetzen.

Anmerkung 2.

§. 117. Die Bewegung im widerstehenden Mittel sollte, wenn wir die gehörige Reihefolge beobachten wollten, auf den letzten Theil verschoben werden, welcher von den Flüssigkeiten handeln wird; da wir auch jetzt noch nicht wissen, nach welchem Gesetze die Flüssigkeiten den, in ihnen sich bewegenden, Körpern widerstehen. Da aber dieser Gegenstand meistentheils so behandelt zu werden pflegt, dass man gänzlich von der Natur der Flüssigkeiten abstrahirt und eine rein mathematische Hypothese aufstellt; so schien es mir angemessener, diese Methode beizubehalten, als mehrere elegante Aufgaben zu übergehen, welche auch in der Betrachtung der Flüssigkeiten keinen Platz finden. Ich untersuche aber diesen Widerstand des Mittels nur bei Punkten, denn bei Körpern von endlicher Grösse ist die Schwierigkeit der Rechnung nicht zu überwinden. Können aber Körper als Punkte angesehen werden, so entspringt hieraus der Vortheil, dass die Richtung der widerstehenden Kraft mit der Richtung der Bewegung zusammenfällt, wenn jene nämlich aus der ruhenden Flüssigkeit entspringt. Desshalb legen wir in dieser Abhandlung von der Bewegung der Punkte den relativen Kräften stets die Richtung bei, welche der sich bewegende Punkt hat und betrachten sie, als ob sie die Bewegung verminderten.

Satz 14.

Aufgabe.

§. 118. Gegeben ist die Wirkung einer absoluten Kraft auf einen ruhenden Punkt; man soll ihre Wirkung auf denselben, beliebig sich bewegenden Punkt bestimmen.

Auflösung.

(Figur 14.) Es liege der Punkt in A und bewege sich von hier, mit der Geschwindigkeit c längs AB, die Richtung der auf ihn wirkenden Kraft sei aber AC. Man nehme irgend ein kleines Zeitelement dt an und es werde während desselben der Punkt, wenn er in A ruhete, durch den kleinen Raum $AC = dz$ fortgezogen, so dass er sich nach der Zeit dt nicht mehr in A, sondern in C befinden würde. Diese Bewegung durch AC wird die Wirkung der Kraft auf den ruhenden Punkt sein. Diese Wirkung muss aber, weil die Kraft eine absolute ist, dieselbe sein, mag der Punkt sich bewegen oder ruhen (§. 111.). Man schneide nun auf der Richtung des Punktes, welche er längs AB hat, ein Stück AB ab, welches er mit seiner Geschwindigkeit c in der Zeit dt durchlaufen würde, wenn keine Kraft ihn antriebe; alsdann wird $AB = cdt$ (§. 30.). Wirkt aber die Kraft, so wird der Punkt nach Verlauf des Zeitelements dt sich nicht in B, sondern im Punkte D befinden, dergestalt dass die Wirkung, welche durch die Abweichung des Punktes D von B gemessen wird, gleich ist der Wirkung derselben Kraft auf den ruhenden Punkt (§. 111). Es ist also $BD = AC$. Ferner wird aber auch $BD \# AC$, weil

BD als Wirkung der Kraft in ihre Richtung fallen muss und diese sich während des unendlich kleinen Zeitelements dt nicht ändert. Der Punkt A, welcher die Geschwindigkeit c längs AB hat und durch eine absolute Kraft angetrieben wird, befindet sich daher am Ende des Zeittheilchens dt nicht in B, sondern in D, wo $BD =$ und $\# AC$ ist. Die während dieses Zeittheilchens durchlaufenen Wege können aber als gerade Linien betrachtet werden und man muss daher annehmen, dass der Punkt im Zeittheilchen dt den Weg AD durchlaufen habe.

Zusatz 1.

§. 119. Da die Bewegungen durch unendlich kleine Räume als gleichförmig angesehen werden können (§. 33.), so wird die Geschwindigkeit, mit welcher der Punkt das Element AD zurücklegt, $= \frac{AD}{dt}$ (§. 30.).

Zusatz 2.

§. 120. Man setze die Geschwindigkeit durch $AD = c + dc$, weil die vorhergehende $= c$ war (§. 35.), so wird $c + dc = \frac{AD}{dt}$ und weil $AB = cdt$ war, $dc = \frac{AD - AB}{dt}$. Macht man daher auf AD, $Ab = AB$, so wird $dc = \frac{Db}{dt}$.

Anmerkung 1.

§. 121. Es muss bemerkt werden, dass AC oder AD unendlich vielmal kleiner ist, als AB. Es ist nämlich AB der mit endlicher Geschwindigkeit in der Zeit dt, AC hingegen der mit unendlich kleiner Geschwindigkeit in derselben Zeit durchlaufene Weg. Dem ruhenden Körper kann nämlich keine Kraft, in einem unendlich kleinen Zeittheilchen, eine endliche Geschwindigkeit einflössen.

Zusatz 3.

§. 122. Der Winkel BAD ist daher ebenfalls unendlich klein und wenn man Bb zieht, wird diese Linie auf AD senkrecht stehen. Setzt man nun $\sin BAC = k$, wo k wie BAC gegeben ist, so wird auch

$$\sin BDb = \sin DAC = \sin(BAC - BAD) = k$$
$$\text{und } \sin DBb = \sqrt{1 - \sin BDb^2} = \sqrt{1 - k^2}.$$

Demnach, weil $BD = AC = dz$ ist, $Db = dz\sqrt{1 - k^2}$ und $Bb = kdz$.

Zusatz 4.

§. 123. Die Zunahme dc der Geschwindigkeit, welche wir

vorher $= \frac{Db}{dt}$ gefunden haben, wird daher nun $= \frac{dz\sqrt{1-k^2}}{dt}$. Man sieht, dass dz im Vergleich mit dt unendlich klein ist, indem dz im Vergleich mit $AB = cdt$, also, weil c von endlicher Grösse angenommen wird, auch mit dt unendlich klein sein muss.

Zusatz 5.

§. 124. Nachdem so die, durch die Kraft hervorgebrachte, Zunahme dc der Geschwindigkeit bestimmt worden ist, erhalten wir für den Winkel BAD, welcher die, durch dieselbe Kraft bewirkte, Ablenkung von der ursprünglichen Richtung AB bestimmt,

$$\sin BAD = \frac{Bb}{AB} = \frac{kdz}{cdt}.$$

Zusatz 6.

§. 125. Die Kraft, welche auf den sich bewegenden Punkt einwirkt, bringt demnach in der Geschwindigkeit eine Aenderung $dc = \frac{dz\sqrt{1-k^2}}{dt}$ und eine Ablenkung in der Richtung hervor, welche durch $\sin BAD = \frac{kdz}{cdt}$ bestimmt wird.

Zusatz 7.

§. 126. Wäre $BAC = 90^\circ$, so würde $k = 1$ und $dc = 0$. In diesem Falle wird die Geschwindigkeit durch die Kraft nicht verändert; für den Ablenkungswinkel von der Richtung haben wir aber $\sin BAD = \frac{dz}{cdt}$.

Zusatz 8.

§. 127. Ist $BAC > 90^\circ$, so wird sein Cosinus $\sqrt{1-k^2}$ negativ und daher auch $dc = -\frac{dz\sqrt{1-k^2}}{dt}$, die Geschwindigkeit wird also durch die Kraft vermindert. Für die Ablenkung bleibt $\sin BAD = \frac{kdz}{cdt}$ unverändert.

Zusatz 9.

§. 128. Fällt die Richtung AC der Kraft mit der Richtung AB des Punktes zusammen, so wird $k = 0$; es bleibt also die Richtung der Bewegung unverändert. Das Increment dc der Geschwindigkeit wird aber $= \frac{dz}{dt}$, wenn die Kraft nach derselben und $= -\frac{dz}{dt}$, wenn sie nach der entgegengesetzten Seite der Bewegung gerichtet ist.

Anmerkung 2.

§. 129. (Figur 15.) Aus der Auflösung dieser Aufgabe erhellt, wie man die Wirkung einer absoluten Kraft auf einen beliebig sich bewegenden Punkt zu bestimmen habe, wenn man ihre Wirkung auf den ruhenden Punkt kennt. Daher wird es in den folgenden Sätzen dieses Kapitels genügen, den von Kräften angeregten Punkt als ruhend oder die Bewegung in derselben Richtung, welche die Kraft hat, anzunehmen. Hat nämlich der Punkt A die Geschwindigkeit c und bewegt er sich mit ihr längs AB, wird er aber inzwischen durch eine eben so gerichtete Kraft angetrieben, so dass er nach Verlauf des Zeittheilchens dt sich nicht in B, wohin er vermöge der Geschwindigkeit c allein gelangen würde, sondern in b befindet; so wird Bb die Wirkung der Kraft sein. Durch einen eben so grossen Weg ao würde er in derselben Zeit getrieben worden sein, wenn er sich in a in Ruhe befunden hätte. Aus der Bewegung des, durch eine Kraft angetriebenen, Punktes A wird also die Wirkung derselben Kraft auf den ruhenden Punkt bekannt und hieraus ferner ihre Wirkung auf den, sich irgendwie bewegenden Punkt.

Satz 15.

Aufgabe.

§. 130. (Figur 15.) Gegeben ist das Increment der Geschwindigkeit, welches eine gewisse Kraft im Punkt A, während der unendlich kleinen Zeit dt hervorbringt; man soll die Zunahme der Geschwindigkeit bestimmen, welche dieselbe Kraft während des Zeittheilchens $d\tau$ hervorbringt.

Auflösung.

Es habe der Punkt A die Geschwindigkeit c und dieselbe Richtung AB, welche die ihn antreibende Kraft hat. Ferner sei ao der kleine Raum, durch welchen die Kraft den Punkt A, wenn er ruh'te, während des Zeittheilchens dt treiben würde. Endlich sei AB der Weg, welchen A mit der Geschwindigkeit c in der Zeit dt durchläuft, so wird er, wenn ihn ausserdem die Kraft antreibt, in derselben Zeit den Weg Ab zurücklegen, wo $Bb = ao$ angenommen ist. Diesen Weg kann man nun, weil er unendlich klein ist, als mit gleichförmiger Bewegung beschrieben ansehen. Im folgenden Zeittheilchen

dt würde er nun mit seiner jetzigen Geschwindigkeit den Weg $bC = Ab$ zurücklegen, wenn die Kraft ihn nicht zugleich antriebe. Wirkt sie, die man wenigstens während einer unendlich kleinen Zeit als unverändert annimmt, aber wieder, so gelangt er vielmehr bis c, wo $Cc = ao$ angenommen ist. Auf ähnliche Weise legt er während des dritten Zeittheilchens dt den Weg $cd = cD + Dd = bc + ao$, im vierten den Weg $de = dE + Ee = cd + ao$ zurück. Es ist aber

$$Ab = AB + ao\ ,\ bc = AB + 2.ao\ ,\ cd = AB + 3.ao\ ,$$
$$de = AB + 4.ao\ ,\ \text{etc.}$$

und $\frac{ao}{dt}$ das Increment der Geschwindigkeit, welches die Kraft in dem Zeittheilchen dt erzeugt hat; $\frac{2.ao}{dt}$ das in der Zeit $2dt$, $\frac{3.ao}{dt}$ das in der Zeit $3dt$ und allgemein $\frac{n.ao}{dt}$ das in der Zeit ndt hervorgebrachte Increment der Geschwindigkeit. Setzt man nun $ndt = d\tau$, also $n = \frac{d\tau}{dt}$, so wird das in der Zeit $d\tau$ hervorgebrachte Increment der Geschwindigkeit $= \frac{ao\,.\,d\tau}{dt^2}$. Da aber $\frac{ao}{dt}$ das, dem Zeittheilchen dt entsprechende Increment der Geschwindigkeit ist, so erhält man, wenn $\frac{ao}{dt}$ mit $F(ao\,,dt)$ und ähnlich $\frac{ao\,.\,d\tau}{dt^2}$ mit $F(ao\ ,d\tau)$ bezeichnet wird

$$F(ao,dt)\ :\ F(ao,d\tau) = dt : d\tau.$$

Es sind also die Incremente der Geschwindigkeit den Zeiten, während deren sie erzeugt werden, proportional.

Zusatz 1.

§. 131. Offenbar hängen diese Incremente nicht vom Werthe c der Geschwindigkeit ab, vielmehr haben sie denselben Werth, wie gross oder klein auch c selbst sein mag. Diess ersieht man noch deutlicher aus der Natur einer absoluten Kraft, welche gleiche Wirkung auf einen ruhenden oder sich bewegenden Körper ausübt.

Zusatz 2.

§. 132. Ist $c = o$, d. h. wird der ruhende Körper durch die Kraft zur Bewegung angetrieben, so werden die im Anfange der Bewegung erlangten Geschwindigkeiten den Zeiten proportional. Der Punkt erlangt also in der doppelten Zeit eine doppelte, in der dreifachen Zeit eine dreifache Geschwindigkeit.

Zusatz 3.

§. 133. Wird die im Anfang der Bewegung, während des Zeittheilchens t erlangte Geschwindigkeit c genannt, der durchlaufene Weg aber s; so hat man $t = nc$. Es ist aber auch (§. 37.) $t = \int \frac{ds}{c}$, also $nc = \int \frac{ds}{c}$ oder $ncdc = ds$ und so

$$s = \frac{n \cdot c^2}{2} = \frac{t^2}{2n}.$$

Die beim ersten Anfang der Bewegung beschriebenen Wege stehen daher im doppelten Verhältniss der Zeiten, oder der, im Laufe jener Wege erlangten, Geschwindigkeiten.

Anmerkung 1.

§. 134. Dieser Satz, dass die Incremente der Geschwinkeiten den Zeiten, in welchen sie erzeugt werden, proportional sind, gilt auch für endliche Grössen, wenn nur die antreibende Kraft dieselbe bleibt und die Richtung beibehält, welche der sich bewegende Punkt hat. Ist die Kraft auch irgend wie veränderlich, so wird sie sich doch in einer unendlich kleinen Zeit nicht ändern können; daher findet in diesem Falle jene Beschränkung nicht statt. Bald werden wir die Wirkungen verschiedener Kräfte betrachten und auch bei den durch Kräfte angetriebenen Punkten eine Verschiedenheit der Grösse annehmen. Diese Verschiedenheit widerspricht nicht der äussersten Kleinheit der Punkte, unter denen wir keine mathematische, sondern physische verstehen, durch deren Zusammensetzung die Körper entstehen. Wir können uns nun zwei oder mehrere zusammengewachsen denken und erhalten so einen Körper, welcher zwar grösser als ein einfacher Punkt ist, aber doch unendlich klein bleibt.

Anmerkung 2.

§. 135. Galilei hat zuerst diesen Satz benutzt, um die Bewegung schwerer herabsinkender Körper zu erforschen. Er gab keinen Beweis dafür, zweifelte aber nicht an seiner Wahrheit, weil er so gut mit der Erfahrung übereinstimmte. Er widerlegte ausserdem andere Meinungen über diesen Gegenstand, wodurch er das Gewicht der seinigen sehr verstärkte. Einige glaubten nämlich, die Incremente der Geschwindigkeiten seien nicht den Zeiten, sondern den durchlaufenen Wegen proportional; Galilei überzeugte schon damals die meisten Gelehrten, dass diese Ansicht absurd sei. Befolgten nämlich die Kräfte dieses Gesetz, so würde offenbar kein Körper je zur Bewegung gelangen können. Es würde alsdann $dc = nds$, $c = ns$, ferner

$$t = \int \frac{ds}{c} = \frac{1}{n} \int \frac{dc}{c} = \frac{1}{n} \log c + \text{const.} = \frac{1}{n} \log ns + \text{const.}$$

und weil für $t = 0$, auch $s = 0$, also $0 = \frac{1}{n} \log 0 + \text{const.}$, also vollständig sein

$$t = \frac{1}{n} \log \frac{ns}{0} = \frac{1}{n} \log \infty = \infty.$$

Mit Recht erwiderte daher Galilei seinen Gegnern, dass unter dieser Voraussetzung eine endliche Bewegung in einem Augenblick erzeugt werden müsse, indem sonst gar keine entstehen könne. Setzte man nämlich auch im Anfange die Geschwindigkeit unendlich klein, so könnte sie doch durch eine imaginäre Kraft dieser Art nie zu einer endlichen werden. Aus der gegebenen Auflösung der Aufgabe ersieht man, dass das gefundene Gesetz ein nothwendiges ist und dass kein anderes dem Princip des Widerspruches zufolge, existiren kann,

Satz 16.

Lehrsatz.

§. 136. Eine Kraft q übt auf einen Punkt b dieselbe Wirkung aus, wie eine Kraft p auf einen Punkt a, wenn $q:p = b:a$.

Beweis.

Man setze $q = np$, so wird $b = na$. Nun denke man sich den Punkt na in n gleiche Theile zerlegt, deren jeder $= a$ sein wird und jeden derselben durch eine Kraft $\frac{1}{n} . np = p$ angetrieben. Auf diese Weise wird jeder Theil eben so durch seine Kraft fortgezogen, wie der Punkt a selbst durch seine Kraft p. Ferner werden diese Theile des Punkts na, jeder durch seine Kraft angetrieben, sich nicht von einander trennen, sondern stets vereinigt bleiben, wenn sie es im Anfange waren. Da also beide Fälle auf dasselbe hinauskommen, mag der Punkt na durch die Kraft np, oder jeder Theil a des erstern durch einen ihm entsprecheuden Theil p des letztern angetrieben werden, wenn nur die Theile sich nicht von einander trennen; so wird na eben so durch np, als a durch p angetrieben.

Zusatz 1.

§. 137. Der Punkt na erlangt durch die Kraft np dieselbe Beschleunigung, als a durch p.

Zusatz 2.

§. 138. Um einem grössern Punkte dieselbe Geschwindigkeit, wie einem kleinern zu ertheilen, bedarf man einer grössern Kraft und zwar einer desto grössern, je mehr jener Punkt diesen an Grösse übertrifft.

Anmerkung 1.

§. 139. Dieser Satz enthält die Grundlage zur Bestimmung der Kraft der Trägheit, denn aus demselben folgt, dass in der Mechanik die Materie oder Masse der Körper in Betracht gezogen werden muss. Man hat nämlich die Zahl der Punkte zu beachten, aus denen der zu bewegende Körper zusammengesetzt ist und die Masse des letztern ihr proportional zu setzen. Man muss aber solche Punkte als gleich annehmen, auf welche dieselbe Kraft gleiche Wirkung ausübt, nicht aber die, welche gleich gross sind. Denken wir uns daher die ganze Materie in derartige gleiche Punkte oder Elemente zerlegt, so müssen wir die Menge der Materie eines Körpers nach der Zahl der Punkte aus denen er zusammengesetzt ist, abschätzen. Dass aber die Kraft der Trägheit dieser Zahl von Punkten oder der Menge der Materie proportional sei, werden wir in folgendem Satze sehen.

Zusatz 3.

§. 140. In Bezug auf die Menge der Materie sind zwei Körper einander gleich, welche aus gleich viel Punkten zusammengesetzt sind. Sie verhalten sich aber zu einander, wie $m:n$, wenn die Anzahl der Punkte, woraus sie zusammengesetzt sind, in diesem Verhältniss steht.

Anmerkung 2.

§. 141. In der Folge werden wir zeigen, dass diese Weise, die Menge der Materie zu bestimmen, wirklich angewandt wird und allgemein angenommen ist. Man pflegt nämlich aus dem Gewicht eines jeden Körpers seine Masse herzuleiten und die letztere dem erstern proportional anzunehmen. Versuche haben aber gezeigt, dass im leeren Raume alle Körper gleichmässig herabsteigen, also gleich stark durch die Schwerkraft beschleunigt werden; mithin muss nothwendig die auf die einzelnen Körper wirkende Schwere der Menge ihrer Materie proportional sein. Das Gewicht eines Körpers zeigt die Schwerkraft an, welche ihn antreibt. Da nun diese Kraft der Menge der Materie proportional ist, wird diese durch die Abwägung zugleich in dem Sinne bekannt, welchen wir hier der Materie beigelegt haben.

Satz 17.

Lehrsatz.

§. 142. Die Kraft der Trägheit jedes Körpers ist der Menge der Materie, woraus er besteht, proportional.

Beweis.

Die Kraft der Trägheit ist die jedem Körper inwohnende Kraft, in seinem Zustande der Ruhe oder der gleichförmigen geradlinigen Bewegung zu verharren (§. 74.). Sie ist daher durch die Kraft abzuschätzen, welche erforderlich ist, um den Zustand des Körpers zu verändern. Verschiedene Körper werden aber in ihrem Zustande auf gleiche Weise durch Kräfte gestört, welche den in jenen enthaltenen Mengen der Materie proportional sind. Daher sind auch ihre Kräfte der Trägheit diesen Kräften, also auch den Mengen der Materie proportional.

Zusatz 1.

§. 143. Man ersieht aus dem Beweise, dass ein Körper stets dieselbe Kraft der Trägheit besitzt, mag er ruhen oder sich bewegen. In beiden Fällen afficirt ihn eine absolute Kraft gleich stark.

Zusatz 2.

§. 144. Die Kraft der Trägheit ist mit keiner andern Kraft gleichartig, denn wir werden in der Folge sehen, dass ein noch so grosser Körper nothwendig von der kleinsten Kraft eine Einwirkung erleiden muss.

Anmerkung.

§. 145. Hieraus erhellt der Ursprung des Namens: Kraft der Trägheit, wie wir oben (§. 76.) bereits angedeutet haben, nämlich daher, dass dieselbe der Wirkung der Kräfte gewissermassen widersteht. Newton verbindet in der III. Erklärung seiner Principien eine und dieselbe Idee mit der Kraft der Trägheit und dieser Kraft zu widerstehen und setzt beide der Menge der Materie proportional.

Satz 18.

Aufgabe.

§. 146. Gegeben ist die Wirkung einer Kraft auf irgend einen Punkt, man sucht die Wirkung einer andern beliebigen Kraft auf denselben Punkt.

Auflösung.

(Figur 16.) Es ruhe der Punkt in A und es bestehe die Wirkung der gegebenen Kraft AB auf ihn darin, dass sie ihn während des Zeittheilchens dt durch den kleinen Weg Ab führt. Es ist die Frage, durch welchen Weg derselbe Punkt in derselben Zeit, vermöge der andern Kraft AC, fortgezogen werden wird. Man ziehe die Linien AB und AC so, dass die Verbindungslinie BC auf AC senkrecht stehe, was immer geschehen kann, wenn nur $AC < AB$ ist. Ist $AC > AB$, so wird die Auflösung leicht aus jener abgeleitet. Auf der andern Seite ziehe man die Linie AD so, dass BAD ein gleichschenkliges Dreieck werde. Halbirt man nun AB und AD in E und F, so stellen AE und AF die Hälften der Kräfte AB und AD vor. Offenbar wird die Kraft AC im Punkt A dasselbe leisten, was die beiden AE und AF vereint bewirken (§. 107.), weil, wegen des Parallelogramms $AECF$, AC die mittlere Kraft der beiden Seitenkräfte AE und AF ist. Wir wollen uns daher denken, dass der Punkt A, statt durch die Kraft AC, durch die beiden Kräfte AE und AF angetrieben werde. Auf diese Weise stellen wir uns die Sache so vor, als ob jede der Kräfte AE und und AF eine Hälfte des Punktes A angriffe. Diese Hälften mögen nun, wenigstens während des Zeittheilchens dt, von einander getrennt sein und nach Ablauf desselben sich plötzlich wieder vereinigen. Da nun die Kraft AB den Punkt A während des Zeittheilchens dt durch den Weg Ab fortzieht, so wird die halbe Kraft AE die Hälfte jenes Punktes in derselben Zeit durch denselben Weg führen (§. 136.). Auf ähnliche Weise wird die andere Hälfte des Punkts A, während des Zeittheilchens dt, durch die andere Kraft AF, über den Weg $Ad = Ab$ fortgeführt; so dass nach Ablauf der Zeit dt die eine Hälfte des Punkts A sich in b, die andere in d befinden wird. Nun mögen sie sich plötzlich wieder vereinigen, oder durch eine unendlich grosse Cohäsionskraft zusammengezogen werden, alsdann werdeu sie in der Mitte c der Linie bd zusammentreffen; indem kein Grund vorhanden ist, wesshalb sie näher an b als an d sich vereinigen sollten. Durch die vereint wirkenden Kräfte AE und AF wird also der Punkt A über den kleinen Weg Ac fortgeführt; daher wird auch ihre mittlere Kraft AC dieselbe Wirkung hervorbringen. Es ist aber $bd \# BD$, also $Ab : Ac = AB : AC$. Ist daher der kleine Weg Ab gegeben, über welchen der Punkt durch die Kraft AB fortgezogen wird, so kennt man auch den kleinen Weg Ac, über welchen eine andere Kraft AC denselben Punkt A, in demselben Zeittheilchen dt führen wird. Zugleich ergibt sich, wenn die Wirkung Ac der kleinern Kraft AC gegeben ist, die Wirkung Ab der grössern Kraft AB.

Zusatz 1.

§. 147. Die Wege, über welche gleiche Punkte durch beliebige Kräfte in gleichen Zeiten geführt werden, sind also den Kräften proportional.

Zusatz 2.

§. 148. Die im Anfang der Bewegung, während ungleicher Zeiten beschriebenen Wege sind den Quadraten der Zeiten proportional (§. 133.); daher stehen die Wege, über welche gleiche Punkte durch beliebige Kräfte, in ungleichen Zeiten geführt werden, im zusammengesetzten einfachen Verhältniss der Kräfte und doppelten der Zeiten.

Anmerkung.

§. 149. Das Princip, dessen wir uns bei der Auflösung dieser Aufgabe bedient haben, besteht darin, dass wir uns den durch mehrere Kräfte angetriebenen Körper in eben so viel gleiche Theile zerlegt denken, deren jede nur durch Eine Kraft angetrieben werde. Werden sie so einzeln durch ihre respectiven Kräfte während eines Augenblicks fortgeführt, so stellen wir uns vor, dass sie plötzlich wieder gegen einander getrieben und vereinigt werden. Auf diese Weise wird der Vereinigungspunkt derjenige Ort sein, nach welchem der, durch alle zugleich wirkenden Kräfte getriebene, Körper in derselben Zeit gelangen würde. Die Richtigkeit dieses Princips kann man sich dadurch veranschaulichen, dass man sich die Theile des Körpers durch sehr starke Federn mit einander verbunden denkt, welche zwar unaufhörlich wirken, jedoch in wechselnden Intervallen nachgeben und dann, in Folge einer unendlich grossen Kraft, sich plötzlich wieder zusammenziehen. Hiernach wird die Zeit, in welcher die getrennten Theile wieder zu einander zurückkehren, unendlich klein sein. Desselben Princips haben sich schon Andere bei der Auflösung mechanischer Aufgaben bedient und die meisten nahmen es der Sache nach nicht verschieden an, indem sie sich die Kräfte nicht ununterbrochen, sondern nur in Intervallen wirkend dachten. Unter Zulassung dieses Princips ist es klar, dass zwei gleiche Theile sich auf einer geraden Linie einander nähern und in der Mitte ihres Abstandes zusammentreffen.

Satz 19.

Lehrsatz.

§. 150. (Figur 17.) Es bewege sich ein Punkt in der Richtung AM und werde, während er den unendlich kleinen Weg

Mm zurücklegt, durch eine Kraft p nach derselben Richtung getrieben. Alsdann wird das Increment der Geschwindigkeit, welches der Punkt inzwischen erlangt, dem Produkt aus der antreibenden Kraft in das Zeittheilchen, während dessen er das Element *Mm* zurücklegt, proportional.

Beweis.

Das Zeittheilchen sei dt und es lege der Punkt während desselben den Weg $M\mu$ zurück, wenn er nicht durch die Kraft angetrieben würde, sondern mit der in M vorhandenen Geschwindigkeit fortginge. Die Wirkung der Kraft besteht nun darin, dass durch sie der Punkt weiter über μm fortgeführt wird, welcher letztere kleine Weg demjenigen gleich ist, über den dieselbe Kraft in derselben Zeit den Punkt, wenn er ruh'te, führen würde. Wir nehmen nämlich die Kraft als eine absolute an (§. 111.). Diesem kleinen Wege ist, bei gegebener Zeit, das Increment der Geschwindigkeit proportional; ist aber die Kraft dieselbe, so wird das letztere Increment dem Zeittheilchen dt proportional (§. 130.). Da nun der kleine Weg μm oder das Increment der Geschwindigkeit, bei gegebener Zeit, der Kraft p proportional ist; so wird es bei beliebiger Zeit und Kraft dem Produkt pdt proportional sein.

Zusatz 1.

§. 151. Ist die Geschwindigkeit des Punktes in $M = c$ und der kleine Weg $Mm = ds$, so wird $dt = \frac{ds}{c}$, weil zur Bestimmung der Zeit das Element Mm, als mit gleichförmiger Bewegung beschrieben angenommen werden muss. Da aber dc proportional pdt, so wird offenbar auch dc proportional $\frac{pds}{c}$ oder cdc proportional pds. Das Increment des Quadrats der Geschwindigkeit ist also dem Produkt, aus der Kraft in das Element des durchlaufenen Weges, proportional.

Zusatz 2.

§. 152. Es ist klar, dass dieser Lehrsatz nicht nur wahr ist, sondern auch nothwendig wahr sein muss, so dass ein Widerspruch entstehen würde, wenn man $dc = p^2dt$ oder $= p^3dt$ oder irgend einer andern Potenz von p in dt multiplicirt gleichsetzen wollte. Da Daniel Bernoulli in Comment. Acad. Petrop. Tom. I alle diese als gleich wahrscheinlich angenommen hat, war ich um die strengen Beweise dieser Sätze sehr besorgt.

Anmerkung.

§. 153. Der Beweis dieses Lehrsatzes ergibt sich auch leicht aus §. 148., wonach der kleine Weg μm proportional pdt^2 ist. Da nämlich $\frac{\mu m}{dt}$ das Increment der Geschwindigkeit ist, so wird $\frac{\mu m}{dt} = dc$ proportional pdt, wie im Lehrsatze.

Satz 20.

Lehrsatz.

§. 154. (Figur 18.) Stimmt die Richtung der Bewegung des Punktes mit der Richtung der Kraft überein, so ist das Increment der Geschwindigkeit proportional dem Produkt der Kraft in das Zeittheilchen, dividirt durch die Masse des Punktes.

Beweis.

Es bewegen sich die zwei ungleichen Punkte oder Körper A und B längs der Linien AM und BN und sie werden respective durch die Kräfte p und π angetrieben, während sie die sehr kleinen Wege Mm und Nn in den Zeiten dt und $d\tau$ zurücklegen. Offenbar wird der Körper B von der Kraft π auf dieselbe Weise angegriffen, als der Körper A von der Kraft $\frac{A\pi}{B}$ (§. 136.). Setzt man daher statt B einen A gleichen Punkt, so muss man statt der Kraft π die $\frac{A\pi}{B}$ setzen und wir erhalten auf diese Weise den Fall des vorhergehenden Satzes, wo die Punkte einander gleich gesetzt waren. Es verhält sich daher das Increment der Geschwindigkeit durch Mm, zu dem Nn entsprechenden, wie $pdt : \frac{A\pi}{B} d\tau$ (§. 150.) oder wie $\frac{pdt}{A} : \frac{\pi d\tau}{B}$

Zusatz 1.

§. 155. Ist daher die Geschwindigkeit des Punkt's $A = c$, so wird

$$dc = \frac{npdt}{A},$$

wo n in allen Fällen dieselbe Zahl bezeichnet, welche weder von der Kraft, noch den Zeittheilchen, noch der Grösse des Punkt's abhängig ist.

Zusatz 2.

§. 156. Die Grösse der Materie A kommt hier in so fern in Betracht, als sie der antreibenden Kraft widerstrebt, d. h. mit der Kraft der Trägheit übereinstimmt. Daher verhält sich das Increment der Geschwindigkeit direct, wie die antreibende Kraft und das Zeittheilchen und indirect, wie die Kraft der Trägheit.

Zusatz 3.

§. 157. Setzt man den Weg $Mm = ds$, so wird $dt = \frac{ds}{c}$ also $dc = \frac{npds}{Ac}$ und

$$cdc = \frac{npds}{A}.$$

Das Increment des Quadrats der Geschwindigkeit ist also proportional dem Produkt der Kraft in den durchlaufenen kleinen Weg, dividirt durch die Masse oder die Kraft der Trägheit des Körpers.

Anmerkung.

§. 158. Dieser Satz umfasst alle bisher aufgestellten Principien, welche die Natur der Bewegung bestimmen und alle Gesetze der letztern, sobald die Richtung der Kraft mit der Richtung der Bewegung übereinstimmt. Verbindet man ihn mit §. 118, wo die Wirkung schief gerichteter Kräfte bestimmt wurde; so hat man alle Principien, aus denen man die Bewegung solcher Punkte, welche durch beliebige Kräfte angetrieben werden, ableiten kann.

Zusatz 4.

§. 159. Weil $dc = \frac{npdt}{A}$ ist, so wird der kleine Weg, über welchen die Kraft p den Punkt A im Zeittheilchen dt führt, $= \frac{npdt^2}{A}$. Nennt man nämlich diesen kleinen Weg dz, so wird $dc = \frac{dz}{dt}$, also $dz = dc \,.\, dt = \frac{npdt^2}{A}$ (§. 128.)

Satz 21.

Aufgabe.

§. 160. Man soll die Wirkung einer beliebigen Kraft, welche schief auf einen sich bewegenden Punkt einwirkt, bestimmen.

Auflösung.

(Figur 19.) Es habe der Punkt A die Geschwindigkeit c und die Richtung AB, er werde aber durch eine Kraft p nach der Richtung AC angetrieben, wo $\sin BAC = k$ ist. Offenbar würde der, sich selbst überlassene und nicht durch die Kraft angetriebene, Punkt A auf der geraden Linie AB fortgehen und in der Zeit dt einen Weg $AB = cdt$ zurücklegen (§. 30.). Wirkt aber die Kraft p, so wird A von jener Geraden abgelenkt und inzwischen den kleinen Weg AD zurücklegen, wie in §. 118. gezeigt worden ist. Dort haben wir $AC = BD = dz$ gesetzt, über welchen kleinen Weg der Punkt A, wenn er in Ruhe wäre, durch die Kraft p in der Zeit dt fortgeführt werden würde Es ist daher $dz = \frac{npdt^2}{A}$ (§. 159.), und $\sin BDA = \frac{kdz}{cdt} = \frac{nkpdt}{A.c}$ (§. 124.). Ferner ist das Increment der Geschwindigkeit $dc = \frac{dz\sqrt{1-k^2}}{dt}$ (§. 123.) $= \frac{npdt\sqrt{1-k^2}}{A}$.

Zusatz 1.

§. 161. (Figur 20.) Man setze den Weg $AD = ds$, so wird $dt = \frac{ds}{c}$ und daher, wenn man diesen Werth von dt substituirt, $dc = \frac{npds\sqrt{1-k^2}}{A.c}$. Man ziehe nun aus D auf die Richtung AE der Kraft das Perpendikel DF und setze $AF = dy$ und $DF = dx$; so wird $ds^2 = dx^2 + dy^2$, $k = \frac{dx}{ds}$ und $\sqrt{1-k^2} = \frac{dy}{ds}$. Es wird daher $dc = \frac{npdy}{Ac}$ oder

$$Acdc = npdy.$$

Zusatz 2.

§. 162. (Figur 20.). Man ziehe an der Curve, welche der Körper auf diese Weise beschreibt, den Krümmungshalbmesser AO in A, so wird $Bb : AB = AD : AO$ und $AO = \frac{AB.AD}{Bb}$. Es ist aber $\frac{Bb}{AB} = \sin BAD = \frac{nkpdt}{A.c} = \frac{npdxdt}{Acds}$ und daher, weil $AD = ds$ ist,

$$AO = \frac{Acds^2}{npdxdt}.$$

Zusatz 3.

§. 163. Da aber $dt = \frac{ds}{c}$, so wird $AO = \frac{Ac^2ds}{npdx}$ und, wenn man $AO = r$ setzt,

$$nprdx = A.c^2ds.$$

or $np\frac{dx}{ds} = \frac{mv^2}{\varrho}$, = norm. comp. of force

Zusatz 4.

§. 164. Fällt die Richtung AE der Kraft p mit der Normale AO zusammen, so wird $AF = dy = 0$ und $DF = dx = AD = ds$. Mithin erhält man $cdc = 0$, d. h. diese Kraft verändert die Geschwindigkeit nicht.

Zusatz 5.

§. 165. Ferner wird in diesem Falle $npr = Ac^2$, oder $r = \frac{A.c^2}{np}$. Diese Kraft, deren Richtung normal auf der Richtung der Bewegung des Körpers steht, bewirkt also, dass dieser nicht auf einer geraden Linie, sondern auf dem Bogen einer Curve fortgeht.

Zusatz 6.

§. 166. Fällt die Richtung der Kraft p mit der Tangente AB zusammen, so wird $dx = 0$ und $dy = ds$, also $Acdc = npds$. In dieser Richtung wird also die Kraft p die Bewegung des Körpers am stärksten vermehren.

Zusatz 7.

§. 167. Fällt die Richtung der Kraft p in die AB entgegengesetzte Richtung, so dass sie der Bewegung des Körpers entgegenwirkt; so wird p negativ und man erhält $Acdc = -npds$. Die Geschwindigkeit wird also in diesem Falle um eben so viel vermindert, als sie vorhin vermehrt wurde.

Zusatz 8.

§. 168. In beiden Fällen, wo die Richtung der Kraft p in die Tangente fällt, wird, weil $dx = 0$ ist, $r = \infty$. Die Richtung des Körpers bleibt also unverändert und geradlinig.

Zusatz 9.

§. 169. Ist in einem einzigen Falle der Werth von n durch Versuche bestimmt, so wird dieser für alle Fälle dienen. Dann kann man also die absoluten Werthe bestimmen, welche bei Bewegungen verlangt werden.

Zusatz 10.

§. 170. Aus Zusatz 1. folgt $A = \frac{npdy}{cdc}$ und substituirt man diesen Werth in Zusatz 3., so erhält man $nprdx = \frac{npcdyds}{dc}$ oder

$$rdxdc = cdyds.$$

In dieser Gleichung kommt weder n, noch A noch p vor und sie gilt daher für die Bewegung eines beliebigen, durch eine beliebige Kraft angetriebenen Punktes.

Zusatz 11.

§. 171. Obgleich in der vorhergehenden Gleichung die Kraft p selbst nicht enthalten ist, so bleibt doch ihre Richtung noch übrig, indem von derselben das Verhältniss $dx : dy$ abhängig ist. Ist daher die Richtung einer Kraft, welche einen Punkt an einem beliebigen Orte antreibt und die Curve, auf welcher der Punkt sich bewegt, gegeben; so kann man aus diesen Grössen allein die Geschwindigkeit des Punktes an einem beliebigen Orte ableiten. Es wird nämlich $\frac{dc}{c} = \frac{dy.ds}{rdx}$ oder $c = e^{\int \frac{dyds}{rdx}}$, wo e die Basis der hyperbolischen Logarithmen ist.

Zusatz 12.

§. 172. Weil ferner $dt = \frac{ds}{c}$ ist, so wird

$$t = \int e^{-\int \frac{dyds}{rdx}} ds.$$

Hieraus ergibt sich zugleich die Zeit, in welcher ein beliebiges Stück der Curve beschrieben wird, wozu man also nur der Kenntniss der Curve und der Richtung der Kraft bedarf.

Zusatz 13.

§. 173. (Figur 20.) Fällt man von O auf die Richtung AE der Kraft das Perpendikel OE, welches von einigen coradius genannt wird, so hat man $ds : dx = AO : AE = r : q$, wo $AE = q$ gesetzt ist. Es wird also $\frac{rdx}{ds} = q$ und so $c = e^{\int \frac{dy}{q}}$, wie auch $t = \int e^{-\int \frac{dy}{q}} ds$.

Anmerkung.

§. 174. Nach der Auflösung dieser Aufgabe kann man die Bewegung eines, durch beliebige Kräfte angetriebenen Punktes bestimmen. Aus zwei Gleichungen wird nämlich so wohl die Gesshwindigkeit des Punktes an einem beliebigen Orte, als auch die Krümmung oder der Radius des osculirenden Kreises am durchlaufenen Bogen bestimmt. Sind diese aber bekannt, so findet man zugleich die Zeit, in welcher ein beliebiges Stück der Curve zurückgelegt wird und diese Data reichen überflüssig zur Bestimmung der Bewegung hin.

Erklärung 14.

§. 175. Die wiederherstellende Kraft ist jene imaginäre und unbestimmte Kraft, welche die getrennten Theile eines Körpers in einem Augenblick zusammentreibt und in den frühern Zustand zurückversetzt. Eine derartige Kraft nahmen wir im §. 146. an und durch sie wurden zwei Theile eines Punktes, den wir uns für einen Augenblick zerlegt dachten, wieder zusammengezogen.

Zusatz 1.

§. 176. Denken wir uns einen Punkt in zwei gleiche Theile zerlegt und diese durch Kräfte von einander getrennt, so zieht die wiederherstellende Kraft sie in der Mitte der, beide Theile verbindenden geraden Linie zusammen, wie in §. 146. nach dem Princip des zureichenden Grundes gezeigt worden ist.

Zusatz 2.

§. 177. Da die Wirkung der wiederherstellenden Kraft in einem Augenblick hervorgebracht werden muss, so kann man die letztere als eine, mit unendlich grosser Kraft begabte, Feder ansehen, welche die getrennten Theile wieder vereinigt.

Anmerkung.

§. 178. Der Gebrauch dieser wiederherstellenden Kraft leuchtet schon gewissermassen aus §. 146. hervor, wir werden aber in der Folge, wenn wir die Bewegung endlich grosser Körper untersuchen, noch häufig Gebrauch von ihr machen. Hier wollen wir aber ihre Wirkung bei der Verbindung mehrerer getrennter Theile eines Punktes untersuchen, was in der Folge von grossem Nutzen sein wird. Die wiederherstellende Kraft begreift also ein gewisses Princip, mittelst dessen viele Fragen leicht gelöst werden können, und welches wir das Princip der Wiederherstellung nennen wollen.

Satz 22.

Lehrsatz.

§. 179. (Figur 22.) Befinden sich zwei getrennte Theile eines Punktes in b und d, so werden sie durch die wiederherstellende Kraft im Schwerpunkt c der Theilchen b und d wieder vereinigt.

Beweis.

Diese Theilchen mögen anfangs in A vereinigt gewesen und dnrch die Kräfte AB und AD, in demselben Zeittheilchen dt, nach b und d gezogen worden sein. Die mittlere Kraft dieser beiden sei aber AC, welche in derselben Zeit den ganzen Punkt A nach c zu bringen vermag. Offenbar müssen also die Theile b und d durch die wiederherstellende Kraft in c vereinigt werden, weil die Kraft AC auf den ganzen Punkt A dieselbe Wirkung ausübt, als die beiden AB und AD auf seine zwei Theile (§. 149.). Hieraus ergiebt sich der Punkt c des Zusammentreffens, wohin die beiden Theilchen b und d durch die wiederherstellende Kraft getrieben werden. Damit aber das Theilchen b durch die Kraft AB, im Zeittheilchen dt über den kleinen Weg Ab geführt werde, muss $Ab = \frac{n.AB.dt^2}{b}$ sein (§. 159.), oder $AB = \frac{Ab.b}{n.dt^2}$ und eben so wird $AD = \frac{Ad.d}{n.dt^2}$ und $AC = \frac{Ac.(b+d)}{n.dt^2}$. AC ist aber die Diagonale des Parallelogramms, welches aus den Kräften oder Linien AB und AD gebildet wird, weil AC die mittlere Kraft dieser beiden ist. Aus jenen drei Gleichungen folgt nun $\frac{AB}{Ab} + \frac{AD}{Ad} = \frac{AC}{Ac}$ und da $AB : AD : AC = \sin DAC : \sin BAC : \sin BAD$; so muss auch sein

$$\frac{\sin DAC}{Ab} + \frac{\sin BAC}{Ad} = \frac{\sin BAD}{Ac},$$

d. h. es liegen die Punkte b, c und d in Einer geraden Linie. Es ist daher nun

$$bc : cd = Ab.\sin BAC : Ad.\sin DAC = Ab.AD : Ad.AB,$$

allein da

$$AD : AB = Ad.d : Ab.b;$$

so wird

$$bc : cd = d : b \quad \text{oder} \quad b.bc = d.dc.$$

c ist demnach der Schwerpunkt der Theilchen b und d.

Zusatz 1.

§. 180. Wo also auch der Punkt A angenommen werden mag, so fallt doch der Punkt c des Zusammentreffens stets an denselben Ort. Die wiederherstellende Kraft hat daher eine constante Wirkung und ist weder von dem Orte des Punkt's A, noch von den die Theilchen b und d antreibenden Kräften abhängig.

Anmerkung.

§. 181. Diese Wirkung der wiederherstellenden Kraft stimmt vortrefflich mit der Wirkung einer an ihre Stelle zu setzenden elastischen Kraft überein. Es verbinde nämlich die beiden Theilchen b und d ein elastischer Faden, welcher bei seiner Zusammenziehung b und d in c vereinigt. Diese zusammenziehende Kraft wirkt aber gleich stark auf beide Theilchen, da sie sich von beiden Seiten in gleichem Maasse zusammenzuziehen strebt. Ferner verhalten sich die Wege, über welche b und d in derselben Zeit fortgeführt werden, umgekehrt wie diese Theilchen (§. 159.), weil dieselbe Kraft auf sie wirkt. Ist daher c der Punkt des Zusammentreffens, so wird $bc:dc = d:b$ oder $b.bc = d.dc$ und wieder c der Schwerpunkt von b und d.

Zusatz 2.

§. 182. Obgleich die wiederherstellende Kraft nur eine imaginäre ist, so befolgen also doch ihre Wirkungen die reellen Gesetze der Bewegung. Wir können daher um so fester versichert sein, dass wir mittelst des Princips der Wiederherstellung immer zur Wahrheit gelangen.

Satz 23.

Lehrsatz.

§. 183. (Figur 23.) Es seien a, b, c und d von einander getrennte Theile eines Punktes, welche die wiederherstellende Kraft wieder vereinigt; es wird behauptet, dass die Vereinigung in ihrem gemeinschaftlichen Schwerpunkte g erfolge.

Beweis.

Wir setzen voraus, der ganze Punkt habe sich anfangs in O befunden und von diesem seien die einzelnen Theile a, b, c und d durch die Kräfte OA, OB, OC und OD im Zeittheilchen dt nach a, b, c und d geführt worden. Die mittlere Kraft dieser vier Seitenkräfte sei OG, welche also in demselben Zeittheilchen den ganzen Punkt, d. h. $a+b+c+d$ von O nach g geführt haben würde. Alsdann wird g der Punkt sein, in welchem die Theile a, b, c und d durch die wiederherstellende Kraft vereinigt werden (§. 149.). Durch O ziehe man eine beliebige gerade Linie KN und falle auf sie Perpendikel aus den Punkten A, a, B, b, C, c, D, d, G und g. Alsdann ist $OA = \frac{Oa.a}{n.dt^2}$, $OB = \frac{Ob.b}{n.dt^2}$, $OC = \frac{Oc.c}{n.dt^2}$, $OD = \frac{Od.d}{n.dt^2}$ und $OG = \frac{Og\,(a+b+c+d)}{n.dt^2}$ (§. 159.). Da nun aber $\triangle OAK \sim Oak$, $OBL \sim Obl$ u. s. w.; so wird $AK = \frac{OA.ak}{Oa} = \frac{ak.a}{n.dt^2}$, $BL = \frac{OB.bl}{Ob} = \frac{bl.b}{n.dt^2}$, $CM = \frac{OC.cm}{Oc} = \frac{cm.c}{n.dt^2}$,

$$DN = \frac{OC.dn}{Od} = \frac{dn.d}{n.dt^2} \text{ und } GS = \frac{OG.gs}{Og} = \frac{gs(a+b+c+d)}{n.dt^2}.$$

Ferner wird $OK = \frac{OA.Ok}{Oa} = \frac{Ok.a}{n.dt^2}$, $OL = \frac{OB.Ol}{Ob} = \frac{Ol.b}{n.dt^2}$, $OM = \frac{OC.Om}{Oc} = \frac{Om.c}{n.dt^2}$, $ON = \frac{OD.On}{Od} = \frac{On.d}{n.dt^2}$ und $OS = \frac{OG.Os}{Og} = \frac{Os.(a+b+c+d)}{n.dt^2}$.

Da aber OG die mittlere Kraft der vier Seitenkräfte OA, OB, OC und OD ist, so hat man nach den bekannten Gesetzen der Statik:

$$AK + BL + CM + DN = GS \text{ u. } OK + OL - OM - ON = OS.$$

Substituirt man die obigen Werthe in diese zwei Gleichungen, so gehen dieselben über in:

$$ak.a + bl.b + cm.c + dn.d = gs(a+b+c+d) \text{ und}$$
$$Ok.a + Ol.b - Om.c - On.d = Os(a+b+c+d).$$

Aus diesen Gleichungen ersieht man, dass g der Schwerpunkt der Theilchen a, b, c und d ist und diese werden daher, durch die wiederherstellende Kraft, in demselben Punkte vereinigt.

Zusatz 1.

§. 184. Die wiederherstellende Kraft bewirkt also, dass beliebig viel getrennte Theile eines kleinen Körpers in ihrem gemeinschaftlichen Schwerpunkte wieder vereinigt werden.

Zusatz 2.

§. 185. Auf diese Weise wird die Bewegung eines, durch mehrere Kräfte angetriebenen, Punktes bestimmt werden können, ohne dass man die mittlere Kraft zu betrachten nöthig hat. Man nimmt nämlich an, dass beliebige Theile durch die einzelnen Kräfte angetrieben und in einer beliebig kurzen Zeit durch die wiederherstellende Kraft wieder vereinigt werden.

Anmerkung.

§. 186. (Figur 24.). Dieser Lehrsatz kann auf ähnliche Weise, wie vorher (§. 181.) mittelst elastischer, sich zusammenziehender Fäden bewiesen werden. Es befinden sich die getrennten Theilchen in a, b, c und d und man setze zuerst voraus, dass der elastische Faden nur die Theilchen a und b zusammenziehe, beide werden alsdann in ihrem Schwerpunkte e zusammentreffen. Werden nun die in e vereinigt gedachten Theilchen a und b mit dem dritten c zusammengezogen, so ist f, der gemeinschaftliche Schwerpunkt aller drei Theilchen *a* , *b* und *c*, der Ort des Zusammentreffens. Eben so wird, wenn die drei letzten in *f* vereinigt gedachten Theilchen mit dem vierten *d* zusammengezogen werden, der gemeinschaftliche Schwerpunkt *g* aller vier Theilchen der Ort des Zusammentreffens. Mithin vereinigt die wiederherstellende Kraft alle Theilchen in ihrem gemeinschaftlichen Schwerpunkte.

Zusatz 3.

§. 187. Es zeigt sich also auf's neue, dass die wiederherstellende Kraft mit Recht durch zusammenziehende elastische Fäden, welche je zwei Theilchen verbinden, dargestellt wird.

Allgemeine Bemerkung.

§. 188. Nachdem wir diese Principien, mittelst deren man die Bewegung eines freien, von beliebigen Kräften angegriffenen Punktes bestimmen kann, aufgestellt haben, wollen wir nun die Bewegung freier Punkte untersuchen. Diese Untersuchung zerlegen wir passend in zwei Theile, in deren ersten wir nur die geradlinigen, im zweiten beliebige krummlinige Bewegungen betrachten. Die geradlinigen entstehen nach dem Bisherigen, wenn die Richtung der Kraft mit der Richtung der Bewegung übereinstimmt, die krummlinigen, wenn beide Richtungen verschieden sind. Beide Theile behandeln wir aber auf doppelte Weise, nach der zweifachen Natur der Kräfte; zuerst nehmen wir die Punkte als nur von absoluten, hierauf als von absoluten und relativen Kräften angegriffen an. Statt der relativen Kräfte nehmen wir widerstehende Mittel an, weil wir schon oben (§. 116.) erwähnt haben, dass die relativen Kräfte nur dazu erforderlich sind, die Bewegung der Körper in Flüssigkeiten zu bestimmen. Wir werden daher vorzugsweise diejenigen Fälle untersuchen, welche in der Natur wirklich vorkommen, bei denen hingegen, welche nur in der Einbildung existiren, kurze Zeit verweilen. Zuerst betrachten wir die geradlinige Bewegung eines freien, von absoluten Kräften angegriffenen Punktes. Hierauf untersuchen wir die geradlinige Bewegung eines freien Punktes, im widerstehenden Mittel. Drittens betrachten wir die krummlinige Bewegung eines freien, von absoluten Kräften irgend wie angegriffenen Punktes und viertens setzen wir die krummlinige Bewegung eines freien Punktes im widerstehenden Mittel auseinander.

Kapitel III.

Von der geradlinigen Bewegung eines freien, von absoluten Kräften angegriffenen Punktes.

Satz 24.

Lehrsatz.

§. 189. Liegen die Richtungen der Kraft und der Bewegung in derselben geraden Linie, so wird die Bewegung geradlinig.

Beweis.

Jeder Körper hat durch eine ihm inwohnende Kraft das Bestreben, seine geradlinige Bewegung fortzusetzen und wird diess immer thun, wenn er nicht daran verhindert wird (§. 65.). Die Wirkung einer Kraft auf einen sich bewegenden Punkt ist aber, wie wir gezeigt haben, eine doppelte, entweder verändert sie seine Richtung oder seine Geschwindigkeit. Die erstere bleibt unverändert, wenn die Richtung der Kraft mit der Richtung der Bewegung in gerader Linie liegt (§. 128.); daher wird der Körper in diesem Falle längs einer geraden Linie fortschreiten.

Zusatz 1.

§. 190. In diesem Kapitel betrachten wir daher nur solche Fälle, in denen die Richtungen der Bewegung und der Kraft in derselben geraden Linie liegen.

Zusatz 2.

§. 191. Wir haben gesehen, dass diese Uebereinstimmung auf doppelte Weise eintreten kann, je nachdem nämlich beide Richtungen nach derselben oder nach einander entgegengesetzten Seiten angenommen werden. Im erstern Falle wird die Geschwindigkeit des Punktes vermehrt, im andern vermindert.

Anmerkung.

§. 192. Bei dieser geradlinigen Bewegung hat man zweierlei zu betrachten, nämlich die Kraft, welche den Punkt überall antreibt und die Geschwindigkeit, welche er in jedem Punkte seines Weges hat. Hierzu fügen wir drittens die Zeit, in welcher er einen beliebigen Theil des Weges zurücklegt; ist Eine dieser drei Grössen gegeben, so kann man die beiden andern immer bestimmen. Zuerst wollen wir die Kraft als gegeben ansehen, hierauf aber dieselbe aus dem gegebenen Verhältniss der Geschwindigkeiten und der Zeiten ableiten.

Satz 25.

Aufgabe.

§. 193. (Figur 25.) Der in A ruhende Punkt wird längs der geraden Linie AP durch eine gleichförmige Kraft fortgezogen; man soll seine Geschwindigkeit in einem beliebigen Punkte P bestimmen.

Auflösung.

Die Masse oder die Kraft der Trägheit des Punktes werde durch A, die constante oder überall gleich grosse Kraft durch g bezeichnet. Der Weg AP sei $= x$ und die gesuchte Geschwindigkeit in $P = c$. Nimmt man das Element Pp des Weges $= dx$ an, so wird der Punkt, während er Pp durchläuft, einen Zuwachs dc seiner Geschwindigkeit erlangen. Diess vorausgesetzt, haben wir $cdc = \frac{ngdx}{A}$ (§. 157.), weil wir annehmen, dass die Kraft beständig abwärts ziehe und daher die Bewegung beschleunige. Integriren wir diese Gleichung, so wird $c^2 = \frac{2ngx}{A} + \text{const.}$, oder weil für $x = 0$, auch $c = 0$ sein muss, vollständig

$$c^2 = \frac{2ngx}{A} \quad \text{oder auch} \quad c = \sqrt{\frac{2ngx}{A}}.$$

Zusatz 1.

§. 194. Der Punkt A steigt daher beständig auf AP herab und seine Geschwindigkeit an jedem Orte ist der Quadratwurzel aus dem bereits durchlaufenen Wege proportional.

Zusatz 2.

§. 195. Hiernach kann man auch die niedersteigenden Bewegungen mehrerer, durch gleichförmige oder constante Kräfte angetriebener, Punkte mit einander vergleichen. Die Geschwindigkeiten stehen nämlich im halben zusammengesetzten Verhältniss der Kräfte und durchlaufenen Wege direct und der Massen indirect.

Anmerkung 1.

§. 196. Diese Bewegung stimmt mit dem freien Falle der Körper überein, indem die Schwere, welche die Stelle der Kraft vertritt, in nicht zu grossen Abständen von der Oberfläche der Erde gleichförmig ist. Man findet nämlich dasselbe Gewicht eines beliebigen Körpers auf sehr hohen Bergen und in tiefen Thälern, aus dem Gewicht erkennt man aber die Schwere. Beim freien Herabsteigen schwerer Körper verhalten sich daher die Geschwindigkeiten, wie die Quadratwurzeln aus den durchlaufenen Höhen. Diesen Satz fand zuerst Galilei durch Versuche und Schlussfolge. Das Herabsteigen muss aber im luftleeren Raume geschehen, weil die Luft der Bewegung Widerstand leistet und so diese Regel umstösst.

Anmerkung 2.

§. 197. Im luftleeren Raume, welchen man mittelst der Luftpumpe hervorbringt, hat man durch viele Versuche gezeigt, dass alle Körper auf gleiche Weise herabsteigen. Es folgt hieraus, dass, wenn die Luft nicht da wäre, alle aus gleichen Höhen herabgefallene Körper gleiche Geschwindigkeiten erlangen würden. Bezeichnet also g die Kraft der Schwere, welche einen beliebigen Körper antreibt, so ist $\frac{g}{A}$ stets constant. Die Kraft der Schwere ist daher der Menge der Materie, auf welche sie wirkt, proportional, jene Kraft ist aber nichts anderes, als das Gewicht des Körpers; also sind auch die Gewichte der Körper der Menge ihrer Materie proportional. Diesen Satz beweist auch Newton in seinen Principien und erläutert ihn ausserdem durch Pendelversuche.

Zusatz 3.

§. 198. Ein beliebiger Körper, welcher an der Oberfläche der Erde aus einer gegebenen Höhe herabfällt, erlangt also einen bestimmten Grad der Geschwindigkeit. Ist die Höhe bekannt, so ist es auch die, durch den Fall erlangte, Geschwindigkeit.

Anmerkung 3.

§. 199. Um die Geschwindigkeiten zu messen, können wir daher die Höhen anwenden, aus denen der Körper an der Oberfläche der Erde herabfallen muss, um dieselben Geschwindigkeiten zu erlangen. Diese Höhe kann man zwar nicht für die Geschwindigkeit selbst substituiren, weil diese der Quadratwurzel aus jener proportional ist, allein man wird durch die Höhe bequem das Quadrat der Geschwindigkeit bezeichnen können.

Erklärung 15.

§. 200. Die einer gewissen Geschwindigkeit **zukommende Höhe** werden wir künftig diejenige Höhe nennen, aus welcher ein schwerer Körper an der Oberfläche der Erde herabfallen muss, um jene Geschwindigkeit zu erlangen.

Zusatz 1.

§. 201. Diese zukommende Höhe ist daher dem Quadrat der Geschwindigkeit, welcher sie entspricht, proportional.

Anmerkung 1.

§. 202. Bisher haben wir die Geschwindigkeit durch die gerade Linie ausgedrückt, welche mit jener in einer gegebenen Zeit durchlaufen wird. In der Folge wird es bequemer sein, statt ihrer die ihr zukommende Höhe einzuführen. Setzen wir diese $=v$, die Geschwindigkeit $=c$, also $v=c^2$ und $c=\sqrt{v}$, so haben wir in der vorhergehenden Aufgabe die Gleichung

$$v = \frac{2ngx}{A}.$$

Zusatz 2.

§. 203. In der Folge dürfen wir also immer statt der Geschwindigkeit c, die Quadratwurzel aus der ihr zukommenden Höhe, d. h. $\sqrt{v}$ setzen.

Zusatz 3.

§. 204. Bezeichnet g die Kraft der Schwere selbst, so wird x die der Geschwindigkeit zukommende Höhe, also $v=x$ und aus der Gleichung $v=\frac{2ngx}{A}$, $n=\frac{A}{2g}$. Auf diese Weise haben wir den Vortheil erlangt, den Werth von n zu bestimmen, welcher in allen Fällen derselbe bleibt (§. 155.).

Anmerkung 2.

§. 205. Da g hier die Kraft der Schwere bezeichnet, so ist $\frac{g}{A}$ constant. (§. 197.) Wir wollen daher $\frac{g}{A}=1$ setzen, was erlaubt ist, weil die Kräfte kein bestimmtes Verhältniss zu den Körpern haben können. Hieraus wird es leicht sein, in andern Fällen den Werth von $\frac{g}{A}$, d. h. des Quotienten der Kraft durch den Körper darzustellen. Es wird sich nämlich stets $\frac{g}{A}$ zu 1 oder g zu A verhalten, wie die den Körper A antreibende Kraft g zu dem Gewicht des erstern an der Oberfläche der Erde. Der Buchstab A wird also nicht mehr die Menge der Materie, sondern das Gewicht des Körpers A, wenn dieser sich an der Oberfläche der Erde befindet, bezeichnen. Auf diese Weise vergleichen wir alle Kräfte mit Gewichten, wodurch die Messung der erstern weit klarer werden wird.

Zusatz 4.

§. 206. Da in $n = \frac{A}{2g}$, g die Kraft der Schwere bezeichnet und $\frac{g}{A} = 1$ gesetzt worden ist, so haben wir $n = \frac{1}{2}$. Diesen Werth wird n stets beibehalten, wenn nur die Geschwindigkeiten durch die Quadratwurzeln aus den ihnen zukommenden Höhen ausgedrückt werden. In unserm Falle wird daher

$$dv = \frac{gdx}{A} \text{ und } v = \frac{gx}{A}.$$

Zusatz 5.

§. 207. In dem allgemeinen Gesetze $cdc = \frac{npds}{A}$ (§. 157.) wird demnach, wenn v die der Geschwindigkeit c zukommende Höhe bezeichnet, $cdc = \frac{1}{2}dv$ und so, weil $n = \frac{1}{2}$ ist,

$$dv = \frac{pds}{A}.$$

Zusatz 6.

§. 208. Eben so gehen die Gleichungen (§. 161. und 163.), nämlich

$$Acdc = npdy \text{ und } nprdx = Ac^2ds$$

über in

$$Adv = pdy \text{ nnd } prdx = 2Avds.$$

Zusatz 7.

§. 209. Ferner erhält man nun in §. 165. $r = \frac{2Av}{p}$ oder $pr = 2Av$ und in §. 166. $Adv = pds$, in dem Falle des §. 167. aber $Adv = -pds$. Auf diese Weise haben wir die bisher gebrauchten unbestimmten Grössen n und c auf bestimmte Werthe zurückgeführt.

Satz 26.

Lehrsatz.

§. 210. Bei verschiedenen vorausgesetzten gleichförmigen Kräften verhalten sich die Höhen, aus denen gleiche Körper herabfallen müssen, um gleiche Geschwindigkeiten zu erlangen, umgekehrt wie die Kräfte.

Beweis.

Es sei die Masse eines beliebigen kleinen Körpers, oder sein Gewicht an der Oberfläche der Erde $= A$, irgend eine gleichförmige Kraft $= g$ und die der erlangten Geschwindigkeit zukommende Höhe $= v$. Die Höhe aber, aus welcher der durch die Kraft g angetriebene Körper A herabfallen muss, um die gleiche Geschwindigkeit zu erlangen, sei $= x$. Alsdann ist $v = \frac{2ngx}{A}$ (§. 202.), oder weil $n = \frac{1}{2}$ (§. 206.); $v = \frac{gx}{A}$ und $Av = gx$. Da nun die, durch die verschiedenen Kräfte hervorgebrachten, Geschwindigkeiten und die kleinen Körper als gleich vorausgesetzt werden, so ist Av und daher auch gx constant. Es wird x umgekehrt proportional g, d. h. die Höhe, von welcher der durch die Kraft g angetriebene Körper A herabfallen muss, um die Geschwindigkeit $\sqrt{v}$ zu erlangen, verhält sich umgekehrt wie die Kraft g.

Zusatz 1.

§. 211. Nach Newton verhält sich die Kraft, durch welche ein auf der Oberfläche der Sonne, des Jupiters, des Saturns und der Erde befindlicher Körper gegen ihren Mittelpunkt getrieben wird, wie die Zahlen:

$$10000 \; ; \; 835 \; ; \; 525 \; ; \; 410.$$

Die Höhen also, aus denen ein Körper an den Oberflächen dieser vier Körper herabfallen muss, um dieselbe Geschwindigkeit zu erlangen, verhalten sich wie die Zahlen:

$$\frac{1}{10000} \; ; \; \frac{1}{835} \; ; \; \frac{1}{525} \; ; \; \frac{1}{410}.$$

Zusatz 2.

§. 212. Newton stellte den Satz auf, dass alle Körper auf diesen Oberflächen, wie auf der Oberfläche der Erde, auf gleiche Weise niedersteigen. Die Bedingung, dass die Körper einander gleich seien, ist daher überflüssig und es werden alle Körper, welche auf der Sonne, dem Jupiter, dem Saturn und der Erde aus Höhen herabsteigen, welche sich wie die Zahlen

$$\frac{1}{10000} \; ; \; \frac{1}{835} \; ; \; \frac{1}{525} \; ; \; \frac{1}{410}$$

verhalten, denselben Grad der Geschwindigkeit erreichen.

Anmerkung 1.

§. 213. Man ersieht hieraus, dass jede Kraft eine doppelte Wirkung auf die Körper ausübt; die eine, wodurch sie ihnen ein gewisses Bestreben, sich zu bewegen, mittheilt und die andere, wodurch diese wirklich zur Bewegung gelangen. Jene wird vorzugsweise in der Statik betrachtet und muss durch dasjenige Gewicht gemessen werden, welches ein gleiches abwärts gerichtetes Bestreben hat; sie wird die absolute Kraft genannt werden können. Die andere Wirkung muss aber durch die Beschleunigung oder die Zunahme der Geschwindigkeit, welche sie dem Körper in einer gegebenen Zeit mittheilt, gemessen werden; sie ist proportional jenem Bestreben, dividirt durch die Masse des Körpers (§. 159.). Diese Wirkung nennt Newton die beschleunigende Kraft und sie ist gleich der absoluten Kraft, dividirt durch die Masse oder das Gewicht des Körpers. Da $dv = \frac{pdx}{A}$ (§. 207.) und $\frac{p}{A}$ die beschleunigende Kraft ist, so wird dv gleich dem Produkt eben dieser Kraft in das Element des durchlaufenen Weges. So ist die absolute Kraft der Schwere der Masse des Körpers, auf welchen sie wirkt, proportional; denn sie bringt sein abwärts gerichtetes Bestreben oder sein Gewicht hervor, welches, wie wir gesehen haben, der Masse proportional ist. Die beschleunigende Kraft der Schwere ist in allen Körpern gleich gross, da alle auf gleiche Weise herabfallen und in gleichen Zeiten gleiche Geschwindigkeiten erlangen.

Zusatz 3.

§. 214. Sind die Körper einander gleich, so verhalten sich die beschleunigenden Kräfte, wie die absoluten. Da wir nun die beschleunigende Kraft der Schwere $= 1$ gesetzt haben (§. 205.), so ist dieselbe auf der Sonne $= 24{,}390$, auf dem Jupiter $= 2{,}036$, auf dem Saturn $= 1{,}280$ und auf dem Monde $= \frac{1}{3}$.

Zusatz 4.

§. 215. Soll §. 193. dem Fall der Körper auf der Oberfläche der Erde angepasst werden, so müssen wir, wie wir in §. 205. gethan haben, $\frac{g}{A} = 1$ setzen. Wollen wir hingegen jenen Satz dem Fall der Körper auf der Oberfläche der Sonne, des Jupiters, des Saturns und des Mondes anpassen, so müssen wir respective $\frac{g}{A} = 24{,}390$; $2{,}036$; $1{,}280$ und $\frac{1}{3}$ setzen.

Anmerkung 2.

§. 216. Wir nehmen hier gleich Newton an, dass alle Himmelskörper unserer Erde ähnlich seien und dass die auf ihren Oberflächen befindlichen Körper ein Bestreben baben, welches wie unsere irdische Schwere nach ihren Mittelpunkten gerichtet ist. Hiernach wird ein Körper, welcher auf der Erde 1 ℔ wiegt, auf der Sonne ein Gewicht von 24,390 ℔, auf dem Jupiter von 2,036 ℔, auf dem Saturn von 1,280 ℔ und auf dem Monde von $\frac{1}{3}$ ℔ haben.

Anmerkung 3.

§. 217. Damit man ferner die Natur der Schwere und ähnlicher Kräfte auf den Himmelskörpern leichter verstehe, müssen wir uns einzelne gleiche Elemente, auf gleiche Weise von der Schwere angegriffen, denken. Hieraus folgt, wie auch die Erfahrung es bestätigt, dass die Schwerkräfte, durch welche alle Körper angetrieben werden, ihren Massen oder Mengen der Materie proportional sind. Früher haben wir aber schon bewiesen, dass, wenn die Kräfte den Massen der durch sie angetriebenen Körper proportional sind, ihre Wirkungen in Bezug auf die Bewegung der Körper gleich ausfallen (§. 136.). Daher müssen offenbar alle Körper an der Oberfläche der Erde und aller Himmelskörper auf gleiche Weise herabfallen.

Satz 27.

Aufgabe.

§. 218. (Figur 25.) Eine gleichförmige Kraft treibt den Körper A über den Weg AP; man soll die Zeit bestimmen, in welcher dieser Weg zurückgelegt wird.

Auflösung.

Es haben g, v und x die frühere Bedeutung, so ist, weil $n = \frac{1}{2}$, $v = \frac{gx}{A}$ und die Geschwindigkeit selbst oder $\sqrt{v} = \sqrt{\frac{gx}{A}}$. Die Zeit, in welcher das Element $Pp = dx$ zurückgelegt wird, ist daher proportional $\frac{dx\sqrt{A}}{\sqrt{gx}}$ und man setze, wenn t die gesuchte, dem Wege AP entsprechende Zeit bezeichnet:

$$dt = \frac{mdx\sqrt{A}}{\sqrt{gx}};$$

so muss man durch einen einzigen Versuch den Werth von m so bestimmen, dass die Zeit in dem bestimmten Maasse, nämlich in Secunden ausgedrückt werde. Aus jener Gleichung erhält man durch Integration

$$t = 2m\sqrt{\frac{Ax}{g}},$$

wo keine Constante hinzuzufügen ist, weil für $x=0$ auch, wie erforderlich ist, $t=0$ wird. Ist m angemessen bestimmt, so hat man $t = 2m\sqrt{\frac{Ax}{g}}$ Secunden. Damit sich aber auf diese Weise ein absolutes Zeitmaass ergebe, muss auch x in einem constanten Längenmaasse ausgedrückt werden, wozu wir den Tausendtheil des Rheinländischen Fusses oder den Scrupel wählen. Der Bruch $\frac{A}{g}$ wird nämlich in absoluten Zahlen ausgedrückt, so dass wir ihn nicht auf ein bestimmtes Maass zu beziehen nöthig haben. Ist erst der Werth von m bestimmt, was bald geschehen wird, so ist die Aufgabe vollständig gelöst.

Zusatz 1.

§. 219. Ist g die Schwerkraft, so wird $\frac{A}{g} = 1$ (§. 205.) und so die Zeit, in welcher der Körper auf der Oberfläche der Erde x Scrupel herabfällt, $= 2m\sqrt{x}$ Secunden.

Zusatz 2.

§. 220. Durch Versuche weiss man nun, dass ein Körper in 1 Secunde wirklich 15,625 Fuss herabfällt, Setzt man daher $x = 15625$, so muss $t = 1$ werden und wir haben zur Bestimmung von m aus $t=2m\sqrt{x}$ die Gleichung

$$1 = 2m\sqrt{15625}, \text{ d. h. } m = \frac{1}{250}.$$

Zusatz 3.

§. 221. Da m in allen Fällen denselben Werth behält, so haben wir in dem, in der Aufgabe enthaltenen Falle

$$t = \frac{1}{125}\sqrt{\frac{Ax}{g}} \text{ Secunden},$$

wo x in Scrupeln ausgedrückt werden muss.

Zusatz 4.

§. 222. Dieser so gefundene Werth von m kann allen Fällen angepasst werden. Ist ds das Element des beschriebenen Weges, v die der Geschwindigkeit, womit jenes durchlaufen wird, zukommende Höhe, so ist das Element der Zeit $dt = m\frac{ds}{\sqrt{v}}$ und $t = m\int\frac{ds}{\sqrt{v}}$. Aus dieser Gleichung ergibt sich, wenn $m = \frac{1}{250}$ gesetzt, und s und v in Scrupeln ausgedrückt werden, die Zeit t in Secunden.

Anmerkung 1.

§. 223. Dadurch, dass wir die Geschwindigkeiten durch die Quadratwurzeln aus den ihnen zukommenden Höhen ausdrücken, erlangen wir den Vortheil, dass wir stets ein absolutes Zeitmaass erhalten. Wir haben uns des Versuches bedient, durch welchen die Höhe bestimmt wird, aus welcher ein schwerer Körper in 1 Secunde herabfällt. Mittelst Pendelversuchen hat Huygens dieselbe $= 15' \; 1'' \; 2^1/_{18}''' = 15,'0976$ Pariser Maass gefunden. Der Rheinländische Fuss verhält sich zum Pariser, wie 1000:1035; hierdurch erhalten wir die Fallhöhe in Einer Secunde = 15,625 Fuss oder 15625 Scrupel Rheinländisch. Dieses Maass ist vortheilhafter anzuwenden, als das Pariser, weil 15625 ein Quadrat ist und wir so viele Wurzelausziehungen vermeiden. Ausserdem ist die oben bestimmte Zahl $m = \frac{1}{250}$, womit $\int \frac{ds}{\sqrt{v}}$ multiplicirt werden muss, um t in Secunden auszudrücken, leicht im Gedächtniss zu behalten.

Zusatz 5.

§. 224. Da $\frac{g}{A}$ die beschleunigende Kraft bezeichnet(§.213.), so stehen die Zeiten, in welchen beliebige Wege vermöge gleichförmiger Kräfte zurückgelegt werden, im halben directen Verhältniss dieser Wege und im halben indirecten der beschleunigenden Kräfte.

Zusatz 6.

§. 225. Setzt man die Geschwindigkeit, welche der, aus der Höhe x durch die Kraft g angetriebene, Körper A erlangt, $=c$, so ist c proportional $\sqrt{\frac{gx}{A}}$ (§. 193.), und weil t proportional $\sqrt{\frac{Ax}{g}}$ ist, ct proportional dem Wege x. Die durchlaufenen Wege stehen daher im zusammengesetzten Verhältniss der zu ihrer Beschreibuug gebrauchten Zeiten und der Geschwindigkeiten, welche durch die Bewegung erlangt sind; die antreibenden Kräfte mögen beliebig beschaffen sein, wenn sie nur gleichförmig sind.

Zusatz 7.

§. 226. Die in gleichen Zeiten beschriebenen Wege sind den beschleunigenden Kräften proportional.

Zusatz 8.

§. 227. Die Wege, durch welche Körper in gleichen Zeiten an der Oberfläche der Sonne, des Jupiters, des Saturns, des Mondes und der Erde herabsinken, verhalten sich zu einander, wie die Zahlen: 24390; 2036; 1280; 333; 1000 (§. 214.).

Zusatz 9.

§. 228. Bei derselben beschleunigenden Kraft verhalteu sich die Zeiten, in denen beliebige Wege zurückgelegt werden, wie die erlangten Geschwindigkeiten. Ferner stehen sowohl die Zeiten, als auch die Geschwindigkeiten im halben Verhältniss der beschriebenen Wege.

Anmerkung 2.

§. 229. Wir setzen hier immer voraus, dass die herabsteigenden Körper im Anfange ruhen, oder dass ihre Geschwindigkeit beim Anfange der Bewegung $=0$ sei. In der Folge werden wir aber die Bewegungen untersuchen, welche entstehen, wenn die Körper anfangs schon eine gewisse Geschwindigkeit haben. Hier müssen die Zeiten und Wege so verstanden werden, dass sie in dem Punkte, wo die Geschwindigkeit verschwindet, ihren Anfang haben uud alle gefundenen Gleichungen sind daher so eingerichtet, dass, wenn c oder $v=0$ wird, zugleich x und t verschwinden.

Satz 28.

Lehrsatz.

§ 230. (Figur 25.) Fällt ein Körper so, wie wir bisher vorausgesetzt haben, durch AP herab; so ist seine Geschwindigkeit in P so gross, dass er, wenn er mit derselben gleichförmig fortginge, in derselben Zeit, in welcher er durch AP gefallen ist, den Weg $2AP$ zurücklegen würde.

Beweis.

Haben A, g, x, v und t die frühere Bedeutung, so haben wir $t = \frac{1}{125}\sqrt{\frac{Ax}{g}}$ (§. 221.) und $v = \frac{gx}{A}$ (§. 204.). Wir erhalten also $\frac{g}{A} = \frac{v}{x}$ und so $t = \frac{x}{125\sqrt{v}} = \frac{2x}{250\sqrt{v}}$.

Für die gleichförmige Beschreibung des Weges $2x$, mit der Geschwindigkeit $\sqrt{v}$, erhalten wir aber, die Zeit in Secunden ausgedrückt, ebenfalls $= \frac{1}{250} \cdot \frac{2x}{\sqrt{v}}$ (§. 220.). Folglich wird der Weg $2x$ in derselben Zeit, mit der Geschwindigkeit $\sqrt{v}$ zurückgelegt, in welcher der Weg x beim gleichförmig beschleunigten Falle beschrieben worden ist.

Zusatz 1.

§. 231. Ein durch eine gleichförmige Kraft angetriebener Körper erlangt, wenn er in der Zeit t durch den Weg x herabfällt, eine so grosse Geschwindigkeit, dass er, mit dieser fortgehend, den gleichen Weg x in der Zeit $\frac{1}{2}t$ zurücklegen könnte.

Zusatz 2.

§. 232. An der Oberfläche der Erde fallen die Körper in 1 Secunde durch 15625 Scrupel, also wird ihre durch diesen Fall erlangte Geschwindigkeit so gross sein, dass sie beim gleichförmigen Fortgange mit derselben 31250 Scrupel in Einer oder 15625 in einer halben Secunde durchlaufen würden.

Zusatz 3.

§. 233. Da wir gelernt haben, die Geschwindigkeiten durch die Quadratwurzeln aus den ihnen zukommenden Höhen auszudrücken, so wird die Geschwindigkeit $\sqrt{15625} = 125$ so gross sein, dass mit ihr der Weg von 31250 Scrupeln in 1 Secunde zurückgelegt werden kann.

Zusatz 4.

§. 234. Man kann also leicht den Weg angeben, welcher mit der so ausgedrückten Geschwindigkeit $\sqrt{v}$ in 1 Secunde zurückgelegt wird. Weil nämlich die in derselben Zeit beschriebenen Wege sich wie die Geschwindigkeiten verhalten, so haben wir

$$125 : \sqrt{v} = 31250 : x,$$

also ist $x = 250\sqrt{v}$ der in Scrupeln ausgedrückte Weg, wenn die Höhe v, ebenfalls in Scrupeln, mit der Geschwindigkeit $\sqrt{v}$ in 1 Secunde gleichförmig zurückgelegt werden kann.

Beispiel 1.

§. 235. Es sei der Körper $1000'$ herabgefallen, also $v = 1000000'''$ und wenn ersterer so weit gefallen ist, erlangt er eine Geschwindigkeit, mit welcher er in 1 Secunde

$$250\sqrt{1000000} = 250000''' = 250'$$

zurücklegen könnte.

Zusatz 5.

§. 236. Drücken wir umgekehrt die Geschwindigkeit durch den Weg aus, welchen der Körper mit ihr in 1 Secunde zurückgelegt hat, wie wir anfangs gethan haben; so können wir diese Weise auf unsere jetzige, die Geschwindigkeiten durch die Quadratwurzeln aus den ihnen zukommenden Höhen auszudrücken, zurückführen. Ist der Weg $= a$ und die der Geschwindigkeit zukommende Höhe $= v$, so haben wir

$$250 \cdot \sqrt{v} = a \quad \text{und} \quad v = \frac{a^2}{62500} \text{ Scrupel.}$$

Beispiel 2.

§. 237. Der Körper habe eine so grosse Geschwindigkeit, dass er mit ihr in 1 Secunde 1000′ = 1000000 Scrupel zurücklegen kann. Die dieser Geschwindigkeit zukommende Höhe ist alsdann

$$= \frac{1000000^2}{62500} \text{ Scrupel} = 16000 \text{ Fuss.}$$

Anmerkung.

§. 238. Man sieht also, wie man beide Weisen, die Geschwindigkeiten auszudrücken, mit einander vergleichen und die eine auf die andere zurückzuführen hat. Anfangs drückten wir nämlich die Geschwindigkeiten durch die Wege aus, welche in 1 Secunde oder einer andern bestimmten Zeiteinheit zurückgelegt wurden; später aber erschien es bequemer, die Geschwindigkeiten durch die ihnen zukommenden Höhen darzustellen. Jetzt haben wir gezeigt, wie man beide Darstellungsweisen den zu messenden Geschwindigkeiten anpassen muss.

Satz 29.

Aufgabe.

§. 239. (Figur 26.) Eine gleichförmige Kraft zieht einen Körper längs der geraden Linie BP fort und derselbe hat im Anfangspunkt B bereits eine gegebene Geschwindigkeit nach derselben Richtung; man sucht seine Geschwindigkeit in jedem Punkt P der Linie BP.

Auflösung.

Es sei, wie früher, g die Kraft, A der Körper und c die Höhe, welche der im Anfangspunkt B bereits vorhandenen Geschwindigkeit zukommt. Man setze $BP = x$ und die, der Geschwindigkeit in P zukommende Höhe $= v$. Wie früher (§. 207.) haben wir, wegen der durch das Element $Pp = dx$ constanten antreibenden Kraft g, $dv = \frac{gdx}{A}$ und wenn man integrirt $v = \frac{gx}{A} +$ const. Da nun nach der Voraussetzung für $x=0$, $v=c$ wird, erhalten wir vollständig

$$v = \frac{gx}{A} + c \text{ und die Geschwindigkeit } \sqrt{v} = \sqrt{\frac{gx}{A} + c}.$$

Zusatz.

§. 240. Setzt man, wie bei der gewöhnlichen Schwerkraft, $\frac{g}{A} = 1$, so wird $v = x + c$. Die der Geschwindigkeit in P zukommende Höhe ist also gleich der Summe der, der Anfangsgeschwindigkeit zukommenden, Höhe und des durchlaufenen Weges.

Anmerkung.

§. 241. Es ergibt sich noch eine andere Auflösung der Aufgabe, indem wir nämlich die Bewegung durch BP mit der Anfangsgeschwindigkeit $\sqrt{c}$, als einen Theil der Bewegung durch die Linie AP von der Ruhe an, betrachten können. So haben wir vorher angenommen, dass der Körper, wenn er von A nach B gelangt ist, die vorausgesetzte Geschwindigkeit $\sqrt{c}$ habe. Setzt man daher den Weg $AB = k$, so ist $c = \frac{gk}{A}$ (§. 206.) und $v = \frac{g}{A}(k + x) = c + \frac{gx}{A}$, wie oben. Ferner wird der Weg $AB = k = \frac{A.c}{g}$.

Satz 30.

Aufgabe.

§. 242. (Figur 26.) Unter denselben Voraussetzungen, wie in der vorhergehenden Aufgabe, soll man die Zeit bestimmen, in welcher der Körper den Weg BP zurücklegt.

Auflösung.

Ist diese Zeit $= t$, so hat man $dt = \frac{mdx}{\sqrt{c + \frac{gx}{A}}}$ (§. 218.), indem die Geschwindigkeit, mit welcher das Element $Pp = dx$ zurückgelegt wird, $= \sqrt{c + \frac{gx}{A}}$ ist (§. 239.). Integrirt man, so ergibt sich $t = \frac{2mA}{g}\sqrt{c+\frac{gx}{A}}$ + const. und da für $x=0$, auch $t=0$ sein muss, const. $= -\frac{2mA}{g}\sqrt{c}$ und vollständig

$$t = \frac{2mA}{g}\sqrt{c+\frac{gx}{A}} - \frac{2mA}{g}\sqrt{c}.$$

Hat man c und x in Scrupeln ausgedrückt und setzt man $m=\frac{1}{250}$, so erhält man t in Secunden (§. 220.).

Zusatz.

§. 243. Da an der Oberfläche der Erde $\frac{g}{A}=1$ ist, so wird die Zeit, in welcher der Weg BP, bei der in B stattfindenden Anfangsgeschwindigkeit $\sqrt{c}$, zurückgelegt wird

$$=\frac{1}{125}\sqrt{c+x}-\frac{1}{125}\sqrt{c} \text{ Secunden;}$$

c und x müssen hierbei in Scrupeln ausgedrückt sein.

Anmerkung.

§. 244. Auf ähnliche Weise, wie in der vorhergehenden Anmerkung, fügen wir noch eine andere Auflösung der Aufgabe hinzu. Setzt man wieder die gerade Linie $AB = k$, durch welche herabfallend der Körper A im Punkt B die, der Höhe c zukommende Geschwindigkeit erlangt, so ist die Zeit, in welcher dieser Weg k zurückgelegt wird $=\frac{1}{125}\sqrt{\frac{Ak}{g}}$, und eben so die dem Wege AP entsprechende Zeit $=\frac{1}{125}\sqrt{\frac{A(k+x)}{g}}$ (§. 221.). Der Weg BP wird daher in der Zeit $\frac{1}{125}\sqrt{\frac{A(k+x)}{g}} - \frac{1}{125}\sqrt{\frac{Ak}{g}}$ zurückgelegt. Da aber $k=\frac{Ac}{g}$ (§. 241.), so erhält man die gesuchte Zeit

$$=\frac{A}{125g}\sqrt{c+\frac{gx}{A}}-\frac{A}{125g}\sqrt{c},$$

wie vorher, indem wir $m=\frac{1}{250}$ gesetzt haben.

Das Bisherige hatten wir über den geradlinigen Fall der Punkte, unter der Voraussetzung einer gleichförmigen Kraft, auseinander zu setzen. Wir gehen nun zum geradlinigen Aufsteigen über, wo die Richtung der Bewegung derjenigen der Kraft gerade entgegengesetzt ist und wobei wir die letztere auch jetzt als gleichförmig oder constant voraussetzen.

Satz 31.

Aufgabe.

§. 245. (Figur 27.) Eine gleichförmige Kraft ist abwärts gerichtet und ein Körper hat in B eine gegebene aufwärts gerichtete Geschwindigkeit; man sucht seine Geschwindigkeit in einem beliebigen Punkte des Weges BA, welchen er beim Aufsteigen durchläuft.

Auflösung.

Es ist klar, dass in diesem Falle der Körper auf der geraden Linie mit verzögerter Bewegung fortgehen wird (§. 191.), weil die Richtung seiner Bewegung der Richtung der antreibenden Kraft direct entgegengesetzt ist. Es sei daher die, der Geschwindigkeit in B zukommende Höhe $= c$ und man nehme an, der Körper sei bis P gelangt. Die Höhe, welche der in diesem Punkte vorhandenen Geschwindigkeit zukommt, sei $= v$ und der schon durchlaufene Weg $BP = x$. Nimmt man $Pp = dx$ an, so ist die, der Geschwindigkeit in p zukommende Höhe $= v + dv$. Da aber die Kraft g der Bewegung entgegenwirkt, so wird sie ganz zur Verminderung der letztern verwandt, wesshalb man $dv = -\frac{gdx}{A}$ setzen muss, wenn A die Masse des Körpers bezeichnet. Integrirt man die letzte Gleichung, so wird Const. $- v = \frac{gx}{A}$, oder weil für $x = 0$, $v = c$ wird, vollständig

$$c - v = \frac{gx}{A} \text{ oder } v = c - \frac{gx}{A}.$$

Aus der letzten Gleichung erhält man die Geschwindigkeit, welche in jedem Punkte des beim Aufsteigen beschriebenen Weges stattfindet.

Zusatz 1.

§. 246. Die Geschwindigkeit des Körpers verschwindet daher, wenn $c = \frac{gx}{A}$, d. h. wenn er zu einer Höhe $= \frac{Ac}{g}$ gelangt ist. Es sei dieselbe $= BA$, also $c = \frac{g.BA}{A}$, man ersieht also, dass BA diejenige Höhe ist, aus welcher der Körper A, unter Antrieb der Kraft g herabsinken muss, um die der Höhe zukommende Geschwindigkeit zu erlangen (§. 206.).

Ein Körper wird daher, wenn er mit derjenigen Geschwindigkeit aufsteigt, welche er durch den Fall aus einer gegebenen Höhe erlangt, eben diese letztere wieder erreichen, ehe er seine Bewegung verliert.

Zusatz 2.

§. 247. Ferner wird der über den Weg BA aufsteigende Körper in den einzelnen Punkten dieselbe Geschwindigkeit haben, welche er beim Niedersteigen von A erlangt haben würde. Setzt man nämlich $AP = y$, so wird die, durch die niedersteigende Bewegung von A in P erlangte Geschwindigkeit $= \sqrt{\frac{gy}{A}}$; die Geschwindigkeit in demselben Punkte aber, welche er beim Aufsteigen von B noch übrig hat, $= \sqrt{c - \frac{gx}{A}}$. Da nun $x + y = BA = \frac{A.c}{g}$, so wird offenbar

$$c - \frac{gx}{A} = \frac{gy}{A},$$

also beide Geschwindigkeiten einander gleich.

Zusatz 3.

§. 248. Die Bewegung des aufsteigenden Körpers stimmt also mit der des niedersteigenden überein und ihre Geschwindigkeiten an denselben Orten, d. h. in denselben Abständen vom höchsten Punkte, wo die Geschwindigkeit verschwindet, sind einander gleich.

Zusatz 4.

§. 249. Man ersieht hieraus, dass auch die Zeit des Aufsteigens durch BA der Zeit des Niedersteigens durch denselben Raum gleich sein muss. Setzt man daher $BA = a$, so ist die Zeit des Niedersteigens $= \frac{1}{125}\sqrt{\frac{A.a}{g}}$ Secunden (§. 221.). Eben so gross muss die Zeit des Aufsteigens durch BA sein, oder wenn man statt A seinen Werth $\frac{A.c}{g}$ setzt, diese Zeit des ganzen Aufsteigens

$$= \frac{A}{125.g}\sqrt{c} \text{ Secunden.}$$

Zusatz 5.

§. 250. Auf ähnliche Weise wird die Zeit des Aufsteigens durch einen beliebigen Theil BP bestimmt. Bleibt nämlich $AP = y$, so ist die Zeit des Auf- oder Niedersteigens durch

$AP = \frac{1}{125}\sqrt{\frac{Ay}{g}}$ und zieht man diese von der ganzen Zeit des Aufsteigens $= \frac{A}{125g}\sqrt{c}$ ab, so bleibt die Zeit des Aufsteigens durch BP übrig. Da aber $y = \frac{Ac}{g} - x$ ist, so wird die Zeit des Aufsteigens durch BP

$$= \frac{A}{125g}\sqrt{c} - \frac{A}{125g}\sqrt{c - \frac{gx}{A}}.$$

Anmerkung 1.

§. 251. Offenbar kann diese Gleichheit des Auf- und Niedersteigens a priori aus der Wirksamkeit der Kräfte erwiesen werden. Da beim Aufsteigen die Kraft eben so viel von der Geschwindigkeit fortnimmt, als sie beim Niedersteigen ihr hinzufügt, so muss offenbar eine vollkommene Gleichheit zwischen beiden Bewegungen stattfinden und es kann nur ein Unterschied in der Reihefolge der Zeit obwalten, die jedoch, wenn man sie in Gedanken umkehrt, den einen Fall in den andern verwandelt. Aehnlich ist auch das Verhältniss aller Bewegungen, welche durch absolute Kräfte hervorgebracht werden; der Körper kann nämlich mit denselben Geschwindigkeiten auf demselben Wege zurückkehren, sobald er beim Rückgange dieselben Eindrücke, als beim Hergange, aber in entgegengesetzter Richtung erleidet. So würden sich die Planeten nach entgegengesetzten Richtungen eben so in Ellipsen, wie jetzt um die Sonne bewegen, wenn im Anfange ihre Bewegungen die entgegengesetzten gewesen wären. Durch dasselbe Element des Weges ist nämlich die Wirkung der Kraft, in Bezug auf die Aenderung der Geschwindigkeit, stets dieselbe und wird in Bezug auf den Körper negativ, wenn dieser umkehrt. Die Wirkung aber, welche auf die Aenderung der Richtung des Körpers verwandt wird, bleibt in beiden Fällen dieselbe, wesshalb der Körper beim Hin- und Hergange dieselbe Bahn beschreibt. Diess wird unten klarer werden, wo wir derartige Bewegungen in der Reihefolge behandeln. Findet aber ein Widerstand statt, so verschwindet diese Aehnlichkeit zwischen dem Auf- und Niedersteigen; denn in beiden Fällen vermindert der Widerstand die Bewegung des Körpers und seine Wirkung in dem einen Falle ist der im andern nicht entgegengesetzt, wie bei einer absoluten antreibenden Kraft.

Anmerkung 2.

§. 252. Nachdem wir die geradlinige Bewegung, welche aus gleichförmigen Kräften entspringt, genügend aus einander gesetzt haben, gehen wir nun zu ungleichförmigen Kräften über, welche an andern Orten andere Wirkungen auf Körper ausüben und untersuchen, wie weit geradlinige Bewegungen der Körper durch sie verändert werden. Dieser Ungleichförmigkeit sind alle Kräfte, welche wir in der Natur wahrnehmen, unterworfen und man kann keine Kraft angeben, welche auf einen Körper an jedem beliebigen Orte auf gleiche Weise einwirkte. So werden die Planeten, je näher sie der Sonne sind, desto stärker zu ihr hingezogen und je weiter ein Körper sich von der Oberfläche der Erde entfernt, desto schwächer ist die Schwerkraft oder das abwärts gerichtete Bestreben in ihm. Auf ähnliche Weise zieht ein Magnet denselben Eisenstab stärker in geringer, schwächer in grosser Entfernung an. In welchem Verhältniss nun auch die Kräfte zu den Abständen oder Lagen des Körpers stehen mögen, so werden wir doch die Gesetze bestimmen, nach denen die Bewegung des angetriebenen Körpers sich ändert. Zuerst werden wir die, einer gewissen Potenz der Abstände des Körpers von einem festen Punkt proportionalen, Kräfte betrachten.

Erklärung 16.

§. 253. Der Mittelpunkt der Kräfte heisst derjenige feste Punkt, nach welchem Körper durch eine Kraft hingezogen werden, welche von dem Abstande derselben von diesem festen Punkte abhängig oder einer beliebigen Function dieses Abstandes proportional ist.

Zusatz 1.

§. 254. Der Abstand von diesem Mittelpunkte ist daher gegeben, wenn der Körper eben so stark nach dem letztern hingezogen wird, als die Schwerkraft ihn an der Oberfläche der Erde antreiben würde.

Zusatz 2.

§. 255. Ist dieser Abstand und das Gesetz der Anziehung d. h. die Function des Abstandes, welcher die Anziehung proportional ist, bekannt, so kennt man auch das Verhältniss, in welchem das Streben des beliebig gelegenen Körpers gegen den Mittelpunkt der Kräfte zur Schwerkraft desselben Körpers steht, wenn dieser sich auf der Oberfläche der Erde befände.

Zusatz 3.

§. 256. Auf diese Weise kann man beliebig veränderliche Kräfte mit der, ihren Wirkungen nach bekannten, Schwerkraft vergleichen und daher die Wirkungen der erstern auf Körper bestimmen.

Anmerkung.

§. 257. Ich setze hier die Anziehung zum Mittelpunkt der Kräfte der Schwerkraft ähnlich, so dass auch das Streben verschiedener Körper nach jenem Punkte, in demselben Abstande, ihren Massen proportional und daher die beschleunigenden Kräfte aller einander gleich werden. (§. 212.). Bei dieser Behandlung braucht man die Masse des sich bewegenden Körpers nicht in Betracht zu ziehen, sondern nur die beschleunigende Kraft, welche dem Streben zum Mittelpunkte, dividirt durch die Masse, proportional ist. Dieselbe wird aber mit der $= 1$ gesetzten beschleunigenden Kraft der Schwere verglichen werden und auf diese Einheit werden wir alle beschleunigenden Kräfte, als gleichartige Grössen beziehen.

Zusatz 4.

§. 258. Wenn wir also sagen, die Kräfte sind den Abständen vom Mittelpunkt, oder einer gewissen Function dieser Abstände proportional; so ist diess nicht vom blossen Streben der Körper nach dem Mittelpunkte, sondern von ihren beschleunigenden Kräften, d. h. dem Streben, dividirt durch die Massen, zu verstehen.

Zusatz 5.

§. 259. Da also die Richtung der Kraft, nach welcher der Körper angetrieben wird, stets nach dem Mittelpunkte der Kräfte hingeht, so muss offenbar ein Körper, welcher entweder ruhet oder sich auf einer, nach jenem Mittelpunkte gerichteten Linie bewegt, sich beständig auf dieser Linie befinden (§. 189.).

Erklärnng 17.

§. 260. Die Kraft, welche die Körper nach einem derartigen Mittelpunkte hintreibt, heisst eine Centripetalkraft. Wird sie hingegen negativ, indem sie die Körper von diesem Mittelpuncte fortstösst, so heisst sie eine Centrifugalkraft.

Zusatz 1.

§. 261. Da hier von der Bewegung die Rede ist, so werden wir unter der Centripetal- und Centrifugalkraft die beschleunigende Kraft verstehen, oder das Streben, dividirt durch die Masse.

Zusatz 2.

§. 262. Das Streben des Körpers gegen den Mittelpunkt der Kräfte wird daher durch das Produkt der beschleunigenden Kraft in die Masse des Körpers ausgedrückt. Es verhält sich daher zum Gewicht desselben Körpers, wenn dieser sich an der Oberfläche der Erde befände, wie die Centripetalkraft zur Einheit (§. 257.)

Anmerkung.

§. 263. Newton bedient sich sehr häufig der Benennung Centripetalkraft und bemerkt, dass man dieselbe auf dreifache Weise messen könne. Zuerst durch ihre absolute Grösse, wodurch die Wirksamkeit des Mittelpunktes der Kräfte selbst, ohne Rücksicht auf die angezogenen Körper, bestimmt wird. So ist in einem grössern Magneten eine grössere, in einem kleineren eine kleinere absolute Centripetalkraft. Auf ähnliche Weise befindet sich, nach seiner Theorie in der Sonne eine grössere absolute Kraft, als in der Erde. Diese Vergleichung kann man aber nur bei den Mittelpunkten ähnlich, d. h. nach derselben Function des Abstandes anziehender, Kräfte anwenden, bei unähnlichen findet sie nicht statt. Diese absolute Grösse ist also zu bestimmen durch das Bestreben, welches ein gegebener Körper in einem gegebenen Abstande vom Mittelpunkte hat, sich diesem zu nähern. Statt dieser Betrachtungsweise wende ich hier den Abstand an, in welchem der Körper mit einer, seinem Gewicht gleichen Kraft nach dem Mittelpunkte hinstrebt (§. 254.).

Zweitens hat Newton eine beschleunigende Grösse der Centripetalkraft, welche bei ihm in demselben Sinne genommen wird, wie hier die Centripetalkraft selbst (§. 261.); sie wird nämlich gemessen durch das Bestreben, dividirt durch die Masse. Drittens führt er eine bewegende Grösse der Centripetalkraft ein, womit er nichts anderes bezeichnet, als das Bestreben selbst, welches die Körper haben, sich dem Mittelpunkte der Kräfte zu nähern. Die Grösse der Bewegung nämlich, welche man durch das Produkt der Bewegung in die Masse zu bestimmen pflegt und welche in einer gegebenen Zeit erzeugt wird, ist dem Bestreben selbst proportional. Setzt man das letztere $=p$ und die Masse $=A$, so ist die Zunahme der Geschwindigkeit in einem gegebenen Zeittheilchen proportional $\frac{p}{A}$ (§. 154.) und multiplicirt man daher diese Zunahme in die Masse A, so erhält man die Zunahme der Grösse der Bewegung, welche also p selbst proportional sein wird.

Satz 32.

Aufgabe.

§. 264. (Figur 28.) Es sei C der Mittelpunkt der Kräfte, welcher die Körper in irgend einem vielfachen Verhältniss der Abstände nach sich zieht und es werde der in A ruhende Körper nach ihm hingezogen; man sucht seine Geschwindigkeit in einem beliebigen Punkte P des Weges AC.

Auflösung.

Es sei $Ac = a$, $AP = x$ und v die Höhe, welche der in P stattfindenden Geschwindigkeit des Körpers zukommt. Es erfolge die Anziehung im $n$fachen Verhältniss der Abstände und es sei f der Abstand von C, in welchem das Streben des Körpers nach C seinem Gewicht an der Oberfläche der Erde gleich ist. Die beschleunigende Kraft, welche den Körper nach C treibt, verhält sich daher zur Schwerkraft, welche ich $= 1$ setze, wie $CP^n : f^n$, d. h. wie $(a-x)^n : f^n$ und sie kann daher durch $\frac{(a-x)^n}{f^n}$ ausgedrückt werden. Nimmt man nun $Pp = dx$ an, so wird $dv = \frac{(a-x)^n}{f^n} dx$ (§. 213.) und wenn man integrirt, $v = \text{Const.} - \frac{(a-x)^{n+1}}{(n+1) f^n}$ oder, weil für $x = 0$, auch $v = 0$ wird, vollständig

$$v = \frac{a^{n+1} - (a-x)^{n+1}}{(n+1) f^n}.$$

Setzt man endlich $a - x = CP = y$, so wird auch

$$v = \frac{a^{n+1} - y^{n+1}}{(n+1) f^n},$$

aus welcher Gleichung man die Geschwindigkeit des Körpers in jedem Punkte entnehmen kann.

Zusatz 1.

§. 265. Ist $n+1$ eine positive Zahl, so verschwindet y^{n+1} für $y = 0$. In diesem Falle ist also die Höhe, welche der Geschwindigkeit des nach C gelangenden Körpers zukommt, $= \frac{a^{n+1}}{(n+1) f^n}$. Ist aber $n+1$ negativ, so wird für $y = 0$, $y^{n+1} = \infty$; in diesem Falle wird also die Geschwindigkeit des nach C gelangenden Körpers $= \infty$.

Zusatz 2.

§. 266. Ist $n+1 = 0$ oder $n = -1$, so kann man aus der gefundenen Gleichung den Werth von v nicht erhalten, weil

Zähler und Nenner verschwinden und man muss ihn alsdann aus der Differentialgleichung selbst ableiten. Diese wird jetzt $dv = \frac{fdx}{a-x}$, woraus $v = \text{const.} - f\log(a-x)$, oder, weil für $x = 0$ auch $v = 0$ wird, vollständig

$$v = f\log\left(\frac{a}{a-x}\right) = f\log\left(\frac{a}{y}\right)$$

folgt. Diess ist der wahre Werth von v, wenn $n = -1$ oder die Centripetalkraft dem Abstande vom Mittelpunkte umgekehrt proportional ist.

Zusatz 3.

§. 267. In diesem Falle, wo $n = -1$ ist, wird, sobald der Körper nach dem Mittelpunkte C gelangt, also $y = 0$ ist, seine Geschwindigkeit $= \infty$, weil $v = f\log\left(\frac{a}{0}\right) = f\log\infty$ wird. Diess ist der unterste und dem Endlichen gleichsam nächste Grad des Unendlichen; denn wie wenig auch $n+1$ die Null überschreiten mag, wird plötzlich die Geschwindigkeit in C endlich gross.

Zusatz 4.

§. 268. Ist $n+1$ positiv, so wird die, der Geschwindigkeit in C zukommende, Höhe $= \frac{a^{n+1}}{(n+1)f^n}$ und die Geschwindigkeiten mehrerer, zum Mittelpunkt C herabsteigender Körper stehen im Verhältniss $a^{\frac{n+1}{2}}$, d. h. im $\frac{n+1}{2}$ fachen Verhältniss der Abstände, aus denen sie herabgesunken sind.

Anmerkung 1.

§. 269. Wohin aber der Körper sich bewegen wird, nachdem er von A bis C gelangt ist, kann man nicht so leicht bestimmen. Man sieht zwar, dass, wenn man in dem gefundenen Ausdrucke y negativ setzt, die der Geschwindigkeit in Q zukommende Höhe sich ergeben wird und wenn diese positiv ist, wird der Körper wirklich nach Q gelangen; ist sie aber negativ, so wird dadurch angedeutet, dass der Körper nie in die, jenseits C gelegene, Gegend CQ gelangen wird. Dieses Verfahren kann man aber nicht immer anwenden, indem es oft der Voraussetzung, dass die anziehende Kraft gegen den Mittelpunkt diess- und jenseits C dieselbe sei, widerspricht. Der in P befindliche Körper wird nämlich abwärts gezogen und wenn er nach Q gelangt, durch eine gleiche Kraft aufwärts getrieben werden, im Fall $CQ = CP$ ist. Desshalb wird die Kraft, welche den Körper in Q antreibt, im Vergleich mit der früheren negativ und muss daher durch eine negative Zahl ausgedrückt werden. Die durch $\frac{(a-x)^n}{f^n}$ oder $\frac{y^n}{f^n}$ ausgedrückte Kraft in P muss daher negativ werden, wenn man $-y$ statt $+y$ setzt, was nur möglich, wenn n entweder ungerade oder ein Bruch von ungeradem Zähler und Nenner ist. In diesen Fällen wird sich also der wahre Werth von v ergeben, wenn der Körper nach Q gelangt ist; in den übrigen wird, weil in der Rechnung die, den Körper in Q antreibende, Kraft mit ihrem wahren Werthe nicht übereinstimmt, auch die für v sich ergebende Grösse nicht die richtige sein. Ist nämlich n gerade, so wird die anziehende Kraft in Q, wenn y negativ gesetzt ist, gleich der Kraft in P und strebt nach derselben Richtung, d. h. abwärts. Der über den Mittelpunkt C hinausgegangene Körper würde also auf der geraden Linie CQ in's Unendliche fortgehen müssen, was auch die Rechnung ergibt. Da dieses der Voraussetzung widerstreitet, so ist es klar, dass in diesen Fällen die Bewegung des Körpers, nachdem er C erreicht hat, mittelst der gefundenen Formel nicht erhalten werden kann. Das Absurde zeigt sich noch deutlicher, wenn $n = \frac{1}{2}$ oder einem andern derartigen Bruche gleich ist, in welchem Falle y^n imaginär wird, wenn man $-y$ statt y setzt. Diess würde anzeigen, dass der über C hinausgegangene Körper nicht nur nicht nach C hingezogen, sondern dass die anziehende Kraft selbst imaginär werde, was niemand einsehen kann.

Zusatz 5.

§. 270. Ist daher n ungerade, so ändert sich der Werth von

$$v = \frac{a^{n+1} - y^{n+1}}{(n+1)f^n}$$

nicht, wenn man $-y$ statt $+y$ setzt, indem alsdann $n+1$ gerade wird. Die Geschwindigkeit des Körpers in Q wird der in P stattfindenden gleich, wenn $CQ = CP$ ist. Auf dieselbe Weise wird daher der Körper sich in der Richtung CQ von C entfernen, auf welche er sich vorher in der Richtung AC ihm genähert hatte und wird bis B gelangen, wo $CB = AC$ ist und wo er seine ganze Geschwindigkeit verliert. Er wird daher nun auf gleiche Weise nach C und weiter nach A gelangen und diese wechselnden Bewegungen beständig fortsetzen, wenn kein Widerstand stattfindet.

Zusatz 6.

§. 271. Der Fall ist jedoch auszunehmen, in welchem $n = -1$, obgleich ungerade ist. Macht man nämlich y negativ, so wird

$$v = f \log\left(-\frac{a}{y}\right) \text{ d. h. imaginär;}$$

der Körper wird also nie über C hinausgehen. Es scheint daher, als ob man die Sache anders beurtheilen müsse, im Fall n negativ, wenn auch ungerade ist. Ein diesem ähnliches Beispiel werden wir unten, für $n = -3$ sehen (§. 335.).

Anmerkung 2.

§. 272. Diess scheint zwar weniger mit der Wahrheit übereinzustimmen, da man nämlich kaum einen Grund sieht, warum der Körper mit seiner in C erlangten Geschwindigkeit eher nach einer andern Richtung als CB fortschreiten sollte, besonders da die Richtung dieser unendlich grossen Geschwindigkeit dieselbe ist. Wie dem aber auch sei, so muss man hier mehr der Rechnung, als dem Urtheil vertrauen und wir müssen erklären, dass wir den Sprung vom Unendlichen zum Endlichen nicht begreifen. Wir werden noch mehr in dieser Meinung durch ein Beispiel bestärkt, welches unten (§. 655.) vollständig auseinandergesetzt für $n = -2$ folgen wird. In diesem Falle ist die Geschwindigkeit des nach C gelangenden Körpers auch unendlich gross und längs CB gerichtet; nichts desto weniger aber geht der Körper nicht über C hinaus, sondern kehrt plötzlich von C gegen A zurück, auf gleiche Weise, wie er herangekommen war. Man ersieht hieraus, dass man, so oft die Geschwindigkeit in C unendlich gross ist, das Urtheil über die weitere Bewegung des Körpers verschieben müsse; diess braucht jedoch nur bis dahin zu geschehen, wo wir zu den krummlinigen Bewegungen gelangen, aus denen die geradlinigen sich noch klarer ableiten lassen. Auch ist die dort anzustellende Rechnung diesem Mangel nicht unterworfen, dass sie mit der Voraussetzung nicht übereinstimme; sondern es wird die Centripetalkraft nach jeder Richtung gleichgesetzt werden, ohne dass die Rechnung diesem widerspricht.

Anmerkung 3.

§. 273. Immer aber, wenn die Geschwindigkeit in C nicht unendlich gross ist, was geschieht, wenn $n+1$ positiv ist, können wir die ganze Bewegung des Körpers durch Beurtheilung erkennen, wenn auch die Rechnung nicht ausreicht. Ist nämlich die Geschwindigkeit in C endlich und längs CB gerichtet, was nothwendig der Fall sein muss; so ist es unmöglich, dass der Körper seine Bewegung nicht auf CB fortsetze. Indem diess geschieht, wird er sich ebenso von C entfernen, wie er sich vorher ihm genähert hatte und wird, wenn $CQ = CP$ ist, in Q dieselbe Geschwindigkeit haben, welche er vorher in P hatte. Diess kann man aus §. 251. ersehen. Der Körper wird daher beständig seine wechselnden Bewegungen von A nach B und von B nach A fortsetzen.

Satz 33.

Aufgabe.

§. 274. (Figur 29.) Der Mittelpunkt C zieht in einem beliebig vielfachen Verhältniss der Abstände an und der Körper hat in D schon eine gegebene Geschwindigkeit; man sucht auf der verlängerten Linie CD den Punkt A, von welchem der Körper seinen Fall gegen C beginnen muss, um in D eben dieselbe Geschwindigkeit zu erlangen.

Auflösung.

Wie vorher bezeichne n den Exponenten des Abstandes und f denjenigen Abstand, in welchem die Centripetalkraft der Schwere gleich wird. Es sei $CD = b$, die der Geschwindigkeit in D zukommende Höhe $= h$ und die gesuchte Entfernung $CA = q$. Im Vergleich mit der vorigen Aufgabe haben wir also q statt a, b statt y und h statt v zu setzen und erhalten so:

$$h = \frac{q^{n+1} - b^{n+1}}{(n+1) f^n} \quad \text{oder} \quad q = \{b^{n+1} + (n+1) h f^n\}^{\frac{1}{n+1}}$$

In dem besonderen Falle, wo $n = -1$ ist, haben wir

$$h = f \log \left(\frac{q}{b}\right) \quad \text{oder} \quad q = b \ . \ e^{\frac{h}{f}},$$

wo e die Basis der hyperbolischen Logarithmen ist.

Zusatz 1.

§. 275. Ist die Centripetalkraft dem Abstande direct proportional, so wird $n = 1$ und daher

$$q = \sqrt{b^2 + 2hf}.$$

Diese Grösse ist immer endlich, wenn nur b, f und h es sind. Aehnliches ereignet sich stets, wenn $n + 1$ positiv oder mindestens $= 0$ ist.

Zusatz 2.

§. 276. Ist $n+1$ negativ, etwa $=-m$, also $n=-m-1$, so wird

$$q=b\cdot\sqrt[m]{\frac{f^{m+1}}{f^{m+1}-mhb^m}},$$

welche Höhe so oft unendlich wird, als $h=\frac{f^{m+1}}{mb^m}$ ist. Wird h noch grösser, so wird q negativ oder vielmehr $>\infty$ oder auch imaginär. In diesen Fällen wird also der Körper, wenn er auch aus einer unendlich grossen Höhe herabgestiegen ist, doch in D keine so grosse Geschwindigkeit erlangen können.

Zusatz 3.

§. 277. Bleibt $n+1$ negativ $=-m$ und ist A unendlich weit entfernt, also $q=\infty$; so wird

$$f^{m+1}-mhb^m=0 \text{ oder } h=\frac{f^{m+1}}{mb^m}.$$

Der Abstand vom Mittelpunkt C, in welchem der aus unendlicher Entfernung herabgestiegene Körper die Geschwindigkeit $\sqrt{h}$ hat, wird also

$$b=f\sqrt[m]{\frac{f}{mh}}.$$

Zusatz 4.

§. 278. Ist die Centripetalkraft dem Quadrat des Abstandes umgekehrt proportional, so hat man $m=1$ und $q=\frac{bf^2}{f^2-bh}$. Ist daher $h=\frac{f^2}{b}$, so wird q oder $AC=\infty$.

Zusatz 5.

§. 279. Verbindet man diese Aufgabe mit der vorhergehenden, so kann man leicht die Bewegung eines Körpers bestimmen, welcher von D aus seinen Fall gegen C mit der Geschwindigkeit $\sqrt{h}$ beginnt. Aus dem Vorhergehenden ist die Bewegung des Körpers von A ab bekannt und ein Theil derselben ist die von D an, mit der Geschwindigkeit $\sqrt{h}$ begonnene Bewegung. Setzt man daher $CP=y$ und die, der Geschwindigkeit in P zukommende, Höhe $=v$; so haben wir $v=\frac{q^{n+1}-y^{n+1}}{(n+1)f^n}$ (§. 264.), aber $q^{n+1}=b^{n+1}+(n+1)hf^n$; mithin wird

$$v = \frac{b^{n+1} - y^{n+1}}{(n+1)f^n} + h.$$

Zusatz 6.

§. 280. Dieser Ausdruck von v, welcher gilt, wenn der Körper von D aus mit der, der Höhe h zukommenden Geschwindigkeit niederzusteigen anfängt, ist nur darin von demjenigen verschieden, welcher sich ergibt, wenn der Körper von der Ruhe ab zu sinken beginnt, dass er stets um h selbst grösser ist

Anmerkung.

§. 281. (Figur 28.) Die Zeiten, in denen, bei einer beliebig vorausgesetzten Centripetalkraft, der Weg AC und seine Theile zurückgelegt werden, lassen sich aus den bekannten Geschwindigkeiten leicht herleiten. Da allgemein $dt = \frac{ds}{c} = \frac{dx}{\sqrt{v}}$, so wird

$$t = \int \frac{dx \sqrt{(n+1)f^n}}{\sqrt{a^{n+1} - (a-x)^{n+1}}},$$

welcher Ausdruck der zur Beschreibung von AP erfoderlichen Zeit, für einen allgemeinen Werth von n, weder integrirt, noch auf die Quadraturen bekannter Curven zurückgeführt werden kann. Für verschiedene Werthe von n kann man ihn jedoch ziemlich geschickt darstellen, wesshalb wir zunächst die weitern allgemeinen Betrachtungen verschieben nnd in den nächsten Sätzen die vorzüglichsten besondern Fälle untersuchen wollen.

Satz 34.

Aufgabe.

§. 282. (Figur 30.) Die Centripetalkraft ist den Abständen vom Mittelpunkte C proportional und der Körper sinkt von A bis C herab; man soll die Zeit bestimmen, in welcher er einen jeden Theil dieses Weges zurücklegt.

Auflösung.

Man setze $AC = a$, den Abstand vom Mittelpunkt C, in welchem die Centripetalkraft der Schwere gleich ist, $= f$, einen beliebigen Theil CP des Weges $= y$ und die der Geschwindigkeit in P zukommende Höhe $= v$. Die Zeit, in welcher der Weg CP zurückgelegt wird, ist $= \int \frac{dy}{\sqrt{v}}$; ich vernachlässige hier den Factor $\frac{1}{250}$, welcher dazu diente, diese Zeit in Secunden auszudrücken und welcher je nach Belieben hinzugefügt werden kann. Nach §. 264 ist für $n = 1$, $v = \frac{a^2 - y^2}{2f}$, also

$$\int \frac{dy}{\sqrt{v}} = \int \frac{dy\sqrt{2f}}{\sqrt{a^2 - y^2}} = \frac{\sqrt{2f}}{a} \int \frac{a\,dy}{\sqrt{a^2 - y^2}}.$$

Ueber AC construire man den Kreisquadranten AME und ziehe in demselben die Ordinaten CE und PM. Alsdann ist bekanntlich

$$EM = \int \frac{a\,dy}{\sqrt{a^2 - y^2}},$$

also die Zeit, in welcher PC zurückgelegt wird, $= \frac{EM\sqrt{2f}}{a}$.

Ferner wird die Zeit des ganzen Falles durch $AC = \frac{AME \,.\, \sqrt{2f}}{a}$

und die dem Weg AP entsprechende Zeit $= \frac{AM \,.\, \sqrt{2f}}{a}$. Somit kennen wir die Zeit des Herabfallens durch einen beliebigen Theil des Weges und zwar, wenn f und a in Scrupeln ausgedrückt und der Factor $\frac{1}{250}$ hinzugefügt wird, in Secunden.

Zusatz 1.

§. 283. Da $AME = \frac{1}{2} a\pi$, so wird die Zeit des Herabfallens durch $AC = \frac{\pi}{2}\sqrt{2f}$. Sie hängt nicht von der durchlaufenen Höhe ab und es werden daher alle Körper, welche zu diesem Mittelpunkt herabsteigen, in gleichen Zeiten dahin gelangen, wie gross auch a sein möge.

Anmerkung.

§. 284. Diese Gleichheit der Zeiten folgt auch aus dem Ausdruck $\frac{\sqrt{a^2 - y^2}}{\sqrt{2f}}$ der Geschwindigkeit, in welchem a und y Eine Dimension haben. So oft diess stattfindet, werden die Zeiten, in denen beliebige Wege a zurückgelegt werden, einander gleich sein (§. 46.).

Zusatz 2.

§. 285. Hat man ferner einen andern Mittelpunkt der Kräfte, der aber mit einer verschiedenen Wirksamkeit begabt ist, so dass der Abstand, in welchem die Centripetalkraft der Schwere gleich wird, $= F$ ist; so verhalten sich die Zeiten des Niedersteigens zu beiden Mittelpunkten, wie $\sqrt{f} : \sqrt{F}$. Die Wirksamkeiten selbst aber verhalten sich, wie $F:f$; sie sind nämlich den Kräften proportional, welche diese Mittelpunkte in gleichen Abständen ausüben. Die Zeiten des Herabsinkens zu verschiedenen Mittelpunkten stehen daher im halben umgekehrten Verhältniss der Wirksamkeiten eben dieser Mittelpunkte. Dieses Verhältniss findet bei allen ähnlichen Mittelpunkten der Kräfte statt, wenn die durchlaufenen Wege einander gleich sind, wie wir in der Folge sehen werden.

Satz 35.

Aufgabe.

§. 286. (Figur 31.) Die Centripetalkraft ist dem Quadrat des Abstandes vom Mittelpunkte C umgekehrt proportional und ein Körper sinkt von A bis C herab: man sucht die Zeit, in welcher derselbe einen beliebigen Theil des Weges AC zurücklegt.

Auflösung.

Es bleibe $AC = a$, ferner f, $CP = y$ und v dasselbe wie im vorigen Satze. Da $n = -2$, so ist nach §. 264., $v = f^2 \frac{a-y}{ay}$ also $dt = \frac{dy}{\sqrt{v}} = \frac{dy\sqrt{ay}}{f\sqrt{a-y}} = \frac{\sqrt{a}}{f} \frac{ydy}{\sqrt{ay-y^2}}$ und die Zeit des Niedersteigens durch $PC = \frac{\sqrt{a}}{f} \int \frac{ydy}{\sqrt{ay-y^2}}$. Es ist aber

$$\int \frac{ydy}{\sqrt{ay-y^2}} = -\sqrt{ay-y^2} + \int \frac{\frac{1}{2}ady}{\sqrt{ay-y^2}}.$$

Beschreibt man daher über AC den Halbkreis AMC und errichtet in P die Ordinate PM, so wird

$$CM = \int \frac{\frac{1}{2}ady}{\sqrt{ay-y^2}} \text{ und } PM = \sqrt{ay-y^2}.$$

Mithin wird die Zeit des Niedersteigens durch $CP = \frac{\sqrt{a}}{f}(CM - PM)$, die Zeit des ganzen Niedersteigens durch $AC = \frac{\sqrt{a}}{f}$. AMC und die dem Herabsteigen durch AP entsprechende Zeit $= \frac{\sqrt{a}}{f}(AM + PM)$.

Zusatz 1.

§. 287. Da $AMC = \frac{1}{2}a\pi$ ist, so wird die Zeit, in welcher der Körper von A bis C herabsteigt,

$$= \frac{\pi a \sqrt{a}}{2f}.$$

Die Zeiten, in welchen mehrere Körper zum Mittelpunkt C herabsteigen, stehen also in dem $\frac{3}{2}$ten Verhältniss der Abstände.

Zusatz 2.

§. 288, Die Zeiten, in denen Körper zu verschiedenen Mittelpunkten dieser Art herabsteigen, stehen in einem Verhältniss, welches aus dem $\frac{3}{2}$ten directen der Abstände und dem halben indirecten Verhältniss der Wirksamkeiten zusammengesetzt ist. Die letztere ist nämlich f^2 direct proportional.

Anmerkung.

§. 289. (Figur 30.) Ist die Centripetalkraft dem Cubus des Abstandes umgekehrt proportional, so hat man $n = -3$ und daher $v = \frac{1}{2} f^3 \frac{a^2 - y^2}{a^2 \times y^2}$. Die Zeit des Niedersteigens durch CP wird also

$$t = \int \frac{dy}{\sqrt{v}} = \frac{a\sqrt{2}}{f\sqrt{f}} \int \frac{y\,dy}{\sqrt{a^2 - y^2}} = \text{Const.} - \frac{a\sqrt{2}}{f\sqrt{f}} \sqrt{a^2 - y^2},$$

oder, weil für $y = 0$ auch $t = 0$ ist, vollständig

$$t = \frac{a\sqrt{2}}{f\sqrt{f}} \{a - \sqrt{a^2 - y^2}\}.$$

Da nun $PM = \sqrt{a^2 - y^2}$ ist, so wird $t = \frac{a\sqrt{2}}{f\sqrt{f}} \{AC - PM\}$, die Zeit des ganzen Niedersteigens durch AC oder $T = \frac{a^2\sqrt{2}}{f\sqrt{f}}$, also auch die Zeit des Niedersteigens durch AP oder

$$T - t = \frac{AC.PM.\sqrt{2}}{f\sqrt{f}}.$$

In diesem Falle kann man also die Zeit des Niedersteigens algebraisch ausdrücken, was auch geschehen wird, wenn n einen Werth der Reihe $-\frac{5}{3};\ -\frac{7}{5};\ -\frac{9}{7};\ -\frac{11}{9}$; etc. hat. Wir wollen nun wenigstens untersuchen, wie gross die Zeiten des ganzen Niedersteigens durch AC sein werden.

Satz 36.
Aufgabe.

§. 290. (Figur 31.) Man soll die Zeit des Herabsteigens durch AC zum Mittelpunkt C bestimmen, wenn die Centripetalkraft $\frac{1}{a^{\frac{2m+1}{2m-1}}}$ proportional ist, wo a der Abstand des Körpers vom Mittelpunkte und m eine ganze positive Zahl bezeichnet.

Auflösung.

Behalten a, f, y und v die frühere Bedeutung bei, so ist hier $n = \frac{-2m-1}{2m-1}$, also

$$v = \frac{2m-1}{2} f^{\frac{2m+1}{2m-1}} \cdot \frac{a^{\frac{2}{2m-1}} - y^{\frac{2}{2m-1}}}{a^{\frac{2}{2m-1}} \cdot y^{\frac{2}{2m-1}}},$$

und

$$\int \frac{dy}{\sqrt{v}} = \sqrt{\frac{2a^{\frac{2}{2m-1}}}{(2m-1) f^{\frac{2m+1}{2m-1}}}} \cdot \int \frac{y^{\frac{1}{2m-1}} \cdot dy}{\sqrt{a^{\frac{2}{2m-1}} - y^{\frac{2}{2m-1}}}}.$$

Diess Integral muss von $y = 0$ bis $y = a$ genommen werden, um die gesuchte Zeit des ganzen Niedersteigens durch AC zu erhalten. Setzt man $y^{\frac{2}{2m-1}} = z$ und $a^{\frac{2}{2m-1}} = b$, so wird $y^{\frac{2}{2m-1}} = \sqrt{z}\ dy = \frac{2m-1}{2} z^{\frac{2m-1}{2}} dz$ und so, wenn man diese Werthe substituirt:

$$\int \frac{dy}{\sqrt{v}} = \sqrt{\frac{(2m-1)b}{2f^{\frac{2m+1}{2m-1}}}} \int \frac{z^{m-1}\, dz}{\sqrt{b-z}}.$$

Um $\int \frac{z^{m-1}\, dz}{\sqrt{b-z}}$ zu finden, setzen wir $b - z = u^2$, also $dz = -2udu$, wodurch

$$\int \frac{z^{m-1}\, dz}{\sqrt{b-z}} = -\int 2du\, (b-u^2)^{m-1} = -2\int du\, \{b^{m-1} - (m-1) b^{m-2} u^2 + (m-1)_2 b^{m-3} u^4 - \text{etc.}\}$$

$$= \text{Const.} - 2u\{b^{m-1} - \tfrac{1}{3}(m-1)\, b^{m-2} u^2 + \tfrac{1}{5}(m-1)_2\, b^{m-3} u^4 - \text{etc.}\}.$$

Das Integral muss aber, weil von $y = 0$ bis $y = a$, oder von $z = 0$ bis $z = b$, nun von $u^2 = b$ bis $u^2 = 0$ genommen werden, weil wir die Zeit des ganzen Niedersteigens haben wollen. Wir erhalten daher

$$\int_0^b \frac{z^{m-1}\,dz}{\sqrt{b-z}} = 2b^{m-\frac{1}{2}}\left\{1-\tfrac{1}{3}(m-1)+\tfrac{1}{5}(m-1)_2-\text{etc.}\right\}.$$

Setzt man endlich statt $b^{m-\frac{1}{2}}$ seinen Werth a, so wird die ganze Zeit des Niedersteigens durch AC

$$\frac{a^{\frac{2m}{2m-1}}}{f^{\frac{2m}{2m-1}}}\sqrt{2(2m-1)f}\left\{1-\frac{m-1}{1.3}+\frac{(m-1)(m-2)}{1.2.5}\right.$$
$$\left.-\frac{(m-1)(m-2)(m-3)}{1.2.3.7}+\text{etc.}\right\}.$$

Der Ausdruck in der Klammer wird stets abbrechen, so oft m eine positive ganze Zahl ist und in diesen Fällen lässt sich die Zeit algebraisch darstellen.

Zusatz 1.

§. 291. Es sei $m=1$, also $n=-3$, so wird der Ausdruck in der Klammer $=1$ und die Zeit des Niedersteigens durch $AC=\frac{a^2}{f^2}\sqrt{2f}=\frac{a^2\sqrt{2}}{f\sqrt{f}}$, wie oben (§. 289.) gefunden worden ist.

Zusatz 2.

§. 292. Ist $m=2$, also $n=-\frac{5}{3}$, so wird der Werth der Reihe $=1-\frac{1}{3}=\frac{2}{3}$ und die Zeit des Niedersteigens durch $AC=\frac{a^{\frac{4}{3}}}{f^{\frac{4}{3}}}\sqrt{6f}\cdot\frac{2}{3}$.

Für $m=3$, wird $n=-\frac{7}{5}$, die Reihe $=1-\frac{2}{3}+\frac{1}{5}=\frac{2.4}{3.5}$ und die Zeit des Niedersteigens $=\frac{a^{\frac{6}{5}}}{f^{\frac{6}{5}}}\sqrt{10f}\cdot\frac{2.4}{3.5}$. Eben so für $m=4$, $n=-\frac{9}{7}$, die Reihe $=1-\frac{3}{3}+\frac{3.2}{1.2.5}-\frac{3.2.1}{1.2.3.7}$ $=\frac{2.4.6}{3.5.7}$, also die Zeit $=\frac{2.4.6}{3.5.7}\frac{a^{\frac{8}{7}}}{f^{\frac{8}{7}}}\sqrt{14f}$.

Zusatz 3.

§. 293. Hieraus schliesst man, dass der Werth der Reihe allgemein werde

$$=\frac{2.4.6\ldots\ldots(2m-2)}{3.5.7\ldots\ldots(2m-1)}$$

und die Zeit des Niedersteigens durch AC

$$= \frac{2.4.6\ldots\ldots(2m-2)}{3.5.7\ldots\ldots(2m-1)} \frac{a^{\frac{2m}{2m-1}}}{f^{\frac{2m}{2m-1}}} \sqrt{2(2m-1)f}$$

werde, wenn $n = \frac{-2m-1}{2m-1}$, also $m = \frac{n-1}{2n+2}$ ist.

Zusatz 4.

§. 294. Setzt man nach und nach $n = 1, 2, 3, 4$, etc., so erhält man die entsprechenden Werthe der Reihe $= 1, \frac{2}{3}, \frac{2.4}{3.5}, \frac{2.4.6}{3.5.7}$, etc. Setzt man hingegen nach und nach für m die zwischenliegenden Werthe $\frac{1}{2}, \frac{3}{2}, \frac{5}{2}, \frac{7}{2}$, etc., so erhält man die entsprechenden Werthe der Reihe $= \frac{1}{2}\pi, \frac{1}{2}.\frac{1}{2}\pi, \frac{1.3}{2.4}.\frac{1}{2}\pi, \frac{1.3.5}{2.4.6}.\frac{1}{2}\pi$, etc.

Zusatz 5.

§. 295. Auch für die letztern Werthe von m, nämlich $\frac{1}{2}, \frac{3}{2}, \frac{5}{2}, \frac{7}{2}$, etc. wird daher die Zeit des Niedersteigens durch AC bekannt. Ist nämlich $m = \frac{1}{2}$, so wird $n = -\infty$, in welchem Falle die Zeit stets unendlich klein wird. Ist $m = \frac{3}{2}$, so wird $n = -2$ und die Zeit $= \frac{1.\pi}{2.2}.\frac{a^{\frac{3}{2}}}{f^{\frac{3}{2}}}\sqrt{4f} = \frac{\pi a\sqrt{a}}{2f}$ wie oben (§. 287.) gefunden ist. Für $m = \frac{5}{2}$, wird $n = -\frac{3}{2}$ und die Zeit $= \frac{1.3\ \pi.a^{\frac{5}{4}}}{2.4.f^{\frac{5}{4}}}\sqrt{2f}$. Für $m = \frac{7}{2}$, wird $n = -\frac{4}{3}$ und die Zeit $= \frac{1.3.5.\pi.a^{\frac{7}{6}}}{2.4.6.f^{\frac{7}{6}}}\sqrt{3f}$.

Zusatz 6.

§. 296. Ist allgemein $m = \frac{2k+1}{2}$, so wird $n = \frac{-k-1}{k}$ und die Zeit des Niedersteigens

$$= \frac{1.3.5\ldots\ldots(2k-1)}{2.4.6\ldots\ldots2k}\pi.\frac{a^{\frac{2k+1}{2k}}}{f^{\frac{2k+1}{2k}}}.\sqrt{kf}.$$

Satz 37.

Aufgabe.

§. 297. (Figur 31.) Man soll die Zeit des Niedersteigens durch AC bestimmen, wenn die Centripetalkraft proportional ist $\frac{1}{a^{\frac{m-1}{m}}}$, wo a den Abstand des Körpers vom Mittelpunkt der Kräfte und m eine beliebige positive ganze Zahl bezeichnet.

Auflösung.

Es ist daher $n = -\frac{m-1}{m} = \frac{1-m}{m}$, also $v = \frac{a^{\frac{1}{m}} - y^{\frac{1}{m}}}{\frac{1}{m} f^{\frac{1-m}{m}}}$ $= mf^{\frac{m-1}{m}} (a^{\frac{1}{m}} - y^{\frac{1}{m}})$. Ferner wird das Element der Zeit $dt = \frac{dy}{\sqrt{v}} = \frac{dy}{\sqrt{mf^{\frac{m-1}{m}} (a^{\frac{1}{m}} - y^{\frac{1}{m}})}}$ und die zur Beschreibung des Weges PC erfoderliche Zeit

$$t = \frac{1}{\sqrt{mf^{\frac{m-1}{m}}}} \int \frac{dy}{\sqrt{a^{\frac{1}{m}} - y^{\frac{1}{m}}}}.$$

Setzt man $a^{\frac{1}{m}} = b$ und $y^{\frac{1}{m}} = z$, so wird $dy = mz^{m-1} dz$, also $t = \sqrt{m.f^{\frac{1-m}{m}}} \int \frac{z^{m-1} dz}{\sqrt{b-z}}$. Nimmt man das letzte Integral so wie im vorigen Satze, so wird

$$\int \frac{z^{m-1} dz}{\sqrt{b-z}} = 2b^{\frac{2m-1}{2}} \{ 1 - \frac{m-1}{1.3} + \frac{(m-1)(m-2)}{1.2.5} \frac{(m-1)(m-2)(m-3)}{1.2.3.7} + \text{etc.} \}$$

und daher, wenn man $a^{\frac{2m-1}{2m}}$ statt $b^{\frac{2m-1}{2m}}$ und die Reihe in der Klammer $= S$ setzt, die ganze, zur Beschreibung von AC erfoderliche, Zeit

$$T = 2\sqrt{m.a^{\frac{2m-1}{2m}}.f^{\frac{1-m}{m}}}\ .\ S.$$

So oft also m eine positive ganze Zahl ist, wird die Reihe abbrechen und die gesuchte Zeit algebraisch ausgedrückt.

Zusatz 1.

§. 298. Ist $m = 1$, also $n = 0$ und daher die Centripetalkraft constant und der Schwere gleich; so wird $S = 1$ und

$T = 2\sqrt{a}$. Diess haben wir schon §. 219. gefunden, indem hier nur das dortige m nicht beachtet ist.

Zusatz 2.

§. 299.

Für $m=2$, also $n=-\frac{1}{2}$ wird $S=\frac{2}{3}$ und $T=\frac{2}{3}2a^{\frac{3}{4}}f^{-\frac{1}{4}}\sqrt{2}$.

„ $m=3$ „ $n=-\frac{2}{3}$ „ $S=\frac{2.4}{3.5}$ und $T=\frac{2.4}{3.5}2a^{\frac{5}{6}}f^{-\frac{1}{3}}\sqrt{3}$.

„ $m=4$ „ $n=-\frac{3}{4}$ „ $S=\frac{2.4.6}{3.5.7}$ und $T=\frac{2.4.6}{3.5.7}2a^{\frac{7}{8}}f^{-\frac{3}{8}}\sqrt{4}$.

etc.

Zusatz 3.

§. 300. Für einen allgemeinen Werth von m wird $n = \frac{1-m}{m}$, $S = \frac{2.4.6\ldots.(2m-2)}{3.5.7\ldots.(2m-1)}$ und

$$T = \frac{2.4.6\ldots.(2m-2)}{3.5.7\ldots.(2m-1)}\, 2a^{\frac{2m-1}{2m}}\, f^{\frac{1-m}{2m}}\sqrt{m}.$$

Zusatz 4.

§. 301. Wendet man die oben (§. 294.) gefundenen Werthe von S für $m=p+\frac{1}{2}$ an, wo p irgend eine positive ganze Zahl bezeichnet, so kann man ebenfalls die ganzen Zeiten des Niedersteigens angeben. Ist etwa $m=\frac{1}{2}$, so wird $n=1$, $S=\frac{1}{2}\pi$ und so $T=2\sqrt{\frac{1}{2}f}\,.\,\frac{1}{2}\pi=\frac{1}{2}\pi\sqrt{2f}$, ganz wie im §. 283. gefunden worden ist, wo wir ebenfalls $n=1$ oder die Centripetalkraft* den Abständen proportional angenommen haben.

Zusatz 5.

§. 302. Ist $m=\frac{3}{2}$ oder $n=-\frac{1}{3}$, so wird $S=\frac{1}{2}\cdot\frac{\pi}{2}$ und $T = 2\sqrt{\frac{3}{2}a^{\frac{4}{3}}f^{-\frac{1}{3}}}\,.\,\frac{1}{2}\cdot\frac{\pi}{2}=\frac{1}{2}\frac{\pi}{2}\sqrt{4a^{\frac{4}{3}}f^{-\frac{1}{3}}}$. Für $m=\frac{5}{2}$ oder $n=-\frac{3}{5}$ wird $S=\frac{1.3}{2.4}\cdot\frac{\pi}{2}$ und $T=\frac{1.3\pi}{2.4.2}\sqrt{10a^{\frac{8}{5}}f^{-\frac{3}{5}}}$. Allgemein wird für $n=\frac{1-m}{m}$, $S=\frac{1.3\ldots.(2m-2)}{2.4\ldots.(2m-1)}\cdot\frac{\pi}{2}$ und $T=\frac{1.3.5\ldots(2m-2)}{2.4.6\ldots(2m-1)}\cdot\frac{\pi}{2}\cdot\sqrt{4ma^{\frac{2m-1}{m}}f^{\frac{1-m}{m}}}$

Anmerkung.

§. 303. Man ersieht hieraus, in welchen Fällen die Zeiten des Niedersteigens algebraisch dargestellt werden können, nämlich wenn $n=\frac{-2m-1}{2m-1}$ oder $n=\frac{1-m}{m}$ ist, wo m eine beliebige ganze positive Zahl bezeichnet. Ob es ausser diesen noch andere geben werde, bezweifle ich. Ferner stellen sich noch Fälle dar, in denen die Bestimmung der Zeit von der Quadratur des Kreises abhängig ist und diese finden statt, wenn $n = \frac{-m-1}{m}$ oder $= \frac{1-2m}{1+2m}$ ist, wo m wieder eine beliebige ganze positive Zahl bezeichnet. Diess sind aber noch nicht alle Fälle, welche auf die Quadratur des Kreises zurückgeführt werden; denn auch der besondere Fall, in welchem $n = -1$ ist, hängt von dieser Quadratur ab, wie wir im folgenden Satze zeigen werden. Dieser Fall weicht aber darin von dem obigen ab, dass im Ausdruck der Zeit nicht π, sondern $\sqrt{\pi}$ vorkommt. Ausserdem enthält nur die ganze Zeit des Niedersteigens den Ausdruck $\sqrt{\pi}$, während die Zeit des Niedersteigens durch einen beliebigen unbestimmten Weg nicht anders, als mittelst der Quadratur transcendenter Curven dargestellt werden kann.

Satz 38.

Lehrsatz.

§. 304. (Figur 31.) Ist die Centripetalkraft dem Abstande vom Mittelpunkte C der Kräfte umgekehrt proportional; so ist die Zeit des ganzen Niedersteigens durch $AC = \frac{a\sqrt{\pi}}{f}$, wo a, f und π die frühere Bedeutung haben.

Beweis.

Da die in einem beliebigen Punkte P der Geschwindigkeit zukommende Höhe $= f \log\left(\frac{a}{y}\right)$ ist (§. 266.), so wird die Geschwindigkeit selbst $= \sqrt{f \log\left(\frac{a}{y}\right)}$ und die zur Beschreibung des Weges PC erfoderliche Zeit

$$t = \frac{1}{\sqrt{f}} \int \frac{dy}{\sqrt{\log\left(\frac{a}{y}\right)}}.$$

Um die Zeit des ganzen Niedersteigens durch AC zu erhalten, muss man das Integral von $y=0$ bis $y=a$ erstrecken. Setzt man ferner $y = az$, so wird

$$t = \frac{a}{\sqrt{f}} \int \frac{dz}{\sqrt{\log\left(\frac{1}{z}\right)}} = \frac{a}{\sqrt{f}} \int \frac{dz}{\sqrt{-\log z}},$$

und die ganze Zeit des Niedersteigens

$$T = \frac{a}{\sqrt{f}} \int_0 \frac{dz}{\sqrt{-\log z}}.$$

In den Commentariis Academiae Scientiarum Petropolitanae Anno 1730 habe ich gezeigt, dass $\int_0^1 \frac{dz}{\sqrt{-\log z}}$ in der Progression 1 ; 2 ; 6 ; 24 ; etc. dasjenige Glied ausdrückt, dessen Index $= -\frac{1}{2}$ ist und welches nach einer andern Methode $= \sqrt{\pi}$ gefunden worden ist. Es wird daher

$$T = \frac{a\sqrt{\pi}}{\sqrt{f}}.$$

Znsatz.

§. 305. Wenn also mehrere Körper nach dem Mittelpunkt C, von verschiedenen Entfernungen aus, herabsteigen, so sind die Zeiten ihres Niedersinkens den Abständen proportional.

Anmerkung 1.

§. 306. Ich habe in diesem Satze den Bruch $\frac{1}{250}$ vernachlässigt, mit welchem man das Integral $\int \frac{dy}{\sqrt{v}}$ multipliciren muss, um die Zeit in Secunden zu erhalten, wenn die Längen in Scrupeln ausgedrückt sind (§. 221.). Auf ähnliche Weise werde ich auch in der Folge die Zeiten bezeichnen, wenn sie nicht in Secunden verlangt werden, um Zweideutigkeiten zu vermeiden. Man sieht nämlich leicht ein, dass man, um die Zahl der Secunden zu erhalten, die hier gefundenen Ausdrücke der Zeit nur durch 250 zu dividiren nnd die Längen in Scrupeln auszudrücken braucht, wie wir schon öfters eingeprägt haben.

Anmerkung 2.

§. 307. Es erscheint ganz paradox, dass $\int_0^1 \frac{dz}{\sqrt{-\log z}} = \sqrt{\pi}$ werde, indem man diess auf keine Weise direct beweisen kann. Ich habe es nur a posteriori erkannt, wie man aus der erwähnten Abhandlung ersehen kann. Die beiden Integrale $\int_0^1 \frac{dz}{\sqrt{-\log z}}$ und $\sqrt{2\int \frac{dz}{\sqrt{1-z^2}}} = \sqrt{2 \,.\, \arcsin 1}$ ergeben zwar denselben Werth $\sqrt{\pi}$, sie sind aber nicht einander allgemein gleich und können auch nicht mit einander verglichen werden.

Satz 39.

Lehrsatz.

§. 308. (Figur 31.) Ist die Centripetalkraft proportional a^n und sinken mehrere Körper aus verschiedenen Abständen zu demselben Mittelpunkte herab; so sind die Zeiten ihres Herabsteigens proportional $a^{\frac{1-n}{2}}$, wo a den Abstand jedes Körpers vom Mittelpunkte bezeichnet.

Beweis.

Der Abstand AC eines beliebigen Körpers vom Mittelpunkte sei $= a$ und f die Entfernung, in welcher die Centripetalkraft der Schwere gleich ist. Ist hierauf der Körper nach P gelangt, so setze man $CP = y$ und es wird die, der Geschwindigkeit in diesem Punkte zukommende, Höhe $v = \frac{a^{n+1} - y^{n+1}}{(n+1)f^n}$. Die Zeit, in welcher der Körper den Weg CP zurücklegt, ist also

$$t = \sqrt{(n+1)f^n} \int \frac{dy}{\sqrt{a^{n+1} - y^{n+1}}}.$$

Dieses Integral kann zwar nicht allgemein dargestellt werden, jedoch sieht man, dass, wenn dy als von Einer Dimension angesehen wird, die einzelnen Glieder Functionen von a und y von der Dimension $1 - \frac{n+1}{2} = \frac{1-n}{2}$ sein werden. Setzt man daher nach der Integration $y = a$, so erhält man die Zeit des ganzen Niedersteigens, welche alsdann eine Function von a von der Dimension $\frac{1-n}{2}$ oder ein Vielfaches von $a^{\frac{1-n}{2}}$ sein wird. Da nun der andere Factor nur f und Zahlen enthält, also seinen Werth nicht ändert, wie auch der Werth von a variiren möge; so werden die verschiedenen Zeiten des Niedersteigens proportional $a^{\frac{1-n}{2}}$.

Zusatz 1.

§. 309. Damit also alle Zeiten einander gleich werden, muss $a^{\frac{1-n}{2}}$ constant sein, was für einen beliebigen Werth von a geschieht, wenn $n = 1$ ist, d. h., wenn die Centripetalkraft den Abständen direct proportional ist (§. 283.).

Zusatz 2.

§. 310. Zugleich erhellt auf ähnliche Weise hieraus, dass, wenn die Centripetalkraft dem Quadrat des Abstandes umgekehrt proportional oder $n = -2$ ist, die Zeiten des Niedersteigens alsdann im $\frac{3}{2}$ten Verhältniss der Abstände vom Mittelpunkt stehen (§. 287.).

Zusatz 3.

§. 311. Hat man mehrere ähnlich anziehende Mittelpunkte, deren Wirksamkeit aber verschieden ist und steigen mehrere Körper aus gleichen Entfernungen zu ihnen herab; so verhalten sich, weil a constant ist, die Zeiten zu einander wie $f^{\frac{n}{2}}$, wo also f als veränderlich betrachtet wird. Die Wirksamkeit, welche wir E nennen wollen, ist aber der Centripetalkraft in einer gegebenen Entfernung, nämlich $=1$ proportional; daher wird f^n proportional $\frac{1}{E}$ und die Zeit t proportional $f^{\frac{n}{2}}$, d. h. $\frac{1}{\sqrt{E}}$ (§. 285.).

Zusatz 4.

§. 312. Sinken zu verschiedenen derartigen Mittelpunkten Körper aus verschiedenen Entfernungen herab, so sind die Zeiten des Niedersteigens proportional $a^{\frac{1-n}{2}} \cdot f^{\frac{n}{2}}$, d. h. $a^{\frac{1-n}{2}} \cdot \frac{1}{\sqrt{E}}$.

Anmerkung.

§. 313. Aus dem, was wir über die Centripetalkräfte gesagt haben, ersieht man vollständig, wie man die Bewegung der Körper finden müsse, wenn man an die Stelle der Centripetalkraft eine Centrifugalkraft, d. h. eine Kraft setzt, welche den Körper vom Mittelpunkte forttreibt. Alles bleibt nämlich wie bisher, nur müssen wir statt des Ausdrucks $\frac{y^n}{f^n}$, welcher die Centripetalkraft ausdrückte (§. 264.), seinen negativen Werth anwenden. Es scheint aber nicht überflüssig zu sein, über diese Fälle etwas hinzuzufügen; man wird hieraus gewisse allgemeine Regeln erkennen, welche sich auf die Erzeugung der Bewegung durch Kräfte beziehen und die man aus der Rechnung allein nicht ableiten kann. Es handelt sich hierbei um die Wirkung der Kräfte auf ruhende Körper, auf welche unsere Rechnung weniger genau passt, indem man in dieser das Increment der Geschwindigkeit als unendlich klein, im Vergleich mit der bereits vorhandenen Geschwindigkeit ansieht. Die Rechnung ergibt wirklich etwas Absurdes, wenn nicht das erste Element des Weges in einem unendlich kleinen Zeittheilchen zurückgelegt wird. Um diess zu erklären, bediene ich mich des Grundsatzes, dass ein Körper, welcher sich im zurückstossenden Mittelpunkte der Kräfte selbst befindet, dort immer verharren wird, wenn die Centrifugalkraft in demselben Punkte unendlich klein oder $=0$ ist. Diess tritt ein, wenn die Centrifugalkraft der Potenz a^n proportional ist, wo $n > 0$ oder positiv.

Satz 40.

Aufgabe.

§. 314. (Figur 30.) Vom Mittelpunkt C der Kräfte, welcher die Körper im Verhältniss a^n von sich forttreibt, wo a den Abstand des Körpers vom Mittelpunkte bezeichnet, geht ein Körper längs der geraden Linie CP aus; man sucht seine Geschwindigkeit im beliebigen Punkte P und die Zeit, in welcher er den Weg CP zurücklegt.

Auflösung.

Es sei f der Abstand, in welchem die Centrifugalkraft der Schwere gleich ist, man setze $CP = y$ und die, der Geschwindigkeit in P zukommende Höhe $=v$. Die Kraft, welche den Körper in P antreibt, ist daher $= \frac{y^n}{f^n}$ und $dv = \frac{y^n\,dy}{f^n}$ (§ 213.), weil der Körper mit beschleunigter Bewegung fortgetrieben wird. Da also

$$v = \frac{y^{n+1}}{(n+1)f^n} + \text{const.},$$

so wird, weil der Körper nach der Voraussetzung in C gar keine Geschwindigkeit hat, also für $y=0$ auch $v=0$ ist,

Constans $=0$, wenn $n+1$ positiv und Constans $=\infty$, wenn $n+1$ negativ ist; also in diesen Fällen respective

$$v = \frac{y^{n+1}}{(n+1)f^n} \text{ und } v = \infty.$$

Ferner erhält man die Zeit, in welcher der Körper den Weg CP zurücklegt, oder

$$t = \int \frac{dy}{\sqrt{v}} = \sqrt{(n+1)f^n} \int \frac{dy}{y^{\frac{n+1}{2}}} = \frac{2}{1-n} \sqrt{(n+1)f^n y^{1-n}} + \text{const}$$

Da für $y=0$ auch $t=0$ ist, so wird

Constans $=0$, wenn $1-n$ positiv und Constans $=\infty$, wenn $1-n$ negativ ist.

Im letztern Falle wird $t=\infty$, d. h. der Körper wird nie aus C heraustreten. Demnach haben wir

$$t = \frac{2}{1-n}\sqrt{(n+1)f^n . y^{1-n}},$$

so oft $1-n$ und $1+n$ positive Zahlen sind.

Zusatz 1.

§. 315. Damit $1+n$ und $1-n$ positiv werden, muss n zwischen den Grenzen -1 und $+1$ liegen. Ueberschreitet n die Grenze -1, so wird die Geschwindigkeit überall $=\infty$; tritt es über die Grenze $+1$, so wird die Zeit $=\infty$.

Zusatz 2.

§. 316. Aus der Natur der Sache ergibt sich aber, dass, wenn $n > 0$ ist, der Körper nie aus C heraustreten wird (§. 313.). Nothwendig muss daher, wenn n zwischen 0 und $+1$ liegt, die hier angewandte Rechnung, welche eine endliche Zeit ergibt, uns täuschen.

Zusatz 3.

§. 317. Diese Zeiten ergeben sich aber aus den Geschwindigkeiten und es muss sich daher auch in diesen etwas Absurdes befinden, so oft n zwischen 0 und $+1$ liegt. Diese Geschwindigkeiten können nämlich nicht erzeugt werden, weil der Körper nie aus C heraustritt.

Anmerkung 1.

§. 318. (Figur 32.) Es sei die Curve AM so beschaffen, dass, wenn die Abscisse $AP=y$, die Ordinate $PM=v$ sei. Diese Curve wird, wenn n zwischen 0 und $+1$ liegt, die Eigenschaft haben, dass sie in A selbst mit der Axe zusammenfällt und an diesem Orte eine unendlich grosse Krümmung, nämlich einen verschwindenden Krümmungshalbmesser hat.

Zusatz 4.

§. 319. So oft also die Scale der Geschwindigkeiten oder vielmehr der, den Geschwindigkeiten zukommenden Höhen eine derartige Form hat, wird man annehmen müssen, dass sie durch keine Kraft erzeugt werden könne. Ergibt auch die Rechnung ein anderes Resultat, so existirt doch der Fall nur in der Einbildung und nicht in der Natur.

Anmerkung 2.

§. 320. Der Grund dieser Abweichung der Rechnung von der Natur liegt ohne Zweifel in dem Princip der Bewegung und man wendet hier fälschlich ein sonst allgemein gültiges Gesetz über die durch die Kraft hervorgebrachte Zunahme der Geschwindigkeit an. Weil nämlich, wie wir schon bemerkt haben (§. 313.), dieses Gesetz nur dann gilt, wenn der Körper schon eine endliche Geschwindigkeit hat, so wendet man es im Anfang der Bewegung stets unüberlegt an. Da jedoch dieser Fehler nur im ersten Elemente stattfindet, wird er meistens unendlich klein und desshalb nicht zu beachten sein. Er ist aber unendlich klein, so oft das erste Element des Weges in einem unendlich kleinen Zeittheilchen zurückgelegt wird; alsdann kann er nämlich weder in den Geschwindigkeiten, noch in den Zeiten einen bedeutenden Unterschied hervorbringen. Diess ereignet sich, wenn die Kraft, durch welche der Körper im Anfang der Bewegung selbst angetrieben wird, von endlicher oder auch unendlicher Grösse ist; in diesem Falle wird nämlich das erste Element in einem unendlich kleinen Zeittheilchen durchlaufen. Ist aber die Kraft, wie in unserm Falle, im Anfang unendlich klein oder $=0$, so ist zur blossen Beschreibung des ersten Elements nicht nur eine endliche, sondern eine unendlich grosse Zeit erfoderlich, weil ein ruhender und durch keine Kraft angetriebener Körper niemals seinen Ort verlassen wird. In den übrigen Fällen, in denen n nicht nur >0, sondern auch >1 ist, wird der Fehler so gross, dass auch die Rechnung für das erste Element eine unendlich grosse Zeit ergibt. Liegt aber n zwischen 0 und 1, so nimmt man den Fehler der Rechnung wahr und zwar desshalb, wie es scheint, weil in diesen Fällen die Scale der Kräfte (Figur 33.) die Gestalt der Curve AM hat, welche die Axe AP in A unter einem rechten Winkel schneidet. Sogleich nämlich, in dem A sehr nahe liegenden Punkte a hat die Linie ab, welche die Kraft ausdrückt, einen unendlich grössern Werth als Aa. Eben so verhält es sich bei der Berechnung der Bewegung, wenn man den, das Element durchlaufenden, Körper durch die im Anfang wirkende, oder durch die am Ende des Elements stattfindende Kraft angetrieben sich denkt. In diesem Falle ist es aber einleuchtend, dass ein Fehler entstehen mnss, wenn man den Körper, das ganze Element Aa hindurch, als durch die Kraft ab angetrieben ansieht.

Satz 41.

Aufgabe.

§. 321. (Figur 34.) Die Centripetalkraft ist irgend einer Function des Abstandes vom Mittelpunkte C proportional und der Körper steigt von A zu demselben herab; man sucht seine Geschwindigkeit in einem beliebigen Punkte P und die Zeit, in welcher er den Weg AP zurücklegt.

Auflösung.

Es stelle die Curve BMD die Scale der Kräfte oder das Gesetz der Centripetalkraft dar, so dass der Körper in P durch eine Kraft PM gegen den Mittelpunkt C getrieben wird, welche Kraft sich zur Schwere verhält, wie die Linie PM zur constanten Linie AE; die letztere soll nämlich die Schwere ausdrücken. Es sei nun $AP = x$, $PM = p$, $AE = 1$ und die der Geschwindigkeit in P zukommende Höhe $= v$. Die beschleunigende Kraft ist daher $= p$ und wenn man das Element $Pp = dx$ annimmt, $dv = pdx$ (§. 213.), woraus $v = \int pdx$ folgt. Da aber $\int pdx = ABMP$, so wird

$$v = \frac{ABMP}{AE},$$

wo der Divisor $AE = 1$ hinzugefügt ist, um die Gleichung homogen zu machen. Da man nun v kennt, so wird die, zur Beschreibung des Weges AP erforderliche Zeit

$$t = \int \frac{dx}{\sqrt{v}} = \int \frac{dx}{\sqrt{\int pdx}},$$

welchen Ausdruck man, da p als durch x gegeben vorausgesetzt wird, mittelst der Quadraturen bestimmen kann.

Zusatz 1.

§. 322. Man ersieht hieraus, dass, wenn sich der Körper mit der in C erlangten Geschwindigkeit rückwärts, d. h. nach oben bewegt, seine aufsteigende Bewegung der niedersteigenden ähnlich werden und er in P dieselbe Geschwindigkeit haben wird, welche er vorher hatte. Ferner wird auch die Zeit des Aufsteigens durch CP der Zeit seines Niedersteigens, durch denselben Raum, gleich sein.

Zusatz 2.

§. 323. Wir haben hier vorausgesetzt, dass der Körper in A keine Geschwindigkeit habe und seine Bewegung von der Ruhe an beginne. Die Rechnung wird aber nicht schwieriger, wenn man ihm in A irgend eine Geschwindigkeit beilegt; man muss in diesem Falle $\int pdx$ so nehmen, dass es für $x = 0$ die, der Anfangsgeschwindigkeit zukommende, Höhe ergebe. Die aus $\int pdx$, unter dieser Bedingung hergeleitete, Zeit ergibt sich wie oben.

Anmerkung 1.

§. 324. Wir haben zwar angenommen, dasss p eine Function von x sei und sich daher nicht auf den Mittelpunkt C, sondern nur auf den Anfangspunkt A der Bewegung beziehe. Nichts desto weniger ist der Fall der Aufgabe in der Auflösung enthalten. Ist nämlich p eine Function der Entfernung $CP = y$ vom Centrum, so hat man, wenn $AC = a$ gesetzt wird, $y = a - x$ und es ist daher p eine Function von $a - x$, d. h. von x und einer Constanten, wie wir angenommen haben. Unsere Auflösung erstreckt sich aber noch weiter, indem sie die Bewegung eines, durch eine beliebige Kraft angetriebenen, Körpers bestimmt, ohne Rücksicht auf irgend einen festen Punkt, wenn nur die Kräfte überall dieselbe Richtung behalten. Geschieht diess nicht, so wird der Körper sich nicht auf einer geraden, sondern auf einer krummen Linie bewegen, wovon später die Rede sein wird.

Anmerkung 2.

§. 325. Wir haben bis jetzt die geradlinigen Bewegungen eines Körpers aus einer gegebenen Kraft abgeleitet, jetzt müssen wir umgekehrt aus einer gegebenen Bedingung der Bewegung das Gesetz der Kräfte ableiten. Es können nun entweder die Geschwindigkeiten, oder die Zeiten gegeben sein, beide Fälle lassen sich auf eine doppelte Weise behandeln. Entweder betrachtet man nämlich eine einzige nieder- oder aufsteigende Bewegung, in deren einzelnen Punkten man die Geschwindigkeiten oder die, zur Beschreibung einzelner Theile des Weges erfoderlichen, Zeiten als gegeben ansieht. Oder man betrachtet eine unbestimmte niedersteigende Bewegung zu einem festen Punkte aus verschiedenen Höhen, wobei man die letzten Geschwindigkeiten oder die Zeiten, in denen die einzelnen ganzen Wege zurückgelegt werden, als gegeben ansieht. Hieraus entspringen vier Grundaufgaben, deren Auflösungen wir hier geben müssen. Ausserdem werden noch andere Fragen aufgestellt, bei denen man weder die Geschwindigkeiten, noch die Zeiten allein als gegeben ansieht, sondern eine aus beiden zusammengesetzte Bedingung. Von diesen an und für sich unzähligen zu erdenkenden Aufgaben, werden wir die ausgezeichnetern anführen, aus deren Auflösungen man die übrigen zugleich ersehen kann.

Satz 42.

Aufgabe.

§. 326. (Figur 25.) Gegeben ist die Geschwindigkeit in den einzelnen Punkten des geradlinigen Weges AP, welchen ein Körper durchläuft; man sucht das Gesetz der Kraft, welche durch Antreibung des Körpers diese Bewegung hervorzubringen vermag.

Auflösung.

Hat der Körper einen beliebigen Weg $AP = x$ zurückgelegt, so sei die, der Geschwindigkeit in P zukommende, Höhe $= v$, welche letztere als gegeben und zwar als eine Function von x und Constanten angesehen wird. Die gesuchte Kraft, welche in P wirkt, sei $= p$, welche also aus der, dem Element $Pp = dx$ entsprechenden, Beschleunigung dv des Körpers gefunden werden kann. Da nämlich $dv = pdx$ (§. 213.), so so wird $p = \frac{dv}{dx}$, oder es wird die gesuchte Kraft sich zur Schwere verhalten, wie das Increment der, der Geschwindigkeit zukommenden, Höhe zum gleichzeitig durchlaufenen Element des Weges.

Zusatz 1.

§. 327. Ist $v = x$ oder der beschriebene Weg die, der Geschwindigkeit zukommende, Höhe selbst, so wird $dv = dx$ und $p = 1$. Die Kraft, welche diese Bewegung hervorbringt, ist daher gleichförmig und der Schwere gleich.

Zusatz 2.

§. 328. Sind die Geschwindigkeiten den durchlaufenen Wegen proportional, so wird $v = \frac{x^2}{f}$, wo f eine der Gleichartigkeit wegen erfoderliche Constante bezeichnet; ferner wird $dv = \frac{2xdx}{f}$ und $p = \frac{2x}{f}$. Die Kraft ist also dem durchlaufenen Wege proportional.

Anmerkung 1.

§. 329. Aus dem Frühern ist bekannt, dass dieser Fall nicht existiren kann. Da nämlich die Kraft im Anfangspunkt A selbst $= 0$ ist, so wird der Körper niemals aus diesem Punkte heraustreten können, sondern stets daselbst verbleiben. Diess ergibt sich auch aus der Berechnung der Zeit, indem diese $t = \int \frac{dx}{\sqrt{v}} = \sqrt{f} \int \frac{dx}{x} = \sqrt{f} \log x + \text{Const.}$ und da, für

$x = 0$ auch $t = 0$, also $C = -\sqrt{f}\log 0$ ist, vollständig $t = \infty$ wird.

Zusatz 3.

§. 330. (Figur 35.) Damit diess nicht geschehe, muss $\frac{dv}{dx}$ eine Grösse sein, welche für $v = 0$ nicht verschwindet, sondern endlich oder unendlich wird. Ist also AM die Scale der, den Geschwindigkeiten zukommenden, Höhen, in welcher $AP = x$ und $PM = v$ ist, so darf dieselbe in A nicht mit der Axe zusammenfallen, sondern muss mit ihr einen endlichen Winkel bilden.

Anmerkung 2.

§. 331. Diess ist nur von den Fällen zu verstehen, in welchen die Geschwindigkeit des Körpers als in A verschwindend vorausgesetzt wird und die Scale AM daselbst die Axe schneidet. Anders verhält sich die Sache, wenn der Körper in A schon eine Geschwindigkeit hat, mit welcher er, wenn auch die Kraft $= 0$ wäre, doch aus A heraustreten und sich der Wirksamkeit der Kraft unterwerfen könnte, so dass zum Durchlaufen des Weges AP keine unendlich grosse Zeit erfoderlich sein würde.

Satz 43.

Aufgabe.

§. 332. (Figur 34.) Gegeben ist die Zeit, in welcher der auf AC fortschreitende Körper den Weg AP zurücklegt, man soll das Gesetz der Kraft bestimmen, durch welche diese Bewegung hervorgebracht wird.

Auflösung.

Es sei wieder der Weg $AP = x$, die Zeit, worin er durchlaufen wird, $= \sqrt{t}$, weil das Quadrat der Zeit nur von Einer Dimension ist, die gesuchte Kraft $= p$ und die, der Geschwindigkeit in P zukommende, Höhe $= v$. Dieser bedarf man zur Bestimmung von p, obgleich sie aus der Rechnung herausgehen muss. Es ist wie vorhin $dv = pdx$, $v = \int pdx$ und $\sqrt{t} = \int \frac{dx}{\sqrt{\int pdx}}$. Differentiirt man die letzte Gleichung, so wird

$$\frac{1}{2}\frac{dt}{\sqrt{t}} = \frac{dx}{\sqrt{\int p dx}} \text{ und } \int p dx = \frac{4tdx^2}{dt^2}.$$

Differentiirt man die letzte Gleichung noch einmal, indem man dx constant setzt, so wird

$$pdx = \frac{4dtdx^2}{dt^2} - \frac{8tdx^2dtddt}{dt^4} \text{ oder } p = \frac{4dx}{dt} - \frac{8tdxddt}{dt^3}.$$

Zusatz 1.

§. 333. Setzt man $t = T^2$, so wird

$$p = -\frac{2dxddT}{dT^3},$$

welcher Ausdruck einfacher als der vorhergehende und den einzelnen Fällen leichter anzupassen ist.

Zusatz 2.

§. 334. Setzt man die Zeiten den beshriebenen Wegen proportional, so wird $T = x$ und weil dx constant ist, $ddT = 0$. Die Kraft ist also $= 0$ und der Körper setzt diese gleichförmige Bewegung vermöge eines, ihm inwohnenden Bestrebens fort.

Anmerkung.

§. 335. Man muss hierbei bemerken, dass man für T eine solche Function von x anzunehmen hat, welche sowohl für $x = 0$ verschwindet, als auch mit zunehmendem x selbst grösser wird. Es ist nämlich nicht möglich, dass ein Körper seine Beweguug fortsetzt und die Zeit derselben kleiner wird. Setzen wir z. B. $T = \sqrt{2ax - x^2}$, welche Grösse nur bis zu einem gewissen Werthe von x zunimmt, hingegen kleiner wird, wenn x noch mehr anwächst; so erhält man $dT = \frac{(a-x)dx}{\sqrt{2ax-x^2}}$ und $ddT = -\frac{a^2dx^2}{(2ax-x^2)^{\frac{3}{2}}}$, also $p = \frac{2a^2}{(a-x)^3}$. Ist $AC = a$, so wird der Körper also in P durch eine, dem Cubus des Abstandes vom Mittelpunkt C umgekehrt proportionale, Kraft angetrieben. Die Zeit gilt aber nur bis C, wo $x = a$ wird; diesen Fall haben wir schon oben (§. 289.) besprochen. Man muss daher wahrscheinlich schliessen, dass der Körper von C aus nie weiter gehen wird; man kann sich aber auf keine Weise eine Vorstellung davon machen, wie diess geschieht, da doch die Geschwindigkeit $\sqrt{v} = \frac{dx}{dT} = \frac{\sqrt{2ax-x^2}}{a-x}$ in diesem Punkte $= \infty$ ist. Es kommt noch hinzn, dass für $x > a$, d. h. jenseits C, aus dem vorigen Ausdruck die Geschwindigkeit sich negativ ergibt, der Körper sich also nicht von C entfernen, sondern ihm nähern muss. Diess letztere ist aber unmöglich, weil nach dem Vorhergehenden der Körper den Punkt C gar nicht verlassen kann.

Zusatz 3.

§. 336. Da das Zeitelement $dT = \frac{dx}{\sqrt{v}}$, so ist an jedem Orte die Geschwindigkeit $\sqrt{v} = \frac{dx}{dT}$. Aus dem gegebenen Gesetze der Zeiten ergibt sich also auch zugleich die Geschwindigkeit des Körpers an den einzelnen Orten, was übrigens auch aus der Verbindung der Geschwindigkeiten mit den Zeiten, ohne Rücksicht auf die Kraft, folgt (§. 37.).

Satz 44.

Aufgabe.

§. 337. (Figur 36.) Ein Körper steigt so auf der geraden Linie AP herab, dass er mit der Geschwindigkeit, welche er in P hat, in derselben Zeit den Weg PM, nämlich die Ordinate der Curve AM gleichförmig zurücklegen könnte, in welcher er AP durchläuft; man soll das Gesetz der antreibenden Kraft bestimmen, welche eine solche Bewegung hervorbringt.

Auflösung.

Es sei $AP = x$ und $PM = s$, alsdann ist, weil die Curve AM gegeben, s eine Function von x. Es sei ferner die Kraft, welche den Körper in P antreibt, $= p$ und die, der Geschwindigkeit an demselben Orte zukommende Höhe $= v$, endlich die Zeit, in welcher der Weg AP durchlaufen wird, $= T$. Da der Weg s in der Zeit T mit der Geschwindigkeit $\sqrt{v}$ gleichförmig zurückgelegt wird, so hat man $T = \frac{s}{\sqrt{v}}$ (§. 30.). Es ist ferner $v = \int p dx$ und $T = \int \frac{dx}{\sqrt{v}} = \int \frac{dx}{\sqrt{\int p dx}}$, mithin wird

$$\frac{s}{\sqrt{v}} = \int \frac{dx}{\sqrt{\int p dx}} \quad \text{oder} \quad \frac{s}{\sqrt{v}} = \int \frac{dx}{\sqrt{v}}.$$

Differentiirt man die letzte Gleichung, so erhält man

$$\frac{ds}{\sqrt{v}} - \frac{sdv}{2v\sqrt{v}} = \frac{dx}{\sqrt{v}} \quad \text{oder} \quad \frac{dv}{v} = \frac{2ds}{s} - \frac{2dx}{s}$$

und hieraus durch Integration

$$\log v = 2\log s - 2\int\frac{dx}{s} \text{ oder } v = s^2 \,.\, e^{-2\int\frac{dx}{s}}$$

wo e die Basis der hyperbolischen Logarithmen ist. Differentiirt man dieselhe wieder, so wird

$$dv = pdx = 2e^{-2\int\frac{dx}{s}}\{sds - sdx\} \text{ oder } p = 2se^{-2\int\frac{dx}{s}}\left\{\frac{ds - dx}{dx}\right\}.$$

Hieraus erhält man die gesuchte Kraft, weil s als Function von x vorausgesetzt wird.

Zusatz 1.

§. 338. Da $v = s^2 e^{-2\int\frac{dx}{s}}$, so erhält man hieraus die Geschwindigkeit, welche der Körper in P hat, oder

$$\sqrt{v} = s.e^{-\int\frac{dx}{s}}.$$

Welche Constante man dem Integral $\int\frac{dx}{s}$ hinzuzufügen habe, werden wir gleich sehen.

Zusatz 2.

§. 339. Auch die Zeit T, in welcher der Weg AP durchlaufen wird, kann man hieraus leicht ableiten. Es wird nämlich

$$T = \frac{s}{\sqrt{v}} = e^{\int\frac{dx}{s}}.$$

Da nun T verschwinden muss, wenn man $x = 0$ setzt, so muss das Integral $\int\frac{dx}{s}$ so bestimmt werden, dass für $x = 0$ auch $e^{\int\frac{dx}{s}} = 0$ werde, d. h. für diesen Werth von x muss $\int\frac{dx}{s} = -\infty$ werden.

Zusatz 3.

§. 340. Es sei $s = nx$, so wird $\int\frac{dx}{s} = \frac{1}{n}\int\frac{dx}{x} = \frac{1}{n}\log x$ + Const. Für $x = 0$ wird aber $\int\frac{dx}{s} = \frac{1}{n}\log 0$ + Const. $= \frac{1}{n}$ $\log 0 + \log c = -\infty$; mithin bleibt c beliebig und es wird

$$T = e^{\int \frac{dx}{s}} = c \,.\, x^{\frac{1}{n}}.$$

Ferner ergibt sich $p = \frac{2n(n-1)}{c^2}\, x^{\frac{n-2}{n}}$ und $\sqrt{v} = \frac{n}{c}\, x^{\frac{n-1}{n}}$.

Zusatz 4.

§. 341. Setzt man $s = x$, so muss offenbar die Bewegung auf AP eine gleichförmige sein, was auch die Rechnung zeigt. Es wird nämlich $n = 1$; also $p = 0$ und $\sqrt{v} = \frac{n}{c}$ = Constans.

Zusatz 5.

§. 342. Ist $n < 1$, so wird im Punkt A, d. h. für $x = 0$, $\sqrt{v} = \infty$, also die Geschwindigkeit in A unendlich gross Ferner wird $p = -\frac{2n(n-1)}{c^2} \cdot \frac{1}{x^{\frac{2-n}{n}}}$, d. h. für $x = 0$, $p = \infty$.

Zusatz 6.

§. 343. Ist $n > 1$ und < 2, so wird $\sqrt{v} = \frac{n}{c}\, x^{\frac{n-1}{n}}$, d. h. in A für $x = 0$, $\sqrt{v} = 0$. Ferner wird $p = \frac{2n(n-1)}{c^2} \frac{1}{x^{\frac{2-n}{n}}}$, d. h. in A, $p = \infty$.

Die Kraft p nimmt also in diesem Falle im $\frac{2-n}{n}$ fachen Verhältniss der durchlaufenen Wege ab.

Zusatz 7.

§. 344. Ist $n = 2$, so wird die Kraft gleichförmig, nämlich $p = \frac{4}{c^2}$ und $\sqrt{v} = \frac{2}{c}\sqrt{x}$. Diese Eigenschaft haben wir schon in §. 230. gefunden und dargethan, dass unter der Voraussetzung einer gleichförmigen Kraft ein von der Ruhe an herabsteigender Körper, nach Zurücklegung eines beliebigen Weges, eine so grosse Geschwindigkeit erlangen wird, dass er mit dieser in derselben Zeit den doppelten Weg gleichförmig zurücklegen könnte.

Zusatz 8.

§. 345. Ist $n > 2$, so treten diejenigen Fälle ein, welche in der Natur nicht stattfinden können (§. 316.), obgleich die Rechnung etwas anderes ergibt. Es wird nämlich in A die

Geschwindigkeit $\sqrt{v} = 0$ und zugleich die antreibende Kraft $p = 0$, wesshalb der Körper nie aus A heraustreten kann. Für einen unbestimmten Weg $AP = x$, wird aber $T = c.x^n$, d. h. endlich.

Anmerkung.

§. 346. In diesem Satze ist also die Bedingung der Bewegung durch die Geschwindigkeit und Zeit vermischt gegeben, und hieraus muss das Gesetz der Kräfte abgeleitet werden, Mehr derartige Beispiele anzuführen, würde überflüssig sein, da man schon aus diesem einen die Weise, wonach man die übrigen zu lösen hat, ersehen kann.

Satz 45.

Aufgabe.

§. 347. (Figur 37.) Gegeben sind die Geschwindigkeiten, welche ein Körper im Mittelpunkte C erlangt, wenn er aus verschiedenen Entfernungen zu diesem herabsteigt; man soll das Gesetz der Centripetalkraft bestimmen, welche eine derartige herabsteigende Bewegung hervorbringt, vorausgesetzt, dass der Körper diese verschiedenen Bewegungen von der Ruhe ab beginne.

Auflösung.

Es stelle CM die Scale der Höhen vor, welche den Geschwindigkeiten zukommen, die der Körper in C erlangt, so dass PM die Höhe ist, welche der Geschwindigkeit zukommt, die der Körper bei seiner Bewegung von P bis C erlangt. Die Curve DN aber sei die gesuchte Scale der Kräfte, deren Ordinate PN nämlich die Centripetalkraft darstellt, welche den Körper in P antreibt. Die Linie CB endlich bezeichne eine Centripetalkraft, welche der Schwere gleich ist. Unter diesen Voraussetzungen wird die Höhe, welche der Geschwindigkeit des von P nach C herabsteigenden Körpers zukommt, oder $PM = \frac{CDNP}{CB}$ (§. 321.). Setzt man nun $CP = y$, $PM = v$, $PN = p$ und $CB = 1$; so wird

$$v = \int p dy, \text{ also } dv = p dy \text{ und } p = \frac{dv}{dy},$$

wo v als Function von y gegeben ist.

Zusatz 1.

§. 348. Es seien die in C erlangten Geschwindigkeiten den Wegen proportional, also $\sqrt{v} = C.y$, wo C eine Constante bezeichnet, so wird die Centripetalkraft den Abständen vom Centrum proportional.

Zusatz 2.

§. 349. Sind die in C erlangten Geschwindigkeiten den $n$ten Potenzen der Abstände vom Mittelpunkte C proportional, ist also $\sqrt{v} = C.y^n$; so wird $v = C^2 y^{2n}$ und $p = \frac{dv}{dy} = 2nC^2 y^{2n-1}$, d. h. die Centripetalkraft wird der $(2n-1)$ten Potenz der Abstände proportional.

Zusatz 3.

§. 350. Da die in C erlangte Geschwindigkeit $=0$ sein muss, wenn $y=0$ ist und da ausserdem einem grössern Abstande y eine grössere Geschwindigkeit entsprechen muss; so ist n nothwendig positiv.

Zusatz 4.

§. 351. Die Kraft p wird constant, wenn $n=\frac{1}{2}$ oder $2n-1=0$ ist. Ist $n<\frac{1}{2}$ oder $2n-1<0$, so wird $p = \frac{C}{y^{1-2n}}$. Ist $n>\frac{1}{2}$ oder $2n-1>0$, so wird $p = Cy^{2n-1}$. In jenem Falle ist daher die Centripetalkraft in $C = \infty$ und nimmt ab, wenn die Abstände zunehmen; in diesem Falle ist sie $C=0$ und nimmt zu, wenn die Abstände zunehmen.

Zusatz 5.

§. 352. Da $PM = \frac{CDNP}{CB}$, so ist die Curve CM auch die Scale der, den Geschwindigkeiten zukommenden, Höhen; im Fall der Körper von C längs CP ausgeht, die Centripetalkraft in eine Centrifugalkraft übergeht und die Bewegung von der Ruhe an beginnt.

Anmerkung.

§. 353. Obgleich auf diese Weise die Aufgabe auf §. 326. zurückgeführt wird, indem man die Centripetalkraft in eine Centrifugalkraft verwandelt; so ist doch die Zeit des Aufsteigens durch CP, für den Fall einer Centrifugalkraft, nicht gleich der Zeit des Niedersteigens durch dieselbe Linie, wenn eine Centripetalkraft stattfindet. Es deutet nämlich die Gleichheit der Geschwindigkeiten, welche in beiden Fällen bei gleichen Wegen erzeugt werden, keinesweges eine Gleichheit der Zeiten an, sondern es geht auch aus dem Anblick selbst das Gegentheil hervor. So oft nämlich die Centripetalkraft in $C=0$ ist, verschwindet auch die Centrifugalkraft in demselben Punkte, wesshalb die Zeit des Aufsteigens durch $CP = \infty$ wird (§.313.), da doch die niedersteigende Bewegung in endlicher Zeit erfolgt. Aus jener Aehnlichkeit der Geschwindigkeiten ergibt sich daher kein Hülfsmittel, um die folgende Aufgabe zu lösen. Wir werden aber im folgenden Satze als gegeben voraussetzen die Zeiten, in denen die einzelnen niedersteigenden Bewegungen erfolgen; die Auflösung ist nicht nur sehr schwierig, sondern man kann auch auf keine Weise aus der Scale der Zeiten die Scale der Kräfte ableiten. Wir werden daher hier nur besondere Fälle betrachten, deren Auflösung unsere Kräfte nicht übersteigt.

Satz 46.

Aufgabe.

§. 354. (Figur 38.) Die Zeiten, in denen ein Körper aus beliebigen Entfernungen CP zum Mittelpunkte C der Kräfte gelangt, stehen in irgend einem vielfachen Verhältniss der Abstände; man soll das Gesetz der Centripetalkraft bestimmen.

Auflösung.

Es seien jene Zeiten den $n$ten Potenzen der Abstände proportional und DN die gesuchte Scale der Centripetalkraft, so dass die Ordinate $\pi\nu$ die Kraft darstellt, durch welche der in π befindliche Körper gegen C gedrängt wird, wobei CB die Schwerkraft darstellt. Unter diesen Voraussetzungen steige der Körper von einem beliebigen Punkt P herab und man setze $PC = a$, so wird die Zeit des Herabsteigens durch PC proportional a^n, oder $= C . a^n$, wo C eine constante und von a freie Zahl bezeichnet, weil a, wegen Veränderlichkeit des Punktes P, selbst veränderlich ist. Es sei nun der Körper nach dem beliebigen Punkte π gelangt und man setze $C\pi = x$, so wird die, der Geschwindigkeit an diesem Orte zukommende, Höhe

$$= \frac{BN\nu\pi}{CB} = \frac{PNDC - \pi\nu DC}{CB} \quad (\text{§. } 321.)$$

Setzt man daher $PNDC = A$, $\pi\nu DC = X$ und $CB = 1$, so wird jene Höhe $v = A - X$ und die Geschwindigkeit in π oder $\sqrt{v} = \sqrt{A - X}$. Es muss hier bemerkt werden, dass X eine gewisse Function von x und constanten Grössen, aber frei von a ist, indem die Fläche $\pi\nu DC$ unabhängig vom Punkte P und für jede angenommene Lage des letztern denselben Werth behält, wenn nur der Abstand $C\pi$ derselbe bleibt. Ferner muss

A dieselbe Function von a, als X von x sein, indem X in A übergeht, wenn man $x=a$ setzt. Die Zeit, in welcher bei dieser niedersteigenden Bewegung der Weg $C\pi$ zurückgelegt wird, ist nun

$$t=\int\frac{dx}{\sqrt{v}}=\int\frac{dx}{\sqrt{A-X}},$$

wo das Integral für $x=0$ verschwinden muss. Setzt man hingegen nach der Integration $x=a$, wodurch X in A übergeht, so erhält man die ganze Zeit T des Niedersteigens durch CP. Da aber $T=C.a^n$, also eine Function von a von der Dimension n ist, so muss auch das unbestimmte Integral $\int\frac{dx}{\sqrt{A-X}}$ n Dimensionen von a und x enthalten. Nimmt man a, x und dx als von der Dimension $=1$ an, so wird $\frac{dx}{\sqrt{A-X}}$ eine Function von a, x und dx von der Dimension n sein; offenbar muss $\sqrt{A-X}$ also $1-n$ und $A-X$ $(2-2n)$ Dimensionen von a und x enthalten. Nun enthält aber X kein a, also muss es eine Function von x von der Dimension $2-2n$ oder

$$X=b.x^{2-2n} \text{ und eben so } A=b.a^{2-2n}$$

sein. Man kann zwar zu $b.x^{2-2n}$ eine Constante, etwa $b.c^{2-2n}$ hinzufügen, allein da dieselbe alsdann auch in A enthalten sein wird; so ergibt sich

$$A-X=b\{a^{2-2n}-x^{2-2n}\}.$$

X bezeichnet aber die Fläche $C\pi vD$, welche für $x=0$ verschwinden muss und wenn daher $2-2n>0$ oder positiv ist, wird $b.c^{2-2n}=0$, hingegen wenn $2-2n<0$ oder negativ ist, $b.c^{2-2n}=-\infty$.

Da nun unsere Aufgabe darin besteht, das Gesetz der Centripetalkraft zu finden, so kommt es nicht darauf an, ob $b.c^{2-2n}=0$ oder $=-\infty$ wird. Setzt man nämlich die Centripetalkraft in $\pi=p=\pi v$, so wird

$$C\pi vD=\int pdx=b.x^{2-2n}+b.c^{2-2n}$$

und indem man differentiirt

$$p=(2-2n)b.x^{1-2n};$$

also die Centripetalkraft der $(1-2n)$ten Potenz des Abstandes proportional.

Zusatz 1.

§. 355. Damit alle zum Centrum C herabsteigenden Bewegangen isochronisch, oder alle Wege in gleichen Zeiten zurückgelegt werden, muss man $n=0$ setzen. In diesem Falle wird

$$p = 2bx,$$

d. h. die Centripetalkraft direct den Abständen proportional. Dass in diesem Falle die Zeiten constant sind, haben wir schon oben bemerkt (§. 283.).

Zusatz 2.

§. 356. Setzt man $n=1$, also die Zeiten den Abständen proportional, so wird die Centripetalkraft den Abständen indirect proportional.

Zusatz 3.

§. 357. Ist $n = \frac{1}{2}$, so wird $t = C\sqrt{x}$ und $p = b =$ constans, wie wir schon früher (§. 217.) gefunden haben. Ist $n > \frac{1}{2}$, so wird $p = (2-2n)\frac{b}{x^{2n-1}}$, also die Centripetalkraft grösser, wenn der Abstand kleiner wird; ist $n < \frac{1}{2}$, so wird $p = (2-2n)bx^{1-2n}$ und es nimmt die Centripetalkraft mit dem Abstande zu.

Anmerkung.

§. 358. Diese Eigenschaften folgen alle aus §. 308., wo wir bewiesen haben, dass, wenn $p = C.x^n$, alsdann $t = C.x^{\frac{1-n}{2}}$ wird. Dieser Satz stimmt vorzüglich mit unserm jetzigen überein, indem, wenn man n statt $\frac{1-n}{2}$ setzt, $1-2n$ statt n gesetzt werden muss. Die jetzige Aufgabe schien mir aber nicht überflüssig, indem wir hier a priori, aus der gegebenen Bedingung der Zeiten, das Gesetz der Centripetalkräfte auf analytischem Wege abgeleitet, dort aber den umgekehrten Weg eingeschlagen haben. Ausserdem war es vorher nicht gewiss, ob ausser diesen gefundenen Gesetzen der Centripetalkräfte nicht noch andere Genüge leisten könnten. Die Auflösung selbst wird uns in der Folge vom besondern Nutzen sein. Da sie nämlich rein analytisch ist und eine früher noch von niemand angewandte Methode enthält, so kann sie noch zur Lösung mehrerer anderer Aufgaben führen, welche nach andern Methoden vergebens versucht werden. So lange eine derartige Methode unbekannt war, konnte man weder diese isochronischen niedersteigenden Bewegungen, noch die tautochronische Curve a priori finden; sondern es verfielen die Geometer, welche entweder eine den Abständen proportionale Centripetalkraft oder die Cycloide untersuchten, zufällig auf jene Eigenschaften.

Satz 47.

Aufgabe.

§. 359. (Figur 39.) Gegeben ist die Scale BND der Kräfte, durch welche ein, auf dem Wege AC herabsteigender, Körper angetrieben wird; man soll unzählige andere Scalen, wie $\beta\nu\delta$ finden, bei denen der angetriebene Körper in C dieselbe Geschwindigkeit erlangt. Vorausgesetzt wird, dass der Körper seine Bewegung in A stets von der Ruhe an beginne.

Auflösung.

Ist BND die Scale der Kräfte, so wird die Höhe, welche der Geschwindigkeit des Körpers in C zukommt, $= \frac{ABCD}{CE}$, wo CE die Schwerkraft darstellt (§. 321.); für $\beta\nu\delta$, als Scale der Kräfte, ist jene Höhe hingegen $= \frac{A\beta\delta C}{CE}$. Es muss daher hiernach sein

$$ABDC = A\beta\delta C,$$

eine Eigenschaft, welche unzählige Curven haben können. In einem jeden Punkte P des Weges AC kann zwar dieselbe Eigenschaft, dass

$$ABNP = A\beta\nu P$$

sei, nur dann stattfinden, wenn die Curve $\beta\nu\delta$ auf die andere BND fällt. Es wird demnach ein gewisser Unterschied zwischen diesen beiden Flächen stattfinden, welchen wir Z nennen wollen, so dass

$$A\beta\nu P = ABNP - Z$$

sei, wo Z so beschaffen sein muss, dass es verschwindet, wenn P in A und in C fällt. Construirt man daher über der Axe AC eine beliebige Curve AMC, welche in A und C mit der Axe zusammentrifft, so kann man ihre Ordinate PM statt Z annehmen, weil sie in A und $C = 0$ wird. Damit aber aus derselben Curve AMC unzählige Scalen $\beta\nu\delta$ abgeleitet werden können, darf man statt Z nur irgend eine Function von PM anwenden, welche Function jedoch verschwinden muss, wenn $PM = 0$ ist. Setzt man nun $AC = a$, $AP = x$, $PN = y$, $P\nu = Y$ und $PM = z$, wo a, x, y, z und Z, welches letztere eine Function von z ist, als gegeben angesehen werden können; so wird Y die unbekannte Grösse sein, welche durch die Gleichung

$\int Ydx = \int ydx - Z$, oder wenn man differentiirt, durch

$$Y = y - \frac{dZ}{dx}$$

bestimmt wird, nach welcher letztern Gleichung man die Curve $\beta\nu\delta$ construiren kann.

Zusatz 1.

§. 360. Es sei $Z = nz^2$, so wird $dZ = 2nzdz$ und $Y = y - 2nz\,\frac{dz}{dx}$. Ist aber MR die Normale an der Curve AMC und im Punkt M, so ist die Subnormale $PR = \frac{zdz}{dz}$ und daher $N\nu = PN - P\nu = y - Y = 2n.PR$; d. h. wenn $N\nu$ einem beliebig vielfachen der Subnormale PR gleich ist, wird $\beta\nu\delta$ als gesuchte Curve Genüge leisten.

Zusatz 2.

§. 361. Wir können auch $dZ = pzdz$ setzen, wo p eine beliebige Function von z bezeichnet. Hier haben wir nicht nöthig, darauf zu sehen, dass für $z = 0$, Z verschwinden muss, indem wir für jede beliebige Function p das Integral $\int pzdz$ stets so annehmen können, dass es für $z = 0$ verschwinde. Wir haben daher

$$Y = y - \frac{pzdz}{dx} = y - p.PR \text{ oder } N\nu = p.PR,$$

woraus eine unbegrenzt vielfache Construktion hervorgeht.

Anmerkung.

§. 362. Man muss hierbei bemerken, dass für BND und AMC nicht nothwendig reguläre Curven, welche durch bestimmte Gleichungen darzustellen sind, angewendet werden müssen. Man kann vielmehr, zur Construktion der Curven $\beta\nu\delta$, auch ganz unreguläre und in keiner Gleichung enthaltene Curven anwenden. Die Construction zur Bestimmung der Subnormale ergibt sich nämlich auf gleiche Weise.

Satz 48.

Aufgabe.

§. 363. (Figur 39.) Gegeben ist die Scale BND der Kräfte, welche den Körper bei der Zurücklegung des Weges AC antreiben; man soll unzählige andere Scalen, wie $\beta\nu\delta$ finden, welche bewirken, dass der Körper in derselben Zeit den Weg AC zurücklegt.

Auflösung.

Es sei die Zeit, in welcher der beliebige Weg AP, unter

Einwirkung der Scale *BND* der Kräfte, zurückgelegt wird, $=t$ hingegen die demselben Wege entsprechende Zeit, unter Einwirkung der Scale $\beta\nu\delta$, $=T$ und man setze $T=t+Z$, wo Z verschwindet, wenn P in A oder in C fällt. Setzt man daher wie vorhin Z gleich einer Function der Ordinate PM an der Curve AMC, welche letztere in A und C mit der Axe zusammenfällt; so muss diese Function so beschaffen sein, dass sie für $PM = z = 0$ verschwindet. Setzt man nun $AP = x$, $PN = y$ und $P\nu = Y$, so wird

$$t = \int \frac{dx}{\sqrt{\int ydx}} \text{ und } T = \int \frac{dx}{\sqrt{\int Ydx}},$$

also $\int \frac{dx}{\sqrt{\int Ydx}} = \int \frac{dx}{\sqrt{\int ydx}} + Z$, woraus Y zu bestimmen ist. Man erhält durch Differentiation $\frac{dx}{\sqrt{\int Ydx}} = \int \frac{dx}{\sqrt{\int ydx}} + dZ$ und hieraus $\sqrt{\int Ydx} = \frac{dx\sqrt{\int ydx}}{dx + dZ\sqrt{\int ydx}}$ oder $\int Ydx = \frac{dx^2 \int ydx}{\{dx + dz\sqrt{\int ydx}\}^2}$. x, y und Z sind gegeben und man kann daher die Grösse auf der rechten Seite construiren; setzen wir sie $=P$, so erhalten wir

$$\int Ydx = P \text{ und daher } Y = \frac{dP}{dx}.$$

Zusatz 1.

§. 364. Es sei $dZ = pzdz$, wo wie vorhin p eine beliebige Function von z bezeichnet. Ferner ist $\frac{zdz}{dx}$ gleich der Subnormale PR, welche wir mit r bezeichnen wollen und es wird daher

$$P = \frac{\int ydx}{\{1 + \frac{dz}{dx}\sqrt{\int ydx}\}^2} = \frac{\int ydx}{\{1 + rp\sqrt{\int ydx}\}^2} \text{ und } Y = \frac{dP}{dx}.$$

Zusatz 2.

§. 365. Es sei *BND* eine der Axe *AC* parallele Linie, so dass die Kraft gleichförmig ist; es ist nämlich immer eine solche gegeben, welche bewirkt, dass der Körper in einer gegebenen Zeit den Weg AC zurücklegt. Setzt man nun

$$AB = PN = b, \text{ so wird } \int y dx = bx, \text{ also}$$

$$P = \frac{bx}{\{1 + rp\sqrt{bx}\}^2} \text{ und } Y = \frac{dP}{dx}.$$

Anmerkung.

§. 366. Diese zwei letzten einander sehr ähnlichen Aufgaben habe ich desshalb aufgestellt, weil sie eine besondere Auflösungsweise erfodern, deren Nutzen sich künftig zeigen wird. Uebrigens sind sie selbst nicht ohne Eleganz und mussten in dieses Kapitel, in welchem wir alle Fälle betrachten, die sich auf geradlinige durch Kräfte hervorgebrachte Bewegungen beziehen, nothwendig eingerückt werden. Es schien aber nicht zweckmässig, sie besondern Fällen anzupassen, weil wir sonst eine sehr weitläuftige Rechnung erhalten hätten. Wir verlassen nun diese Gegenstände und gehen zur geradlinigen Bewegung im widerstehenden Mittel über.

Kapitel IV.

Von der geradlinigen Bewegung eines freien Punktes im widerstehenden Mittel.

Erklärung 18.

§. 367. Das Gesetz des Widerstandes ist die Kraft oder die Function der Geschwindigkeit des Körpers, welcher der Widerstand selbst proportional ist. Ist etwa der Widerstand dem Quadrat der Geschwindigkeit proportional, so heisst das Quadrat der Geschwindigkeit das Gesetz des Widerstandes.

Zusatz 1.

§. 368. Man erkennt daher aus dem Gesetz des Widerstandes, wenn sich mehrere gleiche Punkte mit verschiedenen Geschwindigkeiten bewegen, wie die Verminderungen der Bewegungen sich zu einander verhalten. Ist ferner die Abnahme der Geschwindigkeit Eines Punktes gegeben, so findet man auch die Abnahme der Geschwindigkeit der übrigen Punkte.

Zusatz 2.

§. 369. Ist für Einen Grad der Geschwindigkeit das Verhältniss des Widerstandes zur Schwere gegeben, so wird dieses Verhältniss auch für alle Grade aus dem Gesetz des Widerstandes bekannt. Hieraus findet man ferner die Wirkung des Widerstandes auf den sich bewegenden Körper.

Anmerkung 1.

§. 370. Die Kraft des Widerstandes ist mit der Schwere gleichartig, wie wir sehen werden, wenn von der Bewegung der Körper in Flüssigkeiten die Rede sein wird. Man kann daher stets eine absolute Kraft angeben, welche auf den Körper dieselbe Wirkung ausübt, als der Widerstand. Diese Kraft ist aber von der Geschwindigkeit abhängig, wesshalb in ihrem Ausdruck die letztere oder die ihr zukommende Höhe enthalten sein wird. Auf diese Weise führen wir die Bewegung eines Körpers im widerstehenden Mittel auf eine, durch absolute Kräfte erregte, Bewegung zurück und da wir die Gesetze der letztern im zweiten Kapitel dargestellt haben, werden wir alle Aufgaben mittelst derselben lösen können.

Anmerkung 2.

§. 371. Die Richtung der Kraft des Widerstandes werden wir bei diesen Untersuchungen, als stets mit der Richtung der Bewegung zusammenfallend, aber entgegengesetzt annehmen (§. 117.). Die an ihre Stelle zu setzende absolute Kraft wird daher die Bewegung stets verzögern, ohne dass die Richtung sich ändert. Wird also der Ausdruck der Kraft des Widerstandes negativ, so hat sie eine entgegengesetzte Richtung und wird die Bewegung des Körpers beschleunigen. Dieser Fall kann zwar in ruhenden Flüssigkeiten nicht stattfinden, wohl aber wird er in der Rechnung, wenn man aus der gegebenen Bewegung des Körpers den Widerstand sucht, oft vorkommen.

Zusatz 3.

§. 372. Ein Körper, welcher sich im widerstehenden Mittel bewegt und durch keine andere Kraft angetrieben wird, muss daher längs einer geraden Linie fortschreiten. Diess geschieht, weil seine von Natur geradlinige Richtung durch die Kraft des Widerstandes nicht geändert wird.

Zusatz 4.

§. 373. Kommt ausserdem eine absolute Kraft hinzu, deren Richtung beständig mit der der Bewegung übereinstimmt, so wird der Körper auch im widerstehenden Mittel geradlinig fortschreiten. Weder diese absolute Kraft, noch die Kraft des Widerstandes ändern nämlich die Richtung der Bewegung.

Anmerkung 3.

§. 374. Wir werden daher in diesem Kapitel, wo wir nur geradlinige Bewegungen betrachten wollen, keine andere absolute Kräfte mit der Kraft des Widerstandes verbinden, als solche, deren Richtungen mit der der Bewegung übereinstimmen. Wir dürfen daher alle im vorigen Kapitel angewandten Kräfte in diesem als mit der Kraft des Widerstandes verbunden betrachten. Ehe wir jedoch absolute Kräfte einführen, wollen wir untersuchen, wie die Kraft des Widerstandes allein der Bewegung hinderlich ist; um so leichter werden wir vom Einfachen zum Zusammengesetztern fortschreiten können.

Anmerkung 4.

§. 375. In jenem Ausdruck des Widerstandes oder jener Function der Geschwindigkeit können ausser der, der letztern zukommenden Höhe v constante Grössen enthalten sein, jedoch schliessen wir alle veränderlichen und von dem Orte des Körpers abhängigen Grössen aus. Es kann nämlich der Widerstand, welchen ein mit gleichförmiger Geschwindigkeit sich bewegender Körper erleidet, grösser oder kleiner sein, je nachdem dieser nach einem andern Orte gelangt. Diess ereignet sich, wenn die Flüssigkeit, in welcher der Körper sich bewegt, an dem einen Orte dichter und am andern lockerer ist, in welchem Falle man in dem Ausdruck des Widerstandes auf den Ort Rücksicht nehmen muss. Es ist jedoch nicht angemessen, beim Gesetze des Widerstandes auf den Ort Rücksicht zu nehmen, indem wir durch ersteres das Verhältniss des Widerstandes ausdrücken wollen, im Fall der Körper sich an demselben Orte mit verschiedenen Geschwindigkeiten bewegt. Den Unterschied aber, welcher aus der Verschiedenheit des Ortes entspringen kann, werden wir unter dem Exponenten des Widerstandes begreifen, welcher zugleich die Intensität des Widerstandes angeben wird.

Erklärung 19.

§. 376. Der Exponent des Widerstandes ist die Höhe, welche derjenigen Geschwindigkeit zukommt, bei der der Körper einen der Schwerkraft gleichen Widerstand erleidet. Ein mit dieser Geschwindigkeit sich bewegender Körper wird nämlich eben so stark durch den Widerstand verzögert, als ein aufwärts geworfener Körper durch die Schwerkraft.

Zusatz 1.

§. 377. Hat also ein im widerstehenden Mittel sich bewegender Körper die der Höhe v zukommende Geschwindigkeit und ist v dem Exponenten des Widerstandes selbst gleich, so wird, während der Körper um den kleinen Weg dx fortschreitet, $dv = -dx$; weil in diesem Falle die Kraft des Widerstandes der Schwere gleich ist, welche wir immer $= 1$ setzen und weil erstere die Bewegung verzögert.

Zusatz 2.

§. 378. Ist daher das Gesetz und der Exponent des Widerstandes gegeben, so kann man die Verminderung der Bewegung bestimmen. Aus dem Exponenten ersieht man nämlich, eine wie grosse Geschwindigkeit der Körper haben müsse, damit die Kraft des Widerstandes der Schwere gleich sei und aus dem Gesetz des Widerstandes erkennt man das Verhältniss, in welchem die verschiedenen Geschwindigkeiten durch den letztern vermindert werden.

Anmerkung.

§. 379. Der Exponent des Widerstandes ist entweder constant oder veränderlich, nämlich von dem Orte, an welchem der Körper sich befindet, abhängig. Jenes ist der Fall in einem gleichförmigen Mittel oder einer Flüssigkeit, welche den Körpern überall denselben Widerstand entgegensetzt, wenn sie sich nämlich stets mit derselben Geschwindigkeit bewegen. Ein widerstehendes Mittel dieser Art heisst ein gleichförmiges, weil es sich an allen Orten ähnlich ist. Der Exponent des Widerstandes ist aber veränderlich in einem ungleichförmigen Mittel oder einer Flüssigkeit, wenn auch an jedem Orte für sich der Widerstand dasselbe Gesetz befolgt. Je dichter nämlich das Mittel ist, in welchem der Körper sich befindet, einen desto grössern Widerstand erleidet dieser, wenn er sich auch mit gleichförmiger Geschwindigkeit bewegt. Grösser ist die Geschwindigkeit, welche einen der Schwere gleichen Widerstand erleidet, in einem lockern, kleiner in einem dichtern Mittel. Weil aber die Dichtigkeit und Lockerheit des Mittels vom Orte abhängt, muss offenbar der Exponent des Widerstandes, wenn er veränderlich ist, auch vom Orte des Körpers abhängig sein.

Erklärung 20.

§. 380. Aehnliche widerstehende Mittel heissen diejenigen, welche dasselbe Gesetz des Widerstandes befolgen; unähnliche hingegen die, welche im Gesetze von einander verschieden sind. So sind Wasser und Quecksilber derartige ähnliche Mittel, indem beide im doppelten Verhältniss der Geschwindigkeit zu widerstehen scheinen.

Zusatz.

§. 381. Sind ähnliche Mittel unter sich verschieden, so besteht der ganze Unterschied im Exponenten des Widerstandes oder in ihrer Dichtigkeit und Lockerheit. So ist im Wasser der Exponent des Widerstandes grösser, als im Quecksilber, weil dieses dichter als jenes ist.

Anmerkung.

§. 382. Da ähnliche Mittel auf gleich geschwinde Körper verschiedene Widerstände ausüben können, je nachdem ihre Dichtigkeiten verschieden sind, so kann man die letztern durch den Widerstand messen, welchen jene Mittel auf einen, mit gegebener Geschwindigkeit sich bewegenden Körper ausüben.

In Flüssigkeiten sind nämlich, wie wir später sehen werden, wo von der Bewegung der Körper in ihnen die Rede sein wird, die bei gleichen Geschwindigkeiten hervorgebrachten Widerstände den Dichtigkeiten der erstern proportional. Diese Eigenschaft übertragen wir auf andere Mittel, welche ein beliebiges Gesetz des Widerstandes beobachten; weil andere Gesetze, als das des doppelten Verhältnisses der Geschwindigkeit, rein imaginär sind und nur zur Uebung in der Analysis angewandt zu werden pflegen.

Satz 49.

Aufgabe.

§. 383. (Figur 40.) Ein Körper bewegt sich auf der geraden Linie AP in einem beliebig widerstehenden Mittel, dessen Gesetz und Exponent des Widerstandes bekannt sind, mit gegebener Geschwindigkeit im Punkt P; man soll die Abnahme der letztern bestimmen, während er das Element Pp des Weges zurücklegt.

Auflösung.

Man setze $Pp = dx$, die der Geschwindigkeit in P zukommende Höhe $= v$ und den Exponenten des Widerstandes $= q$. Es bezeichnet $\sqrt{q}$ also die Geschwindigkeit, bei welcher der Körper in P durch eine, der Schwere $= 1$ gleiche, Kraft des Widerstandes in seinem Fortgange verhindert werden würde. Wäre also $v = q$, so würde die Kraft des Widerstandes $= 1$ und $dv = -dx$ sein (§. 376. und 377.). Es sei aber V die Function der Geschwindigkeit $\sqrt{v}$, durch welche das Gesetz des Widerstandes ausgedrückt wird und Q eine ähnliche Function von $\sqrt{q}$, so dass V in Q übergehe, wenn man darin q statt v substituirt. Der Widerstand, welchen der mit der Geschwindigkeit $\sqrt{q}$ sich bewegende Körper erleidet, ist daher $= 1$ und bezeichnen wir den Widerstand, welchen der mit der Geschwindigkeit $\sqrt{v}$ sich bewegende Körper erleidet, mit V'; so haben wir

$$1 : V' = Q : V \text{ (§. 367.), also } V' = \frac{V}{Q}.$$

Da diese Kraft des Widerstandes die Bewegung verzögert, haben wir

$$dv = -\frac{V\,dx}{Q}$$

Zusatz 1.

§. 384. Da V eine Function von v und constanten Grössen, q und also auch Q entweder constant oder eine gewisse Function von x ist (§. 375.); so werden in der Gleichung $dv = -\frac{Vdx}{Q}$ die Veränderlichen leicht getrennt, indem

$$\frac{dv}{V} = -\frac{dx}{Q}$$

ist, aus deren Integration oder Construction man die Bewegung des Körpers längs AP erhält.

Zusatz 2.

§. 385. Da $V' = \frac{V}{Q}$ ist, so kann man hieraus die Dichtigkeit des Mittels finden. Da wir diese nämlich durch denjenigen Widerstand messen, welchen ein mit gegebener Geschwindigkeit sich bewegender Körper erleidet, so muss man in $\frac{V}{Q}$ statt v eine constante Grösse setzen, wodurch man den Widerstand proportional $\frac{1}{Q}$ erhält. Daher wird auch die Dichtigkeit des Mittels direct $\frac{1}{Q}$ und indirect Q proportional.

Anmerkung.

§. 386. Es bezeichnet hier $\frac{V}{Q}$ nicht nur die anregende, sondern die verzögernde Kraft des Widerstandes selbst, wesshalb wir nicht nöthig haben, die Masse des Körpers in die Rechnung einzuführen. Uebrigens setzen wir hier diese Masse constant, oder die Massen der verschiedenen Körper einander gleich. Ich will nämlich diese Betrachtung, welche nur in Einem Falle in Anwendung kommen kann, nicht mehr als nöthig ausdehnen und verwickelt machen.

Satz 50.

Aufgabe.

§. 387. (Figur 40.) In einem gleichförmigen Mittel, welches im beliebig vielfachen Verhältniss der Geschwindigkeiten widersteht, soll man die Geschwindigkeit des sich bewegenden Körpers an den einzelnen Orten bestimmen.

Auflösung.

Es bewege sich der Körper auf der geraden Linie AP und es komme seine Geschwindigkeit im Punkt A der Höhe c zu. Der durchlaufene Weg AP werde $= x$ und die, der Geschwindigkeit in P zukommende, Höhe $= v$ gesetzt. Der Exponent des Widerstandes sei constant und $= k$, das Gesetz des letztern oder $V = v^m$; also der Widerstand selbst der $2m$ten Potenz der Geschwindigkeit proportional. In der obigen Gleichung $dv = -\frac{V\,dx}{Q}$ wird also $V = v^m$ und, wegen der ähnlichen Form von V und Q, $Q = k^m$, also

$$dv = -\frac{v^m\,dx}{k^m} \quad \text{oder} \quad \frac{dv}{v^m} = -\frac{dx}{k^m}.$$

Integrirt man die letzte Gleichung, so wird $\frac{v^{1-m}}{1-m} = C - \frac{x}{k^m}$ und da für $x = 0$, $v = c$ wird, $C = \frac{c^{1-m}}{1-m}$ oder vollständig

$$v^{1-m} = c^{1-m} - \frac{(1-m)x}{k^m} \quad \text{d. h.} \quad v = \sqrt[1-m]{\frac{k^m c^{1-m} - (1-m)x}{k^m}},$$

vorausgesetzt, dass $m < 1$ sei. Ist dagegen $m > 1$, so wird

$$v = \frac{c \,.\, k^{\frac{m}{m-1}}}{\sqrt[m-1]{k^m + (m-1)\,c^{m-1} \,.\, x}}.$$

Der besondere Fall, in welchem $m = 1$ ist, ergiebt sich nicht aus diesen Formeln, sondern wir erhalten aus der ursprünglichen Differentialgleichung die folgende:

$\frac{dv}{v} = -\frac{dx}{k}$, also $\log v = C - \frac{x}{k}$ und für $x = 0$, $\log c = C$, mithin vollständig

$$\log v = \log c - \frac{x}{k} \quad \text{oder} \quad v = c \,.\, e^{-\frac{x}{k}}.$$

Für jeden Werth von m wird also die Geschwindigkeit des Körpers, an einem beliebigen Ort der geraden Linie AP, bekannt.

Zusatz 1.

§. 388. Ist der Widerstand des Mittels dem Quadrat der Geschwindigkeit proportional, so haben wir $m = 1$. In diesem Falle, welchen man allein als in der Natur existirend annimmt, gilt der besondere Werth

$$v = c \,.\, e^{-\frac{x}{k}}.$$

Hieraus erhellt, dass der Körper erst dann seine ganze Geschwindigkeit verlieren wird, wenn er einen unendlich grossen Weg x zurückgelegt hat.

Zusatz 2.

§. 389. Widersteht das Mittel in einem grössern Verhältniss, als dem doppelten der Geschwindigkeit, so ist $m > 1$ und

$$v = \frac{c \,.\, k^{\frac{m}{m-1}}}{\sqrt[m-1]{k^m + (m-1)\, c^{m-1} \,.\, x}}.$$

Aus dieser Gleichung ersieht man sogleich, dass die Geschwindigkeit nur dann verschwinden wird, wenn $x = \infty$.

Zusatz 3.

§. 390. Dieser Fall ist darin von dem vorigen, wo $m = 1$ war, verschieden, dass, wenn dort die Anfangsgeschwindigkeit $\sqrt{c} = \infty$ war, auch die Geschwindigkeit $\sqrt{v}$ überall eben so gross ausfiel. In diesem Falle aber, wo $m > 1$ ist, wird, wenn $c = \infty$ ist

$$v = \sqrt[m-1]{\frac{k^m}{(m-1)\, x}},$$

also v stets von endlicher Grösse, ausgenommen, wenn $x = 0$, also $v = \infty$ und weun $x = \infty$ also $v = 0$.

Zusatz 4.

§. 391. (Figur 41.) Uebrigens wird in diesem Falle, wo $m > 1$, der Körper, ehe er nach A gelangt, immer irgendwo, etwa in C eine unendlich grosse Geschwindigkeit gehabt haben. Um den Ort C zu bestimmen, erhält man für x nothwendig einen negativen Werth aus der Gleichung $k^m + (m-1)$ $c^{m-1} x = 0$, nämlich $x = AC = -\frac{k^m}{(m-1)\, c^{m-1}}$.

Zusatz 5.

§. 392. (Figur 40.) Steht der Widerstand in einem kleinern Verhältniss, als dem doppelten der Geschwindigkeit, ist also $m < 1$; so wird

$$v = \sqrt[1-m]{\frac{c^{1-m} \,.\, {}^{m} - (1-m)\, x}{k^m}}.$$

Die Geschwindigkeit verschwindet daher im Punkt C, wenn man annimmt

$$x = AC = \frac{c^{1-m} \cdot k^m}{1-m}.$$

Ist demnach der Körper nach C gelangt, so wird er dort beständig ruhen und nicht weiter gehen.

Zusatz 6.

§. 293. Ist $m=0$, so wird der Widerstand constant und auf gleiche Weise auf einen ruhenden, oder sich bewegenden Körper wirken; es geht in diesem Falle der Widerstand in eine absolute und der Schwere gleiche Kraft über. Da nämlich für $v=k$ der Widerstand der Schwere gleich gesetzt wird, so erleidet der Körper eben so viel Widerstand, mit welcher andern Geschwindigkeit er sich auch bewegen mag.

Anmerkung 1.

§. 394. Wir haben in diesen Zusätzen die wesentlichen Unterschiede der Bewegung auseinander gesetzt, je nachdem $m = 1 > 1$ oder < 1 ist. Diese Unterschiede können folgendermassen kurz zusammengefasst werden:

Ist $m = 1$, so wird die Geschwindigkeit des Körpers während seines ganzen Laufes weder $= \infty$, noch $= 0$;

Ist $m > 1$, so wird die Geschwindigkeit an Einer Stelle $= \infty$, nirgends aber $= 0$;

ist $m < 1$, so wird sie nirgends $= \infty$, aber an Einer Stelle $= 0$.

Anmerkung 2.

§. 395. Diese Verminderung der Geschwindigkeit bleibt dieselbe, nach welcher Seite hin der Körper sich auch bewegen mag, weil sich überall derselbe Widerstand zeigt. Diese Bewegung ist aber derjenigen nicht ähnlich, welche durch eine entgegenwirkende absolute Kraft eine Verminderung erleidet, indem im letztern Falle der nach der entgegengesetzten Seite hin sich bewegende Körper eben so sehr beschleunigt wird, als er vorher verzögert wurde. Um aber die im widerstehenden Mittel verminderte Bewegung wieder herzustellen, damit sie eben so stark beschleunigt werde, als sie vorher verzögert wurde, müsste man die widerstehende Kraft negativ annehmen und in eine forttreibende verwandeln. Alsdann wird

$$dv = \frac{Vdx}{Q},$$

also die Geschwindigkeit eben so stark vermehrt, als vorher

vermindert. Hat man daher die Kraft des Widerstandes in eine forttreibende verwandelt, so wird die Bewegung des Körpers eine retrograde und er kehrt so von P nach A zurück, dass er in den einzelnen Punkten des Weges AP dieselben Geschwindigkeiten wieder erlangt, welche er vorher daselbst hatte.

Anmerkung 3.

§. 396. In den Fällen, wo $m < 1$ ist und der Körper endlich zur Ruhe gelangt, trifft man auf dieselbe Schwierigkeit, deren wir oben (§. 316.) erwähnt haben, wenn wir die Bewegung dadurch zur umgekehrten machen wollen, dass wir die Kraft des Widerstandes in eine antreibende verwandeln. Ist nämlich die Geschwindigkeit des Körpers, wenn er nach C gelangt ist, $=0$, so verschwindet auch die forttreibende Kraft $\frac{v^m}{k^m}$, vorausgesetzt, dass $m > 0$ sei und wird daher nie den Körper aus C forttreiben können. In diesem Falle kann die abnehmende Bewegung nicht in eine zunehmende verwandelt werden. Die Rechnung zeigt zwar das Gegentheil, indem, wenn man $CP = y$ setzt, die der Geschwindigkeit in P zukommende Höhe, weil $c = 0$ und $y = -x$ ist, $v = \sqrt[1-m]{\frac{(1-m)y}{k^m}}$ wird. Allein aus dieser Gleichung folgt etwas Absurdes, indem der Exponent von y, d. h. $\frac{1}{1-m} > 1$, also die Scale der, den Geschwindigkeiten zukommenden, Höhen die gerade Linie AC in C berührt. So oft sich diess ereignet, wird der Körper nie aus dem Punkte C heraustreten können, wenn auch die Rechnung etwas Anderes zeigt (§. 319.).

Satz 51.

Aufgabe.

§. 397. (Figur 40.) Es bewegt sich ein Körper in einem gleichförmigen widerstehenden Mittel, dessen Widerstand irgend einer Potenz der Geschwindigkeit proportional ist; man soll die Zeit bestimmen, in welcher der Körper einen beliebigen Weg AP zurücklegt.

Auflösung.

Es bleibe die Bezeichnung und Voraussetzung dieselbe, wie in der vorigen Aufgabe, alsdann haben wir, wenn $m > 1$ ist,

$$v = \frac{c.k^{\frac{m}{m-1}}}{\sqrt[m-1]{k^m + (m-1)\,c^{m-1}.x}} \quad (\S.\ 387.)$$

und wenn t die gesuchte Zeit bezeichnet,

$$dt = \frac{dx}{\sqrt{v}} = \frac{dx\{k^m + (m-1)\,c^{m-1}.x\}^{\frac{1}{2m-2}}}{\sqrt{c.k^{\frac{m}{m-1}}}}.$$

Integrirt man, so wird

$$t = \frac{\{k^m + (m-1)\,c^{m-1}x\}^{\frac{2m-1}{2m-2}}}{(m-1)c^{m-1}.\frac{2m-1}{2m-2}\sqrt{c.k^{\frac{m}{m-1}}}}$$

$$= \frac{C + 2\{k^m + (m-1)\,c^{m-1}.x\}^{\frac{2m-1}{2m-2}}}{(2m-1)\,c^{m-1}\sqrt{c.k^{\frac{m}{m-1}}}},$$

und da für $x=0$, auch $t=0$, also $0 = \dfrac{C + 2k^{\frac{2m^2-m}{2m-2}}}{(2m-1)\,c^{\frac{2m-1}{2}}\,k^{\frac{m}{2m-2}}}$;

vollständig

$$t = \frac{2\{k^m + (m-1)\,c^{m-1}.x\}^{\frac{2m-1}{2m-2}} - 2k^{\frac{2m^2-m}{2m-2}}}{(2m-1)\,c^{\frac{2m-1}{2}}.k^{\frac{m}{2m-2}}}.$$

Diess ist die Zeit, welche der Körper gebraucht, um den Weg $AP = x$ zurückzulegen, und zwar so wohl für $m > 1$, als auch $m < 1$.

Für $m=1$ bedarf man einer besondern Rechnung, indem alsdann $v = c.e^{-\frac{x}{k}}$, und daher $dt = \dfrac{dx}{\sqrt{v}} = \dfrac{e^{\frac{x}{2k}}dx}{\sqrt{c}}$, vollständig also $t = \dfrac{2ke^{\frac{x}{2k}} - 2k}{\sqrt{c}}$ wird.

Was für einen Werth m daher auch haben mag, so kann man mittelst dieser Formeln die jedem Wege entsprechende Zeit bestimmen.

Zusatz 1.

§. 398. Ist der Widerstand dem Quadrat der Gechwindigkeit proportional, also $m=1$, so wird die Zeit, in welcher der Körper einen unendlich grossen Weg beschreibt und also seine Geschwindigkeit verliert, ebenfalls $=\infty$.

Zusatz 2.

§. 399. Ist $m>1$, so wird $2m>1$ und auch $2m>2$, also die oben gefundene Formel gehörig geordnet. Da in diesem Falle $v=0$ wird, wenn $x=\infty$ ist (§. 389.), so wird die Zeit, nach welcher alle Geschwindigkeit verloren geht, auch hier $=\infty$.

Zusatz 3.

§. 400. (Figur 41.) Weil aber in diesem Falle der Körper, ehe er nach A gelangt, irgendwo in C eine unendlich grosse Geschwindigkeit gehabt haben muss, so erhält man auch die Zeit, in welcher er von C nach A gelangt, indem man $k^m+(m-1)c^{m-1}x=0$ setzt (§. 391.). Hierdurch wird jene Zeit

$$=\frac{2k^m}{(2m-1)c^{\frac{2m-1}{2}}}.$$

Zusatz 4.

§. 401. Ist $m<1$, so hat man die beiden Fälle von einander zu unterscheiden, in denen $m>\frac{1}{2}$ und $m<\frac{1}{2}$ ist. Ist $m>\frac{1}{2}$, also $2m-1$ positiv, so wird die Zeit, in welcher der Körper den Weg AP zurücklegt

$$=\frac{2\{k^m-(1-m)c^{-(1-m)}x\}^{-\frac{2m-1}{2-2m}}-2k^{-\frac{2m^2-m}{2-2m}}}{(2m-1)c^{\frac{2m-1}{2}}.k^{-\frac{m}{2-2m}}}$$

$$=\frac{2k^{\frac{m}{2-2m}}}{(2m-1)\{c^{1-m}k^m-(1-m)x\}^{\frac{2m-1}{2-2m}}}-\frac{2k^m}{(2m-1)c^{\frac{2m-1}{2}}}$$

Zusatz 5.

§. 402. (Figur 40.) Da nun der unter dieser Voraussetzung sich bewegende Körper seine ganze Geschwindigkeit verliert, wenn er nach C gelangt, wo $x=AC=\frac{c^{1-m}.k^m}{1-m}$ (§. 392.), so wird die Zeit, in welcher er diesen Weg zurücklegt, $=\infty$, indem der Nenner in t verschwindet. Diess geschieht also, wenn m zwischen 1 und $\frac{1}{2}$ liegt.

Zusatz 6.

§. 403. Ist aber $m<\frac{1}{2}$, also $2m-1$ negativ, so wird die dem Wege AP entsprechende Zeit

$$t = \frac{2\{k^m - \frac{1-m}{c^{1-m}}x\}^{\frac{1-2m}{2-2m}} - 2k^{\frac{m-2m^2}{2-2m}}}{-\frac{1-2m}{c^{\frac{1-m}{2}}} \cdot k^{\frac{-m}{2-2m}}} = \frac{2c^{\frac{1-2m}{2}} \cdot k^m}{1-2m}$$

$$- \frac{2k^{\frac{m}{2-2m}}\{c^{1-m}\,k^m - (1-m)\,x\}^{\frac{1-2m}{2-2m}}}{1-2m}.$$

Für $x = AC = \frac{c^{1-m}.k^m}{1-m}$, wo der Körper seine ganze Bewegung verliert, wird aber die Zeit

$$t = \frac{2.c^{\frac{1-2m}{2}}.k^m}{1-2m},$$

also endlich.

Anmerkung 1.

§. 404. In diesen Formeln ist der Fall nicht inbegriffen, in welchem $m = \frac{1}{2}$, d. h. der Widerstand den Geschwindigkeiten proportional ist; derselbe muss aus der Differentialformel abgeleitet werden. Da nun für $m = \frac{1}{2}$,

$\frac{V}{Q} = \frac{\sqrt{v}}{\sqrt{k}}$ ist, so wird

$$dt = \frac{dx}{\sqrt{v}} = \frac{dx\{k^{\frac{1}{2}} - \frac{1}{2}c^{-\frac{1}{2}}x\}^{-1}}{c^{\frac{1}{2}}.k^{-\frac{1}{2}}} = \frac{2dx\sqrt{k}}{2\sqrt{ck}-x},$$

und

$$t = 2\sqrt{k}\log\{\text{Const.} - (2\sqrt{ck}-x)\} = 2\sqrt{k}\log\left(\frac{2\sqrt{ck}}{2\sqrt{ck}-x}\right)$$

weil für $x = 0$, auch $t = 0$ und daher Const. $= 2\sqrt{ck}$ ist.

Zusatz 7.

§. 405. In diesem Falle, wo $m = \frac{1}{2}$ ist, wird der Weg AC, nach dessen Durchlaufung alle Geschwindigkeit vernichtet ist, oder

$$x = AC = 2\sqrt{ck},$$

daher die zur Beschreibung desselben erforderliche Zeit $= \infty$

Zusatz 8.

§. 406. Aus dem Bisherigen schliesst man, dass die Zeit, in welcher der Körper seine ganze Geschwindigkeit verliert, unendlich gross ist, wenn $2m =$ oder > 1, hingegen endlich, wenn $2m < 1$ ist.

Anmerkung 2.

§. 407. Wird die Kraft des Widerstandes in eine forttreibende verwandelt, in welchem Falle die Bewegung eine retrograde und auf ähnliche Weise vermehrt wird, auf welche sie vorher vermindert wurde; so müssen die Zeiten dieselben sein, welche wir hier erhalten haben. Da nämlich die Geschwindigkeit des Körpers, welcher den Weg AP durchläuft, an denselben Orten dieselbe ist, mag er sich von A nach P mit verzögerter, oder umgekehrt von P nach A mit beschleunigter Bewegung begeben, so kann zwischen beiden Zeiten kein Unterschied stattfinden. Dennoch gilt diese Regel in den Fällen nicht, in welchen der Körper den ganzen Weg AC in einer endlichen Zeit zurücklegt, weil der in C ruhende Körper von keiner antreibenden Kraft etwas merken wird (§. 396.). Man kann aber dieser Regel stets vertrauen, wenn der Körper eine endliche Anfangsgeschwindigkeit hat.

Satz 52.

Aufgabe.

§. 408. (Figur 42.) Ein in einem beliebigen widerstehenden Mittel sich bewegender Körper wird durch eine beliebige absolute Kraft angetrieben; man soll das Increment oder Decrement der Geschwindigkeit bestimmen, während er ein beliebiges Element Pp des Weges zurücklegt.

Auflösung.

Die Geschwindigkeit des Körpers in P komme der Höhe v zu und es sei $Pp = dx$. Ferner sei p die absolute oder vielmehr beschleunigende Kraft in P, q der Exponent des Widerstandes, V die Function von v, welcher der Widerstand proportional ist und Q eine ähnliche Function von q. Demnach wird der Körper, während er das Element Pp zurücklegt, durch die Kraft des Widerstandes $\frac{V}{Q}$ verzögert (§. 383.), inzwischen aber durch die absolute Kraft p beschleunigt. Der Körper wird also, während er Pp zurücklegt, durch die Kraft $p - \frac{V}{Q}$ beschleunigt und es ist daher

$$dv = \left(p - \frac{V}{Q}\right) dx.$$

Zusatz 1.

§. 409. Ist daher $p > \frac{V}{Q}$, so wird, während der Körper sich durch das Element Pp bewegt, seine Geschwindigkeit grösser; hingegen kleiner, wenn $p < \frac{V}{Q}$ ist. Ist $p = \frac{V}{Q}$, so wird die Geschwindigkeit weder grösser noch kleiner, sondern bleibt unverändert, während das Element Pp zurückgelegt wird.

Zusatz 2.

§. 410. Ist die absolute Kraft der Bewegung entgegengesetzt und verzögert also dieselbe, so wird

$$dv = -pdx - \frac{V}{Q}\,dx.$$

In diesem Falle wird also der Körper durch beide Kräfte verzögert.

Anmerkung 1.

§. 411. Zieht die absolute Kraft den Körper abwärts, wie wir in der Aufgabe vorausgesetzt haben und bewegt sich der Körper aufwärts, so hat er die absolute Kraft und die Kraft des Widerstandes entgegengesetzt. Alsdann wird also jene Gleichung

$$dv = -pdx - \frac{V}{Q}\,dx.$$

Hieraus erhellt, dass die aufsteigende Bewegung der niedersteigenden nicht ähnlich sein wird, weil im ersten Falle die antreibende Kraft nicht in Bezug auf die im zweiten Falle antreibende negativ ist. Damit also die aufsteigende Bewegung der niedersteigenden ähnlich werde und der Körper bei beiden Bewegungen an denselben Orten dieselbe Geschwindigkeit habe, muss man die Kraft des Widerstandes beim Aufsteigen in eine forttreibende verwandeln. Alsdann wird

$$dv = -pdx + \frac{V}{Q}dx = -\left(p - \frac{V}{Q}\right)dx,$$

woraus man ersieht, dass der durch pP aufsteigende Körper eben so stark verzögert wird, als er vorher beim Niedersteigen durch Pp beschleunigt wurde.

Anmerkung 2.

§. 412. Die gefundene Gleichung $dv = pdx - \frac{V}{Q}\,dx$ kann in dieser grössten Allgemeinheit, wegen der Unvollkommenheit der Analysis, weder in Bezug auf die Variabeln getrennt, noch construirt werden; man kann daher nicht die Geschwindigkeit des Körpers in P bestimmen und noch viel weniger die Zeit angeben, in welcher er den Weg AP zurücklegt. Wir müssen daher diese allgemeine Gleichung verlassen und zu besondern Fällen herabsteigen, in denen die Gleichung zerlegt und die Geschwindigkeit bestimmt werden kann. Auf dreifache Weise lässt die Gleichung eine Trennung des Unbestimmten x und v zu. Der erste Fall findet statt, wenn x, der zweite, wenn v nur in Einer Dimension vorkommt. Der dritte Fall tritt ein, wenn x und v in derselben Zahl der Dimensionen vorkommen, oder wenn sich die Gleichung auf eine andere, welche diese Eigenschaft hat, zurückführen lässt.

Zusatz 3.

§. 413. Im ersten Falle müssen p und q, also auch Q constant sein und wir erhalten alsdann

$$dx = \frac{Qdv}{pQ - V},$$

also x von v getrennt. Ist ferner $p = \frac{A}{Q}$, so wird

$$\frac{dx}{Q} = \frac{dv}{A - V},$$

wo Q eine Function von x, V eine Function von v und daher eine Construction möglich ist.

Zusatz 4.

§. 414. Damit v nur in Einer Dimension vorkomme, muss $V = v$ und daher auch $Q = q$ sein, und es geht die allgemeine Gleichung über in

$$dv = pdx - \frac{vdx}{q},$$

welche letztere eine Trennung der Unbestimmten zulässt.

Zusatz 5.

§. 415. Damit man sehe, wann die Gleichung homogen wird, setze man $V = v^\alpha$, $q = x^\beta$, also $Q = x^{\alpha\beta}$. Ferner sei $p = x^\gamma$ und es habe v die Dimension δ, während x von der Dimension $= 1$ ist. Unter dieser Voraussetzung geht die allgemeine Gleichung über in

$$dv = x^\gamma dx - \frac{v^\alpha dx}{x^{\alpha\beta}},$$

wo dv die Dimension δ hat, das zweite Glied von der Dimension $\gamma + 1$ und das dritte von der $\alpha\delta + 1 - \alpha\beta$ ist. Es muss daher $\delta = \gamma + 1 = \alpha\delta + 1 - \alpha\beta = \alpha\gamma + \alpha + 1 - \alpha\beta$ oder

$\gamma(\alpha - 1) = \alpha(\beta - 1)$ sein, d. h. $\alpha - 1 : \alpha = \beta - 1 : \gamma$.

In diesem Falle kann die Gleichung homogen und die Geschwindigkeit bestimmt werden.

Anmerkung 3.

§. 416. Für V, q und p darf man keine andere Functionen, als respective Potenzen von v und x annehmen. Da in V kein x, und in q und p kein v enthalten sein darf, ausserdem aber die Anzahl der Dimensionen von x und v überall dieselbe, oder auf dieselbe zu reduciren sein muss, so sind nothwendig Potenzen für diese Grössen anzunehmen. Desshalb habe ich $V = v^\alpha$, $q = x^\beta$ und $p = x^\gamma$ gesetzt und die obige Proportion

$$\alpha - 1 : \alpha = \beta - 1 : \gamma$$

hergeleitet. Ich habe zwar die Coefficienten vernachlässigt, welche unbeschadet dieser Reduction hinzugefügt werden können, indem durch sie die Homogeneïtät nicht gestört werden kann So könnte man $q = Bx^\beta$ und $p = Cx^\gamma$ setzen, die obige Proportion würde hierdurch nicht geändert werden können. Statt x kann man nicht nur den durchlaufenen Weg AP, sondern auch die Summe des letztern und einer Constanten setzen, wenn nur sein Differential $= dx$, oder einem Vielfachen von dx gleich wird. Zu v^α braucht man keinen Coefficienten hinzuzufügen, weil V nur das Verhältniss des Widerstandes angibt.

Zusatz 6.

§. 417. Ist das widerstehende Mittel gleichförmig, also $\beta = 0$, so wird die Proportion

$$\alpha - 1 : \alpha = -1 : \gamma, \text{ also } \gamma = \frac{\alpha}{1-\alpha}.$$

Ist daher $V = v^\alpha$ so wird die absolute Kraft $p = B \,.\, x^{\frac{\alpha}{1-\alpha}}$ und so die Gleichung, welche die Geschwindigkeit bestimmt, homogen.

Anmerkung 4.

§. 418. Wir werden diese geradlinigen Bewegungen im widerstehenden Mittel so behandeln, dass wir zuerst die absolute Kraft constant setzen, dann aber zu beliebigen Centripetalkräften übergehen. Nachdem diess geschehen, werden wir wie im vorigen Kapitel die umgekehrten Aufgaben betrachten und aus gegebenen Eigenschaften der Bewegung so wohl die absolute Kraft, als auch die Kraft des Widerstandes ableiten.

Satz 53.

Aufgabe.

§. 419. (Figur 42.) Wir setzen eine absolute Kraft und ein gleichförmiges widerstehendes Mittel voraus; man soll die Geschwindigkeit eines niedersteigenden Körpers an den einzelnen

Orten bestimmen, wenn der Widerstand dem Quadrat der Geschwindigkeit proportional ist.

Auflösung.

Es mögen x und v die bisherige Bedeutung haben, g sei die gleichförmige Kraft und k der Exponent des Widerstandes. Da das Gesetz des Widerstandes $= v$ ist, so wird der letztere selbst $= \frac{v}{k}$. Wir erhalten demnach die Gleichung

$$dv = gdx - \frac{vdx}{k} \text{ oder } dx = \frac{kdv}{gk - v},$$

und wenn wir integriren:

$$x = \text{Const.} - k \log (gk - v).$$

Kommt die Anfangsgeschwindigkeit in A der Höhe c zu, so ist für $x = 0$, $v = c$, mithin Const. $= k \log (gk - c)$ und vollständig $x = k \log \left(\frac{gk - c}{gk - v}\right)$, oder

$$e^{\frac{x}{k}} = \frac{gk - c}{gk - v}.$$

Hieraus ergibt sich ferner $e^{\frac{x}{k}} . v = c + gk (e^{\frac{x}{k}} - 1)$ und $v = c . e^{-\frac{x}{k}} + gk (1 - e^{-\frac{x}{k}})$ oder auch

$$v = e^{-\frac{x}{k}} (c - gk) + gk.$$

Zusatz 1.

§. 420. Fängt der Körper seine Bewegung in A von der Ruhe an, so ist $c = 0$ und daher in diesem Falle

$$v = gk (1 - e^{-\frac{x}{k}}).$$

Dieser Ausdruck wird desto grösser, je grösser x ist, kann jedoch nie eine bestimmte Grenze übeschreiten, indem für $x = \infty$, $e^{-\frac{x}{k}} = 0$, also $v = gk$ wird.

$\sqrt{gk}$ ist also die Asymptote der Geschwindigkeiten, welche der herabsteigende Körper jedoch erst erreicht, nachdem er einen unendlich grossen Weg zurückgelegt hat.

Zusatz 2.

§. 421. Wäre die Anfangsgeschwindigkeit dieser Asymptote gleich, also $\sqrt{c} = \sqrt{gk}$, so würde die niedersteigende Bewegung gleichförmig werden, indem alsdann $v = gk = c$ wäre. Diess erhellt auch aus der Differentialgleichung

$$dv = gdx - \frac{vdx}{k},$$

nach welcher, wenn einmal $v = gk$ ist, stets $dv = 0$ wird.

Zusatz 3.

§. 422. Wäre $c < gk$, so würde der Körper mit einer beschleunigten Bewegung herabsteigen, jedoch erst nach Zurücklegung eines unendlich grossen Weges die Geschwindigkeit $\sqrt{gk}$ erlangen. Wenn nämlich $c < gk$ ist, so wird $e^{-\frac{x}{k}}(c-gk)$ stets negativ, also $v < gk$.

Zusatz 4.

§. 423. Ist die Anfangsgeschwindigkeit $\sqrt{c} > \sqrt{gk}$, so wird $e^{-\frac{x}{k}}(c-gk)$ positiv und daher überall $v > gk$. Wird $x = \infty$, so geht v in gk über. Der Körper schreitet also in diesem Falle mit verzögerter Bewegung fort.

Anmerkung 1.

§. 424. In der Gleichung

$$v = e^{-\frac{x}{k}}(c-gk) + gk$$

muss auch der Fall enthalten sein, in welchem der Körper im leeren Raume, nur unter Antrieb der absoluten Kraft, herabsteigt. Man erhält diesen, wenn man den Widerstand verschwindend klein oder $k = \infty$ setzt, indem alsdann die Kraft des Widerstandes oder $\frac{v}{k} = 0$ wird. Es scheint zwar schwierig, den Werth von v für $k = \infty$ aus obiger Gleichung herzuleiten, entwickelt man jedoch $e^{-\frac{x}{k}}$ in die Reihe

$$1 - \frac{x}{k} + \frac{x^2}{2k^2} - \frac{x^3}{6k^3} + \text{etc.},$$

substituirt diesen Werth in obige Gleichung und multiplicirt, so ergibt sich

$$v = c - \frac{cx}{k} + \frac{cx^2}{2k^3} - \ldots - gk + gx - \frac{gx^2}{2k^2} - \ldots + gk \text{ und für}$$

$$k = \infty,\ v = c + gx.$$

Diese Gleichung stimmt mit derjenigen überein, welche wir schon oben (§. 239.) gefunden haben, indem das dortige $\frac{g}{A}$ hier bloss mit g bezeichnet ist, weil g nicht die absolute, sondern die beschleunigende Kraft darstellt.

Anmerkung 2.

§. 425. Hat k zwar keinen unendlich, aber doch sehr grossen Werth, was der Fall ist, wenn sehr schwere Körper in einem sehr lockern Mittel herabsinken; so wird die vorhergehende Reihe grossen Nutzen leisten, indem man

$$e^{-\frac{x}{k}} = 1 - \frac{x}{k} + \frac{x^2}{2k^2}$$

setzt, wo der alsdann zu begehende Fehler unmerklich wird. Fängt in diesem Falle der Körper seine niedersteigende Bewegung von der Ruhe an, ist also $c = 0$, so wird

$$v = -gk\left(1 - \frac{x}{k} + \frac{x^2}{2k^2}\right) + gk = gx - \frac{gx^2}{2k},$$

welcher Werth von v sehr nahe richtig sein wird. Will man aber durchaus nichts vernachlässigen, so erhält man

$$v = gx - \frac{gx^2}{2k} + \frac{gx^3}{6k^2} - \frac{gx^4}{24k^3} + \frac{gx^5}{120k^4} - \text{etc.},$$

durch welche unendliche Reihe der wahre Werth von v dargestellt wird.

Satz 54.

Aufgabe.

§. 426. (Figur 42.) Man soll die Zeit bestimmen, in welcher ein Körper im gleichförmigen widerstehenden Mittel durch den Weg AP herabsteigt, wenn eine gleichförmige absolute Kraft ihn antreibt und der Widerstand dem Quadrat der Geschwindigkeit proportional ist.

Anflösung.

Haben x, c, v und k die Bedeutung des §. 419., so ist wie dort

$$v = gk + e^{-\frac{x}{k}}(c - gk);$$

hieraus erhält man, wenn t die gesuchte Zeit bedeutet,

$$dt = \frac{dx}{\sqrt{v}} = \frac{dx}{\sqrt{gk + e^{-\frac{x}{k}}(c - gk)}}.$$

Um diesen Ausdruck zu integriren, setzen wir $e^{-\frac{x}{k}} = z$ und $c - gk = b$, alsdann wird

$$dt = \frac{-kdz}{z\sqrt{gk + bz}}$$

Ferner setzen wir $gk + bz = r^2$, also $z = \frac{r^2 - gk}{b}$ und erhalten so

$$dt = -\frac{2kdr}{r^2 - gk} = \frac{dr\sqrt{\frac{k}{g}}}{r + \sqrt{gk}} - \frac{dr\sqrt{\frac{k}{g}}}{r - \sqrt{gk}};$$

also $t = \text{Const.} + \sqrt{\frac{k}{g}} \log\left(\frac{r + \sqrt{kg}}{r - \sqrt{kg}}\right)$, oder weil $r = \sqrt{gk + e^{-\frac{x}{k}}(c - gk)}$ und für $t = 0$, $x = 0$, also

$$r = \sqrt{c}; \text{ Const.} = -\sqrt{\frac{k}{g}} \log\left(\frac{\sqrt{c} + \sqrt{kg}}{\sqrt{c} - \sqrt{kg}}\right).$$

Demnach wird die Zeit des Niedersteigens durch AP oder

$$t = \sqrt{\frac{k}{g}} \log\left(\frac{\sqrt{e^{-\frac{x}{k}}(c - gk) + gk} + \sqrt{gk}}{\sqrt{e^{-\frac{x}{k}}(c - gk) + gk} - \sqrt{gk}}\right) - \sqrt{\frac{k}{g}} \times$$

$$\log\left(\frac{\sqrt{c} + \sqrt{gk}}{\sqrt{c} - \sqrt{gk}}\right).$$

Dieser Ausdruck wird einfacher

$$t = \frac{x}{\sqrt{gk}} + 2\sqrt{\frac{k}{g}} \log\left(\frac{\sqrt{e^{-\frac{x}{k}}(c - gk) + gk} + \sqrt{gk}}{\sqrt{c} + \sqrt{gk}}\right).$$

Zusatz 1.

§. 427. Ist die Anfangsgeschwindigkeit, also $c = 0$, so wird

$$t = \frac{x}{\sqrt{gk}} + 2\sqrt{\frac{k}{g}} \log\left(\frac{\sqrt{gk\,(1 - e^{-\frac{x}{k}})} + \sqrt{gk}}{\sqrt{gk}}\right) = \frac{x}{\sqrt{gk}}$$

$$+ 2\sqrt{\frac{k}{g}} \log\left\{\sqrt{1 - e^{-\frac{x}{k}}} + 1\right\} = \frac{x}{\sqrt{gk}} - 2\sqrt{\frac{k}{g}}$$

$$\log\left(\frac{1}{\sqrt{1 - e^{-\frac{x}{k}}} + 1}\right)$$

$$= \frac{x}{\sqrt{gk}} - 2\sqrt{\frac{k}{g}} \log\left(\frac{1 - \sqrt{1 - e^{-\frac{x}{k}}}}{e^{-\frac{x}{k}}}\right) = 2\sqrt{\frac{k}{g}}$$

$$\log e^{\frac{x}{2k}} + 2\sqrt{\frac{k}{g}}\log\left(\frac{1}{e^{\frac{x}{k}}\left(1-\sqrt{1-e^{-\frac{x}{k}}}\right)}\right)$$

$$= 2\sqrt{\frac{k}{g}}\log\left(\frac{1}{\sqrt{e^{\frac{x}{k}}}-\sqrt{e^{\frac{x}{k}}-1}}\right) = \sqrt{\frac{k}{g}}\log\left(\sqrt{e^{\frac{x}{k}}}\right.$$

$$\left.+\sqrt{e^{\frac{x}{k}}-1}\right).$$

Anmerkung 1.

§. 428. Die allgemeine Formel der dem Weg AP entsprechenden Zeit, für die Anfangsgeschwindigkeit $= \sqrt{c}$, wird, indem man wie vorhin

$$\frac{x}{\sqrt{gk}} = 2\sqrt{\frac{k}{g}}\log e^{\frac{x}{2k}}$$

setzt:

$$t = 2\sqrt{\frac{k}{g}}\log\left(\frac{\left\{\sqrt{e^{-\frac{x}{k}}(c-gk)+gk}+\sqrt{gk}\right\}\sqrt{e^{\frac{x}{k}}}}{\sqrt{c}+\sqrt{gk}}\right)$$

$$= 2\sqrt{\frac{k}{g}}\log\left(\frac{\sqrt{gk\,.\,e^{\frac{x}{k}}+c-gk}+\sqrt{gk\,.\,e^{\frac{x}{k}}}}{\sqrt{c}+\sqrt{gk}}\right).$$

Aus dieser Formel erhalten wir, indem wir $c=0$ setzen, unmittelbar wie oben

$$t = 2\sqrt{\frac{k}{g}}\log\left\{\sqrt{e^{\frac{x}{k}}}+\sqrt{e^{\frac{x}{k}}-1}\right\}.$$

Zusatz 2.

§. 429. Setzt man $c=gk$, in welchem Falle die Bewegung gleichförmig wird (§. 421.), so ergibt sich die Zeit des Niedersteigens durch AP aus der vorletzten Gleichung

$$t = 2\sqrt{\frac{k}{g}}\log e^{\frac{x}{2k}} = \frac{x}{\sqrt{gk}}.$$

Denselben Werth findet man auch aus der Natur der gleichförmigen Bewegung, indem die Zeit in diesem Falle gleich ist dem Quotienten des Weges durch die Geschwindigkeit.

Anmerkung 2.

§. 430. Man erhält diese Zeiten in Secunden ausgedrückt, indem man die gefundenen Werthe durch 250 dividirt und die Linien c, k und x in Scrupeln ausdrückt (§. 222.).

Anmerkung 3.

§. 431. Setzt man die Anfangsgeschwindigkeit, also auch $c = 0$ und ist die Zeit gegeben, in welcher der Körper den Weg AP zurücklegt, so kann man auch den letztern bestimmen. Ist die Zeit t in Secunden, k und x in Scrupeln ausgedrückt, so wird

$$t = \frac{1}{125}\sqrt{\frac{k}{g}}\log\left\{\sqrt{e^{\frac{x}{k}}}+\sqrt{e^{\frac{x}{k}}-1}\right\} \text{ und hieraus } e^{125t\sqrt{\frac{g}{k}}} = \sqrt{e^{\frac{x}{k}}}+\sqrt{e^{\frac{x}{k}}-1}.$$

Ferner wird

$$e^{\frac{x}{k}}-1 = \left\{e^{125t\sqrt{\frac{g}{k}}} - e^{\frac{x}{2k}}\right\}^2 \text{ also } e^{\frac{x}{2k}} = \frac{e^{250t\sqrt{\frac{g}{k}}}+1}{2e^{125t\sqrt{\frac{g}{k}}}}$$

und $x = 2k\log\left\{\frac{e^{250t\sqrt{\frac{g}{k}}}+1}{2}\right\} - 250t\sqrt{gk}$ oder auch $x = 250t\sqrt{gk} - 2k\log\left\{\frac{2}{e^{-250t\sqrt{\frac{g}{k}}}+1}\right\}$,

wo x in Scrupeln gefunden wird.

Anmerkung 4.

§. 432. Ist k eine sehr grosse Zahl und wünscht man die, dem Wege AP entsprechende, Zeit genähert zu wissen, wobei die Anfangsgeschwindigkeit $\sqrt{c} = 0$ ist, so haben wir

$$t = \frac{x}{\sqrt{gk}} + 2\sqrt{\frac{k}{g}}\log\left\{\sqrt{1-e^{-\frac{x}{k}}}+1\right\}.$$

Da k sehr gross ist, wird $\sqrt{1-e^{-\frac{x}{k}}}$ sehr nahe $= 0$ und

$$\log\left\{\sqrt{1-e^{-\frac{x}{k}}}+1\right\} = \sqrt{1-e^{-\frac{x}{k}}} - \frac{1-e^{-\frac{x}{k}}}{2} + \frac{(1-e^{-\frac{x}{k}})^{\frac{3}{2}}}{3}$$

$$- \frac{(1-e^{-\frac{x}{k}})^2}{4} + \frac{(1-e^{-\frac{x}{k}})^{\frac{5}{2}}}{5} - \text{etc.}$$

Ferner wird sehr nahe $\sqrt{1-e^{-\frac{x}{k}}} = \frac{\sqrt{x}}{\sqrt{k}} - \frac{x\sqrt{x}}{4k\sqrt{k}} + \frac{5x^2\sqrt{x}}{96k^2\sqrt{k}}$,

$$\log\left\{\sqrt{1-e^{-\frac{x}{k}}}+1\right\} = \frac{\sqrt{x}}{\sqrt{k}} - \frac{x}{2k} + \frac{x\sqrt{x}}{12k\sqrt{k}} + \frac{x^2\sqrt{x}}{480k^2\sqrt{k}},$$

demnach

$$t = \frac{2\sqrt{x}}{\sqrt{g}} + \frac{1}{6}\frac{x\sqrt{x}}{k\sqrt{g}} + \frac{1}{240}\frac{x^2\sqrt{x}}{k^2\sqrt{g}}.$$

Zusatz 3.

§. 433. Verschwindet der Widerstand, ist also $k = \infty$, so ergibt sich die Zeit des Niedersteigens durch den Weg AP, während der Körper nur durch die absolute Kraft g angetrieben wird. Diese Zeit folgt aus der letzten Formel, weil $\frac{1}{k} = 0$ ist,

$$t = \frac{2\sqrt{x}}{\sqrt{g}},$$

wie wir schon oben (§. 218.) gefunden haben, wenn man die Zahl m vernachlässigt und g statt $\frac{g}{A}$ setzt, wie wir hier angenommen haben.

Satz 55.

Aufgabe.

§. 434. (Figur 43.) Ein Körper wird in einem gleichförmigen Mittel, welches im doppelten Verhältniss der Geschwindigkeit widersteht, von B mit einer gegebenen Geschwindigkeit aufwärts geworfen und es treibt ihn eine gleichförmige Kraft g nach unten zu an; man soll seine Geschwindigkeit an den einzelnen Orten bestimmen.

Auflösung.

Die Geschwindigkeit in B sei $= \sqrt{c}$, die in $P = \sqrt{v}$, man setze $BP = x$ und den Exponenten des Widerstandes $= k$. Da nun die Bewegung durch die absolute Kraft g und den Widerstand $\frac{v}{k}$ verzögert wird, so hat man

$$dv = -g dx - \frac{v dx}{k}, \text{ also } dx = -\frac{k dv}{gk + v} \text{ und } x = k \log\left(\frac{\text{Const.}}{gk + v}\right).$$

Da aber für $x = 0$, $v = c$, also $0 = k \log\left(\frac{\text{Const.}}{gk + c}\right)$ wird, so erhält man

$$x = k \log\left(\frac{gk + c}{gk + v}\right) \text{ oder } e^{\frac{x}{k}} = \frac{gk + c}{gk + v}.$$

Es wird demnach

$$v = e^{-\frac{x}{k}}(gk + c) - gk$$

und die Geschwindigkeit in dem beliebigen Punkte P oder

$$\sqrt{v} = \sqrt{e^{-\frac{x}{k}}(gk+c) - gk}.$$

Zusatz 1.

§. 435. Es gelange der auf diese Weise geworfene Körper bis nach A und hier sei seine Geschwindigkeit $=0$. Man erhält daher die ganze Höhe $x = BA$, indem man $v = 0$ setzt,

$$\text{also } e^{\frac{x}{k}} = \frac{c+gk}{gk} \text{ oder } x = k \log\left(\frac{c+gk}{gk}\right) = BA.$$

Zusatz 2.

§. 436. Es verschwinde der Widerstand, oder es sei $k = \infty$, so dass die Bewegung im leeren Raume erfolgt; alsdann ist

$$e^{-\frac{x}{k}} = 1 - \frac{x}{k} \text{ etc.}, \; v = (c+gx)(1 - \frac{x}{k} \text{ etc.}) - gk = c - gx,$$

weil $\frac{1}{k} = 0$ ist. Dieselbe Gleichung erhält man, wenn man den Körper als durch die absolute Kraft g allein abwärts angetrieben ansieht.

Zusatz 3.

§. 437. Ist das widerstehende Mittel von sehr geringer Dichtigkeit, so dass k eine sehr grosse Zahl bezeichnet, so kann man

$$e^{-\frac{x}{k}} = 1 - \frac{x}{k} + \frac{x^2}{2k^2} - \frac{x^3}{6k^3}$$

setzen und erhält auf diese Weise sehr nahe richtig

$$v = c - gx - \frac{cx}{k} + \frac{cx^2}{2k} + \frac{gx^2}{2k} - \frac{gx^3}{6k^2}.$$

Damit dieser Ausdruck einen sehr genäherten Werth von v darstelle, muss nicht nur k sehr gross, sondern ausserdem x viel kleiner als k sein, wodurch alsdann $e^{-\frac{x}{k}}$ sehr wenig von 1 verschieden sein wird.

Anmerkung 1.

§. 438. Wir bemerken nun, dass die niedersteigende Bewegung des Körpers durch AB der aufsteigenden nicht ähnlich wird, wenn man das Mittel in beiden Fällen als widerstehend ansieht. Man kann sich jedoch in Gedanken vorstellen, die erstere Bewegung werde der letztern dermassen ähnlich, dass der Körper bei beiden im Punkt P dieselbe Geschwindigkeit habe. Zu diesem Ende muss man sich bei der niedersteigenden Bewegung so wohl die absolute Kraft als beschleunigend, als auch das Mittel als forttreibend vorstellen. Da nämlich bei der aufsteigenden Bewegung beide der letztern entgegenwirkend waren, muss man sie sich bei der niedersteigenden Bewegung als diese befördernd denken, damit die Bewegung eine vollkommen retrograde werde.

Zusatz 4.

§. 439. Setzt man demnach die Höhe $AP = y$ und die Geschwindigkeit bei dieser niedersteigenden Bewegung $= \sqrt{v}$; so wird $dv = gdy + \frac{vdy}{k}$, woraus $v = gk(e^{\frac{y}{k}} - 1)$ folgt.

Anmerkung 2.

§. 440. Diese letztere Gleichung stimmt mit der frühern überein, welche wir erhalten haben, als wir die aufsteigende Bewegung betrachteten. Es ist nämlich

$$y = AB - x = k \log\left(\frac{c + gk}{gk}\right) - x,\ e^{\frac{y}{k}} = \frac{c + gk}{gk} e^{-\frac{x}{k}} \text{ und}$$

$$v = gk \frac{c + gk}{gk} e^{-\frac{x}{k}} - gk = e^{-\frac{x}{k}}(c + gk) - gk,$$

wie wir oben in der Auflösung der Aufgabe gefunden haben. Offenbar hat also der Körper bei dieser niedersteigenden Bewegung in den einzelnen Punkten P dieselbe Geschwindigkeit, welche er beim Aufsteigen hatte; es muss sich daher auch für beide Bewegungen dieselbe Zeitdauer ergeben.

Satz 56.

Aufgabe.

§. 441. (Figur 43.) Ein Körper wird von B aus mit gegebener Geschwindigkeit aufwärts geworfen und bewegt sich in einem Mittel, welches im doppelten Verhältniss der Geschwindigkeit widersteht, während eine absolute Kraft g abwärts auf ihn wirkt; man soll die Zeit bestimmen, welche der Körper zur Zurücklegung des Weges BP braucht.

Auflösung.

c, v, x und k haben die Bedeutung der vorigen Aufgabe, alsdann ist nach derselben $v = e^{-\frac{x}{k}}(c + gk) - gk$ also, wenn t die gesuchte Zeit bezeichnet

$$dt = \frac{dx}{\sqrt{v}} = \frac{dx}{\sqrt{e^{-\frac{x}{k}}(c + gk) - gk}}.$$

Zum Behuf der Integration setzen wir, wie früher, $e^{-\frac{x}{k}} = z$ und $c + gk = b$, so wird

$$dt = \frac{-kdz}{z\sqrt{bz - gk}}.$$

Ferner sei $bz - gk = r^2$, also $z = \frac{r^2 + gk}{b}$, so wird

$$t = \int \frac{-2kdr}{gk + r^2} = \text{Const.} - 2\sqrt{\frac{k}{g}} \text{ arc.tg}\left(\frac{r}{\sqrt{gk}}\right)$$

und da für $t=0$, $x=0$, $r = \sqrt{bz - gk} = \sqrt{e^{-\frac{x}{k}}(c+gk) - gk}$ $= \sqrt{c}$ wird,

$$\text{Const.} = 2\sqrt{\frac{k}{g}} \text{ arc.tg}\left(\sqrt{\frac{c}{gk}}\right).$$

Wir erhalten daher vollständig

$$t = 2\sqrt{\frac{k}{g}} \left\{ \text{arc.tg}\left(\sqrt{\frac{c}{gk}}\right) - \text{arc.tg}\left(\frac{\sqrt{e^{-\frac{x}{k}}(c+gk) - gk}}{\sqrt{gk}}\right) \right\}$$

$$= 2\sqrt{\frac{k}{g}} \text{ arc.tg} \left\{ \frac{\sqrt{cgk} - \sqrt{gke^{-\frac{x}{k}}(c+gk) - g^2k^2}}{gk + \sqrt{c \cdot e^{-\frac{x}{k}}(c+gk) - cgk}} \right\},$$

indem allgemein $\text{arc.tg}\,\alpha - \text{arc.tg}\,\beta = \text{arc.tg}\left(\frac{\alpha - \beta}{1 + \alpha\beta}\right)$.

Zusatz 1.

§. 442. Da man die ganze Höhe AB erhält, zu welcher der Körper ansteigen kann, indem man $x = AB = k\log\left(\frac{c+gk}{gk}\right)$, also $e^{-\frac{x}{k}} = \frac{gk}{c+gk}$ setzt; so erhält man die Zeit des ganzen Aufsteigens

$$t' = 2\sqrt{\frac{k}{g}} \text{ arc.tg}\left(\sqrt{\frac{c}{gk}}\right).$$

Zusatz 2.

§. 443. Ist $c = gk$, so wird diese Zeit

$$t'' = 2\sqrt{\frac{k}{g}} \text{ arc.tg } 1 = \tfrac{1}{2}\pi\sqrt{\frac{k}{g}},$$

wo π die Ludolphsche Zahl bezeichnet.

Zusatz 3.

§. 444. Wird der Körper mit unendlich grosser Geschwindigkeit von B aufwärts geworfen, so wird die Zeit der ganzen aufsteigenden Bewegung nichts desto weniger endlich, indem für $c = \infty$,

$$t = 2\sqrt{\frac{k}{g}} \text{ arc. tg } \infty = \pi \sqrt{\frac{k}{g}}.$$

Zusatz 4.

§. 445. Ist statt der Anfangsgeschwindigkeit $\sqrt{c}$ die ganze Höhe $BA = a$ gegeben, zu welcher der Körper gelangt, so haben wir

$$a = k \log\left(\frac{c + gk}{gk}\right), \quad e^{\frac{a}{k}} = \frac{c}{gk} + 1, \quad c = gk\,(e^{\frac{a}{k}} - 1)$$

und die Zeit der ganzen aufsteigenden Bewegung durch BA

$$t = 2\sqrt{\frac{k}{g}} \text{ arc. tg} \sqrt{e^{\frac{a}{k}} - 1}.$$

Anmerkung 1.

§. 446. Verwandelt man die aufsteigende Bewegung in eine niedersteigende, wobei das Mittel beschleunigend wirkt, wie wir oben (§. 438.) angenommen haben und setzt man $AP = y$; so wird die Zeit der niedersteigenden Bewegung durch AP

$$= 2\sqrt{\frac{k}{g}} \text{ arc. tg} \sqrt{e^{\frac{y}{k}} - 1}.$$

wo wir y statt a in die vorhergehende Formel gesetzt haben. Dort bezeichnete nämlich a die beim Aufsteigen erreichte Höhe, hier aber ist y die ganze Höhe, zu welcher der Körper mit der in P ihm inwohnenden Geschwindigkeit gelangen kann.

Anmerkung 2.

§. 447. Die Grundgleichung für eine auf diese Weise betrachtete niedersteigende Bewegung ist

$$dv = gdy + \frac{vdy}{k} \text{ (§. 438.)},$$

welche aus der Grundgleichung für die wirklich stattfindende niedersteigende Bewegung

$$dv = gdx - \frac{vdx}{k} \text{ (§. 419.)}$$

abgeleitet wird, indem man y statt x und $-k$ statt k setzt. Daher kann auch der sehr nahe richtige, dem Wege AP entsprechende Ausdruck der Zeit aus dem, welchen wir oben (§. 432.) für die wahre niedersteigende Bewegung gefunden haben, für diese imaginäre niedersteigende Bewegung hergeleitet werden, indem man dieselben Substitutionen für x und k macht. Auf diese Weise findet man die Zeit der niedersteigenden Bewegung durch AP, wenn nur $\frac{y}{k} < 1$ ist, sehr nahe richtig

$$= \frac{2\sqrt{y}}{\sqrt{g}} - \frac{y\sqrt{y}}{6k\sqrt{g}} + \frac{y^2\sqrt{y}}{240k^2\sqrt{g}}.$$

Zusatz 5.

§. 448. Ist der Widerstand des Mittels ganz verschwindend, also $k = \infty$, so wird die Zeit der ganzen ansteigenden Bewegung durch $BA = \frac{2\sqrt{a}}{\sqrt{g}}$. Diess ergiebt sich auch aus dem vorhergehenden Ausdruck, wenn man darin a statt y setzt, weil alle Glieder ausser dem ersten verschwinden.

Zusatz 6.

§. 449. Man kann nun aus der gegebenen ganzen Zeit der aufsteigenden Bewegung auch die erstiegene Höhe a finden. Da nämlich

$$t = 2\sqrt{\frac{k}{g}}\,\text{arc.tg}\sqrt{e^{\frac{a}{k}} - 1}, \text{ so wird} \sqrt{e^{\frac{a}{k}} - 1} = \text{tg}\left(\frac{t}{2}\sqrt{\frac{g}{k}}\right) = T$$

$$e^{\frac{a}{k}} = T^2 + 1 \text{ und } a = k \log (T^2 + 1).$$

Satz 57.

Aufgabe.

§. 450. (Figur 43.) Gegeben ist die Zeit, in welcher ein in B aufwärts geworfener Körper wieder nach demselben Punkte zurückkehrt, wobei er sich in einem Mittel bewegt, welches im doppelten Verhältniss der Geschwindigkeit widersteht und eine absolute gleichförmige Kraft g ihn antreibt. Man soll die Höhe BA bestimmen, welche der Körper erreicht, wie auch die Anfangsgeschwindigkeit in B bei der aufsteigenden Bewegung und die Endgeschwindigkeit bei der Rückkehr zu demselben Punkte und endlich die Zeiten der aufsteigenden Bewegung durch BA und der niedersteigenden durch AB.

Auflösung.

Es sei die gegebene Zeit $= t$, welche der Summe der Zeiten der auf- nnd niedersteigenden Bewegung durch AB gleich ist, wir wollen diese respective mit τ und τ' bezeichnen. Wie früher sei $BA = x$ und k der Exponent des Widerstandes. Alsdann haben wir

$$\tau = 2\sqrt{\frac{k}{g}}\,\text{arc. tg}\sqrt{e^{\frac{x}{k}} - 1} \ (\S.\ 445.) \text{ und } \tau' = 2\sqrt{\frac{k}{g}}$$

$$\log\left\{\sqrt{e^{\frac{x}{k}}} + \sqrt{e^{\frac{x}{k}} - 1}\right\} \ (\S.\ 427.),$$ also weil $t = \tau + \tau'$,

$$\frac{t}{2}\sqrt{\frac{k}{g}} = \text{arc.tg}\sqrt{e^{\frac{x}{k}} - 1} + \log\left\{\sqrt{e^{\frac{x}{k}}} + \sqrt{e^{\frac{x}{k}} - 1}\right\},$$

woraus x zu bestimmen ist. Hat man x gefunden, so kennt man zugleich die Zeiten τ und τ' der auf- und niedersteigenden Bewegung durch AB. Ferner ist die, der Geschwindigkeit in B, womit die aufsteigende Bewegung beginnt, zukommende Höhe

$$c = gk(e^{\frac{x}{k}} - 1) \ (\S.\ 445.)$$

und die, der Geschwindigkeit, mit welcher der Körper bei der niedersteigenden Bewegung in B ankommt, zukommende Höhe

$$c' = gk(1 - e^{-\frac{x}{k}}) \ (\S.\ 420.).$$

Zusatz 1.

§. 451. Es verhält sich daher die Geschwindigkeit in B bei der ansteigenden Bewegung, zur Geschwindigkeit in demselben Punkte bei der niedersteigenden Bewegung, wie

$$e^{\frac{2k}{x}} : 1.$$

Es geht also desto mehr von der Bewegung verloren, je höher der Körper ansteigt.

Anmerkung 1.

§. 452. Ist k sehr gross, hingegen x nicht zu gross, so dass wir für die Zeiten die oben gefundenen algebraischen Ausdrücke setzen können, so wird die Zeit der ansteigenden Bewegung

$$\tau = \frac{2\sqrt{x}}{\sqrt{g}} - \frac{x\sqrt{x}}{6k\sqrt{g}} + \frac{x^2\sqrt{x}}{240k^2\sqrt{g}} \ (\S.\ 447.),$$

und die Zeit der niedersteigenden Bewegung

$$\tau' = \frac{2\sqrt{x}}{\sqrt{g}} + \frac{x\sqrt{x}}{6k\sqrt{g}} + \frac{x^2\sqrt{x}}{240k^2\sqrt{g}} \ (\S.\ 432.).$$

Da die Summe beider als $= t$ gegeben angenommen wird, so erhalten wir sehr nahe richtig:

$$t\sqrt{g} = 4\sqrt{x} + \frac{x^2\sqrt{x}}{120k^2}.$$

Anmerkung 2.

§. 453. Genauer wird diese Summe beider Zeiten bestimmt, indem man die beiderseitigen Reihen weiter fortsetzt. Es wird alsdann

$$\tau = \frac{2\sqrt{x}}{\sqrt{g}} - \frac{x\sqrt{x}}{6k\sqrt{g}} + \frac{x^2\sqrt{x}}{240k^2\sqrt{g}} + \frac{x^3\sqrt{x}}{1344k^3\sqrt{g}} - \frac{x^4\sqrt{x}}{46080k^4\sqrt{g}} \text{ etc.}$$

und

$$\tau' = \frac{2\sqrt{x}}{\sqrt{g}} + \frac{x\sqrt{x}}{6k\sqrt{g}} + \frac{x^2\sqrt{x}}{240k^2\sqrt{g}} - \frac{x^3\sqrt{x}}{1344k^3\sqrt{g}} - \frac{x^4\sqrt{x}}{46080k^4\sqrt{g}} \text{ etc.}$$

und hieraus ihre Summe oder

$$t = \frac{4\sqrt{x}}{\sqrt{g}} + \frac{x^2\sqrt{x}}{120k^2\sqrt{g}} - \frac{x^4\sqrt{x}}{23040k^4\sqrt{g}} \text{ etc.}$$

Hierbei hat man zu bemerken, dass, wenn die Zeit in Secunden, k und x aber in Scrupeln ausgedrückt sind, diese Reihe durch 250 dividirt werden muss. Ist also $t = \mu$ Secunden gegeben, so muss man 250μ statt t setzen.

Zusatz 2.

§. 454. Aus der vorhergehenden Reihe kann man durch Umkehrung x, mittelst einer nach Potenzen von t fortgehenden Reihe bestimmen. Man erhält

$$\sqrt{x} = \frac{\sqrt{g}}{2^2}\, t - \frac{g^2\sqrt{g}}{2^{15}\,.\,15k^2}\, t^5 + \frac{g^4\sqrt{g}}{2^{29}\,.\,15k^4}\, t^9 \ldots$$

und hieraus durch Quadrirung

$$x = \frac{gt^2}{2^4} - \frac{g^3t^6}{2^{16}\,.\,15k^2} + \frac{g^5t^{10}}{2^{26}\,.\,225k^4} \text{ etc.}$$

Zusatz 3.

§. 455. Der Unterschied zwischen den Zeiten der nieder- und aufsteigenden Bewegung wird hiernach sehr nahe richtig

$$\tau' - \tau = \frac{x\sqrt{x}}{3k\sqrt{g}} - \frac{x^3\sqrt{x}}{672k^3\sqrt{g}}.$$

Ist also die Höhe x gefunden, so werden zugleich die Zeiten der auf- und niedersteigenden Bewegung bekannt.

Zusatz 4.

§. 456. Auch die der Geschwindigkeit, womit der Körper zu steigen anfängt, zukommende Höhe erhält man, indem

$$v = gx + \frac{gx^2}{2k} + \frac{gx^3}{6k^2} + \frac{gx^4}{24k^3} \text{ etc.}$$

Hieraus folgt ferner die, der Geschwindigkeit, mit welcher der Körper herabsinkt, zukommende Höhe

$$v' = gx - \frac{gx^2}{2k} + \frac{gx^3}{6k^2} - \frac{gx^4}{24k^3} \text{ etc.}$$

Beispiel.

§. 457. Eine aus einem Geschütze geworfene eiserne Kugel kam nach 34 Secunden zur Erde zurück, es war $k =$ 2250000 Scrupel und $g = \frac{7499}{7500}$. Wir haben also $t = 8500$ und $\frac{t\sqrt{g}}{4\sqrt{k}} = 1{,}416572$; $\frac{g^2 t^5 \sqrt{g}}{2^{15}.15k^2\sqrt{k}} = 0{,}01188$; $\frac{g^4 t^9 \sqrt{g}}{2^{29}.15k^4\sqrt{k}} =$ 0,0007477. Es wird daher $\frac{\sqrt{x}}{\sqrt{k}} = 1{,}405439$, $\sqrt{x} = 2108{,}159$ und die ganze Höhe, welche die Kugel in der Luft erreicht, $=$ 4443 Fuss. Es sei nun δ die Anzahl der Secunden, um welche die niedersteigende Bewegung länger dauert, als die aufsteigende; so wird

$$\frac{250\delta\sqrt{g}}{\sqrt{k}} = \frac{x\sqrt{x}}{3k\sqrt{k}} - \frac{x^3\sqrt{x}}{672k^3\sqrt{k}},$$

Es ist aber $\sqrt{\frac{x}{k}} = \frac{527}{375}$, mithin $\frac{x\sqrt{x}}{3k\sqrt{k}} = 0{,}9913$ und $\frac{x^3\sqrt{x}}{672k^3\sqrt{k}}$ $= 0{,}01893$; also

$$\frac{250\delta\sqrt{g}}{\sqrt{k}} = 0{,}97237 \text{ und } \delta = 5{,}''83.$$

Hieraus folgt, dass die Zeit des Aufsteigens $= 14'',08$ und die Zeit des Niedersteigens $= 19'',92$ gewesen ist. Die Höhe, welche der Anfangsgeschwindigkeit der aufsteigenden Bewegung zukommt, ist $=$ 15542 Fuss und die, der Endgeschwindigkeit beim Niedersteigen zukommende, Höhe $=$ 1969 Fuss. Man sehe hierüber die Commentationes. Tom. II, pag. 338.

Zusatz 5.

§. 458. Die Höhe, welche der Geschwindigkeit zukommt, womit der Körper aufsteigt, ist

$$v = gk\,(e^{\frac{x}{k}} - 1) = gx\,(1 + \frac{x}{2k} + \frac{x^2}{6k^2} + \frac{x^3}{24k^3} + \text{ etc.})$$

Würde daher der Körper mit derselben Geschwindigkeit im leeren Raume in die Höhe geworfen, indem die Schwere allein auf ihn einwirkte, so hätten wir die ganze Zeit der auf- und niedersteigenden Bewegung

$$= 4\sqrt{gx} + \frac{x\sqrt{gx}}{k} + \frac{5x^2\sqrt{gx}}{24k^2} + \frac{x^3\sqrt{gx}}{32k^3} + \text{etc.}$$

Zusatz 6.

§. 459. Es verhält sich also die ganze Zeit der auf- und niedersteigenden Bewegung im leeren Raume zu der im widerstehenden Mittel, wie

$$g\{1 + \frac{x}{4k} + \frac{5x^2}{96k^2} + \frac{x^3}{128k^3} \text{ etc.}\} : \{1 + \frac{x^2}{480k^2} - \frac{x^4}{92160k^4} \text{ etc.}\}.$$

Hierbei wird vorausgesetzt, dass der Körper in beiden Fällen mit derselben Geschwindigkeit emporgeworfen werde.

Anmerkung 3.

§. 460. In dem erwähnten Tom. II. Commentationum, pag. 340. befindet sich ein Lehrsatz, nach welchem diese Zeiten im leeren Raume und in einem Mittel, welches wie hier im doppelten Verhältniss der Geschwindigkeit widersteht, mit einander verglichen werden. Dort wird behauptet, dass die Zeit im leeren Raume immer grösser sei, als die im widerstehenden Mittel. Aus der letzten Proportion geht aber hervor, dass möglicherweise die Zeit im leeren Raume kleiner werden kann, als die im widerstehenden Mittel. Ist nämlich x sehr klein, k hingegen sehr gross, so verhält sich jene Zeit zu dieser, wie

$$g : 1.$$

Im widerstehenden Mittel aber, wo die Kraft der Schwere durch die Dichtigkeit des letztern vermindert wird, ist stets $g < 1$ und daher in diesem Falle die Zeit im leeren Raume kleiner, als die im widerstehenden Mittel. Ist aber g nur sehr wenig von 1 verschieden und x im Vergleich mit k nicht sehr klein, wie bei dem Werfen der Kugeln aus Geschützen; so wird die Zeit im leeren Raume stets grösser, als die im widerstehenden Mittel. Dasselbe wird der Fall sein können, wenn $x > k$ ist, wo also der Erfolg jenem Lehrsatze entgegengesetzt ist. Im vorhergehenden Beispiele wurde der Körper mit einer Geschwindigkeit emporgeworfen, welcher die Höhe $v = 15542$ Fuss zukam. Derselhe würde im leeren Raume nach 63 Secunden wieder zur Erde fallen, während er doch in der Luft nur 34 Secunden ausblieb.

Satz 58.

Aufgabe.

§. 461. (Figur 44.) Ein Körper wird nach einer gewissen niedersteigenden Bewegung in O zurückgeworfen und steigt mit der Geschwindigkeit, welche er bei jener Bewegung erlangt, wieder gerade in die Höhe und wird wiederholt in O so oft zuzurückgeworfen, als er beim Niedersteigen dahin gelangt. Man sucht die Höhen OA, OB, OC etc., welche der Körper bei dieser Bewegung erreicht, wenn diese in einem, dem Quadrat der Geschwindigkeit proportional widerstehenden, Mittel vor sich geht und zugleich die gleichförmige Kraft der Schwere auf den Körper wirkt.

Auflösung.

Es sei wie bisher k der Exponent des Widerstandes und $OA = a$ die erste Höhe; alsdann wird die Geschwindigkeit, womit der Körper zu steigen angefangen hat, zukommen der Höhe

$$v = gk(e^{\frac{a}{k}} - 1) \quad (\text{§. } 439.).$$

Die Geschwindigkeit aber, mit welcher er beim Niedersteigen durch AO den Punkt O erreicht, kommt zu der Höhe

$$v' = gk(1 - e^{-\frac{a}{k}}) \quad (\text{§. } 420.).$$

Mit dieser Geschwindigkeit beginnt er die ansteigende Bewegung durch OB und setzt man $OB = z$, so wird

$$v' = gk\,(e^{\frac{z}{k}} - 1), \text{ also } gk\,(1 - e^{-\frac{a}{k}}) = gk(e^{\frac{z}{k}} - 1) \text{ und}$$

$$OB = z = k \log (2 - e^{-\frac{a}{k}}).$$

Hiernach ergibt sich also die, der Geschwindigkeit, womit er beim zweiten Niedersteigen durch BO in O ankommt, zukommende Höhe

$$v'' = gk\,(1 - e^{-\frac{z}{k}}) = gk \,.\, \frac{1 - e^{-\frac{a}{k}}}{2 - e^{-\frac{a}{k}}},$$

und mit derselben beginnt er seine dritte ansteigende Bewegung durch OC. Setzt man daher $OC = z'$, so wird

$$v'' = gk\,(e^{\frac{z'}{k}} - 1) = gk \,.\, \frac{1 - e^{-\frac{a}{k}}}{2 - e^{-\frac{a}{k}}}$$

$$\text{und } OC = z' = k \log \left(\frac{3-2e^{-\frac{a}{k}}}{2-e^{-\frac{a}{k}}}\right).$$

Die Geschwindigkeit, welche er beim dritten Niedersteigen durch *CO* erlangt, komme der Höhe v''' zu, so wird

$$v''' = gk(1-e^{-\frac{z'}{k}}) = gk\frac{1-e^{-\frac{a}{k}}}{3-2e^{-\frac{a}{k}}}.$$

Fährt man auf diese Weise zu schliessen fort, so wird beim vierten Aufsteigen durch *OD*,

$$gk\,(e^{\frac{z''}{k}}-1) = gk.\,\frac{1-e^{-\frac{a}{k}}}{3-2.e^{-\frac{a}{k}}} \text{ oder } OD = z'' = k \log\left(\frac{4-3e^{-\frac{a}{k}}}{3-2e^{-\frac{a}{k}}}\right)$$

beim fünften Aufsteigen durch *OE*, $OE = k\log\left(\frac{5-4e^{-\frac{a}{k}}}{4-3e^{-\frac{a}{k}}}\right)$

„ sechsten „ „ *OF*, $OF = k\log\left(\frac{6-5e^{-\frac{a}{k}}}{5-4e^{-\frac{a}{k}}}\right)$

und allgemein

beim *n*ten Aufsteigen durch *OP*,

$$OP = k\log\left(\frac{n-(n-1)e^{-\frac{a}{k}}}{n-1-(n-2)e^{-\frac{a}{k}}}\right) = k\log\left(\frac{ne^{\frac{a}{k}}-n+1}{(n-1)e^{\frac{a}{k}}-n+2}\right).$$

Zusatz 1.

§. 462. Aus dieser Auflösung ersieht man zugleich, dass der Geschwindigkeit, mit welcher der Körper bei der niedersteigenden Bewegung durch *PO* in *O* ankommt, die Höhe

$$v^{(n)} = gk\frac{1-e^{-\frac{a}{k}}}{n-(n-1)e^{-\frac{a}{k}}} = gk\,.\,\frac{e^{\frac{a}{k}}-1}{ne^{\frac{a}{k}}-n+1}$$

zukommt. Der Geschwindigkeit, womit der Körper die ansteigende Bewegung durch *OP* in *O* anfing, kam hingegen zu die Höhe

$$v^{(n-1)} = gk\,\frac{1-e^{-\frac{a}{k}}}{(n-1)-(n-2)e^{-\frac{a}{k}}} = gk\,.\,\frac{e^{\frac{a}{k}}-1}{(n-1)\cdot e^{\frac{a}{k}}-n+2}.$$

Zusatz 2.

§. 463. Da $OA = a = k \log e^{\frac{a}{k}}$,

$$\text{und } OB = k \log(2 - e^{-\frac{a}{k}});$$

$$\text{so wird } OA + OB = k \log(2e^{\frac{a}{k}} - 1).$$

Eben so $OA + OB + OC = k \log \{ 2e^{\frac{a}{k}} - 1) \cdot \frac{3 - 2e^{-\frac{a}{k}}}{2 - e^{-\frac{a}{k}}} \} =$

$$k \log (3e^{\frac{a}{k}} - 2)$$

ferner

$$OA + OB + OC + OD = k \log (4e^{\frac{a}{k}} - 3)$$

u. s. w.

Zusatz 3.

§. 464. Ist k sehr gross, also $\frac{a}{k}$ fast verschwindend klein, so wird sehr nahe

$$OP = a - \frac{(n-1)a^2}{k} + \frac{(n-1)^2 a^3}{k^2} - \frac{(n-1)^3 a^4}{k^3} + \text{etc.},$$

oder weil diess eine geometrische Reihe ist,

$$OP = \frac{ak}{k + (n-1)a}.$$

Zusatz 4.

§. 465. Wäre die erste Höhe $OA = a$ unendlich gross, so würden die übrigen nichts desto weniger von endlicher Grösse werden. Es würde nämlich

$$OB = k \log 2,\ OC = k \log \frac{3}{2},\ OD = k \log \frac{4}{3}, \ldots OP = k \log \left(\frac{n}{n-1}\right).$$

Zusatz 5.

§. 466. Ist eine beliebige Höhe, etwa $a = k \log A$, d. h. $e^{\frac{a}{k}} = A$, so wird die folgende Höhe, welche der Körper nach der Zurückwerfung in O erreichen wird, d. h.

$$OB = k \log \left(\frac{2e^{\frac{a}{k}} - 1}{e^{\frac{a}{k}}}\right) = k \log \left(\frac{2A - 1}{A}\right).$$

Ferner die dritte $OC = k \log\left(\frac{3A-2}{2A-1}\right)$,

„ vierte $OD = k \log\left(\frac{4A-3}{3A-2}\right)$,

etc.

„ $n$te $OP = k \log\left(\frac{nA-n+1}{(n-1)A-n+2}\right)$.

Anmerkung 1.

§. 467. Man kann auch für n negative Zahlen setzen, alsdann erhält man die vorhergehenden Höhen, in deren Reihefolge sich die erste befindet. So ist diejenige Höhe, auf welche die erste $OA=a$ folgt, indem man $n=0$ setzt,

$$= k \log\left(\frac{1}{2-e^{\frac{a}{k}}}\right).$$

Ist daher $e^{\frac{a}{k}}=2$ oder $a=k\log 2$, so wird die vorhergehende Höhe $=\infty$. Wäre aber $e^{\frac{a}{k}}>2$, d. h. $a>k\log 2$; so würde die vorhergehende Höhe

$$= k \log\left(-\frac{1}{e^{\frac{a}{k}}-2}\right).$$

d. h. imaginär werden. In diesem Falle kann also keine Höhe angegeben werden, deren nächstfolgende $=a$ wäre.

Anmerkung 2.

§. 468. Es erscheint zwar wunderbar, dass auf eine unendlich grosse Höhe eine endliche folgen könne; wenn man aber bedenkt, dass ein im widerstehenden Mittel aus unendlich grosser Höhe herabgestiegener Körper nur eine endliche Geschwindigkeit erlangt (§. 420.), so wird man den Grund dieser Erscheinung leicht einsehen. Mit dieser endlichen Geschwindigkeit wird er nämlich nur zu einer endlichen Höhe ansteigen können und es ist die grösste Geschwindigkeit, welche der Körper beim Niedersteigen erlangen kann, $=\sqrt{gk}$. Wird daher der Körper anfangs mit einer grössern Geschwindigkeit als $\sqrt{gk}$ in die Höhe geworfen, so kann die erstere aus keiner noch so hohen, vorangegangenen niedersteigenden Bewegung entsprungen sein. Diess ergibt auch die Rechnung, indem alsdann die vorhergehende Höhe imaginär wird.

Satz 59.

Aufgabe.

§. 469. Der Widerstand eines gleichförmigen Mittels ist der Geschwindigkeit proportional und es wirkt eine gleichförmige absolute Kraft abwärts; man soll die Geschwindigkeit eines auf- oder niedersteigenden Körpers in jedem beliebigen Punkte bestimmen.

Auflösung.

(Figur 45.) Es steige zuerst der Körper auf der geraden Linie AP herab und es komme seine Anfangsgeschwindigkeit in A der Höhe c zu. Die absolute Kraft sei $= g$, $AP = x$, k der Exponent des Widerstandes und $\sqrt{v}$ die Geschwindigkeit in P. Wir haben daher die Kraft des Widerstandes $= \frac{\sqrt{v}}{\sqrt{k}}$ und $dv = g dx - \frac{dx \sqrt{v}}{\sqrt{k}}$ oder $dx = \frac{dv \sqrt{k}}{g\sqrt{k} - \sqrt{v}}$. Setzt man $\sqrt{v} = u$, woraus $dv = 2u\,du$ und $dx = \frac{2\sqrt{k}\,.\,u\,du}{g\sqrt{k} - u}$ $= -2\sqrt{k}\,.\,du + \frac{2gk\;du}{g\sqrt{k}-u}$ folgt; so ergibt die Integration

$$x = \text{Const.} - 2u\sqrt{k} - 2gk \log (g\sqrt{k} - u) = \text{Const.} - 2\sqrt{kv} - 2gk \log (g\sqrt{k} - \sqrt{v}).$$

Da nun für $x = 0$, $v = c$, also Const. $= 2\sqrt{kc} + 2gk \log (g\sqrt{k} - \sqrt{c})$ ist; so wird vollständig

$$1,\; x = 2\sqrt{kc} - 2\sqrt{kv} + 2gk \log \left(\frac{g\sqrt{k} - \sqrt{c}}{g\sqrt{k} - \sqrt{v}}\right)$$

woraus v mit Hülfe von Logarithmen zu bestimmen ist.

(Figur 46.) Nun sei für die ansteigende Bewegung die, der Anfangsgeschwindigkeit in B zukommende, Höhe $= c$, $BP = x$ und die, der Geschwindigkeit in P zukommende, Höhe $= v$. Weil bei der ansteigenden Bewegung so wohl die absolute Kraft, als auch die Kraft des Widerstandes verzögernd wirken, so haben wir

$$dv = -g\,dx - \frac{dx\sqrt{v}}{\sqrt{k}}.$$

Diese Gleichung wird direct aus der obigen abgeleitet, indem man $-g$ statt g setzt und man kann daher die erforderliche Integralgleichung auf dieselbe Weise aus der obigen 1, ableiten. Wir erhalten demnach

$$2,\ x = 2\sqrt{kc} - 2\sqrt{kv} - 2gk \log\left(\frac{g\sqrt{k}+\sqrt{c}}{g\sqrt{k}+\sqrt{v}}\right).$$

Zusatz 1.

§. 470. (Figur 45.) War die Anfangsgeschwindigkeit bei der niedersteigenden Bewegung $= o$, so wird

$$x = -2\sqrt{kv} + 2gk\log\left(\frac{g\sqrt{k}}{g\sqrt{k}-\sqrt{v}}\right).$$

Aus dieser Gleichung findet man die Geschwindigkeit des Körpers, nachdem er aus einer beliebigen Höhe herabgestiegen ist.

Zusatz 2.

§. 471. Da $\log\left(\frac{g\sqrt{k}}{g\sqrt{k}-\sqrt{v}}\right) = -\log\left(1 - \frac{\sqrt{v}}{g\sqrt{k}}\right)$

$$= \frac{\sqrt{v}}{g\sqrt{k}} + \frac{v}{2g^2k} + \frac{v\sqrt{v}}{3g^3k\sqrt{k}} + \frac{v^2}{4g^4k^2} + \text{etc., so wird}$$

$$x = \frac{v}{g} + \frac{2v\sqrt{v}}{3g^2\sqrt{k}} + \frac{v^2}{2g^3k} + \frac{2v^2\sqrt{v}}{5g^4k\sqrt{k}} + \text{etc.}$$

Ist nun k eine sehr grosse Zahl, so wird sehr nahe

$$v = gx - \frac{2x\sqrt{gx}}{3\sqrt{k}}.$$

Zusatz 3.

§. 472. (Figur 46.) Wird $v = g^2k$, so erhält man $x = \infty$; ein aus unendlicher Höhe herabgestiegener Körper kann also keine Geschwindigkeit erlangen, welche grösser als $g\sqrt{k}$ wäre. Wird einmal $v = g^2.k$, also constant, so geht der Körper mit gleichförmiger Geschwindigkeit weiter. Ist aber $v > g^2k$, so wird seine Bewegung verzögert.

Zusatz 4.

§. 473. Wird der Körper von B mit der Geschwindigkeit $\sqrt{c}$ aufwärts geworfen, so findet man die Höhe BA, indem man in 2, $v = 0$ setzt. Es wird also

$$BA = x = 2\sqrt{kc} - 2\,gk\log\left(\frac{g\sqrt{k}+\sqrt{c}}{g\sqrt{k}}\right) = 2\sqrt{kc}$$

$$-2gk\log\left(1 + \frac{\sqrt{c}}{g\sqrt{k}}\right) = \frac{c}{g} - \frac{2c\sqrt{c}}{g^2\sqrt{k}} + \frac{c^2}{2g^3k}\ \text{etc.}$$

Die Höhe aber, aus welcher der Körper hätte herabsteigen müssen, um eben diese Geschwindigkeit zu erlangen, erhält man, indem man in 1, $c = 0$ und $v = c$ setzt; also

$$x = -2\sqrt{kc} + 2gk\log\left(\frac{g\sqrt{k}}{g\sqrt{k} - \sqrt{c}}\right) = -2\sqrt{kc} - 2gk$$

$$\log\left(1 - \frac{\sqrt{c}}{g\sqrt{k}}\right) = \frac{c}{g} + \frac{2\,c\sqrt{c}}{3g^2\sqrt{k}} + \frac{c^2}{2g^3k} \text{ etc.}$$

Zusatz 5.

§. 474. Wird der Körper mit der Geschwindigkeit $g\sqrt{k}$, d. h. der grössten, welche er beim Niedersteigen erlangen kann, aufwärts geworfen; so wird die Höhe, zu welcher er gelangt, indem man in 2, $c = g\sqrt{k}$ und $v = 0$ setzt:

$$x = 2\,gk - 2\,gk \log\left(\frac{2g\sqrt{k}}{g\sqrt{k}}\right) = 2gk\,(1 - \log 2).$$

Satz 60.
Aufgabe.

§. 475. Ein gleichförmiges Mittel widersteht im einfachen Verhältniss der Geschwindigkeit und es treibt eine absolute gleichförmige Kraft den Körper an; man soll die Zeit bestimmen, in welcher der letztere auf- oder niedersteigend einen bestimmten Weg zurücklegt.

Auflösung.

(Figur 45.) Haben c, v, k, g und x die vorhergehende Bedeutung, so ist für die niedersteigende Bewegung

$$dx = \frac{dv\sqrt{k}}{g\sqrt{k} - \sqrt{v}} = \frac{2u\,du\sqrt{k}}{g\sqrt{k} - u},$$

wo $v = u^2$ gesetzt ist. Demnach, wenn t die dem Wege AP entsprechende Zeit bezeichnet,

$$dt = \frac{dx}{\sqrt{v}} = \frac{dx}{u} = \frac{2\,du\sqrt{k}}{g\sqrt{k} - u}$$

und vollständig

$$1,\ t = 2\sqrt{k}\log\left(\frac{g\sqrt{k} - \sqrt{c}}{g\sqrt{k} - \sqrt{v}}\right).$$

(Figur 46.) Um die der Zeit der aufsteigenden Bewegung durch den Weg $BP = x$ entsprechende, Formel zu finden, setzen wir wie in der vorigen Aufgabe $-g$ statt g und erhalten:

$$2,\ t = 2\sqrt{k}\log\left(\frac{g\sqrt{k}+\sqrt{c}}{g\sqrt{k}+\sqrt{v}}\right).$$

Nach der vorhergehenden Aufgabe wird v durch x bestimmt, also kann man auch hier die Zeit kennen lernen, in welcher ein beliebiger Weg durchlaufen wird.

Zusatz 1.

§. 476. Ist die Anfangsgeschwindigkeit der niedersteigenden Bewegung $= 0$, so erhält man die Zeit, in welcher der Körper durch AP herabsteigt $= 2\sqrt{k}\log\left(\frac{g\sqrt{k}}{g\sqrt{k}-\sqrt{v}}\right)$. Hier wird v durch die Gleichung

$$x = -2\sqrt{kv} + 2gk\log\left(\frac{g\sqrt{k}}{g\sqrt{k}-\sqrt{v}}\right)$$

bestimmt.

Zusatz 2.

§. 477. Die ganze Höhe BA, welche der Körper bei der ansteigenden Bewegung erreichen kann, wird zurückgelegt in der Zeit

$$t = 2\sqrt{k}\log\left(\frac{g\sqrt{k}+\sqrt{c}}{g\sqrt{k}}\right).$$

Zusatz 3.

§. 478. Ist daher die Anfangsgeschwindigkeit $\sqrt{c} = \infty$, so wird auch die Zeit, in welcher er die ganze Höhe BA erreicht, $= 2\sqrt{k}\log\infty = \infty$.

Anmerkung 1.

§. 479. Hierin ist also der hier vorausgesetzte Widerstand durchaus von dem frühern, welcher als dem Quadrat der Geschwindigkeit proportional vorausgesetzt wurde, verschieden. In jenem Falle kam nämlich ein, mit unendlich grosser Geschwindigkeit emporgeworfener, Körper in endlicher Zeit zum höchsten Punkte (§. 444.). Hier ist zu bemerken, dass die Zeit $2k\log\infty$ eine unendliche Grösse der untersten Ordnung ist. Man wird daher, wie es scheint, schliessen können, dass die Zeit der ganzen aufsteigenden Bewegung immer endlich sein werde, wenn der Widerstand in einem grössern Verhältniss, als dem einfachen der Geschwindigkeit steht. Steht hingegen der Widerstand im einfachen, oder kleinern Verhältniss der Geschwindigkeit, so wird die Zeit des ganzen Aufsteigens $=\infty$ sein, wenn es nämlich die Anfangsgeschwindigkeit ist.

Anmerkung 2.

§. 480. Diese beiden Hypothesen des Widerstandes, welche Newton und seine Nachfolger vorzüglich behandelt haben, haben wir ausführlich betrachtet. Die letztere ist rein mathematisch und kann nie in der Physik Anwendung finden. Früher hat man sie eifrig untersucht, weil man glaubte, der von zähen Flüssigkeiten herrührende Widerstand sei der Geschwindigkeit proportional. Nachdem man diesen Widerstand als sehr hiervon abweichend erkannt hatte, behielt man nichts desto weniger diese Behandlung bei. Die erste Voraussetzung, dass der Widerstand dem Quadrat der Geschwindigkeit proportional sei, verdient am meisten untersucht zu werden, indem es gewiss ist, dass der vorzüglichste Widerstand der Flüssigkeiten dieses Gesetz beobachte. Ausserdem hat diese Hypothese in der Rechnung den grossen Vorzug vor den übrigen, dass sie hier allein sich nicht widersetzt, während diess bei den andern Hypothesen nicht geleistet werden kann. Fast alle Aufgaben, welche eine Auflösung für den leeren Raum nicht zurückweisen, können auch unter dieser Voraussetzung gelöst werden. Desshalb werden wir im Folgenden vorzugsweise diesen Widerstand untersuchen, die übrigen aber vernachlässigen, wenn man nicht die Aufgabe durch eine elegante Rechnung lösen kann.

Satz 61.

Aufgabe.

§. 481. Es widerstehe ein gleichförmiges Mittel in einem beliebig vielfachen Verhältniss der Geschwindigkeit und es sei auch die antreibende Kraft eine gleichförmige; man soll die Bewegung eines geradlinig auf- oder niedersteigenden Körpers bestimmen.

Auflösung.

(Figur 45.) Wir betrachten zuerst die niedersteigende Bewegung und setzen c, v, g und k in der frühern Bedeutung voraus. Es sei $AP = x$, das Gesetz des Widerstandes $= v^m$ und daher die Kraft des Widerstandes $= \frac{v^m}{k^m}$. Wir haben demnach

$$dv = g dx - \frac{v^m dx}{k^m}, \quad dx = \frac{k^m dv}{gk^m - v^m} \quad \text{und} \quad x = \int \frac{k^m dv}{gk^m - v^m},$$

aus welcher letztern Gleichung v durch x, mittelst der Quadraturen, bestimmt werden kann.

Setzt man die Zeit, in welcher der Weg AP zurückgelegt wird, $= t$, so ist

$$dt = \frac{dx}{\sqrt{v}} = \frac{k^m dv}{gk^m \sqrt{v} - v^m \sqrt{v}} \text{ und } t = \int \frac{k^m dv}{gk^m \sqrt{v} - v^m \sqrt{v}}.$$

(Figur 46.) Für die aufsteigende Bewegung sei $BP = x$ und alles Uebrige unverändert, so erhalten wir

$$dv = -gdx - \frac{v^m dx}{k^m}.$$

Setzt man daher oben $-g$ statt g und lässt das Uebrige unverändert, so haben wir für die aufsteigende Bewegung

$$x = -\int \frac{k^m dv}{gk^m + v^m} \text{ und } t = -\int \frac{k^m dv}{gk^m \sqrt{v} + v^m \sqrt{v}}.$$

Zusatz 1.

§. 482. Ist $c^m = gk^m$, so wird der Körper mit der Geschwindigkeit $\sqrt{c}$ gleichförmig niedersteigen, indem beständig die absolute Kraft, welche den Körper beschleunigt, der verzögernden Kraft des Widerstandes gleich ist.

Zusatz 2.

§. 483. Ein von der Ruhe an niedersteigender Körper wird aber beständig beschleunigt, kann jedoch nie eine, der Höhe $g^{\frac{1}{m}} . k$ zukommende, Geschwindigkeit erlangen. Diese Geschwindigkeit ist gleichsam eine Asymptote, welche der Körper zu erreichen strebt, mag er sich nun schneller oder langsamer bewegen.

Anmerkung.

§. 484. Es scheint nicht zweckmässig, länger bei diesen Gleichungen zu verweilen, da sie sich nicht integriren lassen und v weder durch t noch durch x bestimmt werden kann. Wir gehen zu andern Untersuchungen über und betrachten das widerstehende Mittel als veränderlich, wobei die absolute Kraft gleichförmig bleibt. Wir nehmen aber eine solche Hypothese an, dass die zur Bestimmung von dv dienende Gleichung homogen wird und daher den vorigen Schwierigkeiten nicht unterworfen ist. Hierauf werden wir die absolute Kraft nicht mehr gleichförmig, sondern veränderlich annehmen und an ihre Stelle eine Centripetalkraft setzen, welche den Körper beständig nach einem bestimmten festen Punkte hinzieht. Hiermit werde ich zuerst nur denjenigen Widerstand verbinden, welcher dem Quadrat der Geschwindigkeit proportional ist. Hierauf werden wir mit andern Hypothesen des Widerstandes nur solche Centripetalkräfte verbinden, welche eine Integration der Differentialgleichungen zulassen.

Satz 62.

Aufgabe.

§. 485. (Figur 47.) Es findet eine gleichförmige absolute Kraft statt und es ist der Exponent des Widerstandes den Abständen vom Punkte C proportional, ferner ist das Gesetz des Widerstandes ein beliebig vielfaches Verhältniss der Geschwindigkeit; man sucht die Geschwindigkeit des, auf der geraden Linie AC gegen C hingehenden oder von ihm sich entfernenden, Körpers in jedem Punkte.

Auflösung.

Die nach C gerichtete gleichförmige Kraft sei $= g$ und die, der Geschwindigkeit im beliebigen Punkte P zukommende Höhe $= v$. Man setze AC, nämlich die grösste Höhe, welche der Körper erreicht, $= a$ und $CP = x$; alsdann ist der Exponent des Widerstandes proportional x und er sei daher $= \lambda^{\frac{1}{m}}.x$, und das Gesetz des Widerstandes $= v^m$. Unter diesen Voraussetzungen ist die Kraft des Widerstandes $= \frac{v^m}{\lambda . x^m}$ und für die aufsteigende Bewegung, wo so wohl die letztere, als auch die absolute Kraft verzögernd wirken,

$$dv = -gdx - \frac{v^m dx}{\lambda . x^m}.$$

Wir wollen hier die niedersteigende Bewegung ebenfalls als eine aufsteigende betrachten und da beim wahren Niedersteigen die absolute Kraft beschleunigend, der Widerstand aber verzögernd wirkt; müssen wir bei dieser substituirten ansteigenden Bewegung, nach entgegengesetzter Weise, die absolute Kraft als verzögernd und den Widerstand als beschleunigend ansehen (§. 411.) Hiernach ergibt sich für die niedersteigende Bewegung die Gleichung

$$dv = -gdx + \frac{v^m dx}{\lambda x^m}.$$

Diese Gleichung wird aus jener abgeleitet, indem man λ negativ macht und wir brauchen daher nur eine von beiden zu integriren. Nehmen wir die Gleichung für die niedersteigende Bewegung, welche $\lambda x^m dv + \lambda g x^m dx = v^m dx$ wird und setzen

$v = xz$, also $dv = xdz + zdx$; so erhalten wir nach Substitution dieser Werthe

$$\lambda x^{m+1} dz + \lambda x^m z dx + \lambda g x^m dx = x^m z^m dx \text{ oder}$$

$$\frac{\lambda dz}{z^m - \lambda z - \lambda g} = \frac{dx}{x},$$

in welcher Gleichung die Veränderlichen von einander getrennt sind. Dieselbe wird so integrirt, dass für $x = a$, $v = 0$ werde, worauf aus der Integralgleichung die Geschwindigkeit des niedersteigenden Körpers in jedem Punkte bekannt wird. Dieselbe Gleichung wird, indem man λ negativ annimmt, zur Bestimmung der Geschwindigkeiten bei der aufsteigenden Bewegung längs *CA* dienen können.

Zusatz 1.

§. 486. Wäre $m = 1$, d. h. der Widerstand dem Quadrat der Geschwindigkeit proportional, so hätten wir

$$\frac{\lambda dz}{(1-\lambda) z - \lambda g} = \frac{dx}{x},$$

also $\frac{\lambda}{1-\lambda} \log\{(1-\lambda) z - \lambda g\} = \log x + C$ oder $\log x + C = \frac{\lambda}{1-\lambda}$

$$\log\{(1-\lambda)\frac{v}{x} - \lambda g\} = \frac{\lambda}{1-\lambda} \log\left(\frac{(1-\lambda) v - \lambda g x}{x}\right).$$

Da nun für $x = a$, $v = 0$ wird, so haben wir

$$\log a + C = \frac{\lambda}{1-\lambda} \log(-\lambda g), \text{ also } \log x = \log a + \frac{\lambda}{1-\lambda}$$

$$\log\left(\frac{\lambda g x - (1-\lambda) v}{\lambda g x}\right)$$

$$\text{und } v = \frac{\lambda g x}{\lambda - 1} \cdot \frac{a^{\frac{\lambda-1}{\lambda}} - x^{\frac{\lambda-1}{\lambda}}}{x^{\frac{\lambda-1}{\lambda}}} = \frac{\lambda g}{\lambda - 1} \{a^{\frac{\lambda-1}{\lambda}} \cdot x^{\frac{1}{\lambda}} - x\}.$$

Zusatz 2.

§. 487. Ist $\lambda < 1$, so muss diese Gleichung auf eine andere Form gebracht werden; es wird alsdann

$$v = \frac{\lambda g}{1-\lambda} \cdot \frac{a^{\frac{1-\lambda}{\lambda}} \cdot x - x^{\frac{1}{\lambda}}}{a^{\frac{1-\lambda}{\lambda}}}.$$

Zusatz 3.

§. 488. Der Fall, in welchem $\lambda = 1$, oder der Exponent des Widerstandes dem Abstande des Körpers vom Punkte *C* gleich ist, ist in diesen Formeln nicht enthalten, sondern muss aus der Differentialgleichung

$$-\frac{dz}{g} = \frac{dx}{x}$$

abgeleitet werden. Es ergibt sich

$$C - \frac{z}{g} = \log x \text{ und } v = gx(\log a - \log x).$$

Zusatz 4.

§. 489. Man ersieht hieraus, dass für $m=1$ die Geschwindigkeit des niedersteigenden Körpers so wohl in A, wo $x=a$, als auch in C, wo $x=0$ ist, selbst $=0$ wird. Der von A bis C niedersteigende Körper verliert also seine ganze Bewegung und wird am letztern Orte beständig in Ruhe verharren, weil daselbst der Widerstand $=\infty$ ist.

Zusatz 5.

§. 490. Während der Körper die gerade Linie AC durchläuft, muss er also irgendwo zwischen A und C eine grösste Geschwindigkeit haben, welche man findet, indem man $dv=0$ setzt. Es wird alsdann

$$v = \lambda gx,$$

und wenn man diesen Werth in die Integralgleichungen setzt, so erhält man:

$$\text{für } \lambda > 1 \text{ , } \lambda gx = \frac{\lambda gx}{\lambda - 1} \cdot \frac{a^{\frac{\lambda-1}{\lambda}} - x^{\frac{\lambda-1}{\lambda}}}{x^{\frac{\lambda-1}{\lambda}}}, \ (\lambda - 1)x^{\frac{\lambda-1}{\lambda}} = a^{\frac{\lambda-1}{\lambda}}$$

$$- x^{\frac{\lambda-1}{\lambda}} \text{ und } x = \frac{a}{\lambda^{\frac{\lambda}{\lambda-1}}}.$$

$$\text{Für } \lambda < 1 \text{ , } (1-\lambda)\, x . a^{\frac{1-\lambda}{\lambda}} = a^{\frac{1-\lambda}{\lambda}} . x - x^{\frac{1}{\lambda}} \text{ und } x = \lambda^{\frac{\lambda}{1-\lambda}} . a;$$

$$\text{endlich für } \lambda = 1,\ 1 = \log a - \log x \text{ oder } x = \frac{a}{e},$$

wo e die Basis der hyperbolischen Logarithmen ist.

Anmerkung 1.

§. 491. Man kann hieraus schliessen, dass auch bei den übrigen Hypothesen des Widerstandes die Geschwindigkeit des Körpers verschwinden werde, wenn dieser nach C gelangt. Die Kraft des Widerstandes ist nämlich

$$= \frac{v^m}{\lambda . x^m},$$

also $= \infty$, wenn $x = 0$. Hat daher der Körper in C irgend eine Geschwindigkeit, so muss diese durch die unendlich grosse Kraft des Widerstandes sogleich vernichtet werden. Die grösste Geschwindigkeit bei der niedersteigenden Bewegung wird er aber haben, wenn $dv = 0$, also $v^m = \lambda g x^m$ oder $v = x \sqrt[m]{\lambda g}$ ist. Die grösste Geschwindigkeit kommt also der Höhe

$$x \sqrt[m]{\lambda g}$$

zu. Da man aber x oder den Ort, in welchem der Körper am geschwindesten niedersteigt, nicht kennt; so kann man auch diese grösste Geschwindigkeit selbst nur durch die Quadratur der Curven, mittelst deren die Differentialgleichung construirt wird, bestimmen.

Zusatz 6.

§. 492. Für die aufsteigende Bewegung von C nach A werden die Geschwindigkeiten des Körpers, für $m=1$, in den einzelnen Orten P bestimmt, mittelst der Gleichung

$$v = \frac{\lambda g x}{\lambda + 1} \cdot \frac{a^{\frac{\lambda+1}{\lambda}} - x^{\frac{\lambda+1}{\lambda}}}{x^{\frac{\lambda+1}{\lambda}}},$$

welche man aus der für die niedersteigende Bewegung erhält, indem man, wie erfoderlich ist, λ negativ setzt.

Zusatz 7.

§. 493. Bei der aufsteigenden Bewegung ist also die Geschwindigkeit des Körpers in $C = \infty$, indem $\frac{\lambda+1}{\lambda} > 1$ und so für $x = 0$, $v = \infty$ wird.

Anmerkung 2.

§. 494. Auch aus der blossen Betrachtung erhellt, dass die Geschwindigkeit in $C = \infty$ sein muss. Wäre sie nicht so gross, so würde der Körper die in C unendlich grosse Kraft des Widerstandes nicht überwinden können und daher beständig an diesem Orte bleiben müssen.

Satz 63.

Lehrsatz.

§. 495. Unter denselben Voraussetzungen, wie in der vorhergehenden Aufgabe, werden, wenn mehrere Körper sich aus verschiedenen Entfernungen dem Punkte C nähern, die Zeiten, in denen sie dahin gelangen, im halben Verhältniss der Entfernungen stehen.

Beweis.

In der Auflösung der vorhergehenden Aufgabe hatten wir, zur Bestimmung der Geschwindigkeit in P, die Gleichung $\lambda x^m dv + \lambda g x^m dx = v^m dx$ (§. 485.), worin x und v zusammen überall dieselbe Zahl der Dimensionen bilden. Ihr Integral, so genommen, dass für $x=a$, $v=0$ werde, wird die Eigenschaft haben, dass x, v und a zusammen überall dieselbe Zahl der Dimensionen bilden. Hieraus folgt also, dass v eine Function von a und x von nur Einer Dimension sein wird. Demnach wird in $dt = \frac{dx}{\sqrt{v}}$ der Ausdruck auf der rechten Seite eine Function von x, dx und a von der Dimension $\frac{1}{2}$ und folglich auch die, dem Wege CP entsprechende, Zeit eine Function von a und x von der Dimension $\frac{1}{2}$. Setzt man endlich in derselben $x=a$, in welchem Falle man die ganze Zeit des Niedersteigens durch AC findet, so erhält man eine Function von a von der Dimension $\frac{1}{2}$. Die dem Wege AC entsprechende Zeit wird also ausgedrückt durch

$$C.\sqrt{a},$$

wo C von λ, m und g, nicht aber von a abhängig ist. Da nun $a=AC$, so stehen offenbar die Zeiten des Niedersteigens verschiedener Körper unter sich im halben Verhältniss der durchlaufenen Höhen.

Zusatz 1.

§. 496. Auf ähnliche Weise ersieht man, dass die Zeiten, in denen mehrere Körper von C aufsteigen, im halben Verhältniss der Höhen, zu denen sie gelangen, unter sich stehen.

Zusatz 2.

§. 497. Der Widerstand des Mittels mag in einem beliebig vielfachen Versältniss der Geschwindigkeit stehen, wenn nur die absolute Kraft constant und der Exponent des Widerstandes den Abständen von C proportional ist; so werden die Zeiten des Auf- und Niedersteigens im halben Verhältniss der Höhen stehen.

Anmerkung 1.

§. 498. Man darf aber nicht das Aufsteigen mit dem Niedersteigen oder mehrere auf- und niedersteigende Bewegungen unter einander vergleichen, in denen die Buchstaben λ, m und g nicht dieselben Werthe haben. In dem Ausdruck $C.\sqrt{a}$ muss nämlich die Grösse C in allen mit einander verglichenen Fällen, dieselbe sein.

Anmerkung 2.

§. 499. In diesem Satze haben wir uns derselben Methode, die verschiedenen Zeiten des Niedersteigens zu einem festen Punkte mit einander zu vergleichen, bedient, welche wir oben (§. 308. und 354.) angewandt haben. In diesem Falle sieht man aber den Vorzug dieser Methode um so deutlicher ein, als man die Geschwindigkeit keinesweges durch x bestimmen konnte. Es genügte uns zu wissen, welcher Art von Function von a und x die Höhe v gleich sein musste. Wir werden künftig noch mehr vorzügliche Anwendungen dieser Methode erhalten.

Satz 64.

Aufgabe.

§. 500. (Fig. 47.) Die Centripetalkraft ist irgend einer Potenz des Abstandes vom Mittelpunkte C proportional und ein gleichförmiges Mittel widersteht im doppelten Verhältniss der Geschwindigkeit; man soll die Geschwindigkeit eines, längs der geraden Linie AC sich auf- oder abwärts bewegenden, Körpers in den einzelnen Orten P bestimmen.

Auflösung.

Es befinde sich der Körper in P und die seiner Geschwindigkeit zukommende Höhe sei $= v$. Ferner sei $CP = x$, die Centripetalknaft proportional x^n, der Abstand, in welchem die letztere der Schwere gleich ist, $= f$ und der Exponent des Widerstandes $= k$. Hiernach ist die absolute Kraft, welche den Körper in P antreibt, $= \frac{x^n}{f^n}$ und die Kraft des Widerstandes an demselben Orte $= \frac{v}{k}$, die Kraft der Schwere $= 1$ gesetzt. Es steige nun der Körper gegen C hinab, alsdann wird, während er das Element pP durchläuft, die Centripetalkraft seine Bewegung beschleunigen und die Kraft des Widerstandes sie verzögern. Da wir hier aber umgekehrt den Körper als von P nach p gelangend und x als wachsend annehmen, so müssen wir die Wirkungen dieser Kräfte als entgegengesetzt oder was auf dasselbe hinauskommt, dx als negativ annehmen, weil durch die niedersteigende Bewegung x vermindert wird. Wir erhalten daher

$$dv = -\frac{x^n}{f^n}\, dx + \frac{vdx}{k}.$$

Bei der wahren aufsteigenden Bewegung des Körpers durch Pp wirken beide Kräfte verzögernd und wir erhalten daher

$$dv = -\frac{x^n}{f^n}\, dx - \frac{vdx}{k}.$$

Man ersieht hieraus, dass die eine Gleichung in die andere übergeht, indem man $-k$ statt k setzt, wesshalb wir nur eine von beiden zu integriren nöthig haben. Für die ansteigende Bewegung erhalten wir also

$$dv + \frac{vdx}{k} = -\frac{x^n\,dx}{f^n};$$

multipliciren wir diese Gleichung auf beiden Seiten mit $e^{\frac{x}{k}}$ und integriren, so erhalten wir

$$e^{\frac{x}{k}}.v = -\int\frac{e^{\frac{x}{k}}.x^n\,dx}{f^n} \text{ und } v = -e^{-\frac{x}{k}}\int\frac{e^{\frac{x}{k}}\,x^n\,dx}{f^n}.$$

Für die niedersteigende Bewegung erhalten wir hingegen

$$v = -e^{\frac{x}{k}}\int\frac{e^{-\frac{x}{k}}\,x^n\,dx}{f^n}.$$

Bei beiden Integrationen muss eine Constante hinzugefügt werden, welche dadurch zu bestimmen ist, dass man die Geschwindigkeit des sich bewegenden Körpers an irgend einem Orte kennt, sonst würde die Bewegung keine bestimmte sein.

Zusatz 1.

§. 501. Man sieht ein, dass, wenn n eine positive ganze Zahl ist, diese Formeln integrabel werden. Es ist nämlich

$$\int e^{\frac{x}{k}}\,x^n\,dx = ke^{\frac{x}{k}}\,x^n - nk^2\,e^{\frac{x}{k}}\,x^{n-1} + n\,(n-1)\,k^3\,e^{\frac{x}{k}}\,x^{n-2} + \text{etc.} \ldots + \text{Const.}$$

Diese Reihe wird nicht unendlich, so oft n eine positive ganze Zahl ist.

Zusatz 2.

§. 502. Ist die Geschwindigkeit im Punkt C gegeben und zwar die ihr zukommende Höhe $= c$, so hat man für die aufsteigende Bewegung

$$v = e^{-\frac{x}{k}}.c - \frac{kx^n}{f^n} + \frac{nk^2\,x^{n-1}}{f^n} - \frac{n\,(n-1)\,k^3\,x^{n-2}}{f^n} + \text{etc.} \ldots$$
$$\pm \frac{n\,(n-1)\,(n-2)\ldots.2.1.\,k^{n+1}}{f^n}\,e^{-\frac{x}{k}}.$$

In dem letzten Gliede hat man das obere Zeichen für $n+1$ ungerade, das untere für $n+1$ gerade zu nehmen. Für die niedersteigende Bewegung wird

$$v = e^{\frac{x}{k}}.c + \frac{kx^n}{f^n} + \frac{nk^2\,x^{n-1}}{f^n} + \frac{n\,(n-1)\,k^3\,x^{n-2}}{f^n} + \text{etc.} \ldots$$
$$- \frac{n\,(n-1)\,(n-2)\ldots.2.1.\,k^{n+1}}{f^n}\,e^{\frac{x}{k}}.$$

Zusatz 3.

§. 503. Man setze das Integral

$$\int \frac{e^{\frac{x}{k}} x^n\, dx}{f^n} = X,$$

so dass für $x = 0$, auch $X = 0$ werde. Alsdann wird

$$v = e^{-\frac{x}{k}}(c - X).$$

Diese Gleichung gilt zwar für die aufsteigende Bewegung, sie geht aber in die der niedersteigenden Bewegung entsprechende über, indem man $-k$ statt k setzt.

Zusatz 4.

§. 504. Kennt man X, so ergibt sich die Höhe CA, zu welcher der Körper aufsteigen kann, oder von welcher herabgestiegen er die Geschwindigkeit $\sqrt{c}$ erlangt. Da nämlich für $x = a = CA$, $v = 0$ wird, so hat man aus $X = c$ den angemessenen Werth von x zu bestimmen, welcher $= CA$ sein wird.

Zusatz 5.

§. 505. Aus der Differentialgleichung für die niedersteigende Bewegung

$$dv = -\frac{x^n dx}{f^n} + \frac{v dx}{k}$$

folgt, dass der Körper irgendwo eine grösste Geschwindigkeit haben wird, ehe er nach C gelangt und zwar wird diess für $dv = 0$ stattfinden, wo $v = \frac{kx^n}{f^n}$ wird; vorausgesetzt, dass n nicht negativ sei.

Zusatz 6.

§. 506. Ist die Höhe $CA = a$ gegeben und sucht man c, so bedarf man der Grösse, in welche X für $x = a$ übergeht. Es sei dieselbe $= A$, so wird für die aufsteigende Bewegung $v = e^{-\frac{x}{k}}(A - X)$ und für die niedersteigende $v = e^{\frac{x}{k}}(A - X)$. Es muss nämlich für $x = a$, also $X = A$, $v = 0$ werden und setzt man ferner $x = 0$, wo auch $X = 0$ wird (§. 503.); so erhält man

$$v = A = c.$$

Zusatz 7.

§. 507. Hieraus erhellt auch, wie man die Zeit findet, in welcher der Weg CP durchlaufen wird. Es wird nämlich für die aufsteigende Bewegung die CP entsprechende Zeit

$$t = \int \frac{dx}{\sqrt{v}} = \int \frac{e^{\frac{x}{2k}}\, dx}{\sqrt{A-X}},$$

und für die niedersteigende Bewegung

$$t = \int \frac{dx}{e^{\frac{x}{2k}} \sqrt{A-X}}.$$

Beispiel.

§. 508. Es sei die Centripetalkraft dem Abstande vom Mittelpunkte C proportional, also $n = 1$. Es wird daher für die aufsteigende Bewegung

$$v = e^{-\frac{x}{k}} . c - \frac{kx}{f} + \frac{k^2}{f} - \frac{k^2 . e^{-\frac{x}{k}}}{f}$$

und für die niedersteigende

$$v = e^{\frac{x}{k}} . c + \frac{kx}{f} + \frac{k^2}{f} - \frac{k^2 . e^{\frac{x}{k}}}{f} \quad (\S.\ 502.)$$

Bei der letztern findet die grösste Geschwindigkeit statt, wenn $v = \frac{kx}{f}$ ist (§. 505.) und verbindet man diese Gleichung mit der vorhergehenden, so wird

$$0 = e^{\frac{x}{k}} . c + \frac{k^2}{f} - \frac{k^2 . e^{\frac{x}{k}}}{f}, \text{ oder } e^{\frac{x}{k}} = \frac{k^2}{k^2 - cf} \text{ und } x = k \log\left(\frac{k^2}{k^2 - cf}\right).$$

Die letztere Grösse wird $= \infty$, wenn $k^2 = cf$, sie wird imaginär, wenn $k^2 < cf$ ist. Es sei ferner in A, d. h. für $x = a = CA$, die Geschwindigkeil $= 0$, so erhält man für die, der Anfangsgeschwindigkeit in C zukommende, Höhe die Gleichung

$$0 = e^{\frac{a}{k}} . c - \frac{ka}{f} + \frac{k^2}{f} - \frac{k^2 . e^{-\frac{a}{k}}}{f},$$ indem hier für $x = a$, $v = 0$ wird; also

$$c = \frac{e^{\frac{a}{k}} ka}{f} - \frac{e^{\frac{a}{k}} . k^2}{f} + \frac{k^2}{f}.$$

Für die niedersteigende Bewegung erhält man hieraus, indem man k negativ setzt, die der Endgeschwindigkeit in C zukommende Höhe, oder

$$c = -\frac{e^{-\frac{a}{k}}ka}{f} - \frac{e^{-\frac{a}{k}}.k^2}{f} + \frac{k^2}{f}.$$

Hieraus folgt, für $a = \infty$, $c = \frac{k^2}{f}$.

Satz 65.

Aufgabe.

§. 509. (Figur 47.). Man hat eine beliebige, nach C gerichtete Centripetalkraft und ein, den Quadraten der Geschwindigkeiten proportional widerstehendes, Mittel; man soll die Bewegung des geradlinig sich C nähernden oder von ihm entfernenden Körpers bestimmen.

Auflösung.

Es befinde sich der Körper in P, und man setze $CP = x$ und die Geschwindigkeit in $P = \sqrt{v}$. Ferner sei die Centripetalkraft in demselben Punkte $= p$, die Schwere $= 1$ gesetzt, der Exponent des Widerstandes $= q$; hier bezeichnen p und q gewisse Functionen von x. Die Kraft des Widerstandes ist daher $= \frac{v}{q}$ und wir haben für die aufsteigende Bewegung die Gleichung

$$dv = -pdx - \frac{vdx}{q},$$

für die niedersteigende aber

$$dv = -pdx + \frac{vdx}{q}.$$

Die eine geht in die andere über, indem man q negativ setzt, wesshalb wir nur eine von beiden, die der ansteigenden Bewegung zukommende, betrachten wollen. Dieselbe nimmt die Form an

$$dv + \frac{vdx}{q} = -pdx,$$

multipliciren wir dieselbe mit $e^{\int\frac{dx}{q}}$ und integriren sie alsdann, so erhalten wir

$$v.e^{\int\frac{dx}{q}} = -\int e^{\int\frac{dx}{q}}.pdx \text{ und } v = -e^{-\int\frac{dx}{q}}\int e^{\int\frac{dx}{q}}.pdx.$$

Es sei die Geschwindigkeit des Körpers in A, d. h. für $x = AC = a$, $\sqrt{v} = 0$ und man setze

$$\int e^{\int \frac{dx}{q}} . p dx = X,$$

das Integral so genommen, dass für $x = 0$ auch $X = 0$ werde. Ferner gehe für $x = a$, X in A über; alsdann haben wir:

$$v = - e^{-\int \frac{dx}{q}} . X + \text{Const. und } 0 = - e^{-\int \frac{dx}{q}} . A + \text{Const.},$$

$$\text{also } v = e^{-\int \frac{dx}{q}} (A - X).$$

Die Zeit, in welcher der Weg PC zurückgelegt wird, ist also:

$$t = \int \frac{dx}{\sqrt{v}} = \int \frac{e^{\frac{1}{2}\int \frac{dx}{q}} . dx}{\sqrt{A - X}}.$$

Für die niedersteigende Bewegung erhält man ebenso, indem man

$$-\int e^{-\int \frac{dx}{q}} p dx = A - X$$

setzt,

$$v = e^{\int \frac{dx}{q}} (A - X) \text{ und } t = \int \frac{dx}{e^{\frac{1}{2}\int \frac{dx}{q}} \sqrt{A - X}}.$$

Zusatz 1.

§. 510. Die Geschwindigkeit im untersten Punkte C erhält man, indem man $x = 0$ setzt, wo auch $X = 0$ und $\int \frac{dx}{q} = 0$ angenommen wird. Es wird also, sowohl für die auf- als niedersteigende Bewegung

$$v = A.$$

Es muss jedoch bemerkt werden, dass A in beiden Fällen nicht einerlei, sondern verschiedene Werthe hat, indem es für die aufsteigende Bewegung aus $X = \int e^{\int \frac{dx}{q}} p dx$ und für die niedersteigende Bewegung aus $X = \int e^{-\int \frac{dx}{q}} p dx$ hergeleitet wird.

Zusatz 2.

§. 511. Bei der niedersteigenden Bewegung wird der Körper die grösste Geschwindigkeit haben, wenn $dv = 0$, also $v = pq$ ist. Der Ort also, in welchem diese grösste Geschwindigkeit stattfindet, wird durch die Gleichung

$$pq = e^{\int \frac{dx}{q}} (A - X)$$

bestimmt.

Anmerkung.

§. 512. Setzt man die Kraft und das Mittel als gleichförmig voraus, so wird der aus einer unendlich grossen Höhe herabgestiegene Körper zuletzt seine grösste Geschwindigkeit erlangen und wenn er sich anfangs mit derselben fortbewegt, wird er sie beständig beibehalten. Hier aber, wo p und q veränderliche Grössen sind, wird der von der Ruhe an niedersinkende Körper in endlicher Zeit die grösste Geschwindigkeit erlangen können und sie nicht beibehalten müssen, wenn er sie einmal gehabt hat; wenn nicht pq beständig eine constante Grösse, oder die Dichtigkeit des Mittels der Kraft des Widerstandes proportional ist (§. 385.).

Satz 66.

Aufgabe.

§. 513. (Figur 48.) Gegeben ist das Gesetz der nach dem Mittelpunkt C hinziehenden Centripetalkraft und ein, im doppelten Verhältniss der Geschwindigkeit widerstehendes, Mittel; man soll, im Fall die Geschwindigkeiten gegeben sind, welche ein Körper beim Niedersteigen aus gewissen Höhen bis C erlangt, die Dichtigkeit oder den Exponenten des Widerstandes an den einzelnen Orten bestimmen.

Auflösung.

Es mögen x, p und q die Bedeutung der vorigen Aufgabe haben, ferner sei die Curve CMB so beschaffen, dass die beliebige Ordinate AB gleich sei der Höhe, welche der Geschwindigkeit des Körpers zukommt, nachdem dieser vom A bis C herabgestiegen ist; mithin ist die Curve gegeben. Gesucht wird q, der Exponent des Widerstandes. Ist $AC = a$, so wird AB eine bestimmte Function von a sein, welche wir $= L$ setzen wollen. Die Ordinate PM derselben Curve sei $= R$; alsdann wird PM eine gleiche Function von x, als L von a sein. Aus der vorigen Aufgabe geht hervor, dass die Höhe, welche der Geschwindigkeit des vom A bis C niedergestiegenen Körpers in C zukommt $= A$ sei (§. 510.). Wir haben daher

$$L = A \text{ und auch } R = X;$$

X ist nämlich eine solche Function von x, als A von a. R muss daher eine Function von x sein, welche für $x = 0$ verschwindet, und es wird

$R = \int e^{-\int \frac{dx}{q}} . pdx$, also $dR = e^{-\int \frac{dx}{q}} . pdx$ und log

$$\left(\frac{pdx}{dR}\right) = \int \frac{dx}{q}.$$

Differentiirt man noch einmal, indem man dx als constant betrachtet, so wird

$$\frac{\frac{dRdpdx - pdxddR}{dR^2}}{\frac{pdx}{dR}} = \frac{dx}{q}$$

und hieraus $q = \frac{pdRdx}{dp . dR - pddR}$.

Zusatz 1.

§. 514. Wäre CMB eine gerade Linie, so würde $R = \alpha x$, $dR = \alpha dx$, $ddR = 0$ und

$$q = \frac{pdx}{dp}.$$

Wenn ausserdem $p = \beta x^n$, also $dp = n\beta x^{n-1} dx$ ist; so wird

$$q = \frac{x}{n},$$

oder die Dichtigkeit des Mittels den Entfernungen vom Centrum umgekehrt proportional.

Zusatz 2.

§. 515. Wäre $n = 0$ oder die Centripetalkraft überall dieselbe, so würde $q = \infty$, also die Dichtigkeit des Mittels $= 0$, und der Widerstand selbst verschwindend. Diess ist der Fall eines im leeren Raume herabsinkenden und durch eine absolute Kraft angetriebenen Körpers.

Zusatz 3.

§. 516. Wird n negativ, so wird es auch q. Man ersieht hieraus, dass in diesem Falle der Widerstand in eine forttreibende Kraft übergeht.

Anmerkung 1.

§. 517. Man kann hiernach auch leicht dieselbe, der aufsteigenden Bewegung angepasste, Frage beantworten, wenn nämlich die Höhe gegeben ist, welche der von C mit irgend einer Geschwindigkeit emporgeworfene Körper erreicht. Setzt man die Geschwindigkeit, bei welcher der Weg x zurückgelegt wird, $=\sqrt{R}$, so braucht statt q nur $-q$ gesetzt zu werden und man erhält so

$$q=\frac{pdxdR}{pddR-dp\,.\,dR}.$$

Anmerkung 2.

§. 518. Beide Gleichungen zur Bestimmung von q sind so beschaffen, sowohl für die auf- als niedersteigende Bewegung, dass man denselben Werth für q findet, wenn man auch statt p und R beliebig Vielfache annimmt. Man darf jedoch hieraus nicht schliessen, dass, wenn q und p bestimmt sind, R einen beliebigen unbestimmten Werth haben könne; er muss vielmehr nothwendig bestimmt sein. Damit sich aber jener angenommene Werth von R selbst ergebe, nicht aber irgend ein vielfacher desselben, muss die Centripetalkraft p demgemäss kleiner oder grösser gemacht werden. Ist die Grösse der Centripetalkraft aber in den einzelnen Orten gegeben, so wird die Aufgabe mehr als bestimmt, wenn nämlich die, bestimmten Entfernungen entsprechenden, Geschwindigkeiten gegeben sind; aber ihr Verhältniss allein muss gegeben sein. Der Grund dieser Schwierigkeit beruht darauf, dass wir q aus der zweimal differentiirten Gleichung

$$R=\int e^{-\int\frac{dx}{q}}pdx$$

gefunden haben und eine Differentialgleichung sich weiter erstreckt und mehr umfasst, als eine Integralgleichung,

Anmerkung 3.

§. 519. Aus der Auflösung der Aufgabe folgt von selbst, wie man die Centripetalkraft p zu finden habe, wenn die Dichtigkeit des Mittels in den einzelnen Orten oder q und die übrigen Grössen, wie vorher, gegeben sind. Aus der Gleichung $\log\left(\frac{pdx}{dR}\right)=\frac{dx}{q}$ folgt nämlich

$$p=\frac{dR}{dx}e^{\int\frac{dx}{q}},$$

welcher Werth ein bestimmter ist, weil wir $\int\frac{dx}{q}$ so angenommen haben, dass es für $x=0$ verschwinde (§. 510.).

Satz 67.

Aufgabe.

§. 520. (Figur 47.) Gegeben ist ein im doppelten Verhältniss der Geschwindigkeit widerstehendes Mittel und des letztern Dichtigkeit, oder der Exponent des Widerstandes an den einzelnen Orten; man soll die Centripetalkraft bestimmen, welche bewirkt, dass der aus einer beliebigen Höhe zum Centrum herabsinkende Körper stets in derselben Zeit dahin gelange.

Auflösung.

Es steige der Körper aus dem beliebigen Punkte A herab und es sei $AC = a$, ferner haben x, v, q und p die frühere Bedeutung, es soll p gefunden werden. Wir haben also

$$v = e^{\int \frac{dx}{q}} (A - X)$$

und die dem Wege $PC = x$ entsprechende Zeit

$$t = \int \frac{dx}{e^{\int \frac{dx}{2q}} \sqrt{A - X}} \quad (\S.\ 509.),$$

wo $X = \int e^{-\int \frac{dx}{q}} p dx$ so genommen ist, dass für $x = 0$, $X = 0$ und für $x = a$, $X = A$ werde. Die ganze Zeit des Niedersteigens durch AC erhält man also, wenn man in dem Integral

$$\int \frac{dx}{e^{\int \frac{dx}{2q}} \sqrt{A - X}}$$

$x = a$ oder $X = A$ setzt. Der sich ergebende Ausdruck muss aber so beschaffen sein, dass darin weder A noch a vorkomme, was der Fall ist, wenn das Integral eine Function von a und x oder von A und X von der Dimension O ist. Es muss daher auch das Differential von derselben Art sein und setzt man demnach

$$\frac{dx}{e^{\int \frac{dx}{2q}}} = \frac{dX}{P}, \text{ so haben wir } dt = \frac{dX}{P\sqrt{A - X}}.$$

Da A und X in der Dimension $\frac{1}{2}$ vorkommen, so muss, damit das ganze Differential die Dimension 0 habe, P ebenfalls von der Dimension $\frac{1}{2}$ sein. In P darf aber weder a noch A vorkommen, weil es nur vom Orte P, nicht aber vom Orte A abhängig sein kann. Setzen wir daher

$$P = \frac{\sqrt{X}}{b}, \text{ so wird } dt = \frac{bdX}{\sqrt{AX - X^2}},$$

welcher Ausdruck die verlangte Eigenschaft haben wird. Es wird daher

$$\frac{dx}{e^{\int\frac{dx}{2q}}}=\frac{bdX}{\sqrt{X}}$$

und, wenn man integrirt,

$$\int\frac{dx}{e^{\int\frac{dx}{2q}}}=2b\sqrt{X},$$

welches Integral so genommen werden muss, dass es für $x=0$ verschwinde. Weil aber

$$X=\int e^{-\int\frac{dx}{q}}\,pdx,$$

so wird

$$4b^2\int e^{-\int\frac{dx}{q}}\,pdx=\left(\int\frac{dx}{e^{\int\frac{dx}{2q}}}\right)^2$$

und, indem man differentiirt,

$$p=\frac{e^{\int\frac{dx}{2q}}}{2b^2}\int\frac{dx}{e^{\int\frac{dx}{2q}}}.$$

Zusatz 1.

§. 521. Aus $dt=\frac{bdX}{\sqrt{AX-X^2}}$ folgt $t=b\,.\,\text{arc.sin}\left(\frac{-A+2X}{A}\right)$ und so die ganze Zeit des Niedersteigens durch AC oder

$$T=\int_0^a\frac{bdX}{\sqrt{AX-X^2}}=b\{\text{arc.sin}\,1-\text{arc.sin}\,(-1)\}=b\pi,$$

also constant und unabhängig von a.

Zusatz 2.

§. 522. Da $\int\frac{dx}{e^{\int\frac{dx}{2q}}}=2b\sqrt{X}$ und $e^{\int\frac{dx}{2q}}=\frac{dx\sqrt{X}}{bdx}$, so wird

$$p=\frac{Xdx}{b^2dX}\text{ und }X=\frac{1}{4b^2}\left(\int\frac{dx}{e^{\int\frac{dx}{2q}}}\right)^2.$$

Zusatz 3.

§. 523. Es sei das widerstehende Mittel gleichförmig, also $q=k$; so wird

$$e^{\int\frac{dx}{2q}} = e^{\frac{x}{2k}},\ \int\frac{dx}{e^{\int\frac{dx}{2q}}} = \int e^{-\frac{x}{2k}}dx = 2k(1-e^{-\frac{x}{2k}}) \text{ und}$$

$$p = \frac{e^{\frac{x}{2k}}}{2b^2}\,2k\,(1-e^{-\frac{x}{2k}}) = \frac{k}{b^2}\,(e^{\frac{x}{2k}}-1.)$$

Im Punkt C, wo $x=0$ ist, wird also die Centripetalkraft $=0$.

Zusatz 4.

§. 524. Ist q constant und $=k$, so wird $2b\sqrt{X} = 2k$ $(1-e^{-\frac{x}{2k}})$, also $X=\frac{k^2}{b^2}\,(1-e^{-\frac{x}{2k}})^2$. Da aber für $x=a$, X in A übergeht, so wird $A = \frac{k^2}{b^2}(1-e^{-\frac{a}{2k}})^2$ und so

$$v = \frac{k^2}{b^2}e^{\frac{x}{k}}\{[1-e^{-\frac{a}{2k}}]^2 - [1-e^{-\frac{x}{2k}}]^2\}.$$

Zusatz 5.

§. 525. Im tiefsten Orte C wird daher die, der Geschwindigkeit zukommende Höhe

$$= \frac{k^2}{b^2}\,(1-e^{-\frac{a}{2k}})^2 = A.$$

Zusatz 6.

§. 526. Die grösste Geschwindigkeit hat der Körper da, wo $dv = 0$, also $v = pk$ ist. Es wird daher

$$\frac{k^2}{b^2}(e^{\frac{x}{2k}}-1) = \frac{k^2}{b^2}e^{\frac{x}{k}}\,\{(1-e^{-\frac{a}{2k}})^2-(1-e^{-\frac{x}{2k}})^2\}$$

$$\text{oder } e^{-\frac{x}{2k}}(1-e^{-\frac{x}{2k}}) = -2e^{-\frac{a}{2k}} + e^{-\frac{a}{k}} + 2e^{-\frac{x}{2k}} - e^{-\frac{x}{k}}$$

$$e^{-\frac{x}{2k}} = 2e^{-\frac{a}{2k}} - e^{-\frac{a}{k}} \text{ und } e^{\frac{2a-x}{2k}} = 2e^{\frac{a}{2k}} - 1$$

$$x = 2\{a-k\log(e^{\frac{a}{2k}}-1)\}.$$

Anmerkung.

§. 527. Werden q und k negativ angenommen, so findet man das Gesetz der Centripetalkraft, welche bewirkt, dass alle von C aufsteigenden Bewegungen in gleichen Zeiten ausgeführt werden. Indem man die widerstehende Kraft negativ annimmt, wird nämlich stets die niedersteigende Bewegung in eine aufsteigende verwandelt. Damit alle aufsteigenden Bewegungen in gleichen Zeiten erfolgen, muss

$$p = \frac{e^{-\int\frac{dx}{2q}}}{2b^2}\int e^{\int\frac{dx}{2q}}dx,$$

und bei einem gleichförmigen Mittel

$$p = \frac{k}{b^2}(1 - e^{-\frac{x}{2k}})$$

sein.

Satz 68.

Aufgabe.

§. 528. (Figur 49.) Die Centripetalkraft ist den Entfernungen vom Mittelpunkte C proportional und ein gleichförmiges Mittel widersteht im einfachen Verhältniss der Geschwindigkeiten; man soll die Bewegung eines Körpers bestimmen, welcher sich geradlinig C nähert oder von ihm entfernt.

Auflösung.

Es haben f und k die frühere Bedeutung und es nähere sich nun der Körper auf der geraden Linie AC dem Centrum C, die der Geschwindigkeit im letzten Punkte zukommende Höhe sei $= c$. Mit dieser Geschwindigkeit bewege er sich über C hinaus längs CB. Wir wollen zuerst die annähernde Bewegung betrachten, $CP = x$ und die, der Geschwindigkeit in P zukommende Höhe $= v$ setzen. Unter diesen Voraussetzungen ist die Centripetalkraft in $P = \frac{x}{f}$ und die Kraft des Widerstandes $= \frac{\sqrt{v}}{\sqrt{k}}$, woraus wir die Gleichung

$$dv = -\frac{xdx}{f} + \frac{dx\sqrt{v}}{\sqrt{k}}$$

erhalten. Damit dieselbe homogen werde, setzen wir $\sqrt{v} = u$ und $\sqrt{k} = h$, also $dv = 2udu$ und so

$$2udu = -\frac{xdx}{f} + \frac{udx}{h}.$$

Setzen wir ferner $u = rx$, also $du = rdx + xdr$, so wird $2r^2xdx + 2rx^2dr = -\frac{xdx}{f} + \frac{rxdx}{h}$ und

$$\frac{dx}{x} = \frac{2hfrdr}{fr - h + 2hfr^2}.$$

Integrirt man diese Gleichung, fügt die gehörige Constante hinzu und führt ausserdem v und k wieder ein; so erhält man

$$\frac{v}{c}-\frac{x\sqrt{v}}{2c\sqrt{k}}+\frac{x^2}{2fc}=\left\{\frac{4\sqrt{fkv}-x\sqrt{f}+x\sqrt{f-8k}}{4\sqrt{fkv}-x\sqrt{f}-x\sqrt{f-8k}}\right\}^{\sqrt{\frac{f}{f-8k}}}.$$

Ist aber $8k > f$, so muss die Differentialgleichung mittelst der Quadratur des Kreises construirt werden. Setzt man nämlich $h=\frac{1}{4\alpha}$ und $f=\frac{1}{2\beta}$; so erhält man die Differentialgleichung

$$0=\frac{dx}{x}+\frac{rdr}{r^2-2\alpha r+\beta}=\frac{dx}{x}+\frac{rdr-\alpha dr}{r^2-2\alpha r+\beta}+\frac{\alpha dr}{r^2-2\alpha r+\beta}.$$

Das Integral derselben ist

$$C=\log\sqrt{u^2-2\alpha ux+\beta x^2}+\int\frac{\alpha dr}{r^2-2\alpha r+\beta}.$$

(Figur 50.) Ferner ist $\int\frac{\alpha dr}{r^2-2\alpha r+\beta}=\frac{\alpha}{\sqrt{\beta-\alpha^2}}.am$, wo am $=$ arc. tg $at=$ arc. tg $\left(\frac{r-\alpha}{\sqrt{\beta-\alpha^2}}\right)$, wenn der Radius $ac=V$ gesetzt ist. Setzt man also $r=\frac{u}{x}$, so wird

$$at=\frac{u-\alpha x}{x\sqrt{\beta-\alpha^2}}.$$

Um die Constante C zu bestimmen, setzt man $x=0$ und $u=\sqrt{c}$, wodurch $\frac{\alpha}{\sqrt{\beta-\alpha^2}}.am=\frac{\alpha}{\sqrt{\beta-\alpha^2}}.amb$ wird. Wir erhalten daher

$$\log\sqrt{c}+\frac{\alpha}{\sqrt{\beta-\alpha^2}}.amb=\log\sqrt{u^2-2\alpha ux+\beta x^2}+\frac{\alpha}{\sqrt{\beta-\alpha^2}}.am$$

und

$$bm=\frac{\sqrt{\beta-\alpha^2}}{\alpha}\log\sqrt{\frac{u^2-2\alpha ux+\beta x^2}{c}},\text{ indem } bm=\text{arc. tg } bs$$
$$=\text{arc. tg}\left(\frac{x\sqrt{\beta-\alpha^2}}{u-\alpha x}\right).$$

Für die vom Centrum C zurückweichende Bewegung setzen wir, wie vorhin, $CQ=x$ und die Geschwindigkeit in $Q=\sqrt{v}$, wobei h, f, k, α, β, r und u die vorhergehende Bedeutung behalten. Es ergibt sich alsdann

$$0=\frac{dx}{x}+\frac{rdr}{r^2+2ar+\beta},bm=-\frac{\sqrt{\beta-\alpha^2}}{\alpha}\log\sqrt{\frac{u^2+2\alpha ux+\beta x^2}{c}},$$
$$\text{wo } bs=\text{tg}\, bm=\frac{x\sqrt{\beta-\alpha^2}}{u+\alpha x}.$$

Ist aber $\alpha^2 > \beta$ oder $f > 8k$, so kann die Integration algebraisch dargestellt werden, indem alsdann

$$\frac{v}{c} + \frac{x\sqrt{v}}{2c\sqrt{k}} + \frac{x^2}{2fc} = \left(\frac{4\sqrt{fkv} + x\sqrt{f} - x\sqrt{f-8k}}{4\sqrt{fkv} + x\sqrt{f} + x\sqrt{f-8k}}\right)^{\sqrt{\frac{f}{f-8k}}}$$

Es bleibt noch der Fall übrig, in welchem $\alpha^2 = \beta$ oder $f = 8k$, welcher besonders behandelt werden muss. Man findet für die annähernde Bewegung gegen C die Gleichung

$$\log\left(\frac{4\sqrt{kv} - x}{4\sqrt{kc}}\right) = \frac{x}{4\sqrt{kv} - x}$$

und für die zurückweichende Bewegung

$$\log\left(\frac{4\sqrt{kv} + x}{4\sqrt{kc}}\right) = \frac{-x}{4\sqrt{kv} + x}.$$

Zusatz 1.

§. 529. (Figur 49.) Im Fall $f = 8k$ ist, muss also für die annähernde Bewegung gegen C $4\sqrt{kv} > x$ sein, indem sonst $\frac{x}{4\sqrt{kv} - x}$ einer imaginären Grösse gleich werden würde. Nur für $x = 0$ kann daher $v = 0$ werden und es muss desshalb die Geschwindigkeit in C nothwendig $= 0$ sein. Setzte man sie einem endlichen Werthe $\sqrt{c}$ gleich, so würde der Anfang der niedersteigenden Bewegung von C aus imaginär sein.

Zusatz 2.

§. 530. Wenn $f = 8k$ für die zurückweichende Bewegung ist, so erhält man aus der Gleichung für $v = 0$

$$\log\left(\frac{x}{4\sqrt{kc}}\right) = -1 \text{ oder } \frac{x}{4\sqrt{kc}} = e^{-1} \text{ und } x = BC = \frac{4\sqrt{k}}{e}\sqrt{c},$$

d. h. BC proportional der Geschwindigkeit in C.

Zusatz 3.

§. 531. Ist der Widerstand so gross, dass $8k = f$ wird, so verliert der Körper, wenn er nach C gelangt, seine ganze Geschwindigkeit und in weit höherm Maasse wird das Letztere stattfinden, wenn $8k < f$ oder der Widerstand noch grösser ist.

Zusatz 4.

§. 532. Ist daher $8k =$ oder $< f$, so wird der Körper, wenn er nach C gelangt ist, stets daselbst verharren und es wird in diesem Falle keine zurückweichende Bewegung folgen können. Ist aber der Widerstand kleiner, oder $8k > f$, so wird der nach C gelangende Körper eine endliche Geschwindigkeit haben können, vermöge deren er sich von C entfernen und oscillirend bewegen wird.

Zusatz 5.

§. 533. Ist $8k > f$, so kann die Gleichung für die Bewegung des Körpers gegen C, weil allgemein $\text{tg}\gamma . \text{tg}(90-\gamma) = 1$, also $\frac{1}{2}\pi - \text{arc.tg}\,p = \text{arc.tg}\left(\frac{1}{p}\right)$ ist, so geschrieben werden:

$$\text{arc.tg}\left(\frac{x\sqrt{\beta-\alpha^2}}{u-\alpha x}\right) = \frac{\sqrt{\beta-\alpha^2}}{\alpha}\log\sqrt{\frac{u^2-2\alpha xu+\beta x^2}{c}}.$$

Hieraus ergibt sich für den Anfang der Bewegung in A, wo $u=0$ ist, weil $\frac{\sqrt{\beta-\alpha^2}}{\alpha} = \sqrt{\frac{8k-f}{f}}$.

$$\text{arc.tg}\left(-\sqrt{\frac{8k-f}{f}}\right) = \sqrt{\frac{8k-f}{f}}\log\sqrt{\frac{x^2}{2fc}} = \sqrt{\frac{8k-f}{f}}$$
$$\{\log x - \log\sqrt{2fc}\};$$

also auch, indem man auf beiden Seiten die entgegengesetzten Zeichen nimmt,

$$\text{arc.tg}\sqrt{\frac{8k-f}{f}} = \sqrt{\frac{8k-f}{f}}\log\left(\frac{\sqrt{2fc}}{x}\right).$$

Für die zurückweichende Bewegung findet man dieselbe Gleichung.

Anmerkung 1.

§. 534. Es scheint hieraus zu folgen, dass stets $BC = AC$ sein müsse, weil diese beiden Gleichungen mit einander übereinstimmen. Da aber, wenn $8k < f$ ist, gar keine zurückweichende Bewegung erfolgt, so kann unmöglich, wenn $8k$ nur um ein Geringes grösser als f wird, der Weg der zurückweichenden Bewegung dem der annähernden gleich sein. Diese Schwierigkeit wird aber gehoben, wenn wir erwägen, dass unzählige Bogen der Tangente

$$\sqrt{\frac{8k-f}{f}}$$

entsprechen, von denen der eine für die annähernde, der andere für die zurückweichende Bewegung angenommen werden muss. Setzt man daher

$$\sqrt{\frac{8k-f}{f}} = \tau$$

und ist der kleinste, der Tangente τ entsprechende Bogen $=\gamma$, so wie π die halbe Peripherie des Kreises; so wird τ die Tangente aller Bogen

$$\gamma\ ,\ \gamma+\pi\ ,\ \gamma+2\pi\ ,\ \gamma+3\pi\ ,\ \text{etc.}$$

wie auch der folgenden

$$\gamma-\pi\ ,\ \gamma-2\pi\ ,\ \gamma-3\pi,\ \text{etc. sein.}$$

Für die zurückweichende Bewegung muss man nun γ nehmen, also

$$\frac{\gamma}{\tau}=\log\left(\frac{\sqrt{2fc}}{BC}\right) \text{ oder } BC=e^{-\frac{\gamma}{\tau}}.\sqrt{2fc};$$

für die annähernde Bewegung hingegen $-\pi+\gamma$, also

$$AC=e^{\frac{\pi-\gamma}{\tau}}\sqrt{2fc}.$$

Die übrigen Bogen ergeben die Punkte, in denen der um C oscillirende Körper nach einander die Geschwindigkeit $=0$ hat. Da nun bei der ersten Oscillation der Herweg gegen C

$$=e^{\frac{\pi-\gamma}{\tau}}\sqrt{2fc},$$

so wird der Herweg der zweiten Oscillation gleich dem Rückwege der ersten von C

$$=e^{-\frac{\gamma}{\tau}}\sqrt{2fc}.$$

Bei der dritten Oscillation wird der Herweg

$$=e^{\frac{-\pi-\gamma}{\tau}}.\sqrt{2fc}$$

und bei der $n$ten Oscillation der Herweg

$$=e^{\frac{-(n-2)\pi-\gamma}{\tau}}\cdot\sqrt{2fc}.$$

Auf diese Weise kann der Herweg gegen C und der Rückweg von C für eine jede Oscillation bestimmt werden.

Zusatz 6.

§. 535. Wenn daher der Körper um das Cestrum C oscillirt, so bilden die Herwege eine geometrische Reihe, deren Exponent $=e^{-\frac{\pi}{\tau}}$, die Rückwege und auch die ganzen, bei den einzelnen Oscillationen beschriebenen Wege bilden eine ähnliche Reihe.

Anmerkung 2.

536. Da für die niedersteigende Bewegung die Gleichung

$$2udu=-\frac{xdx}{f}+\frac{udx}{h}$$

und für die aufsteigende Bewegung die

$$2udu = -\frac{xdx}{f} - \frac{udx}{h}$$

homogen sind; so wird in beiden Fällen u gleich einer Function von a und x von Einer Dimension, wo a die grösste Ausweichung AC oder BC des Körpers vom Centrum C bezeichnet. Der Ausdruck der Zeit

$$\int \frac{dx}{u}$$

wird daher eine Function von a und x von der Dimension $=0$ und es werden also alle Zeiten der auf- und niedersteigenden Bewegungen einander gleich; es wird nämlich $\int \frac{dx}{u}$ für $x = a$ constant. Auf ähnliche Weise werden die Zeiten aller niedersteigenden Bewegungen, bis zum Punkte der grössten Geschwindigkeit, einander gleich. Der Abstand dieses Punktes von C ist nämlich proportional a oder der grössten Ausweichung von C (§. 528.).

Satz 69.

Lehrsatz.

§. 537. (Fig. 47.) Ist die Centripetalkraft der $n$ten Potenz des Abstandes vom Centrum C, der Widerstand des Mittels aber der $2m$ten Potenz der Geschwindigkeit, ist ferner der Exponent des Widerstandes der $\frac{mn+m-n}{m}$ten Potenz des Abstandes proportional; so stehen die Zeiten mehrerer nieder- und aufsteigenden Bewegungen im $\frac{1-n}{2}$ten Verhältniss der ganzen beschriebenen Wege.

Beweis.

Nach den früheren Bezeichnungen sei $AC = a$, $CP = x$, $\sqrt{v}$ und f dasselbe wie früher. Die Centripetalkraft in P ist alsdann $= \frac{x^n}{f^n}$, der Exponent des Widerstandes $= \lambda^{\frac{1}{m}} . x^{\frac{mn+m-n}{m}}$ und die Kraft des Widerstandes

$$= \frac{v^m}{\lambda . x^{mn+m-n}}.$$

Hiernach wird für die niedersteigende Bewegung

$$dv = -\frac{x^n dx}{f^n} + \frac{v^m dx}{\lambda . x^{mn+m-n}},$$

und für die aufsteigende Bewegung

$$dv = -\frac{x^n dx}{f^n} - \frac{v^m dx}{\lambda . x^{mn+m-n}}.$$

Diese beiden Gleichungen sind nur durch die entgegengesetzten Zeichen von λ von einander verschieden. Setzt man $v = u^{n+1}$, so erhalten wir

$$(n+1) u^n du = -\frac{x^n dx}{f^n} \mp \frac{u^{mn+m} dx}{\lambda . x^{mn+m-n}},$$

in welcher Gleichnng u und x zusammen dieselbe Dimension haben. Dieselbe muss so integrirt werden, dass für $x = a$, $u = 0$ werde, wesshalb das Integral so beschaffen sein muss, dass a, x und u überall zusammen dieselbe Dimension haben. Es ergibt sich daher u gleich einer Function von a und x von Einer, v aber einer Function von der Dimension $n+1$. Die Zeit, in welcher der Weg PC zurückgelegt wird, oder $\int \frac{dx}{\sqrt{v}}$ ist also einer Function von a und x von der Dimension $\frac{1-n}{2}$ und die ganze, dem Wege AC entsprechende Zeit, indem man dort $x = a$ setzt, gleich einer Function von a, von der Dimension $\frac{1-n}{2}$, d. h. $= A . a^{\frac{1-n}{2}}$, wo A eine Function von f und λ ist, welche unverändert ihren Werth beibehalten, wie man auch a verändern möge. Alle Zeiten der auf- und niedersteigenden Bewegungen stehen also im $\frac{1-n}{2}$ fachen Verhältniss der ganzen beschriebenen Wege.

Zusatz 1.

§. 538. Ist das widerstehende Mittel gleichförmig, also

$$mn + m - n = 0 \text{ und } n = \frac{m}{1-m};$$

so steht die Centripetalkraft im $\frac{m}{1-m}$ fachen Verhältniss der Abstände. Die Zeiten sind der $\frac{1-2m}{2-2m}$ ten Potenz der durchlaufenen Wege proportional.

Zusatz 2.

§. 539. Ist $n = 1$ oder die Centripetalkraft den Abständen vom Centrum C proportional, so werden alle Zeiten der auf- und niedersteigenden Bewegung einander gleich. In diesem Falle wird aber der Exponent des Widerstandes

$$= \lambda^{\frac{1}{m}} \cdot x^{\frac{2m-1}{m}}.$$

Zusatz 3.

§. 540. Hieraus geht hervor, wie wir oben (§. 536.) gefunden haben, dass, wenn der Widerstand den Geschwindigkeiten proportional, also $m = \frac{1}{2}$ und das Mittel gleichförmig ist, alsdann alle Zeiten des Steigens und Fallens einander gleich werden.

Zusatz 4.

§. 541. Ist die Centripetalkraft constant oder $n = 0$, so stehen die Zeiten der auf- und niedersteigenden Bewegung im halben Verhältniss der durchlaufenen Wege; der Exponent des Widerstandes wird aber den Abständen vom Centrum proportional. Denselben Fall haben wir schon oben (§. 495.) auseinander gesetzt.

Anmerkung.

§. 542. Hiermit beschliessen wir dieses Kapitel über die geradlinige Bewegung im widerstehenden Mittel und gehen zur krummlinigen Bewegung der Körper, welche durch beliebige absolute Kräfte angetrieben werden, im leeren Raume über.

Kapitel V.

Von der freien krummlinigen Bewegung eines Punktes, welcher durch beliebige absolute Kräfte angetrieben wird.

Erklärung 21.

§. 543. (Figur 51.) Unter der Tangentialkraft versteht man diejenige Kraft, welche einen die Curve *AMB* beschreibenden Körper so antreibt, dass ihre Richtung mit der Tangente *TMt* am Punkte *M*, in welchem der angetriebene Körper sich gerade befindet, zusammenfällt.

Zusatz 1.

§. 544. Die Tangentialkraft bringt auf den Körper, während dieser das Element *Mm* durchläuft, keine andere Wirkung hervor, als dass sie seine Bewegung beschleunigt oder verzögert, je nachdem sie den Körper längs *MT* oder *Mt* antreibt.

Zusatz 2.

§. 545. Da nun der Körper sich auf der Curve bewegt, so ändert die Tangentialkraft beständig ihre Richtung und übt ihre Wirkung nach einer andern Gegend hin aus.

Anmerkung.

§. 546. Die Tangentialkraft kann von selbst kaum jemals in der Natur entstehen, nichts desto weniger erstreckt sich ihr Gebrauch sehr weit. Welche Richtung nämlich die antreibende Kraft auch haben mag, so kann man sie immer in zwei andere zerlegen, von denen die eine die Richtung der Tangente hat.

Erklärung 22.

§. 547. Die Normalkraft ist diejenige Kraft, welche den die Curve *AMB* beschreibenden Körper längs *MR*, d. h. senkrecht auf dem Elemente *Mm* oder auf der Tangente *MT* antreibt.

Zusatz 1.

§. 548. Durch die Normalkraft wird die Geschwindigkeit des Körpers weder vergrössert noch verkleinert, weil ihre Richtung MR sich weder nach vorn noch nach hinten hinneigt (§. 164.).

Zusatz 2.

§. 549. Wie wir im Folgenden sehen werden, besteht ihre Wirkung darin, dass sie nur die Richtung des Körpers verändert und bewirkt, dass dieser, welcher für sich geradlinig fortschreiten würde, sich auf der Curve bewegt (§. 165.).

Anmerkung 1.

§. 550. Bewegt sich der Körper in derselben Ebene, so liegen in ihr auch die Richtungen der antreibenden Kräfte. Die einzelnen Kräfte können in je zwei zerlegt werden, deren eine normal, die andere tangential ist, wie aus den Principien der Statik bekannt ist. Wenn wir daher die Wirkung der Tangential- und Normalkraft auf den Körper bestimmt haben werden, wird zugleich die Wirkung jeder schief gerichteten Kraft bekannt. Unter schief gerichteten oder schiefen Kräften verstestehen wir alle diejenigen, welche weder Normal-, noch Tantialkräfte sind.

Anmerkung 2.

§. 551. Hiernach werden wir dieses Kapitel folgendermassen eintheilen. Wir werden zuerst alle diejenigen Bewegungen betrachten, deren Bahnen und sämmtliche antreibenden Kräfte in derselben Ebene liegen. Hierauf betrachten wir diejenigen Bewegungen, deren Bahnen nicht in derselben Ebene liegen. Um diese kennen zu lernen, genügt es nicht, die einzelnen Kräfte in je zwei zu zerlegen, sondern man muss sie wegen der drei Dimensionen des Raumes, in welchem der Körper sich bewegt, in je drei zerlegen.

Satz 70.

Aufgabe.

§. 552. (Figur 51.) Wird ein Körper, während er das Element Mm durchläuft, durch zwei Kräfte, die eine normal und die andere tangential, angetrieben; so soll man die Wirkung beider auf die Aenderung der Bewegung des Körpers bestimmen.

Auflösung.

Während der Körper das Element Mm beschreibt, sei die seiner Geschwindigkeit zukommende Höhe $= v$, die längs MR ziehende Normalkraft $= N$ und die längs MT ihn antreibende

Tangentialkraft $= T$. Man setze das Element $Mm = ds$ und den Radius des in M osculirenden Kreises $= r$. Um die Wirkung der Kraft N zu bestimmen, bedienen wir uns, weil ihre Richtung senkrecht auf Mm ist, der Formel $npr = A . c^2$ (§. 165.), welche in die $pr = 2Av$ umgeformt ist (§. 209.). Das dortige $\frac{p}{A}$ ist hier $= N$, indem wir unter N nicht den Impuls der Kraft auf den Körper, sondern ihre beschleunigende Kraft, oder die absolute Kraft, dividirt durch die Masse des Körpers verstehen (§. 218.). Wir erhalten daher

$$N . r = 2v.$$

Um die Wirkung der Tangentialkraft T zu bestimmen, wenden wir die Formel $Acdc = npds$ (§. 166.), oder die umgeformte $Adv = pds$ (§. 209.) an und erhalten, indem wir T statt $\frac{p}{A}$ substituiren

$$dv = Tds.$$

Zusatz 1.

§. 553. Da die Schwere $g = 1$ gesetzt wird, so verhält sich die Normalkraft zur Schwere, wie die der Geschwindigkeit zukommende Höhe zur Hälfte des Krümmungshalbmessers, oder

$$N : g = v : \tfrac{1}{2} r.$$

Zusatz 2.

§. 554. Aus der gegebenen Normalkraft und der Curve, welche der Körper beschreibt, erhalten wir sogleich die Geschwindigkeit des letztern, nämlich

$$\sqrt{v} = \sqrt{\frac{N . r}{2}}.$$

Zusatz 3.

§. 355. Aus $dv = T . ds$ folgt $dv : ds = T : g$; es verhält sich also das Increment der, der Geschwindigkeit zukommenden, Höhe zum Element des beschriebenen Weges, wie die Tangentialkraft zur Schwere.

Satz 71.

Aufgabe.

§. 556. (Figur 51.) Der Körper wird, während er das Element Mm zurücklegt, durch eine beliebige schiefe Kraft in der Richtung MC angetrieben; man soll bestimmen, welche Wirkung sie auf die Aenderung der Bewegung des Körpers ausübt.

Auflösung.

Es verhalte sich diese schiefe Kraft zur Schwere, wie $P : 1$, ds und v mögen die Bedeutung der vorigen Aufgabe haben. Da die Richtung MC der Kraft als gegeben vorausgesetzt wird, so ist der Winkel CMT bekannt und so auch die Dreiecke CMT und Mmr, welche durch Fällung der Perpendikel von C auf MT und von m auf MC entstehen, ihrer Form nach gegeben. Setzen wir nun $Mr = dy$ und $mr = dx$, so wird

$$ds^2 = dx^2 + dy^2,$$

und das Verkältniss von ds zu dx und dy ein gegebenes. Vergleichen wir hiermit dasjenige, was wir oben (§. 161. und 163.), und später (§. 203.) erhalten haben; so findet eine gänzliche Aehnlichkeit zwischen beiden Fällen statt, nur mit dem Unterschiede, dass das dortige $\frac{p}{A}$ hier $= \frac{P}{1}$ angenommen wird. Wir haben daher

$$dv = Pdy$$

und wenn der Krümmungshalbmesser in M, $MR = r$ gesetzt wird,

$$Prdx = 2v\, ds \text{ (§. 208.).}$$

Die erste Gleichung bestimmt das Increment der Geschwindigkeit, während der Körper das Element Mm seines Weges zurücklegt; die zweite oder

$$r = \frac{2\, vds}{Pdx}$$

stellt die Krümmung der, vom Körper beschriebenen, Curve in M dar. Man kennt also die ganze Wirkung der schiefen Kraft auf den sich bewegenden Körper.

Zusatz 1.

§. 557. (Figur 52.) Bildet die schiefe Kraft mit dem Element Mm einen stumpfen Winkel, so bleibt alles wie vorher, nur muss man die Linie $mr = dy$ negativ annehmen. Die erste Gleichung wird daher $dv = -Pdy$, die zweite $Prdx = 2vds$ bleibt unverändert.

Zusatz 2.

§. 558. Fällt also die Richtung MC der Kraft zwischen die Normale und das Element Mm, wie in der Figur 51, so wird die Bewegung des Körpers beschleunigt; fällt sie ausserhalb beider, wie in der Figur 52., so wird die Bewegung verzögert.

Zusatz 3.

§. 559. (Figur 51.) Fällt die Richtung MC der Kraft in die Tangente MT, so ist $\angle\, mMr = 0$, also $dx = 0$, $Mr = Mm$ oder $dy = ds$. Es wird daher

$$dv = Pds \text{ und } r = \infty;$$

die Richtung des Körpers erleidet also durch diese Tangentialkraft keine Aenderung.

Zusatz 4.

§. 560. (Figur 52.) Fällt die Richtung MC der Kraft in den andern Theil Mt der Tangente, so wird $\angle m\, Mr = 180^0$, $Mr = dx = 0$, $dy = ds$ und wir erhalten daher

$$dv = -Pds \text{ und wie vorhin } r = \infty.$$

Diese Tangentialkraft wirkt also nur auf die Geschwindigkeit des Körpers und nicht auf die Richtung seiner Bewegung (§. 544.).

Zusatz. 5.

§. 561. Fällt die Richtung MC der Kraft in die Normale MR, so erhalten wir die Wirkung der Normalkraft. Es wird alsdann $\angle m\, Mr = 90^0$, $dx = ds$ und $dy = 0$, mithin

$$dv = 0 \text{ und } Pr = 2v.$$

Die Normalkraft wirkt also nicht auf die Geschwindigkeit, sondern nur auf die Richtung der Bewegung (§. 548.).

Anmerkung 1.

§. 562. Man erkennt hieraus die Wirkungen der Normal- und Tangentialkraft auf den sich bewegenden Körper. Da nun alle Kräfte, wie viel auch auf den Körper einwirken mögen, wenn sie nur mit der Richtung der Bewegung in Einer Ebene liegen, in je zwei, die eine normal und die andere tangential, sich zerlegen lassen, so kennt man auch die Wirkungen beliebiger Kräfte auf den sich bewegenden Körper.

Anmerkung 2.

§. 563. Diesen ersten Abschnitt, über die in derselben Ebene erfolgende Bewegung, wollen wir sehr passend so eintheilen, dass zuerst die Richtungen der antreibenden Kraft unter sich parallel seien, wie wir es in unsern Gegenden an der Schwerkraft wahrnehmen. Hierauf werden wir die Fälle betrachten, in denen alle Richtungen der Kraft in Einem Punkte zusammentreffen und die Körper beständig nach demselben hingezogen werden. Diess ist der Fall bei den Centripetalkräften, über welche Newton im I. Buche seiner Principien so herrliche Erfindungen aufgestellt hat. Drittens werden wir beliebige antreibende Kräfte einführen und erforschen, welche Bewegungen der Körper verfolgen wird. Wir werden nun bei diesen einzelnen Untersuchungen so verfahren, dass wir zuerst directe Aufgaben stellen, hierauf aber, wie wir bisher gethan haben, auch einige umgekehrte Aufgaben auflösen. Endlich werden wir beständig, so weit es angeht, von den einfachern Fällen zu den zusammengesetztern und schwierigern übergehen.

Satz 72.

Aufgabe.

§. 564. (Figur 53.) Man hat eine constante Kraft, deren Richtung stets senkrecht auf der geraden Linie AB ist und von A aus wird ein Körper in der Richtung AH, mit einer gegebenen Geschwindigkeit geworfen; man soll die Curve $AMDB$ bestimmen, welche der Körper beschreibt und zugleich die Bewegung des letztern auf derselben.

Auflösung.

Die antreibende Kraft heisse g, die der Geschwindigkeit, womit der Körper in A fortgeworfen wird, zukommende Höhe sei $= c$ und $\cos HAB = \lambda$. Durchläuft nun der Körper das Element $Mm = ds$, so sei die in M seiner Geschwindigkeit zukommende Höhe $= v$, $AP = x$, $PM = y$ und der Radius des in M osculirenden Kreises $= r$, also $Mr = dx$ und $mr = dy$. Man ersieht hieraus, dass dieser Fall zu dem oben (§. 557.) betrachteten gehört, wo die Bewegung des Körpers verzögert wurde. Wir haben daher

$$dv = -gdy \text{ und } grdx = 2vds.$$

Aus der ersten Gleichung erhalten wir durch Integration $v = C - gy$ und weil für $y = 0$, $v = c$ wird, vollständig

$$v = c - gy.$$

Substituiren wir diesen Werth von v in die zweite Gleichung, so erhalten wir

$$\frac{gr\,dx}{2ds} = c - gy.$$

Für $dx =$ const. ist aber allgemein $r = -\dfrac{ds^3}{dxddy}$, also $-\dfrac{gds^2}{2ddy} = c - gy$ oder, indem man $dx^2 + dy^2 = ds^2$ setzt:

$$2cddy = 2gyddy - gdx^2 - gdy^2,$$

woraus man durch Integration ableitet

$$\frac{dx}{ds} = \sqrt{\frac{C}{c - gy}}.$$

Für $y = 0$ ist aber $\frac{dx}{ds} = \cos HAB = \lambda$, also $\lambda = \sqrt{\frac{C}{c}}$ und $C = \lambda^2 \, . \, c$; wir erhalten daher vollständig

$$\frac{dx}{ds} = \lambda \sqrt{\frac{c}{c - gy}}.$$

Aus dieser Gleichung folgt ferner

$$\frac{\lambda \, dy \sqrt{c}}{\sqrt{c(1-\lambda^2) - gy}} = dx$$

und wenn man wieder integrirt

$C - \frac{2\lambda}{g} \sqrt{c(1 - \lambda^2) - gy} = \frac{x}{\sqrt{c}}$ oder, weil für $x = 0$, auch $y = 0$ wird,

$$\frac{2\lambda}{g} \sqrt{c(1-\lambda^2)} - \frac{2\lambda}{g} \sqrt{c(1-\lambda^2) - gy} = \frac{x}{\sqrt{c}}.$$

Einfacher lässt sich diese Gleichung darstellen, indem man $1 - \lambda^2 = 1 - \cos HAB^2 = \sin HAB^2 = \mu^2$ setzt:

$$gx = 2\lambda c\mu - 2\lambda \sqrt{c^2\mu^2 - cgy}$$

oder, wenn man sie nach y auflöst

$$y = \frac{\mu x}{\lambda} - \frac{gx^2}{4\lambda^2 c}.$$

Hieraus folgt ferner $v = c - gy = c \left\{ 1 - \frac{\mu g x}{c\lambda} + \frac{g^2 x^2}{4\lambda^2 c^2} \right\}$,

$$ds^2 = dx^2 + dy^2 = dx^2 \left\{ 1 + \left(\frac{\mu}{\lambda} - \frac{2gx}{4\lambda^2 c} \right)^2 \right\} = \frac{dx^2}{\lambda^2} \left\{ 1 - \frac{\mu g x}{c\lambda} + \frac{g^2 x^2}{4\lambda^2 c^2} \right\}.$$

Endlich erhalten wir $\frac{ds^2}{v} = \frac{dx^2}{c\lambda^2}$ und

$$t = \int \frac{ds}{\sqrt{v}} = \frac{x}{\lambda \sqrt{c}},$$

gleich der Zeit, in welcher der Bogen AM durchlaufen wird.

Zusatz 1.

§. 565. Es wird der Körper im Punkt B wieder in die

horizontale Linie AB fallen, wenn man $AB = \frac{4\lambda\mu c}{g}$ annimmt. Die Zeit, während deren der Körper sich oberhalb AB befindet und den Bogen ADB beschreibt, ist $= \frac{4\mu\sqrt{c}}{g}$.

Zusatz 2.

§. 566. Es ist $2\lambda\mu = 2 \sin HAB \cos HAB = \sin 2 HAB = \varkappa$, also

$$AB = \frac{2\varkappa c}{g}.$$

Der Abstand AB wird also seinen grössten Werth erhalten, wenn $\varkappa = 1$, also $HAB = 45^0$ ist, vorausgesetzt, dass der Körper mit der Geschwindigkeit $\sqrt{c}$ fortgeworfen werde.

Zusatz 3.

§. 567. Man sieht ferner ein, dass die horizontale Bewegung des Körpers gleichförmig sein wird, indem die Zeit $t = \frac{x}{\lambda\sqrt{c}}$, also den entsprechenden Abscissen auf der geraden Linie AB proportional ist.

Zusatz 4.

§. 568. Wird der Körper beständig mit derselben Geschwindigkeit $\sqrt{c}$, aber unter verschiedenen Neigungswinkeln gegen AB fortgeworfen, so verhalten sich die Zeiten, während deren er sich oberhalb AB befindet, wie μ, d. h. wie die Sinusse der Winkel HAB (§. 565.).

Zusatz 5.

§. 569. Die grösste Höhe DE, welche der Körper erreichen wird, erhält man, indem man $AE = \frac{2\lambda\mu c}{g}$, also $= \frac{1}{2}$ AB annimmt. Diese grösste Höhe selbst wird $= \frac{\mu^2 c}{g}$ und so DE proportional μ^2 oder $\sin HAB^2$.

Zusatz 6.

§. 570. Aus der Gleichung

$$y = \frac{\mu x}{\lambda} - \frac{g x^2}{4\lambda^2 c}$$

ersieht man, dass die Curve ADB eine Parabel ist, deren Axe die gerade Linie DE und deren Parameter $p = \frac{AE^2}{DE} = \frac{4\lambda^2 c}{g}$, also proportional λ^2 oder $\cos HAB^2$ ist.

Zusatz 7.

§. 571. Der Scheitel dieser Parabel ist also in D und der Abstand DF des Brennpunktes F vom Scheitel $D = \frac{1}{4}p$ $= \frac{\lambda^2 c}{g}$. Zieht man daher die gerade Linie MF, so wird nach der Natur der Parabel

$$MF = DQ + DF.$$

Zusatz 8.

§. 572. Ferner wird $MF = DE - MP + DF = \frac{c}{g} - y = \frac{c - gy}{g} = \frac{v}{g}$, also

$v = g \,.\, MF$ und eben so $c = g \,.\, AF$; mithin $AF = \frac{c}{g}$.

Zusatz 9.

§. 573. Offenbar wird also der Körper, welcher diese Parabel beschreibt, in einem beliebigen Orte M eine so grosse Geschwindigkeit haben, wie derselbe erlangen würde, wenn er, unter Antrieb der gleichförmigen Kraft g, aus einer Höhe $= MF$ geradlinig herabgestiegen wäre.

Zusatz 10.

§. 574. Da $\cos FAE = \frac{AE}{AF} = 2\,\lambda\mu = \varkappa = \sin 2 \,.\, HAB$ ist, so hat man offenbar

$$FAE = 90^\circ - 2 \,.\, HAB \text{ oder vielmehr } = 2 \,.\, HAB - 90^\circ.$$

Zusatz 11.

§. 575. Ferner wird $AFD = 90^\circ + FAE = 2 \,.\, HAB$.

Anmerkung 1.

§. 576. Hieraus leitet man leicht die Construction der Parabel ab, welche der, mit gegebener Geschwindigkeit und in gegebener Richtung geworfene, Körper beschreiben wird. Man ziehe nämlich AG perpendikulär auf AB, mache $\angle GAF = 2 \,.\, HAE$ und nehme auf der Richtung AF die Länge $AF = \frac{c}{g}$, d. h. derjenigen Höhe gleich, von welcher der Körper geradlinig niedersteigen muss, um dieselbe Geschwindigkeit zu erlangen, mit welcher er von A fortgeworfen wird; alsdann wird F der Brennpunkt der gesuchten Parabel (§. 573. u. §. 575.). Ferner wird das, durch F auf AB gefällte Perpendikel DE die Axe der Parabel und man findet ihren Scheitel D, indem man $DF = \frac{AF - FE}{2}$ nimmt. Da nun der Parameter der Parabel $= 4.DF$ ist, so kann man die letztere sogleich construiren.

Anmerkung 2.

§. 577. Ist $g = 1$, so haben wir den Fall der Schwere auf der Erde. Wäre also die Luft nicht vorhanden, welche durch ihren Widerstand der Bewegung der Körper hinderlich ist, so würden alle geworfenen Körper sich in Parabeln bewegen. Diese Wahrheit hat zuerst Galilei gezeigt, und nach ihm haben alle Schriftsteller der Mechanik sie bewiesen. Die meisten sind zwar auf viel kürzere Weise und ohne zweite Differentiale dahin gelangt; wir zogen es aber vor, eine allgemeine Methode anzuwenden, welche sich sehr weit erstreckt, statt eine zu besondere, welche nur diesem Fall allein angepasst wäre.

Satz 73.

Aufgabe.

§. 578. (Figur 54.). Ein Körper wird in A mit gegebener Geschwindigkeit und in gegebener Richtung fortgeworfen, dabei aber beständig gegen die gerade Linie AB hingezogen, im Verhältniss beliebiger Functionen der Abstände von dieser Linie; man soll die Curve ADB bestimmen, welche der so angetriebene Körper beschreiben wird und seine ganze Bewegung auf derselben.

Auflösung.

Die Geschwindigkeit in A sei $= \sqrt{c}$, $\sin HAB = \mu$ und $\cos HAB = \lambda$. Wie in der vorigen Aufgabe sei $Mm = ds$, $AP = x$, $PM = y$, $MR = r$ und $\sqrt{v}$ die Geschwindigkeit in M. Während der Körper das Element Mm durchläuft, zieht ihn die gegebene Kraft, welche P, d. h. einer gewissen Function von y gleich sei, längs MP. Nach §. 557. haben wir

$$dv = -Pdy \text{ und } Pr\,dx = 2vds.$$

Setzt man $\int Pdy = Y$, wo Y eine solche Function von y ist, welche für $y = 0$ verschwindet; so wird

$$v = c - Y.$$

Durch die Verbindung der beiden obigen Gleichungen erhält man ferner

$$-\frac{dv}{v} = \frac{2dy\,ds}{rdx},$$

und für $ds = constans$ ist $r = \frac{ds\,dy}{ddx}$; wenn man daher diesen Werth von r substituirt, erhält man

$$-\frac{dv}{v} = \frac{2\,ddx}{dx}$$

also durch Integration

$$\log C - \log v = \log (dx)^2 = \log \left(\frac{dx}{ds}\right)^2,$$

weil ds constant ist. Da aber für $x = 0$, $v = c$ und $\frac{dx}{ds} = \cos HAB = \lambda$ wird

$$\log C - \log c = \log (\lambda^2)$$

und so

$$\log \left(\frac{c}{v}\right) = \log \left(\frac{\left(\frac{dx}{d}\right)^2}{\lambda^2}\right) \text{ oder } \lambda^2 . c ds^2 = v . dx^2.$$

Aus der letzten Gleichung erhält man unmittelbar

$$dt = \frac{ds}{\sqrt{v}} = \frac{dx}{\lambda . \sqrt{c}},$$

und so die Zeit, in welcher der Körper den Bogen AM durchläuft

$$t = \frac{x}{\lambda . \sqrt{c}}.$$

Zur Bestimmung der Curve $AMDB$ erhält man aus

$$v = c - Y \text{ und } \lambda^2 . c ds^2 = v . dx^2,$$

indem man v eliminirt, die Gleichung

$$\lambda^2 c\,(dx^2 + dy^2) = (c - Y)\,dx^2 \text{ oder } dx = \frac{\lambda\,dy\,\sqrt{c}}{\sqrt{\mu^2 c - Y}}.$$

weil $1 - \lambda^2 = \mu^2$ ist. Da hier die Unbestimmten x und y von einander getrennt sind, kann man die gesuchte Curve ADB construiren.

Zusatz 1.

§. 579. Die Zeiten, in denen beliebige Bogen AM beschrieben werden, sind also den Abscissen AP proportional.

Anmerkung 1.

§. 580. Die Bewegung des Körpers auf der Curve AM kann man sich in zwei andere zerlegt denken, deren eine längs AB paralleler, deren andere längs auf AB perpendikulärer

Linien erfolgt. Vermöge jener Bewegung schreitet der Körper längs AB fort, vermöge dieser steigt er in Bezug auf AB auf oder nieder. Man sieht nun ein, dass durch eine Kraft, deren Richtung stets auf AB senkrecht ist, die horizontal fortschreitende Bewegung nicht geändert wird, diese daher stets gleichförmig sein und mit der Geschwindigkeit erfolgen muss, welche aus einer ähnlichen Zerlegung der Anfangsbewegung hervorgeht. Da aber die Richtung der Anfangsbewegung mit AH identisch ist, so wird $\sqrt{c}\,.\cos HAB = \lambda\,.\,\sqrt{c}$ die längs AB gerichtete Geschwindigkeit und hieraus ergibt sich die Zeit, in welcher die Bewegung durch $AP = x$ erfolgt, $= \frac{x}{\lambda.\sqrt{c}}$, wie wir gefunden haben.

Zusatz 2.

§. 581. Steigt der Körper mit der Geschwindigkeit $\sqrt{c}$ von A perpendikulär, längs AC in die Höhe und setzt man $AL = PM = y$, so wird die Geschwindigkeit in L gleich der in M, d. h. $= \sqrt{v}$. Es ist nämlich

$$dv = -Pdy \text{ und } v = c - Y,$$

wie wir für den Punkt M gefunden haben.

Zusatz 3.

§. 582. Wäre AC die ganze Höhe, zu welcher der mit der Geschwindigkeit $\sqrt{c}$ aus A geworfene Körper gelangen kann, so wird CL die Höhe, von welcher der Körper niedersteigen muss, um die Geschwindigkeit zu erlangen, welche er in M hat.

Zusatz 4.

§. 583. Man findet die grösste Höhe DE, indem man $dy = 0$ setzt, wodurch man erhält

$$Y = c\,(1-\lambda^2) = \mu^2 . c.$$

Der aus dieser Gleichung sich ergebende Werth von y ist die gesuchte Höhe DE und die Geschwindigkeit in D ist eben so gross als diejenige, welche der Körper beim Niedersteigen durch CJ erlangen würde.

Zusatz 5.

§. 584. Wir hatten oben

$$v = \frac{\lambda^2 c\,.\,ds^2}{dx^2},$$

und da in D wegen $dy = 0$, $dx = ds$ ist, so wird die Geschwindigkeit in diesem Punkte $= \lambda . \sqrt{c} = \sqrt{c} . \cos HAB$, d. h. gleich der horizontalen Geschwindigkeit, mit welcher der Körper längs AB fortgeht.

Anmerkung 2.

§. 585. Die Weite AB ergibt sich zwar nicht aus der Gleichung, weil diese nicht integrirt werden kann, indessen sieht man doch ein, dass die Theile AE und EB einander gleich sein müssen und dass der Zweig DB dem andern DA congruent sein wird. Sobald nämlich der Körper bis D gelangt ist, wird er auf gleiche Weise beschleunigt, auf welche er vorher bei der Bewegung durch AD verzögert wurde, indem die Kraft in gleichen Abständen von AB dieselbe ist und auf diese Weise die Bewegung vollkommen wieder hergestellt wird.

Anmerkung 3.

§. 586. Man kann auch leicht die umgekehrte Aufgabe lösen, nach welcher aus der gegebenen Curve ADB und der Geschwindigkeit des Körpers in A das Gesetz der Kräfte gesucht wird, welche bewirken, dass der Körper sich auf dieser Curve bewege. Aus der Gleichung

$$dx = \frac{\lambda dy \sqrt{c}}{\sqrt{\mu^2 c - Y}},$$

erhält man nämlich $Y = \mu^2 c - \frac{\lambda^2 c dy^2}{dx^2}$ und $dY = Pdy = -\frac{2\lambda^2 c dy ddy}{dx^2}$, dx als constant betrachtet. Unter dieser Voraussetzung ist aber

$$r = -\frac{ds^3}{dx\, ddy} \text{ oder } -ddy = \frac{ds^3}{rdx},$$

also

$$P = \frac{2\lambda^2 c ds^3}{rdx^3},$$

gleich der Kraft, welche den Körper in M längs MP antreibt.

Satz 74.

Aufgabe.

§. 587. (Figur 55.) Ein in A fortgeworfener Körper wird überall, durch eine beliebige Centripetalkraft, gegen den Mittelpunkt C hingezogen; man soll die Natur der Curve AM bestimmen, auf welcher der Körper sich bewegen wird und die Bewegung des letztern auf derselben.

C Auflösung.

Die in M längs MR wirkende Centripetalkraft sei $=P$, die Geschwindigkeit des Körpers in demselben Punkte $=\sqrt{v}$. Ferner sei $CM=y$, $mr=dy$, $Mm=ds$ und das Perpendikel CT auf die Tangente MT an der Curve $=p$, das Element Mr $=dx$ und endlich der Krümmungshalbmesser $MR=r$. Da nun $\Delta\, Mmr \backsim CMT$, so wird

$$ds:dy = y:\sqrt{y^2-p^2} \text{ und } dx:dy = p:\sqrt{y^2-p^2},$$

also $ds\sqrt{y^2-p^2} = ydy$, $dx\sqrt{y^2-p^2} = pdy$ und

$$\frac{y}{p} = \frac{ds}{dx}.$$

Ferner haben wir $r = \frac{ydy}{dp}$. Da nun

$$dv = -Pdy \text{ und } Prdx = 2vds \text{ (§. 557.)},$$

so erhalten wir aus diesen beiden Gleichungen

$$rdvdx = -2vdsdy \text{ oder } \frac{dv}{v} = -\frac{2dsdy}{rdx},$$

und wenn man den Werth von r substituirt,

$$\frac{dv}{v} = -\frac{2dp}{p}.$$

Integrirt man, so erhalten wir

$$\log v = \text{Const.} - \log(p^2).$$

Um die Constante zu bestimmen, sei für $y = CA = a$, $v=c$ und das auf die Tangente in A gefällte Perpendikel $=h$; demnach erhalten wir

$$\log c = \text{Const.} - \log(h^2) \text{ oder } v = \frac{c.h^2}{p^2}.$$

Es ergibt sich ferner die, dem Elemente Mm entsprechende, Zeit

$$dt = \frac{ds}{\sqrt{v}} = \frac{pds}{h\sqrt{c}} = \frac{2.MCm}{h\sqrt{c}}$$

und die Zeit, in welcher der Bogen AM durchlaufen wird oder

$$t = \frac{2.ACM}{h\sqrt{c}}.$$

Die Curve selbst wird bestimmt, indem man in die Gleichung $Prdx = 2vds$ für v seinen Werth $\frac{c.h^2}{p^2}$ substituirt, wodurch man erhält $Pp^2rdx = 2ch^2ds$, oder, indem man statt r seinen Werth $\frac{ydy}{dp}$ und statt ds seinen obigen Werth $\frac{ydx}{p}$ setzt:

$$Pdy = 2ch^2 . \frac{dp}{p^3}.$$

Diese Gleichung kann, welche Function von y auch P sein mag, stets construirt werden, weil die Variabeln in ihr getrennt sind.

Zusatz 1.

§. 588. Da die Zeit, in welcher der Bogen AM durchlaufen wird, $= \frac{2}{h\sqrt{c}} . ACM$ ist, so sind die Zeiten, in denen beliebige Bogen beschrieben werden, den Flächenräumen proportional, welche durch diese Bogen und die nach dem Centrum C gezogenen geraden Linien begrenzt werden.

Zusatz 2.

§. 589. Da ferner $v = \frac{c . h^2}{p^2}$ oder $\sqrt{v} = \frac{h\sqrt{c}}{p}$, so ist die Geschwindigkeit des Körpers in jedem Punkte der durchlaufenen Curve dem, vom Mittelpunkte auf die Tangente an jenem Punkte gefällten, Perpendikel umgekehrt proportional.

Anmerkung 1.

§. 590. Diese gleichförmige Beschreibung der Flächen macht bei Newton den ersten Satz aus, aus welchem er fast alle folgenden ableitet. Diese beiden Eigenschaften gelten aber ganz allgemein und erfodern nur, dass die Richtung der Centripetalkraft stets nach dem Mittelpunkt zugehe. Durch welche Grösse die Centripetalkraft auch ausgedrückt werden mag, entweder durch eine Function von CM oder auf andere Weise, so gelten doch beide Eigenschaften. Als wir nämlich auf sie verfielen, war die Centripetalkraft P ganz eliminirt und nur ihre Richtung beibehalten.

Zusatz 3.

§. 591. Um die Curve zu finden, welche der Körper beschreibt, muss die Centripetalkraft gegeben sein, indem aus

$$Pdy = \frac{2ch^2 dp}{p^3}$$

die Natur der Curve sich ergibt, wenn P gegeben ist.

Zusatz 4.

§. 592. Da $\frac{ydy}{dp} = r$ ist, so wird

$$P = \frac{2ch^2 y}{p^3 r},$$

welches der Satz von **Moivre** ist. Dagegen behauptet Keil, zuerst die Gleichung

$$P = \frac{2ch^2dp}{p^3dy}$$

gefunden zu haben.

Anmerkung 2.

§. 593. Diese Gleichungen haben einen doppelten Nutzen. Zuerst kann man aus der gegebenen Centripetalkraft die Natur der Curve bestimmen, welche der geworfene Körper beschreibt. Dann kann man umgekehrt, wenn die Curve gegeben ist, welche der Körper um den Mittelpunkt C beschreibt, an jedem Orte die Centripetalkraft bestimmen, welche bewirkt, dass der Körper sich frei auf dieser Curve bewegt.

Zusatz 5.

§. 594. Da ferner $dv = -Pdy$ ist, so wird, wenn P eine Function von y ist, die Geschwindigkeit überall vom Abstande des Körpers vom Mittelpunkte abhängig und in denselben Abständen gleich gross sein.

Zusatz 6.

§. 595. So oft P eine Function von y ist, wird die beschriebene Curve so beschaffen sein, dass bei gleichen Abständen vom Mittelpunkte die vom letztern auf die Tangenten gefällten Perpendikel einander gleich werden. Nach §. 589. sind nämlich die Geschwindigkeiten diesen Perpendikeln umgekehrt proportional.

Anmerkung 3.

§. 596. So oft P eine Function von y ist, kann man eine gerade Linie EC angeben, auf welcher der Körper, unter Antrieb der Centripetalkraft herabsteigend, in den einzelnen Punkten N dieselbe Geschwindigkeit haben wird, welche er, bei seiner Bewegung auf der Curve AM, im gleichweit vom Mittelpunkte entfernten Punkte M hat. Nimmt man nämlich $CN = CM = y$ und $Nn = mr = dy$ an, hat ferner der Körper in N dieselbe Geschwindigkeit als in M, nämlich $\sqrt{v}$; so wird auch, während er das Element Nn zurücklegt,

$$dv = -Pdy.$$

Demnach ist die Geschwindigkeit in n gleich der in m und dasselbe gilt von allen, gleichweit vom Mittelpunkte entfernten, Punkten auf CE und AM. Ist daher E der Anfangspunkt der Bewegung, wo die Geschwindigkeit $= 0$; so ergibt sich aus der bekannten Linie EC die Geschwindigkeit des, auf der Curve AM sich bewegenden, Körpers in allen einzelnen Punkten. Dieser geraden Linie EC werden wir uns in der

Folge bedienen und wollen sie, weil sie die Geschwindigkeit bestimmt, die bestimmende Entfernung (Determinante) nennen.

Zusatz 7.

§. 597. Da die Gesschwindigkeit in $A = \sqrt{c}$ gegeben ist, so findet man hieraus den ganzen Abstand EC. Derselbe muss nämlich so gross angenommen werden, dass, wenn der Körper unter dem Antrieb dieser Centripetalkraft niedersteigt, er in A die Geschwindigkeit $\sqrt{c}$ erlange.

Zusatz 8.

§. 598. Setzt man den Winkel $MCm = dw$, so wird $dw = \frac{dx}{y} = \frac{pdy}{y\sqrt{y^2-p^2}}$, also

$$p = \frac{y^2 dw}{\sqrt{y^2 dw^2 + dy^2}}.$$

Das Zeittheilchen, in welchem der Winkel MCm beschrieben wird, ist also

$$dt = \frac{pds}{h\sqrt{c}} = \frac{pydy}{h\sqrt{c}\sqrt{y^2-p^2}} = \frac{y^2dw}{h\sqrt{c}}.$$

Zusatz 9.

§. 599. Will man die Winkelgeschwindigkeit, d. h. diejenige Geschwindigkeit bestimmen, mit welcher der Winkel MCm durchlaufen wird, so ist dieselbe in $M = \frac{dw}{dt} = \frac{h\sqrt{c}}{y^2}$; sie ist also dem Quadrat des Abstandes vom Centrum umgekehrt proportional.

Anmerkung 4.

§. 600. Wir kennen die Curve, welche der durch eine gegebene Centripetalkraft angetriebene Körper beschreibt, nur durch die Gleichung zwischen dem Abstand des Körpers vom Mittelpunkte und dem von diesem auf die Tangente gefällten Perpendikel. Es ist daher häufig schwer zu beurtheilen, von welcher Art die gefundene Curve sei, weil man gewöhnlich die Curven durch rechtwinklige Coordinaten auszudrücken pflegt. Inzwischen reichen derartige Gleichungen zwischen dem Abstande vom Centrum und dem Perpendikel auf die Tangente, wenn sie nur entweder algebraisch oder in den Differentialgleichungen die Veränderlichen von einauder gesondert sind, hin, um die gesuchten Curven zu construiren. Damit man aber die Natur und Ordnung dieser Curven gänzlich erforschen könne, geben wir eine Methode, nach welcher man die Gleichungen zwischen dem Abstande und Perpendikel auf die gewöhnlichen Gleichungen zwischen rechtwinkligen Coordinaten zurückführen kann.

Satz 75.

Aufgabe.

§. 601. (Figur 56.) Man soll die Natur der Curve AM, welche ein durch eine beliebige Centripetalkraft angetriebener Körper beschreibt, durch eine Gleichung zwischen den rechtwinkligen Coordinaten CP und PM, bezogen auf die feste Axe AC, bestimmen.

Auflösung.

Es haben c, h, y und p die vorige Bedeutung, AC sei $=a$ und P, eine Function von y, die Centripetalkraft. Setzen wir $CP=x$ und $MP=z$, so haben wir $CM=y=\sqrt{x^2+z^2}$, oder $z=\sqrt{y^2-x^2}$. Wir werden in der Rechnung y statt z beibehalten, weil dieselbe so leichter und kürzer wird und man nach ausgeführter Operation leicht die erstere durch die letztere ersetzen kann. Wir haben demnach

$$Mm=ds=\sqrt{dz^2+dx^2}=\frac{\sqrt{y^2dy^2-2yxdxdy+y^2dx^2}}{\sqrt{y^2-x^2}} \text{ und } Mr$$

$$=\frac{xdy-ydx}{\sqrt{y^2-x^2}};$$

$$\text{also } \frac{Mr}{Mm}=\frac{CT}{CM}=\frac{p}{y}=\frac{xdy-ydx}{\sqrt{y^2dy^2-2yxdxdy+y^2dx^2}} \text{ und}$$

$$p=\frac{yxdy-y^2dx}{\sqrt{y^2dy^2-2xydxdy+y^2dx^2}}.$$

Wir hatten aber für die Curve AM die Gleichung $Pdy=\frac{2ch^2dp}{p^3}$ und setzen wir daher $\int Pdy=Y$, das Integral so genommen, dass es für $y=a$ verschwinde; so wird

$$Y=\text{Const.}-\frac{ch^2}{p^2} \text{ und } 0=\text{Const.}-\frac{ch^2}{h^2}, \text{ also}$$

$$Y=\frac{cp^2-ch^2}{p^2} \text{ oder } p=\frac{h\sqrt{c}}{\sqrt{c-Y}}.$$

Diese Grösse ist eine Function von y, weil Y es ist und wir haben daher

$$\frac{h\sqrt{c}}{\sqrt{c-Y}}=\frac{yxdy-y^2dx}{\sqrt{y^2dy^2-2yxdydx+y^2dx^2}}.$$

Setzen wir nun $x = uy$, woraus $dx = udy + ydu$ folgt und der Kürze wegen $\frac{h\sqrt{c}}{\sqrt{c-Y}} = Q$; so wird

$$Q = \frac{-y^2\,du}{\sqrt{dy^2 - u^2dy^2 + y^2du^2}}$$

und hieraus

$$\frac{du}{\sqrt{1-u^2}} = \frac{Q\,dy}{y\sqrt{y^2-Q^2}} = \frac{hdy\sqrt{c}}{y\sqrt{cy^2-ch^2-y^2Y}}.$$

Diese Gleichung kann construirt werden, weil in ihr die Veränderlichen u und y von einander getrennt sind.

Zusatz 1.

§. 602. Da $u = \frac{x}{y} = \cos MCA$, so ist die letzte Gleichung gesondert zwischen dem Abstand des Körpers vom Mittelpunkte und dem Cosinus des Winkels ACM. Aus derselben kann man leicht eine Gleichung zwischen x und z ableiten.

Zusatz 2.

§. 603. Da $\int \frac{du}{\sqrt{1-u^2}} = \text{arc.}\sin u = -\text{arc.}\cos u$, so wird die Gleichung nur dann eine algebraische sein können, wenn $\int \frac{hdy\sqrt{c}}{y\sqrt{cy^2-ch^2-y^2Y}}$ einen, mit jenem Bogen commensurabeln, Bogen eines Kreises bezeichnet.

Zusatz 3.

§. 604. So oft also $\frac{hdy\sqrt{c}}{y\sqrt{cy^2-ch^2-y^2Y}}$ auf die Form $\frac{\lambda dZ}{\sqrt{A^2-Z^2}}$ zurückgeführt werden kann, wo λ eine rationale Zahl bezeichnet, wird man eine algebraische Gleichung für die Curve darstellen können.

Anmerkung 1.

§. 605. Ist

$$\frac{du}{\sqrt{1-u^2}} = \frac{\lambda dZ}{\sqrt{A^2-Z^2}},$$

so erhält man, indem man mittelst imaginärer Logarithmen integrirt, als resultirende Gleichung

$$\frac{\sqrt{1-u^2}+u\sqrt{-1}}{\sqrt{1-u^2}-u\sqrt{-1}} = \left\{\frac{\sqrt{A^2-C^2}-C\sqrt{-1}}{\sqrt{A^2-C^2}+C\sqrt{-1}}\right\}^{\lambda}$$

$$\cdot\left\{\frac{\sqrt{A^2-Z^2}+Z\sqrt{-1}}{\sqrt{A^2-Z^2}-Z\sqrt{-1}}\right\}^{\lambda}.$$

Um C zu bestimmen, können wir die Bedingung einführen, dass für $y = CM = CA = a$, auch $x = CA = a$ oder $u = 1$ werde. Auch kann man die Gleichung in die folgende umformen:

$$u = \frac{\left\{ \begin{array}{l} \{\sqrt{A^2 - C^2} - C\sqrt{-1}\}^\lambda \{\sqrt{A^2 - Z^2} + Z\sqrt{-1}\}^\lambda \\ -\{\sqrt{A^2 - C^2} + C\sqrt{-1}\}^\lambda . \{\sqrt{A^2 - Z^2} - Z\sqrt{-1}\}^\lambda \end{array} \right\}}{2A^{2\lambda}\sqrt{-1}}.$$

So oft λ eine rationale Zahl ist, wird diese Gleichung frei von dem imaginären Factor und daher eine algebraische von einer bestimmten Ordnung.

Zusatz 4.

§. 606. Da $x = uy$ ist, so wird

$$x = \frac{\left\{ \begin{array}{l} \{\sqrt{A^2 - C^2} - C\sqrt{-1}\}^\lambda . \{\sqrt{A^2 - Z^2} + Z\sqrt{-1}\}^\lambda y \\ -\{\sqrt{A^2 - C^2} + C\sqrt{-1}\}^\lambda \{\sqrt{A^2 - Z^2} - Z\sqrt{-1}\}^\lambda y \end{array} \right.}{2A^{2\lambda} . \sqrt{-1}}.$$

Da aber Z eine Function von y und $y = \sqrt{x^2 + z^2}$ ist, so kann man diese Gleichung in eine andere zwischen x und z verwandeln.

Anmerkung 2.

§. 607. Man kann die obige Gleichung auch in die folgende umformen

$$Z = \frac{1}{2\sqrt{-1}} \Big\{ \{\sqrt{1 - u^2} + u\sqrt{-1}\}^{\frac{1}{\lambda}} . \{\sqrt{A^2 - C^2} + C\sqrt{-1}\}$$

$$- \{\sqrt{1 - u^2} - u\sqrt{-1}\}^{\frac{1}{\lambda}} \{\sqrt{A^2 - C^2} - C\sqrt{-1}\} \Big\},$$

welche bequemer ist, wenn $\frac{1}{\lambda}$ eine ganze positive Zahl bedeutet.

Anmerkung 3.

§. 608. Ist aber λ eine negative ganze Zahl, $= -\mu$, so wird die ursprüngliche Gleichung

$$u = \frac{\left\{ \begin{array}{l} \{\sqrt{A^2 - C^2} + C\sqrt{-1}\}^\mu \{\sqrt{A^2 - Z^2} - Z\sqrt{-1}\}^\mu \\ -\{\sqrt{A^2 - C^2} - C\sqrt{-1}\}^\mu \{\sqrt{A^2 - Z^2} + Z\sqrt{-1}\}^\mu \end{array} \right\}}{2A^{2\mu}\sqrt{-1}}.$$

Ist also λ negativ, so wird der Werth von u ebenfalls negativ, was auch aus der Differentialgleichung

$$\frac{du}{\sqrt{1 - u^2}} = \frac{\lambda dZ}{\sqrt{A^2 - Z^2}}$$

erhellt. Auf ähnliche Weise wird auch

$$Z = \frac{1}{2\sqrt{-1}} \left\{ \{\sqrt{1-u^2} - u\sqrt{-1}\}^{\frac{1}{\mu}} \{\sqrt{A^2 - C^2} + C\sqrt{-1}\} \right.$$

$$\left. - \{\sqrt{1-u^2} + u\sqrt{-1}\}^{\frac{1}{\mu}} \{\sqrt{A^2 - C^2} - C\sqrt{-1}\} \right\}$$

Zusatz 5.

§. 609. Ist $\lambda = 1$, so wird $u = \frac{Z\sqrt{A^2 - C^2} - C\sqrt{A^2 - Z^2}}{A^2}$ und $x = \frac{Zy\sqrt{A^2 - C^2} - Cy\sqrt{A^2 - Z^2}}{A^2}$. Ist $\lambda = -1$, so muss man auch u oder x entgegengesetzt annehmen.

Zusatz 6.

§. 610. Ist $\lambda = 2$, so wird

$$u = \frac{2Z(A^2 - 2C^2)\sqrt{A^2 - Z^2} - 2C(A^2 - 2Z^2)\sqrt{A^2 - C^2}}{A^4}.$$

Für $\lambda = \frac{1}{2}$ oder $\frac{1}{\lambda} = 2$ wird

$$Z = C - 2Cu^2 + 2u\sqrt{1-u^2} . \sqrt{A^2 - C^2}.$$

Satz 76.

Lehrsatz.

§. 611. (Figur 57.) Die Centripetalkraft ist einer beliebigen Function des Abstandes vom Centrum C proportional und es wird ein Körper in A, längs der auf AC normalen Richtung fortgeworfen, mit einer Geschwindigkeit, deren zukommende Höhe sich zu $\frac{1}{2}AC$ verhält, wie die Centripetalkraft in A zur Schwerkraft $= 1$; alsdann wird sich dieser Körper gleichförmig auf der Peripherie des, zum Mittelpunkt C gehörigen, Kreises $AMBA$ bewegen.

Beweis.

Es bewege sich der Körper auf diesem Kreise. Da sein Abstand vom Centrum sich nicht ändert, so wird er stets durch dieselbe Centripetalkraft gegen C getrieben, welcher Function des Abstandes die letztere auch proportional sein mag. Da er nun gegen den Mittelpunkt getrieben wird, so ist die Richtung dieser Kraft immer senkrecht auf dem Theilchen der Curve, auf welchem der Körper sich bewegt. Der letztere wird daher stets durch eine Normalkraft, nie aber durch eine Tangentialkraft angetrieben, wesshalb seine Geschwindigkeit immer dieselbe bleiben (§. 561.) und er daher die Peripherie mit gleichförmiger Bewegung beschreiben wird. Da also die Centripetal- oder Normalkraft überall dieselbe ist, setze man sie $=g$, die ebenfalls constante Geschwindigkeit $=\sqrt{c}$ und den Radius $AC = a$, welcher letztere in diesem Falle den Radius des osculirenden Kreises vertritt. Hiernach ist

$$ag = 2c \text{ (§. 561.) oder } c:\tfrac{1}{2}a = g:1.$$

Zusatz 1.

§. 612. Beschreibt also der Körper einmal einen Kreisbogen, dessen Mittelpunkt im Mittelpunkte C der Kräfte liegt, so wird er sich beständig auf der Peripherie dieses Kreises bewegen. Vorausgesetzt, dass die Centripetalkraft nur von den Abständen vom Centrum abhängig, also in gleichen Abständen gleich ist.

Zusatz 2.

§. 613. Setzt man die Peripherie $=2\pi a$, so wird die Geschwindigkeit, mit welcher der Körper sich bewegt, oder $\sqrt{c} = \sqrt{\frac{ag}{2}}$ und die Zeit Eines Umlaufes dureh die ganze Peripherie $= \frac{2\pi\sqrt{2a}}{\sqrt{g}}$.

Zusatz 3.

§. 614. Wenn also mehrere Korper sich in verschiedenen Kreisen, deren Radien a und a' sind, bewegen, so verhalten sich ihre Umlaufszeiten, wenn die Kräfte g und g' sind, wie

$$\sqrt{\frac{a}{g}} \quad \sqrt{\frac{a'}{g'}}.$$

Zusatz 4.

§. 615. Wird der Körper in A senkrecht auf AC fortgeworfen und ist

$$\sqrt{c} > \sqrt{\frac{ag}{2}},$$

so wird er sich auf der Peripherie eines grössern Radius bewegen. Ist hingegen

$$\sqrt{c} < \sqrt{\frac{ag}{2}},$$

so beschreibt er die Peripherie eines kleinern Radius.

Zusatz 5.

§. 616. In diesem Falle, wo der Körper anfängt, sich auf einem Kreise zu bewegen, dessen Mittelpunkt nicht in C liegt, wird er sich sogleich dem Mittelpunkte der Kräfte mehr nähern oder von ihm entfernen. Er wird daher sogleich durch eine andere Centripetalkraft angetrieben werden, wenn dieselbe nicht etwa überall constant ist.

Anmerkung.

§. 617. Mit welcher Geschwindigkeit auch der Körper in A fortgeworfen werde, wenn seine Richtung nur auf der, durch den Mittelpunkt C der Kräfte gehenden geraden Linie senkrecht ist; so wird die Curve $BMAND$ die Eigenschaft haben, dass ihre diess- und jenseits AC liegenden Theile BMA und AND einander congruent sind und AC die Axe der Curve wird. Die Centripetalkraft ist nämlich, wie wir gefunden haben, einer gewissen Function der Abstände vom Centrum proportional, also wird der Körper ober- und unterhalb AC, in gleichen Abständen von C, gleich stark angetrieben und sich daher durch DNA auf dieselbe Weise A nähern, auf welche Weise er sich durch AMB von diesem Punkte entfernt und er wird in gleichliegenden Punkten M und N auch dieselbe Geschwindigkeit haben.

Zusatz 6.

§. 618. Jede aus dem Centrum C gezogene gerade Linie welche auf der Curve normal ist, wird zugleich ein Durchmesser der letztern, so dass die diess- und jenseits gelegenen Theile der Curve einander congruent werden.

Satz 77.

Lehrsatz.

§. 619. (Figur 60.) Mehrere Körper bewegen sich um den Mittelpunkt C der Kräfte und beschreiben um ihn ähnliche Curven AM und am; alsdann stehen ihre, in den ähnlich gelegenen Punkten M und m stattfindenden, Geschwindigkeiten in einem Verhältnisse, welches aus dem halben der gleichliegenden Seiten und dem halben der Centripetalkräfte in denselben Punkten zusammengesetzt ist.

Beweis.

Da $AC : aC = MC : mC$, so wird auch der Krümmungshalbmesser in M zu dem in m stattfindenden, wie auch das Perpendikel CT zu dem Ct in demselben Verhältniss stehen. Nach §. 587. ist aber $Prdx = 2vds$, oder weil $\frac{ds}{dx} = \frac{y}{p}$ und $Ppr = 2vy$, für den Punkt M

$$\sqrt{v} = \sqrt{\frac{Ppr}{2y}}$$

und eben so für den Punkt m, wenn hier P', p', r', y' und v' dasselbe bedeuten, was die vorhergehenden Buchstaben für den Punkt M:

$$\sqrt{v'} = \sqrt{\frac{P'p'r'}{2y'}}.$$

Es wird also

$$\sqrt{v} : \sqrt{v'} = \sqrt{\frac{Ppr}{y}} \sqrt{\frac{P'p'r'}{y'}},$$

d. h. weil $p:r:y = p':r':y'$, also $pr:p'r' = y^2:y'^2$,

$$\sqrt{v} : \sqrt{v'} = \sqrt{Py} : \sqrt{P'y'}.$$

Zusatz 1.

§. 620. Setzt man daher $AC = A$, $aC = a$, $Cd = H$, $Cd = h$, ferner die Geschwindigkeit in $A = \sqrt{C}$ und die in $a = \sqrt{c}$; so ist die Winkelgeschwindigkeit im Punkt M, oder $W = \frac{H\sqrt{C}}{MC^2}$ (§. 599.) und eben so die in m, oder $w = \frac{h\sqrt{c}}{mC^2}$; also

$$W : w = \frac{H\sqrt{C}}{MC^2} : \frac{h\sqrt{c}}{mC^2}.$$

Wegen der Aehnlichkeit beider Curven ist aber $H:h = MC:mC = A:a$, demnach

$$W : w = \frac{\sqrt{C}}{A} : \frac{\sqrt{c}}{a},$$

d. h. es stehen die Winkelgeschwindigkeiten in einem constanten Verhältniss.

Zusatz 2.

§. 621. Die Zeiten T und t, in denen gleiche Winkel ACM und aCm oder gleichliegende Wege AM und am beschrieben werden, stehen im umgekehrten Verhältniss der Winkelgeschwindigkeiten in den Punkten M und m, d. h. sie verhalten sich direct wie die gleichliegenden Seiten und indirect wie die Geschwindigkeiten in jenen Punkten.

Anmerkung 1.

§. 622. Auch die Geschwindigkeiten in gleichliegenden Punkten behalten überall dasselbe Verhältniss Es ist nämlich in M, $\sqrt{v} = \frac{H\sqrt{C}}{p}$ und in m, $\sqrt{v'} = \frac{h\sqrt{c}}{p'}$ (§. 589.), also

$$\sqrt{v} : \sqrt{v'} = \frac{H\sqrt{C}}{p} : \frac{h\sqrt{c}}{p'};$$

allein da $H:h = p:p'$, so wird $\sqrt{v} : \sqrt{v'} = \sqrt{C} : \sqrt{c}$.

Zusatz 3.

§. 623. Nach dem Lehrsatze wird aber aus $\sqrt{v} : \sqrt{v'} = \sqrt{Py} : \sqrt{P'y'}$, wenn man die Centripetalkräfte in A und a respective G und g nennt:

$$\sqrt{C} : \sqrt{c} = \sqrt{G.A} : \sqrt{ga}.$$

Zusatz 4.

§. 624. Es wird demnach $T:t = \frac{A}{\sqrt{GA}} : \frac{a}{\sqrt{ga}} = \sqrt{\frac{A}{G}} : \sqrt{\frac{a}{g}}$, d. h. die zur Beschreibung der Bogen AM und am erfoderlichen Zeiten sind constant und in demselben Verhältniss bleiben die ganzen Umlaufszeiten.

Anmerkung 2.

§. 625. In diesem Falle, wo mehrere ähnliche Figuren um den Mittelpunkt C der Kräfte beschrieben werden, müssen die Centripetalkräfte in gleichliegenden Punkten überall dasselbe Verhältniss beibehalten. Da nämlich $P = \frac{2ch^2y}{p^3r}$ (§. 592.), so wird

$$P:P' = \frac{C}{A} : \frac{c}{a},$$

d. h. jene Kräfte in constantem Verhältniss. Damit also mehrere ähnliche Figuren um den Mittelpunkt C beschrieben werden können, muss die Centripetalkraft durch eine solche Function des Abstandes ausgedrückt werden, dass jene Kräfte in homologen Punkten dasselbe Verhältniss beibehalten können. Setzt man also die Centripetalkraft im Abstande $y = P$ und im Abstande $my = Q$, so muss $P : Q$ ein constantes Verhältniss sein, in welchem sich y nicht befindet.

Zusatz 5.

§. 626. Man kann diess nur erlangen, wenn P irgend einer Potenz von y, also etwa $= \frac{y^n}{f^n}$ ist. In diesem Falle wird

$$P : Q = y^n : m^n y^n = 1 : m^n$$

d. h. constant.

Zusatz 6.

§. 627. Nur wenn die Centripetalkraft einer Potenz des Abstandes vom Centrum proportional ist, können mehrere ähnliche Figuren um das letztere beschrieben werden und in diesen Fällen allein finden die, aus dem Lehrsatze abgeleiteten, Eigenschaften statt.

Zusatz 7.

§. 628. Ist aber $P = \frac{y^n}{f^n}$, so wird $G = \frac{A^n}{f^n}$ und $g = \frac{a^n}{f^n}$; demnach

$$\sqrt{v} \quad \sqrt{v'} = \sqrt{C} : \sqrt{c} = \sqrt{G.A} : \sqrt{ga} = A^{\frac{n+1}{2}} : a^{\frac{n+1}{2}}.$$

Zusatz 8.

§. 629. In diesem Falle verhalten sich ferner die Zeiten, in denen ähnliche Bogen AM und am zurückgelegt werden, wie $A^{\frac{1-n}{2}} : a^{\frac{n-1}{2}}$; sie stehen also im $\frac{1-n}{2}$-fachen Verhältniss gleichliegender Seiten.

Anmerkung 3.

§. 630. In diesem und dem vorhergehenden Satze sind alle die Lehrsätze enthalten, welche Huygens in seinem Werke: de Horologio oscillatorio, in Bezug auf die Centripetalkräfte aufgestellt hat. Ich habe dieselben zum Theil hier zusammengestellt, zum Theil können sie sehr einleuchtend aus diesen Sätzen abgeleitet werden.

Satz 78.

Aufgabe.

§. 631. (Figur 61.) Das Centrum C zieht im directen Verhältniss der Abstände an und ein Körper wird aus A, normal auf AC und mit gegebener Geschwindigkeit fortgeworfen; man soll die Curve $AMDBH$ bestimmen, welche dieser Körper beschreiben wird und seine Geschwindigkeit an den einzelnen Orten.

Auflösung.

Setzt man $AC = a$, so ist also das vom Centrum auf die Richtung der Bewegung gefällte Perpendikel $= a$ und es sei die Geschwindigkeit in $A = \sqrt{c}$. Nun denken wir uns den Körper nach M gelangt, setzen $CM = y$ und das von C auf die Tangente in M gefällte Perpendikel $CT = p$; v und f haben die frühern Bedeutungen. Die Centripetalkraft im Punkt M ist daher $=\frac{y}{f}$ und vergleicht man diese Grössen mit den obigen, (§. 601.), so ist hier $P=\frac{y}{f}$, $h=a$ und

$$Y=\frac{y^2-a^2}{2f}, \text{ wie auch } p=\frac{a\sqrt{2cf}}{\sqrt{a^2+2cf-y^2}}.$$

Nach §. 587. ist aber $v=\frac{c\,.\,a^2}{p^2}=\frac{a^2+2cf-y^2}{2f}$ und $ds=\frac{ydy}{\sqrt{y^2-p^2}}$, mithin wird

$$dt=\frac{ds}{\sqrt{v}}=\frac{ydy\sqrt{2f}}{\sqrt{a^2y^2+2cfy^2-y^4-2cfa^2}}.$$

Fällt man von M auf AC das Perpendikel MP und setzt $CP=x=uy$, so wird

$$\frac{du}{\sqrt{1-u^2}}=\frac{ady\sqrt{2cf}}{y\sqrt{2cfy^2-2cfa^2-y^4+a^2y^2}} \text{ (§. 601.).}$$

Setzt man nun $y=\frac{1}{\sqrt{q+\frac{2cf+a^2}{4a^2cf}}}$, so wird

$$\frac{du}{\sqrt{1-u^2}}=\frac{-\frac{1}{2}dq}{\sqrt{\left(\frac{a^2-2cf}{4a^2cf}\right)^2-q^2}},$$

und wenn man den Ausdruck auf der rechten Seite mit $\frac{\lambda dZ}{\sqrt{A^2-Z^2}}$ (§. 604.) vergleicht; so ist hier

$$\lambda=\tfrac{1}{2},\ Z=-q \text{ und } A=\frac{a^2-2cf}{4a^2cf}.$$

Man findet hieraus

$$Z=-q=C-2Cu^2+2u\sqrt{(1-u^2)(A^2-C^2}=\frac{a^2+2cf}{4a^2cf}-\frac{1}{y^2}.$$

Die Constante C wird dadurch bestimmt, dass für $u=1, y=a$ werden muss; wir haben also

$$C=\frac{2cf-a^2}{4a^2cf} \text{ und da } A=\frac{a^2-2cf}{4a^2cf}, \text{ offenbar } \sqrt{A^2-C^2}=0.$$

Die vollständige Gleichung wird demnach

$$-\frac{1}{y^2}+\frac{2cf+a^2}{4a^2cf}=\frac{2cf-a^2}{4a^2cf}-\frac{2cf-a^2}{2a^2cf}u^2,$$

d. h. weil $x=uy$ oder $u^2=\frac{x^2}{y^2}$, nach einfacher Reduction

$$a^2y^2-2a^2cf=(a^2-2cf)x^2.$$

Da aber, wenn man die Ordinate $MP=z$ setzt, $y^2=x^2+z^2$ ist; so ergibt sich für die gesuchte Curve folgende Gleichung zwischen den rechtwinkligen Coordinaten:

$$a^2z^2+2cf.x^2=2a^2cf.$$

Aus dieser folgt unmittelbar, dass $AMBDH$ eine Ellipse ist, deren Mittelpunkt in C liegt, deren grosse Axe $AB=2a$ und deren kleine $DH=2\sqrt{2cf}$ ist.

Zusatz 1.

§. 632. Wir haben die, der Geschwindigkeit in M zukommende, Höhe

$$v=\frac{a^2+2cf-y^2}{2f}.$$

Da aber $a^2+2cf=AC^2+CD^2=AD^2$ ist, so wird

$$v=\frac{AD^2-CM^2}{2f}.$$

Zusatz 2.

§. 633. Auf ähnliche Weise wird das auf die Tangente MT gefällte Perpendikel

$$p=\frac{AC.CD}{\sqrt{AD^2-CM^2}} \text{ und auch } MT=\frac{(AC^2-CD^2).CP.PM}{AC.CD\sqrt{AD^2-CM^2}},$$

vorausgesetzt dass $AC>CD$ sei.

Zusatz 3.

§. 634. In diesem Falle, wo $AC>CD$, ist AB die grosse Axe der Ellipse, auf welcher die Brennpunkte F und G liegen. Da nun $CF=CG=\sqrt{AC^2-CD^2}$, so wird

$$MT=\frac{CF^2.CP.PM}{AC.CD.\sqrt{AD^2-CM^2}}.$$

Zusatz 4.

§. 635. Ferner ergibt sich zur Bestimmung des Winkels TMC, welchen die Richtungslinie des Körpers in M mit dem Radius MC bildet:

$$\sin TMC = \frac{AC \cdot CD}{CM \cdot \sqrt{AD^2 - CM^2}} \text{ und}$$

$$\cos TMC = \frac{CF^2 \cdot CP \cdot PM}{CM \cdot AC \cdot CD \cdot \sqrt{AD^2 - CM^2}}.$$

Anmerkung 1.

Die Determinante CE (§. 596. und §. 597.) ist stets gleich der Hypothenuse AD. Setzt man nämlich $CE = k$ und steigt der Körper von E gegen C, vermöge des Zuges der Centripetalkraft herab, so wird der Körper, wenn er nach A gelangt, eine der Höhe c zukommende Geschwindigkeit haben müssen. Es wird daher $k = \sqrt{a^2 + 2cf}$, also weil $AC = a$ und $CD = \sqrt{2cf}$, $AD = \sqrt{AC^2 + CD^2} = CE$.

Zusatz 5.

§. 637. Bewegt sich der Körper auf der geraden Linie CE, so wird, wenn er nach C kommt, die seiner erlangten Geschwindigkeit zukommende Höhe

$$v = \frac{k^2}{2f} = \frac{a^2 + 2cf}{2f} = \frac{AD^2}{2f}.$$

Zusatz 6.

§. 638. Die Zeit, in welcher der Bogen AM zurückgelegt wird, ist $= \frac{2 \cdot ACM}{a\sqrt{c}}$ (§. 588.), weil in diesem Falle $h = a$ ist. Wir erhalten daher die Zeit, in welcher der Körper einen ganzen Umlauf auf der Peripherie der Ellipse ausführt,

$$= \frac{2 \times area.\,ellipt.}{a\sqrt{c}} = \frac{2a\sqrt{2cf} \cdot \pi}{a\sqrt{c}} = 2\pi\sqrt{2f}.$$

Zusatz 7.

§. 639. Wenn also mehrere Körper sich in Ellipsen um denselben Mittelpunkt der Kräfte, welcher sie den Entfernungen proportional anzieht, bewegen, so sind ihre ganzen Umlaufszeiten einander gleich.

Anmerkung 2.

§. 640. Ist die Anfangsrichtung des Körpers im Punkt A nicht normal auf dem Radius AC, so ergibt die Rechnung für die vom Körper beschriebene Curve keine Ellipse, sondern eine andere Curve vierter Ordnung, welche jedoch keineswegs Genüge leisten kann. Die Ursache dieser Abweichung der Rechnung von der Wahrheit besteht darin, dass für den Sinus des Winkels, welchen die Curve mit dem Radius bildet, der Ausdruck in y und u, für $y=a$ und $u=1$, selbst stets $=1$ wird, wenn auch nach der Voraussetzung ein anderer Werth hervorgehen sollte. Es ist nämlich dieser Sinus

$$=\frac{ydu}{\sqrt{dy^2-u^2\,dy^2+y^2\,du^2}},$$

welcher Ausdruck für $u=1$ offenbar $=1$ wird, während er doch $=\frac{h}{a}$ werden sollte. Man ersieht also, dass die auf diese Weise angestellte Rechnung nur dann mit der Wahrheit übereinstimmen kann, wenn $h=a$ ist; vorausgesetzt, dass man eine Gleichung zwischen u und y suchen muss. Diese Regel muss man also stets befolgen, so oft die beschriebene Curve nach den Vorschriften des §. 601. gesucht wird. Die in diesem Satze gelehrte Methode eignet sich aber nur zur Auffindung algebraischer Curven, will man transcendente bestimmen, so muss man sich einer andern Methode bedienen. Alle algebraische Curven haben aber die Eigenschaft, dass man auf sie aus jedem Punkte ein Perdendikel fällen kann. So oft daher ein Körper sich in einer algebraischen Curve um das Centrum der Kräfte bewegt, kann man auf ihr stets einen oder mehrere Punkte angeben, in denen der Radius perdendikulär auf der Curve steht. In einen dieser Punkte muss man den Anfang der Bewegung setzen und es wird alsdann die Rechnung stets mit der Wahrheit übereinstimmen. Aus einer solchen Auflösung findet man leicht die Geschwindigkeit des Körpers in jedem andern Punkte, und nach der umgekehrten Methode, wenn die Geschwindigkeit in einem Punkte gegeben ist, in welchem der Radius nicht auf der Curve senkrecht steht, die Geschwindigkeit in dem Punkte, wo diess der Fall ist. Wie man diess ausführen könne, lehrt der folgende Satz.

Die vorher erwähnte Eigenschaft der algebraischen Curven, dass man aus einem beliebigen gegebenen Punkte Perpendikel auf sie fällen kann, kommt nicht allen transcendenten Curven zu. In der logarithmischen Spirallinie kann man bekanntlich vom Mittelpunkte aus kein Perpendikel auf die Curve fällen, indem die Radien beständig einen constanten Winkel mit ihr bilden. Damit man endlich den Grund einsehe, warum

$$\frac{ydu}{\sqrt{dy^2-u^2dy^2+y^2du^2}}$$

stets $=1$ wird, wenn man $u=1$ setzt, da doch jeder andere

Winkel als ein Rechter aus ihr hervorgehen müsste, hat man zu bemerken, dass für $u=1$ das Element du gegen dy verschwindet, ausgenommen wenn die Tangente in A perpendikulär auf dem Radius AC ist. Aus diesem Grunde darf man für $u=1$ das Elemeut $dy^2(1-u^2)$ nicht gegen y^2du^2 vernachlässigen, da beide, wie auch der Zähler ydu, verschwinden. Man kann daher für $u=1$ den Sinus jedes beliebigen Winkels durch jenen Ausdruck darstellen. Da man aber diese Vorsicht in der Rechnung nicht beobachten kann, so wird die letztere, ausgenommen wenn $h=a$ ist, nie die wahre Curve darstellen.

Satz 79.

Aufgabe.

§. 641. (Figur 61.) Der Mittelpunkt der Kräfte zieht im Verhältniss der Abstände an und es wird ein Körper in M mit beliebiger Geschwindigkeit und nach der beliebigen Richtung MT fortgeworfen; man soll die Ellipse bestimmen, in welcher der Körper sich bewegen wird.

Auflösung.

Diese Aufgabe kann gelöst werden, weil die Anzahl der gegebenen Bedingungen nicht zu gross ist, um eine Ellipse zu bestimmen. Man setze $CM = y$, $\sin CMT = s$, die Geschwindigkeit in $M = \sqrt{v}$, ferner habe f die vorige Bedeutung. Diese Grössen sind als gegeben und bekannt anzusehen, die Unbekannten sind die Axen der Ellipse $AC = a$, $CD = b$ und ihre Lage. Da nun $b = \sqrt{2cf}$ (§. 631.) und $2fv = a^2 + b^2 - y^2$ (§. 632.); so folgt $a^2+b^2 = AD^2 = 2fv + y^2 = CE^2$, wo CE die Geschwindigkeiten bestimmt, d. h. die Determinante ist. Ferner haben wir

$$s = \frac{ab}{y\sqrt{a^2+b^2-y^2}} = \frac{ab}{y\sqrt{2fv}} \text{ oder } ab = sy\sqrt{2fv}.$$

Da nun

$$(a^2-b^2)^2 = 4f^2v^2 + 4fvy^2 + y^4 - 8fs^2vy^2 = 4f^2v^2 + y^4 + 4fvy^2(1-2s^2),$$

ferner

$$1-2s^2 = 1-2\sin TMC^2 = \cos 2TMC = i;$$

so wird

$$a^2 - b^2 = \sqrt{4f^2v^2 + y^4 + 4fivy^2}.$$

Aus dieser Gleichung und der obigen für a^2+b^2 erhält man

$$a^2 = fv + \tfrac{1}{2}y^2 + \sqrt{f^2v^2 + \tfrac{1}{4}y^2 + fivy^2} \text{ und}$$
$$b^2 = fv + \tfrac{1}{2}y^2 - \sqrt{f^2v^2 + \tfrac{1}{4}y^2 + fivy^2}.$$

Hat man so die Axen gefunden, so erhält man leicht ihre Lage, indem

$$\cos ACM = \frac{x}{y} = \frac{1}{y}\sqrt{\frac{a^2y^2 - a^2b^2}{a^2 - b^2}} = \sqrt{\tfrac{1}{2} + \frac{fiv + \tfrac{1}{2}y^2}{\sqrt{4f^2v^2 + y^4 + 4fivy^2}}}.$$

Hieraus folgt endlich

$$\cos 2 . ACM = \frac{2fiv + y^2}{\sqrt{4f^2v^2 + y^4 + 4fivy^2}}$$

$$\text{und } \sin 2ACM = \frac{2fv\sqrt{1 - i^2}}{\sqrt{4f^2v^2 + y^4 + 4fivy^2}}.$$

Zusatz.

§. 642. Wo, mit welcher Geschwindigkeit und nach welcher Richtung der Körper auch geworfen werden mag, so wird er sich doch um den Mittelpunkt der Kräfte auf dem Umfang einer Ellipse bewegen, deren Mittelpunkt mit dem der Kräfte zusammenfällt.

Anmerkung.

§. 643. Bisher wurde die Centripetalkraft als im Verhältniss der Abstände anziehend vorausgesetzt, man würde aber auf gleiche Weise die beschriebene Curve finden, wenn die Körper durch die Kraft in demselben Verhältniss vom Mittelpunkte zurückgestossen würden. Alles Vorhergehende wird nämlich dadurch diesem Falle angepasst, dass man $-f$ statt $+f$ setzt. Geschieht diess aber, so geht die Curve, welche vorher eine Ellipse war, in eine Hyperbel über, indem die kleine Axe imaginär wird und der Mittelpunkt der Kräfte in dem der Hyperbel zu liegen kommt.

Satz 80.

Aufgabe.

§. 644. (Figur 62.) Die Centripetalkraft ist dem Quadrat des Abstandes umgekehrt proportional und es wird ein Körper in A nach einer auf dem Radius AC normalen Richtung fortgeworfen; man soll die Curve $AMDBHA$, welche der Körper beschreiben wird und seine Bewegung auf derselben bestimmen.

Auflösung.

Setzt man wie vorher $AC = a$, c und f in der frühern Bedeutung, ferner $CM = y$ und das Perpendikel, welches auf die Tangente gefällt wird, oder $CT = p$, endlich die Geschwindigkeit in $M = \sqrt{v}$; vergleicht man diese Grössen mit den in §. 601. enthaltenen: so hat man

$$h=a,\ P=\frac{f^2}{y^2} \text{ und } Y=\frac{f^2}{a}-\frac{f^2}{y}.$$

Man fälle von M auf AC das Perpendikel MP und setze $CP = x = uy$, so wird

$$\frac{du}{\sqrt{1-u^2}}=\frac{ady\sqrt{c}}{y\sqrt{cy^2-a^2c-\frac{f^2y^2}{a}+f^2.y}}.$$

Setzt man nun $y=\dfrac{1}{\frac{f^2}{2a^2c}-q}$, so wird

$$\frac{du}{\sqrt{1-u^2}}=\frac{dq}{\sqrt{\left(\frac{2ac-f^2}{2a^2c}\right)^2-q^2}}.$$

Vergleicht man den letzten Ausdruck mit dem $\dfrac{\lambda dZ}{\sqrt{A^2-Z^2}}$ (§. 604), so ist $\lambda=1$, $A=\dfrac{2ac-f^2}{2a^2c}$ oder $=\dfrac{f^2-2ac}{2a^2c}$ und $Z=q$. Wir erhalten daher

$$u=\frac{q\sqrt{A^2-C^2}-C\sqrt{A^2-q^2}}{A^2}\ (\text{§. } 609.)$$

Nun ist aber $q=\dfrac{f^2}{2a^2c}-\dfrac{1}{y}$ und die Constante C dadurch zu bestimmen, dass für $u=1$, $y=a$ werden muss. Jene Gleichung geht nach geringer Umformung über in

$$C+u\sqrt{A^2-q^2}=q\sqrt{1-u^2}$$

und setzt man in dieser $u=1$, wie auch $q=\dfrac{f^2-2ac}{2a^2c}$, so wird $C=0$; also

$$\left(\frac{f^2-2ac}{2a^2c}\right)^2u^2=q^2 \text{ oder } (f^2-2ac)u=2a^2cq=f^2-\frac{2a^2c}{y}.$$

Da aber $u=\dfrac{x}{y}$, so erhält man $(f^2-2ac)x=f^2y-2a^2c$

und $\qquad f^4y^2=4a^4c^2+4a^2cx(f^2-2ac)+(f^2-2ac)^2x^2.$

Setzt man die Ordinate $PM=z$, so wird

$$f^4z^2=4a^4c^2-4a^2cx(f^2-2ac)-4acf^2x^2+4a^2c^2x^2,$$

und wenn man ferner $x=t+\dfrac{2a^2c-af^2}{2f^2-2ac}$ setzt, endlich

$$f^4z^2=\frac{a^3cf^4}{f^2-ac}-4act^2(f^2-ac).$$

Diess ist die Gleichung einer Ellipse, deren Abscissen auf der grossen Axe vom Mittelpunkte G aus genommen sind und deren grosse Axe $= \frac{af^2}{f^2 - ac}$ und kleine $= \frac{2a\sqrt{ac}}{\sqrt{f^2 - ac}}$ ist. Der Abstand des Mittelpunktes C der Kräfte vom Mittelpunkte G der Ellipse wird $CG = \frac{2a^2c - af^2}{2f^2 - 2ac}$, d. h. gleich dem halben Abstande beider Brennpunkte von einander; der Mittelpunkt der Kräfte liegt also in dem einen von beiden Brennpunkten. Offenbar wird also der in A mit der Geschwindigkeit $\sqrt{c}$ geworfene Körper um das Centrum der Kräfte eine Ellipse $AMDBHA$ beschreiben, deren einer Brennpunkt in C selbst liegt. Es wird ferner $AC = a$, $AG = \frac{af^2}{2f^2 - 2ac}$, $AB = \frac{af^2}{f^2 - ac}$, $BC = \frac{a^2c}{f^2 - ac}$ und die kleine Axe $DH = \frac{2a\sqrt{ac}}{\sqrt{f^2 - ac}}$. Der Parameter der Ellipse wird $= \frac{4a^2c}{f^2}$. Um die Geschwindigkeit im Punkte M zu bestimmen, bedient man sich der Gleichung $v = \frac{a^2c}{p^2}$

und da $p = \frac{a\sqrt{c}}{\sqrt{c - Y}} = \frac{a\sqrt{acy}}{\sqrt{acy + (a - y)f^2}}$, so wird

$$v = \frac{acy + (a - y)f^2}{ay}.$$

Zusatz 1.

§. 645. Für den Werth der Entfernung, welche die Geschwindigkeiten bestimmt (der Determinante) findet man

$$CE = \frac{af^2}{f^2 - ac} = AB \text{ (§. 274.)}.$$

Zusatz 2.

§. 646. Die vom Körper beschriebene Curve wird so oft wirklich eine Ellipse sein, als $f^2 > ac$ oder $c < \frac{f^2}{a}$ ist. Ist aber

$c > \frac{f^2}{a}$, so wird

$$AB = \frac{af^2}{f^2 - ac} \text{ negativ und } DH = \frac{2a\sqrt{ac}}{\sqrt{f^2 - ac}} \text{ imaginär;}$$

d. h. die Curve wird eine Hyperbel

Zusatz 3.

§. 647. Ist aber $c = \frac{f^2}{a}$, so hält die vom Körper beschriebene Curve die Mitte zwischen der Ellipse und Hyperbel, sie ist nämlich eine Parabel.

Zusatz 4.

§. 648. Ist $c = \frac{f^2}{2a}$, so geht die Ellipse in einen Kreis über, indem alsdann beide Axen einander gleich werden und der Mittelpunkt C der Kräfte in den Mittelpunkt G des Kreises fällt.

Zusatz 5.

§. 649. Zieht man in der Ellipse vom andern Brennpunkt F aus die Linie FM, so wird

$$FM = AB - y = \frac{f^2(a-y) + acy}{f^2 - ac}, \text{ also}$$

$$v = \frac{acy + (a-y)f^2}{ay} = \frac{(f^2 - ac)FM}{a.CM},$$

mithin die Geschwindigkeit $\sqrt{v}$ in dem beliebigen Punkte M proportional $\sqrt{\frac{FM}{CM}}$.

Zusatz 6.

§. 650. Es wird ferner zur Bestimmung des Winkels, welchen der Radius CM mit der Tangente MT bildet,

$$\sin CMT = \frac{p}{y} = \frac{a\sqrt{ac}}{\sqrt{(f^2 - ac)}FM.CM}.$$

Zusatz 7.

§. 651. Da $GC = \frac{2a^2c - af^2}{2(f^2 - ac)}$ ist, so wird GC positiv oder es liegt der Mittelpunkt der Kräfte in dem vom Scheitel entferntern Brennpunkte, wenn $c > \frac{f^2}{2a}$; hingegen wird GC negativ oder es liegt C im nähern Brennpunkte, wenn $c < \frac{f^2}{2a}$.

Zusatz 8.

§. 652. Setzt man die grosse Axe $AB = E$ und den Parameter $= L$, so ist $E = \frac{af^2}{f^2 - ac}$ und $L = \frac{4a^2c}{f^2}$. Hieraus folgt $4acE - 4a^2c = ELc$ oder

$$a = \frac{E \pm \sqrt{E^2 - EL}}{2} \text{ und } \sqrt{c} = \frac{f}{2a}\sqrt{L} = \frac{f\sqrt{L}}{E \pm \sqrt{E^2 - EL}}.$$

Zusatz 9.

§. 653. Die Zeit, in welcher der Körper die ganze Peripherie der Ellipse durchläuft, wird nach §. 588., indem man a statt h setzt,

$$= \frac{2.\text{areae ellipt.}}{a\sqrt{c}} = \frac{4\text{areae ellipt.}}{f\sqrt{L}}$$ oder weil area elliptica $$= \frac{\pi.E\sqrt{EL}}{4}, \text{ jene Zeit} = \frac{\pi E\sqrt{E}}{f}.$$

Zusatz 10.

§. 654. Wenn also mehrere Körper, die im umgekehrten doppelten Verhältniss der Abstände angezogen werden, sich um den Mittetpunkt C der Kräfte bewegen, so sind ihre Umlaufszeiten den $\frac{3}{2}$ten Potenzen der grossen Axe proportional.

Zusatz 11.

§. 655. Ist die Anfangsgeschwindigkeit in $A = 0$, so geht die Ellipse in die gerade Linie AC über. Auf dieser wird sich der Körper beständig von A bis C bewegen und von hier plötzlich nach A zurückkehren, so dass er niemals über C hinausgelangt §. 272.).

Satz 81.

Aufgabe.

§. 656. (Figur 62.) Die Centripetalkraft ist dem Quadrat der Entfernung umgekehrt proportional und es wird ein Körper aus M mit beliebiger Geschwindigkeit und nach der beliebigen Richtung MT geworfen; man soll die Ellipse $MDBHAM$ bestimmen, auf welcher der Körper sich bewegen wird.

Auflösung.

Es sei, wie im vorigen Satze, $MC = y$, $\sin CMT = s$, eben so v und f in der dortigen Bedeutung genommen. Diese Grössen sind bekannt und aus ihnen wollen wir $AB = E$ nebst ihrer Lage und den Parameter $= L$ ableiten. Die Buchstaben a und c sollen ebenfalls ihre frühere Bedeutung beibehalten. Nach der Natur der Ellipse haben wir $FM = E - y$, also v $= \frac{(f^2 - ac)(E-y)}{ay}$ (§. 649.) $= \frac{f^2(E-y)\{2E-L\pm 2\sqrt{E^2-EL}\}}{y\{2E^2-EL\pm 2E\sqrt{E^2-EL}\}}$ $= \frac{f^2(E-y)}{Ey}$; hieraus folgt $E = \frac{f^2 y}{f^2 - vy}$. Ferner ist $\sin CMT$ $= s = \frac{a\sqrt{ac}}{\sqrt{(f^2-ac)(E-y)y}}$ (§. 650.), allein $f^2 - ac =$

$\frac{f^2\{E\pm\sqrt{E^2-EL}\}}{2E}$, $a^3c=\frac{(E\pm\sqrt{E^2-EL})^3}{8}\cdot\frac{f^2L}{(E\pm\sqrt{E^2-EL})^2}$

(§. 652.), also $a\sqrt{ac}=\frac{1}{2}f\sqrt{\frac{L\{E\pm\sqrt{E^2-EL}\}}{2}}$, mithin

$\frac{a\sqrt{ac}}{\sqrt{f^2-ac}}=\frac{1}{2}\sqrt{EL}$ und so $s=\frac{\sqrt{EL}}{2\sqrt{(E-y)y}}$.

Es wird die conjugirte Axe

$$DH=\sqrt{EL}=2s\sqrt{Ey-y^2}=2sy\frac{\sqrt{vy}}{\sqrt{f^2-vy}}$$

und der Parameter $L=\frac{4s^2vy^2}{f^2}$.

Um die Lage der grossen Axe zu bestimmen, haben wir

$$\cos MCP=\frac{x}{y}=\frac{f^2y-2a^2c}{y(f^2-2ac)}=\frac{2Ey-EL}{2y\sqrt{E^2-EL}}$$

$$=\frac{f^2-2s^2vy}{\sqrt{f^4-4f^2s^2vy+4s^2v^2y^2}},$$

woraus folgt

$$\operatorname{tg} MCP=\frac{2svy\sqrt{1-s^2}}{f^2-2s^2vy}.$$

Zusatz 1.

§. 657. Ist $f^2>vy$ oder $v<\frac{f^2}{y}$, so wird die Curve eine Ellipse; ist $f^2<vy$ oder $v>\frac{f^2}{y}$, so wird die Curve eine Hyperbel; ist endlich $v=\frac{f^2}{y}$, so wird sie eine Parabel.

Zusatz 2.

§. 658. Da weder die grosse Axe, noch der Parameter je imaginär werden können, auf welche Weise auch der Körper geworfen werde, so wird er sich immer in einem Kegelschnitte bewegen, in dessen einem Brennpunkt sich der Mittelpunkt der Kräfte befindet.

Anmerkung 1.

§. 659. Nachdem Kepler gezeigt hatte, dass die Planeten sich in Ellipsen bewegen, in deren einem Brennpunkt sich die Sonne befindet und dass die Zeiten den Flächenräumen proportional seien, welche die nach der Sonne gezogenen geraden Linien und der Bogen begrenzen; bewies Newton, dass die

Kraft, welche die Planeten in ihren Bahnen hält, nach der Sonne gerichtet und den Quadraten der Abstände der Planeten von der Sonne umgekehrt proportional sei. Diese Wahrheit folgt auch aus den beiden letzten Sätzen. Zieht nämlich der Mittelpunkt der Kräfte die Körper im umgekehrten doppelten Verhältniss der Abstände an, so müssen dieselben sich in Ellipsen oder Hyperbeln bewegen, deren einer Brennpunkt in den Mittelpunkt der Kräfte fällt.

Zusatz 3.

§. 660. Nach Newton verhält sich die anziehende Kraft der Sonne zu der der Erde, in gleichen Abständen von den beiderseitigen Mittelpunkten, wie

227512 : 1.

Da nun die anziehende Kraft der Erde im Abstande des Halbmessers von ihrem Mittelpunkte, oder an ihrer Oberfläche gleich der Schwerkraft, d. h. $=1$ ist; so wird ein Körper, welcher um den Erdhalbmesser vom Mittelpunkte der Sonne entfernt ist, durch eine 227512mal so grosse Kraft als die Schwere, gegen jenen hingezogen werden. Im Abstande von 477 Erdhalbmessern des Körpers vom Mittelpunkte der Sonne zieht diese ihn eben so stark an, als die Erde vermöge ihrer Schwerkraft.

Zusatz 4.

§. 661. Vertritt daher die Sonne die Stelle des Mittelpunktes der Kräfte, welcher im umgekehrten doppelten Verhältniss der Abstände anzieht, so muss man $f = 477$ Erdhalbmessern setzen.

Anmerkung 2.

§. 662. Um diese Sätze der Bewegung der Planeten anzupassen, nehme man die Sonne als in C befindlich an und es bewege sich der Planet in der Ellipse $ADHBA$, deren grosse Axe $AB = E$ und Abstand der Brennpunkte $CF = D$ sei, ferner sei die Geschwindigkeit, welche der Planet in der obern Abside A hat, $= \sqrt{c}$. Es wird demnach

$$c = \frac{227512.(E-D)}{(E+D).E}.$$

Für den Merkur ist nun in Erdhalbmessern, wie hier allgemein, ausgedrückt:

$E=15991$, $D=3367$, also $c=7,368$.

Für die Venus $E=29882$, $D=206$, „ $c=7,598$;

„ „ Erde $E=41312$, $D=743$ „ $c=5,323$;

für den Mars $E=62959$, $D=5887$ also $c=3,049$;
„ „ Jupiter $E=214870$, $D=10350$ „ $c=0,9633$;
„ „ Saturn $E=394042$, $D=22391$ „ $c=0,5173$.

Diess ist hinreichend, um die absolute Bewegnng eines jeden Planeten zu bestimmen.

Anmerkung 3.

§. 663. Newton leitete, wie wir schon angedeutet haben, aus der bekannten Ellipse, welche der Körper beschreibt und aus der Lage des Mittelpunktes der Kräfte in einem von beiden Brennpunkten ab, dass die Centripetalkraft dem Quadrate des Abstandes umgekehrt proportional sei.

Nachher wurde aber von Joh. Bernouilli und Andern die umgekehrte Aufgabe behandelt, nämlich die Curve zu bestimmen, welche ein Körper um ein Centrum der Kräfte beschreiben wird, das im umgekehrten doppelten Verhältniss der Abstände anzieht. Man glaubte nämlich, Newton habe auf keine genügende Weise dargethan, dass ausser den Kegelschnitten keine andere Curve Genüge leisten könne, obgleich der Satz XVII. des ersten Buches der Principien diess klar zu zeigen scheint. Die Auflösung dieser Aufgabe haben wir in den beiden letzten Sätzen vollständig gegeben, wodurch Newton's Behauptung ausser allen Zweifel gestellt wird. Andere Auflösungen derselben kann man in den Comm. Acad. Paris. und Horis subsecivis Francof. nachsehen.

Anmerkung 4.

§. 664. Die Umlaufszeit eines Planeten um die Sonne beträgt in Secunden

$$\frac{\pi E \sqrt{E}}{250 . f} \quad (§. 653.)$$

wenn E und f in Scrupeln ausgedrückt sind. Da es aber bequemer ist, E und f in Erdhalbmessern auszudrücken und jeder der letztern = 20302353 Fuss ist, so muss man statt des Bruches $\frac{1}{250}$, womit $\frac{\pi E \sqrt{E}}{f}$ zu multipliciren ist, die Zahl 569,945 anwenden und es wird so jene Zeit

$$= \frac{569945 \, \pi E \sqrt{E}}{1000 \, f} = 3,758 \, E \sqrt{E} \text{ Secunden},$$

indem $\pi = 3,1415926\ldots$, $f = 477$ (§. 661.) ist und wo E in Erdhalbmessern ausgedrückt werden muss.

Satz 82.

Aufgabe.

§. 665. (Figur 63.) Die Centripetalkraft ist dem Cubus des Abstandes vom Mittelpunkte umgekehrt proportional; man sucht die Curve, welche ein beliebig geworfener Körper beschreiben wird, wie auch die Bewegung des letztern auf ihr.

Auflösung.

Das Centrum sei in C und es werde der Körper in A mit der Geschwindigkeit $\sqrt{c}$ und nach einer Richtung AB geworfen, so dass $\sin BAC = \frac{h}{a}$ ist, wenn $CA = a$ gesetzt wird. Der Körper sei nach M gelangt, wo $CM = y$ und das von C auf die Tangente MT gefällte Perpendikel $CT = p$ ist. Ferner sei wie früher die Geschwindigkeit in $M = \sqrt{v}$ und der Abstand, in welchem die Centripetalkraft der Schwere gleich wird, $= f$. Wir haben daher die Centripetalkraft in $M = \frac{f^3}{y^3} = P$ (§. 601.) und $Y = \frac{f^3}{2a^2} - \frac{f^3}{2y^2}$. Ferner ergibt sich als Gleichung der gesuchten Curve

$$c - \frac{ch^2}{p^2} = \frac{f^3}{2a^2} - \frac{f^2}{2y^2}$$

$$\text{und auch } v = \frac{ch^2}{p^2} \text{ (§. 587.) } = c - \frac{f^3}{2a^2} + \frac{f^3}{2y^2}.$$

Zur Prüfung dieser Gleichungen wollen wir sie bei den folgenden Fällen in Anwendung bringen.

I. Es sei $c = \frac{f^3}{2a^2}$, so wird $\frac{1}{y^2} = \frac{h^2}{a^2 p^2}$ oder $p = \frac{hy}{a}$.

Da nun $\sin CMT = \frac{p}{y}$, in diesem Falle aber $\frac{p}{y} = \frac{h}{a} = \sin BAC$ ist, so wird der Winkel CMT stets dem Winkel BAC gleich und die beschriebene Curve in diesem Falle eine logarithmische Spirallinie, deren Mittelpunkt im Centrum C der Kräfte liegt. Der Körper wird sich aber so in dieser Spirallinie bewegen, dass stets

$$v = \frac{f^3}{2y^2},$$

oder die Geschwindigkeit dem Abstande vom Centrum umgekehrt proportional ist. Wäre nicht $c = \frac{f^3}{2a^2}$ so fälle man von

M auf *AC* das Perpendikel *MP* und setze $CP = x = uy$; alsdann wird

$$\frac{du}{\sqrt{1-u^2}} = \frac{hdy\sqrt{c}}{y\sqrt{cy^2 - ch^2 - \frac{f^3y^2}{2a^2} + \frac{f^3}{2}}} \text{ (§. 601.).}$$

Es ist offenbar $u = \cos ACM$ und wenn man mit dem Radius $GC = 1$ den Kreisbogen *GN* beschreibt, so wird

$$GN = -\int \frac{du}{\sqrt{1-u^2}}.$$

Setzt man aber $GN = t$, so erhält man

$$dt = -\frac{hdy\sqrt{c}}{y\sqrt{cy^2 - ch^2 - \frac{f^3y^2}{2a^2} + \frac{f^3}{2}}}.$$

II. Es sei $c = \frac{f^3}{2h^2}$, so wird

$$dt = -\frac{ahdy}{y^2\sqrt{a^2-h^2}}, \text{ also } t = C + \frac{ah}{y\sqrt{a^2-h^2}}.$$

Da aber für $t = GN = 0$, $y = AC = a$ wird, so erhält man $C = -\frac{h}{\sqrt{a^2-h^2}}$, also

$$t = \frac{h}{\sqrt{a^2-h^2}}\left(\frac{a}{y} - 1\right).$$

Setzt man endlich $\frac{h}{\sqrt{a^2-h^2}} = tg\, BAC = \Theta$, so wird

$$t = \Theta\left(\frac{a}{y} - 1\right) \text{ oder } y = \frac{a\Theta}{t+\Theta}.$$

Hierauf findet man aus dem gegebenen Winkel *ACM* die gerade Linie *CM* und so den Punkt *M* auf der gesuchten Curve. Diese Curve ist aber eine hyperbolische Spirale, wie Joh. Bernoulli in Act. Lips. 1713 gefunden hat.

Ist c weder $= \frac{f^3}{2a^2}$, noch $= \frac{f^3}{2h^2}$, so setze man $c = \frac{\delta f^3}{2a^2}$, wodurch man erhält:

$$dt = \frac{-hdy\sqrt{\delta}}{y\sqrt{(\delta-1)y^2 + a^2 - \delta h^2}}.$$

Setzt man nun $y=\frac{1}{q}$, so geht diese Gleichung über in:

$$dt=\frac{hdq\sqrt{\delta}}{\sqrt{(\delta-1)+(a^2-\delta h^2)q^2}},$$

woraus zwei besondere Hauptfälle folgen.

III. Ist $a^2-\delta h^2$ positiv, so hängt die Integration von Logarithmen ab. Es wird nämlich

$$t=\frac{h\sqrt{\delta}}{\sqrt{a^2-\delta h^2}}\log\left(\frac{C}{\sqrt{(\delta-1)+(a^2-\delta h^2)q^2}-q\sqrt{a^2-\delta h^2}}\right)$$

$$=\frac{h\sqrt{\delta}}{\sqrt{a^2-\delta h^2}}\log\left(\frac{Cy}{\sqrt{(\delta-1)y^2+a^2-\delta h^2}-\sqrt{a^2-\delta h^2}}\right).$$

Um die Constante C zu bestimmen, haben wir wie oben

$$0=\frac{h\sqrt{\delta}}{\sqrt{a^2-\delta h^2}}\log\left(\frac{Ca}{\sqrt{(\delta-1)a^2+a^2-\delta h^2}-\sqrt{a^2-\delta h^2}}\right)$$

und so vollständig

$$t=\frac{h\sqrt{\delta}}{\sqrt{a^2-\delta h^2}}\log\left(\frac{y\{\sqrt{\delta(a^2-h^2)}-\sqrt{a^2-\delta h^2}\}}{a\{\sqrt{(\delta-1)y^2+a^2-\delta h^2}-\sqrt{a^2-\delta h^2}\}}\right)$$

oder auch

$$y=\frac{2a.e^{\frac{t\sqrt{a^2-\delta h^2}}{h\sqrt{\delta}}}\{\sqrt{\delta(a^2-h^2)(a^2-\delta h^2)}-a^2+\delta h^2\}}{e^{\frac{2t\sqrt{a^2-\delta h^2}}{h\sqrt{\delta}}}a^2(\delta-1)-\{\sqrt{\delta(a^2-h^2)}-\sqrt{a^2-\delta h^2}\}^2}.$$

IV. Ist $\delta>\frac{a^2}{h^2}$ oder $a^2-\delta h^2$ negativ, so wird

$$dt=\frac{hdq\sqrt{\delta}}{\sqrt{(\delta-1)-(\delta h^2-a^2)q^2}}$$

und

$$t=\frac{h\sqrt{\delta}}{\sqrt{\delta h^2-a^2}}\text{ arc. sin}\left(q\sqrt{\frac{\delta h^2-a^2}{\delta-1}}\right)+\text{Const}$$

oder vollständig

$$\frac{t\sqrt{\delta h^2-a^2}}{h\sqrt{\delta}}=\text{arc sin}\left(\frac{1}{y}\sqrt{\frac{\delta h^2-a^2}{\delta-1}}\right)$$

$$-\text{arc. sin}\left(\frac{1}{a}\sqrt{\frac{\delta h^2 - a^2}{\delta - 1}}\right).$$

Setzt man der Kürze wegen $\sqrt{\frac{\delta h^2 - a^2}{\delta - 1}} = D$ so erhält man

$$\frac{t\sqrt{\delta h^2 - a^2}}{h\sqrt{\delta}} = \text{arc. sin}\left\{\frac{D}{ay}\sqrt{a^2 - D^2} - \sqrt{y^2 - D^2}\right\}$$

Nimmt man ferner $GL : GN = \sqrt{\delta h^2 - a^2} : h\sqrt{\delta}$, und setzt

$$LR = \sin GL = R;$$

so wird

$$y = \frac{aDR\sqrt{a^2 - D^2} - aD^2\sqrt{1 - R^2}}{a^2R^2 - D^2},$$

woraus man leicht die Construction und Gleichung der gesuchten Curve ableitet. In diesen vier Fällen ist alles enthalten, was sich auf die Aufgabe bezieht.

Zusatz 1.

§. 666. Die Entfernung, welche die Geschwindigkeiten bestimmt, ergibt sich

$$= \frac{af\sqrt{f}}{\sqrt{f^3 - 2a^2c}}.$$

Ist daher $c = \frac{f^3}{2a^2}$, in welchem Falle der Körper sich in einer logarithmischen Spirale bewegt, so wird diese Determinante $= \infty$.

Zusatz 2.

§. 667. Da in diesem Falle $p = \frac{hy}{a}$ und $v = \frac{f^3}{2y^2}$, so wird die, zur Durchlaufung des Bogens erforderliche, Zeit

$$= \frac{a^3 - ay^2}{f\sqrt{2f(a^2 - h^2)}}.$$

Zusatz 3.

§. 668. Setzt man $\cos CMT = \frac{\sqrt{a^2 - h^2}}{a} = i$, so wird

$$y = \sqrt{a^2 - fiT\sqrt{2f}},$$

wo T die eben gefundene Zeit bezeichnet. Aus dieser Gleichung findet man den Abstand des Körpers vom Centrum C, nach Verlauf einer beliebigen Zeit T.

Zusatz 4.

§. 669. Der Körper wird daher zum Centrum C gelangen in der Zeit

$$T = \frac{a^2}{fi\sqrt{2f}},$$

nachdem er während dieser Zeit unzählig viele Umläufe um C gemacht hat.

Zusatz 5.

§. 670. Nimmt man $T > \frac{a^2}{fi\sqrt{2f}}$ an, so wird y imaginär. Sobald also der Körper nach C gelangt ist, wird man ihn nirgends mehr finden, sondern er wird gleichsam vernichtet.

Zusatz 6.

§. 671. Ist $\delta = \frac{a^2}{h^2}$ oder $c = \frac{f^3}{2h^2}$, so bewegt sich der Körper in einer hyperbolischen Spirale und er wird, nachdem er unzählige Umläufe um C gemacht hat, ebenfalls in einer endlichen Zeit nach dem Centrum C gelangen. Es wird nämlich in diesem Falle die Zeit, in welcher er den Bogen AM durchläuft,

$$= \frac{2a(a-y)\,\Theta}{f\sqrt{2f}},$$

und daher die Zeit, in welcher er nach C gelangt,

$$= \frac{2a^2\,\Theta}{f\sqrt{2f}}.$$

Zusatz 7.

§. 672. Ist $\delta < \frac{a^2}{h^2}$ oder $c < \frac{f^3}{2h^2}$, welches der dritte Fall war, so wird der Körper sich ebenfalls in Spirallinien bewegen und endlich, nachdem er unzählige Umläufe gemacht hat, nach dem Mittelpunkt C gelangen. Da nämlich

$$y = \frac{2a}{e^{\frac{t\sqrt{a^2-\delta h^2}}{h\sqrt{\delta}}}}$$

so wird $y = 0$, wenn $t = \infty$ ist.

Anmerkung 1.

§. 673. Ist $c = \frac{f^3}{2h^2}$, so hat die hyperbolische Spirallinie.

welche der Körper beschreibt, die Eigenschaft, dass $y = \infty$ wird, wenn $t = -\Theta$ ist. Dieser vom Centrum aus gezogene Radius erscheint also als eine Asymptote, welche sich der, aus unendlicher Entfernung herankommenden, Curve nähert. Die letztere entfernt sich aber vielmehr beständig von ihm, jedoch nicht über die gegebene Entfernung $a\Theta$ hinaus. Die diesem Radius parallele, um $a\Theta$ von ihm entfernte gerade Linie wird also die wahre Asymptote sein. Eine ausgezeichnete Eigenschaft dieser Curve ist ausserdem, dass sie aus unzähligen concentrischen Kreisen gleiche Bogen abschneidet, woraus die Natur und Gestalt der Curve noch deutlicher hervorgeht. Eine ähnliche Eigenschaft haben auch diejenigen Curven, welche beschrieben werden, wenn $\delta < \frac{a^2}{h^2}$ und zugleich $\delta > 1$ ist. Es wird nämlich $y = \infty$, wenn man $t = -\frac{h\sqrt{\delta}}{\sqrt{a^2 - \delta h^2}}$

$$\log\left(\frac{a\sqrt{\delta - 1}}{\sqrt{\delta(a^2 - h^2)} - \sqrt{a^2 - \delta h^2}}\right)$$

annimmt. Ist also $\delta < 1$, so wird der Ort imaginär, wo $y = \infty$ ist. Ist aber $\delta = 1$, so wird $t = \infty$; in diesem Falle ist nämlich die entstehende Curve eine logarithmische Spirallinie. Uebrigens sind alle diese Curven so beschaffen, dass sie überall ihre concave Seite C zuwenden und nach der Natur der Bewegung weder einen Wende- noch einen Kehrpunkt haben können.

Zusatz 8.

§. 674. Ist $\delta > \frac{a^2}{h^2}$, also $c > \frac{f^3}{2h^2}$, so ist die vom Körper beschriebene Curve keine Spirallinie mehr, sondern eine algebraische; wenn man nämlich auch diejenigen Curven algebraische nennt, in deren Gleichungen irrationale Exponenten enthalten sind.

Anmerkung 2.

§. 675. Um diese zu finden, muss man $h = a$ setzen (§. 640.) Es wird alsdann

$$dt = \frac{a\,dy\sqrt{\frac{\delta}{\delta - 1}}}{\sqrt{1 - a^2 q^2}}.$$

Setzt man $aq = r$ und für dt seinen Werth $-\frac{du}{\sqrt{1 - u^2}}$, so erhalten wir

$$-\frac{du}{\sqrt{1-u^2}}=\frac{dr\sqrt{\frac{\delta}{\delta-1}}}{\sqrt{1-r^2}}.$$

Vergleicht man diese Gleichung mit der

$$\frac{du}{\sqrt{1-u^2}}=\frac{\lambda dZ}{\sqrt{A^2-Z^2}} \text{ (§. 605.)},$$

so ist $\lambda=\sqrt{\frac{\delta}{\delta-1}}$, $A=1$ und $Z=-r$ und wir erhalten daher

$$u=\frac{\{\sqrt{1-C^2}-C\sqrt{-1}\}^{\sqrt{\frac{\delta}{\delta-1}}}.\{\sqrt{1-r^2}-r\sqrt{-1}\}^{\sqrt{\frac{\delta}{\delta-1}}}}{2\sqrt{-1}}$$

$$-\frac{\{\sqrt{1-C^2}+C\sqrt{-1}\}^{\sqrt{\frac{\delta}{\delta-1}}}.\{\sqrt{1-r^2}+r\sqrt{-1}\}^{\sqrt{\frac{\delta}{\delta-1}}}}{2\sqrt{-1}}$$

oder auch

$$2r\sqrt{-1}=\{\sqrt{1-u^2}-u\sqrt{-1}\}^{\sqrt{\frac{\delta-1}{\delta}}}.\{\sqrt{1-C^2}-C\sqrt{-1}\}$$

$$-\{\sqrt{1-u^2}+u\sqrt{-1}\}^{\sqrt{\frac{\delta-1}{\delta}}}.\{\sqrt{1-C^2}+C\sqrt{-1}\} \text{ (§. 605. u. 607.)}$$

Die Constante C wird dadurch bestimmt, dass für $u=1$, $y=a$ oder $q=\frac{1}{a}$ werden muss.

Hat man die Constante C bestimmt, so wird

$$2r=\{u+\sqrt{u^2-1}\}^{\sqrt{\frac{\delta-1}{\delta}}}+\{u-\sqrt{u^2-1}\}^{\sqrt{\frac{\delta-1}{\delta}}}=\frac{2a}{y},$$

oder

$$u=\frac{1}{2y^{\sqrt{\frac{\delta-1}{\delta}}}}\Big\{\{a+\sqrt{a^2-y^2}\}^{\sqrt{\frac{\delta}{\delta-1}}}$$

$$+\{a-\sqrt{a^2-y^2}\}^{\sqrt{\frac{\delta}{\delta-1}}}\Big\}=\frac{x}{y}.$$

Diess ist die Gleichung der gesuchten Curve.

Beispiel 1.

§. 676. Es sei $\sqrt{\frac{\delta}{\delta-1}}=2$, also $\delta=\frac{4}{3}$ und $c=\frac{2f^3}{3a^2}$;

alsdann erhalten wir

$$2xy = 4a^2 - 2y^2.$$

Setzt man die Ordinate $PM = z$, so wird $x\sqrt{x^2 + z^2} = 2a^2 - (x^2 + z^2)$ oder

$$0 = 4a^4 - 4a^2x^2 - 4a^2z^2 + x^2z^2 + z^4 \text{ und } x = \frac{2a^2 - z^2}{\sqrt{4a^2 - z^2}}.$$

Diese Curve geht daher nach Art der Parabel fort, jedoch hat sie eine AC parallele und um $2a$ von der letztern entfernte Asymptote, welche sie nie erreicht.

Beispiel 2.

§. 677. Es sei $\sqrt{\frac{\delta}{\delta - 1}} = 3$, oder $\delta = \frac{9}{8}$ und $c = \frac{9f^3}{16a^2}$; alsdann erhalten wir

$$\frac{1}{2y^3}\left\{(a + \sqrt{a^2 - y^2})^3 + (a - \sqrt{a^2 - y^2})^3\right\} = \frac{x}{y} \text{ und}$$

$$2xy^2 = 8a^3 - 6ay^2.$$

Führt man nun $PM = z$ ein, so ergibt sich die Gleichung

$$x^3 = 4a^3 - xz^2 - 3ax^2 - 3az^2,$$

welche Gleichung vom dritten Grade zu der 41. Species, in der von Newton angestellten Aufzählung gehört.

Anmerkung 3.

§. 678. Man kann noch unzählige andere algebraische Curven finden, welche der unter dieser Voraussetzung geworfene Körper beschreibt, wenn man

$$\delta = \frac{m^2}{m^2 - 1}$$

setzt, wo m eine beliebige rationale Zahl bezeichnet, welche jedoch > 1 ist, damit δ nicht negativ werde. Die drei behandelten Voraussetzungen, bei denen die Centripetalkraft

erstens, den Abständen,
zweitens, den Quadraten der Abstände umgekehrt,
drittens, den Cuben der Abstände umgekehrt

proportional war, sind die einzigen, welche auf algebraische, oder von der Quadratur des Kreises oder der Hyperbel abhängige Gleichungen führen, wenn man nämlich für P die Potenz von y setzt. Obgleich ferner, wenn man andere Potenzen von y in P substituirt, die Gleichung der beschriebenen Curve nicht von der Irrationalität befreit und daher weder eine algebraische noch eine von der Quadratur des Kreises oder der Hyperbel abhängige werden kann; so giebt es doch specielle Fälle, in denen die gesuchte Curve algebraisch wird. So wie nämlich die gerade Linie und der Kreis unter allen Voraussetzungen Genüge leisten können, findet man bisweilen auch andere algebraische Curven. Wie man diese zu finden im Stande ist, wollen wir im folgenden Satze erklären.

Satz 83.

Aufgabe.

§. 679. Die Centripetalkraft ist einer beliebigen Potenz der Abstände proportional; man soll die besondern Fälle bestimmen, in denen ein, nach einer gewissen bestimmten Weise geworfener, Körper sich auf einer algebraischen Curve bewegen wird.

Auflösung.

Bleibt alles wie bisher, so ist die für die gesuchte Curve gefundene Gleichung

$$\frac{du}{\sqrt{1-u^2}} = \frac{hdy\sqrt{c}}{y\sqrt{cy^2 - ch^2 - y^2 Y}} \quad (\S.\ 601.).$$

In unserm Falle ist nun $P = \frac{y^n}{f^n}$, wo f wie früher den Abstand vom Centrum bezeichnet, in welchem die Centripetalkraft der Schwere gleich ist. Wir haben daher

$$Y = \int P dy = \frac{y^{n+1} - u^{n+1}}{(n+1) f^n};$$

da wir ferner algebraische Curven suchen, setzen wir $h = a$ (§. 640.). Substituiren wir diese Werthe in die obige Gleichung, so geht diese über in

$$\frac{du}{\sqrt{1-u^2}} = \frac{ady\sqrt{cf^n(n+1)}}{y\sqrt{(n+1)cf^n(y^2-a^2) - y^2(y^{n+1} - a^{n+1})}}.$$

Setzen wir die Determinante $= k$, so wird $c = \frac{k^{n+1} - a^{n+1}}{(n+1) f^n}$ und wenn man diesen Werth in die letzte Gleichung einführt, wird dieselbe

$$\frac{du}{\sqrt{1-u^2}} = \frac{ady\sqrt{k^{n+1} - a^{n+1}}}{y\sqrt{a^{n+3} - a^2 k^{n+1} + k^{n-1} y^2 - y^{n+3}}}.$$

Man ersieht hieraus, dass, wenn $k = a$ ist, $c = 0$, $u = 1$ und $x = y$ sein wird, d. h. der Körper steigt geradlinig zum Mittelpunkte herab.

Ist $k=\infty$, so wird auch $c=\infty$, so oft $n+1$ eine positive Zahl ist. In diesem Falle wird also der Körper ebenfalls auf einer geraden Linie fortgehen müssen, weil eine endliche Kraft die Richtung eines, mit unendlich grosser Geschwindigkeit sich bewegenden, Körpers nicht zu ändern vermag.

Setzen wir nun $n+1$ negativ und $=-m$, oder $n=-m-1$: so wird

$$\frac{du}{\sqrt{1-u^2}}=\frac{y^{\frac{m-4}{2}}dy\sqrt{k^m-a^m}}{\sqrt{a^{-2}k^m+a^m y^{m-2}-k^m y^{m-2}-a^{m-2}y^m}}.$$

Wird $k=\infty$, so erhalten wir

$$\frac{du}{\sqrt{1-u^2}}=\frac{y^{\frac{m-4}{2}}dy}{\sqrt{a^{m-2}-y^{m-2}}},$$

indem die übrigen Glieder verschwinden. Setzt man $y^{m-2}=q^2$; woraus $y=q^{\frac{2}{m-2}}$ folgt, so erhalten wir

$$\frac{du}{\sqrt{1-u^2}}=\frac{\frac{2}{m-2}\,dq}{\sqrt{a^{m-2}-q^2}}.$$

Vergleicht man den letzten Ausdruck mit dem $\frac{\lambda dZ}{\sqrt{A^2-Z^2}}$ (§. 604.), so ist hier $\lambda=\frac{2}{m-2}$, $A=a^{\frac{m-2}{2}}$, $Z=q=y^{\frac{m-2}{2}}$ und man erhält für die gesuchte Curve die algebraische Gleichung

$$2y^{\frac{m-2}{2}}\sqrt{-1}=\{\sqrt{1-u^2}+u\sqrt{-1}\}^{\frac{m-2}{2}}.\{\sqrt{a^{m-2}-C^2}+C\sqrt{-1}\}-\{\sqrt{1-u^2}-u\sqrt{-1}\}.^{\frac{m-2}{2}}\{\sqrt{a^{m-2}-C^2}-C\sqrt{-1}\}$$

(§. 607.).

Die Constante C wird dadurch bestimmt, dass für $u=1$, $y=a$ werden muss und man erhält daher

$$2y^{\frac{m-2}{2}}=a^{\frac{m-2}{2}}\{u+\sqrt{u^2-1}\}^{\frac{m-2}{2}}+a^{\frac{m-2}{2}}\{u-\sqrt{u^2-1}\}^{\frac{m-2}{2}}.$$

So oft also m eine positive rationale Zahl ist, findet man eine algebraische Curve, welche ein normal geworfener Körper beschreiben wird, wenn nämlich die Determinante $k=\infty$ ist.

Zusatz 1.

§. 680. Quadrirt man die letzte Gleichung, so erhält man

$$4y^{m-2}-2a^{m-2}=a^{m-2}\left\{\{u+\sqrt{u^2-1}\}^{m-2}+\{u-\sqrt{u^2-1}\}^{m-2}\right\}$$

d. h. weil $m = -n-1$

$$4y^{-n-3} - 2a^{-n-3} = a^{-n-3}\{\{u + \sqrt{u^2-1}\}^{-n-3} + \{u - \sqrt{u^2-1}\}^{-n-3}\}.$$

Zusatz 2.

§. 681. Es muss m positiv und > 0 sein, denn wenn $m=0$ oder negativ wäre, so würde $c = \infty$; also müsste die Curve in eine gerade Linie übergehen.

Zusatz 3.

§. 682. Für $n = -2$ oder $m = 1$ wird jene Gleichung

$$\frac{4a}{y} - 2 = 2u = \frac{2x}{y}, \text{ also } 2a = x + y,$$

oder weil $PM = z = \sqrt{y^2 - x^2}$

$$z^2 = 4a^2 - 4ax$$

die Gleichung einer Parabel, in deren Brennpunkt der Mittelpunkt der Kräfte liegt, wie wir schon gefunden haben (§. 647.).

Zusatz 4.

§. 683. Ist $n = -3$ oder $m = 2$, welches der im vorigen Satze behandelte Fall ist, so wird

$$2y^{\frac{m-2}{2}} = 2a^{\frac{m-2}{2}} \text{ oder } y = a.$$

Die vom Körper beschriebene Curve ist also ein Kreis, in dessen Mittelpunkte der Mittelpunkt der Kräfte liegt.

Anmerkung 1.

§. 684. Ist n ungerade, so wird m gerade und $\frac{m-2}{2}$ eine ganze Zahl; man kann also in diesen Fällen die in der Auflösung der Aufgabe gefundene Formel anwenden. Ist aber n gerade, so muss man die durch Quadrirung erhaltene Gleichung (§. 680.) anwenden. Man wird in beiden Fällen sogleich zu einer rationalen Gleichung zwischen x und y gelangen, wie wir in den folgenden Beispielen sehen werden.

Beispiel 1.

§. 685. Es ziehe der Mittelpunkt der Kräfte im umgekehrten vierfachen Verhältniss der Entfernungen an und es werde der Körper normal fortgeworfen, wobei der die Geschwindigkeit bestimmende Abstand unendlich gross ist; alsdann wird der Körper folgende algebraische Curve beschreiben. Da $k = \infty$ und $n = -4$ ist, entsteht $4y - 2a = 2au = \frac{2ax}{y}$ oder $2y^2 =$

$a(x+y)$. Führt man die Ordinate $z = \sqrt{y^2 - x^2}$ ein, so erhalten wir

$$2x^2 + 2z^2 = ax + a\sqrt{x^2 + z^2},$$

also eine Curve uud Gleichung vierter Ordnung.

Beispiel 2.

§. 686. Es stehe die Centripetalkraft im umgekehrten fünffachen Verhältniss der Abstände, oder es sei $n = -5$ und $m = 4$. Man erhält alsdann

$$2y = 2au = \frac{2ax}{y} \text{ oder } y^2 = ax = x^2 + z^2.$$

Diess ist die Gleichung eines Kreises, auf dessen Peripherie der Mittelpunkt der Kräfte liegt. Dieser Fall kommt in Newtons Principien, Buch 1, Satz VII vor.

Beispiel 3.

§. 687. Es sei $n = -7$ oder $m = 6$, so wird $2y^2 = a^2(4u^2 - 2)$ oder $y^4 = 2a^2x^2 - a^2y^2$. Führt man z statt y ein, so entsteht

$$(x^2 + z^2)^2 = a^2x^2 - a^2z^2.$$

Die Curve ist also von der vierten Ordnung und der Mittelpunkt der Kräfte liegt wieder auf der Peripherie.

Anmerkung 2.

§. 688. Es würde nicht der Mühe werth sein, hier mehr über die Figuren zu sagen, welche Körper beschreiben, die durch gegebene Centripetalkräfte angetrieben werden; da in der Physik und Astronomie nur solche Kräfte in Anwendung kommen, welche den Quadraten der Abstände umgekehrt proportional sind. Wenn jedoch in der Astronomie ein Körper betrachtet werden muss, der durch mehrere derartige Kräfte angetrieben wird, von welchen letztern eine bei weitem die grösste Intensität vor allen übrigen hat; so muss man diese, um die übrigen nicht in Rechnung ziehen zu dürfen, etwas vermehren oder vermindern, wodurch man wenigstens sehr nahe die Bewegung des Körpers kennen lernen wird. In diesen Fällen wird die Curve, welche der Körper beschreibt, nicht viel von einer Ellipse verschieden sein. Die Astronomen pflegen daher diese Curve wie eine Ellipse zu betrachten, die jedoch nicht fest sondern beweglich ist, so dass sie sich vorstellen, der Körper bewege sich in einer, um den Brennpunkt sich drehenden, Ellipse. Hieraus entspringt die Beweglichkeit der Planetenbahnen, wodurch die Absidenlinien beständig in andere Lagen gebracht werden. Wir aber werden, um der Wahrheit noch näher zu kommen, ausser der Beweglichkeit der Axe, auch die Art der Ellipse als veränderlich ansehen. Wir werden daher so verfahren, dass wir in Bezug auf jedes Element der Curve, welche der Körper beschreibt, bestimmen, von welcher Ellipse, deren Brennpunkt im Mittelpunkte der Kräfte liegt, es ein Theil sei. Hieraus wird sich die Lage und Art der Ellipse ergeben. Alle diese Ellipsen haben aber einen ihrer Brennpunkte im Mittelpunkte der Kräfte, weil nach diesem der Körper beständig hingezogen wird.

Satz 84.

Aufgabe.

§. 689. Die Centripetalkft weicht wenig vom umgekehrten doppelten Verhältniss der Abstände ab; man soll die Bewegung der Ellipse und die beständige Aenderung ihrer Art, wie auch die Bewegung des Körpers in dieser veränderlichen Ellipse bestimmen.

Auflösung.

(Fig. 68.) Es sei C der Mittelpunkt der Kräfte und es habe der Körper in M, in der Richtung MT, die Geschwindigkeit $\sqrt{v}$. Man setze die in M wirkende Centripetalkraft $= P$, den Abstand $CM = y$ und $\sin CMT = s$. Welches Gesetz nun auch P befolgen möge, so ist es doch einleuchtend, dass man

$$P = \frac{f^2}{y^2}$$

setzen könne, wenn nur f nicht wie bisher eine constante, sondern eine veränderliche Grösse bezeichnet; es ist also $f^2 = P.y^2$. Da aber f, während der Körper das Element Mm durchläuft, constant bleibt, so kann man eine Ellipse bestimmen, deren Brennpunkt C und Element Mm ist, in welcher der Körper sich weiter bewegen würde, wenn f stets constant bliebe. Es sei AC die Lage der grossen Axe dieser Ellipse, so hat man

$$\operatorname{tg} MCA = \frac{2svy\sqrt{1-s^2}}{f^2 - 2s^2vy} \text{ (§. 656.)} = \frac{2sv\sqrt{1-s^2}}{Py - 2s^2v}.$$

Ferner wird nach dem eben citirten Satze der Parameter $L = \frac{4s^2v}{P}$ und die grosse Axe $E = \frac{P.y^2}{Py - v}$. Man fälle vom Mittelpunkte C auf die Tangente MT das Perpendikel $CT = p$, so wird $s = \frac{p}{y}$. Wird das von C auf die Tangente gefällte Perpendikel $= h$, was in G geschieht, wenn man $CG = a$ setzt und ist die dort stattfindende Geschwindigkeit $= \sqrt{c}$; so hat man

$$v = \frac{c.h^2}{p^2} \text{ (§. 589.)}.$$

Setzt man ferner der Kürze wegen $MT = \sqrt{y^2 - p^2} = t$, so wird, wenn man diese Werthe in die obigen Gleichungen substituirt:

$$\operatorname{tg} MCA = \frac{2ch^2 t}{Py^3 p - 2ch^2 p}, \; L = \frac{4ch^2}{Py^2} \text{ und } E = \frac{Py^2 p^2}{Pyp^2 - ch^2}.$$

Ausserdem erhält man, der Natur der Anziehung gemäss:

$$Pdy = \frac{2ch^2 dp}{p^3} \text{ (§. 587.)}.$$

Mittelst dieser Gleichung kann man p als Function von y und so die ganze Ellipse durch y, c und h bestimmen. Es sei nun CG eine feste Linie, so kann man aus der Natur der Curve den Winkel bestimmen, welchen die gerade Linie CM mit derselben bildet. Subtrahirt man von diesem Winkel MCG den MCA, so erhält man die Neigung der Absidenlinie AC gegen die feste gerade Linie CG. Die Bewegung des Körpers erhält man leicht aus der bekannten Geschwindigkeit

$$\sqrt{v} = \frac{h}{p} \sqrt{c}.$$

Anmerkung 1.

§. 690. Die auf diese Weise bestimmte Ellipse kann mit Recht eine, die Curve osculirende genannt werden, ähnlich wie die osculirenden Kreise, durch welche man die Krümmungen der Linien misst. Die vorliegende Betrachtung ist aber keine rein geometrische, sondern man muss, um diese osculirende Ellipse zu finden, ausser der Natur der Curve, auch die Geschwindigkeit des Körpers und die Centripetalkraft kennen.

Zusatz 1.

§. 691. Wird $t = 0$, also auch $MCA = 0$, so fällt die Absidenlinie AC oder die grosse Axe der osculirenden Ellipse in den Radius CM.

Zusatz 2.

§. 692. Ist $P = \frac{2ch^2}{y^3}$, so wird $MCA = 90°$. In diesem Falle ist also die Centripetalkraft dem Cubus des Abstandes umgekehrt proportional. Setzt man daher $P = \frac{f^3}{y^3}$, so wird $c =$

$\frac{f^3}{2h^2}$ und es ist die vom Körper beschriebene Curve eine hyperbolische Spirale (§. 673.). Für diese Curve ist daher die Absidenlinie beständig auf dem Radius MC normal. Der Parameter der osculirenden Ellipse wird in diesem Falle

$$L = 2y = 2 . MC.$$

Zusatz 3.

§. 693. Ist $P = \frac{f^n}{y^n}$, so wird $\int Pdy = -\frac{f^n}{(n-1)\,y^{n-1}} = C - \frac{ch^2}{p^2}$. Da aber für $y = a$, $p = h$ und $v = c$ wird $C - c = -\frac{f^n}{(n-1)\,a^{n-1}}$; wir erhalten daher

$$c - \frac{f^n}{(n-1)a^{n-1}} - \frac{ch^2}{p^2} = -\frac{f^n}{(n-1)\,y^{n-1}} \text{ oder}$$

$$p^2 = \frac{(n-1)\,ch^2 a^{n-1} . y^{n-1}}{(n-1)\,ca^{n-1} . y^{n-1} + f^n(a^{n-1} - y^{n-1})}.$$

Ferner wird der Parameter der osculirenden Ellipse

$$L = \frac{4ch^2 y^{n-2}}{f^n}.$$

Auch die grosse Axe und den Winkel MCA kann man nun als Functionen von y bestimmen.

Zusatz 4.

§. 694. Ist $P = \frac{ch^2}{yp^2}$, so geht die osculirende Ellipse immer in eine Parabel über. Substituirt man nämlich diesen Werth von P in die Gleichung $Pdy = \frac{2ch^2dp}{p^3}$, so erhält man $p^2 = \frac{h^2 y}{a}$, also $P = \frac{ac}{y^2}$. In diesem Falle wird, weil $f^2 = ac$ ist, die Curve eine Parabel (§. 647.).

Anmerkung 2.

§. 695. Diese Lehre von den osculirenden Ellipsen ist nicht mit der Bewegung der Körper in beweglichen Bahnen zu verwechseln, welche Newton und andere nach ihm behandelt haben. Hier bestimmen wir nämlich, zu welcher Ellipse jedes vom Körper beschriebene Element der Curve gehört. Wenn aber von den beweglichen Bahnen die Rede sein wird, werden wir die Centripetalkraft erforschen, welche bewirkt, dass der Körper sich in einer, um den Mittelpunkt der Kräfte sich drehenden, gegebenen Curve bewege.

Satz 85.

Lehrsatz.

§. 696. (Figur 69.) Wird ein auf beliebige Weise geworfener Körper gegen beliebig viele Mittelpunkte A, B, C der Kräfte, welche letztere den Abständen von jenen proportional sind, hingezogen; so wird der Körper sich auf dieselbe Weise bewegen, als wenn er, ebenfalls den Abständen proportional, gegen den gemeinschaftlichen Schwerpunkt O der Punkte A, B, C hingezogen würde.

Beweis.

Man setze die Kräfte, welche die Mittelpunkte A, B, C im Abstande $=1$ ausüben, respective $= \alpha$, β, γ und es sei ac die Richtung der Bewegung, welche der Körper in M hat, also ac die Tangente in demselben Punkte an der vom Körper beschriebenen Curve EMF. Es sei O der Schwerpunkt der in den Punkten A, B, C gelegenen Körper α, β, γ und man denke sich in O eine den Abständen direct proportionale Kraft, deren Anziehung im Abstande $=1$ gleich $\alpha+\beta+\gamma$ sei. Hiernach wird der Körper in

M nach A durch eine Kraft $= AM.\alpha$
„ B „ „ „ $= BM.\beta$
„ C „ „ „ $= CM.\gamma$

hingezogen und es muss gezeigt werden, dass diesen zugleich wirkenden Kräften die eine, den Körper nach O hinziehende, Kraft $OM.(\alpha+\beta+\gamma)$ gleich sei. Wir fällen zu diesem Ende von den Punkten A, B, C und O auf die Tangente ac die Perpendikel Aa, Bb, Cc und Oo und können dann jede Kraft in eine normale und in eine tangentiale zerlegen. Die Summe der, aus den nach A, B und C gerichteten Kräften entspringenden, Normalkräfte ist $= \alpha.Aa + \beta.Bb + \gamma.Cc$ und die Summe der eben so entstehenden Tangentialkräfte $= -\alpha.Ma + \beta.Mb + \gamma.Mc$. Da aber O der Schwerpunkt der Körper α, β, γ ist, so hat man nach den Gesetzen der Statik

$$\alpha.Aa + \beta.Bb + \gamma.Cc = (\alpha+\beta+\gamma)\,Oo \text{ und } -\alpha.Ma + \beta.Mb + \gamma.Cc = (\alpha+\beta+\gamma)\,Mo;$$

also wird die Kraft $(\alpha+\beta+\gamma)MO$ den Kräften $\alpha.AM$, $\beta.BM$ und $\gamma.CM$ vereint gleichgeltend sein.

Zusatz 1.

§. 697. Der Körper wird unter dieser Voraussetzung eine Ellipse beschreiben, deren Mittelpunkt im Schwerpunkt O liegt. (§. 631.). Alle Kräfte vereint bewirken nämlich dasselbe, was eine einzige in *O* befindliche und im directen Verhältniss der Abstände anziehende Kraft ausführen würde.

Zusatz 2.

§. 698. Wieviel solcher, im Verhältniss der Abstände anziehender, Mittelpunkte der Kräfte es auch geben möge, so wird doch offenbar der Körper sich in einer Ellipse bewegen, ganz so als ob er nach einem, in ihrem gemeinschaftlichen Schwerpunkte befindlichen, Mittelpunkte der Kräfte hingezogen würde.

Anmerkung 1.

§. 699. Der Beweis ergibt sich ferner ganz auf dieselbe Weise, wenn jene beliebig vielen Mittelpunkte der Kräfte nicht in derselben Ebene liegen, wie aus den Principien der Statik leicht hervorgeht. Man ersieht daher, dass der Körper sich nichts desto weniger beständig in derselben Ebene bewegen muss, wenn auch die Mittelpunkte der Kräfte in den verschiedensten Ebenen zerstreut liegen.

Anmerkung 2.

§. 700. Ziehen die Mittelpunkte in einem andern beliebigen, als dem einfachen Verhältniss der Abstände an, so findet eine derartige Reduction auf einen einzigen Mittelpunkt keinesweges statt und die Bewegung des Körpers kann kaum durch Rechnung, in der Wirklichkeit nicht einmal kaum bestimmt werden. In diesen Fällen muss man daher seine Zuflucht zu Näherungen nehmen, welche nach den verschiedenen Bedingungen verschieden anzustellen sind. Aus diesem Grunde unternahm Newton es nicht, die wahre Bewegung des Mondes, welche aus einer zweifachen Anziehung entspringt, zu bestimmen, sondern er versuchte es nur, sie sehr genähert darzustellen. Zu diesem Ende bedarf man aber besonderer Betrachtungen und einer Anwendung der umgekehrten Methode, nach welcher man von der Curve, welche der Körper beschreibt, zu den anziehenden Kräften zurückkehrt. Wir werden daher die Hülfsmittel, welche zu diesem Zwecke angewandt werden können, im Folgenden auseinandersetzen und hier in umgekehrter Ordnung die antreibende Kraft als Unbekannte erforschen. Wir gehen demnach zu dieser Behandlung über und zwar können wir dieselbe auf doppelte Weise anstellen. Zuerst werde ausser der beschriebenen Curve die Richtung der antreibenden Kraft an den einzelnen Orten als bekannt angenommen und hieraus die Grösse dieser Kraft, wie auch die Bewegung des Körpers bestimmt. Bei der zweiten Betrachtungsweise wird die Curve und die Bewegung des Körpers auf ihr als bekannt angenommen und man hat hieraus die antreibende Kraft abzuleiten.

Satz 86.

Aufgabe.

§. 701. (Figur 70.) Man soll das Gesetz derjenigen Kraft finden, welche beständig abwärts längs einander paralleler Linien MP gerichtet ist und bewirkt, dass der Körper sich auf der gegebenen Curve AM bewege; ausserdem soll man die Geschwindigkeit des Körpers in den einzelnen Orten M bestimmen.

Auflösung.

Man ziehe durch die geraden Linien MP die Normale AP und setze $AP = x$, $PM = y$. Ferner sei die Curve $AM = s$ und der Radius des in M osculirenden Kreises $= r$, wo also für ds constant, $r = \frac{ds \,.\, dy}{ddx}$. Die Geschwindigkeit des Körpers in M sei $= \sqrt{v}$ und die den letztern in demselben Punkte längs MP anziehende Kraft $= P$. Wir haben daher

$$dv = -Pdy \text{ und } Prdx = 2vds \text{ (§. 557.)},$$

aus welchen beiden Gleichungen sich, wenn v bekannt ist, sogleich die Grösse von P ergibt. Eliminirt man nun P, um v zu finden, so erhalten wir die Gleichung $rdxdv = -2vdsdy$, d. h. wenn man obigen Werth von r substituirt:

$$-\frac{dv}{v} = \frac{2ddx}{dx} \text{ und durch Integration } \log C - \log v = \log\left(\frac{dx^2}{ds^2}\right).$$

Kennt man nun die Geschwindigkeit im Punkte $A = \sqrt{c}$, wie auch den Werth von $\cos MAP$, d. h. von $\frac{dx}{ds}$, wenn M in A fällt, $= \lambda$; so wird

$$\log C - \log c = \log(\lambda^2) \text{ und so } v = \frac{\lambda^2 cds^2}{dx^2},$$

woraus man die Geschwindigkeit des Körpers an den einzelnen Orten erhält. Zur Bestimmung der antreibenden Kraft erhält man die Gleichung

$$P = \frac{2\lambda^2 cds^3}{rdx^3} = \frac{2\lambda^2 cds^2 ddx}{dx^3 dy}.$$

Nimmt man aber dx constant, in welchem Falle $r = -\frac{ds^3}{dxddy}$ ist, so erhält man

$$P = -\frac{2\lambda^2 c d d y}{d x^2}.$$

Endlich findet man die Zeit, in welcher der Körper den Bogen *AM* durchläuft,

$$= \int \frac{ds}{\sqrt{v}} = \int \frac{dx}{\lambda \sqrt{c}} = \frac{x}{\lambda . \sqrt{c}}.$$

Zusatz 1.

§. 702. Wie also auch die antreibende Kraft beschaffen sein mag, so geht der Körper stets gleichförmig in horizontaler Richtung fort, indem die Zeit, während welcher er den Weg *AM* zurücklegt, der Linie *AP* proportional ist, wie wir schon oben bemerkt haben (§. 579.).

Zusatz 2.

§. 703. Wird aus *R* auf die verlängerte gerade Linie *MP* das Perpendikel *RS*, ferner von *S* auf *MR* die Linie *ST*, endlich aus *T* auf *MS* die Linie *TV* perpendikulär gefällt; so wird

$$MV = \frac{r dx^3}{ds^3}, \text{ also } P = \frac{2\lambda^2 c}{MV}$$

oder *P* umgekehrt proportional *MV*. Setzt man, wie bisher immer, die Schwere $=1$, so hat man

$$P : 1 = 2\lambda^2 c : MV,$$

welche Proportion leicht in Worte zu übertragen ist.

Zusatz 3.

§. 704. Ist $\angle MAP = 90^\circ$, so wird $\lambda = 0$ und es muss der Körper geradlinig aufsteigen. Ist aber λ nur unendlich klein, c hingegen unendlich gross, so dass $2\lambda^2 c$ einen endlichen Werth erhält; so wird der Körper sich auf einer Curve dieser Art bewegen können.

Beispiel 1.

§. 705. (Figur 71.) Es sei die Curve *AM* ein Kreis, dessen Durchmesser auf der Axe *AP* liegt und dessen Radius $=a$ ist; so haben wir $r=a$ und $ds:dx = a:y$. Es wird daher

$$P = \frac{2\lambda^2 a^2 c}{y^3} \text{ und } v = \frac{\lambda^2 a^2 c}{y^2}.$$

Die den Körper in *M* abwärts ziehende Kraft ist daher dem Cubus der Ordinate *MP* umgekehrt, die Geschwindigkeit aber dieser Ordinate selbst umgekehrt proportional. Die, die Geschwindigkeit im höchsten Punkte der Curve erzeugende, Höhe wird, weil hier $y=a$ ist,

$$= \lambda^2 c.$$

Beispiel 2.

§. 706. (Figur 72.) Die Curve *AMC* sei eine Parabel, deren Axe *CB* vertikal und Parameter $= a$ ist. Man ziehe die horizontale Linie *MQ* und setze $CQ = t$ und $MQ = z$, alsdann wird $z^2 = at$. Ausserdem aber haben wir $dx = -dz$ und $dy = -dt$, also wie vorhin $ds = \sqrt{dt^2 + dz^2}$. Es wird daher

$$v = \frac{\lambda^2\, cds^2}{dz^2} \text{ und } P = \frac{2\lambda^2\, cddt}{dz^2}.$$

Im höchsten Punkte *C* werde $v = b$, so wird, weil in demselben Punkte $ds = dz$ ist,

$$\lambda^2 . c = b, = \frac{b . ds^2}{dz^2} \text{ und } P = \frac{2bddt}{dz^2},$$

wo dz als constant angenommen ist. Aus der Gleichung $z^2 = at$ folgt aber $dt = \frac{2z\,dz}{a}$ und $ddt = \frac{2dz^2}{a}$; also $ds^2 = (1 + \frac{4z^2}{a^2})dz^2$, wie auch ferner $v = b(1 + \frac{4z^2}{a^2}) = b . \frac{a + 4t}{a}$ und $P = \frac{4b}{a}$. Die abwärts gerichtete Kraft, welche bewirkt, dass der Körper auf dieser Parabel fortschreitet, ist also constant. Setzt man sie gleich der Schwere, d. h. $= 1$, so wird $b = \frac{a}{4}$, d. h. gleich dem Abstande des Brennpunktes vom Scheitel. Diess stimmt mit dem überein, was wir oben (§. 564.) gefunden haben.

Beispiel 3.

§. 707. (Figur 73.) Es sei die Curve *MAN* eine Hyperbel, welche zum Mittelpunkt *C* beschrieben und deren vertikale Axe *CP* ist. Man setze die halbe grosse Axe $AC = a$, die halbe conjugirte $= e$, $CP = t$ und $MP = z$. Ferner sei die Geschwindigkeit, welche der Körper in *A* hat, $= \sqrt{b}$, alsdann wird, wie oben bei der Parabel,

$$v = \frac{bds^2}{dz^2} \text{ und } P = \frac{2bddt}{dz^2},$$

wo wieder dz als constant angenommen ist. Nach der Natur der Hyperbel ist aber $a^2 z^2 = -a^2 e^2 + e^2 t^2$, also wird $dt = \frac{a^2 zdz}{e^2 t}$ und $ddt = \frac{a^2\, dz^2}{e^2 t} - \frac{a^2\, zdzdt}{e^2 t^2}$ oder $ddt = \frac{a^2 dz^2 \{e^2 t^2 - a^2 z^2\}}{e^4 t^3} = \frac{a^4\, dz^2}{e^2 t^3}$. Es wird daher

$$P = \frac{2ba^4}{e^2 t^3},$$

oder die Kraft, welche den Körper im beliebigen Punkte M abwärts treibt, dem Cubus des Abstandes LM, d. h. des Abstandes des Punktes M von der durch den Mittelpunkt gezogenen Horizontallinie LC, umgekehrt proportional. Ferner wird $\frac{ds^2}{dz^2} = \frac{e^4 t^2 + a^4 z^2}{e^4 t^2} = \frac{(a^2 + e^2) t^2 - a^4}{e^2 t^2}$, und man erhält daher

$$v = \frac{b(a^2 + e^2) t^2 - a^4 b}{e^2 t^2}$$

Satz 87.

Aufgabe.

§. 708. (Figur 74.) Gegeben ist die Curve AMB und zugleich der Mittelpunkt C der Kräfte; man sucht das Gesetz der Centripetalkraft, welche bewirkt, dass der Körper sich frei auf dieser Curve bewege, wie auch seine Geschwindigkeit in jedem beliebigen Punkte M.

Auflösung.

Da die Curve AMB und der Punkt C gegeben ist, so suche man eine Gleichung zwischen dem Abstande MC des beliebigen Punktes M der Curve vom Mittelpunkte C und dem Perpendikel CT, welches von dem letztern auf die Tangente MT gefällt ist. Wir setzen $CM = y$ und $CT = p$. Es sei nun die Geschwindigkeit des Körpers im gegebenen Punkte $A = \sqrt{c}$ und das von C auf die Tangente in A gefällte Perpendikel $= h$. Diese sind bekannt, hingegen v und P in der frühern Bedeutung unbekannt. Unter diesen Voraussetzungen ist

$$v = \frac{ch^2}{p^2} \text{ (§. 589.)}, \quad P = \frac{2ch^2 dp}{p^3 dy} \text{ (§. 592.)} = \frac{2ch^2 y}{p^3 r},$$

wo r der Radius des, die Curve in M osculirenden, Kreises ist.

Zusatz 1.

§. 709. Ferner wird die Zeit, in welcher der Körper den beliebigen Bogen AM zurücklegt,

$$= \frac{2.ACM}{h\sqrt{c}},$$

d. h. der Fläche ACM proportional (§. 588).

Zusatz 2.

§. 710. Da ch^2 constant ist, so wird die Centripetalkraft m beliebigen Punkte M proportional dem Ausdruck

$$\frac{dp}{p^3 dy} \text{ oder dem } \frac{y}{p^3 r}.$$

Die Geschwindigkeit $\sqrt{v}$ ist aber dem, auf die Tangente MT gefällten Perpendikel CT umgekehrt proportional (§. 589.).

Beispiel 1.

§. 711. Es sei die gegebene Curve eine Ellipse, in deren Mittelpunkt der Mittelpunkt der Kräfte liegt. Setzt man die halbe grosse Axe $= a$, die halbe kleine $= b$; so wird nach der Natur der Ellipse

$$p = \frac{ab}{\sqrt{a^2 + b^2 - y^2}}, \text{ also } dp = \frac{abydy}{(a^2 + b^2 - y^2)^{\frac{3}{2}}}$$

$$\text{und } \frac{dp}{p^3 dy} = \frac{y}{a^2 b^2}.$$

Wir erhalten daher

$$P = \frac{2ch^2 y}{a^2 b^2},$$

d. h. die Centripetalkraft dem Abstande des Körpers vom Mittelpunkte proportional.

Beispiel 2.

§. 712. Es sei die gegebene Curve wieder eine Ellipse, jedoch liege der Mittelpunkt der Kräfte in dem einen von beiden Brennpunkten. Setzen wir die grosse Axe $= A$ und den Parameter $= L$, so wird nach der Natur der Ellipse

$$4p^2 = \frac{ALy}{A - y}.$$

Da aber $8pdp = \frac{A^2 L\, dy}{(A - y)^2}$, $16p^4 = \frac{A^2 L^2 y^2}{(A - y)^2}$ also $\frac{dp}{2p^3} = \frac{dy}{Ly^2}$; so wird

$$P = \frac{4ch^2}{Ly^2}.$$

Die Centripetalkraft ist daher in diesem Falle dem Quadrate des Abstandes vom Centrum umgekehrt proportional.

Beispiel 3.

§. 713. Es sei die Curve eine logarithmische Spirallinie, in deren Mittelpunkte der Mittelpunkt der Kräfte liegt; alsdann ist

$$p = ny, \frac{dp}{p^3 dy} = \frac{1}{n^2 y^3} \text{ und } P = \frac{2ch^2}{n^2 y^3}.$$

Die Centripetalkraft ist also dem Cubus des Abstandes vom Centrum umgekehrt proportional.

Satz 88.

Lehrsatz.

§. 714. (Figur 77.) Eine nach dem Mittelpunkte C gerichtete Kraft, welche bewirkt, dass ein Körper sich auf der gegebenen Curve AM bewege, verhält sich zu der nach einem andern Mittelpunkte c gerichteten Kraft, welche die Bewegung des Körpers auf derselben Curve und in derselben Umlaufszeit hervorbringt, wie der Cubus der geraden Linie cV, welche aus c parallel mit CM bis zur Tangente TM gezogen ist, zu dem Producte $cM \cdot CM^2$.

Beweis.

Die Geschwindigkeit des Körpers im gegebenen Punkte A sei, wenn derselbe sich um den Mittelpunkt C der Kräfte bewegt, $= \sqrt{c}$ und das von C auf die Tangente in A gefällte Perdendikel $= h$. Bewegt sich der Körper hingegen um den Mittelpunkt c, so sei jene Geschwindigkeit $= \sqrt{\gamma}$ und das Perpendikel $= \Theta$. Da nun die Umlaufszeiten um beide Mittelpunkte einander gleich sind, so ist

$$\frac{2 \cdot ACM}{h\sqrt{c}} = \frac{2 \cdot ACM}{\Theta\sqrt{\gamma}} \text{ oder } c \cdot h^2 = \gamma \cdot \Theta^2 \text{ (§. 709.).}$$

Man fälle ferner von den Mittelpunkten C und c auf die Tangente in M die Perpendikel CT und ct und setze den Radius des in M osculirenden Kreises $= r$; so ist

$$P = \frac{2c \cdot h^2 \cdot CM}{r \cdot CT^3} \text{ und } \Pi = \frac{2\gamma \cdot \Theta^2 \cdot cM}{r \cdot ct^3} \text{ (§. 708.),}$$

wo P und Π respective die von M nach C und c gerichteten Centripetalkräfte bezeichnen. Da nun aber

$$c \cdot h^2 = \gamma \cdot \Theta^2,$$

so wird

$$P : \Pi = \frac{CM}{CT^3} : \frac{cM}{ct^3}.$$

Nun ziehe man $cV \# CM$, alsdann wird $\Delta\, ctV \backsim CTM$, mithin

$$CM : cV = CT : ct \text{ und } P : \Pi = \frac{CM}{CM^3} : \frac{cM}{cV^3}$$

$$= cV^3 : cM \cdot CM^2.$$

Zusatz 1.

§. 715. Es verhält sich die Geschwindigkeit in M, wenn

der Körper nach dem Mittelpunkte C hingezogen wird, zu seiner Geschwindigkeit in demselben Punkte, wenn er nach c hingezogen wird, wie

$\frac{h\sqrt{c}}{CT} : \frac{\Theta\sqrt{\gamma}}{ct}$ d. h. wie $\frac{1}{CT} : \frac{1}{ct} = cV : CM$, weil nämlich $h\sqrt{c} = \Theta\sqrt{\gamma}$ ist.

Zusatz 2.

§. 716. Sind die Umlaufszeiten nicht einander gleich, sondern T und t, so ist

$$T : t = \frac{1}{h\sqrt{c}} : \frac{1}{\Theta\sqrt{\gamma}} \text{ oder } ch^2 : \gamma\Theta^2 = t^2 : T^2.$$

Wir erhalten daher die Kräfte P und Π zu einander in einem Verhältniss, welches aus dem im Lehrsatze angegebenen und dem umgekehrten doppelten Verhältniss der Zeiten zusammengesetzt ist.

Zusatz 3.

§. 717. In demselben Falle, wo die Umlaufszeiten ungleich sind, verhalten sich die Geschwindigkeiten im Punkte M, je nachdem C oder c der Mittelpunkt der Kräfte ist, zu einander wie

$$\frac{1}{T.CT} : \frac{1}{t.ct}$$

Anmerkung 1.

§. 718. Denselben Satz hat Newton aus Buch I., Satz VII, Zusatz 3 seiner Principien abgeleitet und er bedient sich desselben, um die nach einem beliebigen Punkte gerichtete Centripetalkraft zu finden, wenn die nach einem andern Mittelpunkte hinziehende bekannt ist. Wir wollen seine Anwendung in dem folgenden Beispiele zeigen.

Beispiel.

§. 719. (Figur 78.) Die gegebene Curve AMc sei ein Kreis, in dessen Mittelpunkte der eine von beiden Mittelpunkten der Kräfte, nämlich C liegt. Die nach C gerichtete Centripetalkraft P wird daher überall constant sein und wir setzen sie $= g$. Man sucht hieraus die nach dem Mittelpunkte c, welcher auf der Peripherie liegt, gerichtete Centripetalkraft Π, welche bewirkt, dass der Körper in derselben Zeit den ganzen Umfang zurücklege. Man fälle also von c auf die Tangente MV das Perpendikel cV, welches nach der Natur des Kreises parallel CM wird. Wir haben daher

$$g : \Pi = cV^3 : cM . CM^2 \text{ oder } \Pi = \frac{g . cM . CM^2}{cV^3}.$$

Zieht man aber die Linien AM und cM, so wird $\triangle\, AMc \sim MVc$, also

$$cV : cM = cM : Ac \text{ oder } cV = \frac{cM^2}{2 . CM} \text{ und } \Pi = \frac{8g . CM^5}{cM^5}.$$

Diese Kraft Π ist also der fünften Potenz des Abstandes Mc, d. h. des Körpers vom Mittelpunkt c, umgekehrt proportional, wie wir schon oben (§.686.) gefunden haben.

Zusatz 4.

§. 720. Es sei die Geschwindigkeit des Körpers, welcher sich auf der Peripherie des Kreises um den Mittelpunkt C bewegt, $= \sqrt{c}$ und die Geschwindigkeit des um den Mittelpunkt c sich bewegenden Körpers, in $M = \sqrt{v}$. Alsdann ist

$$\sqrt{c} : \sqrt{v} = cV : CM = cM^2 : 2 . CM^2 \text{ (§.719.) also } v = \frac{4c . CM^4}{cM^4}.$$

Die Geschwindigkeit des um den Mittelpunkt c sich bewegenden Körpers ist also überall dem Quadrat seines Abstandes von c umgekehrt proportional.

Zusatz 5.

§. 721. Liegt der Mittelpunkt der Kräfte im Mittelpunkt C des Kreises, so ist

$$h = y = p = r = CM, \text{ also } P = g = \frac{2c}{CM} \text{ (§. 592.)}.$$

Setzen wir daher $\Pi = \frac{f^5}{CM^5}$, so wird

$$g = \frac{f^5}{8 . CM^5},\ c = \frac{f^5}{16 . CM^4} \text{ und } v = \frac{f}{4 . cM^4}.$$

Anmerkung 2.

§. 722. Wir haben hier vorausgesetzt, dass die vom Körper beschriebene Curve absolut gegeben sei und man eine Gleichung für sie habe. Es kommen aber auch Fälle vor, in denen die beschriebene Curve selbst nicht gegeben ist, sondern vorher aus gewissen Bedingungen, welche sich auf die Bewegung beziehen, gefunden werden soll. Hierher gehört dasjenige, was hin und wieder über die Bewegung der Körper in Bahnen, welche selbst beweglich sind, gelehrt worden ist, welche Betrachtung wir in dem folgenden Satze anstellen wollen.

Satz 89.

Aufgabe.

§. 723. (Figur 79.) Eine Bahn $A'M'B'$ dreht sich irgendwie um den Mittelpunkt C der Kräfte; man soll die stets nach demselben Punkte gerichtete Centripetalkraft bestimmen, welche bewirkt, dass der Körper sich auf dieser beweglichen Bahn bewege.

Auflösung.

Während die Bahn aus der Lage $A'M'B'$ in die AMB gelangt, bewege sich der Körper in der Wirklichkeit vom Punkte A' bis nach M, so dass der Körper inzwischen in der Bahn den Winkel $A'CM' = ACM$, in der Wirklichkeit aber den Winkel $A'CM = A'CM' + A'CA$ beschrieben habe. Befindet sich der Körper anfangs in A', so sei seine wahre Geschwindigkeit, nicht die, welche er in der Bahn hat, $= \sqrt{c}$ und es sei die gerade Linie CA', welche so wohl auf der Bahn, als auch auf der wirklich beschriebenen Curve senkrecht ist, $= a$. Ferner sei die Geschwindigkeit des Körpers in M, in so fern er sich in der Bahn bewegt, $= \sqrt{u}$, seine wahre Geschwindigkeit in demselben Punkte aber $= \sqrt{v}$. Es verhalte sich ferner die Winkelgeschwindigkeit in der Bahn zur wahren Winkelgeschwindigkeit um C, während der Körper sich in M befindet, wie

$$1 : w.$$

In der als unbeweglich betrachteten Bahn wird also das Element $M'm'$ mit der Geschwindigkeit $\sqrt{u}$ beschrieben. Man setze den Abstand $CM' = CM = y$ und das auf die Tangente in M' oder M aus C gefällte Perpendikel $CT' = CT = p$; so hat man, weil die Form der Bahn gegeben ist, eine Gleichung zwischen y und p. Während nun der Körper in der Bahn das Element Mm beschreibt, gehe die Bahn selbst mit ihrer Winkelgeschwindigkeit um C durch den Winkel $mC\mu$ fort; so wird sich der Körper in der Wirklichkeit nicht in m, sondern in μ befinden, wo $C\mu = Cm$ angenommen ist, er wird also das Element $M\mu$, und zwar mit der Geschwindigkeit $\sqrt{v}$ beschrieben haben. Es wird daher

$$M\mu : Mm = \sqrt{v} : \sqrt{u},$$

und da der kleine Bogen $M\nu$ um den Mittelpunkt C beschrieben worden ist, die Winkelbewegung um denselben Punkt in der Bahn sich zur wirklich stattfindenden wie $1 : w$ verhält; so haben wir

$$Mn : M\nu = 1 : w.$$

Setzt man nun die Tangente $MT = \sqrt{y^2 - p^2} = q$, so haben wir:

$$Mm = \frac{ydy}{q},\ Mn = \frac{pdy}{q};\ \text{also}\ M\mu = \frac{ydy\sqrt{v}}{q\sqrt{u}}$$

$$\text{und}\ M\nu = \frac{wpdy}{q}.$$

Es ist aber $\mu\nu = mn = dy$, also $\frac{y^2dy^2v}{q^2 . u} = \frac{w^2p^2dy^2}{q^2} + dy^2$, endlich

$$vy^2 = uq^2 + w^2up^2.$$

Da nun $M\mu$ das Element der wahren Curve ist, welche der Körper beschreibt, so fälle man auf seine Verlängerung von C aus das Perpendikel $C\Theta$ und es wird alsdann

$$M\mu : M\nu = CM : C\Theta \text{ oder } C\Theta = \frac{wp\sqrt{u}}{\sqrt{v}}.$$

Aus diesem Perpendikel erhält man die wahre Geschwindigkeit des Körpers, indem

$$v = \frac{ca^2v}{w^2p^2u}\ (\text{§. }589.),\ \text{also}\ u = \frac{a^2c}{w^2p^2}\ \text{und}$$

$$v = \frac{a^2c\,\{q^2 + w^2p^2\}}{w^2p^2y^2}.$$

Substituiren wir diese Werthe von u und v, so erhalten wir

$$C\Theta = \frac{wpy}{\sqrt{q^2 + w^2p^2}},$$

welchen Werth wir der Kürze wegen mit π bezeichnen wollen. Ist derselbe bekannt, so können wir die Centripetalkraft P bestimmen, welche bewirkt, dass der Körper sich in dieser, auf bestimmte Weise sich drehenden, gegebenen Bahn bewege. Es ist nämlich $P = \frac{2a^2cd\pi}{\pi^3dy}$ (§. 592.) und da nun

$$\pi^2 = \frac{w^2p^2y^2}{q^2 + w^2p^2} \text{ oder } \frac{1}{\pi^2} = \frac{q^2}{w^2p^2y^2} + \frac{1}{y^2} = \frac{1}{y^2} - \frac{1}{w^2y^2}$$

$$+ \frac{1}{w^2p^2},$$

$$-\frac{2d\pi}{\pi^3} = -\frac{2dy}{y^3} + \frac{2dw}{w^3y^2} + \frac{2dy}{w^2y^3} - \frac{2dw}{w^3p^2} - \frac{2dp}{w^2p^3} \text{ oder}$$

$$\frac{d\pi}{\pi^3} = \frac{dy\,(w^2-1)}{w^2\,y^3} + \frac{q^2\,dw}{w^3 y^2 p^2} + \frac{dp}{w^2 p^3}; \text{ so wird}$$

$$P = \frac{2a^2 c\,dp}{w^2 p^3\,dy} + \frac{2a^2 c\,(w^2-1)}{w^2\,y^3} + \frac{2a^2 c\,q^2\,dw}{w^3 y^2 p^2\,dy}.$$

Zusatz 1.

§. 724. Setzt man voraus, dass der Radius $= 1$ sei, so wird

$$\frac{m\mu}{CM} = d\,.\,A'CA = \frac{(w-1)\,p\,dy}{qy}$$

und wenn man integrirt

$$A'CA = \int \frac{(w-1)\,pdy}{qy}.$$

$w-1:1$ drückt das Verhältniss der Winkelgeschwindigkeit der Bahn zur Winkelgeschwindigkeit des Körpers, während dieser sich in M befindet, in der Bahn aus.

Zusatz 2.

§. 725. Die Geschwindigkeit des Körpers in der Bahn $= \sqrt{u}$ ist umgekehrt wp proportional; daher kann der Körper nur dann, wenn w constant ist, sich auf diese Weise in einer ruhenden Bahn bewegen, während er zugleich gegen den Mittelpunkt C hingezogen wird.

Zusatz 3.

§. 726. Setzt man also w constant voraus, d. h. das Verhältniss der Winkelbewegung des Körpers zur Winkelbewegung der Bahn stets als dasselbe, so wird die Geschwindigkeit des Körpers in der Bahn, nämlich $\sqrt{u}$, dem Perpendikel auf die Tangente CT' umgekekrt proportional. Ferner wird die nach C gerichtete Centripetalkraft, welche bewirkt, dass der Körper sich unter diesen Umständen in der ruhenden Bahn bewege, $= \frac{2a^2 c\,dp}{w^2 p^3\,dy}$. Es sei also die Geschwindigkeit, welche der Körper in A' in Bezug auf die Bahn hat, $= \sqrt{\gamma}$, so ist $\sqrt{\gamma} : \sqrt{c} = 1 : w$ (nach der Voraussetzung), also $c = w^2\,\gamma$.

Hieraus ergibt sich die nach C gerichtete Centripetalkraft, welche bewirkt, dass der Körper sich in der ruhenden Bahn bewege

$$= \frac{2a^2\gamma dp}{p^3\,dy},$$

übereinstimmend mit dem Frühern (§. 592.).

Zusatz 4.

§. 727. Unter dieser Voraussetzung, dass w constant sei, ergibt sich der Winkel $A'CA$, welchen die Bahn beschreibt, während der Körper den Bogen $A'M'$ zurücklegt,

$$= (w-1)\int\frac{p\,dy}{qy} = (w-1)\;A'CM'.$$

Während eines ganzen Umlaufs des Körpers in der Bahn, beschreibt diese also um C einen Winkel von $(w-1)\;360^0$.

Zusatz 5.

§. 728. Die Kraft aber, welche bewirkt, dass der Körper sich in dieser beweglichen Bahn, der Winkelbewegung der letztern selbst proportional, fortbewege, wird

$$= \frac{2a^2c\,dp}{w^2p^3\,dy} + \frac{2a^2c\,(w^2-1)}{w^2y^3} = \frac{2a^2\gamma\,dp}{p^3dy} + \frac{2a^2\gamma\,(w^2-1)}{y^3}.$$

Der Unterschied zwischen der Centripetalkraft für die unbewegliche, und der Kraft für die bewegliche Bahn ist also dem Cubus des Abstandes des Körpers C vom Mittelpunkte C umgekehrt proportional.

Zusatz 6.

§. 729. Ist $w=1$ oder $w-1=0$, so verschwindet die Bewegung der Bahn und es wird in diesem Falle die Centripetalkraft

$$= \frac{2a^2\gamma\,dp}{p^3dy},$$

indem das andere Glied $= 0$ wird. Dasselbe geschieht, wenn $w = -1$ oder $w-1 = -2$ ist. In diesem Falle bewegt sich die Bahn doppelt so geschwind rückläufig, als der Körper in der Bahn rechtläufig. Die wahre Curve, welche der Körper bei dieser Bewegung beschreibt, ist nicht von der Bahn verschieden, nur liegt sie umgekehrt.

Zusatz 7.

§. 730. Ist $w > 1$, so bewegt sich die Bahn rechtläufig und je grösser diese Bewegung ist, desto grösser ist auch die Centripetalkraft. Ist aber $w < 1$, also auch $w^2 < 1$, so wird die Bewegung der Bahn rückläufig und die Centripetalkraft wird kleiner, weil w^2-1 negativ ist.

Zusatz 8.

§. 731. Ist $w = 0$, so wird auch $c = 0$ und es bewegt sich der Körper in einer geraden Linie, weil in diesem Falle die Winkelbewegung der Bahn gleich und entgegengesetzt der Winkelbewegung des Körpers in der Bahn ist.

Zusatz 9.

§. 732. Ist w negativ, nämlich $= -n$, so bewegt sich der Körper auf derselben Curve, als ob $w = +n$ wäre, nur mit dem Unterschiede, dass er nach der entgegengesetzten Seite fortrückt. Die Centripetalkraft P behält daher in beiden Fällen denselben Werth bei und zwar allgemein, wenn auch w einen veränderlichen Werth hat.

Beispiel.

§. 733. Es sei die Curve $A'M'B'$ eine Ellipse, in deren einem Brennpunkte der Mittelpunkt C der Kräfte liegt. Man setze ihren Parameter $= L$ und ihre grosse Axe $A'B' = A$; alsdann ist

$$a = \tfrac{1}{2}A - \tfrac{1}{2}\sqrt{A^2 - AL} \text{ und } 4p^2 = \frac{ALy}{A-y}.$$

Ist ferner w constant, so wird die Kraft, welche bewirkt, dass der Körper sich in dieser beweglichen Ellipse bewege,

$$= \frac{4a^2\gamma}{Ly^2} + \frac{2a^2\gamma(w^2-1)}{y^3} \text{ (§. 728.)}.$$

Den Winkel, welchen die Bahn beschreibt, während der Körper in ihr den Bogen $A'M'$ durchläuft, erhält man

$$= A'CA = (w-1)\,A'CM' \text{ (§. 727.)}.$$

Die Gleichung der Curve, welche der Körper beschreibt und deren Element $M\mu$ ist, erhält man, indem man eine Gleichung zwischen $C\Theta = \pi$ und $CM = y$ sucht. Da nun

$$p^2 = \frac{ALy}{4(A-y)} \text{ und } q^2 = \frac{4Ay^2 - 4y^3 - ALy}{4A - 4y};$$

so erhält man, indem man diese Werthe in die Gleichung $\pi = \dfrac{wpy}{\sqrt{q^2 + w^2p^2}}$ substituirt:

$$\pi^2 = \frac{w^2ALy^2}{4Ay - 4y^2 + (w^2-1)Ay},$$

welches die Gleichung der beschriebenen Curve ist.

Anmerkung 1.

§. 734. Die Curven, welche von Körpern, unter Einwirkung derartiger Centripetalkräfte, beschrieben werden, kann man sehr schwer auf andere Weise erkennen und man kann, ohne Anwendung der obigen Betrachtung, ihre Form gar nicht bestimmen. Den grössten Nutzen hat daher die Erforschung derartiger Centripetalkräfte in Bezug auf die Curven, welche aus beliebig gegebenen Bedingungen hervorgehen und man kann auf umgekehrte Weise aus gegebenen Centripetalkräften die

Curven nebst ihren Eigenschaften ableiten. Bei den Bewegungen der Himmelskörper kommen nämlich so verwickelte Ausdrücke der, auf sie wirkenden, Kräfte vor, dass man ihre Bahnen durchaus gar nicht würde bestimmen können, wenn sich jene Kräfte nicht zufällig in einem solchen Falle befänden, aus welchem man a posteriori die Centripetalkraft abgeleitet hat.

Anmerkung 2.

§. 735. Findet man, dass ein Körper sich in einer beweglichen Bahn dieser Art bewegt, so kann man seine Bewegung und seinen Abstand vom Mittelpunkte C zu jeder Zeit bestimmen. So oft der Körper in seiner Bahn zu den Punkten A' und B' gelangt, wird er sich im kleinsten und grössten Abstande von C befinden. Da nun die Bewegung der Linie $A'B'$ welche die Absidenlinie heisst, gegeben ist; so kann man bestimmen, wann der Körper sich in der grössten oder kleinsten Entfernung von C befindet. Newton hat diesen Gegenstand im Abschnitt IX des ersten Buches der Principien behandelt und er benutzt diese Theorie, um die Bewegung der Absidenlinie der Mondsbahn zu bestimmen. Diese Betrachtung kann aber nicht ganz genau dem Monde angepasst werden, da die denselben antreibende Kraft nicht, wie hier vorausgesetzt wurde, nach einem gewissen festen Punkte C, sondern nach einem beständig veränderlichen gerichtet ist. Wir werden uns daher bemühen, nachdem wir das übrige hieher Gehörige erklärt haben werden, andere Sätze aufzustellen, welche sich mehr eignen, auf die Mondstheorie übertragen zu werden.

Satz 90.

Aufgabe.

§. 736. (Figur 79.) Es ist die Curve bekannt, welche ein durch eine beliebige Centripetalkraft V angetriebener Körper beschreibt; man soll diejenige Curve bestimmen, welche ein durch eine Centripetalkraft $V + \frac{C}{y^3}$ (wo y den Abstand MC des Körpers vom Centrum C bezeichnet) angetriebener Körper beschreibt.

Auflösung.

Wirkt die Centripetalkraft $V + \frac{C}{y^3}$, so sei die Geschwindigkeit, mit welcher der Körper in A' nach einer, auf CA' normalen Richtung fortgeworfen wird, $= \sqrt{c}$. Man setze $CA' = a$. Wirkt ferner die Kraft V, so sei $A'M'B'$ die Bahn, in welcher ein, in demselben Punkte A' und nach derselben Richtung aber mit der Geschwindigkeit $\sqrt{\gamma}$ fortgeworfener Körper sich bewegen würde. Aus dem vorigen Satze geht nun hervor, dass vermöge der Kraft $V+\frac{C}{y^3}$ der Körper sich in derselben Bahn $A'M'B'$, die sich jedoch um den Mittelpunkt C, in einem gegebenen Verhältniss zur Winkelbewegung des Körpers in der Bahn, dreht, bewegen wird. Es sei demnach $w-1:1$ das Verhältniss der Winkelbewegung der Bahn zur Winkelbewegung des Körpers in der letztern, während er sich in M befindet, ferner sei $c=w^2\gamma$ (§. 726.) und es werde das von C auf die Tangente in M gefällte Perpendikel $CT=p$ gesetzt. Hieraus geht hervor, dass die Centripetalkraft, welche bewirkt, dass der Körper sich in der festen Bahn $A'M'B'$ bewege, sein wird

$$V=\frac{2a^2\gamma dp}{p^3 dy}.$$

Diese Gleichung betrachten wir, weil die Curve $A'M'B'$ nach der Voraussetzung gegeben ist, als construirbar. Die Kraft aber, welche bewirkt, dass der Körper sich in derselben, angegebener Massen beweglichen, Bahn bewege, wird aber

$$V+\frac{C}{y^3}=\frac{2a^2\gamma dp}{p^3 dy}+\frac{2a^2\gamma(w^2-1)}{y^3} \quad (\S.\ 728.).$$

Wir erhalten daher

$$C=2a^2\gamma(w^2-1)=\frac{2a^2c(w^2-1)}{w^2} \text{ und } w^2=\frac{2a^2c}{2a^2c-C};$$

ferner

$$w-1:1=\frac{\sqrt{2a^2c}-\sqrt{2a^2c-C}}{\sqrt{2a^2c-C}}:1 \text{ und } \gamma=\frac{2a^2c-C}{2a^2}.$$

Hat man daher die Curve gefunden, welche der in A' mit der Geschwindigkeit $\sqrt{\frac{2a^2c-C}{2a^2}}$ fortgeworfene Körper, unter Antrieb der Kraft V beschreibt; so wird die Kraft $V+\frac{C}{y^3}$ bewirken, dass der mit der Geschwindigkeit $\sqrt{c}$ in A' fortgeworfene Körper sich in derselben Bahn bewege, wobei jedoch die letztere selbst sich so dreht, dass ihre Winkelgeschwindigkeit sich zur Winkelgeschwindigkeit des Körpers in der Bahn verhalte, wie

$$\frac{\sqrt{2a^2c}-\sqrt{2a^2c-C}}{\sqrt{2a^2c-C}}:1.$$

Die Bewegung des Körpers in der Bahn wird ferner dieselbe sein, welche er in der festen Bahn, unter Antrieb der Kraft V allein und wenn er in A' mit der Geschwindigkeit $\sqrt{\frac{2a^2c-C}{2a^2}}$ fortgeworfen wäre, haben würde. Die letztere Bewegung ist nach der Voraussetzung bekannt.

Zusatz 1.

§. 737. Während daher der Körper in der Bahn von A' bis B' gelangt oder um den Mittelpunkt C einen Winkel von 180^0 beschreibt, wird die Bahn selbst sich um C, um einen Winkel von

$$\frac{\sqrt{2a^2c}-\sqrt{2a^2c-C}}{\sqrt{2a^2c-C}}\,.\,180^0$$

drehen (§. 727.).

Zusatz 2.

§. 738. Ist daher die gerade Linie $A'B'$ die Absidenlinie, so wird A' die untere und B' die obere Abside, wie die Astronomen sie nennen. Der Körper wird also von der untern zur obern Abside gelangen, nachdem er um C eine Winkelbewegung von

$$\frac{180^0}{\sqrt{1-\frac{C}{2a^2c}}}$$

zurückgelegt hat.

Zusatz 3.

§. 739. Die Zeit, in welcher der Körper in der beweglichen Bahn von A' bis M gelangt, ist derjenigen gleich, deren er bedarf, um in der ruhenden von A' bis M' zu kommen. Es wird aber

$$A'CM : A'CM' = w : 1 = \frac{1}{\sqrt{1-\frac{C}{2a^2c}}} : 1.$$

Beispiel.

§. 740. Es sei V dem Quadrat des Abstandes vom Centrum umgekehrt proportional, also $V=\frac{f^2}{y^2}$, alsdann wird die Curve $A'M'B'$ eine Ellipse sein, in deren einem Brennpunkte der Mittelpunkt C der Kräfte liegt. Es sei die grosse Axe $A'B' = A$ und der Parameter $= L$, so wird

$$a = \tfrac{1}{2}A - \tfrac{1}{2}\sqrt{A^2-AL} = A'C \text{ und } B'C = \tfrac{1}{2}A + \tfrac{1}{2}\sqrt{A^2-AL},$$

Da ferner $4p^2 = \frac{ALy}{A-y}$ ist, so wird

$$\frac{2a^2\gamma dp}{p^3\,dy} = \frac{4a^2\gamma}{Ly^2} = \frac{f^2}{y^2}, \text{ also } 4a^2\gamma = Lf^2 = 4a^2c - 2C,$$

woraus folgt

$$L = \frac{4a^2c - 2C}{f^2} \text{ und } \sqrt{c} = \sqrt{\frac{Lf^2 + 2C}{4a^2}}.$$

Hier ist $\sqrt{c}$ die Geschwindigkeit des Körpers in A' für die, vermöge der Centripetalkraft $\frac{f^2}{y^2} + \frac{C}{y^3}$ bewegliche, Bahn. Es verhält sich ferner die Winkelbewegung der Bahn zu der Winkelgeschwindigkeit des Körpers in der letztern, wie

$$\frac{\sqrt{\frac{1}{2}Lf^2 + C} - \sqrt{\frac{1}{2}Lf^2}}{\sqrt{\frac{1}{2}Lf^2}} : 1.$$

Der Körper wird daher von der untern Abside zur obern gelangen, nachdem er mit seiner Winkelbewegung

$$\frac{180^0\sqrt{2a^2c}}{\sqrt{2a^2c - C}} = \frac{180^0\sqrt{\frac{1}{2}Lf^2 + C}}{\sqrt{\frac{1}{2}Lf^2}} = 180^0\sqrt{1 + \frac{2C}{Lf^2}}$$

zurückgelegt hat.

Satz 91.

Aufgabe.

§. 741. Die Figur der Bahn, welche ein Körper vermöge einer beliebigen Centripetalkraft beschreibt, weicht wenig von einem Kreise ab; man soll die Bewegung der Absiden bestimmen.

Auflösung.

Man muss eine derartige Bewegung mit der eines Körpers in einer beweglichen und wenig excentrischen Ellipse vergleichen, deren einer Brennpunkt im Mittelpunkte der Kräfte liegt. Befindet sich diese Bahn in Ruhe, so wird der Körper sich in ihr bewegen, wenn er durch eine, den Quadraten der Abstände umgekehrt proportionale, Centripetalkraft angetrieben wird. In derselben, aber beweglichen Bahn wird der Körper fortschreiten, wenn die Centripetalkraft

$$= \frac{f^2y + C}{y^3} \text{ ist (§. 740.).}$$

Behält man die vorhergehende Bezeichnung bei, so setze man $y = a + z$, wo z im Vergleich mit a sehr klein sein wird, weil die vom Körper beschriebene Curve nach der Voraussetzung einem Kreise sehr nahe kommt. Jene Centripetalkraft wird daher

$$= \frac{af^2 + C + zf^2}{y^3}$$

und der Parameter sehr nahe $= 2a$. Wir setzen nun die Centripetalkraft, welche den Körper antreibt, $= \frac{P}{y^3}$, wo P irgend eine Function von y ist. Man setze nun in P statt y seinen Werth $a + z$ und es werde, indem man wegen der geringen Grösse von z diejenigen Glieder vernachlässigt, welche mehr als Eine Dimension von z enthalten,

$$P = E + F.z.$$

Vergleicht man daher den Werth auf der rechten Seite mit der obigen Formel $af^2 + C + zf^2$, so wird $F = f^2$ oder $f = \sqrt{F}$

$$\text{und } aF + C = E \text{ oder } C = E - aF.$$

Substituirt man diese Werthe, so wird der, durch die Centripetalkraft $\frac{P}{y^3}$ angetriebene Körper von der untern Abside zur obern gelangen, nachdem er eine Winkelbewegung von

$$180^0 \sqrt{1 + \frac{2C}{Lf^2}} (\S. 740.) = 180^0 \sqrt{1 + \frac{2E - 2aF}{2aF}} = 180^0 \sqrt{\frac{E}{aF}}$$

zurückgelegt hat, indem $2a$ statt L, F statt f^2 und $E - aF$ statt C substituirt worden ist. Hierbei ist jedoch vorausgesetzt, dass die Bahn nicht viel von einer kreisförmigen abweiche.

Zusatz 1.

§. 742. Da die Centripetalkraft $= \frac{f^2}{y^2} + \frac{C}{y^3}$ ist, so wird die Winkelbewegung der Bahn proportional der gleichzeitigen Winkelbewegung des Körpers in der Bahn (§. 728.). Hat sich also der Körper um einen Winkel von 360^0 bewegt, so hat die Absidenlinie $A'B'$ während derselben Zeit einen Winkel von

$$\frac{\sqrt{E} - \sqrt{aF}}{\sqrt{E}} \cdot 360^0.$$

beschrieben.

Zusatz 2.

§. 743. Da E eine solche Function von a, als P von y ist, so wird $F.z$ das Increment von E, wenn a um das Element z zunimmt; also wenn $z = da$ gesetzt wird, $F.da = dE$. Der Winkel, welchen der Körper von der untern Abside bis zur obern beschreibt, wird daher

$$= 180^0 . \sqrt{\frac{E.da}{a.dE}}.$$

Zusatz 3.

§. 744. Weil E eine solche Function von a, als P von y ist, so kann man in $\frac{Eda}{adE}$, y statt a und P statt E setzen. Ist daher die Centripetalkraft $= \frac{P}{y^3}$, so wird der Körper von der untern Abside bis zur obern einen Winkel von

$$180^0 . \sqrt{\frac{Pdy}{ydP}}$$

beschreiben und wenn in diesem Ausdruck y stehen bleibt, kann man statt seiner a setzen, weil der Unterschied beider sehr gering ist.

Zusatz 4.

§. 745. Ist $\frac{da}{a} > \frac{dE}{E}$ oder $\frac{dy}{y} > \frac{dP}{P}$, so wird die Ellipse, welche durch ihre Umdrehung die wahre Bewegung des Körpers darstellt, sich rechtläufig bewegen. Ist hingegen $\frac{dy}{y} < \frac{dP}{P}$, so bewegt sie sich rückläufig. Ist endlich $\frac{dy}{y} = \frac{dP}{P}$ oder $P = \alpha y$, so wird die Centripetalkraft dem Quadrat des Abstandes umgekehrt proportional. In diesem Falle wird die Absidenlinie ruhen oder der Körper von der untern Abside zur obern und hierauf von dieser zu jener gelangen, nachdem er einen Winkel von 180^0 beschrieben hat.

Zusatz 5.

§. 746. Ist ferner der Winkel gegeben, nach dessen Beschreibung der Körper von der einen Abside zur andern gelangt und setzen wir denselben $= 180 . \mu^0$, so wird

$$\mu^2 = \frac{Pdy}{ydP} \text{ oder } P^{\mu\mu} = \alpha y \text{ und } P = \alpha . y^{\frac{1}{\mu\mu}}.$$

Die Centripetalkraft, welche bewirkt, dass die Bewegung der Absidenlinie diese Grösse erhalte, ist demnach proportional

$$y^{\frac{1-3\mu^2}{\mu^2}}.$$

Zusatz 6.

§. 747. Trifft es sich, dass $\frac{Pdy}{ydP}$ oder dP negativ wird, so wird die Bewegung der Absidenlinie imaginär. Man erkennt hieraus, dass der von der einen Abside ausgegangene Körper nie zur andern gelangen kann, sondern sich beständig vom Centrum entfernen, oder ihm nähern und in keiner geschlossenen Curve bewegen wird.

Zusatz 7.

§. 748. Ist die Centripetalkraft der *n*ten Potenz der Abstände proportional, also $P = y^{n+3}$, so wird $\frac{Pdy}{ydP} = \frac{1}{n+3}$ und es wird daher der Körper von der untern Abside zur obern gelangen, nachdem er um den Mittelpunkt C einen Winkel von

$$\frac{180^0}{\sqrt{n+3}}$$

beschrieben hat; er wird aber von der untern oder obern Abside ausgehend zu derselben zurückkehren, nachdem er einen Winkel von $\frac{360^0}{\sqrt{n+3}}$ beschrieben hat.

Zusatz 8.

§. 749. Ist daher $\sqrt{n+3}$ rational und m die kleinste ganze Zahl, wodurch $\frac{m}{\sqrt{n+3}}$ ebenfalls eine ganze Zahl wird; so wird der Körper erst nach $\frac{m}{\sqrt{n+3}}$ vollbrachten Umläufen um den Mittelpunkt C zu demselben Punkte zurückkehren und es wird die vom Körper beschriebene Curve eben so viele Spiralen bilden, bevor sie in sich selbst zurückkehrt und geschlossen wird. Ist aber $n+3$ kein Quadrat, so wird die Curve nie in sich selbst zurückkehren, sondern unzählige Spiralen um den Mittelpunkt C haben und es wird daher auch der Körper nie wieder dieselbe Bahn durchwandern.

Beispiel 1.

§. 750. Es ziehe der Mittelpunkt der Kräfte im umgekehrten dreifachen Verhältsiss der Kräfte an, so wird $n+3 = 0$. Unter dieser Voraussetzung wird daher der von der einen Abside ausgegangene Körper nur erst nach unendlich vielen Umläufen zur andern gelangen. Nimmt aber die Centripetalkraft in einem grössern Verhältniss, als dem dreifachen der Entfernungen ab, so wird die Curve gar nicht zwei Absiden haben, sondern sich entweder in's Unendliche entfernen, oder wie die logarithmische Spirale im Mittelpunkt selbst aufhören.

Beispiel 2.

§. 751. Ist die Centripetalkraft den Quadraten der Abstände umgekehrt proportional, so wird $n+3=1$. Der Körper wird also in diesem Falle von der einen Abside zur andern gelangen, nachdem er einen Winkel von 180° beschrieben hat und die Curve nach jedem Umlauf in sich selbst zurückkehren. Der Körper bewegt sich nämlich in einer Ellipse, in deren einem Brennpunkte sich der Mittelpunkt der Kräfte befindet und deren grosse Axe die Absidenlinie ist.

Beispiel 3.

§. 752. Ist die Centripetalkraft den Abständen umgekehrt proportional, so hat man $n+3=2$. Der Körper wird daher von der untern Abside zur obern gelangen, nachdem er einen Winkel von

$$\frac{180^0}{\sqrt{2}} = 117^0\, 16'$$

zurückgelegt hat. Weil aber $\sqrt{2}$ irrational ist, wird die Curve nie in sich selbst zurückkehren.

Beispiel 4

§. 753. Ist die Centripetalkraft in jedem Abstande constant, so wird $n = 0$. In diesem Falle gelangt der, von der einen Abside ausgegangene, Körper zur andern, nachdem er einen Winkel von

$$\frac{180^0}{\sqrt{3}} = 103^0 55'$$

zurückgelegt hat.

Beispiel 5.

§. 754. Ist die Centripetalkraft dem Abstande des Körpers vom Centrum direct proportional, so hat man $n = 1$. In diesem Falle bewegt sich der Körper bekanntlich in einer Ellipse, in deren Mittelpunkte das Centrum der Kräfte liegt (§. 631.). Die untere Abside steht daher vom Punkte der grössten Entfernung um einen Winkel von 90° ab, was auch aus der Formel folgt, indem hier

$$\frac{180^0}{\sqrt{n+3}} = 90^0 \text{ ist.}$$

Anmerkung 1.

§. 755. So oft daher der Körper um den Mittelpunkt der Kräfte mit einer solchen Geschwindigkeit geworfen wird, dass er sich fast in einem Kreise bewegen sollte, kann man mittelst dieses Satzes die wahre Curve bestimmen, welche er beschreiben wird. Diess kann nicht, mittelst der blossen Betrachtung der Centripetalkraft, geschehen. Hieraus geht um so mehr der Nutzen derartiger Betrachtungen hervor, da Umstände, welche sonst sehr schwer zu bestimmen sind, durch sie sehr leicht ins klare gesetzt werden. Newton hat denselben Satz im Abschnitt IX, Satz 45 aufgestellt.

Anmerkung 2.

§. 756. Wir haben schon oben (§. 669 und 670.) gezeigt, dass unter der Voraussetzung, dass die Centripetalkraft dem Cubus des Abstandes umgekehrt proportional sei, ein nach dem Mittelpunkte herabsteigender Körper in endlicher Zeit dahin gelangen, hierauf aber nicht mehr aus ihm heraustreten, sondern gewissermassen vernichtet werden wird. Dasselbe gilt auch, wenn der Körper geradlinig zum Centrum herabsteigt. Auf ähnliche Weise wird, wenn die Centripetalkraft in einem grössern Verhältniss, als dem dreifachen der Abstände abnimmt, der Körper, sobald er das Centrum erreicht hat, daselbst verschwinden und weder über dasselbe hinaus fortschreiten, noch von ihm zurückkehren. Was nämlich auch aus der Kraft werden möge, so würde die Curve, welche der mit einer gewissen Geschwindigkeit geworfene Körper beschriebe, zwei Absiden haben, was absurd wäre (§. 750.). So oft aber die Centripetalkraft in einem kleinern Verhältniss als dem dreifachen abnimmt, also etwa im einfachen oder grössern; so wird der Körper, nachdem er zum Centrum gelangt ist, auf derselben geraden Linie zurückweichen, auf welcher er sich ihm genähert hatte. Diess geht in Bezug auf das umgekehrte doppelte Verhältniss aus §. 655. und auf das einfache aus §. 266. hervor, wo der Körper offenbar nicht über das Centrum hinausgehen kann. Ist aber $n+1>0$, so wird der geradlinig zum Centrum herabsteigende Körper eine endliche Geschwindigkeit erhalten, mit welcher er über das Centrum hinaus auf derselben geraden Linie fortgehen wird, bis er seine ganze Bewegung verloren hat (§. 273.). Auf diese Weise haben wir dem oben (§. 272.) ausgesprochenen Wunsche Genüge geleistet, wo wir die Bewegung eines geradlinig herabsteigenden Körpers, nachdem er zum Centrum gelangt ist, zu bestimmen hatten.

Satz 92.

Aufgabe.

§. 757. (Figur 80.) Man soll die nach zwei Mittelpunkten C und D der Kräfte gerichteten Centripetalkräfte bestimmen, welche bewirken, dass der Körper sich auf einer gegebenen Curve AMB und mit einer, in den einzelnen Punkten gegebenen, Geschwindigkeit bewege.

Auflösung.

Es bewege sich der Körper von A durch M nach B und es sei seine Geschwindigkeit in $M = \sqrt{v}$, ferner $CM = y$ und $DM = z$. Man ziehe die Tangente TV und fälle auf sie von C und D die Perpendikel $CT = p$ und $DV = q$. Ferner sei die nach C gerichtete Centripetalkraft $= P$ und die nach D gerichtete $= Q$. Die aus beiden entspringende Normalkraft ist daher $= \frac{Pp}{y} + \frac{Qq}{z}$ und die, die Bewegung des Körpers beschleunigende, Tangentialkraft $= -\frac{P\sqrt{y^2-p^2}}{y} - \frac{Q\sqrt{z^2-q^2}}{z}$; vorausgesetzt, dass die Tangenten nach der zurückliegenden Seite der Bahn, d. h. nach MA hin liegen. Setzt man daher den Radius des in M osculirenden Kreises $= r$ und das Element der Curve $= ds$, so erhalten wir

$$1, \quad \frac{Pp}{y} + \frac{Qq}{z} = \frac{2v}{r} \quad (\text{§. } 561.) \text{ und}$$

$$dv = -\frac{Pds\sqrt{y^2-p^2}}{y} - \frac{Qds\sqrt{z^2-q^2}}{z} \quad (\text{§. } 559.),$$

oder, weil $ds = \frac{ydy}{\sqrt{y^2-p^2}} = \frac{zdz}{\sqrt{z^2-q^2}}$, 2, $dv = -Pdy - Qdz$.

Verbindet man diese zwei Gleichungen mit einander, so ergibt sich

$$P = \frac{2vyzdz + qrydv}{przdz - qrydy},$$

$$Q = \frac{2vzydy + przdv}{qrydy - przdz} = \frac{-2vzydy - przdv}{przdz - qrydy}.$$

Es ist aber $r = \frac{ydy}{dp} = \frac{zdz}{dq}$ und oben $zdz = \frac{ydy\sqrt{z^2-q^2}}{\sqrt{y^2-p^2}}$, also $dq = \frac{dp\sqrt{z^2-q^2}}{\sqrt{y^2-p^2}}$. Setzt man endlich $CD = k$, so wird $k^2 = y^2 + z^2 - 2pq - 2\sqrt{(y^2-p^2)(z^2-q^2)}$, worauf man P und Q nach Belieben bestimmen kann.

Zusatz 1.

§. 758. Soll sich der Körper auf der Curve gleichförmig bewegen, so ist v = const. und $dv = 0$; also

$$P = \frac{2cyzdz}{przdz - qrydy},\quad Q = \frac{-2czydy}{przdz - qrydy} \text{ und } P:Q = dz : -dy.$$

Zusatz 2.

§. 759. Ist $v = \frac{ch^2}{p^2}$, oder die Geschwindigkeit dem vom Mittelpunkt C auf die Tangente gefällten Perpendikel umgekehrt proportional, so wird

$$dv = -\frac{2ch^2dp}{p^3} \text{ und } przdv = -\frac{2rzch^2dp}{p^2} = \frac{-2ch^2\,zydy}{p^2}$$
$$= -2vzydy, \text{ also } Q = 0.$$

Ferner wird $P = \dfrac{\dfrac{2ch^2yzdz}{p^2} - \dfrac{2ch^2qrydp}{p^3}}{r\{pzdz - qydy\}} = \dfrac{2ch^2y\{pzdz - qydy\}}{p^3r\{pzdz - qydy\}}$
$= \dfrac{2ch^2y}{p^3r}$ (§. 708.).

Diese Kraft bewirkt nämlich allein, dass der Körper sich auf diese Weise längs jener Curve bewege.

Beispiel.

§. 760. Die gegebene Curve AMB sei eine Ellipse und die Mittelpunkte C und D der Kräfte ihre Brennpunkte. Man setze ihre grosse Axe $AB = A$ und ihren Parameter $= L$, so wird nach der Natur der Ellipse

$$4p^2 = \frac{ALy}{A-y} \text{ und } 4q^2 = \frac{ALz}{A-z}.$$

Ferner wird

$$z = A - y \text{ und } r = \frac{4(Ay - y^2)^{\frac{3}{2}}}{A\sqrt{AL}} = \frac{4(Az - z^2)^{\frac{3}{2}}}{A\sqrt{AL}}, \text{ woraus folgt}$$

$$P = \frac{Avdy - ydv(A-y)}{2(A-y)ydy},\quad Q = \frac{Avdy + ydv(A-y)}{2(A-y)ydy};$$

also $Q + P = \dfrac{Av}{yz}$ und $Q - P = \dfrac{dv}{dy}$.

Satz 93.

Aufgabe.

§. 761. (Figur 81.) Ein Körper bewege sich mit einer gegebenen Geschwindigkeit auf der ebenfalls gegebenen Curve

AMB; man soll die nach dem Mittelpunkte C gerichtete Centripetalkraft und zugleich die, stets auf AB normal längs MP gerichtete Kraft bestimmen, welche beide Kräfte bewirken, dass der Körper sich auf dieser Curve, mit der vorgeschriebenen Geschwindigkeit, frei bewege.

Auflösung.

Es sei die Geschwindigkeit des Körpers im Punkte $M = \sqrt{v}$, der Abstand $MC = y$ und das Perpendikel $MP = z$. Man setze die nach dem Mittelpunkte C gerichtete Centripetalkraft $= P$ und die längs MP ziehende Kraft $= Q$. Hat man in M die Tangente MV gezogen, so fälle man auf dieselbe die Perpendikel $CT = p$ und $PQ = q$. Es wird demnach die aus beiden Kräften hervorgehende Normalkraft $= \frac{Pp}{y} + \frac{Qq}{z}$ und die Tangentialkraft $= \frac{P\sqrt{y^2 - p^2}}{y} + \frac{Q\sqrt{z^2 - q^2}}{z}$. Setzt man nun den Radius des in M osculirenden Kreises $= r$, so erhalten wir

$$\frac{Pp}{y} + \frac{Qq}{z} = \frac{2v}{r} \text{ (§. 561.), und } dv = -Pdy - Qdz \text{ (§. 559.)}$$

Aus diesen beiden Gleichungen vereint ergibt sich

$$P = \frac{2vyzdz + qrydv}{przdz - qrydy} \text{ und } Q = \frac{-2vzydy - przdv}{przdz - qrydy}.$$

Setzt man aber $CP = x$, so wird $\sqrt{dx^2 + dz^2} : dx = z : q$ oder $q = \frac{zdx}{\sqrt{dx^2 + dz^2}}$ und wenn man dx als constant betrachtet, $r = \frac{(dx^2 + dz^2)^{\frac{3}{2}}}{-dxddz}$. Ferner wird $y = \sqrt{x^2 + z^2}$ und $p = \frac{zdx - xdz}{\sqrt{dx^2 + dz^2}}$.

Substituirt man diese Werthe in die Gleichungen für P und Q, so erhält man

$$P = \frac{2vydxdzddz - ydxdv(dx^2 + dz^2)}{x\ (dx^2 + dz^2)^2} \text{ und}$$

$$Q = \frac{-2vydydxddz + (zdx - xdz)\ (dx^2 + dz^2)\ dv}{x\ (dx^2 + dz^2)^2}.$$

Zusatz 1.

§. 762. Soll sich der Körper gleichförmig auf der Curve bewegen, so dass $v = c$ und $dv = 0$ ist, so wird

$$P = \frac{2cydxdzddz}{x(dx^2 + dz^2)^2} \text{ und } Q = \frac{-2cydydxddz}{x\ (dx^2 + dx^2)^2}.$$

Zusatz 2.

§. 763. Ist die Curve ein Kreis, dessen Mittelpunkt sich in C befindet und setzt man seinen Radius $= a$; so wird $r = p = y = a$, also $dy = 0$ und $q : z = z : a$ oder $q = \frac{z^2}{a}$. Wir erhalten daher in diesem Falle

$$P = \frac{2v}{a} + \frac{zdv}{adz} \text{ und } Q = -\frac{dv}{dz}.$$

Ist daher Q bekannt, so wird $P = \frac{2v}{a} - \frac{Qz}{a}$. Ist zugleich $v = c$, also $dv = 0$, so wird

$$P = \frac{2c}{a} \text{ und } Q = 0.$$

Anmerkung.

§. 764. Aus diesem für sich betrachteten Satze, bei welchem die vom Körper beschriebene Curve gegeben ist, ergibt sich wenig Nutzen für die Bestimmung derjenigen Curven, welche Körper beschreiben, die durch zusammengesetzte Kräfte angetrieben werden. Man kann aber von ihm zu andern Sätzen weiter gehen, in denen die von den Körpern beschriebenen Curven selbst nicht gegeben sind, sondern wo diese aus der Bewegung eines oder mehrerer hervorgehen, wie diess bei den frühern Sätzen der Fall war, in denen wir die Bewegung der Absiden behandelt haben.

Satz 94.

Aufgabe.

§. 765. (Figur 82.) Ein Körper bewege sich auf beliebige Weise in der Curve AMB, diese aber drehe sich inzwischen um den festen Punkt C; man soll die zwei Kräfte bestimmen, deren eine stets nach demselben Punkte C, deren andere normal gegen die, der Lage nach gegebene, gerade Linie PC gerichtet ist, welche zwei Kräfte bewirken, dass der Körper sich in dieser beweglichen Bahn frei bewege.

Auflösung.

Die Geschwindigkeit des in M befindlichen Körpers, womit dieser das Element Mm der Curve zurücklegt, sei $= \sqrt{v}$ und es verhalte sich die Winkelgeschwindigkeit des Körpers in der Bahn zu seiner wahren Winkelgeschwindigkeit um C, wie

$$1 : w,$$

oder die erstere Winkelgeschwindigkeit zur Winkelgeschwindigkeit der Bahn, wenn der Körper sich in M befindet, wie

$1 : w - 1.$

Man setze den Radius $CM = y$ und das von C auf die Tangente in M gefällte Perpendikel $CT = p$, wie auch die Tangente $MT = q$, so dass $q = \sqrt{y^2 - p^2}$ werde. Aus M fälle man auf die, der Lage nach gegebene, gerade Linie DP das Perdendikel MP, setze dasselbe $= z$ und $CP = x$, so dass $x = \sqrt{y^2 - z^2}$ werde. Während nun der Körper das Element Mm durchläuft, möge die Bahn sich um den Winkel $mC\mu$ drehen; durch die zusammengesetzte Bewegung wird daher der Körper nach μ gelangen, indem $C\mu = Cm$ angenommen ist. Es wird demnach $M\mu$ das Element der wahren Curve sein, auf welcher der Körper sich bewegt und man fälle auf dessen Verlängerung das Perpendikel $C\Theta$. Aus dem Mittelpunkte C werde der kleine Kreisbogen $Mn\nu$ beschrieben, alsdann wird $mn = \mu\nu$ $= dy$ und $Mn : M\nu = 1 : w$. Es ist aber $Mm = \frac{ydy}{q}$, also $M\nu$ $= \frac{wpdy}{q}$, $M\mu = \frac{dy}{q}\sqrt{w^2p^2 + q^2}$, $C\Theta = \frac{wpy}{\sqrt{w^2p^2+q^2}}$ und

$M\Theta = \frac{qy}{\sqrt{w^2p^2 + q^2}}$. Die wahre Geschwindigkeit, welche der Körper in M hat, sei $= \sqrt{v'}$, so ist $Mm : M\mu = \sqrt{v} : \sqrt{v'}$ oder $\sqrt{v'} = \sqrt{\frac{v(w^2p^2 + q^2)}{y^2}}$ und $v' = \frac{v(w^2p^2 + q^2)}{y^2}$, woraus

$$dv' = \frac{dv\,(w^2p^2 + q^2)}{y^2} + \frac{2\,(w^2 - 1)\,vpdp}{y^2} - \frac{2\,(w^2 - 1)\,vp^2dy}{y^3} + \frac{2vp^2wdw}{y^2}$$ folgt.

Setzt man den Radius des, die wahre Curve osculirenden, Kreises $= r'$, so ist

$$r' = \frac{ydy}{d.C\Theta} = \frac{ydy\,(w^2p^2 + q^2)^{\frac{3}{2}}}{w\,(w^2 - 1)\,p^3dy + wy^3dp + pq^2ydw}.$$

Ferner wird

$$\sin CMP = \frac{x}{y},\quad \cos CMP = \frac{z}{y},\quad \sin CM\Theta = \frac{C\Theta}{y} = \frac{wp}{\sqrt{w^2p^2 + q^2}},$$

$$\cos CM\Theta = \frac{q}{\sqrt{w^2p^2 + q^2}};$$

also

$$\sin PM\Theta = \frac{wpz - qx}{y\sqrt{w^2p^2 + q^2}} \text{ und } \cos PM\Theta = \frac{wpx + qz}{y\sqrt{w^2p^2 + q^2}}.$$

Fällt man nun von P auf die Tangente $M\Theta$ das Perpendikel PQ, so wird

$$PQ = \frac{wpz^2 - qxz}{y\sqrt{w^2p^2 + q^2}} \text{ und } MQ = \frac{wpxz + qz^2}{y\sqrt{w^2p^2 + q^2}}.$$

Durchläuft der Körper das Element $M\mu$, so wird das Increment der Linie PM, d. h.

$$dz = \frac{wpxdy + qzdy}{qy},$$

aus welcher Gleichung sich eine Relation zwischen w und x ergibt und zugleich die Lage der Absidenlinie AB gegen die gerade Linie CP gefunden werden kann. Nun setze man die Kraft, welche den Körper längs MC antreibt, $= P$ und die längs MP ziehende Kraft $= Q$; so entspringt aus beiden eine, die Bewegung des Körpers verzögernde, Tangentialkraft

$$= P \,.\, \cos CM\Theta + Q \cos PM\Theta = \frac{Pq}{\sqrt{w^2p^2 + q^2}}$$
$$+ \frac{Qwpx + Qqz}{y\sqrt{w^2p^2 + q^2}}.$$

Bezeichnet man dieselbe kurz durch P', so ist $dv' = P'ds$, wo oben $ds = \frac{dy}{q}\sqrt{w^2p^2 + q^2}$ und auch für dv' bereits der Werth gefunden worden ist. Wenn man daher diese Werthe substituirt, so wird, weil P' die Bewegung verzögert:

$$1,\ Pdy + \frac{Qwpxdy}{qy} + \frac{Qzdy}{y} = -\frac{dv(w^2p^2 + q^2)}{y^2} - \frac{2(w^2 - 1)vpdp}{y^2}$$
$$+ \frac{2(w^2 - 1)\,vp^2dy}{y^3} - \frac{2vp^2wdw}{y^2}.$$

Aus den beiden Kräften P und Q entspringt ferner die Normalkraft

$$P \sin CM\Theta + Q \sin PM\Theta = \frac{Pwp}{\sqrt{w^2p^2 + q^2}} + \frac{Qwpz - Qqx}{y\sqrt{w^2p^2 + q^2}},$$

welche wir kurz durch P'' bezeichnen wollen. Da nun $P'' = \frac{2v'}{r'}$ (§. 561.), so erhalten wir nach gehöriger Substitution:

$$2,\ Pwpydy + Qwpzdy - Qqxdy = \frac{2w(w^2 - 1)\,vp_3dy}{y^2}$$
$$+ 2wvydp + \frac{2pq^2vdw}{y}.$$

Verbindet man die zwei Gleichungen 1, und 2, mit einander, so erhält man nach kurzer Reduction

$$Q = -\frac{wpqdv}{yxdy} - \frac{2wvqdp}{yxdy} - \frac{2pqvdw}{yxdy} \text{ und}$$

$$P = qdv\,\frac{wpz - qx}{y^2xdy} + \frac{2(w^2-1)vp^2}{y^3} + 2vdp\,\frac{wqz + px}{y^2xdy}$$
$$+ \frac{2vpqzdw}{y^2xdy}.$$

Der Winkel, welchen die Absidenlinie AB mit der geraden Linie CP bildet, wird

$$PCB = \int \frac{(w-1)\,pdy}{qy},$$

woraus man die Lage der erstern zu jeder Zeit kennen lernt.

Zusatz 1.

§. 766. Weil $dz = \frac{wpxdy + qzdy}{qy}$ ist, setze man $z = ty$, wodurch man erhält

$$\frac{dt}{\sqrt{1-t^2}} = \frac{wpdy}{qy}.$$

Ist daher w als Function von y gegeben, so erhält man aus dieser Gleichung, weil die Curve AMB gegeben und also p und q bekannte Functionen von y sind, t und dann auch z und x.

Zusatz 2.

§. 767. Ist die Geschwindigkeit des Körpers in der Bahn, nämlich $\sqrt{v}$ dem von C auf die Tangente gefällten Perpendikel CT umgekehrt proportional, oder $v = \frac{a^2c}{p^2}$; so wird

$$P = \frac{2a^2cdp}{p^3dy} + \frac{2a^2c(w^2-1)}{y^3} + \frac{2a^2cqzdw}{py^2xdy} \text{ und } Q = -\frac{2a^2cqdw}{pyxdy}.$$

Zusatz 3.

§. 768. Ist in diesem Falle w constant, so wird $Q = 0$ und

$$P = \frac{2a^2cdp}{y^3} + \frac{2a^2c(w^2-1)}{y^3}.$$

Die letztere Kraft allein ist nach dem Centrum gerichtet und bewirkt, dass der Körper sich in der, um C beweglichen, Bahn AMB bewege, ganz wie wir oben (§. 734.) gefunden haben.

Zusatz 4.

§. 769. Ist v nicht $= \frac{a^2c}{p^2}$, aber w constant, so dass die Winkelbewegung der Bahn der Winkelbewegung des Körpers in der letztern proportional wird, d. h. die erstere zur letztern, wie $w - 1 : 1$; so wird

$$Q = \frac{-wpqdv - 2wvqdp}{yxdy} \text{ und } P = \frac{qdv(wpz - qx)}{y^2xdy} + \frac{2(w^2-1)vp^2}{y^3} + \frac{2vdp(wqz + px)}{y^2xdy}.$$

Beispiel.

§. 770. Vorausgesetzt, dass $v = \frac{a^2c}{p^2}$, sei die Curve AMB eine Ellipse, deren einer Brennpunkt in C liegt. Setzt man ihre grosse Axe $= A$ und ihren Parameter $= L$, so wird

$$4p^2 = \frac{ALy}{A-y} \text{ oder } p = \frac{\sqrt{ALy}}{2\sqrt{A-y}}, \text{ also } \frac{dp}{p^3} = \frac{2dy}{Ly^2} \text{ und}$$

$$q = \frac{\sqrt{4Ay^2 - 4y^3 - ALy}}{2\sqrt{A-y}}.$$

Wir erhalten demnach

$$Q = \frac{-2a^2cdw\sqrt{4Ay - 4y^2 - AL}}{yxdy\sqrt{AL}}, \; P = \frac{4a^2c}{Ly^2} + \frac{2a^2c(w^2-1)}{y^3} + \frac{2a^2czdw\sqrt{4Ay - 4y^2 - AL}}{y^2xdy\sqrt{AL}}$$

$$\text{und } \frac{dt}{\sqrt{1-t^2}} = \frac{wdy\sqrt{AL}}{y\sqrt{4Ay - 4y^2 - AL}}.$$

Anmerkung 1.

§. 771. Diese Formeln für die Ellipse können auf verschiedene Weise vereinfacht werden, wenn die Curve, auf welcher der Körper sich bewegt, einem Kreise sehr nahe kommt. Dieser Fall wird alsdann keinen geringen Nutzen gewähren, wenn wir die Bewegung des Mondes theoretisch bestimmen wollen. Setzt man die Erde nämlich gleichsam in C ruhend und denkt man sich die Sonne, als auf der, in C auf CP errichteten, Normale ebenfalls ruhend; so erhält man, indem man die vorhergehenden Kräfte mit denen der Sonne und der Erde vergleicht, die synodische Bewegung des Mondes für jede Lage der Absidenlinie, wie auch zugleich die Bewegung der letztern, welche von der wahren Bewegung des Mondes nur sehr wenig verschieden sein wird.

Anmerkung 2.

§. 772. Dieser Satz erstreckt sich viel weiter, als der frühere (§. 723.), in welchem die ganze Kraft nach dem Mittelpunkte der Drehung der Bahn gerichtet war; denn dieser schliesst jenen mit ein, wenn die Kraft Q verschwindet. Er passt indessen nicht vollkommen zur Erklärung der Bewegung des Mondes, weil ein Theil der Kraft P den Cubus des Abstandes MC umgekehrt proportional ist (§. 767.). Wir müssen daher andere Bewegungen der Bahn in Betracht ziehen, welche sich so wohl weiter erstrecken, als auch den Fragen der Physik sich besser anpassen. Derartige Bewegungen der Bahnen sind solche, welche auf gewissen Curven vor sich gehen, wobei die Bahn sich selbst immer parallel bleibt, eine Betrachtung, welche andern desshalb vorgezogen zu werden verdient, weil die antreibenden Kräfte leicht gefunden und durch einfachere Formeln ausgedrückt werden können. Zu diesem Ende müssen wir den folgenden Lehrsatz vorausschicken.

Satz 95.
Lehrsatz.

§. 773. (Figur 83.) Ein Körper M bewege sich auf der Curve AM, indem er durch eine beliebige Kraft um den Punkt C, ausserdem aber so wohl der Körper M, als auch der Punkt C durch eine gleiche Kraft und in derselben Richtung angetrieben werden. Alsdann wird die relative Bewegung des Körpers M in Bezug auf den Punkt C dieselbe sein, als ob diese neue Kraft nicht hinzugekommen wäre.

Beweis.

Wenn der Punkt C ruhet, gelange der Körper in dem Zeittheilchen dt von M nach m, daher wird er am Ende desselben um mC von C entfernt sein und mit einer, durch AC bezeichneten, festen Richtung den Winkel mCA bilden. Nun setze man voraus, dass, wenn der Körper sich in M befindet, er so wohl als auch der Punkt C durch eine gleiche Kraft nach derselben Richtung getrieben werden, so dass der Punkt C im Zeittheilchen dt durch Cc fortgeführt werde. In demselben Zeittheilchen dt würde der Körper M, wenn er sich in Ruhe befände, durch Mn, parallel und gleich Cc, vermöge dieser Kraft fortgeführt werden. Da nun aber dem Körper bereits die Bewegung beigebracht ist, in Folge deren er während der Zeit

dt den Weg Mm durchläuft, so wird er durch die Verbindung beider Bewegungen die Diagonale $M\mu$ des Parallelogramms $Mm\mu n$ beschreiben. In Folge des Hinzutretens dieser neuen Kraft wird also der Körper am Ende der Zeit dt vom Punkte C, welcher inzwischen nach c gelangt ist, um μc entfernt sein und, wenn man $ac \# AC$ zieht, mit der festen Richtung den Winkel μca bilden. Da aber $mCc\mu$ ein Parallelogramm ist, hat man $\mu c = mC$ und $\angle mCA = \mu ca$. Die Kraft, welche den Körper M und den Punkt C gleich stark und nach derselben Richtung antreibt, ändert daher nicht die relative Bewegung des erstern in Bezug auf den zweiten.

Zusatz 1.

§. 774. Welche Kraft daher auch den Punkt C antreiben mag, wenn dieselbe zugleich auf den Punkt M und nach derselben Richtung wirkt, so wird die relative Bewegung des letztern in Bezug auf den erstern nicht geändert.

Zusatz 2.

§. 775. Durch eine derartige Kraft, welche M und C gleich antreibt, kann man daher bewirken, dass sich der Körper M in einer beliebig beweglichen Bahn fortbewege. Die Bahn wird aber so der Bewegung des Punktes C folgen, dass ihre Lage sich selbst immer parallel bleibe.

Zusatz 3.

§. 776. Man ersieht auch aus dem Beweise, dass, wenn man dem Punkte C und dem Körper M gleiche Geschwindigkeit nach derselben Richtung einflösst, die relative Bewegung nicht gestört werden wird.

Zusatz 4.

§. 777. Da eine solche dem Punkte C beigebrachte Bewegung stets gleichförmig und geradlinig fortdauert, ohne dass die Kraft fortzuwirken braucht, so wird der Körper M sich um den, gleichförmig und geradlinig fortschreitenden, Punkt C eben so bewegen können, als um den ruhenden. Man wird diess erlangen, wenn nur dem Körper eine gleiche und nach derselben Richtung strebende Geschwindigkeit hinzugefügt wird.

Zusatz 5.

§. 778. Der Körper wird daher um den gleichförmig und geradlinig fortschreitenden Mittelpunkt dieselbe Curve frei beschreiben können, welche er um den ruhenden beschreiben würde; man muss ihm nur eine so grosse Geschwindigkeit hinzufügen, als der Mittelpunkt erhalten hat.

Zusatz 6.

§. 779. So wie ferner der sich selbst überlassene Körper weder in einer Curve, noch ungleichförmig in einer geraden Linie fortschreiten kann, kann derselbe um den Mittelpunkt der Kräfte, welcher entweder auf einer Curve, oder ungleichförmig auf einer geraden Linie fortrückt, nicht frei dieselbe Curve beschreiben, welche er um den ruhenden Mittelpunkt beschreiben würde. Es muss vielmehr beständig eine eben so grosse Kraft überdem auf ihn wirken, als zur Erhaltung des Mittelpunktes in seiner Bahn erforderlich ist.

Satz 96.

Aufgabe.

§. 780. (Figur 84.) Der Körper M bewegt sich um den ruhenden Mittelpunkt L der Kräfte auf der Curve BM; man soll die Kraft bestimmen, welche bewirkt, dass er sich in derselben Bahn, welche, sich selbst parallel, längs der Curve AL fortschreitet, bewege.

Auflösung.

Da der Körper M sich in der Bahn BM frei um den ruhenden Mittelpunkt L bewegt, so hat man, wenn $LM = y$ und das von L auf die Tangente in M gefällte Perpendikel $= p$ gesetzt wird, $v = \frac{a^2c}{p^2}$ (§. 589.) und die nach L gerichtete Centripetalkraft $= \frac{2a^2cdp}{p^3dy}$ (§. 592.). Nun setze man voraus, dass der Mittelpunkt L sich auf der Curve AL bewege und nach dem Mittelpunkte C hingezogen werde, setze $CL = s$ und das von C auf die Tangente in L gefällte Perpendikel $= w$; so erhält man $v' = \frac{b^2e}{w^2}$ (§. 589.), wo $\sqrt{v'}$ die Geschwindigkeit des Punktes L bezeichnet und die nach dem Punkte C von L aus gerichtete Centripetalkraft $= \frac{2b^2edw}{w^3ds}$ (§. 592.). Gesetzt nun, es werde dem Punkte L zuerst, längs der Tangente, die Geschwindigkeit $\frac{b\sqrt{e}}{w}$ beigebracht und eben dieselbe dem Körper M, längs einer jener Tangente parallelen Richtung. Treibt ausserdem keine andere Kraft den Punkt L an, sondern behält dieser nur die ihm beigebrachte Bewegung bei, so wird der Körper M sich offenbar frei auf der Curve BM bewegen und diese dem fortrückenden Punkte L so nachfolgen, dass die Axe BL sich immer parallel bleibt (§. 777.). Damit nun der Körper M sich auf dieselbe Weise um den auf der Curve AL fortschreitenden Punkt L bewege, muss auf denselben beständig eine so grosse Kraft einwirken, als erforderlich ist, um den Punkt L auf dieser Curve AL festzuhalten (§. 775.). Zieht man daher $MN \# LC$, so muss ausser der nach L gerichteten Kraft auf den Körper M noch eine Kraft $= \frac{2b^2 edw}{w^3 ds}$ längs MN wirken. Diese beiden Kräfte werden bewirken, dass der Aufgabe Genüge geschehe.

Damit man ferner ersehe, durch welche Kraft der Körper M, in Bezug auf den Punkt C und die feste, BL parallele gerade Linie AC angetrieben werden muss, zerlege man die, den Körper längs MN und ML ziehenden, Kräfte in zwei andere, von denen die erste längs MC und die zweite längs MP gerichtet sei, wo $\angle MPC = 90^0$ ist. Um diess zu erreichen, ziehen wir $KLN \# MP$, wo die erstere MC in O schneidet und setzen

$$LJ = x,\ JM = z,\ CK = r,\ KL = t,\ CP = X,\ PM = Z$$
$$\text{und } CM = Y.$$

Wir haben demnach

$$y = \sqrt{x^2 + z^2},\ s = \sqrt{r^2 + t^2},\ Y = \sqrt{X^2 + Z^2},$$
$$p = \frac{xdz - zdx}{\sqrt{dx^2 + dz^2}},\ w = \frac{rdt - tdr}{\sqrt{dr^2 + dt^2}},\ X = r + x \text{ und } Z = t + z.$$

Da die Curven AL und BM gegeben sind, kennt man z, y und p als Functionen von x und eben so t, s und w als Functionen von r und man kann daher alle diese Grössen durch X, Z und Y ausdrücken. Eine Gleichung zwischen X und Z leitet man aus der Bedingung her, dass die BM und AL entsprechenden Zeitincremente einander gleich sein müssen. Wir haben daher

$$\frac{p\sqrt{dx^2 + dz^2}}{a\sqrt{c}} = \frac{w\sqrt{dr^2 + dt^2}}{b\sqrt{e}},$$

oder wenn man integrirt,

$$\frac{BLM}{a\sqrt{c}} = \frac{ACL \pm \text{const.}}{b\sqrt{e}} \text{ oder area } ACL \pm \text{const.} : \text{area } BLM$$
$$= b\sqrt{e} : a\sqrt{c}.$$

Nun zerlege man die längs ML ziehende Kraft in zwei, längs MO und LO oder MJ und eben so die längs MN ziehende in zwei, längs MO und NO ziehende Seitenkräfte, wo die letzte den Körper M nach einer, MJ entgegensetzten Richtung antreiben wird. Um diese Zerlegungen auszuführen, müssen wir die Winkel kennen. Nun ist $\angle MLO = LMJ$, also

$$\sin MLO = \frac{x}{y} \text{ und } \cos MLO = \frac{z}{y}.$$

Ferner ist $\angle MON = CMP$, also

$$\sin MON = \frac{X}{Y} \text{ und } \cos MON = \frac{Z}{Y};$$

wir haben daher

$$\sin LMO = \sin(MON - MLO) = \frac{Xz - Zx}{Yy}.$$

Ferner ist $\angle MNQ = CLK$, also $\sin MNQ = \frac{r}{s}$ und $\cos MNQ = \frac{t}{s}$; mithin

$$\sin NMO = \sin(MNQ - MON) = \frac{Zr - Xt}{Ys}.$$

Aus $X = r + x$ und $t + z = Z$ folgt aber $Xz - Zx = Zr - Xt$; wir haben demnach die Proportion

die Kraft längs MN : der Kraft längs $MC = MN : MO$

$$= \sin MON : \sin MNQ = \frac{X}{Y} : \frac{r}{s}.$$

Die längs MN wirkende Kraft ist aber $= \frac{2b^2 e dw}{w^3 ds}$, also die längs MC wirkende

$$= \frac{2b^2 e Y r dw}{X s w^3 ds}.$$

Ferner haben wir die Proportion

die Kraft längs MN: der Kraft längs $NO = MN : NO =$

$$\sin MON : \sin NMO = \frac{X}{Y} : \frac{Zr - Xt}{Ys};$$

also die längs NO wirkende Kraft

$$= \frac{2b^2 e dw (Zr - Xt)}{X s w^3 ds}.$$

Eben so

die Kraft längs ML : der Kraft längs $MC = ML : MO$

$$= \sin MON : \sin MLO = \frac{X}{Y} : \frac{x}{y},$$

und da die Kraft längs ML

$$=\frac{2a^2cdp}{p^3dy};$$

die längs MC wirkende Kraft

$$=\frac{2a^2cYxdp}{Xyp^3dy}.$$

Endlich haben wir

die Kraft längs ML : der Kraft längs $LO = ML:LO$

$$=\sin MON:\sin LMO=\frac{X}{Y}:\frac{Zr-Xt}{Yy};$$

daher die längs LO wirkende Kraft

$$=\frac{2a^2cdp(Zr-Xt)}{Xyp^3dy}.$$

Hieraus schliesst man, dass der Körper M längs MC durch eine Kraft

$$=\frac{Y}{X}\left\{\frac{2b^2erdw}{sw^3ds}+\frac{2a^2cxdp}{yp^3dy}\right\},$$

und längs MP durch eine Kraft

$$=\frac{Zr-Xt}{X}\left\{\frac{2a^2cdp}{yp^3dy}-\frac{2b^2edw}{sw^3ds}\right\}$$

angetrieben werde. Alle diese Formeln können durch X, Z und Y ausgedrückt und ausserdem kann zwischen diesen Grössen, welche sich auf die wahre vom Körper beschriebene Curve beziehen, eine Gleichung angegeben werden.

Zusatz 1.

§. 781. Es sei die Curve AL die Peripherie eines Kreises, dessen Mittelpunkt in C liegt und dessen Radius $AC=b$ $=s=w$ ist und wo man hat $b^2=r^2+t^2$. In diesem Falle wird die längs MC wirkende Kraft

$$=\frac{Y}{X}\left\{\frac{2er}{b^2}+\frac{2a^2cxdp}{yp^3dy}\right\}=\frac{2eY}{b^2}-\frac{2Yx}{X}\left\{\frac{e}{b^2}-\frac{2a^2cdp}{yp^3dy}\right\},$$

und die längs MP wirkende Kraft

$$=\frac{Zr-X\sqrt{b^2-r^2}}{X}\left\{\frac{2a^2cdp}{yp^3dy}-\frac{2e}{b^2}\right\}.$$

Ferner wird in diesem Falle die Geschwindigkeit des Punktes $L=\sqrt{e}$.

Zusatz 2.

§. 782. Es sei die Curve BM eine Ellipse, deren Mittelpunkt in L liegt, halbe grosse Axe $BL=a$, halbe kleine $=h$ und wo die Geschwindigkeit in $B=\sqrt{c}$ ist. Wir haben daher

$$a^2z^2+h^2x^2=a^2h^2 \text{ und } \frac{2a^2cdp}{p^3dy}=\frac{2cy}{h^2}.$$

Die längs MC wirkende Kraft wird also

$$=\frac{Y}{X}\left\{\frac{2b^2er\,dw}{sw^3ds}+\frac{2cx}{h^2}\right\}=\frac{2b^2eY\,dw}{sw^3ds}-\frac{2Yx}{X}\left\{\frac{b^2edw}{sw^3ds}-\frac{c}{h^2}\right\},$$

und die längs MP wirkende

$$=\frac{Zr-Xt}{X}\left\{\frac{2c}{h^2}-\frac{2b^2edw}{sw^3ds}\right\}.$$

Zusatz 3.

§. 783. Ist AL ein Kreis, wie im Zusatz 1. und zugleich BM eine Ellipse, wie im Zusatz 2., so wird die längs MC wirkende Kraft

$$=\frac{Y}{X}\left\{\frac{2er}{b^2}+\frac{2cx}{h^2}\right\}=\frac{2eY}{b^2}-\frac{2Yx}{X}\left\{\frac{e}{b^2}-\frac{c}{h^2}\right\},$$

und die längs MP wirkende

$$=\frac{Zr-Xt}{X}\left\{\frac{2c}{h^2}-\frac{2e}{b^2}\right\}.$$

Hier können r, t und x durch X, Z und Y ausgedrückt werden, mittelst der Gleichungen:

$$a^2z^2+h^2x^2=a^2h^2\,,\quad r^2+t^2=b^2\,,\quad r+x=X \text{ und } t+z=Z;$$

allein die resultirende Gleichung ist vom 4ten Grade.

Zusatz 4.

§. 784. Setzt man die Ellipse BM unendlich klein oder wenigstens sehr klein im Vergleich mit dem Kreise AL, jedoch so, dass die Umlaufszeit in der Ellipse von endlicher Grösse wird, so erhält man

$$x=\frac{a^2X\{Y^2-b^2\}\pm ahZ\sqrt{4a^2X^2+4h^2Z^2-(Y^2-b^2)^2}}{2a^2X^2+2h^2Z^2}$$

und

$$z=\frac{h^2Z(Y^2-b^2)\mp ahX\sqrt{4a^2X^2+4h^2Z^2-(Y^2-b^2)^2}}{2a^2X^2+2h^2Z^2}.$$

Zusatz 5.

§. 785. Ist die Curve BM ebenfalls ein Kreis, dessen Mittelpunkt in L liegt, so wird $h=a$, also $x^2+z^2=a^2$, $r^2+t^2=b^2$, $r=X-x$ und $t=Z-z$. Wir erhalten daher aus diesen Gleichungen, wenn man $b^2-a^2=f^2$ setzt

$$2x = \frac{(Y^2-f^2)X \pm Z\sqrt{4a^2Y^2-(Y^2-f^2)^2}}{Y^2}$$

$$2z = \frac{(Y^2-f^2)Z \mp X\sqrt{4a^2Y^2-(Y^2-f^2)^2}}{Y^2}$$

und $2Zr - 2Xt = \mp\sqrt{4a^2Y^2-(Y^2-f^2)^2}$.

Anmerkung 1.

§. 786. Diesen letzten Zusatz haben wir hinzugefügt, um die Kräfte kennen zu lernen, welche erfoderlich sind, damit ein Körper sich in einem Epicykel um den Mittelpunkt der Kräfte bewege, so wie die Ptolemäer die Bewegung der Planeten annahmen.

Zusatz 6.

§. 787. Aus der Voraussetzung des Zusatz 3. ersieht man, dass, wenn

$$\frac{e}{b^2} = \frac{c}{h^2} \text{ oder } \sqrt{e} : \sqrt{c} = b : h,$$

d. h. wenn die Geschwindigkeit des Punktes L sich zu der des Körpers M in B verhält, wie der Durchmesser des Kreises AL zur kleinen Axe der Ellipse BM; alsdann die längs MC wirkende Kraft $= \frac{2eY}{b^2}$ und die längs MP wirkende $=0$ werde. In diesem Falle wird also die wahre, vom Körper beschriebene Curve eine Ellipse sein, deren Mittelpunkt in C liegt, deren halbe grosse Axe $=b+a$ und halbe kleine $=b+h$ wird.

Anmerkung 2.

§. 788. Diesen Satz habe ich hauptsächlich desshalb aufgeführt, weil in dem Anhange zur neuen englischen Ausgabe von Newton's Principien Machin behauptet, dass man die Bewegung des Mondes ansehen könne, als um das Centrum einer Ellipse erfolgend, deren grosse Axe sich zur kleinen verhält, wie 2 : 1; während die Ellipse mit einer sich selbst parallelen Bewegung längs der Peripherie eines Kreises frei fortschreite, wie ich im Zusatz 3. auseinander gesetzt habe. Ich leugne nun nicht, dass man auf diese Weise eine, der des Mondes ähnliche, Bewegung erhalten wird, bezweifele aber sehr, dass sie genau übereinstimmen wird. Im folgenden Satze will ich bestimmen, was zur genauen Angabe der Bewegung des Mondes erforderlich ist. Obgleich nun dieser Satz der Astronomie angehört, schien es mir doch passend, ihn hier anzuführen, damit man die eigenthümliche Methode, derartige Aufgaben aufzulösen, kennen lerne.

Satz 97.

Aufgabe.

§. 789. (Figur 86.) Die Sonne ruhet in S und während die Erde T sich um sie gleichförmig auf dem Kreise TD bewegt, werde der Mond L so wohl gegen die Erde T, als auch gegen die Sonne S im umgekehrten doppelten Verhältniss der Entfernungen hingezogen. Man soll unter diesen Umständen die Bewegung des Mondes, wie sie von der Erde T aus wahrgenommen wird, bestimmen.

Auflösung.

Man setze den Abstand der Erde von der Sonne $ST = a$ und die Kraft, mit welcher die letztere die erstere anzieht, $= \frac{f}{a^2}$. Der Abstand des Mondes von der Erde LT sei $= y$ und der Abstand des erstern von der Sonne $LS = z$. Die Kraft mit welcher die Erde den Mond anzieht, sei $= \frac{h}{y^2}$, endlich die Kraft, mit welcher die Sonne den Mond längs LS anzieht $= \frac{f}{z^2}$. Wir müssen nun untersuchen, welche Bewegung durch diese, den Mond antreibenden, Kräfte hervorgebracht wird. Da man dieselbe so bestimmen muss, wie ein auf der Erde befindlicher Beobachter sie wahrnimmt, so muss man die letztere als ruhend ansehen. Diess geschieht, indem man dem ganzen System diejenige Bewegung, welche die Erde hat, gleich und entgegengesetzt beilegt und zugleich die Einwirkungen, welche die Erde von der Sonne empfängt, in Gedanken auf entgegengesetzte Weise auf den Mond und die Sonne überträgt. Nun ist $\sqrt{\frac{f}{2a}}$ die Geschwindigkeit, welche die Erde im Kreise TD, in Folge der Anziehung der Sonne hat. Eine so grosse Geschwindigkeit muss man also so wohl der Sonne, als auch dem Monde nach einer auf TS normalen Richtung beigebracht denken. Da ferner die Erde gegen die Sonne mit einer Kraft $= \frac{f}{a^2}$ angezogen wird, muss man sich, um die Wirkung derselben aufzuheben, die Sache so vorstellen, als ob die Sonne beständig durch eine eben so grosse Kraft zur Erde, der Mond aber durch dieselbe längs $LN \# ST$ hingezogen würde. Auf diese Weise wird die Sonne um die in T ruhende Erde den Kreis SE mit derselben Geschwindigkeit beschreiben, mit welcher vorher die Erde sich um die Sonne bewegte. Der Mond aber wird, ausser durch die längs LT und LS gerichteten Kräfte, auch noch ausserdem durch die längs LN gerichtete Kraft $\frac{f}{a^2}$ angetrieben. Zieht man ferner $LM \# TS$, so kann man die längs LS wirkende Kraft $\frac{f}{z^2}$ in zwei andere zerlegen, deren Richtungen LT und LM sind. Aus der Betrachtung des Dreiecks LTS erhält man aber nach dem Parallelogramm der Kräfte

die längs LT ziehende Kraft $= \frac{fy}{z^3}$ und die längs LM ziehende $= \frac{fa}{z^3}$.

Vereinigt man nun alle Kräfte, so wird der Mond längs LT durch die Kraft

$$\frac{h}{y^2} + \frac{fy}{z^3},$$

und längs LM durch die Kraft

$$\frac{f}{a^2} - \frac{af}{z^3} = \frac{f(z^3 - a^3)}{a^2 z^3}$$

angetrieben und hieraus hat man seine Bewegung abzuleiten. Es muss aber bemerkt werden, dass die Richtung LM nicht constant, sondern veränderlich ist, indem sie stets dem Radius TS parallel sein muss, welcher in Folge der Bewegung der Sonne längs der Peripherie SE herumgeführt wird. Verlängert man daher ST bis A, so dass AB die Linie der Syzygien wird und fällt man auf sie aus L das Perpendikel LP, so wird

$$TP = \text{und} \# LM.$$

Es gelange nun in dem Zeittheilchen dt der Mond von L nach l, die Sonne aber von S nach s; so wird indessen die Linie der Syzygien nach ab gelangen und der Mond in l theils durch eine Kraft längs lT, theils durch eine, längs einer Tp parallelen Linie, ziehende Kraft angetrieben, indem man nämlich von l auf Ta das Perpendikel lp gefällt hat. Aus diesen zu zerlegenden Kräften findet man aber die Normal- und Tangentialkraft, von denen jede die Geschwindigkeit des Mondes ergeben wird. Verbindet man diese beiden Gleichungen und eliminirt die Geschwindigkeit, so ergibt sich die Gleichung der Curve ABL, in welcher man den Mond sich bewegen sieht.

Anmerkung 1.

§. 790. Die Gleichungen, welche man hieraus für die Bewegung des Mondes ableitet, werden so zusammengesetzt, dass man aus ihnen weder seine Geschwindigkeit, noch seine Bahn, noch die Lage der Absiden und ihre Bewegung bestimmen kann. Man kann aber sehr nahe aus derselben Rechnung, indem man sehr kleine Grössen vernachlässigt, auf gewisse Weise Schlüsse für die Astronomie ziehen, wie der grosse Newton im dritten Buche der Principien gethan hat. Wenn aber auch die Rechnung nicht an dieser Unbequemlichkeit litte, würde dieser Satz doch nicht in aller Strenge die Bewegung des Mondes darstellen. Wir haben nämlich die Sonne als durchaus ruhend angenommen, was von der Wahrheit sehr abweicht; ferner betrachteten wir die Erde als in einem Kreise sich bewegend und die Mondbahn als in der Erdbahn liegend, was sich ebenfalls in der Wirklichkeit anders verhält. Inzwischen ist es doch gewiss, dass, wenn man diesen Satz auflösen und daraus eine Tafel construiren könnte, diese in der Astronomie von dem grössten Nutzen sein würde.

Zusatz 1.

§. 791. Da der Abstand des Mondes von der Erde, im Vergleich mit der Entfernung der letztern von der Sonne, sehr klein ist, so kann man fast ohne merklichen Fehler $z = a$ setzen. In diesem Falle wird die längs *LM* wirkende Kraft $= 0$ und die nach der Erde ziehende Kraft $= \frac{h}{y^2} + \frac{fy}{a^3}$.

Zusatz 2.

§. 792. Da die Mondbahn nicht sehr verschieden von einem Kreise ist, kann man sie, wie wir schon oben (§. 741.) gethan haben, als eine bewegliche Ellipse betrachten. Um daher die Bewegung der Absiden kennen zu lernen, haben wir

$$P = \frac{a^3 hy + fy^4}{a^3} \quad (\text{§}.744.).$$

Der Mond wird daher vom Perigeum zum Apogeum gelangen, nachdem er um die Erde eine Winkelbewegung von

$$180^\circ . \sqrt{\frac{a^3 h + fy^3}{a^3 h + 4fy^3}}$$

zurückgelegt hat, wo y sich wenig verändert und als constant zu betrachten ist.

Anmerkung 2.

§. 793. Da nun

$$\frac{a^3 h + fy^3}{a^3 h + 4fy^3} < 1$$

ist, so würde die Absidenlinie der Mondbahn sich beständig rückläufig bewegen, was gegen die Beobachtung ist. Der Grund dieses Fehlers liegt darin, dass wir z als constant betrachtet haben. Aendert sich nämlich dasselbe auch wenig in Bezug auf sich selbst, so können doch seine Incremente oder Decremente, in Bezug auf die entsprechenden von y nicht vernachlässigt werden. Da nun das Differential von P genommen werden muss, haben wir in demselben fälschlich z als constant betrachtet und statt seiner a gesetzt; allein z kann nicht durch y gegeben werden und wir können daher auf diese Weise die Bewegung der Absiden nicht bestimmen. Inzwischen darf man doch schliessen, dass die Bewegung der Absiden rückläufig ist, wenn $ady > ydz$ und rechtläufig, wenn $ady < ydz$; wir abstrahiren hierbei von der längs LM wirkenden Kraft.

Zusatz 3.

§. 794. Setzt man $LM = TP = x$, so wird sehr nahe $z = a + x$, wo x im Vergleich mit a sehr klein ist. Vernachlässigt man daher das erstere gegen das letztere, so wird die Kraft, womit die Erde den Mond anzieht,

$$= \frac{h}{y^2} + \frac{fy}{a^3}$$

und die längs LM ziehende Kraft

$$= \frac{3fx}{a^2}.$$

Die letztere verschwindet also, wenn der Mond sich in den Quadraturen befindet und sie hat ihren grössten Werth, wenn er in den Syzygien steht.

Anmerkung 3.

§. 795. Da hier nicht der Ort ist, diese auf die Bewegung des Mondes sich beziehenden Betrachtungen weiter zu verfolgen, diese vielmehr der theoretischen Astronomie angehören, so gehen wir zu demjenigen über, welches zu unserer Aufgabe passt. Jenes kann genügen, um einzusehen, wie man die aufgestellten Gesetze der Bewegungen anwenden könne, um in beliebigen Fällen die Bewegung eines Körpers zu bestimmen. Aus dem Vorhergehenden ist nämlich klar, dass, wenn nur Eine Centripetalkraft stattfindet, die Beweguug des Körpers immer in derselben Ebene erfolgen wird, wie auch derselbe im Anfange geworfen sein mag. Liegen mehrere Mittelpunkte der Kräfte in derselben Ebene und wird der Körper ebenfalls längs dieser geworfen, so wird die von ihm beschriebene Curve auf ähnliche

Weise ganz in dieser Ebene liegen. Auf die folgenden Untersuchungen beziehen sich daher die Fälle, in denen der Körper durch mehrere Kräfte, deren Richtungen in verschiedenen Ebenen liegen, angetrieben wird, oder die Richtung, nach welcher der Körper anfangs fortgeworfen wurde, nicht in derselben Ebene liegt, in welcher die Richtungen der Kräfte sich befinden. In diesen Fällen muss man daher die Bewegung des Körpers so ansehen, als ob sie auf irgend einer concaven oder convexen Oberfläche erfolgte und auf derselben eine gewisse Linie beschriebe. Die Natur einer Fläche wird aber durch eine Gleichung ausgedrückt, welche drei unbestimmte Grössen enthält und die Natur einer auf dieser Oberfläche beschriebenen Linie durch eben jene Gleichung, in Verbindung mit einer andern, welche dieselben drei oder auch nur zwei unbestimmte Grössen enthält. Aus diesen kann man nämlich die Projection der Curve auf eine gegebene Ebene ableiten, aus der Projection und Oberfläche vereint wird aber die, vom Körper beschriebene und auf der letztern gelegene, Curve bekannt. Wie ferner beliebige Kräfte in einer Ebene auf zwei, eine normale und eine tangentiale, zurückgeführt werden können, so müssen wir in diesem Falle alle Kräfte auf drei zurückführen (§. 551.) und wir wollen nun zuerst untersuchen, welche Wirkungen dieselben auf den Körper ausüben.

Satz 98.
Lehrsatz.

§. 796. (Figuren 87. und 87, *a.*) Drei Hauptkräfte, welche bewirken, dass ein Körper sich auf einer, nicht in derselben Ebene befindlichen, Curve bewege und auf welche man andere Kräfte durch Zerlegung zurückführen soll, sind einzeln auf einander normal. Eine von ihnen hat die Richtung der Tangente, die beiden andern eine darauf senkrechte und zwar die eine in einer gegebenen Ebene, die andere normal auf dieser Ebene. Alsdann kann keine von diesen Kräften die Wirkungen der andern verändern.

Beweis.

Als feste Ebene nehmen wir APQ, in ihr AP als Axe an und es sei Mm ein vom Körper beschriebenes Element der Curve. Aus den Punkten M und m fälle man auf die feste Ebene die Perpendikel MQ und mq und aus den Punkten Q und q auf die Axe AP die Perpendikel QP und qp. Wenn nun keine andere Kraft den Körper antriebe, so würde er auf der verlängerten geraden Linie Mm mit der Gesschwindigkeit fortgehen, welche er in Mm hatte. Er würde also in demselben Zeittheilchen, in welchem er Mm durchlaufen hat, nach n gelangen, indem man auf der Verlängerung von Mm

$$mn = Mm$$

macht. Fällt man daher auch von n das Perpendikel nr auf die Ebene APQ, so wird $qr = Qq$, es werden ferner r, q und Q auf derselben geraden Linie liegen und wenn man daher aus r auf AP das Perpendikel $r\pi$ fällt, wird auch

$$p\pi = Pp.$$

Die Geschwindigkeit, womit der Körper das Element Mm beschreibt, sei $= \sqrt{v}$ und betrachten wir zuerst die Tangentialkraft, welche die Richtung längs mn hat und ganz dazu verwandt wird, die Geschwindigkeit zu verändern. Wir setzen diese Tangentialkraft $= T$, für die Schwere $= 1$ und erhalten so

$$dv = T.Mm;$$

das Element mn wird alsdann durchlaufen mit einer Geschwindigkeit, welcher die Höhe $v+dv$ zukommt. Hierauf nehmen wir in der Ebene Mr eine Kraft an, deren Richtung ms normal auf der Richtung Mm des Körpers ist. Diese bewirkt also, dass der Körper von dem Element mn abgelenkt wird und auf dem, in derselben Ebene liegenden, Elemente $m\nu$ fortgehet. Ist diese Kraft $= N$, so wird, wenn wir von ν auf mn das Perpendikel $\nu\varepsilon$ fällen, der Krümmungshalbmesser der Elemente Mm und $m\nu$

$$= \frac{m\nu^2}{\nu\varepsilon} \text{ und daher } N = \frac{2v.\nu\varepsilon}{m\nu^2} \quad (\S.\ 561.).$$

Da aber $\frac{\nu\varepsilon}{m\nu} = \sin n m\nu$, so wird

$$2v \sin n m\nu = N.m\nu = N.Mm, \text{ oder } \sin n m\nu = \frac{N.Mm}{2v}.$$

Die dritte Kraft sei nun normal auf die beiden erklärten Linien mn und ms gerichtet, so dass ihre Richtung mt normal auf der Ebene Mr wird. Diese Kraft wird daher weder die Wirkungen der beiden vorhergehenden verhindern, noch von ihnen eine Verhinderung oder Veränderung erleiden. Sie wird vielmehr ganz dazu verwandt werden, den Körper aus der Ebene Mr fortzuziehen und ihn von ν nach μ zu bringen, so dass die Ebene $\nu m\mu$ normal gegen die Ebene Mr wird; es ist der Winkel $\nu m\mu$ also die Wirkung dieser Kraft. Setzen wir dieselbe

$= M$, so erhalten wir ganz auf dieselbe Weise, wie vorher bei der Kraft N

$$\sin \nu m \mu = \frac{M . Mm}{2v}.$$

Diese drei Kräfte vereint bewirken daher, dass der Körper, nachdem er das Element Mm beschrieben hat, auf dem Elemente $m\mu$ mit einer Geschwindigkeit fortschreitet, welche, der vergrösserten zukommenden, Höhe

$$v + T . Mm$$

entsprechend, vermehrt ist. Was aber immer sonst noch für Kräfte auf den Körper einwirken mögen, so kann man diese alle in drei derartige zerlegen, deren Richtungen mn, ms und mt sind. Da wir nun die Wirkungen, welche diese auf den Körper ausüben, bestimmt haben, so kennt man auch die Wirkungen beliebiger Kräfte.

Zusatz 1.

§. 797. Nimmt man $\nu\mu$ in der Ebene $nr\pi$ an und fällt man von μ auf die Ebene APQ das Perpendikel $\mu\varrho$, so wird $\mu\varrho \# rn$. Wir haben daher die Coordinaten

AP, PQ und QM für den Punkt M,
Ap, pq „ qm „ „ „ m und
$A\pi$, $\pi\varrho$ „ $\varrho\mu$ „ „ „ μ.

Zusatz 2.

§. 798. Fällt man nun von μ auf $m\nu$ das Perpendikel $\mu\eta$, so ist dasselbe perpendikulär auf der Ebene Mr; eben so wird $\varrho\Theta$, welches perpendikulär auf qr ist, auf derselben Ebene normal stehen. Da nun ϱ und μ auf $\varrho\mu$ liegen, und $\varrho\mu \#$ der Ebene Mr, so wird

$$\Theta\eta = \varrho\mu \text{ und } \varrho\Theta = \mu\eta.$$

Zusatz 3.

§. 799. Zieht man in der festen Ebene APQ die Linie qT normal auf Qq, so wird qT auch auf der Ebene Mr normal. Da nun mt auf derselben Ebene normal ist, wird

$$mt \# qT$$

und der Abstand beider mit der Höhe mq identisch.

Zusatz 4.

§. 800. Setzen wir $AP = x$, $PQ = y$ und $QM = z$, so wird

$$Pp = p\pi = dx,\ pq = y + dy \text{ und } qm = z + dz,$$

ferner

$$\pi\varrho = y + 2dy + ddy \text{ und } \varrho\mu = z + 2dz + ddz = \Theta\eta.$$

Es ergibt sich alsdann

$$Qq = \sqrt{dx^2 + dy^2} = qr,\ q\varrho = \sqrt{dx^2 + (dy + ddy)^2} = q\Theta = \sqrt{dx^2 + dy^2} + \frac{dy\,.\,ddy}{\sqrt{dx^2 + dy^2}};\ \text{also } \varrho\Theta = -\frac{dy\,.\,ddy}{\sqrt{dx^2 + dy^2}}.$$

Wir haben ferner $\pi r = y + 2dy$ und $rn = z + 2dz$, $Mm = \sqrt{dx^2 + dy^2 + dz^2} = mn$ und $m\mu = \sqrt{dx^2 + (dy + ddy)^2 + (dz + ddz)^2}$ $= \sqrt{dx^2 + dy^2 + dz^2} + \dfrac{dy\,.\,ddy + dz\,.\,ddz}{\sqrt{dx^2 + dy^2 + dz^2}}$.

Zusatz 5.

§. 801. Da $mq \# \eta\Theta \# r\nu$ ist und sie alle drei in derselben Ebene liegen, wie auch durch die geraden Linien qr und $m\nu$ begrenzt werden; so haben wir

$$\Theta\eta - mq : q\Theta = r\nu - mq : qr.$$

Es ist aber

$$\Theta\eta - mq = dz + ddz,\ q\Theta = \sqrt{dx^2 + dy^2} + \frac{dy\,.\,ddy}{\sqrt{dx^2 + dy^2}} \text{ und } qr = \sqrt{dx^2 + dy^2},\ \text{also } r\nu - mq = \frac{(dz + ddz)(dx^2 + dy^2)}{dx^2 + dy^2 + dy\,.\,ddy}.$$

Ferner ist

$$n\nu = rn - r\nu = -ddz + \frac{dz\,dy\,ddy}{dx^2 + dy^2},$$

woraus man findet

$$\sin n m \nu = \frac{dy\,dz\,ddy - dx^2\,ddz - dy^2\,ddz}{(dx^2 + dy^2 + dz^2)\sqrt{dx^2 + dy^2}}.$$

Zusatz 6.

§. 802. Da ferner $r\varrho = -ddy$ und $Qq : Pp = r\varrho : \varrho\Theta$, so wird

$$\Theta\varrho = -\frac{dx\,.\,ddy}{\sqrt{dx^2 + dy^2}} = \mu\eta \text{ und } \sin \nu m \mu = -\frac{dx\,.\,ddy}{\sqrt{(dx^2 + dy^2)(dx^2 + dy^2 + dz^2)}}.$$

Zusatz 7.

§. 803. Aus den drei gegebenen Kräften T, N und M, welche den Körper antreiben, entspringen daher folgende Gleichungen:

$$dv = T.\sqrt{dx^2 + dy^2 + dz^2},$$

$$2vdydzddy - 2vddz(dx^2+dy^2) = N(dx^2 + dy^2 + dz^2)^{\frac{3}{2}}\sqrt{dx^2+dy^2}$$

$$\text{und } -2vdxddy = M(dx^2 + dy^2 + dz^2)\sqrt{dx^2 + dy^2}.$$

Aus diesen kann man so wohl die Geschwindigkeit des Körpers in den einzelnen Punkten, als auch die Curve selbst kennen lernen.

Zusatz 8.

§. 804. Verbindet man die beiden letzten Gleichungen mit einander und eliminirt v, so erhält man

$$\frac{ddz(dx^2+dy^2)}{dx\,ddy} - \frac{dydz}{dx} = \frac{N\sqrt{dx^2+dy^2+dz^2}}{M}.$$

Diese Gleichung kann dazu dienen, die Natur der Oberfläche zu bestimmen, auf welcher die beschriebene Curve sich befindet.

Anmerkung.

§. 805. In diesem Satze haben wir die Grundregeln gegeben, nach denen man die Bewegung eines Körpers bestimmen kann, welcher so angetrieben wird, dass er sich nicht in einerlei Ebene fortbewegen kann. Wir haben gezeigt, dass alle Kräfte sich in je drei zerlegen lassen, deren Wirkungen wir bestimmt haben. Was für antreibende Kräfte also auch vorausgesetzt werden, so können wir mittelst einer solchen Zerlegung die Bewegung erkennen, welche dieselben im Körper hervorbringen. Wenn die Kraft M fehlt, so ist es klar, dass der Körper seine Bewegung in einer Ebene ausführen wird; dieser Fall gehört nicht hierher. Verschwindet aber die Tangentialkraft T, so wird, wenn die andern Kräfte M und N bleiben, der Körper zwar keine ebene Bahn beschreiben, aber sich doch gleichförmig fortbewegen.

Damit man nun die Lage der Bahn im Weltraume kennen lerne, muss man die Neigung der Ebene, in welcher die Elemente Mm und $m\mu$ sich befinden, gegen die Ebene APQ und ihren Durchschnitt mit dieser zu erforschen suchen.

Satz 99.

Aufgabe.

§. 806. (Figur 89.) Man soll die Neigung der Ebene, in welcher die beiden vom Körper beschriebenen Elemente Mm und $m\mu$ sich befinden, gegen die feste Ebene APQ und ihren Durchschnitt mit dieser bestimmen.

Auflösung.

In der Ebene, deren Neigung wir suchen, sind die drei Punkte M, m und μ gegeben; jede durch zwei von ihnen gehende gerade Linie wird daher in der gesuchten Ebene liegen. Verlängern wir daher die gerade Linie mM, bis sie die ebenfalls verlängerte qQ in S schneidet, so liegt dieser Durchschnittspunkt so wohl in der Ebene $Mm\mu$, als auch in der festen Ebene APQ und es geht daher durch S die Durchschnittslinie beider Ebenen. Es bleibe nach der frühern Bezeichnung $AP=x$, $PQ=y$ und $MQ=z$ und da die Elemente der Abscisse Pp und $p\pi$ einander gleich sind, haben wir

$$qm-QM:Qq=QM:QS \text{ oder } QS=\frac{z\sqrt{dx^2+dy^2}}{dz}.$$

Da nun $\sin PQS=\frac{dx}{\sqrt{dx^2+dy^2}}$, so wird durch diesen Winkel die Lage der Linie QS bekannt. Ferner liegt in der Ebene $Mm\mu$ auch der Punkt n und es wird daher die durch n und μ gehende gerade Linie $n\mu$ oder die ihr parallele MR in derselben Ebene liegen. Diese gerade Linie schneidet aber die Ebene APQ im Punkte R der verlängerten QP und da

$$rn-\varrho\mu:r\varrho=QM:QR, \text{ so wird } QR=\frac{zddy}{ddz}$$

$$\text{und } PR=\frac{zddy}{ddz}-y.$$

Zieht man ferner ST senkrecht auf AP, so haben wir

$$Qq:Pp=QS:PT, \text{ also } PT=\frac{zdx}{dz}.$$

Es ist aber auch

$$Pp:pq-PQ=PT:ST+PQ, \text{ also } PQ+ST=\frac{zdy}{dz}$$

$$\text{und } ST=\frac{zdy}{dz}-y.$$

RS treffe verlängert die Axe AP in O, alsdann wird

$$PR-ST:PT=PR:PO, \text{ oder } PO=\frac{zdxddy-ydxddz}{dzddy-dyddz} \text{ und}$$

$$AO=AP-PO=\frac{xdzddy-xdyddz+ydxddz-zdxddy}{dzddy-dyddz}.$$

Hieraus wird ferner

$$\operatorname{tg} POR=\frac{PR}{PO}=\frac{dzddy-dyddz}{dxddz},$$

woraus die Lage von RO, d. h. der Durchschnittslinie der Ebene $Mm\mu$ mit der festen Ebene APQ, bekannt wird. Um endlich die Neigung i dieser beiden Ebenen gegen einander zu finden, fällen wir von Q auf RS das Perpendikel QV und haben dann, weil $\Delta\, QVR \backsim OPR$,

$$QV:QR = OP:OR. \text{ wo } OR = \sqrt{OP^2 + PR^2} \text{ oder}$$

$$QV = \frac{zdxddy}{\sqrt{dx^2ddz^2 + (dzddy - dyddz)^2}}$$

$$\text{und } \operatorname{tg} i = \frac{MQ}{QV} = \frac{\sqrt{dx^2ddz^2 + (dzddy - dyddz)^2}}{dxddy}.$$

Zusatz 1.

§. 807. Bleibt der Winkel POR immer derselbe, haben wir also $\operatorname{tg} POR = \alpha$, so wird $\alpha dxddz + dyddz = dzddy$, d. h. $\alpha dx + dy + \beta dz = 0$, wenn man nämlich integrirt. Ferner $\alpha x + y + \beta z = f$, woraus man sieht, dass die ganze vom Körper beschriebene Bahn in einer Ebene liegen wird.

Zusatz 2.

§. 808. Ist nun $\alpha x + y + \beta z = f$, also $\alpha dx + dy + \beta dz = 0$ und $ddy + \beta ddz = 0$; so wird

$$AO = x + \frac{ydx + \beta zdx}{-dy - \beta dz} = x + \frac{ydx + \beta zdx}{\alpha dx} = \frac{\alpha x + y + \beta z}{\alpha} = \frac{f}{\alpha},$$

also auch AO constant.

Zusatz 3.

§. 809. Ist noch der Winkel POR constant, also $\alpha x + y + \beta z = f$, so wird

$$\operatorname{tg} i = \frac{\sqrt{dx^2 + (dy + \beta dz)^2}}{-\beta dx} = \frac{\sqrt{dx^2 + \alpha^2 dx^2}}{-\beta dx} = \frac{\sqrt{1 + \alpha^2}}{-\beta},$$

also auch dieser Neigungswinkel der Ebenen $Mm\mu$ und APQ constant.

Zusatz 4.

§. 810. Der Durchschnittspunkt O kann nur dann als unveränderlich angenommen werden, wenn zugleich die vom Körper beschriebene Bahn in einer Ebene liegt. Es sei nämlich $AO = f$ und man setze $x - f = OP = t$, also $dx = dt$; so wird

$$tdzddy - tdyddz = (zddy - yddz)\, dt$$

$$\text{und auch } \frac{ddy}{tdy - ydt} = \frac{ddz}{tdz - zdt}.$$

Multiplicirt man diese Gleichung mit t, so kann man sie, weil dt constant ist, integriren und es wird

$$tdy - ydt = \alpha tdz - \alpha zdt.$$

Dividirt man diese endlich durch t^2 und integrirt, so erhält man

$$\frac{y}{t} = \frac{\alpha z}{t} + \beta \text{ oder } y = \alpha z + \beta x - \beta f,$$

die Gleichung einer Ebene.

Zusatz 5.

§. 811. Wird aber $\operatorname{tg} i$ = constans oder die gegenseitige Neigung der Ebene $Mm\mu$ und APQ unveränderlich angenommen, so ergibt sich keine Gleichung von der vorhergehenden Art. Es ergibt sich auch aus anderweitigen Gründen, dass alsdann die vom Körper beschriebene Bahn nicht nothwendig in einer Ebene liegen muss.

Zusatz 6.

§. 812. Damit die vom Körper beschriebene Curve nicht von einfacher Krümmung werde, darf man weder den Punkt O, noch den Winkel POR unveränderlich annehmen. Sind aber diese auch veränderlich, so kann nichts desto weniger der Neigungswinkel beider Ebenen constant sein.

Zusatz 7.

§. 813. Hat die Durchschnittslinie RO, welche in der Astronomie die Knotenlinie genannt wird, keine constante Lage, so dreht sie sich um den Punkt S. Die gerade Linie mMS liegt nämlich in der Ebene des Elementes Mm und des nächstvorhergehenden und es wird daher die Durchschnittslinie RO und die nächstvorhergehende sich in S schneiden.

Zusatz 8.

§. 814. Dieser Punkt S liegt daher in dem Orte, für welchen

$$AT = AP - PT = \frac{xdz - zdx}{dz}, \text{ und } ST = \frac{zdy - ydz}{dz},$$

woraus seine Lage bekannt wird.

Zusatz 9.

§. 815. Wird der Punkt S als unveränderlich vorausgesetzt, so hat man

$$xdz - zdx = adz \text{ und } zdy - ydz = bdz,$$

woraus man

$$x - a = \alpha z \text{ und } y + b = \beta z$$

erhält. In diesem Falle wird also die vom Körper beschriebene Bahn nicht nur eine Ebene, sondern selbst eine gerade Linie, indem wegen der ersten Gleichung die Projection $Qq\varrho$ und wegen der zweiten Gleichung die Projection $Mm\mu$ es ist.

Anmerkung.

§. 816. Nachdem wir nun die Principien auseinandergesetzt haben, welche die Bewegung der Körper auf nicht ebenen Oberflächen betreffen, kann die Behandlung selbst, wie die frühere über die Bewegung in einer Ebene, in zwei Theile zerlegt werden. In dem ersten von ihnen werden wir zeigen, wie man aus gegebenen Kräften die vom Körper beschriebene Curve finden kann; im zweiten hingegen, welche Kräfte erfodert werden, damit der Körper eine gegebene Curve beschreiben könne. Hierbei kann entweder nur die Curve, oder zugleich auch die Geschwindigkeit des Körpers an den einzelnen Orten gegeben sein.

Satz 100

Aufgabe.

§. 817. (Figur 90.) Ein Körper wird durch drei Kräfte angetrieben, deren Richtungen Mf, Mg und MQ respective den drei Coordinaten AP, PQ und QM parallel sind; man soll seine Bewegung und Bahn bestimmen.

Auflösung.

Da $Mf \# AP$ und $Mg \# PQ$, so ist die Ebene fMg # der Ebene APQ. In der erstern ziehe man $Mi \# Qq$, so wird Mi auch in der Ebene Mq liegen. Auf die Verlängerung des Elements Mm fälle man aus Q das Perpendikel Qd und von f und g auf Mi die Perpendikel fi und gk, endlich von i und k auf Md die Perpendikel ib und kc. Es werden nun fi und gk auch auf der Ebene Mq perpendikulär sein, weil die Ebene fMg normal auf der Ebene Mq steht und Mi die Durchschnittslinie beider Ebenen ist. Es bleibe nun, wie im vorigen Satze

$$AP = x,\ PQ = y \text{ und } QM = z$$

und es sei die Kraft, welche den Körper längs Mf zieht, $= P$, die längs Mg ziehende $= Q$ und die längs $MQ = R$. Damit man die Wirkungen dieser Kräfte kennen lerne, muss man sie in eine tangentiale längs Mm wirkende, eine auf Mm normale und in der Ebene Mq liegende und in eine auf der Ebene Mq normale Kraft zerlegen. Da nun $\angle Mfi = Qqp$ ist, so haben wir

$$Qq : qq' = Mf : fi, \text{ oder die längs } fi \text{ wirkende Kraft} = \frac{Pdy}{\sqrt{dx^2 + dy^2}}$$

Diess ist die aus P hervorgehende, längs fi wirkende Seitenkraft und wenn erstere allein wirksam wäre, würden wir haben

$$M = -\frac{Pdy}{\sqrt{dx^2+dy^2}} \text{ (§. 796.).}$$

Ferner wird die längs Mi ziehende Kraft $= \frac{Pdx}{\sqrt{dx^2+dy^2}}$ und diese zerlegen wir, indem wir $Mm' \# Qq$ ziehen, in eine längs bi ziehende $= \frac{mm'}{Mm} \cdot \frac{Pdx}{\sqrt{dx^2+dy^2}} = \frac{Pdx\,dz}{\sqrt{(dx^2+dy^2)(dx^2+dy^2+dz^2)}}$ und eine längs Mb ziehende $= \frac{Pdx}{\sqrt{dx^2+dy^2+dz^2}}$.

Aus der Kraft P ergibt sich daher

$$N = -\frac{Pdxdz}{\sqrt{(dx^2+dy^2)(dx^2+dy^2+dz^2)}} \text{ und } T = -\frac{Pdx}{\sqrt{dx^2+dy^2+dz^2}}.$$

Auf ähnliche Weise zerlegt man die längs Mg wirkende Kraft Q in eine längs kg wirkende $= \frac{Qdx}{\sqrt{dx^2+dy^2}}$ und eine längs Mk gerichtete $= \frac{Qdy}{\sqrt{dx^2+dy^2}}$. Die letztere zerlege man ferner in zwei andere, deren eine längs ck gerichtet und $= \frac{Qdy}{\sqrt{dx^2+dy^2}} \cdot \frac{mm'}{Mm} = \frac{Qdydz}{\sqrt{(dx^2+dy^2)(dx^2+dy^2+dz^2)}}$ und deren zweite längs Mc gerichtet und $= \frac{Qdy}{\sqrt{dx^2+dy^2+dz^2}}$ ist.

Wenn demnach Q allein wirksam wäre, so würden wir haben

$$T = -\frac{Qdy}{\sqrt{dx^2+dy^2+dz^2}},\ N = -\frac{Qdydz}{\sqrt{(dx^2+dy^2)(dx^2+dy^2+dz^2)}}$$
$$\text{und } M = \frac{Qdx}{\sqrt{dx^2+dy^2}}.$$

Endlich wird die Kraft R, welche die Richtung MQ hat, in eine längs Md wirkende $= \frac{R.dz}{\sqrt{dx^2+dy^2+dz^2}}$ und eine längs dQ wirkende Seitenkraft $= \frac{R\sqrt{dx^2+dy^2}}{\sqrt{dx^2+dy^2+dz^2}}$ zerlegt und aus R, als allein wirkender Kraft, würde daher folgen:

$$T = -\frac{Rdz}{\sqrt{dx^2+dy^2+dz^2}} \text{ und } N = \frac{R\sqrt{dx^2+dy^2}}{\sqrt{dx^2+dy^2+dz^2}}.$$

Sind demnach die drei Kräfte P, Q und R zugleich wirksam, so ist die aus ihnen entspringende Tangentialkraft

$$T = \frac{-Pdx - Qdy - Rdz}{\sqrt{dx^2 + dy^2 + dz^2}};$$

die Normalkraft in der Ebene Mq,

$$N = \frac{-Pdxdz - Qdydz + R(dx^2 + dy^2)}{\sqrt{(dx^2 + dy^2)(dx^2 + dy^2 + dz^2)}}$$

und die andere Normalkraft

$$M = \frac{-Pdy + Qdx}{\sqrt{dx^2 + dy^2}}.$$

Substituirt man diese Werthe statt T, N und M in die Gleichungen (§. 803.), so erhält man nach einfacher Reduction

$$dv = -Pdx - Qdy - Rdz,$$

$$\frac{2vdydzddy - 2vddz(dx^2 + dy^2)}{dx^2 + dy^2 + dz^2} = -Pdxdz - Qdydz + R(dx^2 + dy^2),$$

$$\text{und } \frac{2vdxddy}{dx^2 + dy^2 + dz^2} = Pdy - Qdx.$$

Diese drei Gleichungen bestimmen die Bewegung des Körpers.

Zusatz 1.

§. 818. Die beiden letzten Gleichungen ergeben die Proportion

$$dydzddy - ddz(dx^2 + dy^2) : dxddy = -Pdxdz - Qdydz + R(dx^2 + dy^2) : Pdy - Qdx$$

oder, nach einiger Umformuug

$$ddy : ddz = Pdy - Qdx : Pdz - Rdx.$$

Zusatz 2.

§. 819. (Figur 89.) Die Ebene $Mm\mu$, in welcher die Elemente Mm und $m\mu$ sich befinden, wird folgendermassen bestimmt. Es ist

$$AO = AP - OP = \frac{(xdz - zdx)\,ddy + (ydx - xdy)ddz}{dzddy - dyddz}$$

$$= \frac{(xdz - zdx)\,ddy + (ydx - xdy)\dfrac{Pdz - Rdx}{Pdy - Qdx}\,ddy}{dzddy - dy\dfrac{Pdz - Rdx}{Pdy - Qdx}\,ddy}$$

$$= \frac{-Pydz + Pzdy + Qxdz - Qzdx + Rydx - Rxdy}{Qdz - Rdy}.$$

Ferner wird

$$\operatorname{tg} POR = \frac{-Qdz + Rdy}{Pdz - Rdx} \text{ und } \operatorname{tg} i = \frac{\sqrt{(Pdz - Rdx)^2 + (Rdy - Qdz)^2}}{Pdy - Qdx}.$$

Zusatz 3.

§. 820. Verschwindet die Kraft P, so wird aus der ersten und dritten der im Satze gefundenen Gleichungen

$$Q = -\frac{2vddy}{dx^2 + dy^2 + dz^2} \text{ und } R = -\frac{dv}{dz} + \frac{2vdyddy}{dz(dx^2 + dy^2 + dz^2)}.$$

Aus der zweiten Gleichung erhalten wir

$$\frac{dv}{v} = \frac{2dyddy + 2dzddz}{dx^2 + dy^2 + dz^2},$$

also wenn man integrirt,

$$\log v = \log\left(1 + \frac{dy^2}{dx^2} + \frac{dz^2}{dx^2}\right) + \text{Const. oder } vdx^2 = a(dx^2 + dy^2 + dz^2) \text{ und } dx\sqrt{v} = \sqrt{a(dx^2 + dy^2 + dz^2)}.$$

Zusatz 4.

§. 821. Unter dieser Voraussetzung wird die Zeit der Bewegung

$$t = \int \frac{ds}{\sqrt{v}} = \int \frac{\sqrt{dx^2 + dy^2 + dz^2}}{\sqrt{v}} = \int \frac{dx}{\sqrt{a}} = \frac{x}{\sqrt{a}}.$$

Man sieht also, dass in diesem Falle die, längs gerader und der Axe AP paralleler Linien, fortschreitende Bewegung gleichförmig ist.

Zusatz 5.

§. 822. Unter derselben Voraussetzung wird

$$Q = -\frac{2addy}{dx^2} \text{ und } R = -\frac{2addz}{dx^2},$$

also $ddy : ddz = Q : R$ (§. 818.).

Durch diese Gleichungen wird die vom Körper beschriebene Curve bestimmt.

Anmerkung.

§. 823. Aus der Zerlegung der Kräfte in drei Seitenkräfte, welche wir in diesem Satze betrachtet haben, ersieht man leicht, dass alle zu erdenkenden Kräfte ebenfalls auf drei zurückgeführt werden können. Da also, wenn diese gegeben sind, die vom Körper beschriebene Curve ohne Schwierigkeit gefunden wird, so gewährt dieser Satz auch für beliebig vorausgesetzte Kräfte den grössten Nutzen.

Satz 101.

Aufgabe.

§. 824. (Figur 91 und 91, *a*.) Ein Körper wird beständig gegen die Axe AP, längs der von ihm auf sie gefällten Perpendikel MP, angetrieben; man soll seine Bewegung bestimmen.

Auflösung.

Man ziehe wie vorher die Coordinaten $AP = x$, $PQ = y$ und $QM = z$, so wird $MP = \sqrt{y^2 + z^2}$. Die längs MP wirkende Kraft sei $= V$ und man zerlege sie in zwei längs MQ und Mq wirkende, wo Mq # und $= QP$ ist; alsdann wird die erstere, längs MQ wirkende Kraft $= \frac{Vz}{\sqrt{y^2+z^2}}$ und die andere, längs Mq wirkende $= \frac{Vy}{\sqrt{y^2+z^2}}$. Vergleichen wir diese Werthe mit denen des vorigen Satzes, so haben wir hier

$$P = 0,\ Q = \frac{Vy}{\sqrt{y^2+z^2}} \text{ und } R = \frac{V.z}{\sqrt{y^2+z^2}}.$$

Nach §. 822. haben wir also

$$ddy : ddz = Q : R = y : z$$

oder $yddz = zddy$, d. h. $yddz - zddy = 0$ und aus der letzten Gleichung durch Integration

$$ydz - zdy = bdx.$$

Ferner wird $\frac{V.y}{\sqrt{y^2+z^2}} = -\frac{2addy}{dx^2}$ und diese Gleichungen vereint bestimmen die vom Körper beschriebene Curve.

Die Geschwindigkeit desselben ergibt sich aus der Gleichung $vdx^2 = a(dx^2 + dy^2 + dz^2)$, woraus $\sqrt{v} = \frac{\sqrt{a(dx^2 + dy^2 + dz^2)}}{dx}$ folgt.

Zusatz 1.

§. 825. Setzt man $dx = pdy$, so wird, weil dx constant ist,

$$0 = pddy + dpdy \text{ oder } ddy = -\frac{dpdy}{p}.$$

Substituirt man diesen Werth, so erhält man zur Bestimmung der beschriebenen Curve, die Gleichungen

$$ydz - zdy = bpdy \text{ und } \frac{Vy}{\sqrt{y^2+z^2}} = \frac{2adp}{p^3dy}.$$

Zusatz 2.

§. 826. Setzt man ferner $z = qy$, so werden jene Gleichungen

$$y^2dq = bpdy \text{ und } \frac{V}{\sqrt{1+q^2}} = \frac{2adp}{p^3dy};$$

dieselben enthalten ebenfalls drei veränderliche Grössen y, p und q.

Anmerkung 1.

§. 827. Um diess klarer auseinander zu setzen, ist es sehr zweckmässig, einige Beispiele anzuführen. Wir setzen daher die Kraft V als vom Abstande MP abhängig voraus und zwar einer beliebigen Potenz von MP proportional, damit wir diese Bewegung mit der in einer Ebene, aus einer Centripetalkraft, welche einer beliebigen Potenz des Abstandes proportional ist, hervorgehenden Bewegung vergleichen können. Zwischen diesen Fällen findet nämlich eine sehr grosse Aehnlichkeit statt, indem an die Stelle des Mittelpunktes der Kräfte hier gleichsam eine Axe der Kräfte tritt, nach welcher der Körper beständig hingezogen wird. Wird nun der Körper anfangs so geworfen, dass er keine fortschreitende Bewegung längs der Axe AP hat, so wird er in der Ebene PQM fortrücken und stets gegen den Punkt P, als den Mittelpunkt der Kräfte hingezogen werden.

Beispiel 1.

§. 828. Es sei die Kraft V dem Abstande MP direct proportional, man setze also $V = \frac{\sqrt{y^2+z^2}}{f}$; alsdann wird $\frac{y}{f} = \frac{2adp}{p^3dy}$ (§. 825.), und wenn man integrirt,

$$\frac{y^2}{2f} = C - \frac{a}{p^2} \text{ oder } \frac{1}{p^2} = \frac{2cf-y^2}{2af} \text{ und } p = \frac{\sqrt{2af}}{\sqrt{2cf-y^2}}.$$

Da nun $dq = \frac{bpdy}{y^2}$ (§. 826.), so wird hier $dq = \frac{bdy\sqrt{2af}}{y^2\sqrt{2cf-y^2}}$ und wenn man integrirt,

$$q = \alpha - \frac{\beta\sqrt{2cf-y^2}}{y}, \text{ wo } \beta = \frac{b\sqrt{2af}}{2cf} \text{ ist.}$$

Für die Projection der Curve auf die Ebene der yz erhalten wir daher die Gleichung

$$z = \alpha y - \beta\sqrt{2cf-y^2},$$

also diese Projection der Curve eine Ellipse, deren Mittelpunkt auf der Axe AP liegt. Da ferner $dx = pdy$, also hier $dx = \frac{dy\sqrt{2af}}{\sqrt{2cf - y^2}}$, so wird

$$x = \sqrt{2af}.\text{arc.sin}\left(\frac{y}{\sqrt{2cf}}\right).$$

Die Projection der Curve auf die Ebene der xy oder APQ ist also die Leibnitzsche Sinuscurve.

Beispiel 2.

§. 829. Es sei die Kraft V dem Quadrat des Abstandes MP umgekehrt proportional oder $V = \frac{f^2}{y^2 + z^2} = \frac{f^2}{y^2(1+q^2)}$, weil $z = qy$.

Wir erhalten daher $\frac{2adp}{p^3dy} = \frac{f^2}{y^2(1+q^2)^{\frac{3}{2}}}$ oder weil $dy = \frac{y^2dq}{bp}$ (§. 826.)

$$\frac{2abdp}{p^2} = f^2\frac{dq}{(1+q^2)^{\frac{3}{2}}}.$$

Es wird also

$$\frac{f^2q}{\sqrt{1+q^2}} = C - \frac{2ab}{p} = C - \frac{2ab^2dy}{y^2dq},\ \text{indem}\ \frac{1}{p} = \frac{bdy}{y^2dq}\ \text{ist.}$$

Wir haben daher ferner $\frac{f^2qdq}{\sqrt{1+q^2}} = Cdq - \frac{2ab^2dy}{y^2}$ und wenn wir integriren, $f^2\sqrt{1+q^2} = Cq + \frac{2ab^2}{y} + D$ oder $f^2\sqrt{y^2+z^2} = Cz + Dy + 2ab^2$, weil $q = \frac{z}{y}$.

Die Projection der gesuchten Curve auf die Ebene der yz oder eine, auf die Axe AP senkrechte, Ebene ist daher ein Kegelschnitt, dessen einer Brennpunkt in der Axe AP liegt.

Anmerkung 2.

§. 830. Man ersieht hieraus, dass die Projectionen der beschriebenen Curven auf eine, auf der Axe AP senkrecht stehende, Ebene mit den Curven übereinstimmen, welche die in dieser Ebene sich bewegenden Körper beschreiben würden, wenn sie durch dieselbe Kraft angetrieben würden. Hierüber darf man sich nicht wundern. Die hier betrachtete Bewegung kann nämlich auf diejenige zurückgeführt werden, welche ein beständig gegen die Axe AP hingezogener Körper in einer, auf dieser Axe normalen Ebene ausführt; wenn wir uns nur vorstellen, dass die letztere eine gleichförmige Bewegung längs der Axe AP habe. Diese fortschreitende Bewegung kann nämlich, weil sie gleichförmig und geradlinig ist, die Bewegung des Körpers in der Ebene nicht stören. Man hätte daher dasjenige, was sich hier ergeben hat, schon aus §. 821. ableiten können, wo wir gezeigt haben, dass die fortschreitende Bewegung des Körpers längs der Axe gleichförmig wird, wenn die Kraft P verschwindet. So oft also die letztere $= 0$ wird, kann die gesuchte Bewegung stets auf eine in einer Ebene erfolgende zurückgeführt werden. Diess wird nämlich geschehen, wenn man der auf der Axe AP normalen Ebene eine eben so grosse, rückwärts längs PA gerichtete, Bewegung beilegt, als wir sie oben (§. 821.) längs AP fortschreitend gefunden haben.

Anmerkung 3.

§. 831. Indessen verdient besonders bemerkt zu werden, dass wir in den aufgestellten Beispielen so leicht die Gleichungen gefunden baben, welche zwischen den rechtwinkligen Coordinaten der Projectionen der Curven auf eine, auf der Axe AP normale Ebene stattfinden, also auch für die vom Körper beschriebenen Curven selbst, wenn die fortschreitende Bewegung verschwindet. Im ersten Theile dieses Kapitels, wo wir die allgemeinen Bewegungen in einer Ebene, vermöge einer Centripetalkraft, betrachteten, mussten wir mehr Mühe anwenden und die Kreisbogen mit einander vergleichen, um zu den gewöhnlichen Gleichungen der beschriebenen Curven zu gelangen. Die grössere Allgemeinheit also, welche sehr oft die Auffindung des Gesuchten erschwert, war hier nicht nur nicht hinderlich, sondern liess dasjenige sehr leicht bestimmen, was im besondern Falle nur schwer zu finden war.

Zusatz 3.

§. 832. (Fig. 90.). Im vorliegenden Falle wird auch die Ebene der Elemente Mm und $m\mu$ leicht bestimmt. Da nämlich

$$ddy : ddz = y : z \text{ oder } zddy - yddz = 0;$$

so wird $PO = 0$ und $AO = x$,

es fällt also der Punkt O in P. Ferner wird

$$\operatorname{tg} POR = \frac{ydz - zdy}{zdx} = \frac{b}{z} \text{ (§. 824.) oder } \operatorname{cotg} POR = \frac{z}{b},$$

d. h. die Cotangente des Winkels POR proportional z oder QM.

Endlich wird der Neigungswinkel der Ebenen $Mm\mu$ und APQ bestimmt durch

$$\operatorname{tg} i = \frac{\sqrt{b^2 + z^2}}{y}.$$

Anmerkung 4.

§. 833. Da der Fall, in welchem die Kraft P verschwindet, auf die Bewegung in einer Ebene zurückgeführt werden kann, so wird diess auch möglich sein, wenn Q oder R verschwindet. Nimmt man nämlich als Axe eine, auf AP normale und in der Ebene APQ liegende, gerade Linie an, so hat die Kraft Q eine der Axe parallele Richtung und die andern Kräfte P und R werden eben so behandelt, wie vorher Q und R. Nimmt man aber als Axe eine, auf AP und APQ zugleich normale, Linie an, so wird die Kraft R, an der Stelle von P, eine der Axe parallele Richtung haben. So wie nämlich die Coordinaten x, y und z in Bezug auf ihre gegenseitige Lage mit einander vertauscht werden können, kann man auf ähnliche Weise hinsichtlich der Kräfte P, Q und R urtheilen.

Satz 102.

Aufgabe.

§. 834. (Figur 92 und 92, *a*.). Ein Körper wird in den einzelnen Punkten M durch zwei Kräfte angetrieben, von denen die eine die Richtung MA, die andere die auf der Ebene APQ normale Richtung MQ hat; man soll die Bewegung des Körpers und seine Bahn bestimmen.

Auflösung.

Man ziehe MP, welche normal auf AP ist und zerlege die Kraft MA in zwei andere, von denen die eine längs $Mf \# AP$ und die andere längs MP wirkt. Diese zerlege man wieder in zwei, längs MQ und Mg wirkende Seitenkräfte. Setzt man nun wie früher

$AP = x$, $PQ = y$ und $QM = z$, ferner

die längs MA wirkende Kraft $= V$ und die längs MQ wirkende $= W$;

so erhält man, weil $Mg \# PQ$ ist:

$$P = \frac{Vx}{\sqrt{x^2 + y^2 + z^2}}, \quad Q = \frac{Vy}{\sqrt{x^2 + y^2 + z^2}} \text{ und } R = W + \frac{Vz}{\sqrt{x^2 + y^2 + z^2}} \quad (\text{§. } 817.).$$

Nach den Gleichungen desselben Satzes erhalten wir hier

$$V = \frac{2vdxddy\sqrt{x^2+y^2+z^2}}{(xdy-ydx)(dx^2+dy^2+dz^2)},\ W =$$
$$\frac{2v\{ddy(xdz-zdx)-ddz(xdy-ydx)\}}{(xdy-ydx)(dx^2+dy^2+dz^2)},\ \text{und}$$
$$\frac{dv}{2v} = \frac{dyddy+dzddz}{dx^2+dy^2+dz^2} - \frac{xddy}{xdy-ydx}.$$

Die letztere ergibt durch Integration

$$\tfrac{1}{2}\log v = \tfrac{1}{2}\log(dx^2+dy^2+dz^2) - \log(xdy-ydx) + C$$

oder $\sqrt{v} = \dfrac{a\sqrt{a}\sqrt{dx^2+dy^2+dz^2}}{xdy-ydx}$ und $v = \dfrac{a^3(dx^2+dy^2+dz^2)}{(xdy-ydx)^2}$, indem $C = \log a\sqrt{a}$ gesetzt ist. Substituirt man diesen Werth in die beiden Gleichungen, welche zur Bestimmung von V und W dienen, so erhält man

$$V = \frac{2a^3dxddy\sqrt{x^2+y^2+z^2}}{(xdy-ydx)^3}\ \text{und}\ W =$$
$$\frac{2a^3ddy(xdz-zdx)-2a^3ddz(xdy-ydx)}{(xdy-ydx)^3},$$

wodurch man die vom Körper beschriebene Curve bestimmen kann.

Zusatz 1.

§. 835. Die Zeit, in welcher der Körper bis nach M gelangt, ist

$$= \int\frac{\sqrt{dx^2+dy^2+dz^2}}{\sqrt{v}} = \int\frac{xdy-ydx}{a\sqrt{a}} = \frac{\int xdy - \int ydx}{a\sqrt{a}},$$

welchen Werth man durch Quadratur der Projection der Curve auf die Ebene APQ kennen lernt.

Zusatz 2.

§. 836. Setzt man $y = px$ und $z = qx$, so erhält man die folgenden Gleichungen

$$V = \frac{2a^3dx(xddp+2dxdp)\sqrt{1+p^2+q^2}}{x^5dp^3}$$

$$\text{und}\ W = \frac{2a^3dqddp-2a^3dpddq}{x^3dp^3},$$

welche dazu dienen, die Curve kennen zu lernen.

Beispiel.

§. 837. Es sei die Kraft V dem Abstande MA, W aber dem Perpendikel MQ proportional; man setze daher $V = \dfrac{\sqrt{x^2+y^2+z^2}}{f}$

$=\frac{x\sqrt{1+p^2+q^2}}{f}$ und $W=\frac{z}{g}=\frac{qx}{g}$. Nach den Gleichungen des vorhergehenden Zusatzes haben wir daher

$$x^6dp^3=2a^3f\,dx(xddp+2dxdp)=2a^3f\,xdxddp+4a^3f\,dx^2dp$$

und

$$x^4qdp^3=2a^3g(dqddp-dpddq).$$

Das Integral der ersten Gleichung ist

$$x^2=C-\frac{2a^3f}{x^4\left(\frac{dp}{dx}\right)^2}.$$

Hieraus erhalten wir, indem wir $C=c^2$ setzen,

$$dp=\frac{adx\sqrt{2af}}{x^2\sqrt{c^2-x^2}}$$

und, indem wir wieder integriren,

$$p=\frac{y}{x}=C-\frac{a\sqrt{2af(c^2-x^2)}}{c^2x} \text{ oder } y=nx-\frac{a\sqrt{2af(c^2-x^2)}}{c^2},$$

als Gleichung der Projection der beschriebenen Curve auf die Ebene *APQ*. Dieselbe ist mithin eine Ellipse, deren Mittelpunkt in *A* liegt.

Aus dem für dp gefundenen Werthe folgt ferner

$$ddp=-\frac{adx^2(2c^2-3x^2)\sqrt{2af}}{x^3(c^2-x^2)^{\frac{3}{2}}}.$$

Substituirt man nun die für dp und ddp gefundenen Werthe in die zweite der obigen Gleichungen, so erhält man

$$afqxdx^2=-2ac^2gdxdq+3agx^2dxdq-ac^2gxddq+agx^3ddq.$$

Setzt man ferner $q=e^{\int rdx}$, so geht diese Gleichung über in

$$\begin{aligned}fxdx=&-c^2gxdr+gx^3dr-2c^2grdx+3gx^2rdx\\&-c^2gxr^2dx+gx^3r^2dx.\end{aligned}$$

Nun setze man $r=\frac{u}{x^2\sqrt{c^2-x^2}}$, so wird nach einfacher Reduction

$$fxdx=-\frac{gdu\sqrt{c^2-x^2}}{x}-\frac{gu^2dx}{x} \text{ oder } du+\frac{u^2dx}{x^2\sqrt{c^2-x^2}}$$
$$+\frac{x^2fdx}{g\sqrt{(c^2-x^2)}}=0.$$

Setzt man endlich $t = \frac{\sqrt{c^2 - x^2}}{x}$ oder $x = \frac{c}{\sqrt{1 + t^2}}$, so geht die vorstehende Gleichung über in

$$du - \frac{u^2 dt}{c^2} = \frac{c^2 f dt}{g(1+t^2)^2},$$

deren Integral wir später darstellen werden.

(Figur 89.) Um die Ebene kennen zu lernen, in welcher die Elemente Mm und $m\mu$ sich befinden, haben wir

$$ddy : ddz = gxdy - gydx : gxdz - hzdx,$$

indem $g + f = h$ gesetzt ist. Wir haben daher

$$AO = \frac{fz(xdy - ydx)}{hzdy - gydz}, \text{ tg}\,POR = \frac{hzdy - gydz}{gxdz - hzdx} \text{ und}$$

$$\text{tg}\,i = \frac{\sqrt{(hzdy - gydz)^2 + (gxdz - hzdx)^2}}{gxdy - gydx}.$$

Endlich wird die Zeit, in welcher der Körper bis nach M gelangt,

$$= \frac{\int x^2 dp}{a\sqrt{a}} = \sqrt{2f} \int \frac{dx}{\sqrt{c^2 - x^2}} = \sqrt{2f}.\text{arc. sin}\left(\frac{x}{c}\right).$$

Diese Zeit wird also proportional dem Bogen, dessen Sinus $= \frac{x}{c}$ für den Radius $= 1$, oder dessen Sinus $= x$ für den Radius $= c$ ist. Hieraus ersieht man, dass die Winkelbewegung des Körpers in der Projection auf die Ebene APQ und um A gleichförmig und dass die Zeit eines ganzen Umlaufs $\sqrt{f}$ proportional wird.

Zusatz 3.

§. 838. Die Projection der beschriebenen Curve auf die Ebene APQ wird ein Kreis, wenn $n = 0$ und $-a\sqrt{2af} = c^2$ ist. Der Mittelpunkt desselben liegt in A, sein Radius wird $= c$ und wir erhalten

$$y = \sqrt{c^2 - x^2}.$$

Hieraus folgt

$$g \cdot \frac{ddz}{dx} = \frac{gxdz - hzdx}{c^2 - x^2},$$

welche Gleichung zur Bestimmung von z dient und sich eben so weit erstreckt, als der Fall des vorigen Beispiels, wenn auch dieser besondere Fall betrachtet wird.

Zusatz 4.

§. 839. Um aus der vorhergehenden Gleichung z zu finden, setzen wir $z = e^{\int r dx}$, wodurch dieselbe übergeht in

$$g dr + g r^2 dx = \frac{g r x dx - h dx}{c^2 - x^2},$$

eine Differentialgleichung der ersten Ordnung. Setzt man ferner $r = \frac{u}{\sqrt{c^2 - x^2}}$, so geht dieselbe über in

$$g du + \frac{g u^2 dx}{\sqrt{c^2 - x^2}} + \frac{h dx}{\sqrt{c^2 - x^2}} = 0.$$

Endlich setzen wir $\frac{h}{g} = \frac{f+g}{g} = m^2$ und erhalten so die Gleichung

$$\frac{du}{u^2 + m^2} + \frac{dx}{\sqrt{c^2 - x^2}} = 0,$$

in welcher die veränderlichen Grössen von einander getrennt sind.

Zusatz 5.

§. 840. Nun ist $\int \frac{dx}{\sqrt{c^2 - x^2}} = C + \sqrt{-1} \log \{ \sqrt{c^2 - x^2} - x\sqrt{-1} \}$

und $\int \frac{du}{u^2 + m^2} = \frac{1}{2m\sqrt{-1}} \log \left(\frac{u - m\sqrt{-1}}{u + m\sqrt{-1}} \right)$,

also $\frac{u - m\sqrt{-1}}{u + m\sqrt{-1}} = \left\{ \frac{\sqrt{c^2 - x^2} - x\sqrt{-1}}{b} \right\}^{2m}$, wo $C = \log \left(\frac{1}{b^{2m}} \right)$ gesetzt ist.

Hieraus folgt

$$u = \frac{b^{2m} + \{ \sqrt{c^2 - x^2} - x\sqrt{-1} \}^{2m}}{b^{2m} - \{ \sqrt{c^2 - x^2} - x\sqrt{-1} \}^{2m}} . m\sqrt{-1}.$$

Zusatz 6.

§. 841. Aus $z = e^{\int r dx}$ folgt $\log z = \int r dx$ und da $r = \frac{u}{\sqrt{c^2 - x^2}}$ ist, so wird

$$\log z = \int \frac{m dx \{ b^{2m} + (\sqrt{c^2 - x^2} - x\sqrt{-1})^{2m} \} \sqrt{-1}}{\{ b^{2m} - (\sqrt{c^2 - x^2} - x\sqrt{-1})^{2m} \} \sqrt{c^2 - x^2}}.$$

Setzt man $\int \frac{dx}{\sqrt{c^2-x^2}} = s = \sqrt{-1}\,\log\left\{\frac{\sqrt{c^2-x^2}-x\sqrt{-1}}{b}\right\}$,
so wird

$$b.e^{\frac{s}{\sqrt{-1}}} = \sqrt{c^2-x^2} - x\sqrt{-1} \text{ und } \log z = \int \frac{mds\left\{1+e^{\frac{2ms}{\sqrt{-1}}}\right\}\sqrt{-1}}{1-e^{\frac{2ms}{\sqrt{-1}}}}.$$

Setzt man ferner $e^{\frac{2ms}{\sqrt{-1}}} = t$, woraus $ds = \frac{dt\sqrt{-1}}{2mt}$ folgt, so entsteht

$$\log z = \int \frac{-dt(1+t)}{2t(1-t)} = -\tfrac{1}{2}\int \frac{dt(1-t+2t)}{t(1-t)} = \log\left(\frac{(1-t)\,k}{\sqrt{t}}\right)$$

und

$$z = \frac{\left\{1-e^{\frac{2ms}{\sqrt{-1}}}\right\}k}{e^{\frac{ms}{\sqrt{-1}}}} = \frac{\left\{b^{2m}-(\sqrt{c^2-x^2}-x\sqrt{-1})^{2m}\right\}k}{b^m(\sqrt{c^2-x^2}-x\sqrt{-1})^m}.$$

Zusatz 7.

§. 842. Nachdem nun der Werth von z gefunden ist, erhalten wir

$$dz = z.d\log z = \frac{mzdx\left\{b^{2m}+(\sqrt{c^2-x^2}-x\sqrt{-1})^{2m}\right\}\sqrt{-1}}{\left\{b^{2m}-(\sqrt{c^2-x^2}-x\sqrt{-1})^{2m}\right\}\sqrt{c^2-x^2}}$$

Ferner wird

$$\frac{gxdz - hzdx}{z} = \frac{\begin{Bmatrix} mgdx\left\{b^{2m}+(\sqrt{c^2-x^2}-x\sqrt{-1})^{2m}\right\}x\sqrt{-1} \\ m^2gdx\left\{b^{2m}-(\sqrt{c^2-x^2}-x\sqrt{-1})^{2m}\right\}\sqrt{c^2-x^2} \end{Bmatrix}}{\left\{b^{2m}-(\sqrt{c^2-x^2}-x\sqrt{-1})^{2m}\right\}\sqrt{c^2-x^2}},$$

endlich, da $y = \sqrt{c^2-x^2}$ ist,

$$\frac{hzdy - gydz}{z} = -\frac{m^2gxkx}{\sqrt{c^2-x^2}} - \frac{mgdx\left\{b^{2m}+(\sqrt{c^2-x^2}-x\sqrt{-1})^{2m}\right\}\sqrt{-1}}{b^{2m}-(\sqrt{c^2-x^2}-x\sqrt{-1})^{2m}}.$$

Zusatz 8.

§. 843. Hieraus findet man

$$AO = \frac{f c^2 \{ b^{2m} - (\sqrt{c^2 - x^2} - x\sqrt{-1})^{2m} \}}{\left\{ \begin{array}{l} m^2 g x \{ b^{2m} - (\sqrt{c^2 - x^2} - x\sqrt{-1})^{2m} \} \\ + m g \sqrt{c^2 - x^2} \{ b^{2m} + (\sqrt{c^2 - x^2} - x\sqrt{-1})^{2m} \} \sqrt{-1} \end{array} \right\}},$$

$$\text{tg } POR = \frac{\left\{ \begin{array}{l} m x \{ b^{2m} - (\sqrt{c^2 - x^2} - x\sqrt{-1})^{2m} \} \\ + \sqrt{c^2 - x^2} \{ b^{2m} + (\sqrt{c^2 - x^2} - x\sqrt{-1})^{2m} \} \sqrt{-1} \end{array} \right\}}{\left\{ \begin{array}{l} m \{ b^{2m} - (\sqrt{c^2 - x^2} - x\sqrt{-1})^{2m} \} \sqrt{c^2 - x^2} \\ - x \{ b^{2m} + (\sqrt{c^2 - x^2} - x\sqrt{-1})^{2m} \} \sqrt{-1} \end{array} \right\}}.$$

Auf ähnliche Weise findet man die Tangente des Neigungswinkels der Ebene, in welcher der Körper sich bewegt, gegen die Ebene *APQ*.

Anmerkung.

§. 844. Die Anwendung der für z und die Neigung der Bahn gefundenen Werthe wird sehr schwierig, weil die imaginären Grössen vermischt darin enthalten sind. Wir verweilen daher nicht länger bei ihnen, um die Durchschnitte der vom Körper beschriebenen Curve mit der Ebene *APQ* zu bestimmen. Diese Frage ist aber in der Astronomie von grosser Wichtigkeit, wenn man die Bewegung der Knoten finden will und wir haben daher den folgenden Satz dazu bestimmt, zu untersuchen, wo der Körper bei seiner Bewegung die Ebene *APQ* schneidet. Derselbe befindet sich nämlich während seiner Bewegung bald ober-, bald unterhalb dieser Ebene und er mag nun dort oder hier verweilen, so wird er durch die eine Kraft *W* gegen die Ebene, im directen Verhältniss des Abstandes von ihr, hingezogen. Der Punkt nun, in welchem der Körper von der obern Seite nach der untern geht, heisst der niedersteigende, der Punkt hingegen, in welchem er nach der obern Seite zurückkehrt, der aufsteigende Knoten.

Satz 103.

Aufgabe.

§. 845. (Figur 92.) Ein Körper wird theils gegen den festen Punkt *A*, im Verhältniss der Entfernung von demselben, theils normal gegen die Ebene *APQ*, ebenfalls im Verhältniss der Entfernungen von ihr angezogen; man soll die Knoten oder die Punkte bestimmen, in denen der Körper sich in dieser Ebene befindet und ausserdem die Punkte, in denen er am weitesten von der Ebene entfernt ist.

Auflösung.

Wie vorher seien x, y, z die drei Coordinatnn des Körpers, $\frac{\sqrt{x^2+y^2+z^2}}{f}$ die Kraft, welche den Körper gegen A, $\frac{z}{g}$ die Kraft, welche ihn gegen dle Ebene APQ hinzieht und $\frac{f+g}{g}$ wieder $= m^2$ gesetzt. Offenbar wird der Körper die Ebene APQ schneiden, wenn $z = 0$ ist. Es wird aber in diesem Falle

$$b^{2m} - (\sqrt{c^2-x^2} - x\sqrt{-1})^{2m} = 0 \text{ (§. 841.) und diess geschieht, wenn } u = \infty \text{ (§. 840.)}.$$

Da nun die Gleichung stattfindet

$$\frac{du}{u^2+m^2} + \frac{dx}{\sqrt{c^2-x^2}} = 0 \text{ (§. 839.)},$$

(Figur 93.), so beschreibe man aus dem Mittelpunkt A, mit dem Radius $AB = c$ einen Kreis und es bewege sich der Körper in der Richtung BQC; so kann man die vorstehende Gleichung umformen in

$$\frac{\frac{1}{m}c^2\frac{cdu}{m}}{\frac{c^2u^2}{m^2}+c^2} = -\frac{cdx}{\sqrt{c^2-x^2}},$$

deren Integral ist

$$\frac{1}{m}\text{ arc. tg }\left(\frac{cu}{m}\right) = \text{Const.} - \text{arc. sin}\,x.$$

Hier ist $x = AP$, ferner sei Constans $= BQC = 90^0$, $CS =$ tg $CQR = \frac{cu}{m}$; so wird, weil $BQ = \text{arc. sin}\,x$, $\frac{1}{m}$ $CQR = CQ$ oder $CQR = m \,.\, CQ$. Es ist also hieraus klar, dass so oft

$$u = \infty$$

wird, als $\angle\ CAR = 90^0; = 3 \,.\, 90^0; = 5 \,.\, 90^0; = 7 \,.\, 90^0$; etc.

Verfolgt man daher die Bewegung des Körpers, so wird $u = \infty$, wenn nach und nach $CR = 90^0; -90^0; -270^0; -450^0; -630^0$; etc. ist. In diesen Fällen wird aber

$$CQ = \frac{1}{m}\ CR = \frac{90^0}{m};\ \frac{-90^0}{m};\ \frac{-270^0}{m};\ \frac{-450^0}{m};\ \frac{-630^0}{m};\ \text{etc.}$$

und

$$BQ = 90^0 - CQ = 90^0 - \frac{90^0}{m};\ 90^0 + \frac{90^0}{m};\ 90^0 + \frac{270^0}{m};$$

$$90^0 + \frac{450^0}{m}; \quad 90^0 + \frac{630^0}{m}; \text{ etc.}$$

Ist also der Körper irgendwo im Knoten gewesen, so wird er nach und nach zu den andern Knoten gelangen, nachdem er um A Winkel von

$$\frac{180^0}{m}; \frac{360^0}{m}; \frac{540^0}{m}; \frac{720^0}{m}; \text{ etc.}$$

beschrieben hat. Zwei einander am nächsten liegende Knoten stehen von einander ab um einen Winkel von $\frac{180^0}{m}$. Hingegen wird ein aufsteigender Knoten vom nächsten aufsteigenden, oder ein niedersteigender Knoten vom nächsten niedersteigenden um einen Winkel von

$$\frac{360^0}{m} = \frac{360^0 \,.\, \sqrt{g}}{\sqrt{g+f}}$$

entfernt sein.

Der Körper wird ferner am weitesten von der Ebene APQ entfernt sein, wenn z ein maximum oder $dz = 0$, also

$$b^{2m} + \{\sqrt{c^2 - x^2} - x\sqrt{-1}\}^{2m} = 0 \text{ (§. 842.), wo dann } u = 0 \text{ ist.}$$

Behalten wir daher die vorhergehende Construction bei, so wird $u = 0$, so oft

$$CR = 0; \; -180^0; \; -360^0; \text{ etc.}$$

In diesen Fällen wird

$$CQ = 0; \; \frac{-180^0}{m}; \frac{-360^0}{m}; \text{ etc. und } BQ = 90^0; 90^0 + \frac{180^0}{m};$$

$$90^0 + \frac{360^0}{m}; \text{ etc.}$$

Der grösste Abstand des Körpers von der Ebene APQ ist also von beiden, ihm am nächsten liegenden, Knoten um gleiche Winkel entfernt.

Zusatz 1.

§. 846. Die Knoten treffen daher wieder in denselben Punkt, wenn m rational oder $\frac{f+g}{g}$ ein vollständiges Quadrat ist. Findet diess nicht statt, so wird der Körper niemals wieder in demselben Punkte die Ebene APQ schneiden, in welchem er sich vorher einmal befunden hat.

Zusatz 2.

§. 847. Ist f positiv oder wird der Körper beständig durch eine positive Kraft gegen die Ebene hingezogen, so ist $m = \sqrt{1 + \frac{f}{g}} > 1$ und der Zwischenraum zweier einander am nächsten liegenden Knoten oder $\frac{180^0}{m} < 180^0$. Daher bewegen sich die Knoten rückläufig und es wird ein bestimmter Knoten von dem Punkte, wo er mit dem vorhergehenden in Opposition stand, um $180^0 - \frac{180^0}{m} = \frac{m-1}{m}\, 180^0$ entfernt sein.

Zusatz 3.

§. 848. Wird der Körper beständig von der Ebene APQ zurückgestossen, so wird g negativ und $m = \sqrt{\frac{g-f}{g}} = \sqrt{1 - \frac{f}{g}}$. Ist daher $g > f$, so wird m reell aber < 1, also $\frac{180^0}{m} > 180^0$; und es bewegen sich die Knoten rechtläufig und zwar desto schneller, je weniger f von g verschieden ist. Ist $f = g$, so wird der vom Knoten ausgegangene Körper niemals wieder die Ebene APQ schneiden.. Ist $f > g$, so wird sich der Körper beständig von dieser Ebene entfernen.

Zusatz 4.

§. 849. Der Körper ist von der Ebene am weitesten entfernt, wenn

$$\{\sqrt{c^2 - x^2} - x \sqrt{-1}\}^{2m} = -b^{2m},$$

und man erhält daher diesen grössten Abstand selbst, wenn man diesen Werth in den oben (§. 841.) für z gefundenen Ausdruck substituirt. Es wird

$$z = \frac{2k}{\sqrt{-1}},$$

also überall gleich gross.

Zusatz 5.

§. 850. Ist der Kreis BQC die Projection der vom Körper beschriebenen Bahn auf die Ebene APQ, so ergibt sich für die Neigung der Bahn gegen die letztere Ebene in den Punkten, wo der Körper am weitesten von dieser entfernt ist,

$$\text{tg}\, i = \frac{2k}{c\sqrt{-1}} \text{ oder } = \frac{2k}{c}.$$

indem man k statt $\frac{k}{\sqrt{-1}}$ setzt. Die Constante k muss nämlich so angenommen werden, dass man alle imaginären Grössen vermeidet.

Zusatz 6.

§. 851. Unter derselben Voraussetzung erhalten wir an den Orten, wo der Körper sich in der Ebene APQ befindet

$$\operatorname{tg} i = \frac{dz\sqrt{c^2 - x^2}}{c\,dx}, \text{ indem } b^{2m} = \{\sqrt{c^2 - x^2} - x\sqrt{-1}\}^{2m}$$

ist.

Nach §. 842. ist also

$$\operatorname{tg} i = \frac{mz\{b^{2m} + (\sqrt{c^2 - x^2} - x\sqrt{-1})^{2m}\}\sqrt{-1}}{\{b^{2m} - (\sqrt{c^2 - x^2} - x\sqrt{-1})^{2m}\}c}$$

oder wenn man für z seinen Werth aus §. 847. setzt

$$\operatorname{tg} i = \frac{\left\{\begin{matrix} mk\{b^{2m} - (\sqrt{c^2 - x^2} - x\sqrt{-1})^{2m}\}\times \\ \{b^{2m} + (\sqrt{c^2 - x^2} - x\sqrt{-1})^{2m}\}\sqrt{-1} \end{matrix}\right\}}{\{b^{2m} - (\sqrt{c^2 - x^2} - x\sqrt{-1})^{2m}\}\,b^m.\{\sqrt{c^2 - x^2} - x\sqrt{-1}\}^m.c}$$

$$= \frac{2mk\sqrt{-1}}{c} \text{ oder } = \frac{2mk}{c},$$

indem man k statt $k\sqrt{-1}$ setzt.

Zusatz 7.

§. 852. Es verhält sich daher die Tangente des Neigungswinkels der Bahn gegen die Ebene APQ, wenn der Körper am weitesten von dieser absteht, zur Tangente derselben Neigung, wenn er sich in der Ebene befindet, wie $1 : m$ oder wie $\frac{180^0}{m} : 180^0$, d. h. wie der Abstand der Knoten von einander zu 180^0.

Anmerkung.

§. 853. Dieser Satz scheint zwar für die Astronomie von geringem Nutzen zu sein, weil wir nämlich die Kraft, welche den Körper gegen den festen Punkt A hinzieht, dem Abstande proportional angenommen haben, während sie bei den Himmelskörpern dem Quadrat des Abstandes umgekehrt proportional ist. Vom vorzüglichen Gebrauch ist er aber, wenn die Bahnen der Körper wenig von Kreisen verschieden sind; denn wenn die Bahn in einen Kreis selbst übergeht, kommt es nicht darauf an, wie die Centripetalkraft vom Abstande abhängig ist. Da nun die Planetenbahnen wenig von Kreisen abweichen, so kann man diesen Satz mit gutem Erfolge ihren Bewegungen anpassen. Diess muss dann besonders geschehen, wenn man die Linie f finden will, welche sich zum Abstande des Körpers vom Mittelpunkte verhält, wie die Schwere zur Centripetalkraft. Die andere Kraft, welche den Körper gegen eine gegebene Ebene hinzieht, kann man auf eine gewisse Weise dem Abstande von ihr proportional machen; sollte diess jedoch nicht zutreffen, so muss g als veränderlich angesehen werden und man wird die Bewegung der Knoten sehr genähert bestimmen, indem man unter allen Werthen von g gleichsam den mittlern auswählt.

Bei der Bewegung des Mondes verdient die Bewegung der Knoten die grösste Beachtung, weil dieselbe unserer Bestimmung entsprechend rückläufig ist. Nach den Beobachtungen steht aber ein Knoten von dem Punkte, wo er mit dem vorhergehenden Knoten in Opposition sein würde, etwa um 43′ ab. Wir haben daher

$$\frac{180\,(m-1)}{m} = \frac{43}{60} \text{ oder } m = 1 + \frac{43}{10757} = 1 + \frac{1}{250}.$$

Hieraus kann man a posteriori die Kraft kennen lernen, welche den Mond beständig gegen die Ebene der Ekliptik hinzieht.

Kapitel VI.

Von der freien krummlinigen Bewegung eines Punktes im widerstehenden Mittel.

Satz 104.
Lehrsatz.

§. 854. Bewegt sich ein, durch beliebig viele absolute Kräfte angetriebener Körper im widerstehenden Mittel; so stört die Kraft des Widerstandes die Wirksamkeit der absoluten Kräfte nur in so fern, als sie die aus ihnen entspringende Tangentialkraft vermindert.

Beweis.

Aus dem vorhergehenden Kapitel ersieht man genügend, dass alle absolute Kräfte in zwei, eine tangentiale und eine normale zerlegt werden können, wenn nämlich die Bewegung in einer und derselben Ebene erfolgt. Bewegt sich aber der Körper nicht in derselben Ebene, so kann man statt beliebig vieler antreibenden Kräfte drei gleichgeltende angeben, von denen die eine tangential, die andern beiden aber normal sind. Die Kraft aber, welche der Widerstand auf den Körper ausübt, wird in ihrer Richtung stets mit der des Körpers übereinstimmen (§. 117.) Man hat daher die Kraft des Widerstandes auf die Tangentialkraft zu beziehen, welche durch sie eine Verminderung erleidet, indem die Bewegung des Körpers verzögert wird; auf die Normalkräfte wird sie aber durchaus nicht einwirken. Offenbar wird also der Widerstand die Wirkung der absoluten Kräfte nur in so fern stören, als er die aus ihnen entspringende Tangentialkraft vermindert.

Zusatz 1.

§. 855. Die ganze Wirkung des Widerstandes besteht nur in einer Verminderung der Geschwindigkeit des Körpers und er verändert seine Richtung nur in so fern, als die, durch die Wirksamkeit der Normalkräfte veränderte, Geschwindigkeit diess herbeiführt.

Zusatz 2.

§. 856. Sind ausser dem Widerstande keine absolute Kräfte vorhanden, so kann der Körper sich unmöglich auf einer Curve bewegen, sondern er wird seine geradlinige Bewegung so lange fortsetzen, bis er überhaupt aufhört fortzuschreiten.

Anmerkung 1.

§. 857. In diesem Kapitel werden wir die krummlinigen Bewegungen behandeln und wir müssen daher nothwendig mit dem Widerstande zugleich absolute Kräfte betrachten, allein diese müssen so beschaffen sein, dass aus ihrer Zerlegung eine normale Kraft hervorgehe, indem wir sonst auf den, in Kapitel IV. behandelten, Gegenstand zurückkommen würden. Wir werden desshalb zuerst eine Kraft betrachten, welche nach einem unendlich entfernten Punkte gerichtet ist und deren Richtung daher sich selbst immer parallel bleibt. Hierauf werden wir zu Centripetal- und andern beliebig gelegenen Kräften übergehen. Endlich werden wir auch solche Bewegungen untersuchen, welche nicht in derselben Ebene erfolgen und wie sie im widerstehenden Mittel erzeugt werden.

Zusatz 3.

§. 858. Ist die Tangentialkraft T, eine oder zwei Normalkräfte N oder N und M, die Kraft des Widerstandes aber R; so werden die Gesetze, welche die Wirkungen jener Kräfte enthalten und welche wir im vorigen Kapitel aufgestellt haben, auch hier stattfinden, wenn wir in ihnen nur $T - R$ statt T setzen.

Anmerkung 2.

§. 859. Wie man den Widerstand, dessen Kraft als von der Geschwindigkeit des Körpers abhängig vorausgesetzt wird, durch das Gesetz und den Exponenten des Widerstandes auszudrücken habe, ist in Kapitel IV ausführlich gezeigt worden. In diesem Kapitel aber wird die Mannichfaltigkeit des Widerstandes ein grosses Feld zur Behandlung der Sache eröffnen, welches im vorhergehenden Kapitel nicht stattfand. Wir werden aber diese Behandlung so eintheilen, dass wir zuerst aus gegebenen absoluten Kräften und dem Widerstande die beschriebene Curve und die Bewegung des Körpers auf ihr ableiten. Hierauf wollen wir, wenn die absolute Kraft und die Curve gegeben ist, hierdurch den Widerstand bestimmen. Drittens wollen wir aus der gegebenen Curve und dem Widerstande die absolute Kraft von gegebener Richtung ableiten. Endlich wird aus der gegebenen Curve, der Geschwindigkeit des Körpers in ihren einzelnen Punkten und dem Widerstande die absolute Kraft, nebst ihrer Richtung gefunden werden können. Eine Hauptabtheilung dieses Kapitels wird aber die sein, dass die Bewegung entweder in einerlei, oder in verschiedenen Ebenen erfolgt.

Satz 105.

Aufgabe.

§. 860. (Figur 94.) Ein Körper bewegt sich in einem beliebigen widerstehenden Mittel und unter dem Antrieb beliebiger absoluter Kräfte, jedoch stets in derselben Ebene; man soll die Gesetze bestimmen, welche er bei dieser Bewegung befolgt.

Auflösung.

Der auf diese Weise angetriebene Körper beschreibe die Curve AMB, seine Geschwindigkeit in M sei $= \sqrt{v}$ und das Element der Curve $Mm = ds$. Man setze ferner die, aus allen absoluten Kräften entspringende, Normalkraft $= N$, deren Richtung MN normal auf der Curve sein wird; die aus denselben hervorgehende Tangentialkraft aber sei $= T$, deren Richtung MT also die Curve in M berühren wird; endlich sei die Kraft des Widerstandes $= R$. Unter diesen Voraussetzungen muss (nach §. 858.) die Bewegung des Körpers hergeleitet werden aus der Normalkraft $= N$, und der Tangentialkraft $= T - R$. Ist nun der Krümmungshalbmesser in $M = r$, so haben wir

$$N = \frac{2v}{r} \text{ und } dv = (T - R)\, ds \quad (\S.\ 552.).$$

Eliminirt man aus diesen beiden Gleichungen v, so ergibt sich eine Gleichung, welche die Natur der Curve AMB ausdrückt und aus der ersten Gleichung dann die Geschwindigkeit des Körpers an den einzelnen Orten.

Zusatz 1.

§. 861. Wir haben also $v = \frac{N . r}{2}$, woraus folgt

$dv = \frac{N.dr + r.dN}{2}$. Substituirt man diesen Werth von dv in die andere Gleichung

$$dv = (T - R)\, ds,$$

und in R statt v seinen Werth $\frac{Nr}{2}$; so ergibt sich die Gleichung der vom Körper beschriebenen Curve.

Zusatz 2.

§. 862. Hat in R die Grösse v nur Eine Dimension, was der Fall sein wird, wenn der Widerstand dem Quadrat der Geschwindigkeit proportional ist; so können in der Gleichung

$$dv = (T - R)\, ds$$

die Veränderlichen getrennt werden und man kann v aus ihr bestimmen. Verbindet man diesen Werth mit $v = \frac{Nr}{2}$, so erhält man eine einfachere Gleichung für die beschriebene Curve.

Anmerkung.

§. 863. Ausser diesem Falle, in welchem v nur Eine Dimension in R hat, gibt es noch mehrere andere, in denen die Gleichung

$$dv = (T - R)\, ds$$

integrirt werden kann; es ist aber nicht nöthig, diese zu entwickeln, da nichts desto weniger v eliminirt werden kann. Jenen Fall haben wir aber desshalb vorzüglich hervorgehoben, weil er dem Widerstande der Flüssigkeiten wirklich angehört und wir ihn daher vorzugsweise vor den übrigen untersuchen werden.

Satz 106.

Aufgabe.

§. 864. (Fig. 95.) Die antreibende Kraft sei überall normal gegen eine, der Lage nach gegebene, gerade Linie AP gerichtet, ein Körper bewege sich aber in einem beliebigen widerstehenden Mittel; man soll die Curve AMB bestimmen, auf welcher der Körper sich bewegen wird und die Bewegung des letztern selbst.

Auflösung.

Die Kraft, welche den Körper in M antreibt, sei $= P$ und ihre Richtung MP. Seine Geschwindigkeit in demselben Punkte sei $= \sqrt{v}$ und die Kraft des Widerstandes $= R$. Man nehme das Element $Mm = ds$ an und indem man mp zieht, setze man $AP = x$ und $PM = y$; so wird $Pp = Mr = dx$ und $mr = dy$. Ferner ziehe man die Tangente MT und fälle auf sie aus P das Perpendikel PT; alsdann wird die Kraft P zerlegt in die

$$\text{Normalkraft} = \frac{P.PT}{PM} = \frac{P.dx}{ds} \text{ und die Tangentialkraft}$$

$$= \frac{P.MT}{PM} = \frac{P.dy}{ds}.$$

Die letztere verzögert die Bewegung des Körpers und muss daher negativ genommen werden. Setzt man nun noch den Krümmungshalbmesser in $M = r$, so haben wir

$$\frac{Pdx}{ds} = \frac{2v}{r} \text{ und } dv = -Pdy - Rds \text{ (§. 860.)}.$$

Aus diesen beiden Gleichungen kann man so wohl die beschriebene Curve, als auch die Bewegung des Körpers finden.

Zusatz 1.

§. 865. Für $dx =$ constans, ist der Krümmungshalbmesser $r = -\frac{ds^3}{dx.ddy}$ und es wird daher $P = -\frac{2vddy}{ds^2}$. Substituirt man diesen Werth von P in die andere Gleichung, so erhalten wir

$$dv = \frac{2vdyddy}{ds^2} - Rds,$$

oder, weil $dyddy = dsdds$,

$$dv = \frac{2vdds}{ds} - Rds.$$

Diese Gleichung findet statt, wie auch die Kraft P beschaffen sein mag, wenn nur MP ihre Richtung ist.

Zusatz 2.

§. 866. Ist das Gesetz des Widerstandes ein beliebig vielfaches Verhältniss der Geschwindigkeit und der Exponent des Widerstandes eine beliebig veränderliche Grösse q, also $R = \frac{v^m}{q^m}$; so wird

$$dv = \frac{2vdds}{ds} - \frac{v^m ds}{q^m},$$

deren Integral ist

$$v^{1-m} = \frac{(m-1)\, dx^{2m-2}}{ds^{2m-2}} \int \frac{ds^{2m-1}}{q^m . dx^{2m-2}}.$$

Zusatz 3.

§. 867. Wird unter derselben Voraussetzung $m = 1$, so erhalten wir

$$\frac{dv}{v} = 2\,\frac{dds}{ds} - \frac{ds}{q},$$

d. h. wenn wir integriren

$$\log v = 2\log\left(\frac{ds}{dx}\right) - \int\frac{ds}{q} \text{ oder } v\,.\,e^{\int\frac{ds}{q}} = \frac{ads^2}{dx^2}.$$

Ist ferner der Widerstand gleichförmig, oder $q = c$, so wird

$$v\,.\,e^{\frac{s}{c}} = \frac{ads^2}{dx^2} \text{ oder } v = \frac{ae^{-\frac{s}{c}}\,.\,ds^2}{dx^2}.$$

In diesem Falle wird also die Zeit, in welcher der Körper den Bogen AM zurücklegt,

$$= \int\frac{ds}{\sqrt{v}} = \int\frac{e^{\frac{s}{2c}}\,dx}{\sqrt{a}}.$$

Satz 107.

Aufgabe.

§. 868. (Fig. 95.) So wohl die Kraft, als auch das widerstehende Mittel sind gleichförmig und die Richtung der erstern wieder MP, normal auf der gegebenen geraden Linie AP, ferner widersteht das Mittel im doppelten Verhältniss der Geschwindigkeit; man soll die Bewegung eines geworfenen Körpers bestimmen.

Auflösung.

Man setze die Kraft, welche den Körper beständig gegen AP zieht, $= g$ und den Exponenten des Widerstandes $= c$; die übrigen Bezeichnungen bleiben dieselben, wie im vorhergehenden Satze. Es wird also hiernach $P = g$ und $R = \frac{v}{c}$, woraus man die folgenden Gleichungen erhält:

$\frac{gdx}{ds} = \frac{2v}{r}$ oder 1, $gds^2 + 2vddy = 0$, für $dx =$ constans und

$$2,\ dv = -gdy - \frac{vds}{c}.$$

Verbindet man beide Gleichungen mit einander, so erhält man

$$v\,.\,e^{\frac{s}{c}} = \frac{ads^2}{dx^2} \text{ (§. 867.)}$$

Da aber auch

$$v = -\frac{gds^2}{2ddy},$$

so erhält man durch Elimination von v die Gleichung

$$g \cdot e^{\frac{s}{c}} dx^2 = -2addy,$$

welche die Natur der beschriebenen Curve ausdrückt. Da ferner $dyddy = dsdds$, so erhalten wir auch

$$g \cdot e^{\frac{s}{c}} dydx^2 = -2adsdds.$$

Setzt man nun $dx = pds$, woraus folgt $0 = pdds + dpds$ oder

$$dds = -\frac{dp \cdot ds}{p} \text{ und } dy = ds\sqrt{1-p^2};$$

so erhalten wir nach Substitution dieser Werthe die Gleichung

$$g \cdot e^{\frac{s}{c}} ds = \frac{2adp}{p^3\sqrt{1-p^2}},$$

welche zur Construction der Curve ausreicht. Integrirt man sie, so erhält man

$$gc \cdot e^{\frac{s}{c}} = C - \frac{a\sqrt{1-p^2}}{p^2} - a\log\left(\frac{1+\sqrt{1-p^2}}{p}\right).$$

Setzt man aber nun statt p wieder seinen Werth $\frac{dx}{ds}$, so erhalten wir

$$gc \cdot e^{\frac{s}{c}} = C - \frac{adyds}{dx^2} - a\log\left(\frac{ds+dy}{dx}\right),$$

eine Differentialgleichung vom ersten Grade, welche nicht weiter vereinfacht werden kann.

Zusatz 1.

§. 869. Für die beschriebene Curve ergibt sich sogleich eine Differentialgleichung vom dritten Grade. Da nämlich $v = -\frac{gds^2}{2ddy}$, so erhält man durch Differentiation

$$dv = -gdy + \frac{gds^2d^3y}{2ddy^2}.$$

Substituirt man diesen Werth von dv und den vorhergehenden von v in die Gleichung $dv = -gdy - \frac{vds}{c}$, so ergibt sich sogleich

$$ds \cdot ddy = cd^3y.$$

Zusatz 2.

§. 870. Für den Winkel, welchen die Curve in A mit der Axe AP bildet, sei $\sin MAP = \mu$, $\cos MAP = \sqrt{1-\mu^2} = \nu$ und die Geschwindigkeit daselbst $= \sqrt{b}$. Macht man also $s=0$, so wird $ds:dx = 1:\nu$ und $v=b$; wir erhalten daher in diesem Falle aus der Gleichung $v.e^{-\frac{s}{c}} = \frac{ads^2}{dx^2}$,

$$b = \frac{a}{\nu^2} \text{ oder } a = \nu^2.b,$$

woraus man den Werth der Constanten a erhält.

Zusatz 3.

§. 871. Setzen wir ferner in der letzten Gleichung der Curve

$$s = 0,\ ds:dx = 1:\nu \text{ und } ds:dy = 1:\mu;$$

so wird

$$gc = C - \frac{a\mu}{\nu^2} - a\log\left(\frac{1}{\nu} + \frac{\mu}{\nu}\right) \text{ oder } C = gc + \mu b + \nu^2.b\,\log\left(\frac{1+\mu}{\nu}\right)$$

und vollständig

$$\frac{gc}{b}\left(e^{\frac{s}{c}} - 1\right) = \frac{\mu dx^2 - \nu^2 dy ds}{dx^2} + \nu^2\log\left(\frac{(1+\mu)\,dx}{\nu\,(ds+dy)}\right).$$

Zur Bestimmung der Geschwindigkeit haben wir ferner die Gleichung

$$v.e^{-\frac{s}{c}} = \frac{\nu^2.b.ds^2}{dx^2}.$$

Zusatz 4.

§. 872. Ist D der höchste Punkt, so haben wir in demselben $dx=ds$ und $dy=0$. Wir erhalten daher

$$\frac{gc}{b}\left(e^{\frac{s}{c}} - 1\right) = \mu + \nu^2\log\left(\frac{1+\mu}{\nu}\right) \text{ oder}$$

$$e^{\frac{s}{c}} = \frac{b\mu + gc + \nu^2 b\log\left(\frac{1+\mu}{\nu}\right)}{gc}.$$

Aus der letzten Gleichung findet man den Bogen AMD oder

$$s = c \log \left(\frac{b\mu + gc + \nu^2 b \log \left(\frac{1+\mu}{\nu} \right)}{gc} \right).$$

Zur Bestimmung der Höhe, welche der in D stattfindenden Geschwindigkeit zukommt, haben wir die Gleichung

$$v = \frac{\nu^2 gcb}{b\mu + gc + \nu^2 b \log \left(\frac{1+\mu}{\nu} \right)}.$$

Zusatz 5.

§. 873. Setzt man voraus, dass die Curve in B dieselbe Neigung gegen die Axe AP habe, welche sie in A hatte, so haben wir hier, weil dy negativ ist,

$$ds : dx : dy = 1 : \nu : -\mu.$$

Wir erhalten demnach die Gleichung

$$\frac{gc}{b} \left(e^{\frac{s}{c}} - 1 \right) = 2\mu + \nu^2 \log \left(\frac{1+\mu}{1-\mu} \right)$$

und den Bogen ADB oder

$$s = c \log \left(\frac{2\mu b + gc + b\nu^2 \log \left(\frac{1+\mu}{1-\mu} \right)}{gc} \right).$$

Zusatz 6.

§. 874. Eine leichte Construction der Curve kann auch aus der Gleichung

$$dsddy = cd^3y$$

abgeleitet werden. Setzt man nämlich $dy = pdx$, so erhält man

$$dpdx \sqrt{1+p^2} = cddp.$$

Ferner setze man $dx = \frac{dp}{q}$, so wird, weil $ddx = 0$ ist, $ddp = \frac{dp \,.\, dq}{q}$ und wenn man diese Werthe in die vorhergehende Gleichung substituirt, so ergibt sich

$$dp \sqrt{1+p^2} = cdq \text{ oder } q = \frac{1}{c} \int dp \sqrt{1+p^2}.$$

Nimmt man demnach die Abscisse

$$x = \int \frac{dp}{q} = \int \frac{cdp}{\int dp \sqrt{1+p^2}}$$

an, so wird die zugehörige Ordinate

$$y = \int p dx = \int \frac{cpdp}{\int dp\sqrt{1+p^2}}.$$

Demselben entspricht

$$v = -\frac{cg(1+p^2)}{2\int dp\sqrt{1+p^2}},$$

woraus man ersieht, dass für p ein negativer Werth angenommen werden muss.

Zusatz 7.

§. 875. (Figur 96.). Wird der Körper in A nach der Richtung AP fortgeworfen und ist die Kraft abwärts gerichtet, so wird die ganze vom Körper beschriebene Curve AM unterhalb AP fallen und y oder PM negativ werden. Da ferner $\mu=0$ und $\nu=1$ ist, so erhalten wir für die beschriebene Curve die Gleichung

$$\frac{gc}{b}(e^{\frac{s}{c}}-1) = \frac{dyds}{dx^2} - \log\left(\frac{dx}{ds+dy}\right) (§. 871.)$$

Zusatz 8.

§. 876. Ist also die Neigung der Tangente MT in einem beliebigen Punkte M gegen die gerade Linie AP gegeben, so kennt man das Verhältniss

$$ds : dx : dy.$$

und man kann daher aus der Gleichung des vorhergehenden Zusatzes die Länge des Bogens $AM=s$ finden.

Anmerkung.

§. 877. Versuche haben gezeigt, dass die Luft den Körpern einen, im doppelten Verhältniss der Geschwindigkeit stehenden, Widerstand leiste. Da nun die Schwerkraft gleichförmig ist und die Luft in nicht zu bedeutenden Höhen fast dieselbe Dichtigkeit beibehält, so wird die Bewegung geworfener Körper in der Luft sich ausdrücklich auf diesen Satz beziehen. Wir haben daher die wahre Curve bestimmt, welche die aus Geschützen oder auf andere Weise geworfenen Körper beschreiben. Man nimmt für diese Curve gewöhnlich eine Parabel an, welche im leeren Raume beschrieben wird und weil man die Luft für eine so lockere Flüssigkeit hält, dass ihr Widerstand nicht in Rechnung gezogen zu werden verdient. Derselbe ist allerdings unmerklich, wenn ein grosser Körper mit geringer

Geschwindigkeit geworfen wird, allein die beschriebene Bahn wird sehr stark von einer Parabel abweichen, wenn ein kleiner Körper durch eine grosse Kraft fortgeschleudert wird. In diesen Fällen muss man, wenn wir auch die wahre Bahn gefunden haben, es sehr bedauern, dass ihre Gleichung so verwickelt ist, dass man kaum jemals etwas zum praktischen Gebrauche aus ihr ableiten kann. Newton hat in seinen Principien diese Aufgabe nicht berührt und nach ihm hatte niemand den Versuch gemacht, bis Keil den Joh. Bernouilli dazu antrieb, wenn er auch selbst die Auflösung nicht hätte darstellen können. Aber nicht allein Joh. Bernouilli gab diese Auflösung in Act. Lips. 1719 m. Mai, sondern fast zu derselben Zeit verleibte sie auch Jac. Herrmann seiner Phoronomia ein.

Die folgende Aufgabe aber, in welcher der Widerstand den Geschwindigkeiten selbst proportional vorausgesetzt wird, hat so wohl Newton in den Principien, als auch Huygens in seiner Abhandlung über die Schwerkraft (tract. de causa gravitatis) aufgelöst.

Satz 108.
Aufgabe.

§. 878. (Figur 95.) Der Widerstand des Mittels ist der Geschwindigkeit des Körpers proportional und MP die Richtung der Kraft, ausserdem ist so wohl diese, als auch das Mittel gleichförmig; man soll die Curve bestimmen, welche ein geworfener Körper beschreibt und seine Geschwindigkeit an den einzelnen Orten.

Auflösung.

Man nehme wie im vorigen Satze die gleichförmige Kraft $= g$, den Exponenten des Widerstandes $= c$ und die Geschwindigkeit in $M = \sqrt{v}$ an. Ferner sei wie dort $AP = x$, $PM = y$ und Bogen $AM = s$. Setzt man wieder dx als constant voraus, so ergibt sich aus der normalen Kraft

$$1)\quad gds^2 + 2vddy = 0$$

und aus der tangentialen Kraft, weil der Widerstand in diesem Falle $= \frac{\sqrt{v}}{\sqrt{c}}$ ist,

$$2)\quad dv = -gdy - \frac{\sqrt{v}.ds}{\sqrt{c}}.$$

Aus der Verbindung dieser beiden Gleichungen folgt nach §. 866, wo $q=c$ und $m=\frac{1}{2}$ wird,

$$\sqrt{v} = -\frac{ds}{2dx}\int\frac{dx}{\sqrt{c}} = \frac{ds\sqrt{a}}{2dx} - \frac{xds}{2dx\sqrt{c}} = \frac{ds(\sqrt{ac}-x)}{2dx\sqrt{c}},$$

$$\text{also } v = \frac{ds^2\sqrt{ac}-x)^2}{4cdx^2}.$$

Nach der obigen ersten Gleichung folgt nun

$$\frac{-gds^2}{2ddy} = \frac{ds^2(\sqrt{ac}-x)^2}{4cdx^2} \text{ oder } -\frac{ddy}{dx} = \frac{2gcdx}{(\sqrt{ac}-x)^2}.$$

Integrirt man die letztere Gleichung, so erhält man

$$\frac{dy}{dx} = -\frac{2gc}{\sqrt{ac}-x} + k,$$

oder wenn man noch einmal integrirt,

$$y = kx + 2gc\log(\sqrt{ac}-x) + C, \text{ d. h. weil für } x=0,\ y=0$$

$$\text{und } C = -2gc\log\sqrt{ac},$$

als vollständige Gleichung der vom Körper beschriebenen Curve

$$y = kx - 2gc\log\left(\frac{\sqrt{ac}}{\sqrt{ac}-x}\right).$$

Zur Bestimmung der Geschwindigkeit hat man wie oben

$$v = \frac{ds^2(\sqrt{ac}-x)^2}{4c\,dx^2}.$$

Zusatz 1.

§. 879. Man hätte für die Curve unmittelbar eine Gleichung vom dritten Grade erhalten, wenn man den Werth von

$$v = -\frac{gds^2}{2ddy}$$

und den daraus sich ergebenden Werth von

$$dv = -gdy + \frac{gds^2d^3y}{2ddy^2}$$

in die Gleichung

$$dv = -gdy - \frac{ds\sqrt{v}}{\sqrt{c}}$$

substituirt hätte. Es würde sich alsdann ergeben haben

$$d^3y\sqrt{gc} = -ddy\sqrt{-2ddy}.$$

Zusatz 2.

§. 880. Wird der Körper in A mit der Geschwindigkeit $\sqrt{b}$ fortgeworfen und ist der Sinus des Winkels, welchen die Tangente in A mit AP bildet oder

$$\frac{dy}{ds} = \mu, \text{ sein Cosinus oder } \frac{dx}{ds} = \sqrt{1-\mu^2} = \nu;$$

so hat man in diesem Punkte

$$x=0,\ y=0 \text{ und } b=\frac{ds^2 ac}{4cdx^2}=\frac{a}{4\nu^2} \text{ oder } a = 4\nu^2 b.$$

wodurch die Constante a bekannt wird.

Zusatz 3.

§. 881. Bezieht man ferner die Gleichung

$$\frac{dy}{dx} = -\frac{2gc}{\sqrt{ac-x}} + k$$

auf den Punkt A, so geht sie über in

$$\frac{\mu}{\nu} = -\frac{2gc}{\sqrt{ac}} + k = -\frac{g\sqrt{c}}{\nu\sqrt{b}} + k.$$

Hieraus erhält man $k = \dfrac{\mu\sqrt{b} + g\sqrt{c}}{\nu\sqrt{b}}$.

Zusatz 4.

§. 882. Für die beschriebene Curve hat man daher die Differentialgleichung

$$dy = \frac{2\mu\nu b dx\sqrt{c} - \mu x dx\sqrt{b} - g x dx\sqrt{c}}{2\nu^2 b\sqrt{c} - \nu x\sqrt{b}} = \frac{\mu dx}{\nu} - \frac{g x dx\sqrt{c}}{2\nu^2 b\sqrt{c} - \nu x\sqrt{b}}.$$

Hieraus leitet man aber her

$$\frac{ds^2}{dx^2} = \frac{\{2\nu b\sqrt{c} - x\sqrt{b}\}^2 - 2\mu g x\sqrt{c}\{2\nu b\sqrt{c} - x\sqrt{b}\} + g^2 c x^2}{\nu^2\{2\nu b\sqrt{c} - x\sqrt{b}\}^2}.$$

Ferner wird, weil $v = \dfrac{ds^2}{dx^2}\,\dfrac{(\sqrt{ac}-x)^2}{4c} = \dfrac{ds^2\{2\nu\sqrt{bc}-x\}^2}{4cdx^2}$,

$$v = \frac{(2\nu b\sqrt{c} - x\sqrt{b})^2 - 2\mu g x\{2\nu bc - x\sqrt{bc}\} + g^2 c x^2}{4\nu^2 bc}.$$

Zusatz 5.

§. 883. Für die gesuchte Curve erhält man die Integralgleichung

$$y = \frac{\mu x\sqrt{b} + gx\sqrt{c}}{\nu\sqrt{b}} - 2gc\log\left(\frac{2\nu\sqrt{bc}}{2\nu\sqrt{bc} - x}\right),$$

wonach man die Construction der Curve mittelst der logarithmischen Linie ausführen kann.

Zusatz 6.

§. 884. Auch die Zeit, in welcher der Körper den Bogen AM zurücklegt, kann nun leicht bestimmt werden. Es ist nämlich

$$t = \int\frac{ds}{\sqrt{v}} = 2\sqrt{c}\int\frac{dx}{2\nu\sqrt{bc} - x} = -2\sqrt{c}\log(2\nu\sqrt{bc} - x) + C$$

oder $t = 2\sqrt{c}\log\left(\frac{2\nu\sqrt{bc}}{2\nu\sqrt{bc} - x}\right)$, weil für $x = 0$, $t = 0$ und

$$0 = -2\sqrt{c}\log(2\nu\sqrt{bc}) + C.$$

Zusatz 7.

§. 885. Aus der Gleichung für die Curve AM ersieht man auch, dass diese eine Asymptote hat. Würde nämlich $x > 2\nu\sqrt{bc}$, so wäre der Logarithmus der negativen Zahl unmöglich, also kann x nicht grösser als $2\nu\sqrt{bc}$ werden. Nimmt man nun $AE = 2\nu\sqrt{bc}$ an, so wird in E

$$y = 2\mu\sqrt{bc} + 2gc - 2gc\log\infty = -\infty,$$

diese also eine Asymptote der Curve $AMDB$. Man ersieht diess auch aus dem Ausdruck für die Zeit, welcher in diesem Falle $= \infty$ wird. Es verfliesst also eine unendlich grosse Zeit, bevor der Körper das in E errichtete Perpendikel erreicht.

Zusatz 8.

§. 886. Den höchsten Punkt D findet man, wenn y ein maximum, also $dy = 0$ wird. Nach Zusatz 4. wird alsdann $x = \frac{2\mu\nu b\sqrt{c}}{\mu\sqrt{b} + g\sqrt{c}} = AC.$

Da ferner in D $ds = dx$ ist, so wird in diesem Punkte

$$2\nu\sqrt{bc} - x = 2\nu\sqrt{bc} - \frac{2\mu\nu b\sqrt{c}}{\mu\sqrt{b} + g\sqrt{c}} = \frac{2cg\nu\sqrt{b}}{\mu\sqrt{b} + g\sqrt{c}}$$

und $v = \frac{\nu^2 g^2 bc}{(\mu\sqrt{b} + g\sqrt{c})^2}$ und die Geschwindigkeit selbst

$$\sqrt{v} = \frac{\nu g\sqrt{bc}}{\mu\sqrt{b} + g\sqrt{c}}.$$

Zusatz 9.

§. 887. Die Ordinate *CD* aber, oder der Abstand des Punktes *D* von der Axe *AP* wird

$$DC = 2\mu\sqrt{bc} - 2gc\log\left(\frac{\mu\sqrt{b}+g\sqrt{c}}{g\sqrt{c}}\right).$$

Ferner die Zeit, in welcher der Körper von *A* bis *D* gelangt

$$= 2\sqrt{c}\log\left(\frac{\mu\sqrt{b}+g\sqrt{c}}{g\sqrt{c}}\right).$$

Anmerkung.

§. 888. Der Fall, in welchem der Körper von *A* in schiefer Richtung fortgeworfen wird, kann daher auf denjenigen zurückgeführt werden, in welchem er aus *D*, normal auf der Richtung der Kraft, fortgeworfen wird. Kennt man nämlich die Geschwindigkeit, mit welcher der Körper in *A* fortgeworfen wird und auch seine Richtung; so kann man den Punkt *D* finden, in welchem die Tangente an der Curve parallel *AC* ist, wie auch seine Geschwindigkeit daselbst. Zur bessern Erkenntniss dieser Bewegung ist es daher zweckmässig, dieselbe als in *D* anfangend zu betrachten, zu welchem Ende wir den folgenden Satz hinzufügen.

Satz 109.

Aufgabe.

§. 889. (Figur 96.) Ein Körper wird überall auf gleiche Weise abwärts gezogen und in *A* nach der horizontalen Richtung *AP* mit gegebener Geschwindigkeit und in einem Mittel, welches der Geschwindigkeit proportional widersteht, fortgeworfen; man soll die Curve *AM* bestimmen, welche der Körper beschreiben wird und seine Bewegung auf derselben.

Auflösung.

Da dieser Satz ein besonderer Fall des vorhergehenden ist, mögen alle Bezeichnungen dieselben wie vorher bleiben. Die Ordinate y oder *PM* wird aber negativ, weil die Curve *AM* unterhalb *AP* fällt, ferner wird $\mu = 0$ und $\nu = 1$. g, c, b, v, $AP = x$ und $AM = s$ haben die vorhergehende Bedeutung und wir erhalten daher für die Curve *AM* die Differentialgleichung

$$dy = \frac{gx\,dx\sqrt{c}}{2b\sqrt{c} - x\sqrt{b}} \quad (\S.\ 882).$$

Ferner haben wir die Integralgleichung

$$y = -\frac{gx\sqrt{c}}{\sqrt{b}} + 2gc \log\left(\frac{2\sqrt{bc}}{2\sqrt{bc}-x}\right) \text{ (§. 883.)}.$$

Hierauf ergibt sich

$$v = \frac{(2b\sqrt{c} - x\sqrt{b})^2 + g^2cx^2}{4bc} \text{ (§. 882.)}.$$

und die Zeit, in welcher der Körper den Bogen AM durchläuft, oder

$$t = 2\sqrt{c}\log\left(\frac{2\sqrt{bc}}{2\sqrt{bc}-x}\right) \text{ (§. 884.)}.$$

Diese Gleichungen bestimmen so wohl die Curve AM, als auch die Bewegung des Körpers auf ihr.

Zusatz 1.

§. 890. Es wird $\log\left(\frac{2\sqrt{bc}}{2\sqrt{bc}-x}\right) = \frac{x}{2\sqrt{bc}} + \frac{x^2}{2.4bc}$

$$+ \frac{x^3}{3.8bc\sqrt{bc}} + \frac{x^4}{4.16.b^2c^2} + \text{etc.}$$

Demnach wird

$$y = \frac{gx^2}{4b} + \frac{gx^3}{12b\sqrt{bc}} + \frac{gx^4}{32b^2c} + \text{etc.}$$

$$\text{und } t = \frac{x}{\sqrt{b}} + \frac{x^2}{4b\sqrt{c}} + \frac{x^3}{12bc\sqrt{b}} + \frac{x^4}{32b^2c\sqrt{c}} + \text{etc.}$$

Zusatz 2.

§. 891. Im leeren Raume, wo $R = \frac{\sqrt{v}}{\sqrt{c}} = 0$, also $c = \infty$ ist, wird

$$y = \frac{gx^2}{4b} \text{ oder } x^2 = \frac{4b}{g}y.$$

In diesem Falle geht die Curve in eine Parabel über, deren Parameter $= \frac{4b}{g}$ ist. Die Zeit, in welcher der Bogen AM zurückgelegt wird, geht über in

$$t = \frac{x}{\sqrt{b}} \text{ und nach §. 564. } v = b + g\frac{gx^2}{4b} = b + gy$$

Zusatz 3.

§. 892. Nimmt man $AE = 2\sqrt{bc}$ an, so wird das in E errichtete Perpendikel EF eine Asymptote der Curve. Fällt man also von M auf EF das Perpendikel $MQ = z = PE = 2\sqrt{bc} - x$; so wird $EQ = y$ und daher

$$y = -2gc + \frac{gz\sqrt{c}}{\sqrt{b}} + 2gc \log\left(\frac{2\sqrt{bc}}{z}\right).$$

Die Zeit, in welcher der Bogen AM durchlaufen wird, ist alsdann

$$t = 2\sqrt{c}\log\left(\frac{2\sqrt{bc}}{z}\right).$$

Zusatz 4.

§. 893. Der Punkt E, durch welchen die Asymptote EF geht, ist daher so weit vom Punkte A entfernt, als der Körper vor dem Verlust seiner ganzen Geschwindigkeit hätte zurücklegen können, wenn keine antreibende Kraft g da gewesen wäre. Auf ähnliche Weise folgt auch, dass die Zeit der Wanderung durch AM gleich ist der Zeit durch AP, wenn nämlich $g = 0$ ist. Man ersieht diess schon daraus, dass in dem Ausdrucke der Zeit g nicht vorkommt.

Zusatz 5.

§. 894. Zieht man von M aus die Tangente MT an der Curve, so wird

$$QT = -\frac{zdy}{dz} = 2gc - \frac{gz\sqrt{c}}{\sqrt{b}}.$$

Ferner ziehe man durch M die Linie MR so, dass tg $MRF = \frac{\sqrt{b}}{g\sqrt{c}}$ wird, alsdann erhält man

$$QR = \frac{gz\sqrt{c}}{\sqrt{b}} \text{ und } RT = 2gc.$$

Zusatz 6.

§. 895. Betrachtet man also MR als eine Ordinate der Curve AM, welche mit der Axe einen schiefen Winkel bildet, so wird die Curve AM eine schiefwinklige logarithmische Linie, deren Subtangente $= 2gc$ ist. Für den Neigungswinkel der Ordinaten MR gegen die Asymptote EF haben wir

$$\text{tg } MRT = \frac{\sqrt{b}}{g\sqrt{c}}.$$

Anmerkung.

§. 896. Dass die, bei diesem Widerstande und dieser antreibenden Kraft beschriebene, Bahn nicht nur mittelst der logarithmischen Linie construirt werden könne, sondern selbst eine schiefwinklige Linie dieser Art sei, hat Joh. Bernouilli in Actis Lips. 1719 gezeigt. Seine Auflösung stimmt mit unserer hiesigen vortrefflich überein.

Satz 110.

Aufgabe.

§. 897. (Figur 95.) Die gleichförmige absolute Kraft habe die vertikale Richtung MP und das ebenfalls gleichförmige Mittel widerstehe in einem beliebig vielfachen Verhältniss der Geschwindigkeiten; man soll die Curve AM bestimmen, welche ein geworfener Körper beschreibt.

Auflösung.

Es sei wie bisher $AP = x$, $PM = y$, $Mm = ds$, $\sqrt{v}$ die Geschwindigkeit in M, der Exponent des widerstehenden Mittels $= c$, der Widerstand der $2m$ten Potenz der Geschwindigkeit proportional, also $R = \frac{v^m}{c^m}$ und $P = g$ (§. 864.). Wir haben daher die beiden Gleichungen

$$gds^2 = -2vddy \text{ und } dv = -gdy - \frac{v^m ds}{c^m},$$

durch welche so wohl die Curve AM, als auch die Bewegung des Körpers auf ihr bestimmt wird. Die Gleichung $v = -\frac{gds^2}{2ddy}$ ergibt aber, wenn man sie differentiirt,

$$dv = -gdy + \frac{gds^2 d^3y}{2ddy^2}$$

und wenn man sie zur $m$ten Potenz erhebt,

$$v^m = \frac{g^m ds^{2m}}{2^m(-ddy)^m}.$$

Eliminirt man somit v und dv aus der zweiten Gleichung, so erhält man

$$c^m . d^3y = -\frac{g^{m-1} ds^{2m-1}}{2^{m-1}(-ddy)^{m-2}}.$$

Um dieselbe zu construiren, setze man $dy = pdx$, woraus $ddy = dpdx$, $d^3y = ddp . dx$ und $ds = dx\sqrt{1+p^2}$ folgt. Substituirt man diese Werthe, so geht die vorige Gleichung über in

$$2^{m-1} . c^m (-dp)^{m-2} ddp = -g^{m-1} dx^m (1+p^2)^{\frac{2m-1}{2}}$$

Setzt man ferner $dx = \frac{dp}{q}$, woraus $ddp = \frac{dpdq}{q}$ folgt, und substituirt man diese Werthe, so ergibt sich

$$2(-2)^{m-2} c^m . q^{m-1} dq = -g^{m-1} dp (1+p^2)^{\frac{2m-1}{2}}$$

und wenn man integrirt

$$q^m = -\frac{mg^{m-1}}{2(-2)^{m-2}c^m}\int dp(1+p^2)^{\frac{2m-1}{2}}.$$

Hieraus ergibt sich q als Function von p und wenn man dieselbe gefunden hat,

$$x = \int \frac{dp}{q} \text{ und } y = \int \frac{pdp}{q}.$$

Ferner findet man die, der Geschwindigkeit in M zukommende, Höhe

$$v = -\frac{g(1+p^2)}{2q};$$

endlich die Zeit, in welcher der Bogen AM zurückgelegt wird,

$$t = \int \frac{ds}{\sqrt{v}} = \int \frac{dp\sqrt{2}}{\sqrt{-gq}}.$$

Zusatz 1.

§. 898. So oft $2m$ positiv und ungerade, oder negativ und gerade ist, wird man den Werth von q durch p algebraisch darstellen können.

Zusatz 2.

§. 899. Ist der Widerstand constant oder $m=0$ und wird der Körper anfangs in A mit der Geschwindigkeit $\sqrt{b}$ längs der horizontalen Linie AP fortgeworfen, so wird die Ordinate $PM=y$ negativ und wir erhalten folgende Gleichungen:

$$gds^2 = 2vddy \text{ und } dv = gdy - ds.$$

Aus der zweiten folgt durch Integration, weil für $y=0$, $s=0$ und $v=b$ wird

$$v = gy - s + b$$

und wenn man diese mit der ersten Gleichung verbindet

$$\frac{gds^2}{2ddy} = b + gy - s.$$

Zusatz 3.

§. 900. Bequemer wird aber dieser Fall behandelt, wenn man in der Differentialgleichung vom dritten Grade $m=0$ setzt. Es ergibt sich alsdann

$$gd^3y = -\frac{2ddy^2}{ds},$$

oder wenn man p und q einführt,

$$g\frac{dq}{q} = -2\frac{dp}{\sqrt{1+p^2}}.$$

Integrirt man diese Gleichung, so erhält man

$$g \log q = -2 \log (p + \sqrt{1+p^2}) = 2 \log \left(\frac{\sqrt{1+p^2} - p}{a} \right),$$

also $aq = (\sqrt{1+p^2} - p)^{\frac{2}{g}} = a \cdot \frac{dp}{dx}$ und $dx = \frac{adp}{\{\sqrt{1+p^2} - p\}^{\frac{2}{g}}}$.

Durch neue Integration erhält man

$$2x = \frac{ag}{(2+g)\{\sqrt{1+p^2} - p\}^{\frac{2+g}{g}}} + \frac{ag}{(2-g)\{\sqrt{1+p^2} - p\}^{\frac{2-g}{g}}} + k.$$

Hieraus findet man ferner

$$y = \int p dx \text{ oder } 4y =$$

$$\frac{ga}{(2+2g)\{\sqrt{1+p^2} - p\}^{\frac{2+2g}{g}}} - \frac{ga}{(2-2g)\{\sqrt{1+p^2} - p\}^{\frac{2-2g}{g}}} + l.$$

Diese Curve wird algebraisch, ausgenommen wenn $g = 1$ oder $= 2$ ist.

Anmerkung.

§. 901. Eben so weit als diese unsere Auflösung erstreckt sich diejenige, welche Joh. Bernouilli zur Bestimmung der Bahnen im widerstehenden Mittel in Act. Lips. A. 1719 Mai gegeben hat, wo derselbe auch eine allgemeine Construction dieser Curven hinzugefügt hat. Ehe wir aber diese Voraussetzung einer gleichförmigen Kraft verlassen, wollen wir die umgekehrten Aufgaben lösen, nämlich den Widerstand bestimmen, welcher bewirkt, dass der Körper eine gegebene Curve beschreibe; vorausgesetzt, dass die Kraft gleichförmig und abwärts gerichtet sei. Denselben Gegenstand hat so wohl Newton in seinen Principien, als auch Joh. Bernouilli in Act. Lips. A. 1713 behandelt und beide höchst scharfsinnige Männer haben dort viele ausgezeichnete Bemerkungen hinzugefügt.

Satz 111.

Aufgabe.

§. 902. (Figur 97.) Vorausgesetzt wird eine gleichförmige absolute und abwärts gerichtete Kraft g; man soll den Widerstand an den einzelnen Orten M bestimmen, welcher bewirkt, dass der Körper eine gegebene Curve BAM beschreibe.

Auflösung.

Man setze wie früher $AP = QM = x$, $PM = AQ = y$ und das Element des Bogens $AM = ds$. Ferner sei die Geschwindigkeit des Körpers in $M = \sqrt{v}$ und der Widerstand daselbst $= R$. Vergleichen wir diese Grössen mit den frühern (§. 864.), so muss $P = g$ und y negativ angenommen werden. Wir haben daher die Gleichungen

$$gds^2 = 2vddy \text{ (§. 865.) und } dv = gdy - Rds \text{ (§. 864.)}.$$

Aus der ersten oder $v = \frac{gds^2}{2ddy}$ folgt $dv = gdy - \frac{gds^2\, d^3y}{2ddy^2}$ und wenn man diesen Werth in die zweite Gleichung substituirt

$$R = \frac{gds\, d^3y}{2ddy^2}.$$

Da nun die Curve gegeben ist, so findet man aus ihrer Gleichung einen endlichen Werth von R und es wird somit der Widerstand bekannt.

Zusatz 1.

§. 903. Es verhält sich daher die Kraft des Widerstandes R zur antreibenden Kraft g, wie $ds.d^3y : 2ddy^2$. Setzt man aber den Krümmungshalbmesser in $M = r$, so wird, weil $r = \frac{ds^3}{dxddy}$,

$$\frac{ds.d^3y}{2ddy^2} = \frac{3dsdy - dxdr}{2ds^2}$$

und daher $g : R = 2ds^2 : 3dsdy - dxdr$.

Zusatz 2.

§. 904. Für die, der Geschwindigkeit in M zukommende, Höhe oder v haben wir die Formel

$$v = \frac{gds^2}{2ddy} \text{ oder, weil } \frac{ds^2}{ddy} = \frac{rdx}{ds},\ v = \frac{grdx}{2ds}.$$

Zusatz 3.

§. 905. Setzt man den Widerstand als im doppelten Verhältniss der Geschwindigkeit stehend voraus, und nimmt man den unbekannten Exponenten des Widerstandes $= q$ an; so haben wir

$$R = \frac{v}{q} = \frac{gds^2}{2qddy} = \frac{gdsd^3y}{2ddy^2}, \text{ also } q = \frac{ds.ddy}{d^3y}.$$

Auf ähnliche Weise kann man, unter andern Voraussetzungen des widerstehenden Mittels, den Exponenten desselben finden.

Zusatz 4.

§. 906. Führt man zur Bestimmung von q den Krümmungshalbmesser r ein, so erhält man

$$\frac{d^3y}{ddy} = \frac{ddy\{3dsdy - dxdr\}}{ds^3} = \frac{3dsdy - dxdr}{rdx}, \text{ also}$$

$$q = \frac{rdxds}{3dsdy - dxdr}.$$

Kennt man daher den Krümmungshalbmesser r, so werden R und q durch Differentiale ersten Grades bestimmt.

Zusatz 5.

§. 907. Ist die Curve AM eine Parabel, deren vertikale Axe AC ist, so wird $d^3y = 0$ und daher auch $R = 0$. Man erkennt hieraus, dass ein gleichförmig abwärts gezogener Körper im leeren Raume eine Parabel beschreiben kann, wie jeder hinlänglich weiss.

Zusatz 6.

§. 908. Ist die Curve eine beliebige Parabel höherer Ordnung, so dass man habe

$$\alpha^{n-1}.y = x^n;$$

so wird $dy = \frac{nx^{n-1}dx}{\alpha^{n-1}}$, $ds = \frac{dx\sqrt{\alpha^{2n-2} + n^2x^{2n-2}}}{\alpha^{n-1}}$ und, weil dx constant ist,

$ddy = \frac{n(n-1)x^{n-2}dx^2}{\alpha^{n-1}}$, wie auch $d^3y = \frac{n(n-1)(n-2)x^{n-3}dx^3}{\alpha^{n-1}}$.

Durch Substitution dieser Werthe erhält man

$$R = \frac{(n-2)g\sqrt{\alpha^{2n-2} + n^2x^{2n-2}}}{2n(n-1)x^{n-1}}.$$

Wird ferner der Widerstand dem Quadrat der Geschwindigkeit proportional angenommen, so ergibt sich der Exponent des erstern

$$q = \frac{x\sqrt{\alpha^{2n-2} + n^2.x^{2n-2}}}{(n-2)\alpha^{n-1}}.$$

Anmerkung.

§. 909. Andere Beispiele von Curven, welche man für AM annehmen kann, füge ich hier nicht hinzu, sondern gedenke ihnen die folgenden Sätze zu widmen, da sie eine genauere Untersuchung verdienen. Ich werde aber vorzüglich den Kreis und die Hyperbel betrachten, da diese Curven von den erwähnten Männern auch vorzugsweise behandelt worden sind.

Satz 112.

Aufgabe.

§. 910. (Fig. 97.) Vorausgesetzt wird eine absolute gleichförmige und beständig abwärts gerichtete Kraft g; man soll den Widerstand finden, welcher bewirkt, dass ein Körper sich frei auf der Peripherie des Kreises $BAMD$ bewege.

Auflösung.

Ist der Radius des Kreises, $AC = a$; so wird $x^2 = 2ay - y^2$ und der Krümmungshalbmesser in M oder $r = a = MC$. Da also $dr = 0$, so wird

$$g : R = 2ds : 3dy.$$

Aus obiger Gleichung des Kreises folgt aber

$$xdx = (a - y)\,dy, \text{ also } ds = \frac{a}{x}\,dy \text{ oder } ds : dy = a : x = AC : QM$$

und daher $g : R = 2AC : 3QM$ oder

$$R = \frac{3gQM}{2AC} \text{ und } v = \frac{gadx}{2ds} = \frac{g \, . \, QC}{2}.$$

Wird endlich der Widerstand dem Quadrat der Geschwindigkeit proportional vorausgesetzt, so ergibt sich der Exponent

$$q = \frac{v}{R} = \frac{adx}{3dy} = \frac{a \, . \, QC}{3QM}.$$

Zusatz 1.

§. 911 Während der Körper durch den Bogen BA aufsteigt, ist $QM = x$ negativ und daher auch R negativ. Die Bewegung des Körpers erleidet also von dem Mittel eine Beschleunigung, der Tangentialkraft $\frac{3gQM}{2AC}$ entsprechend.

Zusatz 2.

§. 912. Im Punkt A, wo $QM = 0$ ist, verschwindet der Widerstand und es bewegt sich daher der Körper wie im leeren Raume. Im Punkt D aber ist $QM = CD = AC$, mithin $R = \frac{3g}{2}$. In B hingegen ist $QM = - AC$, also $R = - \frac{3g}{2}$ und es wird daher der Körper im Punkte B eben so stark durch das Mittel aufwärts getrieben, als in D.

Zusatz 3.

§. 913. Da also in B und D die Richtung des Widerstandes mit der Richtung der Kraft g zusammenfällt, so wird der Körper im erstern Punkte durch eine Kraft $R + g = -\frac{1}{2}g$ aufwärts, in A durch eine Kraft g abwärts endlich in D durch eine Kraft $R+g = -\frac{1}{2}g$ aufwärts getrieben.

Zusatz 4.

§. 914. Da $\frac{QM}{AC} = \sin ACM$, so wird der Widerstand in $M = \frac{3}{2}g \sin ACM$, oder es ist der Widerstand überall dem Sinus des Winkels, um welchen der Körper von A absteht, proportional.

Zusatz 5.

§. 915. Ferner ist $\frac{a.QC}{QM} = \operatorname{tg} MD = \operatorname{cotg} AM$ Setzt man also den Widerstand als dem Quadrat der Geschwindigkeit proportional voraus, so ist der Exponent des Widerstandes

$$q = \tfrac{1}{3} \operatorname{tg} MD = \tfrac{1}{3} \operatorname{cotg} AM.$$

Zusatz 6.

§. 916. Da ferner in $Mv = \frac{g.QC}{2}$, so ist die Geschwindigkeit im Punkt A oder $\sqrt{v} = \sqrt{\frac{g.AC}{2}}$, in B und D aber ist dieselbe $=0$. Da nun der Körper in D wirklich durch eine Kraft $= \frac{g}{2}$ aufwärts getrieben wird, so darf man sich nicht darüber wundern, dass er wirklich daselbst anfängt, sich aufwärts zu bewegen.

Zusatz 7.

§. 917. Der Körper hat also so wohl im Quadranten BA, als dem AD, in gleichweit von A abstehenden Punkten, gleiche Geschwindigkeiten. Unterhalb der horizontalen Linie BD kann aber der Körper nicht gelangen, weil alsdann CQ negativ und so

$$\sqrt{v} = \sqrt{-\frac{g.CQ}{2}}$$

d. h. imaginär wird.

Anmerkung.

§. 918. Wohin der Körper aber weiter gehen wird, sobald er nach D gelangt ist, lässt sich aus dem Angeführten leicht schliessen. Da nämlich die Geschwindigkeit in $D = 0$ ist und der Körper durch eine Kraft $= \frac{1}{2}g$ aufwärts getrieben wird, so muss er sich offenbar auch nach oben zu bewegen. Er wird auf dieselbe Weise wieder durch den Bogen DMA aufsteigen, auf welche er im Anfange durch BA aufgestiegen ist, weil er in

D wie in *B* durch eine gleiche Kraft $\frac{1}{2}g$ aufwärts getrieben wird. Zu verwundern ist aber bei dieser Bewegung, dass der in *B* ruhende Körper aufwärts gestossen wird und sich dennoch in einer Curve bewegt, obgleich keine Kraft da zu sein scheint, welche die Richtung des Körpers, die er beim Aufsteigen in *B* angenommen hat, krümmen könnte. Hierauf erwidere ich, dass die Richtung der Kraft in *B* nicht vollkommen nach oben zu geht, sondern unendlich wenig von der wirklichen vertikalen Linie abweicht, was hinreichend ist, um die schiefe Bewegung hervorzubringen. Die Richtung der Kraft des Widerstandes in *B*, oder vielmehr der beschleunigenden Kraft, ist nämlich das Element der in *B* aufstehenden Peripherie des Kreises, welches nicht vollkommen vertikal und geradlinig, sondern unendlich wenig gegen *BC* geneigt ist. Uebrigens stimmen unsere Betrachtungen vorzüglich mit denjenigen überein, welche Bernouilli in Act. Lips. A. 1713 gegeben hat und welche sich in den spätern Ausgaben von Newton's Principien befinden. In der ersten Ausgabe hat sich nämlich dadurch ein Fehler eingeschlichen, dass Newton das Verhältniss

$$g:R = AC:QM$$

gesetzt hatte. Bernouilli machte ihn darauf aufmerksam und dann verbesserte er in den späteren Ausgaben diesen Fehler.

Satz 113.

Aufgabe.

§. 919. (Fig. 98.) Vorausgesetzt, dass wie vorher die absolute Kraft g gleichförmig und abwärts gerichtet sei, soll man die Kraft des Widerstandes finden, welche bewirkt, dass ein Körper in der Hyperbel *NAM*, deren vertikale Axe *CAQ* ist, sich frei bewegen könne.

Auflösung.

Es sei *C* der Mittelpunkt der Hyperbel, ihre halbe grosse Axe $AC = a$ und ihre halbe conjugirte $= c$. Man setze $CQ = t$, $QM = AP = x$; so wird nach der Natur der Hyperbel

$$c^2t^2 = a^2x^2 + a^2c^2.$$

Nimmt man aber $PM = AQ = y$ an, wodurch $y = t - a$, $dy = dt$, $ddy = ddt$ und $d^3y = d^3t$ wird, so erhält man aus obiger Gleichung

$t = \frac{a\sqrt{x^2+c^2}}{c}$, $dt = \frac{axdx}{c\sqrt{x^2+c^2}}$ also $ds =$

$$\frac{dx\sqrt{c^4+c^2x^2+a^2x^2}}{c\sqrt{c^2+x^2}}.$$

Ferner wird $ddt = ddy = \frac{acdx^2}{(x^2+c^2)^{\frac{3}{2}}}$ und $d^3t = d^3y = - \frac{3acx\,dx^3}{(x^2+c^2)^{\frac{5}{2}}}$, mithin

$$\frac{d^3y}{ddy^2} = - \frac{3x\sqrt{x^2+c^2}}{ac\,dx}.$$

Es ergibt sich mittelst der aufgestellten Werthe

$$R = - \frac{3gx\sqrt{c^4+c^2x^2+a^2x^2}}{2ac^2}$$

und $v = \frac{g(c^4+c^2x^2+a^2x^2)\sqrt{x^2+c^2}}{2ac^3}$.

Setzt man endlich den Widerstand dem Quadrat der Geschwindigkeit proportional, so ergibt sich sein Exponent

$$q = \frac{v}{R} = - \frac{\sqrt{(c^2+x^2)(c^4+c^2x^2+a^2x^2)}}{3cx}.$$

Zusatz 1.

§. 920. Zieht man die Tangente MT, so wird

$QT = \text{subtg.} = \frac{ax^2}{c\sqrt{x^2+c^2}}$ und $MT = \frac{x\sqrt{c^4+c^2x^2+a^2x^2}}{c\sqrt{x^2+c^2}}$.

Wir erhalten daher

$$R = - \frac{3gMT.\sqrt{x^2+c^2}}{2ac} = - \frac{3g.CQ.MT}{2a^2} \text{ oder}$$

$$R:g = -3CQ.MT:2.AC^2.$$

Zusatz 2.

§. 921. Da man den Widerstand R negativ findet, so ist diess ein Zeichen, dass im widerstehenden Mittel die niedersteigende Bewegung durch AM auf einer Hyperbel nicht möglich ist, weil das Mittel den Körper hier forttreiben müsste. Während aber der Körper durch den Bogen NA aufsteigt, wird, weil so wohl ds als x negativ ist, R positiv. Befindet sich daher der Körper in N, so wird

$$R = \frac{3gCQ.NT}{2AC^2}$$

Zusatz 3.

§. 922. Nach der Natur der Hyperbel ist

$$CQ : AC = AC : CT;$$

wir haben daher in N den Widerstand oder

$$R = \frac{3g\,NT}{2CT}, \text{ d. h. } R : g = 3NT : 2CT.$$

Im Scheitel A also, wo $NT = 0$, wird $R = 0$ und allgemein der Widerstand um so grösser, je weiter N von A absteht.

Zusatz 4.

§. 923. Die, der Geschwindigkeit des Körpers in M oder N zukommende, Höhe wird

$$v = \frac{gc^2(x^2+c^2)\,MT^2\sqrt{x^2+c^2}}{2ac^3x^2} = \frac{g\,.\,MT^2}{2}\;\frac{\frac{x^2+c^2}{c}}{\frac{ax^2}{\sqrt{x^2+c^2}}}$$

$$= \frac{g\,.\,MT^2}{2}\cdot\frac{\frac{c^2}{a^2}\,t^2}{c\,.\,QT} = \frac{g\,.\,CQ^2.MT^2}{2\,.\,AC^2\,.\,QT}.$$

Da aber $MT = NT$ und $CQ\,.\,NT = \dfrac{2R\,.\,AC^2}{3g}$ ist, so wird

$$v = \frac{2R^2.\,AC^2}{9gQT}.$$

Zusatz 5.

§. 924. Wird der Widerstand den Geschwindigkeiten proportional gesetzt und ist der Exponent desselben $= q$, so wird $R = \dfrac{\sqrt{v}}{\sqrt{q}}$ und $v = R^2.q$; also

$$q = \frac{2AC^2}{9g.QT}.$$

Unter dieser Voraussetzung ist also der Exponent des Widerstandes der Subtangente QT umgekehrt proportional.

Zusatz 6.

§. 925. Wird aber der Widerstand dem Quadrat der Geschwindigkeit proportional vorausgesetzt und hat q die vorige Bedeutung, so ist in N

$$q = \frac{v}{R} = \frac{CQ\,.\,NT}{3QT}.$$

Zieht man daher aus C die Linie $CR \# NT$, wo erstere die verlängerte Ordinate QM in R schneidet, so wird

$$q = \tfrac{1}{3}CR.$$

Anmerkung.

§. 926. Das, was wir vorher beim Kreise und jetzt bei der Hyperbel bemerkt haben, dass der Widerstand in dem einen Bogen positiv und im andern negativ wird, findet bei allen Curven statt, welche auf beiden Seiten des höchsten Punktes A zwei congruente Bogen AN und AM haben. Da nämlich allgemein für den Bogen AM

$$R = \frac{gdsd^3y}{2ddy^2},$$

so wird im Bogen AN, weil hier ds negativ ist,

$$R = -\frac{gdsd^3y}{2ddy^2};$$

also der Widerstand in N der entgegengesetzte des in M stattfindenden. Da nun in der Natur kein negativer Widerstand vorkommt, durch welchen also die Bewegung des Körpers beschleunigt würde; so kann im widerstehenden Mittel ein Körper unmöglich eine Curve beschreiben, welche um den höchsten Punkt A zwei congruente Zweige hat. Die Höhe, welche der Geschwindigkeit zukommt, ist aber in M und N dieselbe, indem ihr Werth $v = \frac{g\,ds^2}{2ddy}$ sich nicht ändert, wenn auch ds negativ wird. Newton betrachtete daher derartige Curven so, dass er eine suchte, für welche die Dichtigkeit des Mittels sich wenig veränderte oder bei welcher, nach unserer Behandlungsweise, der Exponent des Widerstandes überall fast denselben Werth hatte. Eine solche Curve konnte er dann, ohne merklichen Fehler, für die Bahn im gleichförmigen widerstehenden Mittel annehmen. Andere Curven, welche keinen vertikalen Durchmesser haben, werden wir gleich Newton betrachten. Der Art sind die Hyperbeln, welche eine vertikale Asymptote haben und der logarithmischen Linie sich nähern, welche letztere ein Körper in einem gleichförmigen und den Geschwindigkeiten proportional widerstehenden Mittel beschreibt. Unter einer andern Voraussetznng des Widerstandes hat Newton keine Bahnen bestimmt, sondern er begnügte sich damit, der Wahrheit sehr nahe kommende zu bestimmen. Denselben Plan wollen wir ebenfalls befolgen, da die wahren Bahnen, welche wir gegeben haben, so verwickelt sind, dass man aus ihnen kaum etwas für die Praxis ableiten kann.

Satz 114.
Aufgabe.

§. 927. (Figur 99.) Es sei $NM'M$ eine Hyperbel von einem beliebigen Grade, deren eine Asymptote CP vertikal ist; man soll den Widerstand finden, welcher bewirkt, dass ein, durch eine Kraft g beständig abwärts getriebener, Körper sich auf dieser Curve bewege.

Auflösung.

Man betrachte die Asymptote CP als Axe und fälle auf sie aus M das Perpendikel MP. Setzt man $CP = y$ und $MP = x$, so wird, weil einem positiven dy ein negatives dx entspricht, alles oben Gesagte hier stattfinden, wenn man nur daselbst dx negativ annimmt. Es sei RC die andere Asymptote und C der Mittelpunkt der Hyperbel, ferner $\sin RCP = \alpha$ und $\cos RCP = \sqrt{1-\alpha^2} = \beta$. Verlängert man daher PM bis R, so wird

$$PR = y \operatorname{tg} RCP = \frac{\alpha y}{\beta} \text{ und } CR = \frac{y}{\beta}.$$

Aus M ziehe man $MQ \# RC$, so wird $MQ = \frac{x}{\alpha}$ und $PQ = \frac{\beta x}{\alpha}$; also

$$CQ = y - PQ = \frac{\alpha y - \beta x}{\alpha}.$$

Nach der Natur der Hyperbeln haben wir nun die Gleichung

$$a^n = \frac{x^{n-1}(\alpha y - \beta x)}{\alpha^n}, \text{ also } y = \frac{\beta x}{\alpha} + \frac{\alpha^{n-1} \,.\, a^n}{x^{n-1}}$$

$$\text{und } dy = \frac{\beta dx}{\alpha} - \frac{(n-1)\,\alpha^{n-1}\, a^n dx}{x^n}.$$

Zieht man die Tangente MT, so wird

$$PT = \text{subtg.} = -\frac{x dy}{dx} = -\frac{\beta x}{\alpha} + \frac{(n-1)\,\alpha^{n-1}\, a^n}{x^{n-1}} \text{ und}$$

$$MT = \frac{x ds}{dx} \text{ oder } ds = \frac{MT \,.\, dx}{x}.$$

In diesem Falle aber, wo x auf der andern Seite angenommen ist, wird MT negativ. Ferner wird, weil dx constant ist,

$$ddy = \frac{n(n-1)\,\alpha^{n-1}\, a^n dx^2}{x^{n+1}}, \quad d^3y = -\frac{(n+1)\, n(n-1)\,\alpha^{n-1}\, a^n dx^3}{x^{n+2}}$$

und wir erhalten daher

$$\frac{g ds\, d^3y}{2ddy^2} = -\frac{g(n+1)x^{n-1}.MT}{2n(n-1)\,\alpha^{n-1}.a^n},$$

welcher Werth, wenn man MT negativ setzt, dem Widerstande R gleich wird. Wir haben demnach

$$R = \frac{g(n+1)\,x^{n-1}.MT}{2n(n-1)\,\alpha^{n-1}.a^n} \text{ (§. 902.).}$$

und die, der Geschwindigkeit in M zukommende, Höhe

$$v = \frac{g ds^2}{2ddy} = \frac{g x^{n-1}.MT^2}{2n(n-1)\,\alpha^{n-1}\,a^n}.$$

Setzt man voraus, dass das Mittel im $2m$fachen Verhältniss der Geschwindigkeit widerstehe und den Exponenten des Widerstandes, wie früher, $= q$; so wird

$$R = \frac{v^m}{q^m} \text{ oder } q = \frac{v}{R^{\frac{1}{m}}} =$$

$$\frac{g^{\frac{m-1}{m}}.x^{\frac{(m-1)(n-1)}{m}}MT^{\frac{2m-1}{m}}}{2^{\frac{m-1}{m}}(n^2-n)^{\frac{m-1}{m}}(n+1)^{\frac{1}{m}}\alpha^{\frac{(m-1)(n-1)}{m}}.a^{\frac{n(m-1)}{m}}}$$

$$\text{und } q^m = \frac{g^{m-1}x^{(m-1)(n-1)}MT^{2m-1}}{2^{m-1}.(n^2-n)^{m-1}(n+1)\,\alpha^{(m-1)(n-1)}\,a^{n(m-1)}}.$$

Zusatz 1.

§. 928. Da nun $x^{n-1} = \frac{\alpha^n.a^n}{\alpha y - \beta x}$ ist, so wird

$$R = \frac{g(n+1)\,\alpha.MT}{2n(n-1)(\alpha y - \beta x)} = \frac{g(n+1)MT}{2n(n-1)CQ}$$

$$\text{oder } R : g = (n+1)MT : 2n(n-1)CQ.$$

Auf ähnliche Weise erhält man durch Substitution des Werthes von x^{n-1}

$$v = \frac{g.MT^2}{2n(n-1)CQ} \text{ und } q^m = \frac{g^{m-1}.MT^{2m-1}}{2^{m-1}(n^2-n)^{m-1}(n+1).CQ^{m-1}}.$$

Zusatz 2.

§. 929. Steigt der Körper bis in's Unendliche hinab, so wird $x = 0$, mithin $MT = PT$ und $MT.x^{n-1} = PT.x^{n-1}$ $= -\frac{\beta}{\alpha}x^n + (n-1)\alpha^{n-1}.a^n = (n-1)\alpha^{n-1}a^n$, für $x = 0$.

In einer unendlich grossen Tiefe wird demnach

$$R = \frac{g(n+1)}{2n}, \text{ also constant.}$$

Ferner wird in diesem Falle

$$v = \frac{g \cdot MT (n-1) \alpha^{n-1} a^n}{2n (n-1) \alpha^{n-1} a^n} = \frac{g}{2n} \cdot MT$$

$$= \frac{g}{2n} \left\{ -\frac{\beta x}{\alpha} + \frac{(n-1) \alpha^{n-1} a^n}{x^{n-1}} \right\};$$

also weil nothwendig $n > 1$ oder $n-1 > 0$, für $x = 0$

$$v = \infty.$$

Zusatz 3.

§. 930. Setzt man daher $R = \frac{v^m}{q^m}$, so wird in einer unendlich grossen Tiefe

$$q = \infty,$$

d. h. es wird sich der Körper im leeren Raume bewegen. Hieraus folgt, dass, je weiter der Körper hinabsteigt, der Widerstand desto geringer oder vielmehr das Mittel desto lockerer wird.

Zusatz 4.

§. 931. In der Appollonischen Hyperbel wird $n = 2$, also für diese Curve

$$R = \frac{3gx \cdot MT}{4\alpha a^2} = \frac{3gMT}{4CQ}, \; v = \frac{g \cdot MT^2}{4CQ} \text{ und } q^m = \frac{g^{m-1} \cdot MT^{2m-1}}{3 \cdot 2^{2m-2} \cdot CQ^{m-1}}.$$

Zusatz 5.

§. 932. Setzt man den Widerstand der Geschwindigkeit proportional, so ist $m = \frac{1}{2}$ und der Exponent des Widerstandes dem Abstande CQ direct proportional. Unter dieser Voraussetzung kann also der Körper alle Hyperbeln frei beschreiben.

Zusatz 6.

§. 933. Setzt man den Widerstand dem Quadrat der Geschwindigkeit proportional, so ist $m = 1$ und $q = \frac{v}{R} = \frac{MT}{n+1}$. Je mehr also MT sich ändert, desto ungleichförmiger ist auch das Mittel.

Zusatz 7.

934. Die Zeit, in welcher ein Element $Mm = ds$ beschrieben wird, ist ferner

$$= \frac{ds}{\sqrt{v}} = \sqrt{\frac{2ddy}{g}} = \frac{dx}{x^{\frac{n+1}{2}}} \cdot \sqrt{\frac{2n (n-1) \alpha^{n-1} a^n}{g}}.$$

Die Zeit also, in welcher der Körper bis M gelangt, wird

$$t=\sqrt{\frac{2n(n-1)\alpha^{n-1}a^n}{g}}\int\frac{dx}{x^{\frac{n+1}{2}}}$$

$$=C-\frac{2}{(n-1)x^{\frac{n-1}{2}}}\sqrt{\frac{2n(n-1)\alpha^{n-1}a^n}{g}}=\gamma\cdot\frac{1}{x^{\frac{n-1}{2}}}-C, \text{ wo}$$

$$\gamma=2\sqrt{\frac{2n\alpha^{n-1}.a^n}{g(n-1)}} \text{ d. h. constant.}$$

Hiernach wird die Zeit, in welcher der Körper von N bis M gelangt, oder

$$T=\gamma\left\{\frac{1}{MP^{\frac{n-1}{2}}}-\frac{1}{NP^{\frac{n-1}{2}}}\right\}.$$

Zusatz 8.

§. 935. In der Appollonischen Hyperpel, für welche $n=2$ ist, wird T proportional $\{\sqrt{NP}-\sqrt{MP}\}$, weil $NP.MP=\frac{\alpha a^2}{\beta}$, d. h. constant ist.

Anmerkung.

§. 936. Es ist daher klar, dass der Körper in einem gleichförmigen widerstehenden Mittel dieser Art keine Hyperbel beschreiben könne, da der Exponent des Widerstandes zu veränderlich ist, indem derselbe zuletzt unendlich gross wird. Wir können daher Newton's Ansicht, wonach er diese Hyperbeln statt der wahren, in gleichförmigen widerstehenden Mitteln beschriebenen, Bahnen substituiren wollte, nicht beistimmen.

In einem Mittel, welches nämlich dem Quadrat der Geschwindigkeit proportional widersteht, ist der Exponent des Widerstandes der Tangente MT proportional und er verändert sich daher sehr stark, so wohl beim Herabsteigen des Körpers, als auch bei seiner rückgängigen Bewegung bis zum Punkt N. Man kann diese Unbequemlichkeit auch aus der Geschwindigkeit ersehen, welche bei der niedersteigenden Bewegung bis in's Unendliche anwächst, während sie doch im gleichförmigen Mittel nicht über eine gegebene Grenze hinaus anwachsen kann. Ausserdem ist es nicht hinreichend klar, dass, unter der Voraussetzung eines dem Quadrate der Geschwindigkeit proportionalen Widerstandes, die beschriebene Curve eine vertikale Asymptote habe, wie in einem Mittel, welches der Geschwindigkeit selbst proportional widersteht. In Folge dieses Widerstandes ist nämlich, wenn auch der Körper durch keine

Kraft angetrieben wird, die Linie der ganzen Bewegung von endlicher Grösse, während sie, wenn der Widerstand dem Quadrat der Geschwindigkeit proportional ist, unendlich gross wird. Hieraus scheint auch zu folgen, dass bei diesem Widerstande die Bahn keine Asymptote haben werde, wenigstens ist es gewiss, dass diese Curve keine hyperbolische Asymptote haben wird. Indessen hat sie eine vertikale Asymptote anderer Art, welche sich aus der Quadratur der Curve, durch die Rectification einer gegebenen Parabel, ergibt.

Wir wollen nun aber die Voraussetzung einer gleichförmigen Kraft verlassen und zu einer veränderlichen übergehen, deren Richtung überall sich selbst parallel sei. Aus der gegebenen Kraft und dem Widerstande wollen wir zwar die beschriebene Curve nicht herleiten, da diess bereits oben (§. 864) geschehen ist; wir wollen aber, wenn die Curve und ausserdem die Kraft, oder der Widerstand oder die Geschwindigkeit gegeben ist, das Uebrige bestimmen.

Satz 115.

Aufgabe.

§. 937. (Fig. 100.) Es ist eine beliebig veränderliche absolute Kraft gegeben, welche überall längs MP abwärts gerichtet ist; man soll den Widerstand bestimmen, welcher erforderlich ist, damit ein Körper sich auf der gegebenen Curve AM bewege.

Auflösung.

Es sei $AP=x$, $PM=y$ und ein Element der gegebenen Curve $AM=ds$. Ferner sei die Kraft, welche den Körper in M längs MP antreibt, $=P$, die Geschwindigkeit daselbst $=\sqrt{v}$ und der Widerstand $=R$. Unter diesen Voraussetzungen haben wir die Gleichungen

$$dv=-Pdy-Rds \text{ (§.864) und } v=-\frac{Pds^2}{2ddy} \text{ (§. 865.)},$$

wo dx als constant angenommen wird. Aus der zweiten Gleichung folgt durch Differentiation

$$dv=-Pdy-\frac{dP.ds^2}{2ddy}+\frac{Pds^2d^3y}{2ddy^2},$$

und wenn man diese mit der ersten verbindet

$$R=\frac{dPds}{2ddy}-\frac{Pdsd^3y}{2ddy^2} \text{ oder } \frac{2R}{ds}=d\,.\,\frac{P}{ddy}.$$

Man findet also so wohl v, als auch R ausgedrückt durch die gegebenen Grössen P, x und y.

Zusatz 1.

§. 938. Setzt man den Krümmungshalbmesser in $M = r$, so wird

$$ddy = -\frac{ds^3}{rdx} \text{ und } d^3y = -\frac{3ds^2dds}{rdx} + \frac{ds^3dr}{r^2dx}$$
$$= -\frac{3dsdyddy}{rdx} + \frac{ds^3dr}{r^2dx} = \frac{3ds^4dy}{r^2dx^2} + \frac{ds^3dr}{r^2dx}.$$

Hiernach erhält man

$$v = \frac{Prdx}{2ds} \text{ und } R = -\frac{rdPdx + Pdxdr + 3Pdsdy}{2ds^2}.$$

Zusatz 2.

§. 939. Ist das Gesetz des Widerstandes das doppelte Verhältniss der Geschwindigkeit und der Exponent $= q$, so hat man

$$R = \frac{v}{q} \text{ und } q = \frac{v}{R} = \frac{Pds^2}{2ddy} \cdot \frac{2ddy^2}{ds\{Pd^3y - dPddy\}} = \frac{Pdsddy}{Pd^3y - dPddy}$$
$$= -\frac{Prdxds}{rdPdx + Pdxdr + 3Pdsdy}.$$

Zusatz 3.

§. 940. Es verhalte sich die Kraft P zur Schwere, wie y zu f, oder es sei $P = \frac{y}{f}$; so wird

$$R = -\frac{rdydx + ydxdr + 3ydsdy}{2fds^2}, \quad v = \frac{yrdx}{2fds}$$
$$\text{und } q = -\frac{yrdxds}{rdydx + ydxdr + 3ydsdy}.$$

Zusatz 4.

§. 941. Es sei die Curve AM ein Kreis, dessen Radius $AC = a$ ist, so wird $r = a$, $dr = 0$, $dy = \frac{(a-x)dx}{dy}$ und $ds = \frac{adx}{y}$. Wir erhalten demnach

$$v = \frac{Py}{2}, \quad R = -\frac{y^2dP}{2adx} - \frac{3P(a-x)}{2a} \text{ und } q = -\frac{ayPdx}{y^2dP + 3P(a-x)dx}.$$

Beispiel 1.

§. 942. Es sei die Curve AM ein Kreis, dessen Mittelpunkt C und Radius $AC = a$ ist. Der Körper werde beständig gegen die Axe AC gezogen und zwar den Abständen von ihr proportional, so dass $P = \frac{y}{f}$. Alsdann wird $v = \frac{y^2}{2f}$ und daher die Geschwindigkeit in M, oder $\sqrt{v}$ der Ordinate MP proportional Ferner wird der Widerstand

$$R = -\frac{y^2 dy}{2af dx} - \frac{3y(a-x)}{2af} = -\frac{(a-x)(y+3y)}{2af} = -\frac{2y(a-x)}{af}$$

$$= -\frac{2PM \cdot CP}{f \cdot AC} \text{ und } q = -\frac{AC \cdot PM}{4 \cdot CP}.$$

Im Punkt A ist $\sqrt{v}=0$ und $R=0$ und während der Körper im Quadranten aufsteigt, der Widerstand R negativ, d. h. die Bewegung des Körpers wird durch das Mittel beschleunigt.

Um die Zeit zu erhalten, in welcher der Körper von A bis M gelangt, haben wir

$$t = \int \frac{ds}{\sqrt{v}} = a\sqrt{2f}\int \frac{dx}{2ax - x^2} = \sqrt{\frac{f}{2}} \log\left(\frac{x}{x-2a}\right) + C$$

und da für $x=0, t=0, C = -\sqrt{\frac{f}{2}}\log 0$, mithin $t = \sqrt{\frac{f}{2}}\log\infty$ $=\infty$.

Diess sieht man auch von selbst ein, denn, da in A so wohl die Geschwindigkeit $\sqrt{v}$, als auch die Kraft $\frac{y}{f}$ und der Widerstand R verschwinden; so muss der Körper beständig in diesem Punkte verharren.

Beispiel 2.

§. 943. Es bleibe die Curve AM ein Kreis, die absolute Kraft P aber sei dem Abstande PM umgekehrt proportional, also

$$P = \frac{f}{y} \text{ und } dP = -\frac{f dy}{y^2}.$$

Alsdann wird $v = \frac{f}{2}$, oder die Geschwindigkeit überall dieselbe und es wird der Körper mit gleichförmiger Bewegung über die Peripherie des Kreises fortgeführt, auch wird die Zeit, in welcher der Körper einen beliebigen Bogen durchläuft, diesem selbst proportional. Ferner wird der Widerstand in $M = -\frac{f(a-x)}{ay}$ $= -\frac{f \cdot CP}{AC \cdot PM}$ und derselbe während der Körper durch den ersten Quadranten aufsteigt, negativ, hingegen positiv, während er durch den folgenden Quadranten niedersteigt. Man findet

$$q = \frac{v}{R} = -\frac{AC \cdot PM}{2 \cdot CP}.$$

Im Punkt A wird so wohl die fortbewegende Kraft des Widerstandes, als auch die antreibende Kraft unendlich gross.

Beispiel 3.

§. 944. Es bleibe AM ein Kreis und es sei die antreibende Kraft einer beliebigen Potenz des Abstandes MP proportional, also

$$P = \frac{y^n}{f^n}, \text{ woraus } dP = \frac{ny^{n-1}dy}{f^n} = \frac{ny^{n-2}(a-x)\,dx}{f^n} \text{ folgt.}$$

Hiernach wird

$$v = \frac{y^{n+1}}{2f^n} \text{ und } R = -\frac{(n+3)\,y^n(a-x)}{2af^n}, \text{ oder}$$

$$R : P = -(n+3)\; CP : 2 . CA.$$

Ist daher $n = -3$, oder die Kraft P dem Cubus des Abstandes MP umgekehrt proportional, so wird

$$R = 0$$

und es kann der durch diese Kraft angetriebene Körper sich im leeren Raume auf einem Kreise bewegen.

Ist ferner $n+3$ positiv, so wird im ersten Quadranten, wo der Körper aufsteigt, R negativ; im zweiten Quadranten, wo er niedersteigt, R positiv. Ist aber $n+3$ negativ, so wird R im ersten Quadranten positiv und im zweiten negativ.

Beispiel 4.

§. 945. (Figur 101.) Ist die Curve AMB so beschaffen, dass der Krümmungshalbmesser in M der Ordinate MP umgekehrt proportional ist, was bei allen elastischen Curven der Fall ist; so wird

$$r = \frac{a^2}{y} \text{ und } dr = -\frac{a^2dy}{y^2}.$$

Wir haben daher

$$v = \frac{a^2Pdx}{2yds} \text{ und } R = \frac{a^2Pdxdy}{2y^2ds^2} - \frac{a^2dPdx}{2yds^2} - \frac{3Pdy}{2ds}.$$

Da aber $-r = \frac{ds^3}{dxddy} = -\frac{a^2}{y}$, so erhält man durch Integration

$$2a^2dx = ds(y^2+b^2) \text{ und } dy = \frac{dx\sqrt{4a^4-(y^2+b^2)^2}}{y^2+b^2}.$$

Hiernach wird

$$v = \frac{P(y^2+b^2)}{4y} \text{ und } R = \frac{P(b^2-5y^2)\sqrt{4a^4-(y^2+b^2)^2}}{8a^2y^2} - \frac{dP(y^2+b^2)^2}{8a^2ydx}.$$

Es sei nun $P = \frac{y}{f}$, so wird $dP = \frac{dy}{f} = \frac{dx\sqrt{4a^4-(y^2+b^2)^2}}{f(y^2+b^2)}$

$$\text{und } v = \frac{y^2+b^2}{4f}.$$

Ferner ergibt sich

$$R = -\frac{3y\sqrt{4a^4-(y^2+b^2)^2}}{4a^2f} = -\frac{3ydy}{2fds} \text{ oder } R:P = -3dy:2ds.$$

So lange der Körper ansteigt, ist R negativ; steigt jener abwärts, so wird R positiv.

Satz 116.
Aufgabe.

§. 946. (Figur 100.) Gegeben ist die Curve AM und der Widerstand, durch Grössen bestimmt, welche sich auf die Curve beziehen; man soll die absolute Kraft P bestimmen, welche beständig gegen die Axe AC normal gerichtet ist und bewirkt, dass der Körper sich frei auf dieser Curve bewegen kann.

Auflösung.

Es sei $AP=x$, $PM=y$ und $AM=s$. Ferner sei der Widerstand in M, welcher durch x, y und s gegeben wird, $=R$; die gesuchte Kraft $=P$ und die Geschwindigkeit in $M=\sqrt{v}$. Unter diesen Voraussetzungen ist

$$P = -\frac{2vddy}{ds^2} \text{ und } dv = \frac{2vdyddy}{ds^2} - Rds \text{ (§. 865.).}$$

Aus der zweiten Gleichung erhält man, weil dx constant ist,

$$v = \frac{ads^2}{dx^2} - \frac{ds^2}{dx^2}\int\frac{Rdx^2}{ds}.$$

Ist so v gefunden, so erhält man P aus der ersten Gleichung.

Zusatz 1.

§. 947. Es wird demnach

$$P = -\frac{2addy}{dx^2} + \frac{2ddy}{dx^2}\int\frac{Rdx^2}{ds},$$

d. h. durch lauter gegebene Grössen bestimmt.

Zusatz 2.

§. 948. Die hinzugefügte Constante a kann beliebig angenommen werden und man kann sie daher so bestimmen, dass der Körper im Punkte A oder in irgend einem anderen gegebenen Punkte eine gegebene Geschwindigkeit habe.

Zusatz 3.

§. 949. Setzt man den Widerstand dem Quadrat der Geschwindigkeit proportional und den Exponenten des erstern $=q$, so hat man

$$q = \frac{v}{R} = \frac{ads^2}{Rdx^2} - \frac{ds^2}{Rdx^2}\int\frac{Rdx^2}{ds}.$$

Zusatz 4.

§. 950. Die Zeit, in welcher der Bogen AM durchlaufen wird, ist

$$t = \int \frac{ds}{\sqrt{v}} = \int \frac{dx}{ds} \cdot \frac{ds}{\sqrt{a - \int \frac{Rdx^2}{ds}}} = \int \frac{dx}{\sqrt{a - \int \frac{Rdx^2}{ds}}}.$$

Zusatz 5.

§. 951. Setzt man den Widerstand zur Schwerkraft im Verhältniss der Tangente an der Curve in M zur Subtangente, oder ist

$$R : 1 = ds : dx;$$

so wird

$$v = \frac{ds^2}{dx^2}(a-x),\ P = -\frac{2ddy}{dx^2}(a-x) \text{ und } t = \int \frac{dx}{\sqrt{a-x}}$$
$$= 2\sqrt{a} - 2\sqrt{a-x}.$$

Ferner wird $q = \frac{v}{R} = \frac{ds}{dx}(a-x)$.

Beispiel.

§. 952. Es sei die Curve ein Kreis, dessen Radius $AC = b$ ist, so wird

$$y = \sqrt{2bx - x^2},\ dy = \frac{dx\,(b-x)}{y},\ ds = \frac{bdx}{y} \text{ und } ddy = -\frac{b^2}{y^3}dx^2.$$

Wir erhalten daher

$$v = \frac{b^2}{y^2}\left\{a - \int \frac{Rydx}{b}\right\} \text{ und } P = \frac{2b^2}{y^3}\left\{a - \int \frac{Rydx}{b}\right\}$$

Setzt man daher den Widerstand $= \frac{ds}{dx}$ oder $R = \frac{b}{y}$, so wird

$$v = \frac{b^2}{y^2}(a-x),\ P = \frac{2b^2}{y^3}(a-x) \text{ und } q = \frac{b}{y}(a-x).$$

Die Zeit, in welcher der Körper den Bogen AM zurücklegt, wird

$$t = 2\sqrt{a} - 2\sqrt{a-x}.$$

Wird ferner $b = a$, so erhält man

$$v = \frac{AC^2.PC}{PM^2},\ P = \frac{2AC^2.PC}{PM^3} \text{ und } R = \frac{AC}{PM}.$$

Im höchsten Punkte des Kreises wird $PC = 0$, also die Geschwindigkeit und auch die Kraft $= 0$. Jenseits dieses Punktes wird $x > a$ oder $a - x$ negativ, also $\sqrt{v}$ imaginär;

der Körper kann also nicht über diesen Punkt hinausgehen, sondern wird von da nach dem Punkt A zurückkehren, wobei der Widerstand die Bewegung beschleunigen wird. Ist der Körper so nach A gelangt, so wird er, weil hier $\sqrt{v} = \infty$, den unterhalb AC gelegenen Quadranten beschreiben, wobei P negativ ist, diese Kraft ihn also aufwärts drängen wird.

Satz 117.

Aufgabe.

§. 953. (Figur 100.) Das Mittel ist gleichförmig und widersteht im doppelten Verhältniss der Geschwindigkeiten; man soll die absolute, abwärts gerichtete Kraft bestimmen, welche bewirkt, dass der Körper in diesem Mittel die gegebene Curve AM frei beschreibe.

Auflösung.

Es sei wieder $AP = x$, $PM = y$, $AM = s$, die Geschwindigkeit in $M = \sqrt{v}$, der Exponent des widerstehenden Mittels $= c$, die absolute Kraft $= P$ und $R = \frac{v}{c}$ der Widerstand. Wie früher haben wir

$$P = -\frac{2v\,ddy}{ds^2} \text{ und } dv = \frac{2v\,dy\,ddy}{ds^2} - \frac{v\,ds}{c} \quad (\text{§. 865.}).$$

Aus der zweiten Gleichung erhalten wir

$$\frac{dv}{v} = 2\frac{dds}{ds} - \frac{ds}{c}$$

und wenn man integrirt, weil dx constant ist,

$$\log v = \log\left(\frac{a\,ds^2}{dx^2}\right) - \frac{s}{c}, \text{ Constans} = \log a \text{ gesetzt, oder auch}$$

$$v = \frac{ae^{-\frac{s}{c}}ds^2}{dx^2}.$$

Ist daher der Werth von v gefunden, so folgt aus der ersten Gleichung der zugehörige Werth von $P = -\frac{2ae^{-\frac{s}{c}}ddy}{dx^2}$ und man findet daher beide, wenn die Curve gegeben ist.

Zusatz 1.

§. 954. Die Zeit, in welcher der Körper den Bogen AM zurücklegt, wird

$$t = \int\frac{ds}{\sqrt{v}} = \int\frac{e^{\frac{s}{2c}}dx}{\sqrt{a}}.$$

Ist daher die Curve, oder eine Gleichung zwischen s und x

gegeben, so erhält man auch die Zeit, mindestens durch Quadraturen. Diejenigen Curven sind also hierzu am bequemsten, für welche eine Gleichung zwischen s und x gegeben ist.

Zusatz 2.

§. 955. Da man a, als die durch Integration hinzugefügte Constante, beliebig annehmen kann; so kann man sie so bestimmen, dass entweder die Geschwindigkeit in einem gegebenen Punkte der Curve oder die antreibende Kraft einen gegebenen Werth erhält.

Zusatz 3.

§. 956. Ist die Curve AM gegen die Axe AC concav, so wird ddy negativ, also P positiv und es wird in diesem Falle der Körper durch die Kraft gegen die Axe hingetrieben. Ist die Curve hingegen convex gegen AC, so wird ddy positiv, P negativ und der Körper von dieser Axe zurückgestossen.

Beispiel 1.

§. 957. Es sei die Curve AM eine Parabel, welche eine normal auf AP stehende Axe hat, wie ein im leeren Raume von A aus geworfener Körper sie beschreiben wird. Es wird alsdann

$$by = fx - x^2, \text{ also } dy = \frac{f\,dx}{b} - \frac{2x\,dx}{b} \text{ und } ddy = -\frac{2dx^2}{b};$$

es ergibt sich demnach

$$P = \frac{4a}{b \cdot e^{\frac{s}{c}}}.$$

Je grösser also s ist, d. h. je länger die Bewegung anhält, desto kleiner wird die Kraft P. Setzt man aber, wie im leeren Raume, $c = \infty$, so wird

$$e^{\frac{s}{c}} = e^{0} = 1 \text{ und } P = \frac{4a}{b},$$

d. h. constant.

Beispiel 2.

§. 958. Es sei die Curve AM so beschaffen, dass ihre Gleichung ist

$$y = \alpha x - \beta x^2 - \gamma x^3,$$

woraus $dy = (\alpha - 2\beta x - 3\gamma x^2)\,dx$ und $ddy = -(2\beta + 6\gamma x)\,dx^2$ folgt. Es wird daher

$$P = \frac{4\beta a + 12\gamma a x}{e^{\frac{s}{c}}}.$$

Im Punkte A ist $dy = \alpha dx$ und $\frac{ds^2}{dx^2} = 1 + \alpha^2$; in demselben erhalten wir daher die, der Anfangsgeschwindigkeit zukommende, Höhe

$$= a\,(1 + \alpha^2),$$

welche wir b nennen wollen. Wir haben demnach $a = \frac{b}{1+\alpha^2}$, wo α die Tangente des Winkels ist, unter welchem der Körper von A aus geworfen wird. Aus dem Werthe von dy ergibt sich hierauf

$$ds = dx\,\sqrt{1 + \alpha^2 - 4\alpha\beta x + 4\beta^2 x^2 - 6\alpha\gamma x^2 + 12\beta\gamma x^3 + 9\gamma^2 x^4}$$

$$= dx\,\sqrt{1 + \alpha^2} - \frac{2\alpha\beta x dx}{\sqrt{1 + \alpha^2}} \text{ etc.}$$

Vernachlässigt man nun die folgenden Glieder, so wird

$$s = x\,\sqrt{1 + \alpha^2} - \frac{\alpha\beta x^2}{\sqrt{1 + \alpha^2}}$$

und

$$e^{\frac{s}{c}} = 1 + \frac{x\sqrt{1+\alpha^2}}{c} - \frac{\alpha\beta x^2}{c\sqrt{1+\alpha^2}} + \frac{x^2(1+\alpha^2)}{2c^2} \text{ etc.},$$

welche Glieder auch verworfen werden können, im Fall c sehr gross ist. Damit nun in diesem Falle P sehr nahe constant, nämlich $= g$ werde, muss

$$4a\beta = g \text{ und } \frac{3\gamma}{\beta} = \frac{\sqrt{1+\alpha^2}}{c}$$

sein. Hätte man für die Curve die Gleichung

$$y = \alpha x - \beta x^2 - \gamma x^3 - \delta x^4$$

angenommen, so würde sich ergeben haben

$$\frac{6\delta}{\beta} = \frac{1+\alpha^2}{2c^2} - \frac{\alpha\beta}{c\sqrt{1+\alpha^2}};$$

also

$$\beta = \frac{g\,(1+\alpha^2)}{4b},\ \gamma = \frac{g\,(1+\alpha^2)^{\frac{3}{2}}}{12bc} \text{ und } \delta = \frac{g\,(1+\alpha^2)^2}{48bc^2}$$

$$- \frac{\alpha g^2 (1+\alpha^2)^{\frac{3}{2}}}{96 b^2 c}.$$

Diese Curve der vierten Ordnung wird daher sehr nahe die Bahn sein, welche ein Körper in einem sehr lockern, gleichförmigen und im doppelten Verhältniss der Geschwindigkeit widerstehenden Mittel beschreibt, wenn die gleichförmige Kraft g abwärts gerichtet ist.

Zusatz 4.

§. 959. Der Widerstand der Luft ist dem Quadrat der Geschwindigkeit proportional und es werde ein sehr schwerer und grosser Körper mit ungeheurer Kraft fortgeschleudert, alsdann werden b und c sehr gross. Für die vom Körper beschriebene Bahn kann man daher die Gleichung annehmen

$$y = \alpha x - \frac{g(1+\alpha^2)\,x^2}{4b} - \frac{g(1+\alpha^2)^{\frac{3}{2}}\,x^3}{12bc}.$$

Diese Curve wird sehr wenig von der wahren Bahn abweichen.

Zusatz 5.

§. 960. (Figur 102.) Es sei $AMDB$ diese Bahn und um in ihr den Punkt B zu finden, wo der geworfene Körper in die horizontale Linie AB fällt, setze man $y=0$. Der eine Werth von x, nämlich $x = 0$, entspricht dem Punkte A, der andere dem Punkt B angehörige folgt aus der Gleichung

$$x^2 = -\frac{3cx}{\sqrt{1+\alpha^2}} + \frac{12\alpha bc}{g(1+\alpha^2)^{\frac{3}{2}}},$$

woraus

$$x = -\frac{3c}{2\sqrt{1+\alpha^2}} + \sqrt{\frac{9c^2}{4(1+\alpha^2)} + \frac{12\alpha bc}{g(1+\alpha^2)^{\frac{3}{2}}}} = AB$$

folgt. Kennt man daher die Anfangsgeschwindigkeit $\sqrt{b}$ und die Neigung des Wurfes $= i$, so erhält man die Weite des letztern.

Zusatz 6.

§. 961. Den höchsten Punkt D des Wurfes findet man, indem man $dy = 0$ setzt, woraus folgt

$$0 = \alpha - \frac{g(1+\alpha^2)\,x}{2b} - \frac{g(1+\alpha^2)^{\frac{3}{2}}\,x^2}{4bc},$$

oder $x = AC = -\dfrac{c}{\sqrt{1+\alpha^2}} + \sqrt{\dfrac{c^2}{1+\alpha^2} + \dfrac{4\alpha bc}{g(1+\alpha^2)^{\frac{3}{2}}}}$

Zusatz 7.

§. 962. Um den weitesten Wurf zu erhalten, welcher durch dieselbe Anfangsgeschwindigkeit $\sqrt{b}$ hervorgebracht wird, muss man die Tangente α des Neigungswinkels so bestimmen, dass der Ausdruck von AB ein maximum werde.

Wir erhalten daher, indem wir das Differential von *AB* in Bezug auf $\alpha = 0$ setzen, die Gleichung

$$\frac{3c\alpha}{2(1+\alpha^2)^{\frac{3}{2}}} + \frac{1}{2}\,\frac{-\dfrac{9c^2 2\alpha}{4(1+\alpha^2)^2} + \dfrac{12bc}{g(1+\alpha^2)^{\frac{3}{2}}} - \dfrac{36\alpha^2 bc}{g(1+\alpha^2)^{\frac{5}{2}}}}{\sqrt{\dfrac{9c^2}{4(1+\alpha^2)} + \dfrac{12\alpha bc}{g(1+\alpha^2)^{\frac{3}{2}}}}} = 0$$

oder

$$12g\alpha^3 bc\sqrt{1+\alpha^2} + 12\alpha bgc(1-2\alpha^2)\sqrt{1+\alpha^2} = 16b^2(1-2\alpha^2)^2$$

und am einfachsten

$$3\alpha gc(1-\alpha^2)\sqrt{1+\alpha^2} = 4b(1-2\alpha^2)^2,$$

aus welcher Gleichung α bestimmt werden muss.

Zusatz 8.

§. 963. Setzt man den Sinus des Winkels, welchen die Curve in *A* mit der horizontalen Linie *AC* bildet, oder $\frac{dy}{ds} = \varepsilon$ so wird die letzte Gleichung des vorhergehenden Zusatzes

$$\frac{3gc\varepsilon}{4b}(1-2\varepsilon^2) - (1-3\varepsilon^2)^2 = 0$$

und der hieraus sich ergebende Werth von ε bestimmt die Richtung des weitesten Wurfes. Man erhält aus ihr sehr nahe

$$\varepsilon = \sqrt{\frac{5b + gc\sqrt{2}}{12b + 2gc\sqrt{}}}.$$

Zusatz 9.

§. 964. Der Winkel also, welcher den grössten Wurf hervorbringt, ist etwas kleiner als 45°, welcher diess im leeren Raume bewirkt. Wäre nämlich

$$\varepsilon = \sqrt{\frac{6b + gc\sqrt{2}}{12b + 2gc\sqrt{2}}},\ \text{so würde}\ \varepsilon = \sqrt{\tfrac{1}{2}}$$

und jener Winkel = 45° und da wir im Zähler als ersten Summand nur $5b$ haben, so ist er um ein Geringes kleiner.

Zusatz 10.

§. 965. (Fig. 103.) Wird der Körper in *A* horizontal mit der Geschwindigkeit $\sqrt{a}$ fortgeworfen, so wird $\alpha = 0$ und y negativ. Setzen wir demnach $AP = x$ und $PM = y$, so wird die Natur dieser Curve ausgedrückt durch die Gleichung

$$y = \frac{gx^2}{4b} + \frac{gx^3}{12bc} + \frac{gx^4}{48bc^2}.$$

Für die Curve AN aber, auf welcher der Körper aufsteigt, hat man die Gleichung

$$y = \frac{gx^2}{4b} - \frac{gx^3}{12bc} + \frac{gx^4}{48bc^2}.$$

Zusatz 11.

§. 966. Würden noch mehr als vier Glieder für die Gleichung angenommen, so erhielte man für die Curve AM

$$y = \frac{gx^2}{4b} + \frac{gx^3}{12bc} + \frac{gx^4}{48bc^2} + \frac{gx^5}{240bc^3} + \text{etc.}$$

Die Glieder auf der rechten Seite bilden eine summirbare Reihe und man wird daher sehr wenig von der Wahrheit abirren, wenn man y gleich der Summe dieser Reihe setzt. Es wird alsdann

$$2by = c^2g\,\{e^{\frac{x}{c}} - 1\} - cgx.$$

Für den Bogen des Aufsteigens oder AN erhält man eben so

$$2by = cgx - c^2g\,\{1 - e^{-\frac{x}{c}}\}.$$

Zusatz 12.

§. 967. Die Zeit, in welcher der Bogen AM durchlaufen wird, ist $t = \int \frac{ds}{\sqrt{v}}$, d. h., weil aus $g = P = -\frac{2vddy}{ds^2}$ für y und ddy negativ, $\frac{ds}{\sqrt{v}} = \frac{\sqrt{2ddy}}{\sqrt{g}}$ folgt,

$$t = \int \frac{\sqrt{2ddy}}{\sqrt{g}},$$

Aus der vorgehenden Gleichung folgt aber

$$2bdy = cge^{\frac{x}{c}}dx - cgdx \text{ und } 2bddy = ge^{\frac{x}{c}}dx^2; \text{ also}$$

$$t = \int \frac{e^{\frac{x}{2c}}dx}{\sqrt{b}} = \frac{2c}{\sqrt{b}}\,(e^{\frac{x}{2c}} + C)$$

und da für $t = 0$ auch $x = 0$ ist

$$t = \frac{2c}{\sqrt{b}}\,(e^{\frac{x}{2c}} - 1).$$

Werden b und c in Scrupeln ausgedrückt, so wird, in Secunden ausgedrückt,

$$t = \frac{c}{125\sqrt{b}}\left\{e^{\frac{x}{2c}} - 1\right\} \text{ (§. 222.).}$$

Anmerkung.

§. 968. Auf diese Weise haben wir, mit sehr grosser Annäherung zur Wahrheit, die Bahn bestimmt, welche geworfene Körper in der Luft beschreiben und welche man sehr leicht, statt der gewöhnlich angewandten Parabel, substituiren kann. Wir hätten eben diese Gleichung aus der

$$dsddy = cd^3y,$$

welche wir oben (§. 869.) für diese Bahnen gefunden haben, ableiten können. Da wir aber dort diese Reduction unterlassen haben, wollten wir sie hier aufführen und um so lieber, als es sich jetzt deutlicher zeigt, dass die spätern Glieder bedeutend an Grösse abnehmen. Endlich hätten wir auch auf ähnliche Weise die Curven finden können, welche andern Voraussetzungen des widerstehenden Mittels sehr nahe zukommen; da indessen dergleichen in der Natur nicht vorkommen, wollten wir hier nicht länger bei ihrer Auffindung verweilen.

Satz 118.

Aufgabe.

§. 969. (Figur 100.) Man soll so wohl den Widerstand in den einzelnen Orten M, als auch die abwärts längs MP gerichtete Kraft bestimmen, welche zusammen bewirken, dass ein Körper auf der gegebenen Curve AM, und mit gegebener Geschwindigkeit in den einzelnen Punkten, sich bewegen könne.

Auflösung.

Es sei wie früher $AP = x$, $PM = y$, $AM = s$ und die Geschwindigkeit in $M = \sqrt{v}$, welche Grössen also gegeben sind. Ferner sei die, den Körper in M abwärts ziehende Kraft $= P$ und der Widerstand $= R$. Unter diesen Voraussetzungen findet man sogleich P aus der Gleichung

$$P = -\frac{2vddy}{ds^2} \text{ und aus der Gleichung}$$

$$dv = \frac{2vdyddy}{ds^2} - Rds \text{ (§. 865.).}$$

$$R = \frac{2vdyddy}{ds^3} - \frac{dv}{ds}.$$

Wird als Gesetz des Widerstandes das doppelte Verhältniss der Geschwindigkeiten angenommen und sein Exponent $= q$ gesetzt; so wird

$$R = \frac{v}{q} \text{ und } q = \frac{vds^3}{2vdyddy - dvds^2},$$

wo dx als constant angenommen ist.

Zusatz 1.

§. 970. Da unter der letzten Annahme $dy\, ddy = ds dds$, so wird

$$R = \frac{2vdds}{ds^2} - \frac{dv}{ds} = ds\, d.\left(-\frac{v}{ds^2}\right)$$

$$\text{und } q = \frac{vds^2}{2vdds - dvds} = \frac{v}{dsd.\left(-\frac{v}{ds^2}\right)}.$$

Zusatz 2.

§. 971. Soll der Körper sich gleichförmig längs der Curve *AM* bewegen, so dass $v = b$ und $dv = 0$ wird, so erhält man

$$P = -\frac{2bddy}{ds^2},\ R = \frac{2bdyddy}{ds^3} = \frac{2bdds}{ds^2} \text{ und } q = \frac{ds^2}{2dds}.$$

Zusatz 3.

§. 972. Bei der gleichförmigen Bewegung wird also, während der Körper auf der Curve *AM* aufsteigt, der Widerstand *R* stets negativ und so die Bewegung des Körpers durch ihn beschleunigt. Steigt aber der Körper wieder herab, so leistet das Mittel einen wirklichen Widerstand.

Zusatz 4.

§. 973. Setzt man den Krümmungshalbmesser in $M = r$, so wird aus

$$r = -\frac{ds^2}{dxddy},\ ddy = -\frac{ds^3}{rdx}.$$

Wir erhalten daher

$$P = \frac{2vds}{rdx},\ R = -\frac{2vdy}{rdx} - \frac{dv}{ds} \text{ und } q = -\frac{rvdxds}{2vdyds + rdxdv}.$$

Zusatz 5.

§. 974. Setzt man wieder $v = b$ und $dv = 0$, so wird

$$P = \frac{2bds}{rdx},\ R = -\frac{2bdy}{rdx} \text{ und } q = -\frac{rdx}{2dy}.$$

Im obersten Punkte, wo $dy = 0$ und $ds = dx$ ist, wird also

$$P = \frac{2b}{r} \text{ und } R = 0.$$

Die letztere Gleichung findet nur dann statt, d. h. es verschwindet der Widerstand, wenn nicht etwa die Krümmung unendlich gross oder $r = 0$ ist.

Beispiel.

§. 975. Es sei die Curve *AM* ein Kreis, dessen Mittelpunkt in *C* liegt und welcher mit gleichförmiger Bewegung oder der Geschwindigkeit $\sqrt{b}$ beschrieben werden soll. Setzt man den Radius $AC = a$, so wird

$$dy = \frac{dx(a-x)}{y}, \quad ds = \frac{adx}{y} \text{ und } r = a.$$

Man erhält hiernach die absolute, abwärts treibende Kraft

$$P = \frac{2b}{y},$$

dieselbe ist also dem Abstande PM umgekehrt proportional. Man findet ferner den Widerstand

$$R = -\frac{2b(a-x)}{ay},$$

derselbe ist also, so lange der Körper aufsteigt, negativ und proportional $\frac{a-x}{y} = \operatorname{tg} AM$. Ist endlich der Widerstand dem Quadrat der Geschwindigkeit proportional, so wird sein Exponent

$$q = \frac{b}{R} = -\frac{ay}{2(a-x)} = -\frac{AC.PM}{2PC} = -\tfrac{1}{2} AC \operatorname{tg} AM,$$

also negativ, so lange der Körper aufsteigt. Nähert sich aber der Körper dem Horizont AC, so wird R und q positiv und es leistet das Mittel einen wirklichen Widerstand.

Satz 119.

Aufgabe.

§. 976. (Figur 103.) Ein gleichförmiges Mittel widersteht in einem beliebig vielfachen Verhältniss der Geschwindigkeiten und es ist ausserdem die, längs der horizontalen Linie AP fortschreitende, Bewegung eines Körpers gegeben; man soll die abwärts gerichtete Kraft und die vom Körper durchlaufene Bahn finden.

Auflösung.

Es sei $AP = x$, $PM = y$, $AM = s$ und die horizontale Geschwindigkeit des Körpers, während dieser sich in M befindet, $= \sqrt{u}$. Ist seine wahre Geschwindigkeit in demselben Punkte $= \sqrt{v}$, so haben wir

$$\sqrt{u} : \sqrt{v} = dx : ds \text{ oder } v = \frac{uds^2}{dx^2}.$$

Ferner sei der Exponent des widerstehenden Mittels $= c$ und das Gesetz des Widerstandes gleich dem $2m$fachen Verhältniss der Geschwindigkeit; alsdann ist der Widerstand

$$R = \frac{v^m}{c^m} = \frac{u^m ds^{2m}}{c^m dx^{2m}}.$$

Unter diesen Voraussetzungen wird, indem man ddy statt $-ddy$ setzt, weil im vorliegenden Falle y abwärts gerichtet und daher negativ ist,

$$P = \frac{2vddy}{ds^2} = \frac{2uddy}{dx^2} \text{ und } dv = \frac{2vdyddy}{ds^2} - Rds \text{ (§. 865.)}.$$

Aus obigem Werthe von v folgt aber

$$dv = \frac{duds^2}{dx^2} + \frac{2udsdds}{dx^2} = \frac{duds^2}{dx^2} + \frac{2udyddy}{dx^2}.$$

Ferner geht die vorstehende zweite Gleichung, wenn man darin statt v und R ihre Werthe setzt, über in

$$dv = \frac{2udyddy}{dx^2} - \frac{u^m ds^{2m+1}}{c^m . dx^{2m}}$$

und so, wenn man die beiden Werthe von dv einander gleich setzt,

$$\frac{du . ds^2}{dx^2} = -\frac{u^m ds^{2m+1}}{c^m dx^{2m}} \text{ oder } c^m . dx^{2m-2} du + u^m ds^{2m-1} = 0.$$

Da nun u als Function von x gegeben ist, kann man aus der vorhergehenden Gleichung ds als Function von x allein erhalten, indem nämlich

$$ds = \frac{c^{\frac{m}{2m-1}} . dx^{\frac{2m-2}{2m-1}} (-du)^{\frac{1}{2m-1}}}{u^{\frac{m}{2m-1}}}.$$

Hieraus kann man die Gleichung der gesuchten Curve finden und ist diese bestimmt, so hat man zugleich P aus der Gleichung

$$P = \frac{2uddy}{dx^2}.$$

Zusatz 1.

§. 977. Die horizontale Bewegung kann nur im leeren Raume gleichförmig sein, indem sonst aus $du = 0$ auch $ds = 0$ folgen würde. Im leeren Raume aber, wo $c = \infty$ ist, wird ds einen endlichen Werth erhalten und hier ist die Bewegung nothwendig immer gleichförmig. Viel weniger kann die horizontale Bewegung eine beschleunigte sein, indem alsdann ds entweder negativ oder imaginär würde, welches beides absurd wäre. Die horizontale Bewegung muss daher eine verzögerte sein, damit du negativ werde.

Zusatz 2.

§. 978. Ist der Widerstand den Geschwindigkeiten selbst proportional, so wird $m = \frac{1}{2}$ und es geht die Gleichung der Curve über in

$$\sqrt{c}\,du + \sqrt{u}\,.\,dx = 0,$$

welche aber, weil sie weder s noch y enthält, nicht die Natur der Curve bestimmen kann. Man erhält dagegen aus ihr die horizontale Bewegung selbst, woraus man ersieht, dass man unter dieser Voraussetzung des Widerstandes nicht eine jede horizontale Bewegung nach Belieben annehmen kann, sondern nothwendig diejenige annehmen muss, welche durch diese Gleichung bestimmt wird.

Zusatz 3.

§. 979. Diese horizontale Bewegung stimmt aber mit derjenigen überein, welche der Körper längs AP in demselben widerstehenden Mittel hat, wenn er durch keine Kraft angetrieben wird (§. 469.). Man erkennt hieraus, dass, wie auch die den Körper antreibende Kraft beschaffen sein mag, wenn sie nur überall abwärts gerichtet ist, die horizontale Bewegung in einem, der Geschwindigkeit proportional widerstehenden, Mittel stets dieselbe sein wird. Hierin ist die Bewegung in diesem widerstehenden Mittel der im leeren Raume ähnlich, bei welcher letztern die horizontale Bewegung stets gleichförmig ist, wie sehr auch die abwärts gerichtete Kraft veränderlich sein mag.

Zusatz 4.

§. 980. Nimmt man also diesen Werth der horizontalen Bewegung an, so bestimmt die andere Gleichung

$$P = \frac{2u\,ddy}{dx^2},$$

in welcher man für P einen beliebigen Werth annehmen darf, die beschriebene Curve. Unter dieser Voraussetzung des Widerstandes ist also die Aufgabe, die Curve zu finden, welche ein beliebig abwärts getriebener Körper beschreibt, allgemein gelöst.

Zusatz 5.

§. 981. Da aber $-\frac{du\sqrt{c}}{\sqrt{u}} = dx$, so wird

$$2\sqrt{bc} - 2\sqrt{uc} = x,$$

wo die Anfangsgeschwindigkeit in $A = \sqrt{b}$ angenommen ist. Man erhält hieraus

$$2\sqrt{uc}=2\sqrt{bc}-x \text{ oder } u=\frac{\{2\sqrt{bc}-x\}^2}{4c}.$$

Für die beschriebene Curve erhält man ferner die Gleichung

$$2cPdx^2=ddy\{2\sqrt{bc}-x\}^2.$$

Zusatz 6.

§. 982. Alle diese Curven haben eine vertikale Asymptote im Abstande $2\sqrt{bc}$ vom Scheitel A, indem x nicht grösser als $2\sqrt{bc}$ werden kann. Es kann also der horizontal sich bewegende Körper nicht über diesen Punkt hinausgehen, wesshalb auch der auf der Curve sich bewegende ihn nicht überschreiten kann.

Zusatz 7.

§. 983. Wenn man auch unter andern Voraussetzungen des Widerstandes die horizontale Bewegung auf der Curve AM, als übereinstimmend mit derjenigen annähme, welche bei demselben Widerstande längs der Linie AP erfolgt, so wäre

$$du=-\frac{u^m dx}{c^m} \quad (\S.\ 469.).$$

Hieraus folgt aber $ds=dx$, und $P=0$. Jene Uebereinstimmung findet also bei andern Hypothesen des Widerstandes keinesweges statt.

Zusatz 8.

§. 984. Es sei daher der Widerstand dem Quadrat der Geschwindigkeit proportional oder $m=1$. Alsdann wird

$$cdu+uds=0 \text{ oder } ds=-\frac{cdu}{u} \text{ und wenn man integrirt}$$

$$s=-c\log u+C \text{ und } 0=-c\log b+C \text{ also } s=c\log\left(\frac{b}{u}\right),$$

oder auch

$$\frac{s}{2c}=\log\sqrt{b}-\log\sqrt{u}.$$

Unter dieser Voraussetzung des Widerstandes ist also der Bogen AM, dividirt durch $2c$, gleich dem Unterschiede der Logarithmen der horizontalen Geschwindigkeiten in A und M.

Zusatz 9.

§. 985. Unter der Voraussetzung dieses Widerstandes wird also $u=b\cdot e^{-\frac{s}{c}}$, woraus folgt

$$P=\frac{2bddy}{c^{\frac{s}{c}}.dx^2}.$$

Aus $ds = -\frac{cdu}{u}$ folgt aber $dds = -\frac{cuddu - cdu^2}{u^2} = \frac{dy \cdot ddy}{ds}$, oder da

$$dy = \sqrt{ds^2 - dx^2} = \frac{\sqrt{c^2du^2 - u^2dx^2}}{u} \text{ und } ddy = \frac{c^2 ududdu - c^2 du^3}{u^2\sqrt{c^2du^2 - u^2dx^2}},$$

endlich

$$P = \frac{2c^2ududdu - 2c^2du^3}{udx^2\sqrt{c^2du^2 - u^2dx^2}}.$$

Zusatz 10.

§. 986. Nimmt man zwischen u und x die Gleichung an $du = -\frac{u^n dx}{f^n}$, woraus durch Integration folgt $\frac{1}{(n-1)u^{n-1}}$

$$-\frac{1}{(n-1)b^{n-1}} = \frac{x}{f^n};$$

so wird

$$dx = -\frac{f^n du}{u^n} \text{ und } ddu = \frac{ndu^2}{u}.$$

Substituirt man diese Werthe, so ergibt sich unter der Voraussetzung, dass der Widerstand dem Quadrat der Geschwindigkeit proportional sei,

$$P = \frac{2(n-1)c^2u^{3n-2}}{f^{2n}\sqrt{c^2u^{2n-2} - f^{2n}}}.$$

Ferner erhält man zur Bestimmung der gesuchten Curve die Gleichung

$$dy = -\frac{du\sqrt{c^2u^{2n-2} - f^{2n}}}{u^n}.$$

Zusatz 11.

§. 987. In diesem Falle muss also

$$u^{2n-2} > \frac{f^{2n}}{c^2} \text{ oder } u > \frac{f^{\frac{n}{n-1}}}{c^{\frac{1}{n-1}}}$$

sein. Kann demnach die horizontale Bewegung kleiner werden, als dass dieser Bedingung Genüge geschieht, so wird die Bewegung auf der Curve nicht der ganzen gegebenen horizontalen Bewegung entsprechen. Erstreckte sich nämlich die Curve weiter, so würde dy und P imaginär werden.

Zusatz 12.

§. 988. Um diesen Uebelstand zu vermeiden, muss man $n < 1$, oder $n - 1 = -k$ d. h. $n = 1 - k$ setzen. Unter dieser

Voraussetzung erhält man die Gleichung

$$u^k = b^k - f^{k-1}.kx.$$

Ist aber AP eine Tangente der Curve in A, wo $ds=dx$, $dy=0$ und $u=b$ ist; so wird in diesem Falle aus

$$dy = \frac{dx\sqrt{c^2u^{2n-2}-f^{2n}}}{f^n},$$

$$cb^{n-1}=f^n \text{ oder } \frac{c}{b^k}=f^{1-k} \text{ und so } u^k=b^k(1-\frac{kx}{c}).$$

Ferner wird

$$P=\frac{2kb^{3k}.u^{1-2k}}{c\sqrt{b^{2k}-u^{2k}}} \text{ und } dy=\frac{dx\sqrt{b^{2k}-u^{2k}}}{u^k}=\frac{dx\sqrt{2kcx-k^2x^2}}{c-kx}$$

Anmerkung.

§. 989. Keine vorausgesetzte horizontale Bewegung dieser Art kann daher zu der, in einer Flüssigkeit beschriebenen, Bahn passen. Was nämlich auch k sein mag, so wird in A, wo $u=b$ ist, $P=\infty$ und wenn hierauf x zunimmt, nehmen u und P an Grösse ab. Alle diese Curven haben aber auch eine vertikale Tangente da, wo $x=\frac{c}{k}$ und diese Tangente ist eine Asymptote.

Uebrigens beschliessen wir mit dieser Aufgabe die erste Abtheilung dieses Kapitels, in welcher wir die Richtung der Kraft immer sich selbst parallel vorausgesetzt haben. Wir gehen nun zur Betrachtung von Centripetalkräften über, indem wir erforschen wollen, auf welche Weise das widerstehende Mittel die Bewegung der, nach einem festen Punkte hingezogenen, Körper stört.

Satz 120.

Aufgabe.

§. 990. (Figur 104.) Es werde ein Körper in einem beliebigen widerstehenden Mittel, durch irgend eine Kraft, stets nach dem festen Punkte C hingezogen; man soll die Curve AM bestimmen, welche der beliebig geworfene Körper beschreibt.

Auflösung.

Befindet sich der Körper in M, so sei sein Abstand MC vom Centrum$=y$, das Element $Mm=ds$ und seine Geschwindigkeit$=\sqrt{v}$. Man ziehe mC und fälle auf sie aus M das Perpendikel Mr, so wird $mr=dy$. Ferner ziehe man die Tangente MT, fälle auf sie das Perpendikel $CT=p$ und es sei der Krümmungshalbmesser in $M=r=\frac{ydy}{dp}$ (§. 592.). Ferner sei die Kraft, welche den Körper in M nach C hinzieht $= P$ und der Widerstand $= R$. Durch Zerlegung von P erhalten wir die Normalkraft $= \frac{Pp}{y}$ und die Tangentialkraft $= -\frac{Pdy}{ds}$, indem die letztere die Bewegung des Körpers verzögern wird. Aus der erstern erhalten wir die Gleichung

$$\frac{2v}{r} = \frac{Pp}{y} \text{ oder } 2vdp = Ppdy \quad (\S.\ 552.).$$

Da ferner die, um den Widerstand verminderte, Tangentialkraft $= -\frac{Pdy}{ds} - R$ ist; so erhalten wir die zweite Gleichung

$$dv = -Pdy - Rds \quad (\S.\ 552.).$$

Aus der Verbindung dieser beiden Gleichungen erhält man so wohl die Geschwindigkeit des Körpers in den einzelnen Punkten, als auch die Curve AM.

Zusatz 1.

§. 991. Da $\Delta\ Mmr \sim CMT$, so ist $ds : dy = y : \sqrt{y^2 - p^2}$ oder $ds = \frac{ydy}{\sqrt{y^2 - p^2}}$. Substituirt man diesen Werth, so ergibt sich aus der zweiten Gleichung

$$dv = -Pdy - \frac{Rydy}{\sqrt{y^2 - p^2}}.$$

und wenn man v eliminirt, erhält man eine Gleichung zwischen y und p, welche zur Bestimmung der Curve hinreichend ist.

Zusatz 2.

§. 992. Man substituire den aus der ersten Gleichung sich ergebenden Werth

$P = \frac{2vdp}{pdy}$ in die zweite, so erhält man die folgende

$$dv + \frac{2vdp}{p} = -Rds = -\frac{Rydy}{\sqrt{y^2 - p^2}}.$$

Aus dieser Gleichung kann man, wenn R eine Potenz von v ist, den Werth der letztern Grösse finden.

Zusatz 3.

§. 993. Ist der Widerstand dem Quadrat der Geschwindigkeit proportional und das Mittel gleichartig, so ist $R = \frac{v}{c}$ und es wird obige Gleichung

$$dv + \frac{2vdp}{p} = -\frac{vds}{c} \text{ oder } \frac{dv}{v} + \frac{2dp}{p} = -\frac{ds}{c}.$$

Integrirt man die letztere, so ergibt sich

$$v \cdot p^2 = bh^2 e^{-\frac{s}{c}},$$

wo $\sqrt{b}$ die Geschwindigkeit im Anfangspunkt A und h das von C auf die Tangente in A gefällte Perpendikel ist.

Zusatz 4.

§. 994. Da also unter der Voraussetzung dieses Widerstandes

$$v = \frac{bh^2}{p^2 \cdot e^{\frac{s}{c}}},$$

so wird

$$P = \frac{2bh^2 dp}{p^3 \cdot e^{\frac{s}{c}} dy}.$$

Ist daher P als Funktion von y gegeben, so ist diese Gleichung die zur Bestimmung der Curve gesuchte und ferner die Geschwindigkeit an jedem Orte M oder

$$\sqrt{v} = \frac{h\sqrt{b}}{p \cdot c^{\frac{s}{2c}}}.$$

Dieselbe verhält sich daher umgekehrt, wie das auf die Tangente daselbst gefällte Perpendikel und die Zahl, deren hyperbolischer Logarithmus $= \frac{s}{2c}$ ist, zusammengenommen.

Zusatz 5.

§. 995. Bei diesem Widerstande wird also ein Körper, welcher durch die Centripetalkraft $P = \frac{V}{e^{\frac{s}{c}}}$ angetrieben wird, dieselbe Curve im widerstehenden Mittel beschreiben, welche er unter Einwirkung der Centripetalkraft V im leeren Raume beschreiben würde. In beiden Fällen erhalten wir nämlich für die beschriebene Curve die Gleichung

$$V dy = \frac{2bh^2 dp}{p^3}.$$

Damit also der Körper in diesem widerstehenden Mittel dieselbe Curve, wie im leeren Raume beschreibe, muss die Centripetalkraft stets abnehmen im Verhältniss einer Zahl, deren hyperbolischer Logarithmus $= \frac{s}{c}$ ist.

Zusatz 6.

§. 996. Es sei der Widerstand der $2m$ten Potenz der Geschwindigkeit proportional, oder $R = \frac{v^m}{c^m}$; alsdann erhalten wir die Gleichung

$$dv + \frac{2v\,dp}{p} = -\frac{v^m\,ds}{c^m},$$

und wenn man integrirt

$$v^{1-m} = \frac{(m-1)p^{2m-2}}{c^m}\int\frac{ds}{p^{2m-2}}.$$

Zusatz 7.

§. 997. Es sei der Widerstand der Geschwindigkeit proportional, also $m = \frac{1}{2}$, alsdann wird die letzte Gleichung

$$\sqrt{v} = -\frac{1}{2p\sqrt{c}}\int p\,ds.$$

Es ist aber $\int p\,ds$ dem doppelten Flächeninhalt des Sectors, welchen wir $= S$ setzen, gleich, und es wird daher

$$\sqrt{v} = \frac{C-2S}{2p\sqrt{c}} \text{ und } \sqrt{b} = \frac{C}{2h\sqrt{c}} \text{ (Zusatz 3.)};$$

also $\sqrt{v} = \frac{h\sqrt{bc}-S}{p\sqrt{c}}$.

Zusatz 8.

§. 998. Unter der Voraussetzung dieses Widerstandes verschwindet also die Geschwindigkeit des Körpers, sobald dieser einen Sector beschrieben hat, dessen Flächeninhalt $= h\sqrt{bc}$ ist. Dieser Weg ist daher so gross, dass der Körper ihn nie zurücklegen kann. Ferner ist die Geschwindigkeit in M proportional dem Unterschiede dieses und des bereits beschriebenen Flächenraumes direct und dem auf die Tangente gefällten Perpendikel indirect.

Zusatz 9.

§. 999. Unter derselben Voraussetzung haben wir

$$v = \frac{(h\sqrt{bc}-S)^2}{cp^2} \text{ und die Centripetalkraft } P = \frac{2(h\sqrt{bc}-S)^2dp}{cp^3\,dy}.$$

Ferner wird die Zeit, in welcher der Körper den Bogen AM zurücklegt, oder

$$t = \int\frac{ds}{\sqrt{v}} = \int\frac{p\,ds\sqrt{c}}{h\sqrt{bc}-S} = \int\frac{2dS\sqrt{c}}{h\sqrt{bc}-S}$$

$$= -2\sqrt{c}\log(h\sqrt{bc}-S)+C$$

und da für $S = 0$ auch $t = 0$ ist,

$$t = 2\sqrt{c}\log\left(\frac{h\sqrt{bc}}{h\sqrt{bc} - S}\right).$$

Für $S = h\sqrt{bc}$ wird $t = \infty$, also ist eine unendlich grosse Zeit erfoderlich, damit der Körper eine Fläche $= h\sqrt{bc}$ abschneide oder seine ganze Bewegung verliere.

Anmerkung.

§. 1000. Diess sind die allgemeinen Gesetze, welche ein im widerstehenden Mittel durch eine beliebige Centripetalkraft angetriebener Körper befolgt. Ich habe sie für den Fall, dass der Widerstand der Geschwindigkeit oder deren Quadrat proportional sei, ausführlicher entwickelt, so wohl weil es klar war, dass diess unter andern Voraussetzungen nicht hätte geschehen können, als auch weil wir im Folgenden wie bisher vorzugsweise diese beiden Widerstände betrachten werden. Nun aber wollen wir gegebene Centripetalkräfte, etwa den Potenzen der Abstände proportionale, annehmen und untersuchen, welche Unterschiede der Widerstand in den beschriebenen Curven hervorbringt. Hierauf wollen wir, nach unserer bisher angewandten Weise, eine gegebene Curve und zugleich entweder die Centripetalkraft, oder den Widerstand oder die Geschwindigkeit voraussetzen und das Uebrige bestimmen.

Satz 121.

Aufgabe.

§. 1001. (Fig. 104.) Es ist eine, einer beliebigen Potenz der Abstände vom Centrum proportionale, Centripetalkraft gegeben und es bewegt sich ein Körper im gleichförmigen widerstehenden Mittel, dessen Widerstand dem Quadrat der Geschwindigkeit proportional ist; man soll die Curve AM bestimmen, welche der Körper beschreibt und zugleich die Bewegung des letztern auf ihr.

Auflösung.

Es sei wie vorher $CM = y$, $CT = p$, $Mm = ds$, die Geschwindigkeit in $M = \sqrt{v}$; so ist ausserdem $P = \frac{y^n}{f^n}$ und $R = \frac{v}{c}$. Wir haben daher für die gesuchte Curve die Gleichung

$$\frac{y^n}{f^n} = \frac{2bh^2dp}{e^{\frac{s}{c}}p^3dy}$$

und ausserdem

$$v = \frac{bh^2}{e^{\frac{s}{c}}.p^2} = \frac{y^n p dy}{2f^n dp}.$$

Aus jener Gleichung folgt aber nur wenig zur Erkenntniss der Curve, weil $e^{\frac{s}{c}}$ darin verwickelt ist. Nimmt man daher die Logarithmen, so erhält man

$$\frac{s}{c} = \log(2bf^n h^2) + \log dp - n\log y - 3\log p - \log dy$$

und wenn man diese Gleichung differentiirt

$$\frac{ds}{c} = \frac{ddp}{dp} - \frac{ndy}{y} - \frac{3dp}{p},$$

wo dy als constant angenommen ist. Da nun aber $ds = \frac{ydy}{\sqrt{y^2-p^2}}$, so erhält als Gleichung der gesuchten Curve zwischen y und p die folgende:

$$\frac{ydy}{c\sqrt{y^2-p^2}} = \frac{ddp}{dp} - \frac{ndy}{y} - \frac{3dp}{p}.$$

Zusatz 1.

§. 1002. Welche Gleichung sich ergeben werde, wenn die Centripetalkraft entweder den Abständen direct oder den Quadraten der letztern indirect proportional wäre, ersieht man leicht aus der gefundenen Gleichung, indem man darin $n=1$ oder $n=-2$ setzt. Alle derartigen Substitutionen nützen aber nichts, um die allgemeine Gleichung besser behandeln zu können.

Zusatz 2.

§. 1003. Wäre das Mittel nicht als gleichförmig vorausgesetzt, sondern sein Exponent veränderlich $= q$, so würde statt $e^{\frac{s}{c}}$ sich $e^{\int \frac{ds}{q}}$ ergeben haben (§. 867.). Für die beschriebene Curve würden wir ferner die Gleichung

$$\frac{ydy}{q\sqrt{y^2-p^2}} = \frac{ddp}{dp} - \frac{ndy}{y} - \frac{3dp}{p}$$

erhalten. Wird q dem Abstande y proportional, so lässt sich die Gleichung auf eine Differentialgleichung vom ersten Grade zurückführen.

Zusatz 3.

§. 1004. Es sei also $q = \frac{y}{\alpha}$, so wird die beschriebene Curve durch die Gleichung

$$\frac{\alpha dy}{\sqrt{y^2-p^2}} = \frac{ddp}{dp} - \frac{ndy}{y} - \frac{3dp}{p}$$

ausgedrückt. Da alle Glieder von der Dimension $=0$ sind, so findet eine Reduction auf eine Differentialgleichung vom ersten Grade statt.

Zusatz 4.

§. 1005. Man findet die letztere auf folgende Weise. Setzt man

$$y = e^{\int zdt} \text{ und } p = t.e^{\int zdt},$$

so wird

$$dy = e^{\int zdt}.zdt \text{ und } ddy = e^{\int zdt}\{zddt + dzdt + z^2dt^2\} = 0,$$

weil dy constant angenommen wird; also

$$ddt = -\frac{dzdt}{z} - zdt^2.$$

Ferner wird $dp = e^{\int zdt}\{dt + ztdt\}$

$$ddp = e^{\int zdt}\{ddt + ztddt + tdzdt + 2zdt^2 + z^2tdt^2\}$$
$$= e^{\int zdt}\{-\frac{dzdt}{z} + zdt^2\}$$

und $\sqrt{y^2-p^2} = e^{\int zdt}\sqrt{1-t^2}.$

Mittelst dieser Werthe findet man

$$\frac{\alpha zdt}{\sqrt{1-t^2}} = -\frac{dz - z^2dt}{z + z^2t} - nzdt - \frac{3dt}{t} - 3zdt$$
$$= \frac{-tdz - 3zdt - (n+5)tz^2dt - (n+3)t^2z^3dt}{tz(1+tz)}$$
$$= -\frac{tdz + zdt}{tz(1+tz)} - \frac{2dt}{t} - (n+3)zdt.$$

Zusatz 5.

§. 1006. Wird die Centripetalkraft dem Cubus des Abstandes umgekehrt proportional vorausgesetzt, so hat man $n = -3$ und die alsdann beschriebene Curve wird dargestellt durch die Gleichung

$$\frac{\alpha zdt}{\sqrt{1-t^2}} = -\frac{tdz + zdt}{tz(1+tz)} - \frac{2dt}{t}.$$

Zusatz 6.

§. 1007. Ist die Centripetalkraft dem Quadrat des Abstandes umgekehrt proportional, so wird $n = -2$ und die Gleichung der beschriebenen Curve

$$\frac{\alpha z dt}{\sqrt{1-t^2}} = -\frac{tdz + zdt}{tz(1+tz)} - \frac{2dt}{t} - zdt.$$

Auf dieselbe Weise erhält man, wenn die Centripetalkraft den Abständen selbst proportional, also $n = 1$ ist

$$\frac{\alpha z dt}{\sqrt{1-t^2}} = -\frac{tdz + zdt}{tz(1+tz)} - \frac{2dt}{t} - 4zdt.$$

Zusatz 7.

§. 1008. Alle diese Gleichungen ergeben die im leeren Raume beschriebenen Curven, wenn man $\alpha = 0$, also $q = \infty$ und $R = \frac{v^n}{q^n} = 0$ setzt. Die allgemeine Gleichung wird in diesem Falle

$$\frac{tdz + zdt}{tz(1+tz)} + \frac{2dt}{t} + (n+3)zdt = 0.$$

Anmerkung.

§. 1009. Ist also der Exponent des Mittels, welches nach der Voraussetzung im doppelten Verhältniss der Geschwindigkeiten widersteht, den Abständen vom Centrum proportional, so kann die Gleichung der gesuchten Curve auf eine Differentialgleichung vom ersten Grade zurückgeführt werden. Diess wird kaum möglich sein, wenn man einen andern Exponenten des Widerstandes voraussetzt. Ich denke mir aber nur solche Werthe von q, welche von den Abständen y allein abhängig sind, indem nur die Lage in das Verhältniss aufgenommen werden darf. Unpassend würde es nämlich sein, wenn man q durch p, d. h. durch die noch unbekannte Curve selbst bestimmen wollte. Indessen kann man die Differentialgleichung vom zweiten Grade immer auf eine vom ersten Grade zurückführen, so oft q eine Function von y und p von Einer Dimension ist. Da aber diese Gleichungen, obgleich sie nur Differentiale vom ersten Grade sind, weder integrirt, noch die Veränderlichen in ihnen getrennt werden können, so bieten sie keinen Nutzen dar. Aus diesem Grunde betrachten wir den Widerstand, welcher den Geschwindigkeiten selbst proportional ist, in Verbindung mit der Centripetalkraft, welche in einem beliebigen Verhältniss der Abstände steht.

Satz 122.

Aufgabe.

§. 1010. (Figur 104.) In einem gleichförmigen Mittel, welches im einfachen Verhältniss der Geschwindigkeiten widersteht, bewegt sich ein Körper, welcher gegen das Centrum C durch eine, einer beliebigen Potenz der Abstände proportionale, Kraft hingezogen wird; man soll die Curve AM bestimmen, welche der Körper beschreiben wird.

Auflösung.

Es haben y, p, ds, $\sqrt{v}$, c, $P = \frac{y^n}{f^n}$ und $S = \frac{1}{2}\int pds$ die vorhergehende Bedeutung, alsdann erhalten wir

$$\sqrt{v} = \frac{h\sqrt{bc} - S}{p\sqrt{c}} \text{ (§. 997.) und } \frac{y^n}{f^n} = \frac{2(h\sqrt{bc} - S)^2 dp}{cp^3 dy} \text{ (§. 999.),}$$

wo h und b ebenfalls die dortige Bedeutung haben. Um S zu eliminiren, gebe man der letztern Gleichung die Form

$$h\sqrt{bc} - S = \frac{\sqrt{cp^3 y^n dy}}{\sqrt{2f^n dp}}$$

und indem man dieselbe differentiirt, wobei man dp als constant betrachtet, so ergibt sich

$$-dS = -\tfrac{1}{2}pds = -\frac{pydy}{2\sqrt{y^2-p^2}}$$
$$= \frac{cp^3y^n ddy + 3cp^2y^n dydp + ncp^3 y^{n-1} dy^2}{2\sqrt{2cf^n p^3 y^n dydp}}$$

oder

$$0 = \frac{dy}{\sqrt{y^2-p^2}} + \frac{cpy^{\frac{n-2}{2}} ddy + 3cy^{\frac{n-2}{2}} dydp + ncpy^{\frac{n-4}{2}} dy^2}{\sqrt{2cf^n pdydp}}.$$

Diese Gleichung drückt die Natur der beschriebenen Curve AM aus und wenn man diese kennt, ergibt sich die Geschwindigkeit des Körpers aus ihrem Flächeninhalt und dem Perpendikel p.

Zusatz 1.

§. 1011. Hätte man statt dp das Element dy constant angenommen, so würde sich folgende Gleichung ergeben haben:

$$\frac{dp}{\sqrt{y^2-p^2}} = \frac{cpy^{\frac{n-2}{2}} ddp - 3cy^{\frac{n-2}{2}} dp^2 - ncpy^{\frac{n-4}{2}} dydp.}{\sqrt{2cf^n pdydp}}.$$

Beide Gleichungen können aber nicht auf Differentialgleichungen vom ersten Grade zurückgeführt werden, wesshalb man nichts aus ihnen zu schliessen vermag.

Zusatz 2.

§. 1012. Die oben (§. 1005.) angewandte Reduction findet immer statt, wenn in der Differentialgleichung vom zweiten

Grade die unbestimmten Grössen p und y in derselben Dimension enthalten sind. Diess ist der Fall, wenn $n = 1$, d. h. wenn die Centripetalkraft dem Abstande vom Centrum proportional ist. Wir erhalten dann für die gesuchte Curve, vorausgesetzt, dass dy constant sei, die Gleichung

$$\frac{ydp}{\sqrt{y^2-p^2}} = \frac{cpyddp - 3cydp^2 - cpdydp}{\sqrt{2cfypdydp}}.$$

Zusatz 3.

§. 1013. Unter dieser Voraussetzung setze man

$$y = e^{\int zdt} \text{ und } p = t\, e^{\int zdt},$$

wodurch $dy = e^{\int zdt}.zdt$, $dp = e^{\int zdt} dt\{1+tz\}$ und $ddp = e^{\int zdt} dt\{-\frac{dz}{z} + zdt\}$ wird.

Substituirt man diese Werthe in die Gleichung des vorigen Zusatzes, so geht dieselbe über in

$$\frac{e^{2\int zdt}\, dt(1+tz)}{e^{\int zdt}\sqrt{1-t^2}} =$$

$$\frac{c.e^{3\int zdt}\, tdt(-\frac{dz}{z}+zdt) - 3ce^{3\int zdt}\, dt(1+tz)^2 - ce^{3\int zdt}\, tzdt(1+tz)}{\sqrt{2cf}.e^{2\int zdt}\sqrt{tzdt^2(1+tz)}}$$

oder

$$\frac{dt(1+tz)^{\frac{3}{2}}\sqrt{2ftz}}{\sqrt{c(1-t^2)}} = -\frac{tdz+zdt}{z} - 2dt(1+tz)(1+2tz).$$

Setzt man nun $tz = u$, so erhalten wir

$$\frac{dt(1+u)^{\frac{3}{2}}\sqrt{2fu}}{\sqrt{c(1-t^2)}} = -\frac{tdu}{u} - 2dt(1+u)(1+2u).$$

Zusatz 4.

§. 1014. Diese Gleichung lässt eine Integration zu. Dividirt man sie nämlich durch $t^2(1+u)^{\frac{3}{2}}\sqrt{u}$, so geht sie über in die folgende

$$\frac{dt\sqrt{2f}}{t^2\sqrt{c(1-t^2)}} = -\frac{du}{tu(1+u^2)^{\frac{3}{2}}\sqrt{u}} - \frac{2dt(1+2u)}{t^2\sqrt{u+u^2}}.$$

$$C-\frac{\sqrt{2f(1-t^2)}}{t\sqrt{c}}=\frac{2(1+2u)}{t\sqrt{u+u^2}} \text{ oder } Ct-\frac{\sqrt{f(1-t^2)}}{\sqrt{2c}}$$
$$=\frac{1+2u}{\sqrt{u+u^2}}=\frac{1+2tz}{\sqrt{tz+t^2z^2}}.$$

Zusatz 5.

§. 1015. Vermöge der stattgefundenen Substitutionen ist aber

$$t=\frac{p}{y},\ z=\frac{ydy}{ydp-pdy},\ u=\frac{pdy}{ydp-pdy} \text{ und } 1+u=\frac{ydp}{ydp-pdy};$$

mithin wird die Gleichung der gesuchten Curve

$$\frac{Cp}{y}-\frac{\sqrt{f(y^2-p^2)}}{y\sqrt{2c}}=\frac{ydp+pdy}{\sqrt{pydpdy}}.$$

Zusatz 6.

§. 1016. Damit aber die Differentiale rational werden, haben wir

$$2u+1=\frac{Ct\sqrt{2c}-\sqrt{f(1-t^2)}}{\sqrt{\{Ct\sqrt{2c}-\sqrt{f(1-t^2)}\}^2-8c}}=\frac{ydp+pdy}{ydp-pdy}=\frac{y^2dt+2ytdy}{y^2dt},$$

indem man statt p wieder yt einführt. Wir erhalten daher die folgende Gleichung

$$\frac{Ctdt\sqrt{2c}-dt\sqrt{f(1-t^2)}}{t\sqrt{\{Ct\sqrt{2c}-\sqrt{f(1-t^2)}\}^2-8c}}-\frac{dt}{t}=\frac{2dy}{y},$$

in welcher die Veränderlichen y und t von einander getrennt sind und mittelst welcher man die Curve construiren kann.

Anmerkung.

§. 1017. Ich verweile nicht länger bei der Reduction dieser Gleichung, obgleich ich vermuthe, dass man sie auf's neue integriren könne. Diess ist zwar gewiss, wenn $C\sqrt{2c}=f$ ist, allein in diesem Falle wird das Integral so zusammengesetzt, dass ich es hier nicht aufführen wollte. Man kann hieraus ersehen, dass das allgemein genommene Integral so sehr zusammengesetzt sein wird, dass man kaum irgend etwas zur Erkenntniss der Bewegung daraus ableiten kann. Ich gehe daher, indem ich diesen Gegenstand verlasse, zu den umgekehrten Aufgaben über.

Satz 123.

Aufgabe.

§. 1018. (Figur 104.) Die Curve AM, welche ein Körper

beschreibt, ist gegeben und ausserdem der Widerstand in den einzelnen Orten M; man soll die Centripetalkraft bestimmen, welche beständig nach dem Centrum C gerichtet ist und die Geschwindigkeit in den einzelnen Orten.

Auflösung.

Es sei wie früher $CM=y$, $CT=p$, $Mm=ds$, $\sqrt{v}$ die Geschwindigkeit in M, R der Widerstand und P die Centripetalkraft. Unter diesen Voraussetzungen haben wir die Gleichung

$$dv+\frac{2vdp}{p}=-Rds \text{ (§. 992.)},$$

also, weil die Curve AM und der Widerstand R gegeben ist,

$$p^2.v=-\int Rp^2ds \text{ und } v=-\int\frac{Rp^2ds}{p^2}.$$

Ist so v gefunden, so ergibt sich

$$P=\frac{2vdp}{pdy}=-\frac{2dp\int Rp^2ds}{p^3dy} \quad \text{(§. 990.)}.$$

Zusatz 1.

§. 1019. Ist die Geschwindigkeit im Anfangspunkt $A=\sqrt{b}$ und das von C auf die Tangente daselbst gefällte Perpendikel $=h$; so wird, wenn kein Widerstand stattfindet oder im leeren Raume, für $R=0$

$$p^2v=C=h^2b \text{ und } P=\frac{2h^2bdp}{p^3dy} \quad \text{(§. 990.)}.$$

Zusatz 2.

§. 1020. Nimmt man im widerstehenden Mittel $\int Rp^2ds$ so an, dass es zugleich mit AM verschwindet; so wird $p^2v=-\int Rp^2ds+C, C=h^2b$, also

$$v=\frac{bh^2-\int Rp^2ds}{p^2} \text{ und } P=\frac{2dp\{bh^2-\int Rp^2ds\}}{p^3dy}.$$

Zusatz 3.

§. 1021. Bewegte sich im leeren Raume der Körper mit derselben Anfangsgeschwindigkeit in A auf der Curve AM und nennt man die Geschwindigkeit, welche er in M haben würde, $\sqrt{u}$ und die Centripetalkraft in demselben Punkte V, so wäre

$$u=\frac{bh^2}{p^2} \text{ und } V=\frac{2bh^2dp}{p^3dy}.$$

Wir haben daher

$$u : u - v = bh^2 : \int Rp^2 ds \text{ und } V : V - p = b\,h^2 : \int Rp^2 ds.$$

Zusatz 4.

§. 1022. Da also die Aufgabe, in welcher die Curve AM und die Anfangsgeschwindigkeit in A gegeben ist, die Centripetalkraft aber gesucht wird, schon im vorhergehenden Kapitel aufgelöst ist, so ergibt sich aus derselben Auflösung auch zugleich die der vorliegenden Aufgabe. Ist nämlich $\int Rp^2 ds$ gefunden, so kennt man den Unterschied der Centripetalkräfte im leeren Raume und im widerstehenden Mittel, und daher auch die Centripetalkraft im letztern.

Beispiel 1.

§. 1023. Ist die Curve AM ein Kreis, dessen Radius $= a$ und Mittelpunkt in C liegt, ist ferner der Widerstand überall derselbe oder

$$R = \lambda = \text{constans};$$

so wird $y = p = a$ und auch $h = a$. Wir erhalten demnach

$$\int Rp^2 ds = \lambda a^2 s, v = b - \lambda s \text{ und } P = \frac{2b - 2\lambda s}{a}.$$

Die Geschwindigkeit nimmt daher beständig ab und verschwindet gänzlich, nachdem ein Bogen $s = \frac{b}{\lambda}$ beschrieben worden ist. In demselben Punkte wird auch die Centripetalkraft $p = 0$ und da

$$P = \frac{2}{a} v,$$

so ist die Centripetalkraft überall dem Quadrat der Geschwindigkeit proportional. Ferner wird die Zeit, in welcher der Körper den Bogen AM zurücklegt, oder

$$t = \int \frac{ds}{\sqrt{v}} = \frac{2\sqrt{b} - 2\sqrt{b - \lambda s}}{\lambda}.$$

Die Zeit, in welcher der Körper zur Ruhe gelangt, wird also $= \frac{2\sqrt{b}}{\lambda}$.

Beispiel 2.

§. 1024. Es sei die Curve AMC eine logarithmische Spirale, deren Mittelpunkt in C liegt und der Widerstand einer beliebigen Potenz des Abstandes CM proportional, also $R = \frac{y^n}{f^n}$ Es wird demnach

$$p = \alpha y \text{ und wenn } \beta = \sqrt{1 - \alpha^2} \text{ gesetzt wird,}$$

$$ds = -\frac{dy}{\beta}.$$

Setzt man ferner $AC=a$, so wird $h=a\alpha$ und so

$$\int Rp^2ds=\frac{\alpha^2a^{n+3}-\alpha^2y^{n+3}}{(n+3)\beta f^n}, \text{ woraus } v=\frac{(n+3)\beta a^2bf^n-a^{n+3}+y^{n+3}}{(n+3)\beta f^ny^2}$$

und

$$P=\frac{2(n+3)\beta a^2bf^n-2a^{n+3}+2y^{n+3}}{(n+3)\beta f^ny^3} \text{ folgt.}$$

Wenn aber $n=-3$ ist, so hängen die Werthe von Logarithmen ab, indem alsdann

$$\int Rp^2ds=-\frac{a^2f^3}{\beta}\int\frac{dy}{y}=\frac{a^2f^3}{\beta}\log\left(\frac{a}{y}\right), v=\frac{\beta a^2b-f^3\log\left(\frac{a}{y}\right)}{\beta y^2}$$

und

$$P=\frac{2\beta a^2b-2f^3\log\left(\frac{a}{y}\right)}{\beta y^3}.$$

Zusatz 5.

§. 1025. Wird dem Körper in A eine so grosse Anfangsgeschwindigkeit mitgetheilt, dass

$$b=\frac{a^{n+1}}{(n+3)\beta f^n} \text{ oder } (n+3)\beta a^2bf^n=a^{n+3}$$

ist; so wird

$$v=\frac{y^{n+1}}{(n+3)\beta f^n}, P=\frac{2y^n}{(n+3)\beta f^n}=\frac{2R}{(n+3)\beta}.$$

In diesem Falle ist

$$P:R=2:(n+3)\beta,$$

d. h. es steht die Centripetalkraft zum Widerstande in einem constanten Verhältniss.

Zusatz 6.

§. 1026. In demselben Falle wird

$$y=(n+3)^{\frac{1}{n+1}}.\beta^{\frac{1}{n+1}}\cdot f^{\frac{n}{n+1}}\cdot v^{\frac{1}{n+1}}$$

$$\text{und } \frac{y^n}{f^n}=R=\frac{(n+3)^{\frac{n}{n+1}}.\beta^{\frac{n}{n+1}}.(\sqrt{v})^{\frac{2n}{n+1}}}{f^{\frac{n}{n+1}}},$$

also der Widerstand im $\frac{2n}{n+1}$ fachen Verhältniss der Geschwindigkeit, wenn das Mittel gleichförmig ist, dessen Exponent

$$q=\frac{f}{(n+3)\beta}.$$

Zusatz 7.

§. 1027. Ist $n=1$, so wird $R=\frac{2\sqrt{\beta}}{\sqrt{f}}\sqrt{v}$, also der Widerstand der Geschwindigkeit proportional und der Exponent des Mittels oder

$$q=\frac{f}{4\beta}.$$

In diesem Mittel wird also der Körper eine logarithmische Spirale beschreiben können, wenn

$$P=\frac{y}{2\beta f},$$

also die Centripetalkraft den Abständen proportional und wenn die Anfangsgeschwindigkeit in A, oder

$$\sqrt{b}=\frac{a}{2\sqrt{\beta f}}\text{ ist.}$$

Ausserdem wird der Körper in jedem andern widerstehenden Mittel eine gegebene Spirale beschreiben können, den Fall ausgenommen, in welchem der Widerstand dem Quadrat der Geschwindigkeit proportional ist.

Anmerkung.

§. 1028. Was für eine Centripetalkraft und welcher Widerstand erforderlich ist, damit ein Körper sich in einer logarithmischen Spirale bewege, haben die oft erwähnten Männer Newton in seinen Principien und Joh. Bernoulli in Act. Lips. 1713 auseinander gesetzt. In den folgenden Beispielen werden wir mehreres hierüber anführen.

Satz 124.

Aufgabe.

§. 1029. (Figur 104.) Der Widerstand ist einer beliebigen Potenz der Geschwindigkeiten proportional und sein Exponent in den einzelnen Orten gegeben; man soll die Centripetalkraft bestimmen, welche bewirkt, dass der Körper sich auf einer gegebenen Curve AM bewege.

Auflösung.

Es haben y, p, s, v, q und P die frühere Bedeutung und es ist der Widerstand $R=\frac{v^m}{q^m}$; alsdann haben wir die Gleichungen

$$P=\frac{2vdp}{pdy}\ (\text{§. }990.)\text{ und } dv+\frac{2vdp}{p}=-\frac{v^m ds}{q^m}\ (\text{§. }992.).$$

Die zweite kann integrirt werden und ergibt

$$v^{1-m} = -\frac{1-m}{p^{2(1-m)}} \int \frac{p^{2(1-m)} ds}{q^m}.$$

Im Falle aber $m=1$ ist, erhalten wir

$$v = \frac{1}{p^2 e^{\int \frac{ds}{q}}}.$$

Nachdem v gefunden ist, ergibt sich P aus der ersten Gleichung.

Zusatz 1.

§. 1030. Es sei die Geschwindigkeit, mit welcher der Körper in A fortgeworfen wird, $= \sqrt{b}$ und das von C auf die Tangente in A gefällte Perpendikel $= h$. Ferner werde das Integral

$$\int \frac{(m-1) p^{2(1-m)} ds}{q^m}$$

so genommen, dass es für $s=0$, d. h. wenn M in A fällt, verschwinde und man setze dieses Integral $= S$. Fügt man nun eine Constante hinzu, so wird

$$v^{1-m} = \frac{C+S}{p^{2(1-m)}}$$

und im Punkt A

$$b^{1-m} = \frac{C}{h^{2(1-m)}},$$

$$\text{also } C = b^{1-m} h^{2(1-m)} \text{ und } v^{1-m} = \frac{b^{1-m} h^{2(1-m)} + S}{p^{2(1-m)}}.$$

Zusatz 2.

1031. Für den Fall, dass $m=1$ ist, wird eine besondere Integration erforderlich und man nehme

$$\int \frac{ds}{q}$$

so an, dass es für $s=0$ verschwinde. Wir haben alsdann

$$\log v + \log (p^2) = C - \int \frac{ds}{q} \text{ und } \log b + \log (h^2) = C;$$

$$\text{also } v = \frac{bh^2}{p^2 e^{\int \frac{ds}{q}}} \text{ und } P = \frac{2bh^2 dp}{e^{\int \frac{ds}{q}} \cdot p^3 dy}.$$

Im leeren Raume haben wir die Kraft

$$= \frac{2bh^2 dp}{p^3 dy} = P';$$

$$\text{also } P' : P = 1 : e^{-\int \frac{ds}{q}}.$$

Zusatz 3.

§. 1032. Bezeichnet m irgend eine andere Zahl als 1, so ist

$$v = \frac{\{b^{1-m} h^{2(1-m)} + S\}^{\frac{1}{1-m}}}{p^2},$$

$$\text{woraus folgt } P = \frac{2\{b^{1-m} h^{2(1-m)} + S\}^{\frac{1}{1-m}} dp}{p^3 dy}.$$

Im leeren Raume ist wieder

$$P' = \frac{2bh^2 dp}{p^3 dy},$$

$$\text{also } P' : P = bh^2 : \{b^{1-m} h^{2(1-m)} + S\}^{\frac{1}{1-m}}$$

$$\text{oder } P'^{1-m} : P^{1-m} - P'^{1-m} = b^{1-m} h^{2(1-m)} : S.$$

Zusatz 4.

§. 1033. Hat man diejenige Centripetalkraft gefunden, welche im leeren Raume eine gegebene Curve hervorbringt, so kann man nach der vorhergehenden Proportion die Centripetalkraft finden, welche dasselbe in einem beliebigen widerstehenden Mittel bewirkt, wenn man nur

$$S = \int \frac{(m-1) p^{2(1-m)} ds}{q^m}$$

bestimmt hat.

Beispiel 1.

§. 1034. Die gegebene Curve sei ein Kreis, dessen Mittelpunkt in C liegt und dessen Radius $MC = a$ ist; hiernach wird $y = p = a$ und auch $h = a$. Es sei ausserdem das Mittel gleichförmig oder $q = c$, so wird

$$\int \frac{(m-1) p^{2(1-m)} ds}{q^m} = \frac{(m-1) a^{2(1-m)} s}{c^m} = S \text{ und } P' = \frac{2b}{a}.$$

Wir haben demnach

$$\frac{2b}{a} : P = a^2 b : \{a^{2(1-m)} b^{1-m} + \frac{(m-1) a^{2(1-m)} s}{c^m}\}^{\frac{1}{1-m}}$$

$$\text{oder } P : 1 = \{b^{1-m} + (m-1) c^{-m} s\}^{\frac{1}{1-m}} : \frac{a}{2}$$

$$\text{und so } P = \frac{2\{b^{1-m} + (m-1) c^{-m} s\}^{\frac{1}{1-m}}}{a}.$$

Steht der Widerstand im einfachen Verhältniss der Geschwindigkeit, so ist $m=\frac{1}{2}$ und so

$$P=\frac{\{2\sqrt{bc}-s\}^2}{2ac}, \text{ ferner } v=\frac{\{2\sqrt{bc}-s\}^2}{4c}$$

und die Geschwindigkeit selbst oder

$$\sqrt{v}=\frac{2\sqrt{bc}-s}{2\sqrt{c}}.$$

Die Zeit, in welcher der Bogen AM durchlaufen wird, erhält man

$$=\int\frac{ds}{\sqrt{v}}=2\sqrt{c}\log\left(\frac{2\sqrt{bc}}{2\sqrt{bc}-s}\right).$$

Soll der Körper einen Bogen $s=2\sqrt{bc}$ zurücklegen, so wird die hierzu erforderliche Zeit $=\infty$, und wenn er dahin gelangt, wird zugleich

$$\sqrt{v}=0 \text{ und } P=0.$$

Ist der Widerstand dem Quadrat der Geschwindigkeit proportional, also $m=1$, so haben wir

$$v=b.e^{-\frac{s}{c}} \text{ und } P=\frac{2b}{ae^{\frac{s}{c}}}.$$

Uebrigens stimmt die Bewegung des Körpers auf der Peripherie eines Kreises durchaus mit der geradlinigen überein, bei welcher der Körper die ihm beigebrachte Geschwindigkeit durch den Widerstand verliert. Da nämlich die Centripetalkraft immer normal ist, afficirt sie die Geschwindigkeit gar nicht, sondern bewirkt nur, dass die Bewegung des Körpers kreisförmig wird.

Beispiel 2.

§. 1035. (Fig. 105.) Es steige der Körper von A gegen das Centrum C auf einer logarithmischen Spirale AM herab und es sei der Exponent des Widerstandes irgend einer Potenz des Abstandes MC proportional, also etwa $q=\frac{y^{n+1}}{f^n}$. Nach der Natur der logarithmischen Spirallinie ist

$$p=\alpha y, \text{ also, wenn man } AC=a \text{ setzt; } h=\alpha a,$$

$$\beta=\sqrt{1-\alpha^2} \text{ und } ds=-\frac{dy}{\beta}.$$

Hieraus erhalten wir

$$\int\frac{(m-1)\,p^{2(1-m)}\,ds}{q^m}=\frac{(1-m)\,\alpha^{2(1-m)}\,f^{mn}}{(3-3m-mn)\,\beta}\{y^{3-3m-mn}-a^{3-3m-mn}\}$$
$$=S.$$

Es sei ferner

$$b^{1-m} = \frac{(1-m)\, a^{1-m-mn} . f^{mn}}{(3-3m-mn)\beta},$$

so wird

$$v = \frac{(1-m)^{\frac{1}{1-m}} . f^{\frac{mn}{1-m}} . y^{1-\frac{mn}{1-m}}}{(3-3m-mn)^{\frac{1}{1-m}} . \beta^{\frac{1}{1-m}}}$$

und

$$P = \frac{2(1-m)^{\frac{1}{1-m}} f^{\frac{mn}{1-m}} y^{-\frac{mn}{1-m}}}{(3-3m-mn)^{\frac{1}{1-m}} . \beta^{\frac{1}{1-m}}}.$$

Die Centripetalkraft ist also der $\frac{mn}{1-m}$ fachen Potenz des Abstandes vom Centrum umgekehrt proportional.

Zusatz 5.

§. 1036. Ist die Centripetalkraft constant, also

$$P = \frac{2}{(3\beta)^{\frac{1}{1-m}}};$$

so wird sich der Körper auf einer logarithmischen Spirale, bei welcher der Radius mit der Curve einen Winkel $=$ arc. cos β bildet, bewegen können, wenn der Exponent des Widerstandes, oder $q = y$ ist und wenn die Anfangsgeschwindigkeit der Höhe

$$b = \frac{a}{(3\beta)^{\frac{1}{1-m}}}$$

zukommt.

Zusatz 6.

§. 1037. Ist die Centripetalkraft P der Potenz y^k proportional, also

$$-\frac{mn}{1-m} = k,\ n = -\frac{k(1-m)}{m} \text{ und } mn = -k(1-m); \text{ so}$$

wird

$$P = \frac{2y^k}{(3+k)^{\frac{1}{1-m}} \beta^{\frac{1}{1-m}} f^k}.$$

Es wird daher der Exponent

$$q = \frac{y^{\frac{m+mk-k}{m}}}{f^{\frac{mk-k}{m}}} \text{ und } v = \frac{y^{1+k}}{(3\beta+\beta k)^{\frac{1}{1-m}} f^k},$$

woraus

$$b = \frac{a^{1+k}}{(3\beta+\beta k)^{\frac{1}{1-m}} f^k}.$$

folgt.

Zusatz 7.

§. 1038. Ferner wird die Zeit, in welcher der Körper in diesem Falle den Bogen AM durchläuft, oder

$$t = \int \frac{ds}{\sqrt{v}} = \frac{2(3+k)^{\frac{1}{2(1-m)}} \beta^{\frac{2m-1}{2-2m}} f^{\frac{k}{2}}}{1-k} \{a^{\frac{1-k}{2}} - y^{\frac{1-k}{2}}\}.$$

Die Zeit also, in welcher er bis zum Centrum C gelangt, wo $y = 0$ ist, wird endlich, wenn $k < 1$ und unendlich gross, wenn $k = 1$ oder > 1 ist.

Zusatz 8.

§. 1039. Ist der Widerstand dem Quadrat der Geschwindigkeit proportional und der Exponent des erstern oder $q = \frac{y}{\delta}$; so wird

$$\int \frac{ds}{q} = \frac{\delta}{\beta} \log\left(\frac{a}{y}\right) \text{ und } e^{\int \frac{ds}{q}} = \frac{a^{\frac{\delta}{\beta}}}{y^{\frac{\delta}{\beta}}} = \frac{a^i}{y^i},$$

wo $i = \frac{\delta}{\beta}$ gesetzt ist. Hieraus folgt

$$v = \frac{by^{i-2}}{a^{i-2}} \text{ und } P = \frac{2by^{i-3}}{a^{i-2}} \text{ (§. 1031.).}$$

In diesem widerstehenden Mittel wird also der Körper eine beliebige logarithmische Spirale beschreiben können, wenn die Centripetalkraft $= \frac{2by^{i-3}}{a^{i-2}}$ und der Exponent des Widerstandes $= \frac{y}{i\beta}$ ist.

Anmerkung.

§. 1040. In diesem Beispiele und den angehängten Zusätzen sind alle Fälle enthalten, in denen ein Körper im beliebigen widerstehenden Mittel eine logarithmische Spirale beschreiben kann, wenn er durch eine, einer beliebigen Potenz des Abstandes proportionale, Centripetalkraft angetrieben wird. Hierbei hat der Fall, in welchem der Widerstand dem Quadrat der Geschwindigkeit und sein Exponent dem Abstande vom Centrum proportional ist, das Eigenthümliche, dass er sogleich die Centripetalkraft einer Potenz der Abstände proportional ergibt, was man unter andern Voraussetzungen erst erhielt, nachdem man die Anfangsgeschwindigkeit auf eine gewisse Weise bestimmt hatte. Ist bei jener Annahme des Widerstandes der Exponent desselben aber $=\frac{y}{\delta}$ und wird der Körper in A mit der beliebigen Geschwindigkeit $\sqrt{b}$, längs einer Richtung fortgeworfen, deren Neigungswinkel gegen $AC =$ arc. $\cos\beta$ ist; so wird die Centripetalkraft in diesem Punkte $= \frac{2b}{a}$ und der Körper wird sich stets in einer logarithmischen Spirale bewegen. Ausserdem wird die Centripetalkraft P proportional y^{i-3}, wo $i = \frac{\delta}{\beta}$ gegeben ist. Wir haben hier also dasjenige genügend auseinandergesetzt, was sich auf die Bewegung in einer logarithmischen Spirallinie bezieht.

Satz 125.

Aufgabe.

§. 1041. (Figur 104.) Gegeben ist die Curve AM, welche der Körper beschreibt und die nach dem Centrum C gerichtete Centripetalkraft; man soll den in den einzelnen Orten M erforderlichen Widerstand und die Geschwindigkeit des Körpers bestimmen.

Auflösung.

Es haben y, p, ds, P, R und v die frühere Bedeutung, worauf wir die Gleichungen

$$P = \frac{2vdp}{pdy} \text{ (§. 990.) und } dv + \frac{2vdp}{p} = -Rds \text{ (§. 992.)}$$

erhalten. Da die Curve und auch die Centripetalkraft gegeben ist, so haben wir aus der ersten

$$v = \frac{Ppdy}{2dp}$$

und wenn man diese Gleichung differentiirt, indem man dy als constant betrachtet,

$$dv = \frac{Pdy}{2} + \frac{pdPdy}{2dp} - \frac{Ppdyddp}{2dp^2}.$$

Substituirt man diese Werthe von v und dv in obige zweite Gleichung, so ergibt sich

$$R = \frac{Ppdyddp}{2dsdp^2} - \frac{pdPdy}{2dsdp} - \frac{3Pdy}{2ds},$$

Ist der Widerstand dem Quadrat der Geschwindigkeit proportional und wird sein Exponent $= q$ gesetzt, so haben wir

$$R = \frac{v}{q} \text{ oder } q = \frac{v}{R} = \frac{Ppdsdp}{Ppddp - pdPdp - 3Pdp^2}.$$

Aus der gegebenen Curve, oder der Gleichung zwischen y und p und der Centripetalkraft haben wir also den Widerstand R und die Geschwindigkeit in den einzelnen Orten hergeleitet.

Zusatz 1.

§. 1042. Auf andere Weise wird

$$R = -\frac{1}{p^2ds}\, d.\left(\frac{Pp^3dy}{2dp}\right) \text{ und } q = -\frac{Pp^3dyds}{2dpd.\left(\frac{Pp^3dy}{2dp}\right)}.$$

Ist daher P proportional $\frac{dp}{p^3dy}$, d. h. $P : \frac{dp}{p^3dy} = \frac{Pp^3dy}{dp}$ constant; so wird $R = 0$ und es reicht in diesem Falle die Centripetalkraft allein hin, um die gegebene Curve hervorzubringen.

Zusatz 2.

§. 1043. Vorausgesetzt, dass die Anfangsgeschwindigkeit in $A = \sqrt{b}$ und das von C auf die Tangente in demselben Punkte gefällte Perpendikel $= h$, endlich die Centripetalkraft, welche bewirkt, dass der Körper im leeren Raume dieselbe Curve beschreibe, $= P'$ sei; so ist

$$P' = \frac{2bh^2dp}{p^3dy}, \text{ (§. 592.)}.$$

Hieraus folgt

$$R = -\frac{bh^2}{p^2ds}\, d.\left(\frac{P}{P'}\right),\ q = -\frac{Pds}{P'd.\left(\frac{P}{P'}\right)} \text{ und } v = \frac{bh^2P}{P'p^2}.$$

Zusatz 3.

§. 1044. Bewegte sich der Körper im leeren Raume auf dieser Curve, indem er durch die Kraft P' angetrieben würde und wäre in diesem Falle seine Geschwindigkeit im Punkte $M = \sqrt{u}$; so hätten wir

$$u = \frac{bh^2}{p^2}.$$

Hieraus erhalten wir die Proportion

$$u:v = P':P \text{ oder } \sqrt{u}:\sqrt{v} = \sqrt{P'}:\sqrt{P},$$

d. h. es stehen die Geschwindigkeiten des Körpers in demselben Punkte M im halben Verhältniss der Centripetalkräfte.

Dieser Satz gilt ganz allgemein.

Zusatz 4.

§. 1045. Ist die Centripetalkraft constant oder $P = g$, so wird

$$R = \frac{bh^2 g dP'}{P'^2 p^2 ds},\ q = \frac{P' ds}{dP'} \text{ und } v = \frac{bh^2 g}{P' p^2}$$

Beispiel.

§. 1046. Der Körper steige auf einer hyperbolischen Spirallinie herab, deren Natur ausgedrückt wird durch die Gleichung

$$p = \frac{ay}{\sqrt{y^2+a^2}}.$$

Ferner sei die Centripetalkraft einer beliebigen Potenz des Abstandes vom Centrum C der Spirale proportional, also

$$P = \frac{y^n}{f^n}.$$

Es wird alsdann

$$ds = -\frac{dy\sqrt{a^2+y^2}}{y},\ \frac{p^3 dy}{dp} = y^3 \text{ und daher}$$

$$R = \frac{(n+3)\,y^{n+1}\sqrt{a^2+y^2}}{2a^2 f^n},\ v = \frac{Ppdy}{2dp} = \frac{y^{n+1}(a^2+y^2)}{2a^2 f^n} \text{ und } q$$

$$= \frac{v}{R} = \frac{\sqrt{a^2+y^2}}{n+3}.$$

Widersteht also das Mittel im doppelten Verhältniss der Geschwindigkeiten, so ist der Exponent des Widerstandes $= \frac{\sqrt{a^2+y^2}}{n+3}$. Ist aber der Widerstand der Geschwindigkeit selbst proportional und sein Exponent wieder $= q$, so wird

$$\sqrt{q} = \frac{\sqrt{v}}{R} = \frac{af^{\frac{n}{2}}\sqrt{2}}{(n+3)\,y^{\frac{n+1}{2}}} \text{ und } q = \frac{2a^2 f^n}{(n+3)^2 y^{n+1}}.$$

Unter dieser Voraussetzung des Widerstandes wird also das Mittel gleichförmig, wenn $n = -1$, d. h. wenn die Centripetalkraft im umgekehrten Verhältniss der Abstände steht. In diesem Falle wird nämlich

$$q = \frac{a^2}{2f}.$$

Ist aber die Centripetalkraft dem Quadrat des Abstandes umgekehrt proportional, also $n = -2$, so wird

$$q = \frac{2a^2y}{f^2},$$

d. h. den Abständen vom Centrum proportional.

Anmerkung.

§. 1047. Nach unserm Plane sollte hier die Aufgabe folgen: Aus der gegebenen Curve und der Geschwindigkeit an den einzelnen Orten die Centripetalkraft und den Widerstand herzuleiten. Die Auflösung derselben ist aber sehr leicht und ergibt sich von selbst nach den oben (§. 992.) gegebenen Gesetzen, und da aus ihr nichts Bemerkenswerthes abgeleitet werden kann, so übergehe ich sie hier. Man findet aber

$$P = \frac{2vdp}{pdy} \text{ und } R = -\frac{pdv + 2vdp}{pds},$$

welche Formeln die Aufgabe lösen. Statt ihrer füge ich eine andere verwandte Aufgabe hinzu, in welcher ausser der Curve, auch die Winkelbewegung um den Mittelpunkt der Kräfte gegeben ist, und so wohl die Centripetalkraft, als auch die Kraft des Widerstandes gesucht wird.

Satz 126.

Aufgabe.

§. 1048. (Figur 107.) Gegeben ist die Curve AM, auf welcher der Körper sich bewegt und die Winkelbewegung um den Mittelpunkt C der Kräfte; man soll die nach C gerichtete Centripetalkraft und den Widerstand in den einzelnen Orten bestimmen.

Auflösung.

Es sei wie bisher $CM = y$, $CT = p$, $Mm = ds$, $\sqrt{v}$ die Geschwindigkeit in M, P die Centripetalkraft und R die Kraft des Widerstandes. Man denke sich aus dem Mittelpunkt C, mit dem Radius $CE = 1$, die Peripherie des Kreises ELl construirt, auf welcher ein Körper sich mit derselben Winkelgeschwindigkeit bewege, als der in Rede stehende Körper auf der Curve AM; das Element Ll wird also in derselben Zeit zurückgelegt, als das Mm. Es sei nun die Geschwindigkeit auf $Ll = \sqrt{u}$, so ist u bekannt, weil die Winkelgeschwindigkeit gegeben ist und man hat

$$\frac{Ll}{\sqrt{u}} = \frac{Mm}{\sqrt{v}}.$$

Es ist aber $Ll:mr = 1:y$ oder $Ll = \frac{mr}{y}$, und $mr:Mm = p:y$ oder $mr = \frac{p.Mm}{y}$; also

$$Ll = \frac{p.Mm}{y^2}.$$

Verbindet man diese Gleichung mit der zuerst aufgestellten, so ergibt sich

$$\sqrt{v} = \frac{Mm}{Ll}\sqrt{u} \text{ oder } v = \frac{y^4.u}{p^2}.$$

Da auf diese Weise v gefunden ist, so folgt

$$P = \frac{2y^4udp}{p^3dy} \text{ (§. 990.) und } R = -\frac{y^4du + 4y^3udy}{p^2ds} \text{ (§. 992.)}.$$

Setzt man ferner den Widerstand dem Quadrat der Geschwindigkeit proportional und den Exponenten des erstern $= q$, so wird

$$q = \frac{v}{R} = -\frac{yuds}{ydu + 4udy}.$$

Zusatz 1.

§. 1049. Ist die Centripetalkraft P proportional $\frac{dp}{p^3dy}$, was der Fall ist, wenn der Körper sich im leeren Raume bewegt, so muss y^4u constant und daher u umgekehrt y^4 proportional sein. $\sqrt{u}$, d. h. die Geschwindigkeit auf Ll oder die Winkelgeschwindigkeit des Körpers ist alsdann dem Quadrat des Abstandes vom Centrum umgekehrt proportional. Macht man aber y^4u constant oder $d.(y^4u) = 4y^3udy + y^3du = 0$, so wird

$$R = 0.$$

Zusatz 2.

§. 1050. Nähert sich der Körper dem Centrum C, nimmt also y ab, so wird

$$ds = -\frac{ydy}{\sqrt{y^2-p^2}}.$$

Es ergibt sich alsdann

$$R = \frac{(y^3du + 4y^2udy)\sqrt{y^2-p^2}}{p^2dy} \text{ und } q = \frac{y^2udy}{\{ydu+4udy\}\sqrt{y^2-p^2}}$$

Ist daher y^4u eine Potenz von y, deren Exponent positiv, so wird auch der Widerstand positiv; dagegen wird dieser negativ, wenn jener es ist.

Zusatz 3.

§. 1051. Soll die Winkelbewegung gleichförmig oder u constant sein, so wird $du = 0$ und daher

$$R = \frac{4y^2u\sqrt{y^2-p^2}}{p^2} \text{ und } q = \frac{y^2}{4\sqrt{y^2-p^2}}.$$

Zusatz 4.

§. 1052. Ist die Winkelgeschwindigkeit der $n$ten Potenz des Abstandes y proportional, also $u = \frac{y^{2n}}{f^{2n-1}}$; so wird

$$R = \frac{2(n+2)y^{2n+2}\sqrt{y^2-p^2}}{f^{2n-1}.p^2},\ P = \frac{2y^{2n+4}dp}{f^{2n-1}p^3dy} \text{ und } v = \frac{y^{2n+4}}{f^{2n-1}.p^2}.$$

Widersteht ferner das Mittel im doppelten Verhältniss der Geschwindigkeit, so wird der Exponent des Widerstandes

$$q = \frac{y^2}{2(n+2)\sqrt{y^2-p^2}}.$$

Beispiel.

§. 1053. Es sei die Curve AM wieder eine hyperbolische Spirale, deren Gleichung $p = \frac{ay}{\sqrt{a^2+y^2}}$ ist; ferner sei die Winkelgeschwindigkeit proportional y^n, oder wie vorhin $u = \frac{y^{2n}}{f^{2n-1}}$. Da nun aus jener Gleichung folgt

$$\sqrt{y^2-p^2} = \frac{y^2}{\sqrt{a^2+y^2}};$$

so erhalten wir

$$R = \frac{2(n+2)y^{2n+2}\sqrt{a^2+y^2}}{a^2.f^{2n-1}}.$$

Ferner ergibt sich

$$v = \frac{y^{2n+2}(a^2+y^2)}{a^2.f^{2n-1}} \text{ und } P = \frac{2y^{2n+1}}{f^{2n-1}}.$$

Setzt man voraus, dass der Widerstand den Geschwindigkeiten selbst proportional sei, so wird

$$q = \frac{v}{R^2} = \frac{a^2 f^{2n-1}}{(2n+4)^2 y^{2n+2}}.$$

Ist der Widerstand dem Quadrat der Geschwindigkeit proportional, so wird

$$q = \frac{v}{R} = \frac{\sqrt{a^2+y^2}}{2n+4}.$$

Diess stimmt durchaus mit demjenigen überein, was wir im frühern Beispiele (§. 1046.) gezeigt haben.

Satz 127.

Aufgabe.

§. 1054. (Fig. 107.) Es ist gegeben der Widerstand, ausgedrückt durch irgend eine Potenz der Geschwindigkeit, ferner der Exponent desselben und die Winkelbewegung des Körpers um den Mittelpunkt C; man soll hierdurch die Curve bestimmen, welche der Körper beschreiben wird und zugleich die nach dem Centrum C gerichtete Centripetalkraft.

Auflösung.

y, p, ds, v, P und R haben die vorhergehende Bedeutung und es wird vorausgesetzt, dass

$$R = \frac{v^m}{q^m}$$

sei, wo q durch y gegeben ist. Man betrachte nun wie vorhin die Winkelbewegung als die Bewegung eines Punktes, welche auf dem, mit dem Halbmesser $CE = 1$ beschriebenen, Kreise ELl erfolgt. Ist die Geschwindigkeit, womit Ll beschrieben wird, $= \sqrt{u}$; so haben wir nach dem vorhergehenden Satze:

$$v = \frac{y^2u}{p^2},\ P = \frac{2y^4udp}{p^3dy} \text{ und } R = -\frac{y^4du + 4y^3udy}{p^2ds} = \frac{v^m}{q^m} = \frac{y^{4m}u^m}{p^{2m}q^m}.$$

Die letztere Gleichung, d. h.

$$-\frac{y^4du + 4y^3udy}{p^2ds} = \frac{y^{4m}u^m}{p^{2m}q^m}$$

$$\text{oder } ydu + 4udy = -\frac{y^{4m-3}u^mds}{p^{2m-2}q^m} = \frac{y^{4m-2}u^mdy}{p^{2m-2}q^m\sqrt{y^2-p^2}},$$

drückt, weil u und q gegeben sind, die Natur der gesuchten Curve aus. Ist die letztere bekannt, d. h. eine Gleichung zwischen p und y; so erhält man aus der zweiten der obigen Gleichungen sogleich die Centripetalkraft P.

Zusatz 1.

§. 1055. Soll die Winkelgeschwindigkeit gleichförmig sein, was im leeren Raume nur für den Kreis möglich ist; so wird u constant und $du = 0$, also die Gleichung der gesuchten Curve

$$4p^{2m-2}q^m. \sqrt{y^2 - p^2} = y^{4m-2}u^{m-1}.$$

Ist daher q durch y gegeben, so ist diese Gleichung das Integral zwischen p und y, wonach man die Curve construiren kann.

Zusatz 2.

§. 1056. Ist u durch y gegeben, etwa $u = \frac{y^{2n}}{f^{2n-1}}$, so geht die Gleichung des §. 1054. über in

$$(2n+4)\ p^{2m-2}\, q^m \sqrt{y^2-p^2} = \frac{y^{2mn+4m-2n-2}}{f^{(2n-1)(m-1)}}.$$

Diess ist ebenfalls eine Integralgleichung zwischen y und p und daher zur Construction der Curve geeignet.

Zusatz 3.

§. 1057. Ist die Winkelgeschwindigkeit durch den Bogen EL, oder du durch sein Element $Ll = \frac{p\,.\,Mm}{y^2}$ (§. 1048.) $= -\frac{pdy}{y\sqrt{y^2-p^2}}$ gegeben, so dass man hat

$$du = \frac{u^k pdy}{g^k y \sqrt{y^2-p^2}};$$

so wird $\frac{dy}{\sqrt{y^2-p^2}} = \frac{g^k ydu}{u^k p}$ und wenn man diesen Werth substituirt

$$ydu + 4udy = \frac{g^k y^{4m-1} u^{m-k} du}{p^{2m-1} q^m} \text{ und } p^{2m-1} = \frac{g^k y^{4m-1} u^{m-k} du}{q^m ydu + 4q^m udy}.$$

Substituirt man endlich den, aus dieser Gleichung sich ergebenden, Werth von p in die Gleichung

$$du = \frac{u^k pdy}{g^k y \sqrt{y^2-p^2}};$$

so erhält man u durch y ausgedrückt und hierauf eine Gleichung zwischen y und p.

Zusatz 4.

§. 1058. Steht der Widerstand im einfachen Verhältniss der Geschwindigkeit, oder ist $m = \frac{1}{2}$, so erhält man sogleich aus der Gleichung

$$1 = \frac{g^k y\,.\,u^{\frac{1}{2}-k} du}{(ydu + 4udy)\, q^{\frac{1}{2}}}$$

u als Function von y. Substituirt man diesen Werth in die Gleichung

$$du = \frac{u^k pdy}{g^k y \sqrt{y^2-p^2}},$$

so erhält man eine Gleichung zwischen y und p.

Beispiel 1.

§. 1059. Es widerstehe das Mittel im doppelten Verhältniss der Geschwindigkeiten, es sei also $m = 1$, ferner sei der

Exponent des Mittels oder $q = \frac{y}{\alpha}$ und die Winkelbewegung gleichförmig oder $u = b$. Wir erhalten daher nach §. 1055. die Gleichung

$$4y \sqrt{y^2 - p^2} = \alpha y^2 \text{ oder } 4 \sqrt{y^2 - p^2} = \alpha y$$

$$\text{und } p = \frac{y \sqrt{16 - \alpha^2}}{4}.$$

Die beschriebene Curve ist daher eine logarithmische Spirale und zwar ist der Sinus des Winkels, welchen der Radius Vector mit der Tangente bildet,

$$= \frac{\sqrt{16 - \alpha^2}}{4} \text{ wie auch sein Cosinus } = \frac{\alpha}{4}.$$

Ferner erhalten wir

$$P = \frac{32by}{16 - \alpha^2}.$$

Setzt man aber das Mittel als gleichförmig, oder $q = c$ voraus; so ist

$$\alpha = \frac{y}{c}, \quad 4c \sqrt{y^2 - p^2} = y^2 \text{ und } p = \frac{y \sqrt{16c^2 - y^2}}{4c}$$

Beispiel 2.

§. 1060. Es widerstehe das Mittel im einfachen Verhältniss der Geschwindigkeiten und es sei dabei gleichförmig, also $m = \frac{1}{2}$ und $q = c$. Ferner setze man wieder die Winkelbewegung als gleichförmig, also $u = b$ voraus. Substituirt man diese Werthe, so erhält man als Gleichung der beschriebenen Curve

$$p = 4 \sqrt{bc} \sqrt{y^2 - p^2} \text{ oder } p = \frac{4y \sqrt{bc}}{\sqrt{1 + 16bc}}.$$

Diese Curve ist also ebenfalls eine logarithmische Spirale und zwar ist der Sinus des Durchschnittswinkels

$$= \frac{4 \sqrt{bc}}{\sqrt{1 + 16bc}}, \text{ sein Cosinus} = \frac{1}{\sqrt{1 + 16bc}} \text{ und seine Tangente}$$

$$= 4 \sqrt{bc}.$$

Ferner ergibt sich die Centripetalkraft

$$P = \frac{y(1 + 16bc)}{8c}.$$

Die in diesen Formeln enthaltene Ungleichförmigkeit der Dimensionen hat ihren Grund darin, dass wir den Radius des Kreises, $EC = 1$ gesetzt haben. Mittelst dieser Einheit muss man daher die Gleichförmigkeit der Dimensionen wieder herstellen.

Anmerkung.

§. 1061. Mehrere Mittelpunkte der Kräfte werden wir in diesem Kapitel nicht betrachten, da man auch im leeren Raume für diesen Fall kaum etwas ableiten konnte, was zur Bestimmung der Bewegung gedient hätte. Ziehen aber jene Mittelpunkte im einfachen Verhältniss der Abstände an, so haben beliebig viele derselben nicht mehr Schwierigkeit, als Ein in demselben Verhältniss anziehender Mittelpunkt; diess haben wir oben (§. 696.) gezeigt. Diese Bequemlichkeit findet im widerstehenden Mittel eben so statt, wie im leeren Raum. Da wir nun Ein, im einfachen Verhältniss der Abstände anziehendes, Centrum betrachtet haben, so ist es nicht nöthig, über mehrere derselben Natur zu reden. Wir gehen daher zu dem, sich am weitesten erstreckenden, Falle über, unter welchen alle Bewegungen begriffen werden, die in derselben Ebene erfolgen. Wir wollen nämlich zwei absolute Kräfte betrachten, deren Richtungen auf einander normal sind, während einzelne Kräfte einander parallele Richtungen haben. Dass man nämlich beliebige, in derselben Ebene befindliche, Kräfte auf zwei derartige zurückführen kann, ist bekannt. Wir werden in dieser Behandlung nicht nur alle Fälle der absoluten Kräfte umfassen, sondern auch einige vorzügliche Bemerkungen in Betreff der Centripetalkräfte im leeren Raume machen, die im Vorhergehenden nur mit Schwierigkeit klar zu machen waren. Wir werden nämlich hier die beschriebene Curve sogleich auf eine Gleichung zwischen rechtwinkligen Coordinaten zurückführen, während wir dieselbe dort zwischen dem Abstande vom Centrum und dem Perpendikel auf die Tangente darstellten.

Satz 128.

Aufgabe.

§. 1062. (Figur 108.) Ein Körper wird in M durch zwei Kräfte angetrieben, von denen die eine die, auf der gegebenen Linie AC normale, Richtung MP, die andere aber die, AC parallele oder auf BC normale Richtung MQ hat; man soll die Curve AM bestimmen, welche der Körper unter Antrieb dieser beiden Kräfte, in einem beliebigen widerstehenden Mittel, beschreiben wird.

Auflösung.

Man setze $CP = MQ = x$, $PM = CQ = y$ und das

Element $Mm = ds$; alsdann wird, wenn man mp und mq zieht, $Pp = -dx$, $Qq = dy$ und $ds = \sqrt{dx^2 + dy^2}$. Die den Körper längs MP ziehende Kraft sei $= P$, die längs MQ ziehende $= Q$, der Widerstand $= R$ und die Geschwindigkeit in $M = \sqrt{v}$. Man zerlege nun die Kräfte P und Q, mittelst der aus den Punkten P und Q auf die Tangente Tt gefällten Perpendikel PT und Qt, in normale und tangentiale Kräfte. Aus der Kraft P entspringt

$$\text{die normale Kraft} = \frac{P.PT}{PM} = -\frac{Pdx}{ds}$$

$$\text{und die tangentiale} = \frac{P.MT}{PM} = \frac{Pdy}{ds};$$

aus Q

$$\text{die normale} = \frac{Q.Qt}{MQ} = \frac{Qdy}{ds}$$

$$\text{und die tangentiale} = \frac{Q.Mt}{MQ} = -\frac{Qdx}{ds}.$$

Die ganze normale Kraft wird daher $= \frac{Qdy - Pdx}{ds}$ und die ganze tangentiale $= -\frac{Qdx + Pdy}{ds}$. Die letztere muss um die Kraft des Widerstandes oder R vermindert werden, wodurch man die ganze Kraft erhält, welche die Bewegung beschleunigt. Hiernach erhält man, indem man den Krümmungshalbmesser in $M = r$ setzt, die Gleichungen

$$\frac{Qdy - Pdx}{ds} = \mp \frac{2v}{r} \text{ und } dv = -Qdx - Pdy - Rds \text{ (§. 860.)}.$$

Eliminirt man nun v aus diesen beiden Gleichungen, so wird die sich ergebende Gleichung die Natur der beschriebenen Curve ausdrücken.

Zusatz 1.

§. 1063. Setzt man das Element ds der Curve constant, so wird

$$r = -\frac{dsdy}{ddx} = \frac{dsdx}{ddy},$$

und wenn man diesen Werth substituirt

$$\frac{2vddx}{dy} = Pdx - Qdy.$$

Zusatz 2.

§. 1064. Aus der Verbindung der beiden Gleichungen

$$Pdx - Qdy = \frac{2vddx}{dy} = -\frac{2vddy}{dx} \text{ und } Pdy + Qdx = -dv - Rds$$

erhält man

$$P = -\frac{2vddy + dydv + Rdyds}{ds^2} \text{ und}$$

$$Q = -\frac{2vddx + dxdv + Rdxds}{ds^2}.$$

Aus diesen beiden Gleichungen kann man, wenn eine Relation zwischen P und Q gegeben ist, sogleich eine andere Gleichung erhalten, aus welcher man v durch die Curve allein findet.

Zusatz 3.

§. 1065. Wird der Körper beständig durch irgend eine Kraft gegen den Mittelpunkt C hingezogen, so haben wir nach dem Parallelogramm der Kräfte

$$P : Q = y : x$$

und wir erhalten alsdann folgende Gleichung

$$2vxddy + xdvdy + Rxdyds = 2vyddx + ydvdx + Rydxds.$$

Setzt man nun $y = px$, so geht diese Gleichung über in

$$2vxddp + 4vdpdx + xdvdp + Rxdpds = 0,$$

wofür man auch schreiben kann

$$d . \{vx^4dp^2\} + Rx^4dp^2ds = 0.$$

Zusatz 4.

§. 1066. Im leeren Raume, wo R verschwindet und der Körper gegen den Mittelpunkt C hingezogen wird, ergibt sich

$$vx^4dp^2 = Ads^2 \text{ oder } v = \frac{Ads^2}{x^4dp^2}.$$

Ausserdem wird $\int Pdy = -\frac{vdy^2}{ds^2}$ oder $v = -\frac{ds^2\int Pdy}{dy^2}$; wir erhalten daher $-\frac{Ady^2}{x^4dp^2} = \int Pdy$, oder wenn man Q statt P nimmt, $-\frac{Adx^2}{x^4dp^2} = \int Qdx$.

Zusatz 5.

§. 1067. Ist die nach C gerichtete Centripetalkraft $= \frac{MC^n}{f^n}$ $= \frac{x^n(1+p^2)^{\frac{n}{2}}}{f^n}$, so wird $Q = \frac{x^n(1+p^2)^{\frac{n-1}{2}}}{f^n}$. Im leeren Raume haben wir daher für die beschriebene Curve die Gleichung

$$-\frac{Adx^2}{x^4dp^2} = \int\frac{x^ndx(1+p^2)^{\frac{n-1}{2}}}{f^n}.$$

Setzt man nun $-Af^n = B$ und $dx =$ constans, so erhalten wir

$$2Bxdxddp + 4Bdx^2dp + x^{n+5}dp^3(1+p^2)^{\frac{n-1}{2}} = 0.$$

Hätte man dp als constant vorausgesetzt, so würden wir erhalten haben

$$2Bxddx - 4Bdx^2 = x^{n+5}dp^2(1+p^2)^{\frac{n-1}{2}}.$$

Setzt man $x = \frac{1}{q}$, so geht diese über in

$$2Bq^{n+2}ddq + dp^2(1+p^2)^{\frac{n-1}{2}} = 0.$$

Das Integral dieser Gleichungen stellt sich zwar nicht sogleich dar, indessen kann man es nach dem vorigen Kapitel finden; es ergibt sich nämlich

$$x^{n+5}dp^2(1+p^2)^{\frac{n+1}{2}} = Cds^2.$$

Zusatz 6.

§. 1068. Obgleich aber die Gleichung

$$2Bq^{n+2}ddq + dp^2(1+p^2)^{\frac{n-1}{2}} = 0$$

ein Differential zweiter Ordnung ist, so ist sie doch bequemer, als die gefundene Differentialgleichung erster Ordnung zur Bestimmung der Curven, welche der geworfene Körper beschreiben wird, wenn er im einfachen oder im umgekehrten doppelten Verhältniss der Abstände angezogen wird. Im erstern Falle wird

$$n = 1 \text{ und } 2Bq^3ddq + dp^2 = 0.$$

Setzt man $dp = wdq$, so wird, weil dp constant ist, $ddq = -\frac{dw.dq}{w}$; also die Gleichung

$$2Bq^3dw = w^3dq.$$

Integrirt man diese, so erhält man

$$\frac{B}{w^2} = \frac{1}{q^2} + C \text{ und } w = \frac{q\sqrt{B}}{\sqrt{1 + Cq^2}}.$$

Ferner

$$p + \alpha = \frac{\sqrt{B(1+Cq^2)}}{C} = \frac{\sqrt{B(x^2+C)}}{Cx} = \frac{y}{x} + \alpha$$

$$\text{oder } \alpha x + \beta y = \sqrt{a^2 - x^2}.$$

Hier ist der Kürze wegen $\alpha C = \alpha$, $C = \beta$ und $-BC = a^2$ gesetzt, indem B selbst eine negative Zahl ist.

Zusatz 7.

§. 1069. Wird der Körper im umgekehrten doppelten Verhältniss der Abstände angezogen, oder ist $n = -2$, so wird die Gleichung der, im leeren Raume beschriebenen, Curve

$$2Bddq = \frac{dp^2}{(1+p^2)^{\frac{3}{2}}},$$

wo B, wie es sein muss, negativ angenommen ist. Integrirt man diese Gleichung, so ergibt sich

$$2Bdq + Cdp = \frac{pdp}{\sqrt{1+p^2}}$$

und wenn man auf's neue integrirt

$$2B + Cy = Dx + \sqrt{x^2+y^2}.$$

Diese Gleichung so wohl, als auch die des vorigen Zusatzes gehören Kegelschnitten an, und zwar die letztere allein einer Ellipse, die erstere allen Kegelschnitten.

Anmerkung 1.

§. 1070. Im vorhergehenden Kapitel, wo wir die Bewegung der Körper im leeren Raume behandelt haben, haben wir ebenfalls die Curven bestimmt, welche ein Körper beschreibt, wenn er durch eine, den Abständen oder den Quadraten der letztern umgekehrt proportionale, Centripetalkraft angetrieben wird; wir haben jene, mit den in diesen Zusätzen gegebenen übereinstimmend gefunden. Die Verfahrungsweisen waren aber wesentlich verschieden. Dort fanden wir aus der Vergleichung von Kreisbogen algebraische Gleichungen, hier hingegen ergab sich aus der Integration selbst von freien Stücken eine algebraische Gleichung zwischen den Coordinaten. Diese Methode ist nun in den beiden eben besprochenen Fällen weit bequemer, allein sie leidet an andern Mängeln. Für eine andere vorausgesetzte Centripetalkraft wird man nämlich nach dieser Methode gar keine Differentialgleichung der beschriebenen Curve aufstellen können, was doch nach jener directen Methode immer geschehen kann. Diess ist jedoch mehr der Mangelhaftigkeit der Analyse, als der Methode zuzuschreiben; indem wir zwar der im vorhergehenden Kapitel angewandten Methode zufolge wussten, dass der Differentialgleichung zweiter Ordnung

$$2Bxddx - 4Bddx^2 = x^{n+5}dp^2\,(1+p^2)^{\frac{n-1}{2}}$$

die Integralgleichung

$$x^{n+5}dp^2(1+p^2)^{\frac{n+1}{2}} + Cds^2 = 0$$

angehöre, wir aber diese keineswegs aus jener hätten ableiten können.

Anmerkung 2.

§. 1071. Die umgekehrten Aufgaben, welche in Betreff dieser Kräfte gestellt werden können, sind durch den zweiten Zusatz bereits gelöst, in welchem aus der gegebenen Curve, dem widerstehenden Mittel und der Geschwindigkeit in den einzelnen Punkten die längs MP und MQ gerichteten Kräfte gesucht werden, welche diese Bewegung hervorbringen. Es sei die Curve AMB etwa ein Kreis, dessen Mittelpunkt in C liegt und dessen Radius $AC = a$ ist. Der Widerstand sei $= \frac{v}{c}$ und die Geschwindigkeit constant, also $v = b$. Es wird alsdann $x^2 + y^2 = a^2$ und

$$P = \frac{2bcy - abx}{a^2c}, \quad Q = \frac{2bcx + aby}{a^2c}.$$

Auf ähnliche Weise kann man, da hier 5 in Betracht kommende Grössen vorhanden sind, nämlich

P, Q, R, v und die Natur der beschriebenen Curve oder eine Gleichung zwischen x und y; wenn drei derselben als gegeben angenommen werden, die übrigen beiden bestimmen. Man kann daher 10 verschiedene Aufgaben bilden, nach der Zahl der Combinationen zu je drei aus 5 Elementen. Um jedoch nicht zu sehr bei der Entwickelung derselben, aus denen nur wenig für den Gebrauch abgeleitet werden kann, aufgehalten zu werden, wollen wir nur Eine von ihnen lösen, wonach aus der gegebenen Centripetalkraft die in einem Mittel, welches im doppelten Verhältniss der Geschwindigkeiten widersteht, beschriebene Curve gesucht wird.

Satz 129.

Aufgabe.

§. 1072. (Figur 108.) Ein Körper bewegt sich in einem Mittel, welches im doppelten Verhältniss der Geschwindigkeiten widersteht und es ist $P : Q = MP : MQ$, oder was dasselbe ist, es wird der Körper durch eine beliebige Kraft gegen das Centrum C hingezogen; man soll die Curve AMB bestimmen, welche der Körper beschreiben wird.

Auflösung.

Es sei, wie im vorhergehenden Satze, $CP = x$, $PM = y$,

$Mm = ds$, $y = px$, $\sqrt{v}$ die Geschwindigkeit im Punkte M, q der Exponent des Widerstandes und $R = \frac{v}{q}$. Da nun $P : Q = y : x$; so erhalten wir die Gleichung

$$2vxddp + 4vdpdx + xdvdp + \frac{vxdpds}{q} = 0 \text{ (§. 1065.)}.$$

Dividirt man diese Gleichung durch $vxdp$, so geht sie über in

$$2\frac{ddp}{dp} + 4\frac{dx}{x} + \frac{dv}{v} + \frac{ds}{q} = 0$$

und man erhält, indem man nun integrirt,

$$e^{\int \frac{ds}{q}} . x^4 v dp^2 = A ds^2 \text{ oder } v = \frac{A . e^{-\int \frac{ds}{q}} . ds^2}{x^4 dp^2}.$$

Wenn man aber die Gleichung

$$Qds^2 + 2vddx + dvdx + \frac{vdxds}{q} = 0 \text{ (§. 1064.)}$$

mit $\frac{e^{\int \frac{ds}{q}} . dx}{ds^2}$ multiplicirt, so erhält man durch Integration

$$\int e^{\int \frac{ds}{q}} . Qdx + \frac{e^{\int \frac{ds}{q}} . vdx^2}{ds^2} = 0.$$

Substituirt man in diese Gleichung den oben für v gefundenen Werth, so ergibt sich

$$\int e^{\int \frac{ds}{q}} Qdx + \frac{Adx^2}{x^4 dp^2} = 0$$

und wenn man endlich diese differentiirt, unter der Voraussetzung, dass dx constant sei, so erhält man als Gleichung der gesuchten Curve

$$e^{\int \frac{ds}{q}} . Qx^5 dp^3 = 4Adx^2 dp + 2Axdxddp.$$

Zusatz 1.

§. 1073. Diese letztere Gleichung ist von der, für den leeren Raum gefundenen (§. 1066.) nur darin verschieden, dass $e^{\int \frac{ds}{q}} . Qx^5 dp^3$ statt $Qx^5 dp^3$ darin vorkommt, indem wir dort hatten

$$\int Qdx + \frac{Adx^2}{x^4 dp^2} = 0.$$

Zusatz 2.

§. 1074. Hätten wir das Element dp als constant angenommen, so würde sich die Gleichung

$$e^{\int\frac{ds}{q}}Qx^5dp^2 = 4Adx^2 - 2Axddx$$

ergeben haben. Setzt man hier $x = \frac{1}{z}$, so geht sie über in

$$e^{\int\frac{ds}{q}}Qdp^2 = 2Az^2ddz.$$

Zusatz 3.

§. 1075. Ist die nach C gerichtete Centripetalkraft $= \frac{MC^n}{f^n}$ $= \frac{x^n(1+p^2)^{\frac{n}{2}}}{f^n}$, so wird

$$Q = \frac{x^n(1+p^2)^{\frac{n-1}{2}}}{f^n} = \frac{(1+p^2)^{\frac{n-1}{2}}}{f^n z^n}.$$

Wir erhalten daher für die gesuchte Curve die Gleichung

$$e^{\int\frac{ds}{q}}dp^2 = \frac{2Af^n z^{n+2}\,ddz}{(1+p^2)^{\frac{n-1}{2}}}$$

und wenn man die Logarithmen beider Glieder einander gleich setzt:

$$\int\frac{ds}{q} + 2\log dp = \log(2Af^n) + (n+2)\log z + \log ddz$$
$$-\frac{n-1}{2}\log(1+p^2).$$

Differentiirt man diese, so ergibt sich, weil dp constant ist,

$$\frac{ds}{q} = \frac{(n+2)\,dz}{z} + \frac{d^3z}{ddz} - \frac{(n-1)\,pdp}{1+p^2}.$$

Es ist aber

$$ds = \sqrt{dx^2+dy^2} = \frac{\sqrt{dz^2+p^2dz^2+z^2dp^2-2pzdpdz}}{z^2}.$$

Zusatz 4.

§. 1076. Bei denselben Annahmen sei $q = \frac{MC}{\alpha} = \frac{\sqrt{1+p^2}}{\alpha z}$, so wird die Gleichung des vorhergehenden Zusatzes

$$\frac{\alpha\sqrt{dz^2+p^2dz^2+z^2dp^2-2pzdpdz}}{z\sqrt{1+p^2}} = \frac{(n+2)dz}{z} + \frac{d^3z}{ddz}$$
$$-\frac{(n-1)\,pdp}{1+p^2}.$$

Setzt man nun $z = e^{\int udp}$, so erhalten wir endlich

$$\frac{ndp\sqrt{1-2pu+u^2+p^2u^2}}{\sqrt{1+p^2}} =$$

$$(n+3)udp + \frac{ddu+2ududp}{du+u^2dp} - \frac{(n-1)pdp}{1+p^2}.$$

Anmerkung.

§. 1077. Ich bezweifele, dass man diese Differentialgleichung zweiten Grades in irgend einem Falle auf eine vom ersten Grade zurückführen könne, was wir doch oben (§. 1005.) gethan haben, wo wir die Centripetalkräfte nach unserm Plane betrachteten. Im widerstehenden Mittel scheint daher diese Verfahrungsweise weniger nützlich zu sein, wenigstens in den Fällen, wo $n=1$, oder $= -2$ ist. Da also in dieser Sache kaum noch irgend etwas zu hoffen ist, so verlasse ich hier die, im widerstehenden Mittel und in einer Ebene stattfindende, Bewegung und gehe zur Betrachtung der nicht in einer Ebene erfolgenden Bewegungen über, wo die Kraft des Widerstandes mit den absoluten Kräften, welche den Körper antreiben, verbunden ist. Man wird hierbei, wie leicht einzusehen ist, nur wenig zur vollständigen Erkenntniss bringen können und ich werde mich desshalb damit begnügen, die allgemeinen Regeln aufzustellen, nach denen man bei jeder gestellten Aufgabe zur Gleichung gelangen kann.

Satz 130.

Aufgabe.

§. 1078. (Figur 109.) In einem beliebigen widerstehenden Mittel wird ein Körper durch drei Kräfte angetrieben, von denen die eine tangential ist, die Richtungen der beiden andern aber normal auf der Richtung des Körpers und in zwei gegeneinander normalen Ebenen auf einander normal sind; man soll die Bewegung des Körpers und die von demselben beschriebene Curve bestimmen.

Auflösung.

Aus den Endpunkten M und m des Elements Mm, welches der Körper beschreibt, fälle man auf die feste Ebene APQ die Perpendikel MQ und mq und in dieser Ebene aus den Punkten Q und q auf die Linie AP die Perpendikel QP und qp. Man setze nun $AP=x$, $PQ=y$, $QM=z$ und die Geschwindigkeit des Körpers in $M=\sqrt{v}$. Ferner sei die Tangentialkraft $= T$, die eine normale, deren Richtung in der Ebene Mq liegt, $= N$ und die andere normale, deren Richtung normal gegen die letztere Ebene ist, $= M$. Endlich sei die Kraft des Widerstandes $= V$. Diese wirkt nicht auf die beiden Normalkräfte, sondern vermindert nur die Wirkung der Tangentialkraft; N und M bleiben daher unverändert und statt T muss man, um die Wirkung des Widerstandes anzugeben, $T - V$ setzen. Die Wirkungen dieser drei Kräfte haben wir bereits oben (§. 803.) bestimmt und wir haben nur statt des dortigen T hier $T - V$ zu setzen. Wir erhalten demnach, für die Bewegung im widerstehenden Mittel, folgende Gleichungen:

$$dv = (T - V)\sqrt{dx^2 + dy^2 + dz^2},$$

$$2vdydzddy - 2vddz(dx^2 + dy^2) = N(dx^2 + dy^2 + dz^2)^{\frac{3}{2}} \sqrt{dx^2 + dy^2},$$

$$- 2vdxddy = M(dx^2 + dy^2 + dz^2)\sqrt{dx^2 + dy^2)} \text{ (a. a. O.)}.$$

Eliminirt man hieraus v, so erhält man zwei Gleichungen zwischen den drei Coordinaten x, y und z, welche die Natur der gesuchten Curve ausdrücken.

Zusatz 1.

§. 1079. Die zwei letzten Gleichungen ergeben, wenn man aus ihnen v eliminirt, die Gleichung

$$\frac{ddz(dx^2 + dy^2)}{dxddy} - \frac{dydz}{dx} = \frac{N\sqrt{dx^2 + dy^2 + dz^2}}{M}.$$

Diese gilt eben so für ein beliebiges widerstehendes Mittel, als für den leeren Raum (§. 804.).

Zusatz 2.

§. 1080. Man ersieht aus dieser Gleichung, wie die Bewegung des Körpers beschaffen ist, wenn entweder N oder M verschwindet. Setzt man nämlich $N = 0$, so wird

$$\frac{ddz}{dz} = \frac{dyddy}{dx^2 + dy^2} \text{ oder } \alpha dz = \sqrt{dx^2 + dy^2}.$$

Es ist aber $\frac{dz}{\sqrt{dx^2 + dy^2}}$ die Tangente des Winkels, welchen das Element Mm mit Qq bildet; dieser Winkel ist daher constant, und es hat $QM = z$ zur Projection der beschriebenen Curve auf die Ebene APQ oder zu $BQ = \int \sqrt{dx^2 + dy^2}$ ein gegebenes Verhältniss.

Zusatz 3.

§. 1081. Ist die Kraft $M = 0$, so wird $ddy = 0$ und daher die Projection BQ eine gerade Linie. Die ganze vom Körper beschriebene Curve wird demnach in einer Ebene liegen, welche auf der Ebene APQ normal steht und diese in der Linie BQ schneidet.

Zusatz 4.

§. 1082. Aus der Gleichung des §. 1079. erhalten wir

$$ddz(dx^2 + dy^2) = dydzddy + \frac{Ndxddy\sqrt{dx^2+dy^2+dz^2}}{M}$$

Da nun aber ferner

$$-2vdxddy = M\{dx^2 + dy^2 + dz^2\}\sqrt{dx^2 + dy^2};$$

so ergibt sich, indem man beide Gleichungen mit einander multiplicirt,

$$-2vdxddz(dx^2 + dy^2) = Mdydz\{dx^2 + dy^2 + dz^2\}\sqrt{dx^2 + dy^2}$$
$$+ Ndx\{dx^2 + dy^2 + dz^2\}^{\frac{3}{2}}\sqrt{dx^2 + dy^2}.$$

Zusatz 5.

§. 1083. Wenn also

$$\frac{Mdydz}{dx} + N\sqrt{dx + dy^2 + dz^2} = 0$$

ist, so wird der Körper sich ebenfalls in einer Ebene bewegen. Es wird nämlich alsdann

$$ddz = 0 \text{ und } dz = \alpha dx,$$

mithin die Projection der beschriebenen Curve auf eine Ebene, welche in AP auf APQ normal ist, eine gerade Linie.

Zusatz 6.

§. 1084. (Figur 110.) Die Ebene, in welcher die beiden Elemente Mm und $m\mu$, welche der Körper beschreibt, liegen, wird hier auf ähnliche Weise wie im leeren Raume bestimmt, da ihre Lage nur von den Coordinaten x, y und z abhängig ist. Ist nämlich SMR die gesuchte Ebene, welche die Ebene APQ längs der geraden Linie OR schneidet; so ist

$$AO = x - \frac{zdxddy - ydxddz}{dzddy - dyddz},$$

$$\text{tg}\, POR = \frac{dzddy - dyddz}{dxddz}$$

und wenn man den Winkel, welchen die Ebene SMR mit der APQ bildet, durch i bezeichnet,

$$\operatorname{tg} i = \frac{MQ}{QV} = \frac{\sqrt{dx^2\, ddz^2 + (dzddy - dyddz)^2}}{dxddy} \quad (\S.\ 806.).$$

Zusatz 7.

§. 1085. Es ist daher

$$\sec POR = \frac{\sqrt{dx^2 ddz^2 + (dzddy - dyddz)^2}}{dxddz}$$

und so $\operatorname{tg} i = \dfrac{ddz}{ddy} \sec POR$.

Zusatz 8.

§. 1086. Im Fall, dass die Kraft N verschwindet, haben wir $ddz : ddy = dydz : dx^2 + dy^2$, also $\operatorname{tg} POR = \dfrac{dx}{dy}$ oder

$$POR = RQS,$$

indem alsdann QV in QS fällt. Es wird ferner in diesem Falle

$$\operatorname{tg} i = \frac{dz}{\sqrt{dx^2 + dy^2}}, \text{ also der Winkel } i \text{ constant.}$$

Endlich findet man in diesem Falle

$$AO = \frac{xdy + ydy - \alpha^2 zdz}{dx}.$$

Zusatz 9.

§. 1087. Im Zusatz 1. wird das Verhältniss von ddy zu ddz durch die Normalkräfte N und M bestimmt und wenn man daher statt der erstern die ihnen proportionalen Grössen setzt, so wird die Lage der Ebene RMS durch Differentiale erster Ordnung bestimmt. Alles dieses gilt eben so sehr für ein widerstehendes Mittel, als für den leeren Raum und es muss daher das hier Gefundene mit demjenigen durchaus übereinstimmen, was wir im §. 796. gezeigt haben.

Satz 131.

Aufgabe.

§. 1088. (Figur 111.) Ein Körper M wird in einem beliebigen widerstehenden Mittel durch drei Kräfte angezogen, von denen die eine die AR parallele Richtung Mf, die zweite die Richtung Mg, parallel der in der Ebene APQ gelegenen Ordinate QP und die dritte die Richtung MQ, perpendikulär auf die Ebene APQ hat; man soll die Bewegung des Körpers und die von ihm beschriebene Curve bestimmen.

Auflösung.

Es haben x, y, z und v die Bedeutung des vorhergehenden Satzes, ferner sei die längs Mf ziehende Kraft $= P$, die längs Mg ziehende $= Q$, die längs MQ ziehende $= R$ und die Kraft des Widerstandes im Punkte $M = V$. Die erstern drei Kräfte zerlege man in drei andere, deren Richtungen mit denen des §. 1078. übereinstimmen, alsdann erhalten wir die Gleichungen

$$T = \frac{-Pdx - Qdy - Rdz}{\sqrt{dx^2 + dy^2 + dz^2}},\ N = \frac{-Pdxdz - Qdydz + R(dx^2 + dy^2)}{\sqrt{(dx^2 + dy^2)(dx^2 + dy^2 + dz^2)}}$$

$$\text{und } M = \frac{-Pdy + Qdx}{\sqrt{dx^2 + dy^2}},$$

wo die Beziehungen wie §. 817. sind. Substituiren wir diese Werthe in die Gleichungen des §. 1078., so erhalten wir die folgenden:

$$dv = -Pdx - Qdy - Rdz - V\sqrt{dx^2 + dy^2 + dz^2},$$

$$\frac{2vdydzddy - 2vddz\,(dx^2 + dy^2)}{dx^2 + dy^2 + dz^2} = -Pdxdz - Qdydz + R(dx^2 + dy^2)$$

$$\text{und } \frac{2vdxddy}{dx^2 + dy^2 + dz^2} = Pdy - Qdx.$$

Eliminirt man aus diesen drei Gleichungen v, so erhält man zwei Gleichungen zwischen den Coordinaten x, y und z, welche die Natur der beschriebenen Curve ausdrücken. In diesen Gleichungen ist das Element dx als constant angenommen.

Zusatz 1.

§. 1089. Die zwei letzten Gleichungen stimmen vollkommen mit denjenigen überein, welche wir in §. 817. für den leeren Raum gefunden haben; alles, was aus ihnen folgt, gilt also sowohl im leeren Raume, als im widerstehenden Mittel. Der ganze Unterschied, welcher zwischen beiden Bewegungen stattfindet, hängt daher von der ersten Gleichung ab.

Zusatz 2.

§. 1090. Aus der Verbindung der zwei letzten Gleichungen entspringt die Proportion

$$ddy : ddz = Pdy - Qdx : Pdz - Rdx.$$

Man kann daher statt der zweiten Gleichung, welche zusammengesetzter als die übrigen ist, indem man mittelst dieser Proportion ddy eliminirt und reducirt, die folgende setzen

$$\frac{2vdxddz}{dx^2+dy^2+dz^2} = Pdz - Rdx,$$

oder auch die unmittelbar aus dieser Proportion folgende Gleichung

$$Pdyddz - Qdxddz = Pdzddy - Rdxddy,$$

welche v nicht mehr enthält.

Zusatz 3.

§. 1091. Mittelst dieser Proportion erhält man, zur Bestimmung der Ebene RMS, durch Differentiale erster Ordnung ausgedrückt:

$$AO = \frac{-Pydz + Pzdy + Qxdz - Qzdx + Rydx - Rxdy}{Qdz - Rdy},$$

$$\operatorname{tg} POR = \frac{-Qdz + Rdy}{Pdz - Rdx} \text{ und } \operatorname{tg} i$$

$$= \frac{\sqrt{(Pdz - Rdx)^2 + (Rdy - Qdz)^2}}{Pdy - Qdz} \quad (\S.\ 819.).$$

Zusatz 4.

§. 1092. Wenn von den Kräften P, Q und R zwei verschwinden, so muss die Bewegung des Körpers nothwendig in einer Ebene erfolgen. Ist etwa $P=0$ und $Q=0$, so wird $ddy = 0$. Ist $Q = 0$ und $R = O$, so wird

$$dzddy = dyddz \text{ oder } C + \log dy = \log dz, \text{ d. h. } dz = \alpha dy.$$

Beide resultirende Gleichungen deuten an, dass die Bewegung in einer Ebene erfolgt.

Zusatz 5.

§. 1093. Sind P, Q und R den Coordinaten x, y und z proportional, so wird der Körper beständig nach dem Punkte A hingezogen und die Bewegung daher in einer Ebene erfolgen; diess ergibt sich auch aus den Formeln. Da nämlich

$AO = 0$ und die Proportion des Zusatz 3. in $ddy : ddz$
$= xdy - ydx : xdz - zdx$

übergeht; so erhalten wir

$$\frac{xddy}{xdy - ydx} = \frac{xddz}{xdz - zdx}$$

und wenn man integrirt:

$\log(xdy - ydx) = \text{Const.} + \log(xdz - zdx)$ oder $xdy - ydx$
$= \alpha\,(xdz - zdx)$

und

$$addz = ddy,$$

woraus die Wahrheit der Behauptung folgt.

Zusatz 6.

§. 1094. Verschwindet die Kraft P, so erhalten wir

$$ddy:ddz = Q:R,\ R = -\frac{2vddz}{dx^2+dy^2+dz^2} \text{ und}$$

$$Q = -\frac{2vddy}{dx^2+dy^2+dz^2}.$$

Substituirt man diese Werthe von P, Q und R in die Gleichung, durch welche dv bestimmt wird, so ergibt sich

$$dv = \frac{2vdyddy + 2vdzddz}{dx^2+dy^2+dz^2} - V\sqrt{dx^2+dy^2+dz^2}.$$

Ist also der Widerstand $V = \frac{v}{c}$, so ergibt sich, weil

$\sqrt{dx^2+dy^2+dz^2} = Mm = ds$,

$$\frac{dv}{v} = \frac{d.(ds^2)}{ds^2} - \frac{ds}{c},\ \log v = \log\left(\frac{ads^2}{dx^2}\right) - \frac{s}{c} \text{ und}$$

$$v = \frac{a.e^{-\frac{s}{c}}ds^2}{dx^2}.$$

Zusatz 7.

§. 1095. Verschwindet die Kraft R, so erhalten wir

$$ddy:ddz = Pdy - Qdx : Pdz,\ P = \frac{2vdxddz}{(dx^2+dy^2+dz^2)dz}$$

$$\text{und } Q = \frac{2v(dyddz - dzddy)}{(dx^2+dy^2+dz^2)dz}.$$

Es wird daher

$$dv = -\frac{2vdx^2ddz + 2vdy^2ddz - 2vdydzddy}{(dx^2+dy^2+dz^2)dz} - V\sqrt{dx^2+dy^2+dz^2},$$

und wenn wieder $V = \frac{v}{c}$ ist,

$$\log v = \log a + \log\left(\frac{ds^2}{dz^2}\right) - \frac{s}{c} \text{ und } v = \frac{ae^{-\frac{s}{c}}ds^2}{dz^2}.$$

Auf ähnliche Weise ergibt sich, wenn Q verschwindet

$$v = \frac{ae^{-\frac{s}{c}}ds^2}{dy^2}.$$

Anmerkung.

§. 1096. Auf diese drei Kräfte P, Q und R kann man alle, beliebig zu erdenkenden, Kräfte zurückführen. Es mag daher eine beliebige Aufgabe gestellt werden, so lassen sich immer zwei Gleichungen darstellen, welche die Natur der beschriebenen Curve ausdrücken. Von diesen wird aber die eine eine Differentialgleichung zweiter, die andere eine dritter Ordnung sein, indem man nämlich den aus der Gleichung

$$\frac{2vdxddy}{dx^2+dy^2+dz^2} = Pdy - Qdx$$

sich ergebenden Werth von v differentiirt und das Differential statt dv in die Gleichung

$$dv = -Pdx - Qdy - Rdz - V\sqrt{dx^2+dy^2+dz^2}$$

substituirt.

Satz 132.

Aufgabe.

§. 1097. (Figur 111. In einem gleichförmigen Mittel, welches im einfachen Verhältniss der Geschwindigkeiten widersteht, wird ein Körper beständig senkrecht gegen die gerade Linie AP gezogen; man soll die Curve bestimmen, welche derselbe, wenn er beliebig fortgeworfen ist, beschreiben wird.

Auflösung.

Setzt man wie bisher $AP = x$, $PQ = y$, $QM = z$, die Geschwindigkeit in $M = \sqrt{v}$, den Exponenten des Widerstandes $= c$ und die Kraft, welche den Körper in M längs MP zieht, $= S$; so wird

$$V = \frac{\sqrt{v}}{\sqrt{c}},\ P = 0,\ Q = \frac{Sy}{\sqrt{y^2+z^2}} \text{ und } R = \frac{Sz}{\sqrt{y^2+z^2}}.$$

Wir haben also $Q:R = y:z$ und so $ddy:ddz = y:z$ oder

$$yddz - zddy = 0,$$

d. h., wenn wir integriren

$$ydz - zdy = \alpha dx.$$

Ferner haben wir, weil $P = 0$ ist,

$$dv = \frac{2vdds}{ds} - \frac{\sqrt{v}}{\sqrt{c}}\,ds \text{ (§. 1094.), wo wieder}$$

$$ds = \sqrt{dx^2+dy^2+dz^2};$$

deren Integral ist

$$v = \frac{ds^2 (b-x)^2}{4cdx^2}.$$

Substituirt man diesen Werth in die Gleichung $Q = -\frac{2vddy}{ds^2}$, so erhält man

$$\frac{ddy\ (b-x)^2}{2cdx} = -\frac{Sydx}{\sqrt{y^2+z^2}}.$$

Setzt man nun $z = py$, so erhält man, zur Bestimmung der beschriebenen Curve, die zwei Gleichungen

$$y^2 dp = \alpha dx \text{ und } ddy(b-x)^2 = -\frac{2cSdx^2}{\sqrt{1+p^2}}.$$

Zusatz 1.

§. 1098. Aus der Gleichung $2\sqrt{cv} = \frac{ds}{dx}(b-x)$ erhält man das Element der Zeit

$$dt = \frac{ds}{\sqrt{v}} = \frac{2dx\sqrt{c}}{b-x}$$

und die ganze Zeit, in welcher der Körper durch horizontale Bewegung längs AP fortgeführt ist, oder

$$t = 2\sqrt{c}\ \log\left(\frac{b}{b-x}\right).$$

Die horizontale Bewegung stimmt also mit der Bewegung des Körpers in demselben Mittel durch AP überein, wenn er durch keine Kraft angetrieben wird und wenn seine Anfangsgeschwindigkeit in $A = \frac{b}{2\sqrt{c}}$ ist.

Zusatz 2.

§. 1099. Diese Eigenschaft der Zeit findet nicht nur statt, wenn der Körper längs MP angetrieben wird und daher $Q : R = y : z$; sondern sie gilt stets, wenn nur $P = 0$ ist. Diess folgt aus §. 1094., wo nur $P = 0$ gesetzt wurde.

Zusatz 3.

§. 1100. Die fortschreitende Bewegung des Körpers längs AP wird demnach verzögert und kann nicht über eine bestimmte Grenze hinaus fortgesetzt werden, welche letztere aus $x = b$ folgt, wo $v = 0$ wird. Die Zeit, in welcher er bis zu diesem Punkte gelangt, ist $= \infty$.

Beispiel.

§. 1101. Wir wollen voraussetzen, dass die Kraft, welche

den Körper gegen *AP* hinzieht, den Abständen *MP* proportional oder

$$S = \frac{\sqrt{y^2 + z^2}}{f} = \frac{y\sqrt{1 + p^2}}{f}$$

sei. Zur Bestimmung der Curve haben wir daher die Gleichungen

$$fddy\,(b - x)^2 = -2cydx^2 \text{ und } y^2dp = adx.$$

Setzt man in der ersten $y = e^{\int udx}$, so geht sie über in

$$du + u^2dx = -\frac{2cdx}{f\,(b - x)^2},$$

in welcher sich die Veränderlichen von einander trennen lassen, indem für $u = \frac{q}{b - x}$, dieselbe in

$$\frac{fdq}{2c + fq + fq^2} = -\frac{dx}{b - x}$$

übergeht. Man erhält hiernach q und daher auch u durch x ausgedrückt, hierauf ferner y und hat so die Projection der beschriebenen Curve auf die Ebene *APQ*. Da nun y als Function von x gefunden ist, erhält man p aus der Gleichung

$$dp = \frac{adx}{y^2}$$

und so endlich $z = py$ ebenfalls als Function von x. Man kann daher die ganze, vom Körper beschriebene, Curve construiren.

Zusatz 4.

§. 1102. Wird $b = 0$, so verschwindet zugleich die längs *AP* fortschreitende Bewegung des Körpers. Dieser wird sich daher in einer Ebene bewegen, welche in *A* auf *AP* normal ist, indem er gegen *A* im Verhältniss der Abstände hingezogen wird. Die in diesem Falle vom Körper beschriebene Curve kann man nach §. 1012. u. f. bestimmen.

Bemerkung des Herausgebers.

In der nun beendeten Uebersetzung des I. Theiles der Mechanik musste ich, um mich möglichst streng dem Wortlaut des Originals anzuschliessen, mich bisweilen weitläufiger ausdrücken, als ich von freien Stücken gethan haben würde. In den folgenden Anmerkungen und Erläuterungen, über deren Zweck ich mich im Vorworte ausgesprochen habe, war es hingegen mein Bestreben, mich so kurz als möglich zu fassen und jedes entbehrliche Wort zu vermeiden. Zur Erklärung der so entstandenen Ungleichförmigkeit in der Abfassung beider Abschnitte schien es mir angemessen, diese kurze Bemerkung voranzuschicken.

Anmerkungen und Erläuterungen

zu

Leonhard Euler's Mechanik

oder

analytischer Darstellung der Wissenschaft von der Bewegung.

Anmerkungen und Erläuterungen.

Zu §. 40. (Figur 2.). Da $MN = AM^n$ und $n < 1$, also etwa $n = \frac{1}{p}$, wo $p > 1$ ist, so wird nach der Bezeichnung in der Figur $y = \sqrt[p]{x}$ und $\frac{dy}{dx} = \frac{1}{p}\sqrt[p]{\frac{1}{x^{p-1}}}$. $\frac{dy}{dx}$ bezeichnet allgemein die trigonometrische Tangente des Winkels, welchen die Tangente an der Curve mit AM bildet. Für $x = 0$ wird also $\frac{dy}{dx} = \infty$ und so AB senkrecht auf AM, damit die Zeit endlich werde. Bildet hingegen AB einen spitzen Winkel mit AM, was nur dann möglich ist, wenn $p < 1$, also $n > 1$ ist; so wird die Zeit der Bewegung durch $AM = \infty$ (§. 38.).

Zu §. 162. (Figur 21.). Der dem Punkt A entsprechende Krümmungshalbmesser AO muss so beschaffen sein, dass die Peripherie seines Kreises (des osculirenden) durch die drei, einander unendlich nahe liegenden Punkte B', A und D gehe. Der Winkel BAD, welchen die Verlängerung von $B'A$ mit AD bildet, ist derjenige, welchen die beiden, in A zusammentreffenden, Tangenten an B und D miteinander bilden und derselbe oder auch sein Sinus, was wegen der geringen Grösse gleichgültig ist, ist $= \frac{AB'}{AO} = \frac{AD}{AO}$. Ferner ist ebenfalls wegen der geringen Grösse der Seiten und Winkel, $Bb = AB \sin BAD = \frac{AB.AD}{AO}$ oder $AO = \frac{AB.AD}{Bb}$.

Zu §. 211. u. f. Nach den neuern Bestimmungen, wie sie Hansen in Schumachers Jahrbuch von 1837 gegeben hat, sind die Werthe dieser vier Zahlen

2836 ; 245 : 109 : 100

und in §. 214.

28,360; 2,450; 1,090 und für den Mond 0,163.

Zu §. 267. Setzen wir die kleine Grösse, um welche $n+1$ grösser als 0 ist, $= q$, so haben wir $n+1 = 0+q = q$ und so $v = \frac{a^q - y^q}{q \cdot f^{-1+q}}$ (§. 264.). In C, wo $y=0$ ist, wird daher

$$,v = \frac{f^{1-q} \cdot a^q}{q},$$

welcher Ausdrück endlich bleibt, so lange nur $q > 0$ ist, wie klein auch q übrigens sein möge.

Setzt man ferner $e_x = 1 + x + \frac{x^2}{1.2} + \frac{x^3}{1.2.3} + \text{etc.} = y$, so hat man

$$x = \log y$$

$$\text{also } \frac{y}{\log y} = \frac{1}{x} + 1 + \frac{x}{1.2} + \frac{x^2}{1.2.3} + \text{etc.}$$

Setzt man nun in der ersten Gleichung $x = \infty$, so ist nothwendig auch $y = \infty$ und für diesen Werth aus der letzten Gleichung

$$\frac{\infty}{\log\infty} = 1 + \frac{\infty}{1.2} + \frac{\infty^2}{1.2.3} + \text{etc.}$$

Es ist demnach ∞ unendlich mal grösser als $\log\infty$.

Zu §. 271. Für $n = -1$ wird die Kraft, welche den Körper nach C hinzieht, $= \frac{f}{y}$, also in C selbst $= \frac{f}{0} = \infty$. Die Geschwindigkeit des Körpers in demselben Punkte wird allgemein bestimmt aus $v = f\log\left(\frac{a}{y}\right)$, also in C $v = f\log\left(\frac{a}{0}\right) = f \log\infty$. Aus §. 267. folgt, dass $\log\infty$ kleiner als ∞ sein wird, man darf sich also nicht darüber wundern, dass bei der grössern ihn in C anziehenden Kraft der Körper, trotz seiner unendlich grossen Geschwindigkeit, nicht über diesen Punkt hinausgeht.

Zu §. 285. Es sei die Zeit des Niedersteigens zu dem einen Mittelpunkt, $t = \frac{1}{2}\pi\sqrt{2f}$, die zum andern, $T = \frac{1}{2}\pi\sqrt{2F}$, so wird $t : T = \sqrt{f} : \sqrt{F}$. Nach §. 264. ist ferner die Kraft, welche der erste Mittelpunkt auf P ausübt, $= \frac{a-x}{f} = k$ und die Kraft, welche der zweite Mittelpunkt auf denselben Punkt ausübt, $= \frac{a-x}{F} = K$; mithin $k : K = F : f$. Verbindet man beide Proportionen mit einander, so ergibt sich

$$t : T = \frac{1}{\sqrt{k}} : \frac{1}{\sqrt{K}}.$$

Zu §. 294. Man kann sich von der allgemeinen Gültigkeit dieser beiderseitigen Werthe überzeugen, wenn man in der allgemeinen Reductionsformel

$$\int \frac{x^m\,dx}{\sqrt{1-x^2}} = -\frac{x^{m-1}\sqrt{1-x^2}}{m} + \frac{m-1}{m}\int \frac{x^{m-2}\,dx}{\sqrt{1-x^2}},$$

für m die speciellen Werthe setzt und dann die Integrale zwischen den Grenzen $x = 0$ und $x = 1$ nimmt. Man erhält auf diese Weise die folgende Reihe von Werthen:

$$\int_0^1 \frac{dx}{\sqrt{1-x^2}} = \frac{\pi}{2},\ \int_0^1 \frac{x^2dx}{\sqrt{1-x^2}} = \frac{1.\pi}{2.2},\ \int_0^1 \frac{x^4dx}{\sqrt{1-x^2}} = \frac{1.3.\pi}{2.4.2},$$

etc.

$$\int_0^1 \frac{xdx}{\sqrt{1-x^2}} = 1,\ \int_0^1 \frac{x^3dx}{\sqrt{1-x^2}} = \frac{2}{3},\ \int_0^1 \frac{x^5\,dx}{\sqrt{1-x^2}} = \frac{2.4}{3.5}, \text{etc.}$$

Auf diese Integrale kann man aber leicht das in §. 290. enthaltene zurückführen. Wir wollen diess z. B. für $m = 3$ und $m = \frac{5}{2}$ zeigen. Aus

$$\int \frac{dy}{\sqrt{v}} = \sqrt{\frac{2a^{\frac{2}{2m-1}}}{(2m-1)f^{\frac{2m+1}{2m-1}}}} \int_0^a \frac{y^{\frac{1}{2m-1}}\,dy}{a^{\frac{2}{2m-1}} - y^{\frac{2}{2m-1}}}$$

wird, wenn man $y^{\frac{1}{2m-1}} = z$ und $a^{\frac{1}{2m-1}} = b$ setzt:

$$\int \frac{dy}{\sqrt{v}} = \frac{b^2\sqrt{2(2m-1)}}{\sqrt{f^{\frac{2m+1}{2m-1}}}} \cdot \int_0^1 \frac{\frac{z^{2m-1}}{b}\,d.\frac{z}{b}}{\sqrt{1-\left(\frac{z}{b}\right)^2}}$$

und für $m = 3$

$$\int \frac{dy}{\sqrt{v}} = \frac{b^2\sqrt{2.5}}{\sqrt{f^{\frac{7}{5}}}} \int_0^1 \frac{\frac{z^5}{b}\,d.\frac{z}{b}}{\sqrt{1-\left(\frac{z}{b}\right)^2}}$$

$$= \frac{b^6\sqrt{10f}}{\sqrt{f^{\frac{12}{5}}}} \int_0^1 \frac{\left(\frac{z}{b}\right)^5 d.\frac{z}{b}}{\sqrt{1-\left(\frac{z}{b}\right)^2}} = \frac{2.4}{3.5}\,\frac{a^{\frac{6}{5}}}{f^{\frac{6}{5}}}\sqrt{10f}.$$

Für $m = \frac{5}{2}$ wird

$$\int \frac{dy}{\sqrt{v}} = \frac{b^2 \sqrt{2.4}}{\sqrt{f^{\frac{6}{4}}}} \int_0^1 \frac{\frac{z^4}{b} d.\frac{z}{b}}{\sqrt{1-\left(\frac{z}{b}\right)^2}}$$

$$= \frac{b^5 \sqrt{2.4}}{\sqrt{f^{\frac{3}{2}}}} \int_0^1 \frac{\left(\frac{z}{b}\right)^4 d.\frac{z}{b}}{\sqrt{1-\left(\frac{z}{b}\right)^2}} = \frac{a^{\frac{5}{4}}}{f^{\frac{5}{4}}} \sqrt{2.4f}.\frac{1.3.\pi}{2.4.2}.$$

Zu §. 304. Setzt man in $\int_0^1 \frac{dz}{\sqrt{-\log z}}$, $z = e^{-\tau^2}$, also $dz = -2\tau d\tau . e^{-\tau^2}$ und $\sqrt{-\log z} = \tau$, so geht $t = \frac{a}{\sqrt{f}} \int \frac{dz}{\sqrt{-\log z}}$ in $t = -\frac{2a}{\sqrt{f}} \int e^{-\tau^2} d\tau$ über. Da ferner für $z = 0$, $\frac{1}{e^{\tau^2}} = 0$, also $\tau = \infty$ und für $z = 1$, $\frac{1}{e^{\tau^2}} = 1$, also $\tau = 0$ wird, so erhalten wir für die ganze Zeit des Niedersteigens

$$T = -\frac{2a}{\sqrt{f}} \int_\infty^0 e^{-\tau^2} d\tau = \frac{2a}{\sqrt{f}} \int_0^\infty e^{-\tau^2} d\tau.$$

Dass endlich $\int_0^\infty e^{-\tau^2} d\tau = \frac{1}{2}\sqrt{\pi}$ werde, ist im Berliner Astronomischen Jahrbuch für 1834, Seite 267 u. f., wie auch in Lacroix, Traité élémentaire de calcul différentiel et intégral, pag. 638 gezeigt.

Aus der allgemeinen Reductionsformel

$$\int (-\log x)^n dx = x(-\log x)^n + n \int (-\log x)^{n-1} dx.$$
$$= x(-\log x)^n + nx(-\log x)^{n-1} + n(n-1) \int (-\log x)^{n-2} dx \text{ etc.}$$

erhält man, indem man die Reihe immer weiter fortsetzt, wenn n eine positive ganze Zahl ist, alle Glieder bis zum letzten

$$n(n-1)(n-2)\ldots.(n-(n-1))x(-\log x)^{n-n} = n.(n-1)(n-2)\ldots.1.x.$$

Für $x = 1$ wird die ganze, auf der rechten Seite stehende Reihe, unmittelbar

$$= n(n-1)(n-2)\ldots.1,$$

weil $\log 1 = 0$ ist. Für $x = 0$ aber wird, indem wir $-\log x$

$= t$, also $x = e^{-t} = \frac{1}{e^t} = \frac{1}{1+t+\frac{t^2}{1.2}+\frac{t^3}{1.2.3}+\text{etc. in inf.}}$

setzen,

$$x(-\log x)^n = \frac{t^n}{e^t} =$$

$$\frac{1}{\frac{1}{t^n}+\frac{1}{t^{n-1}}+\frac{1}{1.2\,t^{n-2}}+\ldots\frac{1}{1.2\ldots(n-1).t}+\frac{1}{1.2\ldots n}+\frac{t}{1.2\ldots(n+1)}+\ldots}$$

Für $x = 0$ ist aber $t = \infty$, mithin verschwinden im Nenner alle Glieder bis zu dem $\frac{1}{1.2\ldots.(n-1)t}$ einschliesslich, das folgende wird constant $\frac{1}{1.2\ldots.n}$ und alle folgenden werden $=\infty$, mithin für $x = 0$,

$$x(-\log x)^n = \frac{1}{\infty} = 0$$

und so

$$\int_0^1 (-\log x)^n dx = 1.2.3\ldots.n.$$

Der Werth auf der rechten Seite ist das, dem Index n entsprechende Glied in der Reihe

$$1;\ 1.2;\ 1.2.3;\ 1.2.3.4;\ \text{etc.}$$

und wenn wir diese Gleichung auch für $n = -\frac{1}{2}$ gelten lassen; so ist

$$\int_0^1 \frac{dx}{\sqrt{-\log x}}$$

das dem Index $= -\frac{1}{2}$ entsprechende Glied in derselben Reihe. Dieser letzte Schluss kann nur in so fern gelten, als wir dadurch das letzte Integral mit der Reihe in Beziehung gebracht haben; dass dasselbe aber wirklich dem Gliede vom Index $= -\frac{1}{2}$ entspreche, muss besonders bewiesen werden und diess hat Euler in der erwähnten Abhandlung zu zeigen gesucht. Um hier nicht zu weitläufig zu werden, müssen wir auf jene Abhandlung verweisen.

Zu §. 307. Von einer Gleichstellung zweier Integrale kann hier überall nicht die Rede sein, indem nur $\int \frac{dz}{\sqrt{-\log z}}$ ein Integral, dagegen $\sqrt{2\int \frac{dz}{\sqrt{1-z^2}}}$ die Wurzel aus einem solchen ist. Nur für die bestimmten Grenzen 0 und 1 geben beide denselben Werth, woraus durchaus nicht folgt, dass sie auch allgemein für jeden Werth von z einander gleich sein müssen.

Zu §. 318. (Figur 32.) Der Krümmungshalbmesser ist allgemein

$$= \frac{\left\{1+\left(\frac{dv}{dy}\right)^2\right\}^{\frac{3}{2}}}{\frac{d^2v}{dy^2}}.$$

Im vorliegenden Falle ist nun

$$\frac{dv}{dy} = \frac{y^n}{f^n} \text{ und } \frac{d^2v}{dy^2} = \frac{ny^{n-1}}{f^n},$$

also, weil $n > 0$ und $n < 1$, wie auch $n-1<0$, für $y=0$: $\frac{dv}{dy} = 0$ und $\frac{d^2v}{dy^2} = \infty$. Es wird daher der Krümmungshalbmesser $= \frac{1}{\infty} = 0$.

Zu §. 341. Die Gleichung $v =$ constans folgt auch aus der allgemeinen

$$\frac{dx}{\sqrt{v}} = \frac{ds}{\sqrt{v}} - \frac{sdv}{2v\sqrt{v}},$$

welche für $x=s$, also $dx=ds$ ergibt: $dv=0$ oder $v=$ constans.

Zu §. 396. Aus $m > 0$ folgt $1-m<1$, $\frac{1}{1-m} > 1$ und $\frac{m}{m-1} > 0$. Da nun

$$\frac{1}{1-m} y^{\frac{m}{m-1}} \left\{ \sqrt[1-m]{\frac{1-m}{k^m}} \right\} \left\{ y^{\frac{m}{m-1}} \right\}, \quad v = \sqrt[1-m]{\frac{(1-m)y}{k^m}}$$

so wird für $y=0$ so wohl $v=0$, als auch $\frac{dv}{dy} = 0$ und es wird daher die Scale der, den Geschwindigkeiten zukommenden, Höhen die gerade Linie AC in C berühren.

Zu §. 397. Setzt man in der Gleichung

$$v = \frac{c.k^{\frac{m}{m-1}}}{\sqrt[m-1]{k^m+(m-1)c^{m-1}.x}}$$

$m<1$, also $m-1$ negativ, so geht dieselbe über in

$$v = \frac{c.k^{-\frac{m}{1-m}}}{\{k^m-(1-m)c^{-(1-m)}x\}^{-\frac{1}{1-m}}} = \sqrt[1-m]{\frac{c^{1-m}k^m-(1-m)x}{k^m}},$$

d. h. dieselbe, welche wir in §. 387. für diesen Fall gefunden haben. Das Resultat, welches wir daher hier für die Zeit, unter der Bedingung, dass $m > 1$ sei, erhalten werden, gilt also auch, wenn $m < 1$.

Zu §. 426. Um den Ausdruck

$$\begin{array}{c}\sqrt{\frac{k}{g}}\log\left(\frac{\sqrt{e^{-\frac{x}{k}}(c-gk)+gk+\sqrt{gk}}}{\sqrt{e^{-\frac{x}{k}}(c-gk)-gk-\sqrt{gk}}}\right)-\sqrt{\frac{k}{g}}\\ \log\left(\frac{\sqrt{c}+\sqrt{gk}}{\sqrt{c}-\sqrt{gk}}\right)\end{array}$$

zu vereinfachen, multipliciren wir jeden der Brüche hinter dem Logarithmenzeichen im Zähler und Nenner mit dem Zähler, so erhalten wir:

$$t=\begin{array}{c}\sqrt{\frac{k}{g}}\log\left(\frac{\left\{\sqrt{e^{-\frac{x}{k}}(c-gk)+gk+\sqrt{gk}}\right\}^{2}}{e^{-\frac{x}{k}}(c-gk)}\right)-\sqrt{\frac{k}{g}}\\ \log\left(\frac{\{\sqrt{c}+\sqrt{gk}\}^{2}}{c-gk}\right)\end{array}$$

$$=2\sqrt{\frac{k}{g}}\log\left(\frac{\sqrt{e^{-\frac{x}{k}}(c-gk)+gk+\sqrt{gk}}}{\sqrt{c}+\sqrt{gk}}\right)-\sqrt{\frac{k}{g}}\log e^{-\frac{x}{k}}$$

$$=\frac{x}{\sqrt{gk}}+2\sqrt{\frac{k}{g}}\log\left(\frac{\sqrt{e^{-\frac{x}{k}}(c-gk)+gk+\sqrt{gk}}}{\sqrt{c}+\sqrt{gk}}\right),$$

weil $\sqrt{\frac{k}{g}}\log e^{-\frac{x}{k}}=-\frac{x}{k}\sqrt{\frac{k}{g}}=-\frac{x}{\sqrt{gk}}$.

Zu §. 431. Aus

$$x=2k\log\left\{\frac{e^{250t\sqrt{\frac{g}{k}}}+1}{2}\right\}-250\,t\sqrt{gk}$$

folgt nämlich

$$e^{\frac{x}{2k}}=\frac{1+e^{-250t\sqrt{\frac{g}{k}}}}{2e^{-152t\sqrt{\frac{g}{k}}}}=e^{152t\sqrt{\frac{g}{k}}}:\frac{2}{1+e^{-250t\sqrt{\frac{g}{k}}}}$$

und so

$$x = 250\,t\sqrt{gk} - 2k\log\left\{\frac{2}{e^{-250\,t\sqrt{\frac{g}{k}}}+1}\right\}.$$

Zu §. 432. Es wird

$$\sqrt{1-e^{-\frac{x}{k}}} = \left\{\frac{x}{k} - \frac{x^2}{2k^2} + \frac{x^3}{6k^3} - \frac{x^4}{24k^4}\text{ etc.}\right\}^{\frac{1}{2}}$$

$$= \sqrt{\frac{x}{k}} - \frac{1}{4}\frac{\frac{x^2}{k^2}}{\sqrt{\frac{x}{k}}} + \frac{1}{12}\frac{\frac{x^3}{k^3}}{\sqrt{\frac{x}{k}}} - \frac{1}{32}\frac{\frac{x^4}{k^4}}{\frac{x\sqrt{x}}{k\sqrt{k}}}\text{ etc.}$$

$$= \frac{\sqrt{x}}{\sqrt{k}} - \frac{x\sqrt{x}}{4k\sqrt{k}} + \frac{5x^2\sqrt{x}}{96k^2\sqrt{k}}\text{ etc.}$$

Ferner

$$\log\left\{\sqrt{1-e^{-\frac{x}{k}}}+1\right\} = \frac{\sqrt{x}}{\sqrt{k}} - \frac{x\sqrt{x}}{4k\sqrt{k}} + \frac{5x^2\sqrt{x}}{96k^2\sqrt{k}}\text{ etc.}$$

$$-\frac{x}{2k} + \frac{x^2}{4k^2} - \frac{x^2\sqrt{x}}{4k^2\sqrt{k}}\text{ etc.} + \frac{x\sqrt{x}}{3k\sqrt{k}}\text{ etc.} - \frac{x^2}{4k^2}\text{ etc.}$$

$$+\frac{x^2\sqrt{x}}{5k^2\sqrt{k}}\text{ etc.}\ldots\text{ etc.}$$

$$= \frac{\sqrt{x}}{\sqrt{k}} - \frac{x}{2k} + \frac{x\sqrt{x}}{12k\sqrt{k}} + \frac{x^2\sqrt{x}}{480k^2\sqrt{k}}\text{ etc.}\ldots$$

Zu §. 453. Um die Reihe für τ' zu erhalten, setzen wir

$$\sqrt{1-e^{-\frac{x}{k}}} = \left\{\frac{x}{k} - \frac{x^2}{2k^2} + \frac{x^3}{6k^3} - \frac{x^4}{24k^4} + \frac{x^5}{120k^5}\text{ etc.}\right\}^{\frac{1}{2}} = Ax^{\frac{1}{2}}$$

$$+ B.x^{\frac{3}{2}} + C.x^{\frac{5}{2}} + D.x^{\frac{7}{2}} + Ex^{\frac{9}{2}} + \text{etc.},$$

woraus zur Bestimmung der Coefficienten A, B, C, D, E etc: die Gleichungen folgen:

$$A^2 = \frac{1}{k},\ 2AB = -\frac{1}{2k^2},\ 2AC + B^2 = \frac{1}{6k^3},\ 2AD + 2BC =$$

$$-\frac{1}{24k^4},\ 2AE + 2BD + C^2 = \frac{1}{120k^5},\text{ etc.}$$

Es wird demnach

$$A^2 = \frac{1}{k}\text{ oder }A = \frac{1}{\sqrt{k}},$$

$$B = -\frac{1}{2A}\cdot\frac{1}{2k^2} = -\frac{1}{4k\sqrt{k}} = -\frac{1}{2^2.k\sqrt{k}},$$

$$C = \frac{\sqrt{k}}{2}\left\{\frac{1}{6k^3} - \frac{1}{16k^3}\right\} = + \frac{5}{2^5 3k^2\sqrt{k}} = + \frac{5}{2^5 . 3k^2\sqrt{k}},$$

$$D = \frac{\sqrt{k}}{2}\left\{-\frac{1}{24k^4} + \frac{5}{2 . 96k^4}\right\} = -\frac{1}{2^7 . k^3\sqrt{k}},$$

$$E = \frac{\sqrt{k}}{2}\left\{\frac{1}{120k^5} - \frac{1}{2^8 . k^5} - \frac{25}{2^{10} . 3^2 k^5}\right\} = + \frac{79}{2^{11} . 3^2 . 5 . k^4\sqrt{k}}.$$

Wir haben daher

$$\sqrt{1 - e^{-\frac{x}{k}}} = \frac{\sqrt{x}}{\sqrt{k}} - \frac{x\sqrt{x}}{2^2 . k\sqrt{k}} + \frac{5x^2\sqrt{x}}{2^5 . 3k^2\sqrt{k}} - \frac{x^3\sqrt{x}}{2^7 . k^3\sqrt{k}} + \frac{79x^4\sqrt{x}}{2^{11} . 3^2 . 5k^4\sqrt{k}} \text{ etc.}$$

$$1 - e^{-\frac{x}{k}} = \frac{x}{k} - \frac{x^2}{2k^2} + \frac{x^3}{2 . 3k^3} - \frac{x^4}{2^3 . 3k^4} + \frac{x^5}{2^3 . 3 . 5k^5} \text{ etc.}$$

$$(1 - e^{-\frac{x}{k}})^{\frac{3}{2}} = \frac{x\sqrt{x}}{k\sqrt{k}} - \frac{3x^2\sqrt{x}}{2^2 . k^2\sqrt{x}} + \frac{11 . x^3\sqrt{x}}{2^5 . k^3\sqrt{k}} - \frac{15x^4\sqrt{x}}{2^7 . k^4\sqrt{k}} \text{ etc.}$$

$$(1 - e^{-\frac{x}{k}})^2 = \frac{x^2}{k^2} - \frac{x^3}{k^3} + \frac{7x^4}{2^2 . 3k^4} - \frac{x^5}{2^2 . k^5} \text{ etc.}$$

$$(1 - e^{-\frac{x}{k}})^{\frac{5}{2}} = \frac{x^2\sqrt{x}}{k^2\sqrt{k}} - \frac{5x^3\sqrt{x}}{2^2 . k^3\sqrt{k}} + \frac{85x^4\sqrt{x}}{2^5 . 3 . k^4\sqrt{k}} \text{ etc.}$$

$$(1 - e^{-\frac{x}{k}})^3 = \frac{x^3}{k^3} - \frac{3x^4}{2k^4} + \frac{5x^5}{2^2 k^5} \text{ etc.}$$

$$(1 - e^{-\frac{x}{k}})^{\frac{7}{2}} = \frac{x^3\sqrt{x}}{k^3\sqrt{k}} - \frac{7x^4\sqrt{x}}{2^2 k^4\sqrt{k}} \text{ etc.}$$

$$(1 - e^{-\frac{x}{k}})^4 = \frac{x^4}{k^4} - \frac{2x^5}{k^5} \text{ etc.}$$

$$(1 - e^{-\frac{x}{k}})^{\frac{9}{2}} = \frac{x^4\sqrt{x}}{k^4\sqrt{k}} \text{ etc.}$$

Ferner erhalten wir (nach §. 432.)

$$\frac{x}{\sqrt{kg}} = \frac{x}{\sqrt{kg}}$$

$$2\sqrt{\frac{k}{g}}(1-e^{-\frac{x}{k}})^{\frac{1}{2}} = \frac{2\sqrt{x}}{\sqrt{g}} - \frac{x\sqrt{x}}{2k\sqrt{g}} + \frac{5x^2\sqrt{x}}{2^4.3k^2\sqrt{g}} - \frac{x^3\sqrt{x}}{2^6.k^3\sqrt{g}} + \frac{79x^4\sqrt{x}}{2^{10}.3^2.5k^4\sqrt{g}}$$

$$-\sqrt{\frac{k}{g}}(1-e^{-\frac{x}{k}}) = -\frac{x}{\sqrt{kg}} + \frac{x^2}{2k\sqrt{kg}} - \frac{x^3}{2.3k^2\sqrt{kg}} + \frac{x^4}{2^3.3k^3\sqrt{kg}} - \frac{x^5}{2^3.3.5.k^4\sqrt{kg}}$$

$$+\frac{2}{3}\sqrt{\frac{k}{g}}(1-e^{-\frac{x}{k}})^{\frac{3}{2}} = +\frac{2x\sqrt{x}}{3k\sqrt{g}} - \frac{x^2\sqrt{x}}{2k^2\sqrt{g}} + \frac{11x^3\sqrt{x}}{2^6k^3\sqrt{g}} - \frac{5x^4\sqrt{x}}{2^6.k^4\sqrt{g}}$$

$$-\frac{1}{2}\sqrt{\frac{k}{g}}(1-e^{-\frac{x}{k}})^2 = -\frac{x^2}{2k\sqrt{kg}} + \frac{x^3}{2k^2\sqrt{kg}} - \frac{7x^4}{2^3.3k^3\sqrt{kg}} + \frac{x^5}{2^3.k^4\sqrt{kg}}$$

$$+\frac{2}{5}\sqrt{\frac{k}{g}}(1-e^{-\frac{x}{k}})^{\frac{5}{2}} = +\frac{2x^2\sqrt{x}}{5k^2\sqrt{g}} - \frac{x^3\sqrt{x}}{2k^3\sqrt{g}} + \frac{17x^4\sqrt{x}}{2^4.3k^4\sqrt{g}}$$

$$-\frac{1}{3}\sqrt{\frac{k}{g}}(1-e^{-\frac{x}{k}})^3 = -\frac{x^3}{3k^2\sqrt{kg}} + \frac{x^4}{2k^3\sqrt{kg}} - \frac{5x^5}{2^2.3k^4\sqrt{kg}}$$

$$+\frac{2}{7}\sqrt{\frac{k}{g}}(1-e^{-\frac{x}{k}})^{\frac{7}{2}} = +\frac{2x^3\sqrt{x}}{7k^3\sqrt{g}} - \frac{x^4\sqrt{x}}{2k^4\sqrt{g}}$$

$$-\frac{1}{4}\sqrt{\frac{k}{g}}(1-e^{-\frac{x}{k}})^4 = -\frac{x^4}{4k^3\sqrt{kg}} + \frac{x^5}{2k^4\sqrt{kg}}$$

$$+\frac{2}{9}\sqrt{\frac{k}{g}}(1-e^{-\frac{x}{k}})^{\frac{9}{2}} = +\frac{2x^4\sqrt{x}}{9k^4\sqrt{g}}$$

$$-\frac{1}{5}\sqrt{\frac{k}{g}}(1-e^{-\frac{x}{k}})^5 = -\frac{x^5}{5k^4\sqrt{kg}}$$

Nimmt man diese Glieder zusammen, so erhält man die Zeit der niedersteigenden Bewegung durch x, oder

$$\tau' = \frac{2\sqrt{x}}{\sqrt{g}} + \frac{x\sqrt{x}}{6k\sqrt{g}} + \frac{x^2\sqrt{x}}{240k^2\sqrt{g}} - \frac{x^3\sqrt{x}}{1344k^3\sqrt{g}} - \frac{x^4\sqrt{x}}{46080k^4\sqrt{g}} \text{ etc.}$$

Zu §. 454. Nimmt man

$$\sqrt{x} = A.t + B.t^5 + C.t^9 + \text{etc.}$$

an, so erhält man zur Bestimmung der Coefficienten A, B, C etc. die Gleichungen:

$$1 = \frac{4}{\sqrt{g}}.A,\quad \frac{4B}{\sqrt{g}} + \frac{A^5}{120k^2\sqrt{g}} = 0,\quad \frac{4C}{\sqrt{g}} + \frac{A^4B}{24k^2\sqrt{g}} - \frac{A^9}{23040k^4\sqrt{g}} = 0,$$

also $A = \frac{\sqrt{g}}{4}$, $B = -\frac{\sqrt{g}}{4}.\frac{1}{120k^2\sqrt{g}}\frac{g^2\sqrt{g}}{2^{10}}$

$$= -\frac{g^2\sqrt{g}}{2^{15}.15k^2},$$

$$C = \frac{\sqrt{g}}{2^2}\left\{\frac{1}{15.2^9.3k^4\sqrt{g}}.\frac{g^4\sqrt{g}}{2^{18}} + \frac{1}{2^3.3.k^2\sqrt{g}}.\frac{g^2}{2^8}.\frac{g^2\sqrt{g}}{2^{15}.15.k^2}\right\} = \frac{g^4\sqrt{g}}{15.2^{29}.k^4}.$$

Zu §. 457. Dieses Beispiel habe ich wieder durchgerechnet, dabei aber nur fünfziffrige Logarithmen angewandt; meine Resultate weichen bald mehr, bald weniger von denen im Original ab. Ich erhielt

$$\frac{t\sqrt{g}}{4\sqrt{k}} = 1{,}41658;\quad \frac{g^2t^5\sqrt{g}}{2^{15}.15.k^2\sqrt{k}} = 0{,}01194;\quad \frac{g^4t^9\sqrt{g}}{2^{29}.15.k^4\sqrt{k}} = 0{,}00076.$$ Demnach wird

$$\frac{\sqrt{x}}{\sqrt{k}} = 1{,}40540,\ \sqrt{x} = 2108{,}1 \text{ und } x = 4444{,}1 \text{ Fuss.}$$

$$\frac{250\delta\sqrt{g}}{\sqrt{k}} = 0{,}9253 - 0{,}0161 = 0{,}9092;\quad \delta = \tau' - \tau = 5'',46 \text{ und}$$

$t = \tau' + \tau = 34'',00$; also die Zeit der niedersteigenden Bewegung $\tau' = 19'',73$ und die Zeit des Aufsteigens, $\tau = 14'',27$. Um die Höhen zu finden, welche den Geschwindigkeiten zukommen, womit die Kugel aufzusteigen anfing und niederzusteigen aufhörte, wandt ich die vollständigen Formeln $v = gk\left(e^{\frac{x}{k}} - 1\right)$ und $v' = gk\left(1 - e^{-\frac{x}{k}}\right)$ (§. 450.) an, denn die Reihen (§. 456.) würden die Berechnung von 10 Gliedern erfordern, um die Einheit richtig zu erhalten. Es wird

$$\log\ e^{\frac{x}{k}} = 0{,}85778;\ \log\left(e^{\frac{x}{k}} - 1\right) = 0{,}79292;\ \log\left(1 - e^{-\frac{x}{k}}\right) = 9{,}93513$$

und $\log\ gk = 6{,}35218$; also

$v = 13967$ Fuss und $v' = 1938$ Fuss.

Um zu untersuchen, ob der gefundene Werth von x hinreichend genau sei, setzte ich ihn in die vollständige Formel (§. 450.).

$$\frac{t\sqrt{g}}{2\sqrt{k}} = \text{arc. tg.} \sqrt{e^{\frac{x}{k}} - 1} + \log\left\{\sqrt{e^{\frac{x}{k}}} + \sqrt{e^{\frac{x}{k}} - 1}\right\}.$$

Es wird alsdann

$$\log\sqrt{e^{\frac{x}{k}} - 1} = 0{,}39646$$

$$\text{arc. tg}\sqrt{e^{\frac{x}{k}} - 1} = 68^0,7',8 = 1{,}1891 \text{ in Theilen des Radius,}$$

$$\log\sqrt{e^{\frac{x}{k}}} = 0{,}42889$$

$$\log\sqrt{e^{\frac{x}{k}} - 1} = 0{,}39646$$

$$\log \text{Br.} \left\{\sqrt{e^{\frac{x}{k}}} + \sqrt{e^{\frac{x}{k}} - 1}\right\} = 0{,}71400$$

$$\log \text{hyp.} \left\{\sqrt{e^{\frac{x}{k}}} + \sqrt{e^{\frac{x}{k}} - 1}\right\} = 1{,}6441$$

also

$$\text{arc. tg}\sqrt{e^{\frac{x}{k}} - 1} + \log\left\{\sqrt{e^{\frac{x}{k}}} + \sqrt{e^{\frac{x}{k}} - 1}\right\} = 2{,}8332 = \frac{t\sqrt{g}}{2\sqrt{k}}.$$

Oben hatten wir gefunden . . . . 2,83316.

Zu §. 458. Es wird nämlich (nach §. 218.).

$$\tau' = 2\sqrt{v} = 2\sqrt{gx}\left\{1 + \frac{x}{2k} + \frac{x^2}{6k^2} + \frac{x^3}{24k^3}\right\}^{\frac{1}{2}}$$

$$= 2\sqrt{gx}\left\{1 + \frac{x}{4k} + \frac{5x^2}{96k^2} + \frac{x^3}{128k^3} \text{ etc.}\right\}$$

und daher

$$t = \tau + \tau' = 4\sqrt{gx} + \frac{x\sqrt{gx}}{k} + \frac{5x^2\sqrt{gx}}{24k^2}$$

$$+ \frac{x^3 \sqrt{gx}}{32k^3} \text{ etc.}$$

Zu §. 460. Wir hatten hier $v = 13967$ Fuss $= 13967000$ Scrupel, mithin die Zeit des Auf- oder Niedersteigens im leeren Raume $= \frac{1}{125}\sqrt{v} = \frac{3737}{125} = 30$ Secunden (§. 220.) und beide Zeiten zusammen $= 60$ Secunden.

Zu §. 464. Ist k sehr gross und $\frac{a}{k}$ fast verschwindend klein, so kann man $e^{\frac{a}{k}} = 1 + \frac{a}{k}$ setzen und erhält so

$$\frac{OP}{k} = \log\left(\frac{n + \frac{na}{k} - n + 1}{n - 1 + \frac{(n-1)a}{k} - n + 2}\right)$$

$$= \log\left(1 + \frac{a}{(n-1)a+k}\right) = \frac{a}{(n-1)a+k} - \tfrac{1}{2}\left(\frac{a}{(n-1)a+k}\right)^2$$
$$+ \tfrac{1}{3}\left(\frac{a}{(n-1)a+k}\right)^3 \text{ etc.}$$

Da aber k sehr gross ist, so wird $\frac{a}{(n-1)\ a+k}$ sehr klein und man kann die höhern Potenzen gegen die erstere vernachlässigen; so dass

$$OP = \frac{ak}{(n-1)a+k} = a - \frac{(n-1)\,a^2}{k} + \frac{(n-1)^2\,a^3}{k^2}$$
$$- \frac{(n-1)^3 a^4}{k^3} + \text{etc.}$$

Zu §. 471. Setzt man in

$$x = \frac{v}{g} + \frac{2v\sqrt{v}}{3g^2\sqrt{k}} + \frac{v^2}{2g^3k} + \frac{2v^2\sqrt{v}}{5g^4k\sqrt{k}} \text{ etc.,}$$

wo k sehr gross sein soll,

$$v = Ax + Bx^{\frac{3}{2}};$$

so erhält man zur Bestimmung von A und B die Gleichungen $\frac{A}{g} = 1$ und $\frac{B}{g} = -\frac{2A^{\frac{3}{2}}}{3g^2\sqrt{k}}$, also $A = g$ und $B = -\frac{2\sqrt{g}}{3\sqrt{k}}$.

Es wird daher sehr genähert

$$v = gx - \frac{2x\sqrt{gx}}{3\sqrt{k}}.$$

Zu §. 472. Ist $v > g^2k$, also $\sqrt{v} > g\sqrt{k}$, so wird $dv = \frac{g\sqrt{k} - \sqrt{v}}{\sqrt{k}} dx$ übergehen in

$$dv = -\frac{\sqrt{v} - g\sqrt{k}}{\sqrt{k}} dx.$$

Es nimmt also v ab, wenn x zunimmt. Dieser Fall ist aber imaginär, weil v nicht grösser als g^2k werden kann.

Zu §. 501. Es wird nämlich

$$\int e^{\frac{x}{k}} x^n dx = k\int x^n . d . e^{\frac{x}{k}} = k e^{\frac{x}{k}} x^n - kn\int e^{\frac{x}{k}} x^{n-1} dx$$

$$= ke^{\frac{x}{k}} . x^n - k^2 n e^{\frac{x}{k}} . x^{n-1}$$

$$+ n(n-1)k^2 \int e^{\frac{x}{k}} x^{n-2} dx$$

$$= ke^{\frac{x}{k}} . x^n - nk^2 e^{\frac{x}{k}} x^{n-1}$$

$$+ n(n-1) k^3 e^{\frac{x}{k}} x^{n-2} - \text{etc.}$$

Zu §. 502. Für $n+1=4$ oder $n=3$ wird z. B.

$$\int e^{\frac{x}{k}} x^3 dx = ke^{\frac{x}{k}} x^3 - 3k^2 e^{\frac{x}{k}} x^2 + 3.2 k^3 e^{\frac{x}{k}} x - 3.2 k^k e^{\frac{x}{k}}.$$

Ebenso für $n + 1 = 5$ oder $n = 4$

$$\int e^{\frac{x}{k}} x^4 dx = ke^{\frac{x}{k}} . x^4 - 4 . k^2 e^{\frac{x}{k}} x^3 + 4.3 k^3 e^{\frac{x}{k}} . x^2 - 4.3.2 k^4 e^{\frac{x}{k}} . x$$

$$+ 4.3.2.1 k^5 . e^{\frac{x}{k}}.$$

Zu §. 505. Für n positiv wird nämlich $\frac{ddv}{dx^2} = -\frac{nx^{n-1}}{f^n}$, für n negativ, $\frac{ddv}{dx^2} = + \frac{nf^n}{x^{n+1}}$. Im erstern Falle also $v = \frac{kx^n}{f^n}$ ein maximum, im zweiten $v = \frac{kf^n}{x^n}$ ein minimum.

Zu §. 508. Aus der Gleichung

$$c = - \frac{e^{-\frac{a}{k}} ka}{f} - \frac{e^{-\frac{a}{k}} . k^2}{f} + \frac{k^2}{f}$$ erhalten wir

$$e^{-\frac{a}{k}}.a = \frac{a}{e^{\frac{a}{k}}} = \frac{a}{1 + \frac{a}{k} + \frac{1}{2}\frac{a^2}{k^2} + \frac{1}{6}\frac{a^3}{k^3} + \text{etc.}}$$

$$= \frac{1}{\frac{1}{a} + \frac{1}{k} + \frac{1}{2}\frac{a}{k^2} + \frac{1}{6}\frac{a^2}{k^3} + \text{etc.}}, \text{ also für } a = \infty$$

$$e^{-\frac{a}{k}}.a = \frac{1}{0 + \frac{1}{k} + \infty + \infty + \text{etc.}} = 0.$$

Ferner $e^{-\frac{a}{k}} = \frac{1}{e^{\frac{a}{k}}} = \frac{1}{\infty} = 0$ und so $c = \frac{k^2}{f}$.

Zu 528. Es scheint mir nicht unpassend, die in dieser Auflösung enthaltene Integration der Gleichung

$$\frac{dx}{x} = \frac{2hfrdr}{fr - h - 2hfr^2}$$

hier noch einmal etwas ausführlicher darzustellen. Man hat die bekannten Integralformeln:

$$\int \frac{xdx}{a + bx + cx^2} = \frac{1}{2c} \log (a + bx + cx^2) - \frac{b}{2c}$$

$$\int \frac{dx}{a + bx + cx^2}$$

$$\text{und} \int \frac{dx}{a + bx + cx^2}$$

$$= \begin{cases} \frac{2}{\sqrt{4ac - b^2}} \text{ arc. tg.} \left(\frac{b + 2cx}{\sqrt{4ac - b^2}}\right), \text{ wenn } 4ac > b^2 \\ \frac{1}{\sqrt{b^2 - 4ac}} \log \left(\frac{b + 2cx - \sqrt{b^2 - 4ac}}{b + 2cx + \sqrt{b^2 - 4ac}}\right), \text{ wenn } 4ac < b^2 \\ -\frac{4a}{b(2a + bx)}, \quad \text{wenn } 4ac = b^2. \end{cases}$$

Für den ersten Fall ist hier $8h^2f > f^2$ oder $8k > f$; demnach, wenn man wie im Original α und β statt h und f einführt

$$o = \frac{dx}{x} + \frac{rdr}{\beta - 2\alpha r + r^2} \text{ und só}$$

$$C = \log x + \tfrac{1}{2} \log (\beta - 2\alpha r + r^2) + \frac{2\alpha}{2} \cdot \frac{2}{\sqrt{4\beta - 4\alpha^2}}$$

$$\text{arc. tg.} \left(\frac{-2\alpha + 2r}{\sqrt{4\beta - 4\alpha^2}}\right)$$

$$= \tfrac{1}{2} \log x^2 + \tfrac{1}{2} \log \left(\beta - 2\alpha \frac{\sqrt{v}}{x} + \frac{v}{x^2}\right) + \frac{\alpha}{\sqrt{\beta - \alpha^2}}$$

$$\text{arc.tg.} \left(\frac{\frac{\sqrt{v}}{x} - \alpha}{\sqrt{\beta - \alpha^2}}\right) = \log \sqrt{v - 2\alpha x \sqrt{v} + \beta x^2} + \frac{\alpha}{\sqrt{\beta - \alpha^2}}$$

$$\text{arc.tg.} \left(\frac{\sqrt{v} - \alpha x}{x \sqrt{\beta - \alpha^2}}\right).$$

Für $x = 0$, wird aber $v = c$ und $C = \log \sqrt{c} + \frac{\alpha}{\sqrt{\beta - \alpha^2}}$

$\text{arc. tg.} \infty = \log. \sqrt{c} + \frac{\alpha}{\sqrt{\beta - \alpha^2}} \cdot \tfrac{1}{2} \pi.$

Vollständig also erhalten wir

$$\log \sqrt{c} + \frac{\alpha}{\sqrt{\beta - \alpha^2}} \cdot \tfrac{1}{2} \pi = \log \sqrt{v - 2\alpha x \sqrt{v} + \beta x^2}$$

$$+ \frac{\alpha}{\sqrt{\beta - \alpha^2}} \text{ arc. tg.} \left(\frac{\sqrt{v} - \alpha x}{x \sqrt{\beta - \alpha^2}}\right).$$

Für den zweiten Fall haben wir $8k < f$ und

$$\log x = \frac{2hf}{-4hf} \log(-\text{h} + fr - 2hfr^2) + \tfrac{1}{2} f \int \frac{dr}{-h + fr - 2hfr^2}$$

$$= -\tfrac{1}{2} \log \left(-\sqrt{k} + f \frac{\sqrt{v}}{x} - 2 \sqrt{k} \,.\, f \frac{v}{x^2}\right)$$

$$+ \frac{f}{2} \frac{1}{\sqrt{f^2 - 8kf}} \log \left(\frac{f - 4fhr - \sqrt{f^2 - 8h^2 f}}{f - 4fhr + \sqrt{f^2 - 8h^2 f}}\right)$$

$$\text{oder } \tfrac{1}{2} \log \left(-x^2 \sqrt{k} + fx \sqrt{v} - 2fv \sqrt{k}\right) = \tfrac{1}{2} \sqrt{\frac{f}{f - 8k}}$$

$$\log \left(\frac{4 \sqrt{kfv} - x \sqrt{f} + x \sqrt{f - 8k}}{4 \sqrt{kfv} - x \sqrt{f} - x \sqrt{f - 8k}}\right) + \text{Const.}$$

Da aber für $x = 0$, $v = c$ wird, vollständig

$$\frac{x^2}{2fc} \log \left(\frac{v}{c} - \frac{x \sqrt{v}}{2c \sqrt{k}} + \frac{x^2}{2fc}\right) = \sqrt{\frac{f}{f - 8k}}$$

$$\log \left(\frac{4 \sqrt{fkv} - x \sqrt{f} + x \sqrt{f - 8k}}{4 \sqrt{fkv} - x \sqrt{f} - x \sqrt{f - 8k}}\right)$$

oder

$$\frac{v}{c} - \frac{x \sqrt{v}}{2c \sqrt{k}} + \frac{x^2}{2fc}$$

$$= \left\{ \frac{4\sqrt{fkv} - x\sqrt{f} + x\sqrt{f-8k}}{4\sqrt{fkv} - x\sqrt{f} - x\sqrt{f-8k}} \right\}^{\sqrt{\frac{f}{f-8k}}}$$

Für den dritten Fall ist $8k = f = 8h^2$, also

$$\frac{dx}{x} + \frac{2hfrdr}{h - fr + 2hfr^2} = 0 \text{ und } \log x + \tfrac{1}{2}\log(h - fr + 2hfr^2)$$

$$+ \frac{2hf}{4hf} \cdot \frac{-4h}{-f(2h - fr)} = \text{Const.}$$

oder weil $h - fr + 2hfr^2 = h(1 - 8hr + 16h^2r^2) = h(1 - 4hr)^2$ und für $x = 0$, $v = c$ wird, vollständig

$$\log\left(\frac{4\sqrt{kv} - x}{4\sqrt{kc}}\right) = \frac{x}{-x + 4\sqrt{kv}}.$$

Die der zurückweichenden Bewegung des Körpers von C entsprechenden Gleichungen erhält man, indem man $-\sqrt{k}$ statt $\sqrt{k}$ und also auch $-\alpha$ statt α setzt. Die den drei Fällen entsprechenden Gleichungen sind demnach:

wenn $8k > f$, $\frac{1}{2}\pi - \text{arc.tg.}\left(\frac{\sqrt{v} + \alpha x}{x\sqrt{\beta - \alpha^2}}\right) = -\frac{\sqrt{\beta - \alpha^2}}{\alpha}$

$$\log\sqrt{\frac{v + 2\alpha x\sqrt{v} + \beta x^2}{c}};$$

wenn $8k < f$, $\frac{v}{c} + \frac{x\sqrt{v}}{2c\sqrt{k}} + \frac{x^2}{2fc}$

$$= \left\{ \frac{4\sqrt{fkv} + x\sqrt{f} - x\sqrt{f-8k}}{4\sqrt{fkv} + x\sqrt{f} + x\sqrt{f-8k}} \right\}^{\sqrt{\frac{f}{f-8k}}}.$$

wenn $8k = f$, $\log\left(\frac{4\sqrt{kv} + x}{4\sqrt{kc}}\right) = \frac{-x}{x + 4\sqrt{kv}}.$

Zu §. 529. Wäre nicht $4\sqrt{kv} > x$, so könnte entweder $4\sqrt{kv} = x$ oder $4\sqrt{kv} < x$ sein. Im erstern Falle würde $\frac{x}{-x + 4\sqrt{kv}} = \infty$ und $\log\left(\frac{4\sqrt{kv} - x}{4\sqrt{kc}}\right) = -\infty$ werden; also könnten nicht beide einander gleich sein. Im zweiten Falle würde $\frac{x}{-x + 4\sqrt{kv}} = -\frac{x}{x - 4\sqrt{kv}}$ und zugleich

$$\log\left(\frac{4\sqrt{kv}-x}{4\sqrt{kc}}\right) = \log\left(-\frac{x-4\sqrt{kv}}{4\sqrt{kc}}\right) = \text{imaginär.}$$

Wäre in C die Geschwindigkeit $\sqrt{v} = \sqrt{c}$, so würde beim Anfang der zurückweichenden Bewegung

$$\log\left(\frac{4\sqrt{kv}+x}{4\sqrt{kc}}\right) = \log\left(\frac{4\sqrt{kc}+x}{4\sqrt{kc}}\right) \text{ positiv, hingegen}$$

$$\frac{-x}{x+4\sqrt{kv}} = \frac{-x}{x+4\sqrt{kc}} \text{ negativ;}$$

also keine Gleichung möglich. Für $\sqrt{v} = 0$ wird hingegen $\log\left(\frac{x}{4\sqrt{kc}}\right)$ negativ, weil $x < 4\sqrt{kc}$ und $\frac{-x}{x}$ $= -1$, also kein Widerspruch mehr.

Zu §. 533. Im Original ist von der Gleichung

$$\text{arc. tg}\left(\frac{x\sqrt{\beta-\alpha^2}}{u+\alpha x}\right)$$

$$\frac{x\sqrt{\beta-\alpha^2}}{u+\alpha x} = \frac{\sqrt{\beta-\alpha^2}}{\alpha}\log\sqrt{\frac{u^2-2\alpha ux+\beta x^2}{c}}$$

der Ausgang genommen, allein es muss offenbar, wie in der Uebersetzung, $u - \alpha x$ statt $u + \alpha x$ gelesen werden.

Zu §. 535. Diese drei geometrischen Reihen sind respective:

$$e^{\frac{\pi-\gamma}{\tau}}.\sqrt{2fc};\ e^{-\frac{\gamma}{\tau}}\sqrt{2fc};\ e^{\frac{-\pi-\gamma}{\tau}}.\sqrt{2fc};\ \text{etc.}\ \ldots\ e^{\frac{-(n-2)\pi-\gamma}{\tau}}.\sqrt{2fc};$$

$$e^{-\frac{\gamma}{\tau}}.\sqrt{2fc};\ e^{\frac{-\pi-\gamma}{\tau}}.\sqrt{2fc};\ e^{\frac{-2\pi-\gamma}{\tau}}.\sqrt{2fc};\ \text{etc.}\ \ldots\ e^{\frac{-(n-1)\pi-\gamma}{\tau}}.\sqrt{2fc};$$

$$\sqrt{2fc}\left\{e^{\frac{\pi-\gamma}{\tau}}+e^{-\frac{\gamma}{\tau}}\right\};\ \sqrt{2fc}.\left\{e^{-\frac{\gamma}{\tau}}+e^{\frac{-\pi-\gamma}{\tau}}\right\};\ \text{etc.}\ \ldots\sqrt{2fc}\left\{e^{\frac{-(n-1)\pi-\gamma}{\tau}}+e^{\frac{-(n-2\pi-\gamma}{\tau}}\right\}.$$

Zu §. 564. Aus der Gleichung $-\frac{gds^2}{2ddy} = c - gy$ folgt $-g\frac{ds^2}{dx^2} = 2(c-gy)\frac{ddy}{dx^2}$. Aus $ds^2 = dx^2 + dy^2$ folgt aber, wenn dx constant ist, $dsdds = dyddy$, mithin geht die Gleichung über in

$$\frac{dds}{ds} = -\frac{gdy}{2(c-gy)} \text{ oder, weil } dx \text{ constant ist, in}$$

$$\frac{\left(\frac{dds}{dx}\right)}{\left(\frac{ds}{dx}\right)} = -\frac{gdy}{2(c-gy)};$$ also wenn man integrirt

$$\log\left(\frac{ds}{dx}\right) = \log\sqrt{c-gy} - \log C = \log\sqrt{\frac{c-gy}{c}}.$$

Zu §. 565. Um die Punkte auf AB zu erhalten, in denen die Curve ADB diese Linie schneiden wird, setzen wir in der Gleichung $y = \frac{\mu x}{\lambda} - \frac{gx^2}{4\lambda^2 c}$, $y = 0$ und erhalten so die beiden Werthe $x = 0$ und $x = \frac{4\lambda\mu c}{g}$, von denen der erstere dem Punkte A, der zweite B entspricht. Die Zeit, während deren der Körper sich oberhalb AB befindet, wird

$$= \frac{x}{\lambda\sqrt{c}} = \frac{AB}{\lambda\sqrt{c}} = \frac{4\mu\sqrt{c}}{g}.$$

Zu §. 569. DE wird ein maximum, wenn $dy = 0$, also $\frac{\mu}{\lambda} - \frac{2gx}{4\lambda^2 c} = 0$ oder $x = \frac{2\lambda\mu c}{g}$ ist.

Zu §. 578. Für dx = constans erhält man aus $ds^2 = dx^2 + dy^2$, $dsdds = dyddy$, mithin geht der Ausdruck des Krümmungshalbmessers $r = -\frac{ds^3}{dxddy}$ über in $r = -\frac{ds^2 . dy}{dxdds}$. Aus der Gleichung $\frac{dx}{ds} = \frac{1}{\left(\frac{ds}{dx}\right)}$ erhält man aber, wenn ds = constans ist, $\frac{ddx}{ds^2} = -\frac{dds}{dx^2} : \left(\frac{ds}{dx}\right)^3$ oder $dxdds = -dsddx$ und so

$$r = \frac{dsdy}{ddx}.$$

Vergleiche Grunert's Archiv für Mathematik, Band IX., Erstes Heft, Pag. 60 u. f.

Zu §. 587. (Fig. 55.) Für rechtwinklige Coordinaten hat man den allgemeinen Ausdruck des Krümmungshalbmessers

$$r = -\frac{ds^3}{dxddy - dyddx}.$$

Um Polarcoordinaten einzuführen, setzen wir den Radius

Vector $= \varrho$ und den Winkel, welchen derselbe mit einer festen Axe bildet, $= v$; alsdann wird bekanntlich

$$dx = \varrho \sin v\, dv - \cos v\, d\varrho,\ dy = \varrho \cos v\, dv + \sin v\, d\varrho,$$
$$ds^2 = \varrho^2 dv^2 + d\varrho^2$$

und wenn man v als urveränderlich, also dv als constant annimmt:

$$ddx = \varrho \cos v dv^2 + 2 \sin v d\varrho dv - \cos v dd\varrho \text{ und } ddy$$
$$= - \varrho \sin v dv^2 + 2 \cos v d\varrho dv + \sin v dd\varrho.$$

Führt man diese Werthe in den obigen Ausdruck von r ein, so ergibt sich nach kurzer Reduction

$$r = \frac{ds^3}{\varrho^2 dv^3 + 2d\varrho^2 dv - \varrho dv\, dd\varrho}.$$

Um die hiesige Bezeichnung einzuführen, müssen wir y statt ϱ und $\frac{dx}{y}$ statt dv setzen und haben so

$$r = \frac{yds^3}{dx^3 + 2dy^2dx - ydxddy}.$$

Setzen wir den Winkel $DCM = v$, also $MCm = dv$, so ist $dx = ydv$ und, da dv constant ist

$$ddx = dydv = \frac{dydx}{y}.$$

Ferner folgt aus

$$pdy = dx \sqrt{y^2 - p^2}$$

$$pddy = ddx \sqrt{y^2-p^2} + dx \,.\, \frac{ydy - pdp}{\sqrt{y^2-p^2}} - dydp$$
$$= \frac{pdy^2}{y} + \frac{ydx^2}{p} - \frac{dpdx^2}{dy} - dydp$$

und daher

$$dx^3 + 2dy^2dx - ydxddy = dx^3 + 2dy^2dx - dxdy^2$$
$$- \frac{ydsdx^2}{p} + \frac{ydxdpds^2}{pdy} = \frac{ds^3dp}{dy}$$

indem

$$ds = \frac{ydx}{p} = \sqrt{dx^2 + dy^2}.$$

Wir erhalten daher endlich

$$r = yds^3 \,.\, \frac{dy}{ds^3dp} = \frac{ydy}{dp}.$$

Zu §. 601. Setzt man $\angle ACM = w$ und $MCm = dw$, so

ist $Mr = ydw$, $y \sin w = z$ und $y \cos w = x$; also $Mr = ydw$ $= \frac{x}{y}\, dz - \frac{z}{y}\, dx = \frac{-ydx + xdy}{\sqrt{y^2 - x^2}}$.

Zu §. 605. Aus $\int \frac{du}{\sqrt{1-u^2}} = \text{arc. sin. } u. = \alpha$, folgt $\sin \alpha = u$, $\text{tg}\, \alpha = \frac{u}{\sqrt{1-u^2}}$ und so $\int \frac{du}{\sqrt{1-u^2}} = \text{arc. tg.} \left(\frac{u}{\sqrt{1-u^2}}\right)$.

Allgemein hat man aber $\text{arc.tg.}\, \beta = \frac{1}{2\sqrt{-1}} \log \left(\frac{1+\beta\sqrt{-1}}{1-\beta\sqrt{-1}}\right)$, wir erhalten daher

$$\int \frac{du}{\sqrt{1-u^2}} = \frac{1}{2\sqrt{-1}} \log \left(\frac{\sqrt{1-u^2} + u\sqrt{-1}}{\sqrt{1-u^2} - u\sqrt{-1}}\right).$$ Ebenso wird $\int \frac{\lambda\, dZ}{\sqrt{A^2 - Z^2}} = \lambda \text{ arc. sin.} \left(\frac{Z}{A}\right) = \frac{\lambda}{2\sqrt{-1}} \times$

$$\log \left(\frac{\sqrt{A^2 - Z^2} + Z\sqrt{-1}}{\sqrt{A^2 - Z^2} - Z\sqrt{-1}}\right),$$

also

$$\log \left(\frac{\sqrt{1-u^2} + u\sqrt{-1}}{\sqrt{1-u^2} - u\sqrt{-1}}\right) = \log \left(\frac{\sqrt{A^2 - Z^2} + Z\sqrt{-1}}{\sqrt{A^2 - Z^2} - Z\sqrt{-1}}\right)^\lambda + \text{Const.}$$

Für $u = 0$, werde $Z = C$; alsdann erhalten wir vollständig

$$\frac{\sqrt{1-u^2} + u\sqrt{-1}}{\sqrt{1-u^2} - u\sqrt{-1}} = \left(\frac{\sqrt{A^2 - C^2} - C\sqrt{-1}}{\sqrt{A^2 - C^2} + C\sqrt{-1}}\right)^\lambda.$$

$$\left(\frac{\sqrt{A^2 - Z^2} + Z\sqrt{-1}}{\sqrt{A^2 - Z^2} - Z\sqrt{-1}}\right)^\lambda.$$

Um aus dieser Gleichung den Werth von u herzuleiten, subtrahiren wir auf beiden Seiten 1, so entsteht:

$$1) \qquad \frac{2u\sqrt{-1}}{\sqrt{1-u^2} - u\sqrt{-1}}$$

$$= \frac{\left\{ \begin{array}{l} \{\sqrt{A^2 - C^2} - C\sqrt{-1}\}^\lambda . \{\sqrt{A^2 - Z^2} + Z\sqrt{-1}\}^\lambda \\ - \{\sqrt{A^2 - C^2} + C\sqrt{-1}\}^\lambda \{\sqrt{A^2 - Z^2} - Z\sqrt{-1}\}^\lambda \end{array} \right\}}{\{\sqrt{A^2 - C^2} + C\sqrt{-1}\}^\lambda \{\sqrt{A^2 - Z^2} - Z\sqrt{-1}\}^\lambda}$$

$$= \frac{M}{N} \text{ der Kürze wegen.}$$

Man kann aber aus der ursprünglichen Gleichung eine andere ableiten, indem man sie reciprok ansetzt und alsdann die Nenner rational macht. Thut man diess und zieht die Wurzel aus, so erhält man

2)
$$\sqrt{1-u^2}-u\sqrt{-1}$$
$$=\frac{\{\sqrt{A^2-C^2}+C\sqrt{-1}\}^{\frac{\lambda}{2}}\{\sqrt{A^2-Z^2}-Z\sqrt{-1}\}^{\frac{\lambda}{2}}}{\{\sqrt{A^2-C^2}-C\sqrt{-1}\}^{\frac{\lambda}{2}}\{\sqrt{A^2-Z^2}+Z\sqrt{-1}\}^{\frac{\lambda}{2}}}.$$

Multiplicirt man diese Gleichung in 1) so erhält man

$$2u\sqrt{-1}$$
$$=\frac{M}{\left\{\begin{matrix}\{\sqrt{A^2-C^2}+C\sqrt{-1}\}^{\frac{\lambda}{2}}\{\sqrt{A^2-C^2}-C\sqrt{-1}\}^{\frac{\lambda}{2}}\\ \{\sqrt{A^2-Z^2}-Z\sqrt{-1}\}^{\frac{\lambda}{2}}\{\sqrt{A^2-Z^2}+Z\sqrt{-1}\}^{\frac{\lambda}{2}}\end{matrix}\right\}}$$
$$=\frac{M}{A^\lambda\,.\,A^\lambda}$$

und u

$$=\frac{\left\{\begin{matrix}\{\sqrt{A^2-C^2}-C\sqrt{-1}\}^\lambda\{\sqrt{A^2-Z^2}+Z\sqrt{-1}\}^\lambda\\ -\{\sqrt{A^2-C^2}+C\sqrt{-1}\}^\lambda\{\sqrt{A^2-Z^2}-Z\sqrt{-1}\}^\lambda\end{matrix}\right\}}{2\,.\,A^{2\lambda}\sqrt{-1}.}$$

Diese Gleichung wird reell, wenn λ eine rationale Zahl ist. Setzt man nämlich der Kürze wegen $\sqrt{A^2-C^2}=\gamma$ und $\sqrt{A^2-Z^2}=\zeta$, so wird der Zähler

$$=(\gamma-C\sqrt{-1})^\lambda(\zeta+Z\sqrt{-1})^\lambda-(\gamma+C\sqrt{-1})^\lambda$$
$$(\zeta-Z\sqrt{-1})^\lambda=2\lambda\gamma\zeta\,(\delta'-\delta)\sqrt{-1}\text{ etc.},$$

d. h. einer Reihe von Gliedern, welche alle den Factor $\sqrt{-1}$ enthalten, so dass man mit diesem heben kann.

Zu §. 607. Schreibt man nämlich die Gleichung (§. 605.) folgendermassen:

$$\frac{\sqrt{A^2-Z^2}+Z\sqrt{-1}}{\sqrt{A^2-Z^2}-Z\sqrt{-1}}=\left\{\frac{\sqrt{A^2-C^2}+C\sqrt{-1}}{\sqrt{A^2-C^2}-C\sqrt{-1}}\right\}$$
$$\left\{\frac{\sqrt{1-u^2}+u\sqrt{-1}}{\sqrt{1-u^2}-u\sqrt{-1}}\right\}^{\frac{1}{\lambda}},$$

so kann man diese auf ähnliche Weise in Bezug auf Z, wie

obige in Bezug auf u auflösen und erhält alsdann mutatis mutandis die im Texte stehende Gleichung.

Zu §. 608. Unmittelbar erhält man, indem man in der Gleichung (§. 605.) $\lambda = -\mu$ setzt, die folgende

$$u = \frac{A^{2\mu}}{2\sqrt{-1}} \times$$

$$\left\{ \begin{array}{l} \dfrac{1}{\{\sqrt{A^2-C^2}-C\sqrt{-1}\}^{\mu}\ \{\sqrt{A^2-Z^2}+Z\sqrt{-1}\}^{\mu}} \\ -\dfrac{1}{\{\sqrt{A^2-C^2}+C\sqrt{-1}\}^{\mu}\ \{\sqrt{A^2-Z^2}-Z\sqrt{-1}\}^{\mu}} \end{array} \right\},$$

allein diese lässt sich leicht in die, im Texte befindliche umformen.

Für die folgende, in Bezug auf Z aufgelöste, Gleichung steht im Original diese:

$$Z = \frac{1}{2\sqrt{-1}} \times$$

$$\left\{ \begin{array}{l} \{\sqrt{1-u^2}-u\sqrt{-1}\}^{\frac{1}{\mu}}\ \{\sqrt{A^2-C^2}-C\sqrt{-1}\} \\ -\{\sqrt{1-u^2}+u\sqrt{-1}\}^{\frac{1}{\mu}}\ \{\sqrt{A^2-C^2}+C\sqrt{-1}\} \end{array} \right\}.$$

Zu §. 615. Es ist allgemein $a' = \dfrac{2c}{g}$ (§. 611.) und da $c > \dfrac{ag}{2}$, $a' > a$.

Zu §. 616. (Fig. 58.) Ist $AC' > AC$ oder $a' > a$,

so wird $C'M < CM + CC'$

aber $C'M = CA + CC'$,

mithin $CA < CM$;

also entfernt sich der Körper vom Mittelpunkte der Kräfte. Ist aber $AC'' < AC$ oder $a'' < a$; so haben wir

$$CM' < C''M' + CC''$$

$$C''M' = C''A,$$

mithin $CM' < C''A + CC''$ oder $CM' < CA$;

in diesem Falle nähert sich also der Körper jenem Mittelpunkte.

Zu §. 631. Aus $y =$

$$\frac{1}{\sqrt{q + \dfrac{2cf + a^2}{4a^2cf}}} \text{ folgt } dy = \frac{-\frac{1}{2}dq}{\left(q + \dfrac{2cf + a^2}{4a^2cf}\right)^{\frac{3}{2}}}$$

$$\sqrt{2cfy^2-2a^2cf-y^4+a^2y^2} = \frac{\sqrt{\frac{(a^2-2cf)^2}{8a^2cf}-2a^2cf}}{q+\frac{2cf+a^2}{4a^2cf}},$$

also

$$\frac{ady\,\sqrt{2cf}}{y\sqrt{2cfy^2-2a^2cf-y^4+a^2y^2}} = \frac{-\frac{1}{2}\,dq}{\sqrt{\left(\frac{a^2-2cf}{4a^2cf}\right)^2-q^2}}.$$

Zu §. 633. Setzt man der Kürze wegen $AC=\alpha$ und $CD=\beta$, so wird

$$MT^2 = CM^2 - p^2 = \frac{AD^2\,.\,CM^2 - CM^4 - AC^2\,.\,CD^2}{AD^2-CM^2}$$

$$= \frac{\{(\alpha^2+\beta^2)-(x^2+z^2)\}\,(x^2+z^2)-\alpha^2\beta^2}{AD^2-CM^2}.$$

Da nun $x^2+z^2=\beta^2+\frac{(\alpha^2-\beta^2)\,x^2}{\alpha^2}$, $\alpha^2+\beta^2-x^2-z^2=\alpha^2-\frac{(\alpha^2-\beta^2)\,x^2}{\alpha^2}$; so wird

$$MT^2 = \frac{(\alpha^2-\beta^2)^2}{\alpha^2}\,\frac{\left\{1-\frac{x^2}{\alpha^2}\right\}x^2}{AD^2-CM^2} = \frac{(\alpha^2-\beta^2)^2\,x^2z^2}{\alpha^2\beta^2\,(AD^2-CM^2)}$$

$$\text{und } MT = \frac{(AC^2-CD^2)\;CP\,.\,PM}{AC\,.\,CD\sqrt{AD^2-CM^2}}.$$

Zu §. 640. Der Sinus wird $=\frac{p}{y}=\frac{xdy-ydx}{\sqrt{y^2dy^2-2yxdydx+y^2dx^2}}$

$$=\frac{uydy-y\,(udy+ydu)}{\sqrt{y^2dy^2-2uy^2dy\,(udy+ydu)+y^2\,(udy+ydu)^2}},\text{ weil } x=uy;$$

also $\frac{p}{y}=\frac{ydu}{\sqrt{dy^2-u^2dy^2+y^2du^2}}$.

Für $u=1$, nimmt derselbe die Form $\frac{0}{0}$ an und daher ist der Werth des Sinus unbestimmt.

Zu §. 641. Aus $\frac{x^2}{a^2}+\frac{z^2}{b^2}=1$ und $z^2=y^2-x^2$, folgt $(a^2-b^2)\,x^2=a^2y^2-a^2b^2$ und so $\frac{x}{y}=\frac{1}{y}\sqrt{\frac{a^2y^2-a^2b^2}{a^2-b^2}}=$

$$\sqrt{\frac{a^2}{\sqrt{4f^2v^2+y^4+4fivy^2}}-\frac{2fvs^2}{\sqrt{4f^2v^2+y^4+4fivy^2}}}$$

$$=\sqrt{\frac{a^2+(i-1)fv}{\sqrt{4f^2v^2+y^4+4fivy^2}}}=\sqrt{\frac{1}{2}+\frac{fiv+\frac{1}{2}y^2}{\sqrt{4f^2v^2+y^4+4fivy^2}}},$$

weil $a^2-fv=\frac{1}{2}y^2+\frac{1}{2}\sqrt{4f^2v^2+y^4+4fivy^2}$.

Zu §. 644. Aus $y=\dfrac{1}{\frac{f^2}{2a^2c}-q}$ wird $dy=\dfrac{dq}{\left(\frac{f^2}{2a^2c}-q\right)^2}$

und $\dfrac{ady\sqrt{c}}{y}=\dfrac{adq\sqrt{c}}{\left(\frac{f^2}{2a^2c}-q\right)}$. Ferner wird

$(c-\frac{f^2}{a})y^2+f^2y-a^2c^2=\dfrac{(2ac-f)^2-4a^4c^2q^2}{4a^2c\left(\frac{f^2}{2a^2c}-q\right)^2}$ und so

$$\frac{du}{\sqrt{1-u^2}}=\frac{dq}{\sqrt{\left(\frac{2ac-f^2}{2a^2c}\right)^2-q^2}}.$$

Aus $u=\dfrac{q\sqrt{A^2-C^2}-C\sqrt{A^2-q^2}}{A^2}$ folgt $(uA^2+C\sqrt{A^2-q^2})^2$
$=q^2(A^2-C^2)$ oder $u^2A^4+2CuA^2\sqrt{A^2-q^2}+C^2A^2-C^2q^2$
$=q^2A^2-q^2C^2$ und $C+u\sqrt{A^2-q^2}=q\sqrt{1-u^2}$.

Setzt man der Kürze wegen $AG=\alpha=\dfrac{af^2}{2(f^2-ac)}$ und $DG=\beta$
$=\dfrac{a\sqrt{ac}}{\sqrt{f^2-ac}}$, so wird

$CG=CA-AG=a-\alpha=\dfrac{2af^2-2a^2c-af^2}{2(f^2-ac)}=-\dfrac{2a^2c-af^2}{2(f^2-ac)}$,

aber $\sqrt{\alpha^2-\beta^2}=\sqrt{\dfrac{a^2f^4}{4(f^2-ac)^2}-\dfrac{ac}{f^2-ac}}=\dfrac{2a^2c-af^2}{2(f^2-ac)}$, also CG der halbe Abstand beider Brennpunkte. Ferner der Parameter $=\dfrac{2\beta^2}{\alpha}=\dfrac{4a^2c}{f^2}$.

Zu §. 645. Setzt man in §. 274: $q=EC$, $b=a$, $h=c$ und $n=-2$, so wird

$$EC=\frac{1}{\frac{1}{a}-\frac{c}{f^2}}=\frac{af^2}{f^2-ac}.$$

Zu §. 647. Setzt man in der Gleichung $f^4z^2=\dfrac{a^3cf^4}{f^2-ac}$
$-4act^2(f^2-ac)$ (§. 644.), um den Anfangspunkt nach A zu verlegen, $t=\dfrac{af^2}{2(f^2-ac)}-\tau$, so geht sie, für $c=\dfrac{f^2}{a}$, über in $z^2=4a\tau$, die bekannte Gleichung der Parabel.

Zu §. 651. Man kann hier noch den dritten Fall hinzufügen, dass $GC = 0$ wird oder C in den Mittelpunkt G fällt, wenn $c = \frac{f^2}{2a}$.

Zu §. 655. Für $c = 0$ wird nämlich $\alpha = \frac{1}{2}a$ und $\beta = 0$.

Zu §. 656. Aus $v = \frac{(f^2 - ac)(E - y)}{ay}$ erhalten wir, weil $a = \frac{E \pm \sqrt{E^2 - EL}}{2}$ und $\sqrt{c}$

$$= \frac{f\sqrt{L}}{E \pm \sqrt{E^2 - EL}} \text{ (§. 652.)}, \; v = \frac{\left\{f^2 - \frac{Lf^2}{2(E \pm \sqrt{E^2 - EL})}\right\}(E - y)}{y \cdot \frac{E \pm \sqrt{E^2 - EL}}{2}}$$

$$= \frac{f^2(E - y)\{2E - L \pm 2\sqrt{E^2 - EL}\}}{y\{E \pm \sqrt{E^2 - EL}\}^2}$$

$$= \frac{f^2(E - y)\{2E - L \pm 2\sqrt{E^2 - EL}\}}{y\{2E^2 - EL \pm 2E\sqrt{E^2 - EL}\}} = \frac{f^2(E - y)}{Ey}.$$

Es ist $\cos MCP = \frac{x}{y} = \frac{f^2 y - 2a^2 c}{y(f^2 - 2ac)} = \frac{f^2 y - \frac{1}{2}f^2 L}{y\left(f^2 - \frac{f^2 L}{E \pm \sqrt{E^2 - EL}}\right)}$

$$= \frac{(2yE - EL)\{E \pm \sqrt{E^2 - EL}\}}{2y\sqrt{E^2 - EL}\{\sqrt{E^2 - EL} \pm E\}}$$

$$= \frac{2Ey - EL}{2y\sqrt{E^2 - EL}} = \frac{2Ey - E \cdot \frac{4s^2 v y^2}{f^2}}{2y\sqrt{E^2 - E \cdot \frac{4s^2 v y^2}{f^2}}}$$

$$= E \frac{f^2 - 2s^2 v y}{\sqrt{f^4 E^2 - 4Es^2 v y^2 f^2}}$$

$$= E \frac{f^2 - 2s^2 v y}{\sqrt{f^4 E^2 - 4Es^2 v y^2 E \frac{f^2 - vy}{y}}} = \frac{f^2 - 2s^2 v y}{\sqrt{f^4 - 4f^2 s^2 v y + 4s^2 v^2 y^2}}.$$

Zu §. 657.

Für $f^2 > vy$ wird nämlich E positiv und DH reell,
„ $f^2 < vy$ „ „ E negativ „ DH imaginär,
„ $f^2 = vy$ „ „ $E = \infty$ „ $DH = \infty$.

Zu §. 660. Zunächst muss hier bemerkt werden, dass in der Reihefolge der §§. ein Sprung im Original stattfindet, indem auf §. 659. gleich §. 666. folgt. Ich habe diesen Fehler nicht beibehalten, sondern ihn berichtigt, was ich etwa vorkommender Citate wegen bemerke.

Zu §. 660. Setzt man die Kraft der Sonne im Abstande t, d. h. des Erdhalbmessers, $= S$, die Kraft derselben im Abstande $477 . t = S'$, so ist

$$S : S' = 477^2 : 1.$$

Wird aber die Anziehung der Erde, im gleichen Abstande wie die Sonne, $= T$ gesetzt, so haben wir

$$S : T = 227512 : 1;$$

mithin $S' = T$, weil $477^2 = 227512$.

Nach den neuern Bestimmungen muss statt der letztern Zahl gesetzt werden 354936 und daher auch statt 477 die Zahl $\sqrt{354936} = 596$.

Zu §. 662. Da $f^2 = 227512$ und allgemein $v = \frac{f^2 (E - y)}{Ey}$, so wird $c = \frac{227512 . AF}{E . AC} = \frac{227512 . 2AF}{2 . AC . E} = \frac{227512 . (E - D)}{(E + D) E}$.

Beim Nachrechnen mit den, im Original für die einzelnen Planeten angegebenen, Zahlen fand ich die Werthe von c etwas verschieden; nämlich

für den Merkur $c = 9,278$; die Venus $c = 7,512$; die Erde $c = 5,312$; den Mars $c = 2,995$; den Jupiter $c = 0,9615$; den Saturn $c = 0,5153$.

Ich habe ausserdem die Rechnung mit den neuern Daten wiederholt, welche ich der bereits erwähnten Abhandlung Hansen's entnommen habe. Nach derselben ist die Masse der Sonne $= 354936$, wenn die der Erde $= 1$ gesetzt wird. Ferner ist die halbe grosse Axe der Erdbahn 12027mal so gross als der Durchmesser der Erde, oder die grosse Axe der erstern 48108mal so gross, als der Halbmesser der Erde. Aus den dortigen Angaben der grossen Axen und Excentricitäten der Planetenbahnen habe ich dann die Werthe, wie im Original, in Halbmessern der Erde ausgedrückt und dann nach der Formel

$$c = \frac{354936 . (E - D)}{(E + D) E}$$

gerechnet. Hiernach hat sich ergeben:

für den Merkur $E = 18622$, $D = 3829$ u. $c = 12,599$, $\sqrt{c} = 3,549$;
„ die Venus $E = 34798$, $D = 239$ „ $c = 10,061$; $\sqrt{c} = 3,172$;
„ „ Erde $E = 48108$, $D = 808$ „ $c = 7,134$; $\sqrt{c} = 2,671$;

für den Mars $E=73302$, $D=6833$ „ $c=$ 4,016; $\sqrt{c}=2{,}004$;
„ „ Jupiter $E=250295$, $D=12055$ „ $c=$ 1,288; $\sqrt{c}=1{,}135$;
„ „ Saturn $E=458895$, $D=25767$ „ $c=$ 0,691; $\sqrt{c}=0{,}831$

Die Werthe von $\sqrt{c}$ in der letzten Rubrik bezeichnen die linearen Geschwindigkeiten der Planeten in ihren Sonnennähen ausgedrückt in Erdhalbmessern.

Zu 665. II. (Figur 64.) Aus der Gleichung $y = \frac{a\Theta}{t+\Theta}$ folgt auch $yt = (a-y)\Theta$. Schlägt man daher aus C mit CM den Kreisbogen MQ und errichtet in Q das Perpendikel QB, welches die Tangente AD in B schneidet; so ist $MQ = yt$, $AQ = a-y$, $\operatorname{tg} BAQ = \Theta$; also $MQ = BQ$.

Zu §. 665. III. Um aus der Gleichung

$$t = \frac{h\sqrt{\delta}}{\sqrt{a^2-\delta h^2}} \log\left(\frac{y\{\sqrt{\delta(a^2-h^2)} - \sqrt{a^2-\delta h^2}\}}{a\{\sqrt{(\delta-1)y^2+a^2-\delta h^2} - \sqrt{a^2-\delta h^2}\}}\right)$$

den Werth von y herzuleiten, haben wir zunächst

$$a\cdot e^{\frac{t\sqrt{a^2-\delta h^2}}{h\sqrt{\delta}}} = \frac{y\{\sqrt{\delta(a^2-h^2)} - \sqrt{a^2-\delta h^2}\}}{\sqrt{(\delta-1)y^2+a^2-\delta h^2} - \sqrt{a^2-\delta h^2}}$$

$$= \frac{y\{\sqrt{\delta(a^2-h^2)} - \sqrt{a^2-\delta h^2}\}.\{\sqrt{(\delta-1)y^2+a^2-\delta h^2} + \sqrt{a^2-\delta h^2}\}}{(\delta-1)y^2}$$

$$\frac{a(\delta-1)y\,.\,e^{\frac{t\sqrt{a^2-\delta h^2}}{h\sqrt{\delta}}}}{\sqrt{\delta(a^2-h^2)} - \sqrt{a^2-\delta h^2}} = \sqrt{(\delta-1)y^2+a^2-\delta h^2} + \sqrt{a^2-\delta h^2}.$$

Quadrirt man diese Gleichung, so erhalten wir

$$\frac{a^2(\delta-1)^2y^2e^{\frac{2t\sqrt{a^2-\delta h^2}}{h\sqrt{\delta}}}}{\{\sqrt{\delta(a^2-h^2)} - \sqrt{a^2-\delta h^2}\}^2} = (\delta-1)y^2 + 2(a^2-\delta h^2)$$
$$+ 2\sqrt{a^2-\delta h^2}.\sqrt{(\delta-1)y^2+a^2-\delta h^2}$$

oder $a^2(\delta-1)^2y^2.e^{\frac{2t\sqrt{a^2-\delta h^2}}{h\sqrt{\delta}}} - (\delta-1)y^2\{\sqrt{\delta(a^2-h^2)}$

$$- \sqrt{a^2-\delta h^2}\}^2 = 2\sqrt{a^2-\delta h^2}\{\sqrt{a^2-\delta h^2} + \sqrt{(\delta-1)y^2+a^2-\delta h^2}\}$$

$$= 2\sqrt{a^2-\delta h^2}.a(\delta-1)y\,e^{\frac{t\sqrt{a^2-\delta h^2}}{h\sqrt{\delta}}} : \{\sqrt{\delta(a^2-h^2)} - \sqrt{a^2-\delta h^2}\}$$

$$\text{also } y = \frac{2a \cdot e^{\frac{t\sqrt{a^2-\delta h^2}}{h\sqrt{\delta}}} \{\sqrt{\delta(a^2-h^2)(a^2-\delta h^2)} - a^2 + \delta h^2\}}{e^{\frac{2t\sqrt{a^2-\delta h^2}}{h\sqrt{\delta}}} \cdot a^2(\delta-1) - \{\sqrt{\delta(a^2-h^2)} - \sqrt{a^2-\delta h^2}\}^2}.$$

Zu §. 665. IV. Statt der Gleichung $t = \frac{h\sqrt{\delta}}{\sqrt{\delta h^2 - a^2}}$ arc.sin. $\left(q\sqrt{\frac{\delta h^2 - a^2}{\delta - 1}}\right)$ + Const. können wir schreiben $\frac{t\sqrt{\delta h^2 - a^2}}{h\sqrt{\delta}}$ $=$ arc. sin. $\left(\frac{D}{y}\right)$ + Const., wo $\sqrt{\frac{\delta h^2 - a^2}{\delta - 1}} = D$ gesetzt ist. Für $y = a$ wird aber $t = 0$, also $0 =$ arc. sin $\left(\frac{D}{a}\right)$ + Const. also vollständig $\frac{t\sqrt{\delta h^2 - a^2}}{h\sqrt{\delta}} =$ arc. sin $\left(\frac{D}{y}\right)$ − arc. sin $\left(\frac{D}{a}\right)$.

Allgemein ist aber arc.sin. α — arc. sin. $\beta =$ arc. sin. $\{\alpha\sqrt{1-\beta^2} - \beta\sqrt{1-\alpha^2}\}$, mithin hier

$$\frac{t\sqrt{\delta h^2 - a^2}}{h\sqrt{\delta}} = \text{arc.sin.}\left\{\frac{D}{y}\sqrt{1-\frac{D^2}{a^2}} - \frac{D}{a}\sqrt{1-\frac{D^2}{y^2}}\right\}$$

$$= \text{arc.sin.}\left(\frac{D}{ay}\{\sqrt{a^2 - D^2}\} - \sqrt{y^2 - D^2}\}.\right)$$

Aus $GL : GN = \sqrt{\delta h^2 - a^2} : h\sqrt{\delta}$ folgt $GN = \frac{GL \cdot h\sqrt{\delta}}{\sqrt{\delta h^2 - a^2}} = t$

$$= \frac{h\sqrt{\delta}}{\sqrt{\delta h^2 - a^2}} \text{ arc. sin. } \left(\frac{D\sqrt{a^2 - D^2} - D\sqrt{y^2 - D^2}}{ay}\right), \text{ also}$$

$$\sin\left(t \cdot \frac{\sqrt{\delta h^2 - a^2}}{h\sqrt{\delta}}\right) = \sin GL = R = \frac{D\sqrt{a^2 - D^2} - D\sqrt{y^2 - D^2}}{ay},$$

$$Ray = D\sqrt{a^2 - D^2} - D\sqrt{y^2 - D^2},$$

und $R^2a^2y^2 - 2RDay\sqrt{a^2 - D^2} + D^2a^2 = D^2y^2$ oder $y = \frac{aDR\sqrt{a^2 - D^2} - aD^2\sqrt{1 - R^2}}{a^2R^2 - D^2}$.

Zu §. 667. Das Element der Zeit, welche der Körper zur Durchlaufung des Bogens AM braucht, ist

$$dT = \frac{pydy}{h\sqrt{c(y^2 - p^2}} = \frac{\frac{h}{a}y^2dy}{h\frac{f}{a}\sqrt{\frac{f}{2}(y^2 - \frac{hy^2}{a^2}}}$$

$$= \frac{aydy}{f\sqrt{f}\sqrt{\frac{a^2 - h^2}{2}}}, \text{ mithin}$$

$$T = \frac{ay^2}{f\sqrt{2f(a^2-h^2)}} + \text{Const. und für } y = a,\ 0 =$$

$$\frac{a^3}{f\sqrt{2f(a^2-h^2)}} + \text{Const.; also}$$

$$T = \frac{a(y^2-a^2)}{f\sqrt{2f(a^2-h^2)}} = \frac{a^3-ay^2}{f\sqrt{2f(a^2-h^2)}}.$$

Zu §. 671. Da $ydt = -\frac{ahdy}{y\sqrt{a^2-h^2}}$, so wird $ds^2 = y^2dt^2$ $+dy^2 = dy^2\,\frac{(a^2-h^2)y^2+a^2h^2}{y^2(a^2-h^2)}$,

und $v = \frac{f^3}{2h^2} - \frac{f^3}{2a^2} + \frac{f^3}{2y^2} = \frac{f^3}{2}\,\frac{(a^2-h^2)y^2+a^2h^2}{a^2h^2y^2}$; also

$$dT = \frac{ds}{\sqrt{v}} = \frac{ahydy\sqrt{2}}{f\sqrt{fy}\sqrt{a^2-h^2}},\quad T = \frac{ahy\sqrt{2}}{f\sqrt{f}\sqrt{a^2-h^2}}$$

$$+\text{ Coust. und } 0 = \frac{a^2h\sqrt{2}}{f\sqrt{f}\sqrt{a^2-h^2}} + \text{Const.}$$

mithin endlich

$$T = \frac{ah(a-y)\sqrt{2}}{f\sqrt{f}\sqrt{a^2-h^2}} = \frac{2a(a-y)\Theta.}{f\sqrt{2f}}$$

Zu §. 673. Nach §. 665. III. wird $y = \infty$, wenn

$$c^{\frac{2t\sqrt{a^2-\delta h^2}}{h\sqrt{\delta}}}\,a^2(\delta-1) - \{\sqrt{\delta(a^2-h^2)} - \sqrt{a^2-\delta h^2}\}^2 = 0$$

oder $\frac{t\sqrt{a^2-\delta h^2}}{h\sqrt{\delta}} = \log\left(\frac{\sqrt{\delta(a^2-h^2)}-\sqrt{a^2-\delta h^2}}{a\sqrt{\delta-1}}\right)$ d. h. $t =$ $-\frac{h\sqrt{\delta}}{\sqrt{a^2-\delta h^2}}\log\left(\frac{a\sqrt{\delta-1}}{\sqrt{\delta(a^2-h^2)}-\sqrt{a^2-\delta h^2}}\right)$ angenommen wird. Ist $\delta < 1$, so wird t imaginär, also existirt kein Ort, in welchem $y = \infty$. Ist $\delta = 1$, so wird $t = -\log 0 = \infty$; allein in diesem Falle haben wir $\delta = \frac{a^2}{h^2} = 1$, also $c = \frac{f^3}{2a^2}$ und so die Curve eine logarithmische Spirale (§. 665. I.).

(Figur 65.) Errichtet man in C ein Perpendikel CG auf AC, welches die verlängerte Tangente AB in G schneidet, so wird $CG = a\Theta$ (§. 665. II.). Macht man nun das verlängerte Perpendikel CD, d. h. $CE = CG = a\Theta$ und zieht $EF \# AD$, so wird EF die Asymptote sein, welcher sich die Curve MA beständig nähert. Fällt man nämlich von M das Perpendikel MN auf CD, so wird $NC = MC\cos MCN = y\sin(t+\Theta)$, wenn t und Θ homogen in Secunden oder in Theilen des Radius ausgedrückt sind. Wir erhalten daher, indem wir den Werth von y substituiren, allgemein

$$NC = a\Theta.\frac{\sin(t+\Theta)}{t+\Theta}$$

und für $t = -\Theta$ oder $t+\Theta=0$, wo $y=\infty$ wird, $NC=a\Theta$.

Zu §. 675. Führen wir zur Bestimmung der Constanten C die Werthe $u = 1$, $y=a$, $q = \frac{1}{a}$ und $r=1$ in die gefundene Gleichung ein, so erhalten wir:

$$2\sqrt{-1}=(-\sqrt{-1})^{\sqrt{\frac{\delta-1}{\delta}}}\{\sqrt{1-C^2}-C\sqrt{-1}\}-(\sqrt{-1})^{\sqrt{\frac{\delta-1}{\delta}}}\{\sqrt{1-C^2}+C\sqrt{-1}\}.$$

Ist $\sqrt{\frac{\delta-1}{\delta}}$ gerade und von der Form $4n+2$, so wird $(-\sqrt{-1})^{\sqrt{\frac{\delta-1}{\delta}}} = (\sqrt{-1})^{\sqrt{\frac{\delta-1}{\delta}}} = -1$; also $2\sqrt{-1}=2C\sqrt{-1}$ und $C = +1$. Ist $\sqrt{\frac{\delta-1}{\delta}}$ gerade und von der Form $4n+4$, so wird $(-\sqrt{-1})^{\sqrt{\frac{\delta-1}{\delta}}} = (\sqrt{-1})^{\sqrt{\frac{\delta-1}{\delta}}} = +1$; also $2\sqrt{-1} = -2C\sqrt{-1}$ oder $C = -1$. Ist $\sqrt{\frac{\delta-1}{\delta}}$ ungerade und von der Form $4n+1$, so wird $(-\sqrt{-1})^{\sqrt{\frac{\delta-1}{\delta}}} = -(\sqrt{-1})^{\sqrt{\frac{\delta-1}{\delta}}} = -\sqrt{-1}$; also $2\sqrt{-1} = -2\sqrt{1-C^2}.\sqrt{-1}$ und $C = 0$. Ist endlich $\sqrt{\frac{\delta-1}{\delta}}$ ungerade und von der Form $4n+3$, so wird $(-\sqrt{-1})^{\sqrt{\frac{\delta-1}{\delta}}} = -(\sqrt{-1})^{\sqrt{\frac{\delta-1}{\delta}}} = +\sqrt{-1}$; also $2\sqrt{-1} = 2\sqrt{1-C^2}\sqrt{-1}$ und $C = 0$. Da nun ferner $\sqrt{1-u^2} = \sqrt{u^2-1}.\sqrt{-1}$, so wird, für $\sqrt{\frac{\delta-1}{\delta}}$ gerade oder ungerade,

$$2r\sqrt{-1} = \{-\sqrt{u^2-1}+u\}^{\sqrt{\frac{\delta-1}{\delta}}}\sqrt{-1}+\{\sqrt{u^2-1}+u\}^{\sqrt{\frac{\delta-1}{\delta}}}$$

$\sqrt{-1}$ oder $2r = \{u + \sqrt{u^2-1}\}^{\sqrt{\frac{\delta-1}{\delta}}} + \{u - \sqrt{u^2-1}\}^{\sqrt{\frac{\delta-1}{\delta}}}$

Auf dieselbe Weise erhält man aus der Gleichung

$$u = \frac{\{\sqrt{1-C^2} - C\sqrt{-1}\}^{\sqrt{\frac{\delta}{\delta-1}}} \cdot \{\sqrt{1-r^2} - r\sqrt{-1}\}^{\sqrt{\frac{\delta}{\delta-1}}}}{2\sqrt{-1}}$$

$$- \frac{\{\sqrt{1-C^2} + C\sqrt{-1}\}^{\sqrt{\frac{\delta}{\delta-1}}} \cdot \{\sqrt{1-r^2} + r\sqrt{-1}\}^{\sqrt{\frac{\delta}{\delta-1}}}}{2\sqrt{-1}},$$

indem man die eben gefundenen Werthe von C substituirt,

$$u =$$

$$\frac{\left\{\sqrt{1-\frac{a^2}{y^2}} - \frac{a}{y}\sqrt{-1}\right\}^{\sqrt{\frac{\delta}{\delta-1}}} - \left\{\sqrt{1-\frac{a^2}{y^2}} + \frac{a}{y}\sqrt{-1}\right\}^{\sqrt{\frac{\delta}{\delta-1}}}}{2\sqrt{-1}}$$

$$= \frac{1}{2y^{\sqrt{\frac{\delta}{\delta-1}}}} \left\{ \{a + \sqrt{a^2-y^2}\}^{\sqrt{\frac{\delta}{\delta-1}}} + \{a - \sqrt{a^2-y^2}\}^{\sqrt{\frac{\delta}{\delta-1}}} \right\}.$$

Zu §. 676. Für $\sqrt{\frac{\delta}{\delta-1}} = 2$ erhalten wir

$$u = \frac{1}{2y^2}\left\{\{a + \sqrt{a^2-y^2}\}^2 + \{a - \sqrt{a^2-y^2}\}^2\right\} = \frac{x}{y}$$

$$\text{oder } 2xy = 4a^2 - 2y^2.$$

(Figur 66.). Da allgemein $TM . \frac{dz}{dx} = z$ und hier $\frac{dz}{dx} = \frac{(4a^2 - z^2)\,x}{(2z^2 + x^2 - 4a^2)\,z}$, so wird

$$TM = \frac{z^2(2z^2 + x^2 - 4a^2)}{(4a^2 - z^2)\,x} = \frac{z^2(8a^2z^2 - 12a^4 - z^4)}{(4a^2 - z^2)^{\frac{3}{2}}(2a^2 - z^2)}$$

und $TM = \infty$, wenn $4a^2 - z^2 = 0$ oder $z = 2a$, in welchem Falle der Zähler vom $TM = 16a^6$ wird: wogegen für $2a^2 - z^2 = 0$, der Zähler $= 0$ werden würde.

Für $z = 2a$, wird aber $\frac{dz}{dx} = \frac{0}{x} = 0$, weil $x = -\infty$; also die Asymptote im Abstande $2a$ parallel mit AM.

Zu §. 679. Aus

$$\frac{du}{\sqrt{1-u^2}}=\frac{ady\sqrt{k^{n+1}-a^{n+1}}}{y\sqrt{a^{n+3}-a^2k^{n+1}+k^{n+1}y^2-y^{n+3}}}$$

folgt für $k=a$, wo $c=0$ ist, $du=0$, also $u=$ constans. Da aber allgemein $x=uy$ und für $y=a$, $x=a$, also $a=ua$ wird; so muss u nothwendig $=1$ werden.

Für $k=\infty$ und $n+1>0$ folgt aus derselben Gleichung

$$\frac{du}{\sqrt{1-u^2}}=\frac{ady}{y\sqrt{-a^2+y^2}}.$$

Nun ist $\int\frac{du}{\sqrt{1-u^2}}=-$ arc. cos. u; ferner weil allgemein

$$\int\frac{dx}{x\sqrt{-\alpha+\beta x+\gamma x^2}}=\frac{1}{\sqrt{\alpha}}\text{ arc. tg. }\left(\frac{\beta x-2\alpha}{2\sqrt{\alpha}\sqrt{-\alpha+\beta x+\gamma x^2}}\right)$$

ist,

$$\int\frac{ady}{y\sqrt{-a^2+y^2}}=\text{arc. tg. }\left(\frac{-a}{\sqrt{-a^2+y^2}}\right),$$

$$\text{also arc. cos.}\,u=\text{arc. tg. }\left(\frac{a}{\sqrt{-a^2+y^2}}\right)+\text{Const.}$$

Aus arc. tg. $\alpha=p$ folgt arc. cos. $\alpha=\frac{1}{\sqrt{1+p^2}}$, mithin haben wir

$$\text{arc. cos. }u=\text{arc. cos. }\left(\frac{\sqrt{y^2-a^2}}{y}\right)+\text{Const.}$$

Für $y=a$, wird $x=a$ und $u=\frac{x}{y}=1$, demnach

$$\text{arc. cos.}\,1=\text{arc. cos.}\,0+\text{Const.; Const.}=-\tfrac{1}{2}\pi$$

$$\text{arc. cos.}\,u=\text{arc. cos }\left(\frac{\sqrt{y^2-a^2}}{y}\right)-\tfrac{1}{2}\pi.$$

$$u=\sin\left(\text{arc. cos. }\frac{\sqrt{y^2-a^2}}{y}\right).$$

Da aber aus arc. cos. $\alpha=p$, folgt $\sin p=\sqrt{1-\alpha^2}$

$u=\sqrt{1-\frac{y^2-a^2}{y^2}}=\frac{a}{y}$ oder $uy=a=x$ und für $y=a$, $x=a$, also $ua=a$, mithin wieder $u=1$.

Aus der Gleichung

$$2y^{\frac{m-2}{2}}\sqrt{-1}=\{\{\sqrt{1-u^2}+u\sqrt{-1}\}^{\frac{m-2}{2}}.\{\sqrt{a^{m-2}-C^2}+C\sqrt{-1}\}$$
$$-\{\sqrt{1-u^2}-u\sqrt{-1}\}^{\frac{m-2}{2}}\{\sqrt{a^{m-2}-C^2}-C\sqrt{-1}$$

folgt für $u=1$ und also $y=a$

$$2a^{\frac{m-2}{2}}\sqrt{-1}=(\sqrt{-1})^{\frac{m-2}{2}}\{\sqrt{a^{m-2}-C^2}+C\sqrt{-1}\}$$
$$-\{-\sqrt{-1}\}^{\frac{m-2}{2}}\{\sqrt{a^{m-2}-C^2}-C\sqrt{-1}\}$$

d. h. wie §. 675. $C=0$ oder $=\pm a^{\frac{m-2}{2}}$

und so

$$2y^{\frac{m-2}{2}}\sqrt{-1}\}=\{u+\sqrt{u^2-1}\}^{\frac{m-2}{2}}(\sqrt{-1})^{\frac{m-2}{2}}a^{\frac{m-2}{2}}\sqrt{-1}$$
$$+\{u-\sqrt{u^2-1}\}^{\frac{m-2}{2}}.(\sqrt{-1})^{\frac{m-2}{2}}a^{\frac{m-2}{2}}\sqrt{-1}$$

und

$$2y^{\frac{m-2}{2}}=a^{\frac{m-2}{2}}\{u+\sqrt{u^2-1}\}^{\frac{m-2}{2}}+a^{\frac{m-2}{2}}\{u-\sqrt{u^2-1}\}^{\frac{m-2}{2}}.$$

Zu §. 681. Für $m=0$ würde $c=\frac{k^{n+1}-a^{n+1}}{(n+1)f^n}=\frac{k^{-m}-a^{-m}}{-mf^{-m-1}}$

$$=f\log\left(\frac{fk}{a}\right)=\infty,\text{ weil } k=\infty.$$

Für m negativ wird

$$c=\frac{k^m-a^m}{mf^{m-1}}=\infty.$$

Zu §. 682. Die allgemeine Gleichung ergibt für $n=-2$ oder $m=1$

$$4y^{-1}-2a^{-1}=a^{-1}\{\{u+\sqrt{u^2-1}\}^{-1}+\{u-\sqrt{u^2-1}\}^{-1}\}$$
$$\frac{4a}{y}-2=\frac{u-\sqrt{u^2-1}+u+\sqrt{u^2-1}}{u^2-(u^2-1)}=2u=\frac{2x}{y}.$$

(Figur 67.) Aus $2a=x+y$ und $y=\sqrt{x^2+z^2}$ folgt $2a=x+\sqrt{x^2+z^2}$ oder $z^2=4a(a-x)$. Diess ist die Gleichung einer Parabel AP, deren Axe AC, Scheitelpunkt A, Brennpunkt C, Abscisse $AM=AC-CM=a-x$ und Ordinate $PM=z$ ist.

Zu §. 687. Setzen wir in der Gleichung $(x^2+z^2)^2=a^2x^2-a^2z^2$, $x=0$; so erhalten wir

$$z^2(z^2+a^2)=0,$$

woraus man nur den Werth $z=0$ benutzen kann, indem die beiden andern $z=\pm a\sqrt{-1}$ imaginär werden. Dasselbe gilt, wenn man $x=a$ setzt, indem alsdann aus der resultirenden Gleichung $z^2(z^2+3a^2)=0$, $z=\pm a\sqrt{-3}$ imaginär, also nur $z=0$ als reeller Werth folgt.

Zu §. 696. Bezeichnen wir die zu suchende Normalkraft mit N und die Tangentialkraft mit T, so haben wir z. B. $\alpha . AM : N : T = AM : Aa : Ma$, woraus N und T folgt.

Aus

$$\alpha . Aa + \beta . Bb + \gamma . Cc = (\alpha + \beta + \gamma) Oo \text{ und } -\alpha . Ma + \beta . Mb + \gamma . Mc = (\alpha + \beta + \gamma) . Mo$$

folgt nämlich

$$\{\alpha . Aa + \beta . Bb + \gamma . Cc\}^2 + \{-\alpha . Ma + \beta . Mb + \gamma . Mc\}^2 = (\alpha + \beta + \gamma)^2 \{Oo^2 + Mo\}^2 = (\alpha + \beta + \gamma)^2 . MO^2.$$

Zu §. 703. Da $\Delta MRS \backsim MST \backsim MTV$, so haben wir $MR : MS = MS : MT = MT : MV = ds : dx$, also $MR : MV = ds^3 : dx^3$ und weil $MR = r$,

$$MV = \frac{rdx^3}{ds^3}.$$

Zu §. 711. (Figur 75.) Es seien die rechtwinkligen Coordinaten des Punktes M, in Bezug auf die grosse Axe als Abscissenaxe und den Mittelpunkt als Anfangspunkt, z und x; so wird

$$y^2 = z^2 + x^2,\ z^2 = \frac{b^2}{a^2}(a^2 - x^2) \text{ und } \frac{dz}{dx} = -\frac{b^2}{a^2} . \frac{x}{z}.$$

Bezeichnet man den Winkel, welchen die verlängerte Tangente TM mit der Abscissenaxe bildet, mit α, so haben wir

$$\operatorname{tg}\alpha = -\frac{dz}{dx} \text{ und } p = \left(\frac{z}{\operatorname{tg}\alpha} + x\right)\sin\alpha = \frac{-zdx + xdz}{dz} \times \sin\alpha = \frac{-zdx + xdz}{dz} . \frac{dz}{\sqrt{dx^2 + dz^2}}$$

oder

$$p = \frac{xdz - zdx}{\sqrt{dx^2 + dz^2}}.$$

Substituirt man aber in diese Gleichung den Werth von $dx = -\frac{a^2 z dz}{b^2 x}$, so erhält man

$$p = \frac{\left(\frac{x^2}{a^2} + \frac{z^2}{b^2}\right) a^2 b^2}{\sqrt{a^4 z^2 + b^4 x^2}}.$$

Aus $z^2 = \frac{b^2}{a^2}(a^2 - x^2)$ und $y^2 = z^2 + x^2$ folgt aber $\frac{x^2}{a^2} + \frac{z^2}{b^2} = 1$, $x^2 = \frac{a^2(y^2 - b^2)}{a^2 - b^2}$ und $z^2 = \frac{b^2(a^2 - y^2)}{a^2 - b^2}$, demnach, wenn wir diese Werthe in die letzte Formel von p substituiren, nach kurzer Reduction

$$p = \frac{ab}{\sqrt{a^2+b^2-y^2}}.$$

Zu §. 712. (Figur 76.) Behalten wir die Bezeichnung der vorhergehenden Anmerkung bei, setzen aber ausserdem $FC = \sqrt{a^2-b^2} = ae$, so wird, wenn wir CT, das vorige p, jetzt p' und CM, das vorige y jetzt y' nennen, hingegen nun $FM = y$ nnd $FT' = p$ setzen:

$$p = p' + ae \sin\alpha = \frac{ab + bex}{\sqrt{a^2+b^2-y'^2}},$$

indem wie oben

$$\sin\alpha = \frac{b^2x}{\sqrt{a^4z^2+b^4x^2}} = \frac{bx}{a\sqrt{a^2+b^2-y'^2}} \text{ wird.}$$

Aus der bekannten Gleichung

$$F^2M^2+F'M^2=2.CM^2+2.FC^2 \text{ oder } y^2+(2a-y)^2=2y'^2+2a^2e^2 = 2y'^2+2a^2-2b^2$$

folgt aber $a^2+b^2-y'^2 = 2ay - y^2 = y(2a-y)$; ferner aus $y^2 = z^2+(ae+x)^2$, $ex = y-a$; daher erhalten wir

$$p = \frac{by}{\sqrt{y(2a-y)}} \text{ und } p^2 = \frac{b^2y}{2a-y}.$$

Setzen wir nun die grosse Axe $2a = A$ und den Parameter $\frac{2b^2}{a} = L$; so wird $b^2 = \frac{1}{4}AL$ und daher

$$4p^2 = \frac{ALy}{A-y}.$$

Zu §. 716. Da $T = \frac{2.\text{Areae}}{h\sqrt{c}}$ und $t = \frac{2.\text{Areae}}{\Theta\sqrt{\gamma}}$, so folgt $T:t = \frac{1}{h\sqrt{c}}:\frac{1}{\Theta\sqrt{\gamma}}$ oder $ch^2:\gamma\Theta^2 = t^2:T^2$.

Ferner $P:\Pi = \frac{t^2.CM}{CT^3}:\frac{T^2.cM}{ct^3} = \frac{t^2}{CM^2}:\frac{T^2.cM}{cV^3} = t^2.cV^3 : T^2.cM.CM^2$,

oder $P:\Pi = \frac{cV^3}{T^2}:\frac{cM.CM^2}{t^2}$

Zu §. 723. Nach §. 589. ist $v = \frac{ch^2}{p^2}$; hier aber ist $p = C\Theta = \frac{wp\sqrt{u}}{\sqrt{v}}$ und $h = a$, also $v = \frac{ca^2v}{w^2p^2u}$ oder $u = \frac{a^2c}{w^2p^2}$.

Zu §. 724. Aus $Mn:M\nu = 1:w$ folgt $M\nu - Mn:M\nu = w - 1:w$, d. h. weil $M\nu - Mn = n\nu$ und $M\nu = \frac{wpdy}{q}$ ist, $n\nu = \frac{(w-1)pdy}{q}$. Ferner ist $\frac{m\mu}{CM} = \frac{n\nu}{Cn} = \frac{n\nu}{CM}$, d. h. gleich dem Element des Winkels, welches die Bahn beschreibt, während der Körper den Bogen $A'M'$ zurücklegt. Wir haben daher

$$\frac{m\mu}{CM} = d.A'CA = \frac{(w-1)pdy}{qy}.$$

Wir haben ferner noch

$$w-1:1 = n\nu:Mn = nC\nu:MCn.$$

Zu §. 727. Es wird $A'CA = (w-1)\cdot\int\frac{pdy}{qy} = (w-1)\int\frac{Mn}{y} = (w-1)\int M'Cm' = (m-1).A'CM'$.

Zu §. 729. Für $w = -1$ wird nämlich $w^2 - 1 = 0$ und $w-1:1 = -2:1$ (§. 724.)

Zu §. 730. Für $w > 1$, also auch $w^2 > 1$ und w^2-1 positiv wird $P = \frac{2a^2\gamma dp}{p^3dy} + \frac{2a^2\gamma(w^2-1)}{y^2}$ um so grösser, je grösser w ist; umgekehrt wird für $w < 1$, $w^2 < 1$ und w^2-1 negativ P desto kleiner, je grösser w ist.

Zu §. 731. Für $w = 0$ wird $w - 1:1 = -1:1$ (§. 724.). Ferner ersieht man aus $c = 0$ unmittelbar, dass der Körper sich nicht von der Linie CA' entfernen kann.

Zu §. 732. Es wird für $w = +n$, $\sqrt{u} = \frac{a\sqrt{c}}{np}$ und für $w = -n$, $\sqrt{u} = -\frac{a\sqrt{c}}{np}$. Ferner ist allgemein $\int\frac{dw}{w^3} = -\frac{2}{w^2}$, also für $w = +n$ und $w = -n$ identisch; daher ist es auch P in beiden Fällen.

Zu §. 738. Es wird nämlich die Winkelbewegung

$$= A'CB' + A'CA = 180^0 + \frac{\sqrt{2a^2c} - \sqrt{2a^2c - C}}{\sqrt{2a^2c - C}}.180^0 = 180^0 \times \frac{\sqrt{2a^2c}}{\sqrt{2a^2c - C}} = \frac{180^0}{\sqrt{1 - \frac{C}{2a^2c}}}.$$

Zu §. 742. Nach §. 724. ist $A'CA = (w-1)A'CM'$ und

da $A'CM = A'CA + ACM = (w-1)\,A'CM' + A'CM' = w \times A'CM'$; so wird $A'CA = \frac{w-1}{w}\,A'CM$

$$= \frac{\sqrt{\tfrac{1}{2}Lf^2 + C} - \sqrt{\tfrac{1}{2}Lf^2}}{\sqrt{\tfrac{1}{2}Lf^2 + C}} . A'CM = \frac{\sqrt{E} - \sqrt{aF}}{\sqrt{E}}\,A'CM.$$

Für $A'CM = 360^0$ wird $A'CA = \frac{\sqrt{E} - \sqrt{aF}}{\sqrt{E}} . 360^0$.

Zu §. 743. Ist $P = \varphi(y)$, so wird $E = \varphi(a)$, $E + \Delta E = \varphi(a+z) = E + \frac{dE}{da} z = E + F . z$ (§. 741.), mithin $F = \frac{dE}{da}$.

Zu §. 745. Aus $\frac{dy}{y} > \frac{dP}{P}$, folgt $\sqrt{\frac{Pdy}{ydP}} > 1$, also $180^0 \times \sqrt{\frac{Pdy}{ydP}} > 180^0$; aus $\frac{dy}{y} < \frac{dP}{P}$ folgt $180^0 \sqrt{\frac{Pdy}{ydP}} < 180^0$, endlich wird für $\frac{dy}{y} = \frac{dP}{P}$, $180^0 \sqrt{\frac{Pdy}{ydP}} = 180^0$.

Zu §. 746. Aus $180\mu = 180 \sqrt{\frac{Pdy}{ydP}}$ folgt nämlich $\mu^2 \frac{dP}{P} = \frac{dy}{y}$ und $\mu\mu \log P = \log y + \text{Const.}$ oder $P = \alpha y^{\frac{1}{\mu\mu}}$ und $\frac{P}{y^3} = \alpha y^{\frac{1-3\mu^2}{\mu^2}}$

Zu §. 750. Aus $\frac{P}{y^3} = \frac{y^{n+3}}{y^3} = \frac{1}{y^3}$ folgt $n + 3 = 0$ und $\frac{180^0}{\sqrt{n+3}} = \infty$, wie auch $\frac{360^0}{\sqrt{n+3}} = \infty$. Ist aber $\frac{y^{n+3}}{y^3} = \frac{1}{y^{3+x}}$ oder $n + 3 + x = 0$ also $n + 3 = -x$, so werden beide Winkel $\frac{180^0}{\sqrt{-x}}$ und $\frac{360^0}{\sqrt{-x}}$ imaginär.

Zu §. 760. Es ist allgemein $r = \frac{ydy}{dp} = \frac{zdz}{dq}$ (§. 587.), aber $8pdp = \frac{A^2 Ldy}{(A-y)^2}$, also

$$dp = \frac{A^2 Ldy}{4(A-y)^2} \frac{\sqrt{A-y}}{\sqrt{ALy}} = \frac{A\sqrt{AL} . dy}{4(A-y)\sqrt{Ay-y^2}};\ \text{mithin}$$

$$r = \frac{ydy 4(A-y)\sqrt{Ay-y^2}}{A\sqrt{AL} . dy} = \frac{4(Ay-y^2)^{\frac{3}{2}}}{A\sqrt{AL}}.$$

Eben so wird

$$dq = \frac{A.\sqrt{AL}.dz}{4(A-z)\sqrt{Az-z^2}} \text{ und da ferner } zdz = -(A-y)dy$$

$$pr = \frac{2(A-y)y^2}{A} = \frac{2z(A-z)^2}{A} \text{ und } qr = \frac{2y(A-y)^2}{A}$$

$$= \frac{2(A-z)z^2}{A}.$$

Hieraus erhalten wir

$$P = \frac{-2vy(A-y)\,dy + \frac{2y(A-y)^2}{A}ydv}{-\frac{2(A-y)y^2}{A}(A-y)\,dy - \frac{2y(A-y)^2}{A}ydy}$$

$$= \frac{Avdy - ydv(A-y)}{2(A-y)ydy},$$

$$\text{und } Q = \frac{-2vz(A-z)\,dz + \frac{2z(A-z)^2}{A}zdv}{-\frac{2(A-z)z^2}{A}(A-z)\,dz - \frac{2z(A-z)^2}{A}zdz}$$

$$= \frac{Avdz - zdv\,(A-z)}{2zdz(A-z)} = \frac{-Avdy - ydv(A-y)}{-2y(A-y)\,dy}$$

$$= \frac{Avdy + ydv(A-y)}{2(A-y)ydy}.$$

Zu §. 761. Es ist $VP =$ subtg. $= -\frac{zdx}{dz}$ und da $PC = x$, $VC = \frac{xdz - zdx}{dz}$. Da aber $\Delta VPQ \sim VCT$, also $VP : PQ = VC : TC$ oder $-\frac{zdx}{dz} : q = \frac{xdz - zdx}{dz} : p$; $p = \frac{zdx - xdz}{\sqrt{dx^2 + dz^2}}$.

Zu §. 765. Aus $v' = \frac{v(w^2p^2 + q^2)}{y^2}$ folgt unmittelbar

$$dv' = \frac{dv(w^2p^2 + q^2)}{y^2} + \frac{2vw^2pdp}{y^2} + \frac{2vwp^2dw}{y^2} + \frac{2vqdq}{y^2}$$

$$- \frac{2v(w^2p^2 + q^2)\,dy}{y^3}$$

und da aus $q^2 = y^2 - p^2$, $qdq = ydy - pdp$ folgt, wenn man qdq eliminirt:

$$dv' = \frac{dv(w^2p^2 + q^2)}{y^2} + \frac{2(w^2-1)vpdp}{y^2} - \frac{2(w^2-1)vp^2dy}{y^3}$$

$$+ \frac{2vp^2wdw}{y^2}.$$

Aus $C\Theta = \frac{wpy}{\sqrt{w^2p^2+q^2}}$ folgt nämlich $d.C\Theta = \frac{wpdy}{\sqrt{w^2p^2+q^2}}$
$+ \frac{wydp}{\sqrt{w^2p^2+q^2}} + \frac{pydw}{\sqrt{w^2p^2+q^2}} - \frac{wpy\{w^2pdp+p^2wdw+qdq\}}{(w^2p^2+q^2)^{\frac{3}{2}}}$

$$= \frac{w(w^2-1)p^3dy+wy^3dp+pq^2ydw}{(w^2p^2+q^2)^{\frac{3}{2}}}.$$

Aus $Mn:M\nu = 1:w$ folgt $M\nu - Mn:Mn = w-1:1$, also

$$M\nu - Mn = n\nu = (w-1)Mn = (w-1)\frac{M\nu}{w} = \frac{(w-1)pdy}{q}$$

und $\frac{n\nu}{Cn} = \frac{n\nu}{CM} = \frac{(w-1)pdy}{qy} = \angle nC\nu = d.PCB$

und $PCB = \int \frac{(w-1)pdy}{qy}$.

Zu §. 766. Aus $z = ty$ folgt $dz = tdy + ydt = \frac{wpxdy}{qy}$
$+ \frac{qtydy}{qy}$ oder $dt = \frac{wpxdy}{qy^2}$, und weil $x = \sqrt{y^2-z^2} = y\sqrt{1-t^2}$,
$dt = \frac{wp}{qy^2}y\sqrt{1-t^2}\,dy$, also $\frac{dt}{\sqrt{1-t^2}} = \frac{wpdy}{qy}$.

Zu §. 767. Aus $v = \frac{a^2c}{p^2}$ folgt $dv = -\frac{2a^2cdp}{p^3}$ und $2vdp$
$= -pdv = \frac{2a^2cdp}{p^2}$, welche Werthe in die Formeln für P und Q substituirt werden müssen, um die hier angegebenen Ausdrücke nach kurzer Reduction zu erhalten.

Zu §. 780. (Figur 85.) Nach der einfachen oft gebrauchten Formel $\frac{ds}{\sqrt{v}}$ sind die, den Incrementen von AL und BM entsprechenden, Zeitincremente

$$\frac{w\sqrt{dr^2+dt^2}}{b\sqrt{e}} \quad \text{und} \quad \frac{p\sqrt{dx^2+dz^2}}{a\sqrt{c}}$$

welche einander gleich sein müssen. Nach der Figur 85 wird es aber anschaulich, dass

$$\tfrac{1}{2}w.\sqrt{dr^2+dt^2} = d.\text{Area}\,ACL \text{ und } \tfrac{1}{2}p\sqrt{dx^2+dz^2} = d.\text{Area}\,BLM \text{ und so}$$

$$\frac{d.\text{Area}\,ACL}{b\sqrt{e}} = \frac{d.\text{Area}\,BLM}{a\sqrt{c}},$$

woraus durch Integration die Gleichung im Satze folgt.

Zu §. 784. Man wird x und z gegen X und Z, oder auch x^2 und z^2 gegen Xx und Zz vernachlässigen können, wodurch man aus

$$r^2 = (X-x)^2 = X^2 - 2Xx \text{ und } t^2 = (Z-z)^2 = Z^2 - 2Zz$$

durch Addition erhält

$$b^2 = Y^2 - 2(Xx + Zz) \text{ oder } z = \frac{Y^2 - b^2 - 2Xx}{2Z}.$$

Substituirt man diesen Werth von z in die Gleichung der Ellipse

$$a^2z^2 + h^2x^2 = a^2h^2,$$

so erhält man aus derselben

$$x^2 - \frac{a^2X(Y^2-b^2)}{a^2X^2+h^2Z^2}x - \frac{4a^2h^2Z^2 - a^2(Y^2-b^2)^2}{4a^2X^2+4h^2Z^2} = 0$$

und so

$$x = \frac{a^2X(Y^2-b^2) \pm ahZ\sqrt{4a^2X^2+4h^2Z^2-(Y^2-b^2)^2}}{2a^2X^2+2h^2Z^2}.$$

Substituirt man hierauf diesen Werth von x in die obige Gleichung für z, so erhält man

$$z = \frac{h^2Z(Y^2-b^2) \pm ahX\sqrt{4a^2X^2+4h^2Z^2-(Y^2-b^2)^2}}{2a^2X^2+2h^2Z^2}.$$

Zu §. 785. Mittelst der vier Gleichungen $x^2+z^2 = a^2$, $r^2 + t^2 = b^2$, $r = X-x$ und $t = Z-z$ erhält man $r^2+t^2 = b^2 = X^2+Z^2+x^2+z^2 - 2Xx - 2Zz = Y^2 + a^2 - 2Xx - 2Zz$ und

$$z = \frac{Y^2 - f^2 - 2Xx}{2Z}, \text{ wo } f^2 = b^2 - a^2.$$

Substituirt man diesen Werth von z in die erste der obigen vier Gleichungen, so erhält man

$$x^2 - \frac{X(Y^2-f^2)}{Y^2}x - \frac{4a^2Z^2-(Y^2-f^2)^2}{4Y^2} = 0; \text{ also } 2x$$

$$= \frac{(Y^2-f^2)X \pm Z\sqrt{4a^2Y^2-(Y^2-f^2)^2}}{Y^2}.$$

Setzt man diesen Werth von $2x$ in die obige Formel für z, so ergibt sich

$$2z = \frac{(Y^2-f^2)Z \mp X\sqrt{4a^2Y^2-(Y^2-f^2)^2}}{Y^2}.$$

Ferner wird

$$2Zr - 2Xt = 2Z(X-x) - 2X(Z-z) =$$

$$Z\left\{2X - \frac{(Y^2-f^2)X \pm Z\sqrt{4a^2Y^2-(Y^2-f^2)^2}}{Y^2}\right\}$$

$$= -X\left\{2Z - \frac{(Y^2-f^2)Z \mp X\sqrt{4a^2Y^2-(Y^2-f^2)^2}}{Y^2}\right\}$$
$$= \mp \sqrt{4a^2Y^2-(Y^2-f^2)^2}.$$

Zu §. 789. Wir haben allgemein $P = \frac{2ch^2y}{p^3r}$ (§. 592.) und $v = \frac{ch^2}{p^2}$ (§. 589.). Im vorliegenden Falle ist aber $h = r = p = y = a$ und $P = \frac{f}{a^2}$, also $\frac{f}{a^2} = \frac{2ca^3}{a^4} = \frac{2c}{a}$ und $v = c = \frac{f}{2a}$.

Zu §. 792. Nach §. 744. wird $\frac{P}{y^3} = \frac{h}{y^2} + \frac{fy}{a^3}$ oder $P = \frac{a^3hy+fy^4}{a^3}$, also $dP = \frac{a^3h+4fy^3}{a^3}dy$ und $\frac{Pdy}{ydP} = \frac{a^3h+fy^3}{a^3h+4fy^3}$.

Zu §. 793. Aus $\frac{P}{y^3} = \frac{h}{y^2} + \frac{fy}{z^3}$ oder $P = hy + \frac{fy^4}{z^3}$ folgt $dP = hdy + \frac{4fy^3dy}{z^3} - \frac{3fy^4dz}{z^4}$; also $Pdy = hydy + \frac{fy^4dy}{z^3}$ und $ydP = hydy + \frac{4fy^4dy}{z^3} - \frac{3fy^5dz}{z^4}$.

Es wird also $Pdy < ydP$, oder die Bewegung der Absiden rückläufig, wenn $\frac{fy^4dy}{z^3} < \frac{4fy^4dy}{z^3} - \frac{3fy^5dz}{z^4}$ oder $ydz < zdy$, d. h. indem man a statt z setzt, wenn $ady > ydz$.

Die Bewegung wird hingegen rechtläufig, wenn $ady < ydz$ ist.

Zu §. 796. Ausser der im Original angegebenen Figur 87. habe ich die 87, *a.* hinzugefügt, welche perspectivisch die aufgeführten Grössen andeutet.

Zu §. 798. Da $\varrho\mu \# rn \#$ Ebene $Mr \# \Theta\eta$ und $\varrho\Theta \# \mu\eta$, so wird auch $\Theta\eta = \varrho\mu$ und $\varrho\Theta = \mu\eta$.

Zu §. 800. Es wird $\pi\varrho = y + dy + d(y+dy) = y + 2dy + ddy$, $\varrho\mu = z + dz + d(z+dz) = z + 2dz + ddz$,

$$Qq = \sqrt{(pq-QP)^2+Pp^2} = \sqrt{dx^2+dy^2}$$
$$q\varrho = \sqrt{p\pi^2+(\pi\varrho-qp)^2} = \sqrt{dx^2+(dy+ddy)^2} =$$
$$\sqrt{dx^2+dy^2+2dyddy+ddy^2} = \sqrt{dx^2+dy^2} + \frac{dy.ddy}{\sqrt{dx^2+dy^2}}$$
$$r\Theta = qr - q\Theta = -\frac{dy\,ddy}{\sqrt{dx^2+dy^2}}$$
$$m\mu = \sqrt{p\pi^2+(\pi\varrho-qp)^2+(\mu\varrho-mq)^2} =$$
$$\sqrt{dx^2+(dy+ddy)^2+(dz+ddz)^2}$$

$$= \sqrt{dx^2 + dy^2 + dz^2 + 2(dyddy + dzddz) + ddy^2 + ddz^2}$$

$$= \sqrt{dx^2 + dy^2 + dz^2} + \frac{dyddy + dzddz}{\sqrt{dx^2 + dy^2 + dz^2}}.$$

Hierbei ist die zweite Potenz von ddy und ddz stets vernachlässigt worden.

Zu §. 801. Es ist $rn - mq = z + 2dz - (z + dz) = dz$

$$nv = rn - rv = dz - \frac{(dz + ddz)(dx^2 + dy^2)}{dx^2 + dy^2 + dyddy}$$

$$= \frac{dzdyddy - ddz(dx^2 + dy^2)}{dx^2 + dy^2 + dyddy} = -ddz + \frac{dzdy\,ddy}{dx^2 + dy^2}.$$

(Figur 88.) Ist mr' perpendikulär auf der Verlängerung von nv, so wird

$$\sin nmv = \sin(nmr' - vmr') = \sin nmr' \cos vmr' - \cos nmr' \times$$

$$\sin vmr' = qr\,\frac{nr' - vr'}{mn\,.\,mv}.$$

Da nun $qr = \sqrt{dx^2 + dy^2}$, $nr' = nr - mq = dz$ und $vr' = vr - mq = \dfrac{(dz + ddz)(dx^2 + dy^2)}{dx^2 + dy^2 + dyddy}$, also $nr' - vr' = \dfrac{-ddz(dx^2 + dy^2) + dydzddy}{dx^2 + dy^2 + dz^2}$; ferner $mn = \sqrt{dx^2 + dy^2 + dz^2}$ und $mv = \sqrt{(vr - mq)^2 + qr^2} = \dfrac{(dx^2 + dy^2)\sqrt{dx^2 + dy^2 + dz^2 + 2(dzddz + dyddy)}}{dx^2 + dy^2 + dyddy}$; so wird $\sin nmv$

$$= \frac{\sqrt{dx^2 + dy^2}\,\{dydzddy - ddz(dx^2 + dy^2)\}}{(dx^2 + dy^2)\sqrt{dx^2 + dy^2 + dz^2}\sqrt{dx^2 + dy^2 + dz^2 + 2(dzddz + dyddy)}}$$

$$= \frac{dydzddy - dx^2\,ddz - dy^2\,ddz}{(dx^2 + dy^2 + dz^2)\sqrt{dx^2 + dy^2}}.$$

Zu §. 802. Es ist $r\varrho = r\pi - \varrho\pi = -ddy$ und wegen $\angle Qqp = \Theta r\varrho$, $Qq : Pp = r\varrho : \Theta\varrho$ also

$$\sin vm\mu = \frac{\mu\eta}{m\mu} =$$

$$-\frac{dx\,ddy}{\sqrt{dx^2 + dy^2}\left\{\sqrt{dx^2 + dy^2 + dz^2} + \dfrac{dy\,ddy + dzddz}{\sqrt{dx^2 + dy^2 + dz^2}}\right\}}$$

$$= -\frac{dxddy}{\sqrt{(dx^2 + dy^2)(dx^2 + dy^2 + dz^2)}}.$$

§. 806. Zieht man $\mu n' \# r\varrho \# QR$, so wird, weil $n\mu \# MR$ und $nn' \# MQ$ ist, $\Delta nn'\mu \backsim MQR$ und daher $nn' : r\varrho = QM : QR$ oder $rn - \varrho\mu : r\varrho = QM : QR$, indem $nn' = rn - \varrho\mu$.

Zu §. 817. Da $Mf \# Pp \# Qq'$ und $Mi \# Qq$, so wird $\angle fMi = qQq'$ und $\angle Mfi = Qqp$. Die Kraft $M = -\frac{Pdy}{\sqrt{dx^2+dy^2}}$ ist negativ, weil hier fi die entgegengesetzte Richtung der Linie mt (§. 796.) hat.

Zu §. 822. Für $P=0$ wird zunächst $R = \frac{-dv - Qdy}{dz}$

$$= \frac{\frac{-2v(dyddy+dzddz)}{dx^2+dy^2+dz^2} + \frac{2adyddy}{dx^2}}{dz}$$

$$= \frac{-\frac{2a}{dx^2}(dyddy+dzddz) + \frac{2adyddy}{dx^2}}{dz} = -\frac{2addz}{dx^2}.$$

Zu §. 828. Zur Integration der Gleichung

$$dq = \frac{bdy\sqrt{2af}}{y^2\sqrt{2cf-y^2}}$$

wenden wir die allgemeine Integralformel an:

$$\int \frac{dx}{x^n(\alpha+\gamma x^2)^n} = \frac{-1}{(m-1)\alpha x^{m-1}(\alpha+\gamma x^2)^{n-1}}$$
$$-\frac{\gamma(2n+m-3)}{\alpha(m-1)}\int\frac{dx}{x^{m-2}(\alpha+\gamma x^2)^n}.$$

Die gefundene Gleichung

$$z = \alpha y - \beta\sqrt{2cf-y^2}$$

lässt sich auf die folgende rationale und geordnete bringen:

$$(\alpha^2+\beta^2)y^2 - 2\alpha yz + z^2 - 2cf\beta^2 = 0.$$

Vergleichen wir diese mit der allgemeinen Gleichung vom zweiten Grade

$$ay^2 + byz + cz^2 + hy + ez + f = 0;$$

so ist hier offenbar

$$b^2 < 4ac,$$

also die gesuchte Projection der Curve eine Ellipse. Für $y=0$ wird nun $z = \beta\sqrt{2cf}$, also der eine Durchmesser $=2\beta\sqrt{2cf}$; ferner für $z=0$, $y = \pm\frac{\beta\sqrt{2cf}}{\sqrt{\alpha^2+\beta^2}}$ und der andere Durchmesser $= \frac{2\beta\sqrt{2cf}}{\sqrt{\alpha^2+\beta^2}}$.

Zu §. 829. Die Differentialgleichung

$$\frac{2abdp}{p^2} = f^2\frac{dq}{(1+q^2)^{\frac{3}{2}}}$$

wird mittelst der allgemeinen Formel

$$\int \frac{dx}{(\alpha+\gamma x^2)^n} = \frac{x}{2\alpha(n-1)(\alpha+\gamma x^2)^{n-1}} + \frac{2n-3}{2\alpha(n-1)} \int \frac{dx}{(\alpha+\gamma x^2)^{n-1}}$$

integrirt. Die zuletzt gefundene Gleichung

$$f^2\sqrt{y^2+z^2} = Cz + Dy + 2ab^2$$

lässt sich auch schreiben $f^2 r = Cz + Dy + 2ab^2$, indem $\sqrt{y^2+z^2}$ gleich dem Radius r ist. Wir haben alsdann die bekannte Gleichung der Kegelschnitte, in Bezug auf die grosse Axe als Abscissenaxe und den einen Brennpunkt als Anfangspunkt, von welcher linearen Gleichung z. B. Gauss in seiner theoria motus corporum coelestium ausgeht.

Zu §. 834. Setzt man die hier gefundenen Werthe von P, Q und R in die Gleichungen des §. 817., so erhält man unmittelbar:

$$dv = \frac{-V(xdx+ydy+zdz)}{\sqrt{x^2+y^2+z^2}} - Wdz,$$

$$\frac{2v\{dydzddy - ddz(dx^2+dy^2)\}}{dx^2+dy^2+dz^2} = -\frac{Vxdxdz}{\sqrt{x^2+y^2+z^2}} - \frac{Vydydz}{\sqrt{x^2+y^2+z^2}}$$

$$+\frac{Vz(dx^2+dy^2)}{\sqrt{x^2+y^2+z^2}} + W(dx^2+dy^2) \text{ und } \frac{2v\,dx\,ddy}{dx^2+dy^2+dz^2}$$

$$= \frac{V(xdy-ydx)}{\sqrt{x^2+y^2+z^2}}.$$

Aus der letzten folgt unmittelbar

$$V = \frac{2vdxddy\sqrt{x^2+y^2+z^2}}{(xdy-ydx)(dx^2+dy^2+dz^2)}.$$

Substituirt man diesen Werth in die zweite, so ergibt sich nach einiger Umformung

$$W = \frac{2v\{ddy(xdz-zdx) - ddz(xdy-ydx)\}}{(xdy-ydx)(dx^2+dy^2+dz^2)}$$

und wenn man die Werthe von V und W in die erste substituirt:

$$\frac{dv}{2v} = \frac{dy\,ddy + dz\,ddz}{dx^2+dy^2+dz^2} - \frac{xddy}{xdy-ydx},$$

welche integrabel ist, weil für dx = constans

$$d\{dx^2+dy^2+dz^2\} = 2\{dyddy+dzddz\} \text{ und } d(xdy-ydx)$$
$$= xddy.$$

Zu §. 837. Um die Gleichung $x^6 dp^3 = 2a^3 f x\,dx\,ddp + 4a^3 f dx^2 dp$ zu integriren, schreiben wir sie

$$2xdx = 4a^3f\,\frac{\frac{ddp}{dx^2}xdx + 2\frac{dp}{dx}dx}{x^5\left(\frac{dp}{dx}\right)^3} = 2a^3f\{4x^{-5}\left(\frac{dp}{dx}\right)^{-2}$$

$$dx + 2x^{-4}\left(\frac{dp}{dx}\right)^{-3}\frac{ddp}{dx^2}dx\} = -2a^3f\left\{\left(\frac{dp}{dx}\right)^{-2}d\,.\,(x^{-4})\right.$$

$$\left. + x^{-4}\,d\left(\frac{dp}{dx}\right)^{-2}\right\}$$

und erhalten so unmittelbar

$$x^2 = C - \frac{2a^3f}{x^4\,.\left(\frac{dp}{dx}\right)^2}.$$

Nach §. 834. wird $dxddy\sqrt{x^2+y^2+z^2} : ddy\,(xdz-zdx)$

$$-ddz(xdy-ydx) = V : W = \frac{\sqrt{x^2+y^2+z^2}}{f} : \frac{z}{g},$$

also $fzdxddy = gddy\,(xdz-zdx) - gddz\,(xdy-ydx)$
oder $ddy : ddz = gxdy - gydx : gxdz - hzdx$, $h = f+g$ gesetzt.

Die Zeit wird nach Zusatz 1. $= \frac{\int(xdy-ydx)}{a\sqrt{a}}$ und da $y = px$
$dy = pdx + xdp$, also $xdy - ydx = x^2dp$, dieselbe

$$= \frac{\int x^2dp}{a\sqrt{a}}.$$

Zu §. 840. Unmittelbar wird $\int\frac{dx}{\sqrt{c^2-x^2}} = \frac{1}{\sqrt{-1}}\log(x$

$$\sqrt{-1} + \sqrt{c^2-x^2}) = -\sqrt{-1}\log\left(\frac{c^2}{\sqrt{c^2-x^2}-x\sqrt{-1}}\right)$$

$$= C + \sqrt{-1}\log\{\sqrt{c^2-x^2} - x\sqrt{-1}\}.$$

$$\int\frac{du}{u^2+m^2} = \frac{1}{2m\sqrt{-1}}\left\{\int\frac{du}{u-m\sqrt{-1}} - \int\frac{du}{u+m\sqrt{-1}}\right\}$$

$$= \frac{1}{2m\sqrt{-1}}\log\left(\frac{u-m\sqrt{-1}}{u+m\sqrt{-1}}\right).$$

Zu §. 848. Aus $m = \sqrt{1-\frac{f}{g}}$ folgt, dass $\frac{f}{g}$ desto näher $= 1$, also m desto kleiner wird, je weniger f von g verschieden ist. Je kleiner aber m, desto grösser wird $\frac{180^0}{m}$, desto grösser also die rechtläufige Bewegung. Für $f = g$, wird

$m=0$, also $\frac{180^0}{m}=\infty$ und es kann der Körper nie wieder einen Knoten erreichen. Für $f>g$ oder $\frac{f}{g}>1$, wird m imaginär und daher gilt derselbe Schluss.

Zu §. 850. Ich erhalte einen andern Werth für $\operatorname{tg} i$, indem für $dz=0$ nach §. 837. $\operatorname{tg} i=\frac{hz\sqrt{dx^2+dy^2}}{g(xdy-ydx)}$. Da nun $\sqrt{dx^2+dy^2}=\pm\frac{cdx}{y}$ und $xdy-ydx=-\frac{c^2dx}{y}$, wie auch $z=\frac{2k}{\sqrt{-1}}$ (§. 849.); so wird $\operatorname{tg} i=\frac{2kh}{cg\sqrt{-1}}=\frac{2m^2k}{c\sqrt{-1}}$, indem $\frac{h}{g}=\frac{f+g}{g}=m^2$.

Zu §. 852. Ich erhalte daher das in diesem §. aufgeführte Verhältniss der Tangenten beider Neigungswinkel umgekehrt

$$=m:1=180^0:\frac{180^0}{m}.$$

Zu §. 866. Die Gleichung $dv=\frac{2vdds}{ds}-\frac{v^m ds}{q^m}$ kann man umformen in die folgende

$$2v^{-(m-1)}.\frac{dds}{ds}-v^{-m}dv=\frac{ds}{q^m},$$

oder wenn man auf beiden Seiten mit $\frac{ds^{2m-2}}{dx^{2m-2}}$ multiplicirt,

$$2v^{-(m-1)}\frac{ds^{2m-3}}{dx^{2m-2}}dds-v^{-m}dv.\frac{ds^{2m-2}}{dx^{2m-2}}=\frac{ds^{2m-1}}{q^m.dx^{2m-2}},$$

$$\text{d. h. } v^{-(m-1)}.d\left(\frac{ds^{2m-2}}{dx^{2m-2}}\right)+\frac{ds^{2m-2}}{dx^{2m-2}}d.(v^{-(m-1)})=\frac{(m-1)ds^{2m-1}}{q^m dx^{2m-2}}$$

und wenn man integrirt:

$$v^{1-m}=\frac{(m-1)dx^{2m-2}}{ds^{2m-2}}\int\frac{ds^{2m-1}}{q^m dx^{2m-2}}.$$

Zu §. 874. Es wird

$$v=-\frac{gds^2}{2ddy}=-g\frac{dx^2(1+p^2)}{2dpdx}=-g\frac{dx(1+p^2)}{2dp}$$
$$=-\frac{cg(1+p^2)}{2\int dp\sqrt{1+p^2}}.$$

Da nun $1+p^2$ und $\sqrt{1+p^2}$ positiv sind, so muss man für dp und p einen negativen Werth annehmen, damit $\sqrt{v}$ reell werde.

Zu §. 875. Für $\mu=0$ und $v=1$ haben wir nach §. 868. die Gleichung

$$gce^{\frac{s}{c}} = C - \frac{adyds}{dx^2} - a\log\left(\frac{ds+dy}{dx}\right) \text{ und für } s=0,\ \frac{ds}{dx} = \frac{1}{v}=1,\ \frac{dy}{dx} = \frac{\mu}{v} = 0, \text{ also } C=$$

$$gc \text{ und } gc\,(e^{\frac{s}{c}}-1) = -v^2 b\,\frac{dyds}{dx^2} - v^2 b \log\left(\frac{ds+dy}{dx}\right),$$

$$\text{und } \frac{gc}{b}(e^{\frac{s}{c}}-1) = \frac{dyds}{dx^2} - v^2\log\left(\frac{ds-dy}{dx}\right)$$

weil y und dy negativ sind.

Ferner ist $\frac{ds-dy}{dx} = \frac{ds^2-dy^2}{dx\,(ds+dy)} = \frac{dx^2}{dx\,(ds+dy)}$ und so

$$\frac{gc}{b}(e^{\frac{s}{c}}-1) = \frac{dyds}{dx^2} - \log\left(\frac{dx}{ds+dy}\right) \text{ (§. 871.).}$$

Zu §. 878. Nach §. 866. haben wir

$$dv = \frac{2vdds}{ds} - \frac{v^m ds}{q^m},$$

also hier für $m = \frac{1}{2}$ und $q = c$

$$dv = \frac{2vdds}{ds} - \frac{ds\sqrt{v}}{\sqrt{c}}.$$

Nach der hiesigen ersten Gleichung ist $g = -\frac{2vddy}{ds^2} = -\frac{2vdds}{dyds}$ und so nach der zweiten

$$dv = \frac{2vdds}{ds} - \frac{ds\sqrt{v}}{\sqrt{c}} \text{ wie vorhin.}$$

Nach dem Integral am angeführten Orte haben wir daher

$$\sqrt{v} = -\tfrac{1}{2}\frac{dx^{-1}}{ds^{-1}}\int\frac{dx}{\sqrt{c}} = -\tfrac{1}{2}\frac{ds}{dx}\left(\frac{x}{\sqrt{c}}+\text{const.}\right)$$

$= \frac{ds\sqrt{a}}{2dx} - \frac{xds}{2dx\sqrt{c}}$, indem const. $= \sqrt{a}$ gesetzt ist; also

$$\sqrt{v} = \frac{ds\,(\sqrt{ac}-x)}{2dx\sqrt{c}}.$$

Zu §. 883. Da $dy = \frac{\mu dx}{v} - \frac{g\sqrt{c}\,.\,xdx}{2v^2 b\sqrt{c}-vx\sqrt{b}} = \frac{\mu dx}{v} + \frac{g\sqrt{c}}{v\sqrt{b}} \times \frac{(2v\sqrt{bc}-x-2v\sqrt{bc})\,dx}{2v\sqrt{bc}-x}$, so wird

$$y = \frac{\mu x}{\nu} + \frac{gx\sqrt{c}}{\nu\sqrt{b}} + 2gc \log (2\nu\sqrt{bc} - x) + C$$

und

$$0 = 2gc \log (2\nu\sqrt{bc}) + C,$$

$$\text{also } y = \frac{\mu x}{\nu} + \frac{gx\sqrt{c}}{\nu\sqrt{b}} - 2gc \log\left(\frac{2\nu\sqrt{bc}}{2\nu\sqrt{bc} - x}\right).$$

Zu §. 890. Da allgemein $\log(1+u) = u + \frac{u^2}{2} + \frac{u^3}{3} + \frac{u^4}{4} + \text{etc.}$, so wird

$$\log\left(\frac{2\sqrt{bc}}{2\sqrt{bc} - x}\right) = \log\left(\frac{1}{1 - \frac{x}{2\sqrt{bc}}}\right) = -\log\left(1 - \frac{x}{2\sqrt{bc}}\right)$$

$$= \frac{x}{2\sqrt{bc}} + \frac{x^2}{2.4bc} + \frac{x^3}{3.8bc\sqrt{bc}} + \frac{x^4}{4.16b^2c^2} + \text{etc.}$$

Zu §. 893. Für $g = 0$ wird $v = \frac{(2b\sqrt{c} - x\sqrt{b})^2}{4bc}$, also für $v = 0$, $x = 2\sqrt{bc} = AE$.

Die gleiche Dauer der Wanderung durch AM und AP folgt ferner daraus, dass für $g = 0$, $t = \int \frac{ds}{\sqrt{v}} = \int \frac{dx}{\sqrt{v}}$.

Zu §. 894. Es wird $\operatorname{tg} MTR = \frac{dz}{-dy}$, also $QT = z : \frac{dz}{-dy} = -\frac{zdy}{dz}$. Aber aus

$$y = -2cg + \frac{g\sqrt{c}}{\sqrt{b}}z + 2gc \log 2\sqrt{bc} - 2gc\log z \text{ folgt } \frac{dy}{dz} = \frac{g\sqrt{c}}{\sqrt{b}} - \frac{2gc}{z} \text{ und daher } QT = 2gc - \frac{gz\sqrt{c}}{\sqrt{b}}.$$

Zu §. 895. Setzt man $ER = y'$ und $MR = x'$, so wird $RT = \text{subtg.} = x' \cdot \frac{dy'}{dx'} = 2gc$, also $dy' = 2gc \cdot \frac{dx'}{x'}$ und $y' = 2gc \log x'$.

Zu §. 898. Ist $2m = 2n+1$, also $\frac{2m-1}{2} = n$ gleich einer ganzen Zahl, so wird $q = \int dp\,(1+p^2)^n$, also integrabel und algebraisch.

Für $2m = -2n$ wird $\frac{2m-1}{2} = -\frac{2n+1}{2}$ und $q =$

$$\int \frac{dp}{(1+p^2)^{\frac{2n+1}{2}}} \text{ integrabel.}$$

Zu §. 900. Um die Gleichung

$$dx = \frac{adp}{\{\sqrt{1+p^2}-p\}^{\frac{2}{g}}}$$

zu integriren, setzen wir

$\sqrt{1+p^2}-p=\pi$, woraus $p=\frac{1-\pi^2}{2\pi}$, $\sqrt{1+p^2}=\frac{1+\pi^2}{2\pi}$ und

$dp = -\frac{(1+\pi^2)d\pi}{2\pi^2}$ folgt. Wir erhalten daher

$$dx = -\tfrac{1}{2}a\left\{\frac{d\pi}{\pi^{\frac{2+2g}{g}}} + \frac{d\pi}{\pi^{\frac{2}{g}}}\right\} \text{ und}$$

$$x = \tfrac{1}{2}a\left\{\frac{g}{(2+g)\,\pi^{\frac{2+g}{g}}} + \frac{g}{(2-g)\,\pi^{\frac{2-g}{g}}}\right\} \text{ oder}$$

$$2x = \frac{ag}{(2+g)\{\sqrt{1+p^2}-p\}^{\frac{2+g}{g}}} + \frac{ag}{(2-g)\{\sqrt{1+p^2}-p\}^{\frac{2-g}{g}}}.$$

Ferner

$$y=\int pdx = -\tfrac{1}{4}a\left\{\int\frac{d\pi}{\pi^{\frac{2+3g}{g}}} - \int\frac{d\pi}{\pi^{\frac{2-g}{g}}}\right\}$$

$$\text{oder } 4y = \frac{ga}{(2+2g)\{\sqrt{1+p^2}-p\}^{\frac{2+2g}{g}}}$$

$$-\frac{ga}{(2-2g)\{\sqrt{1+p^2}-p\}^{\frac{2-2g}{g}}}.$$

Für $g=1$ wird $x=\frac{a}{3\pi^3}+\frac{a}{\pi}$, d. h. algebraisch, wogegen

$$y=-\tfrac{1}{4}a\left\{\int\frac{d\pi}{\pi^5}-\int\frac{d\pi}{\pi}\right\}$$

$$=-\frac{a}{16\pi^4}-\tfrac{1}{4}a\log\pi, \text{ also transcendent}$$

wird. Für $g=2$ wird hingegen $2x=\frac{a}{4\pi^4}-a\log\pi$, transcendent und dagegen

$$4y = \frac{a}{3\pi^3} + \frac{a\pi}{2} \text{ algebraisch.}$$

Zu §. 907. Da die Gleichung der Parabel in diesem Falle ist

$$x^2 = py,$$

so wird $2xdx = pdy$, $2dx^2 + 2xddx = pddy$ und $6dxddx + 2xd^3x = pd^3y$.

Nach der Voraussetzung ist aber dx constant, also $ddx = 0$ und $d^3x = 0$; mithin

$$d^3y = 0,\ ddy = \frac{2dx^2}{p} \text{ und } R = 0.$$

Zu §. 922. Aus der Gleichung $c^2t^2 = a^2x^2 + a^2c^2$ folgt

$$t:a = a:t - \frac{ax^2}{c\sqrt{x^2+c^2}} = a:t - QT,$$

oder $CQ:AC = AC:CT$.

Zu §. 931. Für $n = 2$ wird $a^2 = \frac{x}{\alpha} \cdot \frac{\alpha y - \beta x}{\alpha}$ oder $\frac{\alpha a^2}{x} = \frac{\alpha y - \beta x}{\alpha} = CQ$.

Zu §. 932. Für $m = \frac{1}{2}$ erhalten wir

$$q^{\frac{1}{2}} = \frac{v^{\frac{1}{2}}}{R} = \frac{g^{-\frac{1}{2}}}{2^{-\frac{1}{2}}(n^2-n)^{-\frac{1}{2}}(n+1)CQ^{-\frac{1}{2}}} \text{ oder } q = \frac{2(n^2-n)}{(n+1)^2 g} \cdot CQ.$$

Zu §. 935. Im Original ist hier ein Sprung in der Reihe der Paragraphen; ich habe die gehörige Reihefolge hergestellt.

Zu §. 935. Für $n = 2$ wird $T = \gamma \cdot \frac{\sqrt{NP} - \sqrt{MP}}{\sqrt{MP \cdot NP}}$.

Aus der zugehörigen Gleichung

$$\alpha^2 a^2 = \alpha xy - \beta x^2 \text{ oder } x^2 - \frac{\alpha y}{\beta} x + \frac{\alpha^2 a^2}{\beta} = 0,$$

folgt aber

$NP = x = \frac{\alpha y}{2\beta} + \sqrt{\frac{\alpha^2 y^2}{4\beta^2} - \frac{\alpha^2 a^2}{\beta}}$ und $MP = x = \frac{\alpha y}{2\beta} - \sqrt{\frac{\alpha^2 y^2}{4\beta^2} - \frac{\alpha^2 a^2}{\beta}}$, also $NP \cdot MP = \frac{\alpha^2 a^2}{\beta}$, d. h. constant.

Zu §. 936. Aus $q^m = \frac{g^{m-1} \cdot MT^{2m-1}}{2^{m-1} \cdot (n^2-n)^{m-1}(n+1)CQ^{m-1}}$, in welcher zuletzt so wohl MT, als auch $CQ = \infty$ werden, erhält man, weil $2m-1 > m-1$, auch $q = \infty$.

Zu §. 941. Es wird $R = -\dfrac{adPdx}{2\dfrac{a^2dx^2}{y^2}} - \dfrac{3P\dfrac{adx}{y}dy}{2\dfrac{a^2dx^2}{y^2}} = -$ $\dfrac{y^2dP}{2adx} - \dfrac{3Pydy}{2adx} = -\dfrac{y^2dP}{2adx} - \dfrac{3P(a-x)}{2a}$. Ich habe diese Entwickelung hier vorgenommen, weil im Original $-\dfrac{ydP}{2adx}$ stand.

Zu §. 942. Im Punkt A ist $x = AP = 0$ und $y = PM = 0$, also $\sqrt{v} = 0$, $R = 0$ und $q = 0$. Im ersten Quadranten, wo der Körper aufsteigt, ist $y = PM$ und $a - x = CP$ positiv, daher R negativ.

Zu §. 943. Es wird in M der Widerstand

$$R = \frac{fdy}{2adx} - \frac{3f(a-x)}{2ay} = \frac{f(a-x)}{2ay} - \frac{3f(a-x)}{2ay} = -\frac{f.CP}{AC.PM}.$$

Im ersten Quadranten ist CP und PM positiv, mithin R negativ; im zweiten Quadranten ist CP negativ und PM positiv, daher R positiv. Im Punkt A ist $CP = CA$ und $PM = 0$, mithin $-R = \dfrac{f}{PM} = \infty$ und $P = \dfrac{f}{PM} = -R = \infty$.

Zu §. 945. Aus $\dfrac{ds^3}{dxddy} = -\dfrac{a^2}{y}$ folgt, weil $dyddy = dsdds$, $-a^2dx = \dfrac{ydy}{dds}ds^2$ oder $-a^2dx\dfrac{dds}{ds^2} = ydy$ und hieraus, weil dx constant ist, durch Integration

$$\frac{a^2dx}{ds} = \tfrac{1}{2}y^2 + \tfrac{1}{2}b^2 \text{ oder } 2a^2dx = ds(y^2 + b^2)$$

$$\text{und } 4a^4dx^2 = (dx^2 + dy^2)(y^2 + b^2)^2,$$

mithin $dy = \dfrac{dx\sqrt{4a^4 - (y^2 + b^2)^2}}{y^2 + b^2}$ und $\dfrac{dy}{ds} = \dfrac{\sqrt{4a^4 - (y^2 + b^2)^2}}{2a^2}$.

Zu §. 946. Aus der Gleichung $dv = \dfrac{2vdyddy}{ds^2} - Rds$ folgt

$$\frac{dv.dx^2}{ds^2} - \frac{2vdx^2dds}{ds^3} = -\frac{Rdx^2}{ds} \text{ oder } \frac{\dfrac{ds^2}{dx^2}dv - vd.\left(\dfrac{ds^2}{dx^2}\right)}{\left(\dfrac{ds^2}{dx^2}\right)^2}$$

$$= -R\frac{dx^2}{ds};$$

also wenn man integrirt

$$\frac{v}{\left(\frac{ds^2}{dx^2}\right)} = \frac{v\,dx^2}{ds^2} = a - \int \frac{R\,dx^2}{ds} \text{ und } v = \frac{a\,ds^2}{dx^2}$$

$$- \frac{ds^2}{dx^2} \int \frac{R\,dx^2}{ds}.$$

Zu §. 957. (Figur 102.) Setzt man in der nebenstehenden Figur $DE = \xi$, $DC = \xi'$, $ME = \eta$ und $AC = h$, ausserdem wie im Texte $AP = x$ und $PM = y$; so haben wir, wenn DC die Axe der Parabel ist

$$\eta^2 = p\xi \text{ und } h^2 = p\xi'.$$

$$\text{Aber } \eta = h - x,\ \xi = \xi' - y = \frac{h^2}{p} - y;$$

mithin $(h - x)^2 = p\left(\frac{h^2}{p} - y\right)$ oder $py = 2hx - x^2$, wofür im Texte

$$by = fx - x^2$$

gesetzt ist.

Zu §. 958. Setzt man $P = \dfrac{4a\beta + 12\gamma a x}{1 + \dfrac{x\sqrt{1+\alpha^2}}{c}} = g$ oder $4a\beta + 12\gamma a x = g + \dfrac{gx\sqrt{1+\alpha^2}}{c}$,

$$\text{so wird } 4a\beta = g \text{ und } \frac{12\gamma a}{g} = \frac{3\gamma}{\beta} = \frac{\sqrt{1+\alpha^2}}{c}.$$

Nimmt man als Gleichung der Curve an

$$y = \alpha x - \beta x^2 - \gamma x^3 - \delta x^4,$$

so wird $\dfrac{dy}{dx} = \alpha - 2\beta x - 3\gamma x^2 - 4\delta x^3$ und $\dfrac{ddy}{dx^2} = -2\beta - 6\gamma x - 12\delta x^2$; also

$$P = \frac{4a\beta + 12a\gamma x + 24a\delta x^2}{e^{\frac{s}{c}}} = \frac{4a\beta + 12a\gamma x + 24a\delta x^2}{1 + \frac{x\sqrt{1+\alpha^2}}{c} - \frac{\alpha\beta x^2}{c\sqrt{1+\alpha^2}} + \frac{(1+\alpha^2)x^2}{2c^2}}$$

$$= g.$$

Wir haben daher

$$4a\beta = g \text{ oder } \beta = \frac{g}{4a} = \frac{g(1+\alpha^2)}{4b},$$

$$12a\gamma = \frac{g\sqrt{1+\alpha^2}}{c} \quad ,, \quad \gamma = \frac{g(1+\alpha^2)^{\frac{3}{2}}}{12bc},$$

$$24a\delta = \frac{g(1+\alpha^2)}{2c^2} - \frac{\alpha\beta g}{c\sqrt{1+\alpha^2}} \quad ,, \quad \delta = \frac{g(1+\alpha^2)^2}{48bc^2} - \frac{\alpha g^2(1+\alpha^2)^{\frac{3}{2}}}{96b^2c}$$

Zu §. 959. Da die Geschwindigkeit wegen der ungeheuren Kraft sehr gross sein muss und $\sqrt{v} = \frac{a \cdot e^{-\frac{s}{c}} ds^2}{dx^2}$, so muss a und auch $b = a\,(1+\alpha^2)$ ebenfalls sehr gross sein. Ferner wird, weil der Widerstand in diesem Falle sehr gering sein wird, c ebenfalls sehr gross und es wird demnach δ im Vergleich mit γ verschwindend klein.

Zu §. 960. Ist i und $\sqrt{b}$ bekannt, so folgt aus $\sqrt{b} = \frac{a}{\cos i}$, $a = \cos i \sqrt{b}$ und $\alpha = \frac{dy}{dx} = \operatorname{tg} i$, also ist auch der Werth von $x = AB$ zu berechnen.

Zu §. 963. Aus $\frac{dy}{ds} = \varepsilon$ folgt $\alpha^2 = \frac{dy^2}{dx^2} = \frac{\varepsilon^2}{1 - \varepsilon^2}$

Setzt man in der Gleichung

$$\frac{3gc\varepsilon\,(1 - 2\varepsilon^2)}{4b} - (1 - 3\varepsilon^2)^2 = 0$$

$\varepsilon^2 = \frac{1}{2}$ oder $1 - 2\varepsilon^2 = 0$, so wird die Function von ε auf der linken Seite $= -\frac{1}{4}$ für $\varepsilon^2 = \frac{1}{3}$ oder $1 - 3\varepsilon^2 = 0$ wird sie

$$= + \frac{gc}{4b\sqrt{3}};$$

also liegt ein Werth von ε^2 zwischen $\frac{1}{2}$ und $\frac{1}{3}$. Bringen wir die Gleichung auf die rationale Form

$$36b\varepsilon^4 + 6gc\varepsilon^3 - 24b\varepsilon^2 - 3gc\varepsilon + 4b = 0$$

und setzen

$$\varepsilon^2 = \tfrac{1}{2} - e,$$

wo e nothwendig ein sehr kleiner Bruch sein muss; so erhalten wir, indem wir die höhern Potenzen von e vernachlässigen,

$$\varepsilon^4 = \frac{1}{4} - e,\ \varepsilon^3 = \frac{1}{2\sqrt{2}} - \frac{3e}{2\sqrt{2}} \text{ und } \varepsilon = \frac{1}{\sqrt{2}} - \frac{e}{\sqrt{2}}.$$

Substituiren wir diese Werthe in die obige Gleichung, so erhalten wir

$$b - (12b + \frac{6gc}{\sqrt{2}})\,e = 0 \text{ oder } e = \frac{b\sqrt{2}}{12b\sqrt{2} + 6gc} \text{ und so sehr}$$

$$\text{nahe } \varepsilon^2 = \frac{1}{2} - e = \frac{5b\sqrt{2} + 3gc}{12b\sqrt{2} + 6gc}.$$

Diess Resultat weicht etwas von dem im Original ab.

Zu §. 965. Aus $\sqrt{b} = \sqrt{a(1+\alpha^2)} = \sqrt{a}$ folgt $\alpha = 0$ und nach Zusatz 4. y negativ. Um die Gleichung der Curve AM

zu erhalten, haben wir in Beispiel 2. $\alpha = 0$ und y negativ, um die Gleichung der Curve AN aber zu erhalten, ausserdem x negativ zu setzen.

Zu §. 966. Um die Summirbarkeit der Reihe

$$\frac{gx^2}{4b} + \frac{gx^3}{12bc} + \frac{gx^4}{48bc^2} + \frac{gx^5}{240bc^3} + \text{etc.}$$

leichter einzusehen, darf man nur setzen: $2by =$

$$gc^2 \left\{ 1 + \frac{x}{c} + \frac{\left(\frac{x}{c}\right)^2}{1.2} + \frac{\left(\frac{x}{c}\right)^3}{1.2.3} + \frac{\left(\frac{x}{c}\right)^4}{1.2.3.4} + \frac{\left(\frac{x}{c}\right)^5}{1.2.3.4.5} \right.$$

$$\left. + \text{etc.} \right\} - gc^2 \left(1 + \frac{x}{c}\right).$$

Zu §. 972. Da die Curve gegen AP concav ist, ist nämlich ddy stets negativ, hingegen dy beim Aufsteigen positiv und beim Niedersteigen negativ.

Zu §. 977. Sollte die horizontale Bewegung eine beschleunigte sein, so würde du positiv und daher für $2m - 1$ ungerade, ds negativ, für $2m - 1$ gerade, ds imaginär werden.

Zu §. 989. Die Tangente der Curve wird nämlich da vertikal, wo $\frac{dx}{dy} = 0$, d. h. wo $c - kx = 0$ und $x = \frac{c}{k}$ ist. Hier wird aber $y = \infty$, daher diese Tangente eine Asymptote.

Zu §. 1014. Die Gleichung

$$\frac{dt\sqrt{2f}}{t^2\sqrt{c(1-t^2)}} = -\frac{du}{tu(1+u)^{\frac{3}{2}}\sqrt{u}} - \frac{2dt(1+2u)}{t^2\sqrt{u+u^2}}$$

$$= \frac{-\frac{tdu}{\sqrt{u+u^2}} - 2\sqrt{u+u^2}\,(1+2u)\,dt}{t^2(u+u^2)}$$

lässt sich folgendermassen integriren. Die linke Seite wird unmittelbar nach Vorschrift der allgemeinen Formel

$$\int \frac{dx}{x^m(a+cx^2)^n} = \frac{-1}{(m-1)\,ax^{m-1}(a+cx^2)^{n-1}} - \frac{c(2n+m-3)}{a(m-1)} \times$$

$$\int \frac{dx}{x^{m-2}(a+cx^2)^n}$$

integrirt und ergibt so

$$C - \frac{\sqrt{2f(1-t^2)}}{t\sqrt{c}}.$$

Die rechte Seite lässt sich auf die Form $\frac{NdZ-ZdN}{N^2}$ bringen wo $N = t\sqrt{u+u^2}$, $dN = \frac{2(u+u^2)dt+t(1+2u)du}{2\sqrt{u+u^2}}$ ist und $Z = \alpha + \beta t + \gamma u$, also $dZ = \beta dt + \gamma du$ angenommen wird. Um die unbestimmten Coefficienten α, β, γ zu bestimmen, substituiren wir diese Werthe und erhalten so die Gleichung

$$\beta t\sqrt{u+u^2}\,dt + \gamma t\sqrt{u+u^2}\,du - (\alpha+\beta t+\gamma u)\sqrt{u+u^2}\,dt - (\alpha + \beta t+\gamma u)\frac{t(1+2u)}{2\sqrt{u+u^2}}du$$

$$= -2\sqrt{u+u^2}\,(1+2u)\,dt - \frac{t}{\sqrt{u+u^2}}du.$$

Es muss also sein

$$1)\quad -\alpha\sqrt{u+u^2} - \gamma u\sqrt{u+u^2} = -2(1+2u)\sqrt{u+u^2}$$

$$2)\quad \gamma t\sqrt{u+u^2} - \frac{\alpha t(1+2u)}{2\sqrt{u+u^2}} - \frac{\beta t^2(1+2u)}{2\sqrt{u+u^2}} - \frac{\gamma u t(1+2u)}{2\sqrt{u+u^2}} = -\frac{t}{\sqrt{u+u^2}}.$$

Aus der ersten Gleichung ergibt sich $\alpha = 2$, $\gamma = 4$ und wenn man diese Werthe in die zweite substituirt $\beta = 0$; demnach das Integral der rechten Seite

$$\frac{Z}{N} = \frac{2(1+2u)}{t\sqrt{u+u^2}}.$$

Zu §. 1016. Aus $\frac{2u+1}{\sqrt{u+u^2}} = \frac{Ct\sqrt{2c} - \sqrt{f(1-t^2)}}{\sqrt{2c}}$

erhalten wir

$$\frac{(2u+1)^2}{4(u+u^2)} = \frac{\{Ct\sqrt{2c} - \sqrt{f(1-t^2)}\}^2}{8c}$$

und wenn man nun auf beiden Seiten 1 subtrahirt

$$\frac{1}{4(u+u^2)} = \frac{\{Ct\sqrt{2c} - \sqrt{f(1-t^2)}\}^2 - 8c}{8c},$$

Zu §. 1024. Offenbar ist $\alpha = \sin CMT$ und $\beta = \cos CMT$, ferner $ds = \frac{ydy}{\sqrt{y^2-p^2}} = \frac{ydy}{\sqrt{y^2-\alpha^2y^2}} = -\frac{dy}{\beta}$. Der letzte Ausdruck muss negativ sein, weil y kleiner wird, wenn s an Grösse zunimmt. Ferner wird

$$\int Rp^2 ds = -\int \frac{y^n}{f^n}\,\alpha^2 y^2\,\frac{dy}{\beta} = C - \frac{\alpha^2 y^{n+3}}{(n+3)\,\beta f^n},$$

wo $C = \frac{\alpha^2 a^{n+3}}{(n+3)\,\beta f^n}$ wird, weil für $s = 0$, $y = a$ und $\int Rp^2 ds = 0$ ist.

Zu §. 1026. Nach §. 383. muss

$$1 = \frac{(n+3)^{\frac{n}{n+1}} . \beta^{\frac{n}{n+1}}}{f^{\frac{n}{n+1}}} (\sqrt{q})^{\frac{2n}{n+1}}$$

also $q = \frac{f}{(n+3)\,\beta}$ sein.

Zu §. 1027. Sollte der Widerstand dem Quadrat der Geschwindigkeit proportional sein, so müsste (nach Zusatz 6.)

$$(\sqrt{v})^{\frac{2n}{n+1}} = v, \text{ also } \frac{n}{n+1} = 1$$

sein, was nur für $n = \infty$ möglich ist.

Zu §. 1029. Man schreibt die Gleichung

$$dv + \frac{2v dp}{p} = -\frac{v^m ds}{q^m}$$

zum Behuf der Integration so:

$$p^{2(1-m)}\,v^{-m} dv + 2v^{1-m} p^{1-2m} dp = -\frac{p^{2(1-m)} ds}{q^m}$$

(vergl. Anm. zu §. 866.).

Für $m = 1$ haben wir zu integriren

$$\frac{dv}{v} + \frac{2dp}{p} = -\frac{ds}{q},$$

woraus der im Text angegebene Ausdruck ganz leicht folgt.

Zu §. 1036. Soll P constant sein, so muss $\frac{mn}{1-m} = 0$, also $n = 0$ sein und es wird

$$P = \frac{2\,(1-m)^{\frac{1}{1-m}}}{\{3\,(1-m)\}^{\frac{1}{1-m}}\,\beta^{\frac{1}{1-m}}} = \frac{2}{(3\beta)^{\frac{1}{1-m}}} \text{ und}$$

$$v = \frac{(1-m)^{\frac{1}{1-m}} y}{\{3(1-m)\}^{\frac{1}{1-m}}\,\beta^{\frac{1}{1-m}}} = \frac{y}{(3\beta)^{\frac{1}{1-m}}}.$$

Zu §. 1038. Ist $k < 1$ also $\frac{1-k}{2} > 0$, so wird für $y = 0$

$$t = \frac{2(3+k)^{\frac{1}{2(1-m)}}\beta^{\frac{2m-1}{2-2m}} f^{\frac{k}{2}} a^{\frac{1-k}{2}}}{1-k}, \text{ also endlich.}$$

Ist $k = 1$ oder $1-k = 0$, so wird aus $t = \int \frac{ds}{\sqrt{v}}$

$$= -\frac{(3\beta+\beta k)^{\frac{1}{2(1-m)}} f^{\frac{k}{2}}}{\beta} \cdot \int \frac{dy}{y^{\frac{k+1}{2}}},$$

in diesem Falle

$$t = -\frac{(4\beta)^{\frac{1}{2(1-m)}} f^{\frac{1}{2}}}{\beta} \int \frac{dy}{y} = \frac{(4\beta)^{\frac{1}{2(1-m)}} f^{\frac{1}{2}}}{\beta} \log\left(\frac{a}{y}\right)$$

also für $y = 0$

$$t = \infty.$$

Ist $k > 1$ oder $1-k < 0$ und daher $k-1 > 0$, so wird

$$t = \frac{2(3+k)^{\frac{1}{2(1-m)}} \beta^{\frac{2m-1}{2-2m}} f^{\frac{k}{2}} \left\{a^{\frac{1-k}{2}} - \frac{1}{0^{\frac{k-1}{2}}}\right\}}{1-k}$$

$$= \infty.$$

Zu §. 1046. (Figur 106.) Setzt man den Winkel $HCM = t$ und den Radius Vector $CM = y$, so ist die Gleichung der hyperbolischen Spirallinie

$$yt = a,$$

wo a constant. Um diese Gleichung in eine andere zwischen y und p umzuformen, construiren wir in M die Tangente TM, welche wir bis zum Durchschnittspunkt E mit der Richtung von HC verlängern, fällen auf sie aus C das Perpendikel $CT = p$, von M auf HCE das Perpendikel $MG = z$ und setzen ausserdem $CG = x$ und den Winkel $MEG = \alpha$. Wir haben nun

$$x = -y\cos t \text{ und } z = y\sin t,$$

also durch Differentiation

$$dx = y\sin t dt - \cos t dy \text{ und } dz = y\cos t dt + \sin t dy.$$

Aus $yt = a$ folgt aber $dy = -\frac{y}{t}dt$ und wenn wir diesen Werth von dy substituiren

$$dx = y\sin t dt + \frac{y\cos t dt}{t},\ dz = y\cos t dt - \frac{y\sin t dt}{t};$$

mithin $\operatorname{tg}\alpha = -\frac{dz}{dx} = \frac{\sin t - t\cos t}{\cos t + t\sin t}$ und $\sin\alpha = \frac{\sin t - t\cos t}{\sqrt{1+t^2}}$.

Ferner erhalten wir

$$EG = \text{subtg.} = \frac{z}{\operatorname{tg}\alpha} = y\sin t\frac{\cos t + t\sin t}{\sin t - t\cos t}$$

$$CE = \text{subtg.} + x = \frac{yt}{\sin t - t\cos t}$$

endlich $CT = p = CE\sin\alpha = \frac{yt}{\sqrt{1+t^2}} = \frac{a}{\sqrt{1+\frac{a^2}{y^2}}}$ oder $p =$

$$\frac{ay}{\sqrt{a^2+y^2}}.$$

Nun erhalten wir ausserdem

$$ds = \sqrt{dx^2+dz^2} = dy\sqrt{t^2+1} = -\frac{dy\sqrt{a^2+y^2}}{y},$$

negativ, weil s von dem äussern Ende der Spirale angerechnet und daher y kleiner wird, wenn s an Grösse zunimmt. Aus der gefundenen Gleichung zwischen p und y erhalten wir

$$dp = \frac{a^3dy}{(a^2+y^2)^{\frac{3}{2}}}, \text{ mithin } \frac{p^3dy}{dp} = y^3, \ \frac{Pp^3dy}{2dp} = \frac{y^{n+3}}{2f^n} \text{ und}$$

$$d.\left(\frac{Pp^3dy}{2dp}\right) = \frac{n+3}{2f^n}\,y^{n+2}\,dy.$$

Zu §. 1066. Da $R = 0$, erhalten wir aus der letzten Gleichung (§. 1065.) $d.\{v.x^4dp^2\} = 0$ und wenn man integrirt, weil ds constant ist,

$$vx^4dp^2 = Ads^2.$$

Aus §. 1064. folgt in diesem Falle

$$Pdy = -\frac{2vdyddy + dvdy^2}{ds^2} \text{ oder } \int Pdy = -\frac{v\,dy^2}{ds^2}$$

$$\text{und } Qdx = -\frac{2vdxddx + dv\,dx^2}{ds^2} \text{ oder } \int Qdx = -\frac{vdx^2}{ds^2}.$$

Zu §. 1067. Um das in diesem §. am Ende aufgestellte Integral zu finden, haben wir

$$P = \frac{px}{x\sqrt{1+p^2}}\cdot\frac{x^n(1+p^2)^{\frac{n}{2}}}{f^n} = \frac{p(1+p^2)^{\frac{n-1}{2}}x^n}{f^n}.$$

Aus $y = px$ folgt $dy = pdx + xdp$, mithin nach §. 1066.

$$-\frac{Ady^2}{x^4dp^2} = \int Pdy = \int\frac{x^np\,(1+p^2)^{\frac{n-1}{2}}(pdx+xdp)}{f^n}; \text{oben war}$$

$$-\frac{Adx^2}{x^4dp^2} = \int Qdx = \int\frac{x^n\,dx\,(1+p^2)^{\frac{n-1}{2}}}{f^n}.$$

Addirt man diese beiden Gleichungen und setzt $-Af^n = B$, so wird

$$\frac{Bds^2}{x^4dp^2} = \int \{x^n dx (1+p^2)^{\frac{n-1}{2}} (1+p^2) + x^{n+1} (1+p^2)^{\frac{n-1}{2}} pdp\}$$

$$= \int x^n dx (1+p^2)^{\frac{n+1}{2}} + \int x^{n+1} (1+p^2)^{\frac{n-1}{2}} pdp$$

$$= \frac{x^{n+1} (1+p^2)^{\frac{n+1}{2}}}{n+1} - \int \frac{x^{n+1} . \frac{n+1}{2} (1+p^2)^{\frac{n-1}{2}} 2pdp}{n+1}$$

$$+ \int x^{n+1} (1+p^2)^{\frac{n-1}{2}} pdp$$

$$= \frac{x^{n+1} (1+p^2)^{\frac{n+1}{2}}}{n+1}$$

oder $x^{n+5} dp^2 (1+p^2)^{\frac{n+1}{2}} = Cds^2$, indem $(n+1)B = C$ gesetzt ist.

Zu §. 1068. Die Gleichung

$$\alpha x + \beta y = \sqrt{a^2 - x^2}$$

lässt sich auf die Form bringen

$$\beta^2 y^2 + 2\alpha\beta xy + (\alpha^2 + 1) x^2 - a^2 = 0,$$

welche einer Ellipse entspricht, weil nothwendig $2\beta \sqrt{\alpha^2 + 1} > 2\alpha\beta$ ist.

Zu §. 1069. In der Gleichung

$$2Bddq = \frac{dp^2}{(1+p^2)^{\frac{3}{2}}} \text{ oder } 2B \frac{ddq}{dp} = \frac{dp}{(1+p^2)^{\frac{3}{2}}}$$

wird das Glied auf der rechten Seite integrirt nach der allgemeinen Formel

$$\int \frac{dx}{(a+cx^2)^n} = \frac{x}{2a(n-1)(a+cx^2)^{n-1}} + \frac{2n-3}{2a(n-1)} \int \frac{dx}{(a+cx^2)^{n-1}}$$

und wir erhalten daher, weil dp constant ist

$$2B \frac{dq}{dp} + C = \frac{p}{\sqrt{1+p^2}} \text{ oder } 2Bdq + Cdp = \frac{pdp}{\sqrt{1+p^2}}.$$

Das Integral der letztern ist unmittelbar

$2Bq + Cp = D + \sqrt{1+p^2}$ oder $2B + Cy = Dx + \sqrt{x^2 + y^2}$, indem man statt q und p ihre Werthe setzt. Es ist eine Gleichung vom zweiten Grade, welche also einem Kegelschnitte angehört, was für einem, ist ungewiss, weil man die Werthe der Coefficienten nicht kennt.

Zu 1071. Aus $x^2+y^2=a^2$ folgt $xdx+ydy=0$, $dy=-\frac{xdx}{y}$, $ds=\sqrt{dx^2+dy^2}=-\frac{adx}{y}$. Da nun $r=a$, $v=b$, also $dv=0$ und $R=\frac{b}{c}$; so werden die Gleichungen §. 1062.

$$\frac{Qdy-Pdx}{ds}=\frac{2b}{a} \text{ und } \frac{Qdx+Pdy}{ds}=-\frac{b}{c}.$$

Aus diesen erhält man $P=\frac{2bcy-abx}{a^2c}$ und $Q=\frac{2bcx+aby}{a^2c}$.

Zu §. 1086. Aus $\frac{ddy}{ddz}=\frac{dx^2+dy^2}{dydz}$ folgt $\operatorname{tg} POR=\frac{dz}{dx}\times\frac{dx^2+dy^2}{dydz}-\frac{dy}{dx}=\frac{dx}{dy}$,

$$\operatorname{tg} i=\frac{dydz}{dx^2+dy^2}.\sec POR=\frac{dydz}{dx^2+dy^2}\cdot\frac{\sqrt{dx^2+dy^2}}{dy}$$
$$=\frac{dz}{\sqrt{dx^2+dy^2}},$$

also weil nach Zusatz 2.

$$\alpha dz=\sqrt{dx^2+dy^2},\ \operatorname{tg} i=\alpha \text{ und } i \text{ constant.}$$

Endlich wird

$$AO=\frac{xdzddy-xdyddz-zdxddy+ydxddz}{dzddy-dyddz}$$
$$=\frac{(xdz-zdx)\frac{dx^2+dy^2}{dydz}-(xdy-ydx)}{dz\,.\,\frac{dx^2+dy^2}{dydz}-dy}$$
$$=\frac{xdx^2dz-\alpha^2zdxdz^2+ydxdydz}{dx^2dz}=\frac{xdx+ydy-\alpha^2zdz}{dx}$$

Zu §. 1095. Für $R=0$ und $V=\frac{v}{c}$ erhalten wir

$$\frac{dv}{v}=\frac{2dzdyddy+2dz^2ddz-2\{dx^2+dy^2+dz^2\}ddz}{ds^2dz}-\frac{ds}{c}$$
$$=\frac{2dz\{dyddy+dzddz\}-2ds^2ddz}{ds^2dz}-\frac{ds}{c}=$$
$$\frac{dz^2.d(ds^2)-ds^2d(dz^2)}{ds^2dz^2}-\frac{ds}{c}$$
$$=\frac{d.\left(\frac{ds^2}{dz^2}\right)}{\left(\frac{ds^2}{dz^2}\right)}-\frac{ds}{c};$$

also $\log v = \log a + \log\left(\frac{ds^2}{dz^2}\right) - \frac{s}{c}$ und $v = \frac{a \, . \, e^{-\frac{s}{c}} ds^2}{dz^2}$.

Zu §. 1097. Die Gleichung

$$dv = \frac{2vdds}{ds} - \frac{\sqrt{v}}{\sqrt{c}}\, ds$$

lässt sich schreiben

$$\sqrt{c} \, . \frac{dv}{\sqrt{v}} = \frac{2\sqrt{cv} \, . \frac{dds}{dx}}{\frac{ds}{dx}} - \frac{ds}{dx}$$

und diese wird integrabel sein, wenn $\frac{2\sqrt{cv}}{\frac{ds}{dx}} = \gamma$ und $d\gamma = -dx$ ist. Aus der letzten Gleichung folgt

$\gamma = b - x$, mithin

$$2\sqrt{cv} = \gamma \frac{ds}{dx} = \frac{ds}{dx}(b-x) \text{ und } v = \frac{ds^2(b-x)^2}{4cdx^2}.$$

Zu §. 1101. Aus

$$y = e^{\int udx} \text{ folgt } dy = e^{\int udx} udx \text{ und } ddy = e^{\int udx} \times$$

$$u^2dx^2 + e^{\int udx} dudx,$$

also wenn man diese Werthe in die Gleichung

$$fddy(b-x)^2 = -2cydx^2$$

substituirt,

$$fe^{\int udx} dx(u^2dx + du)(b-x)^2 = -2ce^{\int udx} dx^2$$

$$\text{oder} \quad du + u^2dx = -\frac{2cdx}{f(b-x)^2}.$$

Setzt man nun $u = \frac{q}{b-x}$, also $du = \frac{dq}{b-x} + \frac{qdx}{(b-x)^2}$;

so entsteht

$$\frac{(b-x)\,dq + qdx + q^2\,dx}{(b-x)^2} = -\frac{2cdx}{f(b-x)^2}$$

oder

$$\frac{fdq}{2c + fq + fq^2} = -\frac{dx}{b-x}.$$

Inhalts-Verzeichniss.

Seite

Greifswald, gedruckt bei Friedr. Wilhelm Kunike.

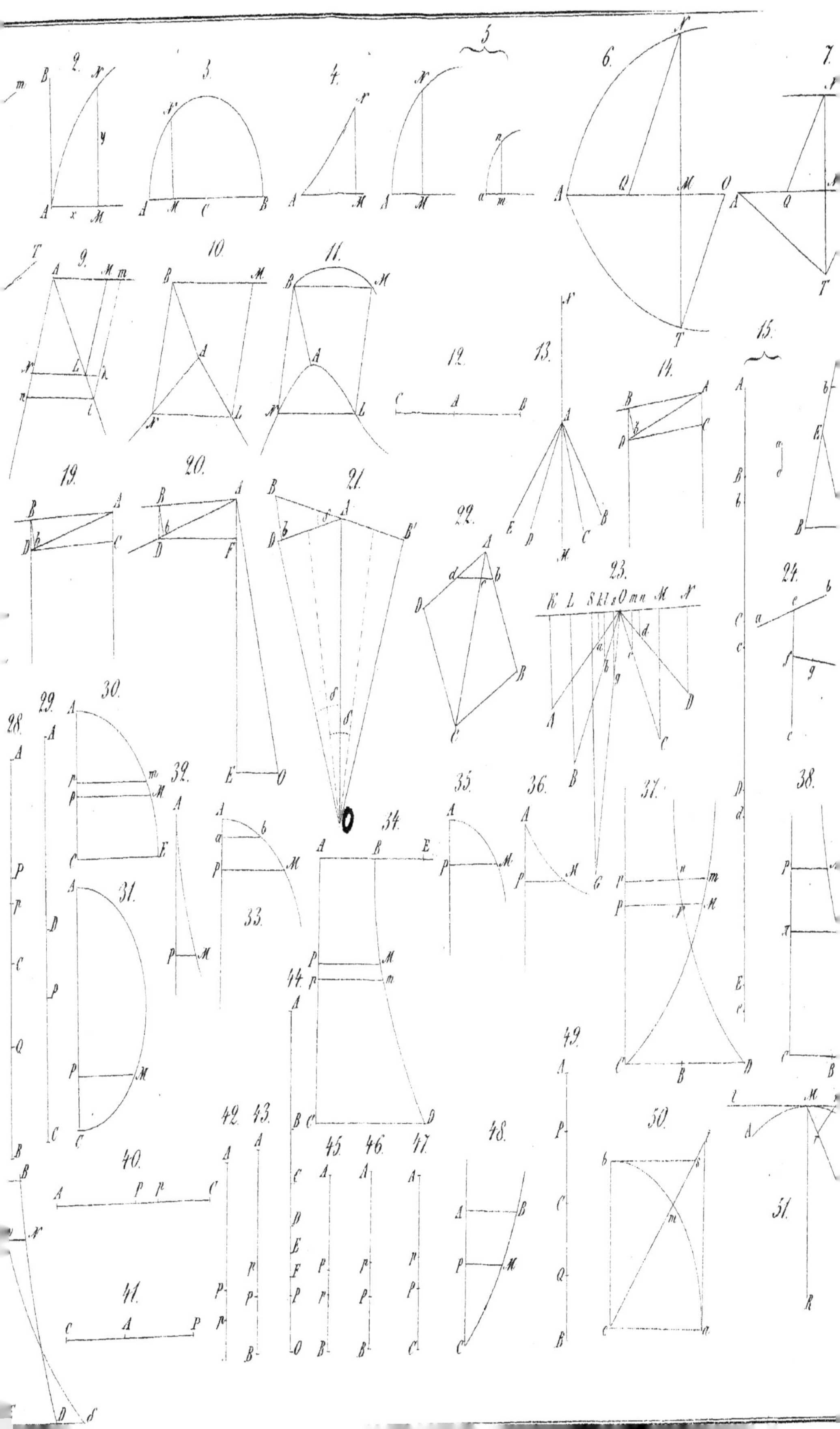

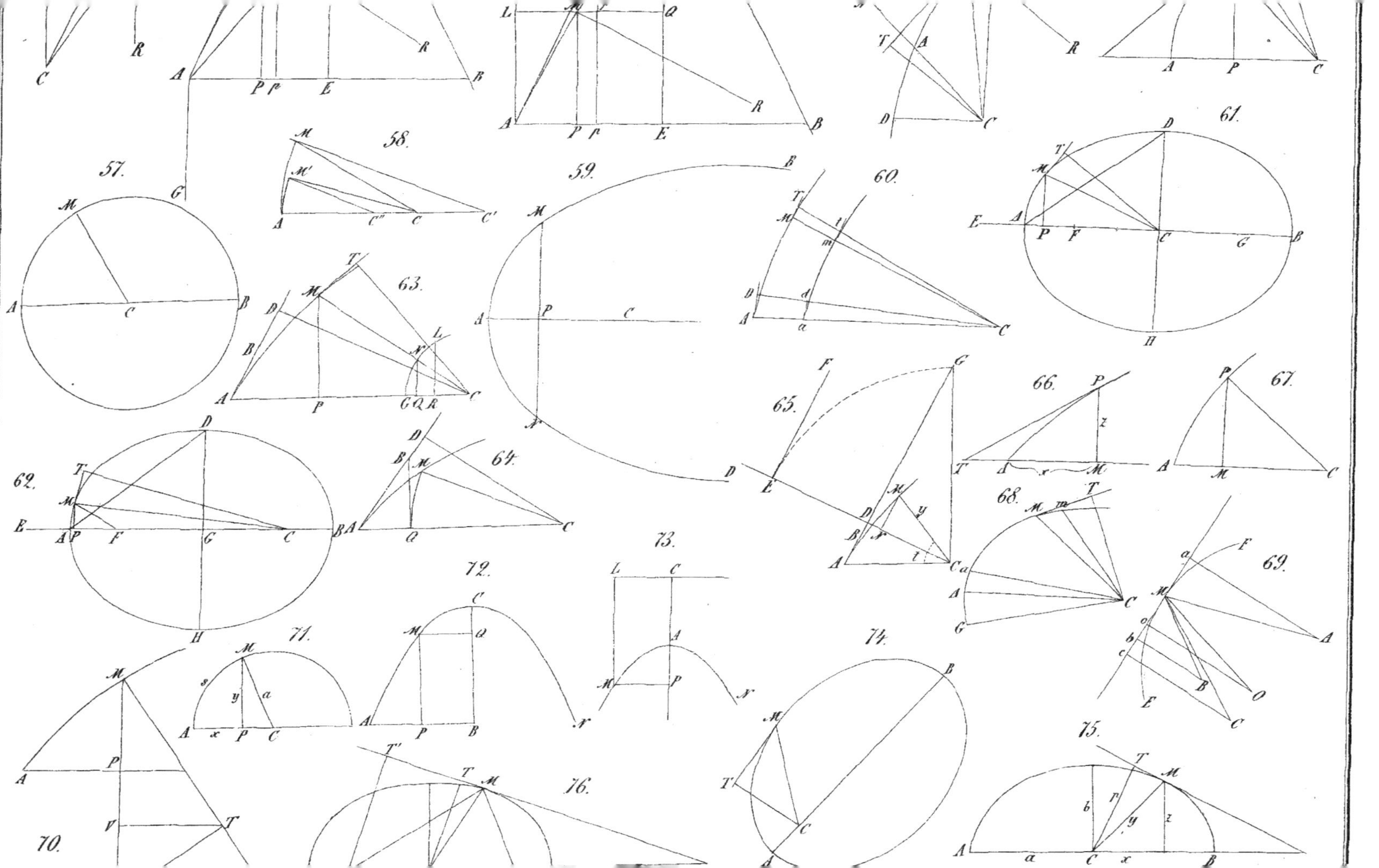
57.
58.
59.
60.
61.
62.
63.
64.
65.
66.
67.
68.
69.
70.
71.
72.
73.
74.
75.
76.

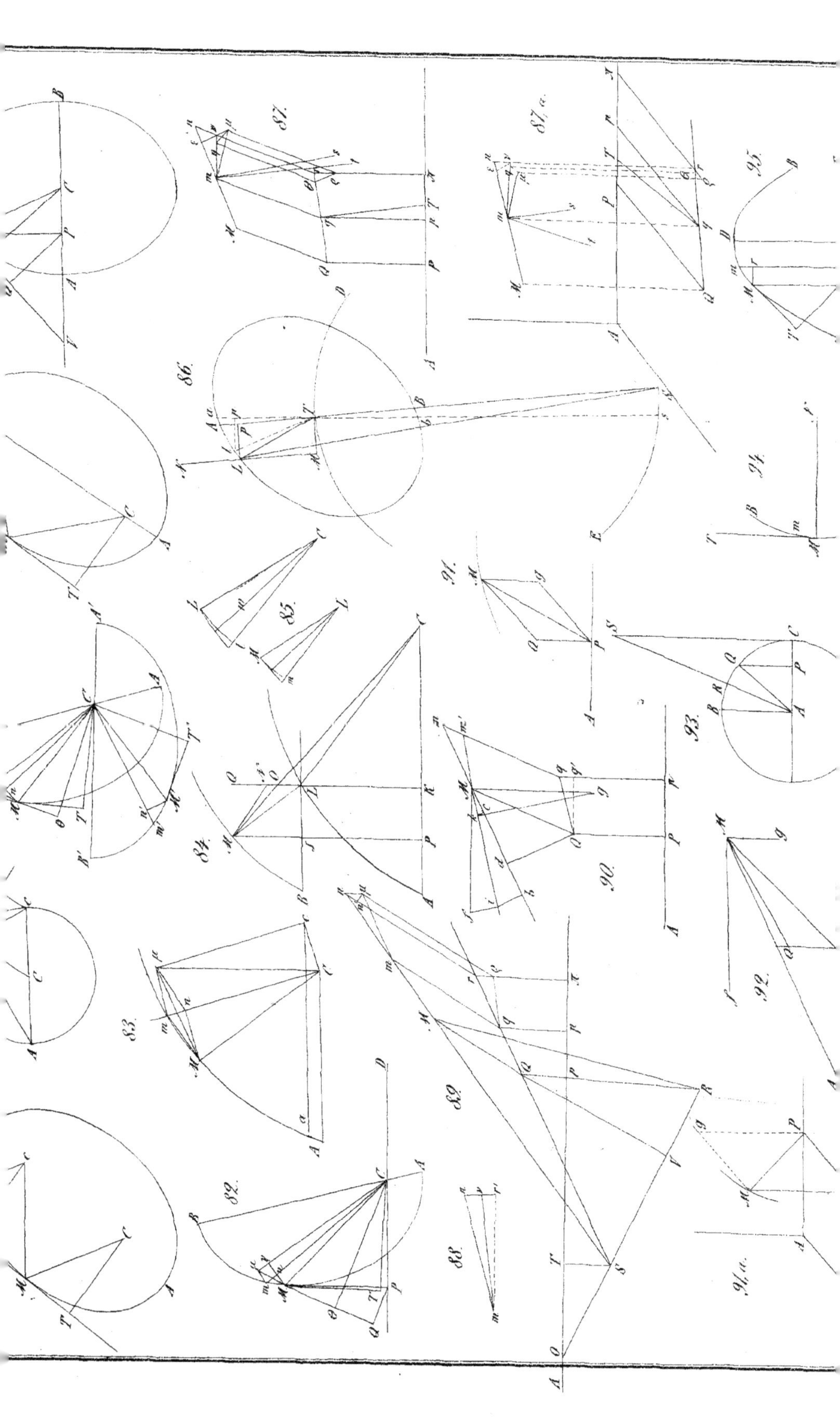

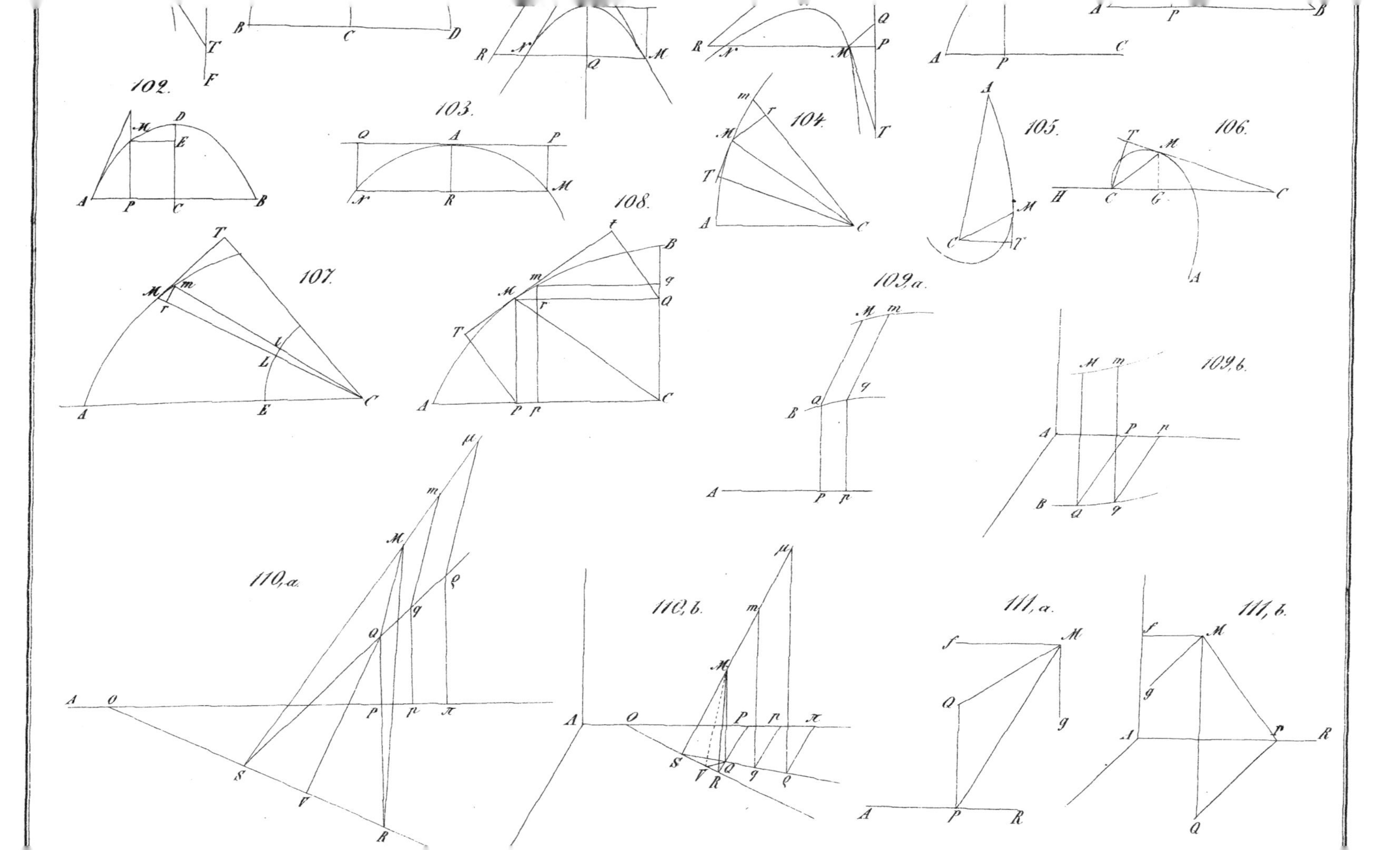
102.
103.
104.
105.
106.
107.
108.
109,a.
109,b.
110,a.
110,b.
111,a.
111,b.